Roppel

Grundlagen der Nachrichtentechnik

Carsten Roppel

Grundlagen der Nachrichtentechnik

Übertragungstechnik und Signalverarbeitung

2., aktualisierte Auflage

HANSER

Der Autor:
Prof. Dr.-Ing. Carsten Roppel, Hochschule Schmalkalden, Thüringen

Bibliografische Information der Deutschen Nationalbibliothek:
Die Deutsche Nationalbibliothek verzeichnet diese Publikation in der Deutschen Nationalbibliografie; detaillierte bibliografische Daten sind im Internet unter http://dnb.d-nb.de abrufbar.

www.hanser-fachbuch.de

Lektorat: Frank Katzenmayer
Herstellung: Frauke Schafft
Coverkonzept: Marc Müller-Bremer, www.rebranding.de, München
Titelmotiv: © shutterstock.com/chingyunsong
Satz: Carsten Roppel
Druck und Bindung: CPI books GmbH, Leck
Printed in Germany

Print-ISBN: 978-3-446-47861-9
E-Book-ISBN: 978-3-446-47883-1

Vorwort

Nachrichten werden in technischer Hinsicht durch Signale dargestellt. Die Erzeugung, die Übertragung und der Empfang dieser Signale ist daher eine wesentliche Grundlage der Nachrichtentechnik. Mit diesen Aspekten befasst sich das vorliegende Buch, wobei der Schwerpunkt gemäß ihrer technischen Bedeutung auf den digitalen Übertragungssystemen liegt. Dabei spielen oft spezielle Filterfunktionen eine wichtige Rolle. Fragt man sich dann, wie beispielsweise ein Kosinus-roll-off-Filter oder ein signalangepasstes Filter implementiert wird, so begibt man sich auf das Gebiet der digitalen Signalverarbeitung. Daher geht das Buch auch auf die für die Nachrichtentechnik wichtigen Aspekte der digitalen Signalverarbeitung ein. Für die Kommunikationssysteme wie Internet oder Mobilfunk, die wir heute intensiv nutzen, ist die Übertragungstechnik ein ganz wesentlicher Baustein. Aber es werden auch Vermittlungstechnik und Datenübertragungsprotokolle benötigt, deren Grundlagen ebenfalls in knapper Form behandelt werden.

Um den Stoff zu vertiefen, gibt es zu jedem Kapitel einige Übungsaufgaben. Beim selbstständigen Bearbeiten der Aufgaben ist es wichtig, die eigenen Ergebnisse kontrollieren zu können, daher stehen die Lösungen dazu im Anhang. Eine große Bedeutung hat heute die Simulation, mit deren Hilfe nicht nur kompliziertere Fragestellungen bearbeitet werden können. Die den Simulationen zugrunde liegenden zeitdiskreten Modelle bilden häufig eine hard- oder softwarebasierte Implementierung eins zu eins ab. Sie können daher auch der Überprüfung einer solchen Implementierung oder der automatischen Codegenerierung dienen. Daher werden auf der Internetseite zum Buch Übungen mit den Simulationstools MATLAB und Scilab beschrieben.

Der vorliegende Text basiert teilweise auf dem Buch *Grundlagen der digitalen Kommunikationstechnik* (Hanser Verlag, 2006). Dessen Inhalt wurde jedoch so stark überarbeitet und völlig neu strukturiert, dass das vorliegende Buch den neuen Titel *Grundlagen der Nachrichtentechnik* bekommen hat.

Ich bedanke mich bei dem Team des Carl Hanser Verlages Franziska Jacob, Franziska Kaufmann und Manuel Leppert für zahlreiche Anregungen zum Konzept und zur Gestaltung des Buches sowie ihre Hilfe bei inhaltlichen und technischen Fragen. Und ich bedanke mich bei meiner Frau, die ganz wesentlich zur richtigen Rechtschreibung beigetragen hat.

Vorwort zur 2. Auflage

Für die zweite Auflage dieses Buches wurde im Kapitel 6 ein neuer Abschnitt „Modulationsfehler, EVM und MER" sowie einige zusätzliche Beispiele eingefügt. Ferner wurden Druckfehler korrigiert — vielen Dank für die Hinweise von Studierenden und Kollegen — und Bilder und Text teilweise überarbeitet und aktualisiert. Auch die Begleitmaterialen wurden ergänzt: Dort findet man nun die Simulation eines Übertragungssystems mit Python, zusätzlich zu den schon vorhandenen MATLAB- und Scilab-Dateien.

Bei Christina Kubiak und Frank Katzenmayer vom Carl Hanser Verlag möchte ich mich für die gute Zusammenarbeit und Unterstützung bedanken.

Schmalkalden, im Mai 2023 Carsten Roppel

Internetseiten mit Begleitmaterialien zum Buch:
https://plus.hanser-fachbuch.de/
https://www.hs-schmalkalden.de/nachrichtentechnik

Aus Gründen der besseren Lesbarkeit wird auf die gleichzeitige Verwendung der Sprachformen männlich, weiblich und divers (m/w/d) verzichtet. Sämtliche Personenbezeichnungen gelten gleichermaßen für alle Geschlechter.

Inhalt

1 Einführung

Dieses Kapitel gibt einen ersten Überblick über die Elemente digitaler und analoger Übertragungssysteme. Daneben gehen wir auch auf die wichtigsten Standardisierungsgremien ein, die dafür sorgen, dass Systeme verschiedener Hersteller miteinander kommunizieren können.

1.1 Nachrichtentechnik – ein Überblick

Zwei Computer sind über ein Kommunikationsnetz verbunden und tauschen Daten aus (Bild 1.1) – dieses Prinzip liegt vielen Anwendungen der Nachrichtentechnik zugrunde. Beispielsweise kann es sich bei einem Computer um den privaten PC zu Hause handeln, der mit einem Server eines Internetanbieters kommuniziert. Es kann sich aber auch um einen Computer in einer Fertigungslinie handeln, der Daten von Sensoren erfasst und an einen Zentralrechner übermittelt. Oder um Steuergeräte für Antrieb, Bremsen usw. in einem Fahrzeug. Entsprechend der Vielzahl dieser Anwendungen kommen viele verschiedene Übertragungssysteme zum Einsatz: Ethernet, WLAN (Wireless Local Area Network), Bluetooth, DSL (Digital Subscriber Line) oder Feldbusse für kürzere Entfernungen und die Übertragung über Lichtwellenleiter, Richtfunk oder Satellit bei großen Entfernungen.

Bild 1.1 Ein Kommunikationssystem

Trotz dieser Vielzahl gibt es grundlegende Funktionen, die den Systemen gemeinsam sind. Bild 1.2 zeigt ein allgemeines Modell eines Übertragungssystems. Im Sender finden wir die Quellen- und Kanalcodierung sowie die Modulation. Der Empfänger besteht aus den entsprechenden Funktionen der Quellen- und Kanaldecodierung und der Demodulation. Sender und Empfänger sind über den Übertragungskanal – oder kurz Kanal – verbunden.

Betrachten wir das System von „innen" heraus und beginnen mit dem Kanal: Der Kanal ist das physikalische Übertragungsmedium zwischen Sender und Empfänger. Dabei kann es sich z. B. um eine terrestrische oder satellitengebundene Funkstrecke, ein Telefonkabel, einen Lichtwellenleiter oder auch um ein Speichermedium wie die Compact Disc (CD) handeln. Der Kanal dämpft und verzerrt das vom Sender ausgehende Nutzsignal, und es überlagern sich Störungen in Form eines Rauschsignals. Das Verhältnis der Leistung des Nutzsignals zur Leistung

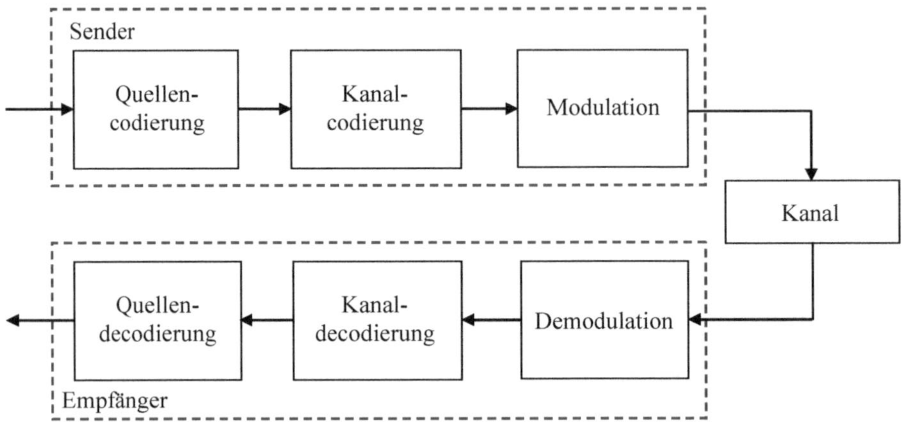

Bild 1.2 Elemente eines Übertragungssystems

des Rauschsignals am Empfängereingang bezeichnet man als Signal-Rausch-Verhältnis. Eine weitere wesentliche Eigenschaft des Kanals ist dessen Bandbreite, d. h. die Größe des für die Übertragung nutzbaren Frequenzbereichs. Bei einem digitalen Übertragungssystem bestimmen das Signal-Rausch-Verhältnis und die Bandbreite die erzielbare Übertragungsrate. Diese wird meist in Bit pro Sekunde (bit/s) angegeben.

Der Block Modulation bildet die zu übertragende Nachricht auf für den Kanal geeignete Signale ab. Modulation und Demodulation können auch Funktionen zur spektralen Formung des gesendeten Signals bzw. zur Entzerrung des Signals im Empfänger, oder im Falle einer optischen Übertragung die elektrisch-optische Wandlung des Signals, beinhalten. Der Begriff Modem leitet sich aus der Zusammenfassung Modulation-Demodulation ab.

Wie die Begriffe Bandbreite, Frequenzbereich und spektrale Formung andeuten, spielen in der Nachrichtentechnik sowohl der Zeit- als auch der Frequenzbereich eine wichtige Rolle. Bild 1.3 zeigt links ein Signal im Zeitbereich. Es handelt sich um ein Sinussignal, dem Rauschen überlagert ist. Bild 1.3 rechts zeigt das Spektrum dieses Signals. Das Spektrum zeigt die Verteilung der Leistung oder der Amplitude über der Frequenz. Die Verbindung zwischen Zeit- und Frequenzbereich stellt die Fourier-Transformation her.

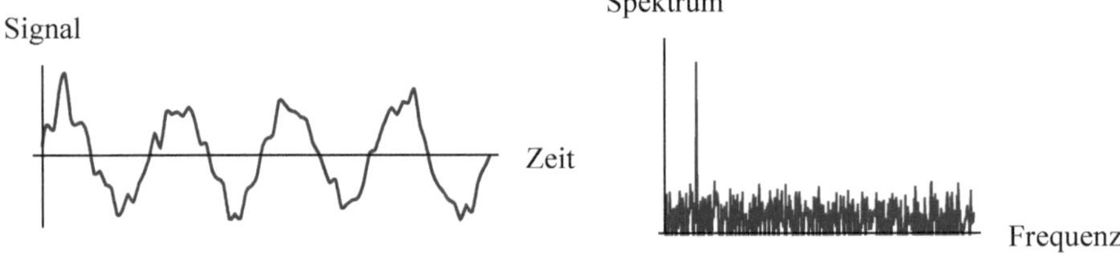

Bild 1.3 Ein Signal im Zeit- und im Frequenzbereich

Bei einem digitalen Übertragungssystem ist die Bitfehlerwahrscheinlichkeit ein wichtiges Qualitätskriterium. Grundsätzlich kommt es durch das dem Nutzsignal überlagerte Rauschen bei der Übertragung zu Bitfehlern. Die Wahrscheinlichkeit, dass ein Bit verfälscht wird, ist umso

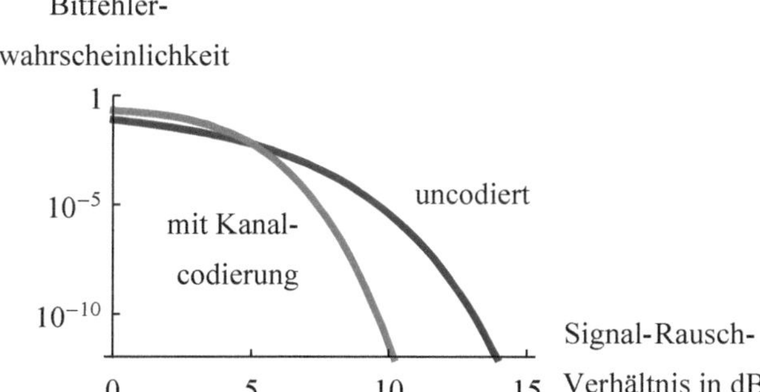

Bild 1.4 Bitfehlerwahrscheinlichkeit und Kanalcodierung

größer, je kleiner das Signal-Rausch-Verhältnis ist. Bild 1.4 zeigt einen typischen Verlauf der Bitfehlerwahrscheinlichkeit als Funktion des Signal-Rausch-Verhältnisses.

Mithilfe der Kanalcodierung lassen sich nun Bitfehler, die durch Störungen und auch durch Verzerrungen im Übertragungskanal verursacht werden, korrigieren. Dies geschieht, indem sendeseitig eine Zusatzinformation in Form von Redundanzbits zu der zu übertragenden Information hinzugefügt wird. Durch Auswertung der Redundanzinformation wird der Kanaldecodierer des Empfängers in die Lage versetzt, Bitfehler korrigieren zu können. Bild 1.4 zeigt die Verbesserung, die mit einer Kanalcodierung erzielt wird. Die Verbesserung drückt sich dadurch aus, dass bei gleicher Bitfehlerwahrscheinlichkeit mit Kanalcodierung ein geringeres Signal-Rausch-Verhältnis erforderlich ist als bei uncodierter Übertragung. Der steile Verlauf bei einem großen Signal-Rausch-Verhältnis ist typisch für digitale Übertragungssysteme. Er weist darauf hin, dass bei zunehmenden Störungen die Bitfehlerwahrscheinlichkeit stark ansteigt und die Übertragungsqualität schlagartig abnimmt. Wie man allerdings erkennt, schneiden sich die Kurven für codierte und uncodierte Übertragung. Links vom Schnittpunkt, also bei einem sehr kleinen Signal-Rausch-Verhältnis, ist die Bitfehlerwahrscheinlichkeit bei codierter Übertragung sogar größer als bei uncodierter Übertragung. Dies ist auf die zusätzlich zu übertragende Redundanzinformation zurückzuführen.

Am Eingang unseres Übertragungssystems in Bild 1.2 finden wir die Quellencodierung. Aufgabe der Quellencodierung ist es, die zu übertragende Nachricht mit einer möglichst geringen Anzahl von Bits darzustellen. Dazu wird die in der Nachricht enthaltene redundante Information minimiert. Die Trennung von Quellen- und Kanalcodierung geht auf die grundlegenden Arbeiten zur Informationstheorie von Claude Shannon aus dem Jahr 1948 zurück. Bekannte Quellencodierungsverfahren sind beispielsweise MPEG (Moving Picture Experts Group) für Videosignale und AAC (Advanced Audio Coding) für Audiosignale.

1.2 Digitale und analoge Übertragung

Bei der großen Mehrzahl der heutigen Übertragungssysteme handelt es sich um digitale Systeme. Analoge Verfahren findet man im Bereich des Hörfunks, aber auch z. B. in der Sensorik. Eine Funktion, die sowohl in digitalen als auch in analogen Systemen zu finden ist, ist die Modulation eines Basisbandsignals auf einen sinusförmigen Träger. Ein Basisbandsignal ist das

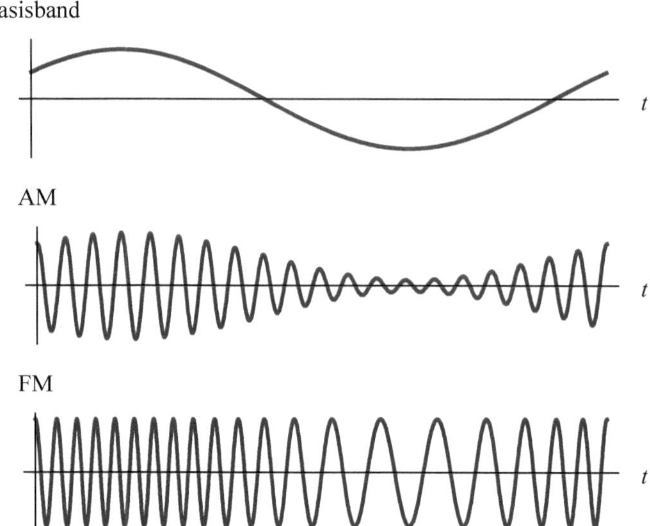

Bild 1.5 Analoge Modulationsverfahren

Quellensignal in seiner ursprünglichen Lage bei niedrigen Frequenzen. Durch die Modulation wird es zu höheren Frequenzen hin verschoben. Die wichtigsten analogen Modulationsverfahren sind die Amplitudenmodulation (AM) und die Frequenzmodulation (FM). Bei der AM ändert sich die Amplitude des Trägersignals in Abhängigkeit vom Basisbandsignal, und bei der FM ändert sich dessen Frequenz (Bild 1.5).

Bei den digitalen Modulationsverfahren repräsentiert das Basisbandsignal die zu übertragende Binärfolge (Bild 1.6). Bei der Amplitudenumtastung (Amplitude-Shift Keying, ASK) ändert sich die Amplitude in Abhängigkeit vom Basisbandsignal. Bei der Phasenumtastung (Phase-Shift Keying, PSK) ändert sich entsprechend die Phase und bei der Frequenzumtastung (Frequency-Shift Keying, FSK) die Frequenz.

Digitale Übertragungssyste enthalten viele analoge Komponenten, und auch umgekehrt findet sich bei analogen Systemen die digitale Signalverarbeitung. Der Übergang von analogen zu digitalen – oder genauer zeitdiskreten Signalen – erfolgt mithilfe eines Analog-Digital (A/D)- bzw. Digital-Analog (D/A)-Wandlers. Bild 1.7 zeigt eine typische Aufteilung von digitaler und analoger Signalverarbeitung in einem Übertragungssystem. Ein analoges Quellensignal wird mit einem A/D-Wandler digitalisiert. Anschließend wird das modulierte Signal mithilfe der digitalen Signalverarbeitung erzeugt und in ein analoges Signal gewandelt. Auf den D/A-Wandler folgen weitere analoge Komponenten, typischerweise ein Mischer, mit dem das Signal auf die gewünschte Frequenz umgesetzt wird, und ein Leistungsverstärker. Der Empfänger besteht aus einer entsprechenden Signalverarbeitungskette.

Die grundlegenden Funktionen der A/D-Wandlung sind die Abtastung und die Quantisierung des analogen Signals (Bild 1.8). Durch die Abtastung des analogen Signals $x(t)$ mit der Abtastrate f_A erhalten wir das zeitdiskrete Signal $x(n)$. Die Punkte in der Darstellung von $x(n)$ markieren die äquidistanten Abtastwerte im Abstand $T_A = 1/f_A$. Unter Quantisierung versteht man die Abbildung der Amplitude der Abtastwerte auf eine endliche Anzahl von diskreten Werten.

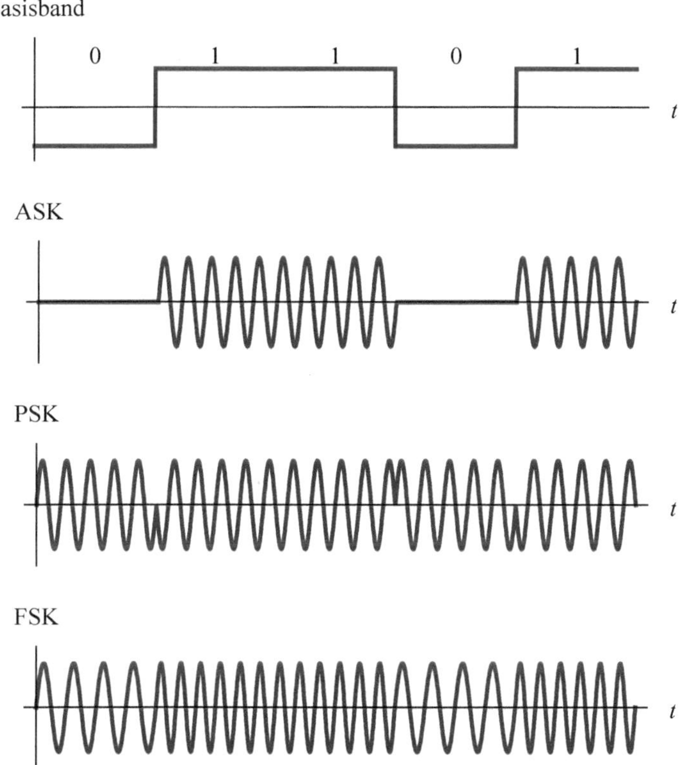

Bild 1.6 Digitale Modulationsverfahren

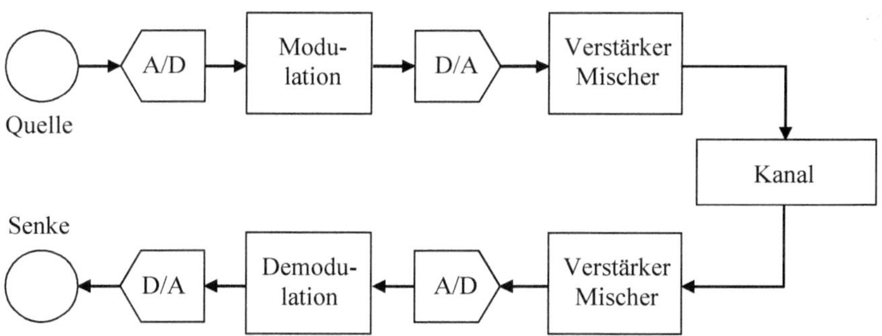

Bild 1.7 Digitale und analoge Signalverarbeitung

In der Nachrichtentechnik haben wir es in der Regel mit einer Echtzeitverarbeitung der Daten zu tun, bei der die Signalverarbeitung in einer fest begrenzten Zeit ausgeführt werden muss. Während man im Audiobereich mit Abtastraten von einigen 10 kHz arbeitet, findet man in digitalen Übertragungssystemen Abtastraten bis zu 100 MHz und darüber hinaus. Beispielsweise muss bei der Filterung eines Audiosignals, das mit 44,1 kHz abgetastet wurde (diese Abtastrate

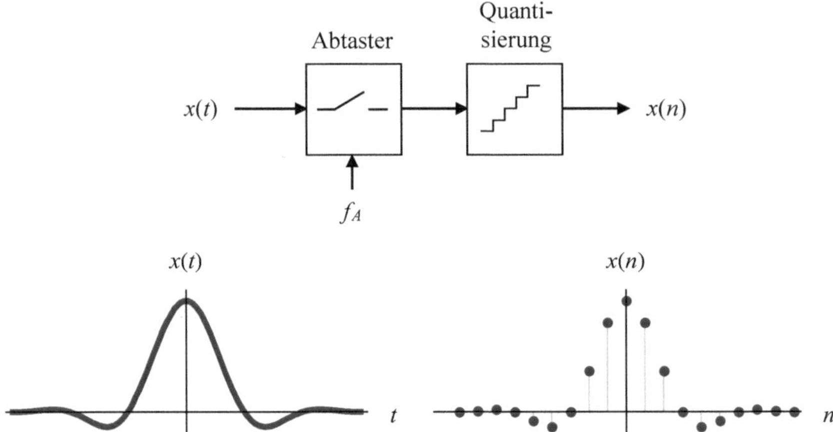

Bild 1.8 Ein zeitdiskretes Signal entsteht durch Abtastung eines analogen Signals

wird bei der Audio-CD verwendet), die digitale Filterfunktion alle 1/44,1 kHz = 22,67 µs einen neuen Ausgangswert berechnen. Bei einer Abtastung mit 100 MHz stehen dagegen nur 10 ns für die Verarbeitung eines Abtastwertes zur Verfügung.

1.3 Standardisierung

Standards sind in der Nachrichtentechnik von großer Bedeutung, da nur durch sie gewährleistet wird, dass Systeme verschiedener Hersteller miteinander kommunizieren können. Standardisierungsgremien erarbeiten offene Standards, die allen Herstellern zur Verfügung stehen, um konforme Produkte zu entwickeln. Die Standardisierung ist einerseits oft Voraussetzung, aber andererseits keine Garantie für erfolgreiche Entwicklungen.

Das weltweit wichtigste Standardisierungsgremium ist die *International Telecommunication Union* (ITU, *www.itu.int*). Die ITU ist eine Untergruppe der Vereinten Nationen und gliedert sich in drei Sektoren:

- ITU-T (Telecommunication Standardization Sector)
- ITU-R (Radiocommunication Sector)
- ITU-D (Telecommunication Development Sector)

Die ITU-T ist aus der CCITT (Comité Consultatif International de Télégraphique et Téléphonique) und die ITU-R aus der CCIR (Comité Consultatif International des Radiocommunication) hervorgegangen. Die ITU-R reguliert die weltweite Nutzung von Radiofrequenzen, und die ITU-D ist für Entwicklungsländer zuständig. Die für Telekommunikationsstandards zuständige ITU-T erarbeitet international gültige Empfehlungen (Recommendations). Diese sind in durch Buchstaben gekennzeichnete Serien geordnet. Beispielsweise befasst sich die G-Serie mit Übertragungssystemen (Transmission systems and media, digital systems and networks).

Die *International Organization for Standardization* (ISO, *www.iso.org*) ist die Dachorganisation der nationalen Normenausschüsse. Dies sind beispielsweise in Deutschland das DIN

(Deutsches Institut für Normung) und in den USA das ANSI (American National Standards Institute). Die ISO stimmt die von den einzelnen Ländern vorgeschlagenen Standards ab und ist z. B. für die ISO-9000-Serie im Bereich des Qualitätsmanagements bekannt. Im Bereich der Telekommunikation ist insbesondere die OSI-Architektur der ISO von Bedeutung.

Das *European Telecommunications Standards Institute* (ETSI, *www.etsi.org*) wurde von der Europäischen Gemeinschaft gegründet und hat für die Normung im Bereich der Telekommunikation in Europa große Bedeutung. Ein überaus erfolgreicher ETSI-Standard im Mobilfunk ist GSM (Global System for Mobile Communications).

Das *Institute of Electrical and Electronic Engineers* (IEEE, *www.ieee.org*) erarbeitet Normen auf dem Gebiet der Elektrotechnik und Informatik und ist insbesondere für die Standards der IEEE-802-Reihe für lokale Rechnernetze bekannt.

Für den Bereich des Internets ist die *Internet Engineering Taskforce* (IETF, *www.ietf.org*) das wichtigste Gremium, obwohl auch die ITU in den letzten Jahren hier verstärkt (in der Y-Serie) tätig wurde. Die IETF wurde 1989 als Untergruppe des IAB (Internet Architecture Board) gegründet und erarbeitet Standards für das Internet. Diese heißen RFCs (Request for Comments) und sind frei verfügbar.

1.4 Zum Inhalt dieses Buches

Kapitel 2 beschreibt Signale und deren Übertragung über lineare, zeitinvariante Systeme. Die hier behandelten Themen wie Impulsantwort und Faltung, Fourier-Transformation, Übertragungsfunktion und die Beschreibung von Zufallssignalen sind wichtige Grundlagen für die folgenden Kapitel.

Kapitel 3 und 4 befassen sich mit der Signalabtastung und Quantisierung als Grundlage der Analog-Digital-Wandlung sowie der digitalen Signalverarbeitung. Das Abtasttheorem ist für die Arbeit mit zeitdiskreten Signalen von fundamentaler Bedeutung. Wir gehen auch auf die für die Nachrichtentechnik wichtige Abtastung von Bandpasssignalen ein, bei der durch eine Unterabtastung die Abtastrate reduziert werden kann. Viele Verfahren der Nachrichtentechnik gehen von zeitdiskreten Signalen aus. Bei der digitalen Signalverarbeitung konzentrieren wir uns auf die aus Sicht der Nachrichtentechnik wichtigen Themen.

Kapitel 5 behandelt die digitale Nachrichtenübertragung im Basisband, und **Kapitel 6** beschäftigt sich mit Modulationsverfahren. Auch bei der Verwendung eines Modulationsverfahrens erfolgt die Signalverarbeitung weitgehend im Basisband, sodass die Konzepte von Kapitel 5 von grundlegender Bedeutung sind. Wir behandeln analoge und digitale Modulationsverfahren und zuvor als gemeinsame Grundlage die Darstellung von Bandpasssignalen durch ihr äquivalentes Tiefpasssignal.

Gegenstand von **Kapitel 7** sind Kanalcodierungsverfahren und deren Decodierung, und in **Kapitel 8** gehen wir auf einige Aspekte von Kommunikationsnetzen ein, die über die Nachrichtenübertragung zwischen zwei Punkten hinausgehen.

Bei vielen Themen musste eine Auswahl getroffen werden. Am Ende jedes Kapitels finden sich daher weiterführende Hinweise mit Anmerkungen zu den Aspekten, die nicht behandelt wurden, und entsprechende Literaturhinweise. Ferner wird auf Veröffentlichungen hingewiesen, die zu den Klassikern in der Nachrichtentechnik gehören. Und wir blicken hier gelegentlich auf aktuelle Forschungstrends und mit der Nachrichtentechnik verwandte Themen, in denen interessante Entwicklungen zu beobachten sind.

Für die Vertiefung des Stoffes finden sich am Ende jedes Kapitels Übungsaufgaben, die Lösungen dazu stehen im Anhang. Dort findet man auch nützliche Formeln und Tabellen. Neben Aufgaben, die mit Papier und Bleistift bearbeitet werden können, ist die Simulation von Übertragungssystemen sehr hilfreich, um Zusammenhänge verständlich zu machen oder um komplexere Systeme zu entwerfen. Als Simulationswerkzeuge bieten sich MATLAB und (als kostenfreie Alternativen) Scilab und Python an.

Auf den Internetseiten zum Buch

https://plus.hanser-fachbuch.de/ und

https://www.hs-schmalkalden.de/nachrichtentechnik

stehen daher MATLAB-, Scilab- und Python-Dateien zur Verfügung, um ein einfaches Übertragungssystem zu simulieren und die als Ausgangspunkt für eigene Simulationen dienen können. Ebenso werden dort die Bilder aus dem Buch sowie interaktive Mathematica-Notebooks, u. a. zu den Themen Faltung, Abtasttheorem und diskrete Fourier-Transformation, bereitgestellt. Im einzelnen sind folgende Materialen verfügbar:

- Die **Bilder** des Buches als PDF-Datei
- Simulationen mit **MATLAB** und **Scilab**
- Simulationen mit **Python**
- Interaktive **Mathematica-Notebooks**

Zu den Simulationen gehört jeweils eine Beschreibung als PDF-Dokument und die MATLAB-, Scilab- und Python-Dateien. Der Python-Code steht in Form eines Jupyter-Notebooks zur Verfügung. Die Simulationen beinhalten:

- Basisband-Übertragung und Empfänger mit signalangepasstem Filter
- QPSK-Übertragungsstrecke und Empfänger mit signalangepasstem Filter
- QPSK-Übertragungsstrecke mit Mehrwegekanal und Empfänger mit T/2-Entzerrer

Die Mathematica-Notebooks können mit der kostenlosen Wolfram-Player-Software geöffnet werden. Auf eine englische Online-Version kann man beim Wolfram Demonstrations Project zugreifen. Die Notebooks sind zu folgenden Themen verfügbar:

- Faltung
- Abtasttheorem
- Diskrete Faltung
- Diskrete Fourier Transformation
- Analoge Modulation
- Digitale Modulation (QPSK)

2 Signalübertragung

Ein Signal ist die physikalische Darstellung einer Nachricht z. B. in Form einer elektrischen Spannung oder einer akustischen oder elektromagnetischen Welle. In diesem Kapitel gehen wir der Frage nach, wie sich ein Signal bei der Übertragung über ein System wie den Übertragungskanal oder ein Filter verhält. Sehr viele dieser Systeme gehören zur Klasse der linearen zeitinvarianten Systeme. Diese Systeme werden im Zeitbereich mithilfe der Impulsantwort und im Frequenzbereich mithilfe der Übertragungsfunktion beschrieben. Wichtige Werkzeuge in diesem Zusammenhang sind die Faltung und die Fourier-Transformation.

Nachrichtentragende Signale sind Zufallssignale, im Gegensatz zu deterministischen Signalen wie beispielsweise einem Sinussignal. Ein deterministisches Signal ist vollständig bekannt, eine Übertragung ist daher gar nicht notwendig! Die Beschreibung von Zufallssignalen mithilfe der Korrelation und des Leistungsdichtespektrums bildet eine weitere Grundlage für die Analyse von Übertragungssystemen.

2.1 Lineare zeitinvariante Systeme

Wir betrachten ein System mit einem Eingang und einem Ausgang. Das System reagiert auf ein Eingangssignal $x(t)$ mit dem Ausgangssignal $y(t)$. Der funktionale Zusammenhang zwischen Eingang und Ausgang wird durch $y(t) = F\{x(t)\}$ beschrieben (Bild 2.1).

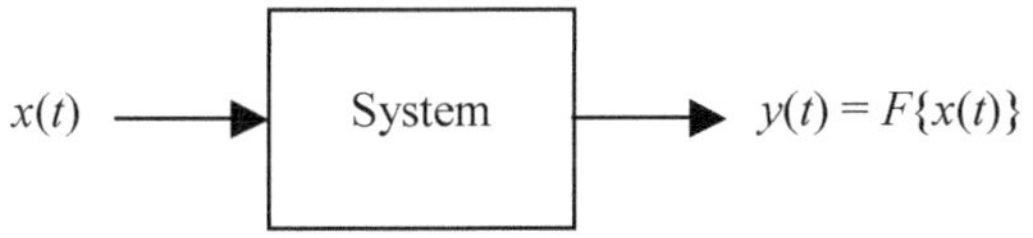

$x(t)$ → System → $y(t) = F\{x(t)\}$

Bild 2.1 Ein System

Ein System ist linear, wenn für eine Linearkombination von Eingangssignalen $x_i(t)$ die Linearkombination der entsprechenden Ausgangssignale $y_i(t) = F\{x_i(t)\}$ zu beobachten ist:

$$x(t) = a_1 x_1(t) + a_2 x_2(t) + \ldots = \sum_i a_i x_i(t)$$

$$y(t) = a_1 F\{x_1(t)\} + a_2 F\{x_2(t)\} + \ldots = \sum_i a_i F\{x_i(t)\} \tag{2.1}$$

So ist ein System mit $F\{x(t)\} = 2\,x(t)$ linear, während ein System mit $F\{x(t)\} = x^2(t)$ nichtlinear ist und Gl. (2.1) nicht gilt. Ein System ist zeitinvariant, wenn dessen Eigenschaften unabhängig von der Zeit sind. Für ein zeitverschobenes Eingangssignal $x(t-t_0)$ ist dann das entsprechende zeitverschobene Ausgangssignal zu beobachten:

$$F\{x(t-t_0)\} = y(t-t_0) \tag{2.2}$$

In diesem Fall spricht man von linearen zeitinvarianten Systemen oder kurz LTI-Systemen (Linear Time-Invariant, LTI). Beispiele für LTI-Systeme sind analoge und digitale Filter, ein Integrator oder ein Verzögerungsglied. Viele reale Systeme verhalten sich bei Ansteuerung mit Signalen kleiner Amplitude linear, während bei Signalen großer Amplitude nichtlineare Effekte auftreten. Ein Beispiel für ein *zeitvariantes* System ist ein Funkkanal zu einem beweglichen Empfänger, etwa einem Fußgänger, Rad- oder Autofahrer. Aufgrund der Bewegung des Empfängers ändern sich die Eigenschaften des Kanals mit der Zeit und Gl. (2.2) gilt nicht.

2.1.1 Impulsantwort und Faltung

Zur Beschreibung eines LTI-Systems im Zeitbereich dient die Impulsantwort $h(t)$. Die Impulsantwort ist die Reaktion des Systems auf einen Dirac-Impuls $\delta(t)$ am Eingang, d. h. $h(t) = F\{\delta(t)\}$. Der Dirac[1]-Impuls ist eine verallgemeinerte Funktion, die durch

$$\int_{-\infty}^{\infty} \delta(t)\,dt = 1, \qquad \delta(t) = 0 \quad \text{für} \quad t \neq 0 \tag{2.3}$$

definiert ist. Umgangssprachlich kann man den Dirac-Impuls als einen unendlich schmalen Impuls mit der Fläche 1 beschreiben, dessen Wert zum Zeitpunkt $t = 0$ undefiniert ist. $\delta(t)$ hat die Einheit 1/s. Der Impuls wird grafisch durch einen senkrechten Pfeil dargestellt. Messtechnisch kann der Dirac-Impuls durch einen schmalen Rechteckimpuls $d(t)$ der Breite T_0, der Höhe $1/T_0$ und der Fläche 1 näherungsweise realisiert werden (Bild 2.2).

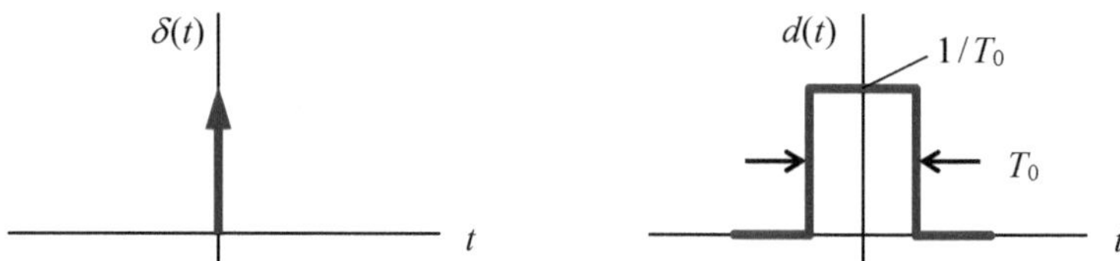

Bild 2.2 Dirac-Impuls und messtechnische Realisierung durch schmalen Rechteckimpuls

Ein beliebiges Signal $x(t)$ kann durch eine Folge von Rechteckimpulsen approximiert werden, siehe Bild 2.3. $x(nT_0)\,d(t - nT_0)\,T_0$ ist ein Rechteckimpuls an der Stelle $t = nT_0$ und der Höhe $x(nT_0)$. Durch Aufsummieren der Rechteckimpulse erhält man:

$$x(t) \approx \sum_{n=-\infty}^{\infty} x(nT_0)\,d(t - nT_0)\,T_0 \tag{2.4}$$

Die Approximation wird offensichtlich umso besser, je schmaler die Rechteckimpulse sind. Lässt man T_0 gegen null gehen, so geht der Rechteckimpuls in einen Dirac-Impuls und die Summe in Gl. (2.4) in ein Integral über. Mit den Bezeichnungen $T_0 \to d\tau$ sowie $nT_0 \to \tau$ erhält man den Ausdruck:

$$x(t) = \int_{-\infty}^{\infty} x(\tau)\,\delta(t - \tau)\,d\tau = x(t) * \delta(\tau) \tag{2.5}$$

[1] Paul A. M. Dirac (1902–1984), britischer Physiker.

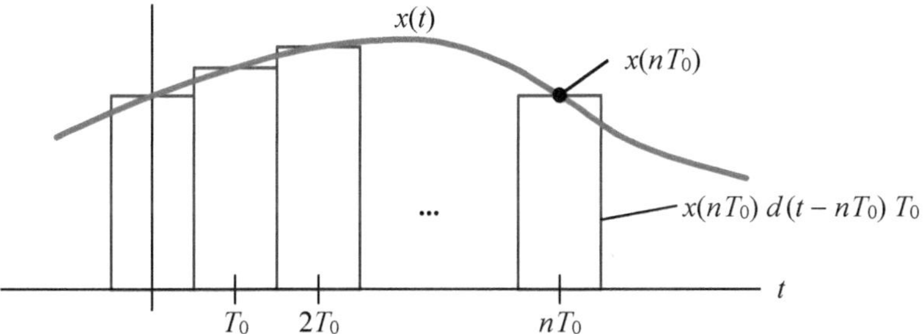

Bild 2.3 Approximation eines Signals $x(t)$ durch eine Folge von Rechteckimpulsen

Das Integral in Gl. (2.5) bezeichnet man als Faltungsintegral; der Operator "*" (lies: gefaltet mit) ist eine abkürzende Schreibweise dafür. Wenden wir diese Beziehung auf ein LTI-System an, so erhalten wir mit den Eigenschaften der Linearität, Gl. (2.1), und der Zeitinvarianz, Gl. (2.2):

$$\begin{aligned} y(t) = F\{x(t)\} &= F\left\{\int_{-\infty}^{\infty} x(\tau)\delta(t-\tau)\,d\tau\right\} \\ &= \int_{-\infty}^{\infty} x(\tau)F\{\delta(t-\tau)\}\,d\tau && \text{(Linearität)} \\ &= \int_{-\infty}^{\infty} x(\tau)h(t-\tau)\,d\tau && \text{(Zeitinvarianz)} \end{aligned}$$

Damit haben wir das folgende wichtige Ergebnis erhalten: Für ein beliebiges Eingangssignal $x(t)$ erhält man das Ausgangssignal $y(t)$ eines LTI-Systems durch Faltung von $x(t)$ mit der Impulsantwort $h(t)$:

$$y(t) = x(t) * h(t) = \int_{-\infty}^{\infty} x(\tau)h(t-\tau)\,d\tau \tag{2.6}$$

Der Name Faltung (engl.: convolution) kommt daher, dass man $h(-\tau)$ aus $h(\tau)$ erhält, indem man $h(\tau)$ an der y-Achse faltet oder spiegelt (siehe auch Beispiel 2.2). Wie bei der Multiplikation gelten für die Faltung das Kommutativ-, Assoziativ- und das Distributivgesetz (für einen Beweis siehe z. B. [23]):

$$\begin{aligned} x(t) * y(t) &= y(t) * x(t) \\ [x(t) * y(t)] * z(t) &= x(t) * [y(t) * z(t)] \\ x(t) * [y(t) + z(t)] &= [x(t) * y(t)] + [x(t) * z(t)] \end{aligned} \tag{2.7}$$

Aus der Definition Gl. (2.3) des Dirac-Impulses ergeben sich zwei häufig verwendete Beziehungen:

$$\int_{-\infty}^{\infty} x(t)\delta(t-t_0)\,dt = x(t_0) \tag{2.8}$$

$$x(t) * \delta(t-t_0) = x(t-t_0) \tag{2.9}$$

Gl. (2.8) beschreibt die Siebeigenschaft des Dirac-Impulses, d. h., der Wert von $x(t)$ an der Stelle $t = t_0$ wird herausgesiebt. $\delta(t-t_0)$ ist außer bei $t = t_0$ gleich null, daher ist $\int_{-\infty}^{\infty} x(t)\delta(t-t_0)\,dt = x(t_0)\int_{-\infty}^{\infty}\delta(t-t_0)\,dt = x(t_0)$, denn die Fläche des Dirac-Impulses ist 1. Gemäß Gl. (2.9) ergibt die Faltung eines Signals mit dem an die Stelle t_0 verschobenen Dirac-Impuls das um t_0 verschobene Signal $x(t-t_0)$. Ein System mit der Impulsantwort $h(t) = \delta(t-t_0)$ wirkt also als Verzögerungsglied. Die Faltung in Gl. (2.9) wird berechnet, indem man das Faltungsintegral $x(t) * \delta(t-t_0) = \int_{-\infty}^{\infty} x(\tau)\delta(t-\tau-t_0)\,d\tau$ aufstellt. Hier ist $\delta(t-\tau-t_0)$ außer bei $\tau = t-t_0$ gleich null und man erhält – ähnlich der Überlegung zu Gl. (2.8) – die Lösung $x(t-t_0)$.

Die *Sprungantwort* $g(t)$ eines Systems ist dessen Reaktion auf einen Einheitssprung $u(t)$ am Eingang. Der Einheitssprung ist ein Signal, das zum Zeitpunkt $t = 0$ von 0 auf 1 springt (für eine grafische Darstellung von $u(t)$ siehe Bild 2.5 und Anhang 1). Die Impulsantwort ist die Ableitung der Sprungantwort:

$$h(t) = \frac{dg(t)}{dt} \tag{2.10}$$

Dies folgt aus

$$g(t) = u(t) * h(t) = \int_{-\infty}^{\infty} h(\tau)u(t-\tau)\,d\tau$$

$$\frac{dg(t)}{dt} = \int_{-\infty}^{\infty} h(\tau)\left(\frac{d}{dt}u(t-\tau)\right)d\tau = \int_{-\infty}^{\infty} h(\tau)\delta(t-\tau)\,d\tau = h(t) * \delta(t) = h(t)$$

unter Anwendung des Kommutativgesetzes aus Gl. (2.7) sowie der Beziehung $du(t)/dt = \delta(t)$.

Da ein Einheitssprung messtechnisch einfacher erzeugt werden kann als ein Dirac-Impuls, wird die Impulsantwort oft über den Umweg der Sprungantwort bestimmt. Die folgenden beiden Beispiele sollen die Konzepte der Impulsantwort und der Faltung anhand eines einfachen, aber wichtigen Systems, des RC-Tiefpasses, verdeutlichen.

Beispiel 2.1 Sprung- und Impulsantwort des RC-Tiefpasses

Bild 2.4 zeigt einen RC-Tiefpass mit dem Eingangssignal $x(t)$ und dem Ausgangssignal $y(t)$. $y(t)$ ist auch die Spannung an der Kapazität C. Der Strom durch C ist gegeben durch $i(t) = C\,dy(t)/dt$. Für das Ausgangssignal erhält man eine Differenzialgleichung erster Ordnung:

$$y(t) = x(t) - u_{\mathrm{R}}(t) = x(t) - R\,i(t) = x(t) - RC\frac{dy(t)}{dt}$$

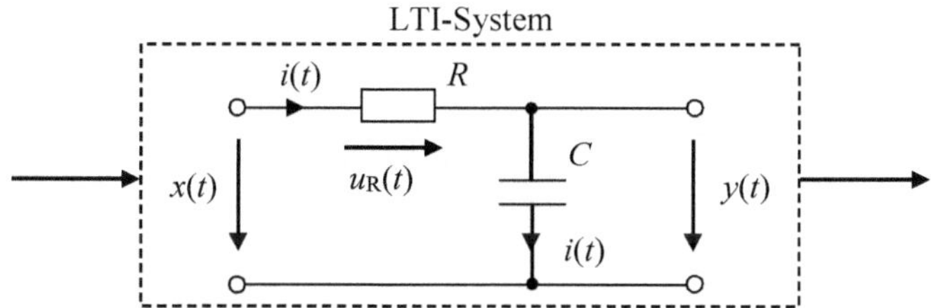

Bild 2.4 Der RC-Tiefpass

Für $x(t) = u(t) = 1$ und $t \geq 0$ erhält man als Lösung die Sprungantwort (Bild 2.5)

$$y(t) = g(t) = 1 - \mathrm{e}^{-t/RC} \quad \text{für} \quad t \geq 0 \tag{2.11}$$

wovon man sich durch Einsetzen in die Differenzialgleichung leicht überzeugen kann. Die Impulsantwort (Bild 2.6) erhalten wir schließlich durch Ableiten der Sprungantwort:

$$h(t) = \frac{1}{RC}\,\mathrm{e}^{-t/RC} \quad \text{für} \quad t \geq 0 \tag{2.12}$$

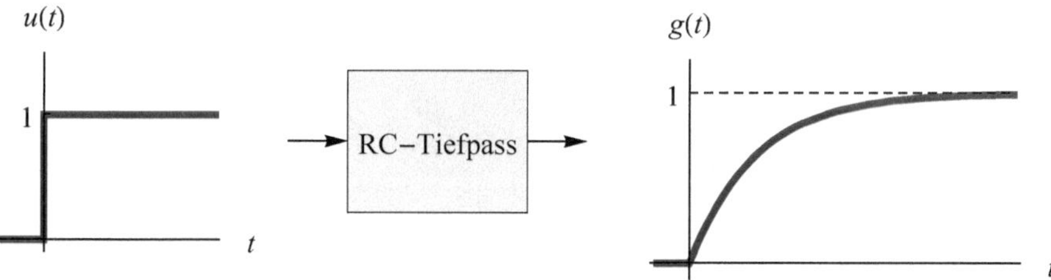

Bild 2.5 Sprungantwort $g(t)$ des RC-Tiefpasses als Reaktion auf den Einheitssprung $u(t)$

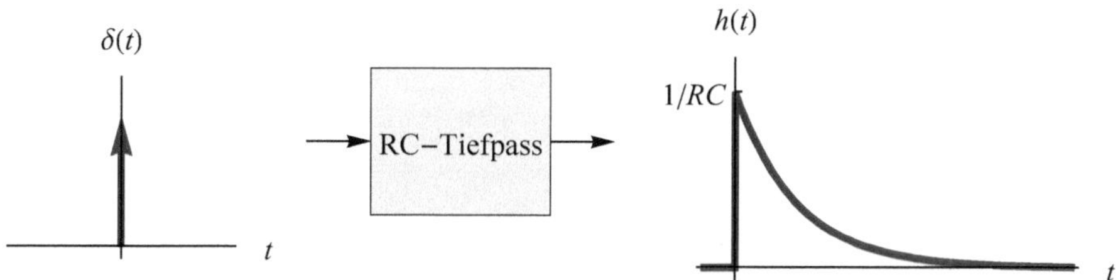

Bild 2.6 Impulsantwort $h(t)$ des RC-Tiefpasses als Reaktion auf den Dirac-Impuls $\delta(t)$

■

Wenn die Impulsantwort eines Systems bekannt ist, können wir mithilfe von Gl. (2.6) die Reaktion des Systems auf beliebige deterministische Eingangssignale bestimmen. Als Beispiel dazu wollen wir die Reaktion des RC-Tiefpasses auf einen Rechteckimpuls am Eingang berechnen. Der Rechteckimpuls ist ein Signal, das uns noch oft begegnen wird und daher ein eigenes Symbol verdient. Wir verwenden $\mathrm{rect}(t)$, die Definition lautet:

$$\mathrm{rect}(t) = \begin{cases} 1 & \text{für} \quad |t| \leq \frac{1}{2} \\ 0 & \text{für} \quad |t| > \frac{1}{2} \end{cases} \tag{2.13}$$

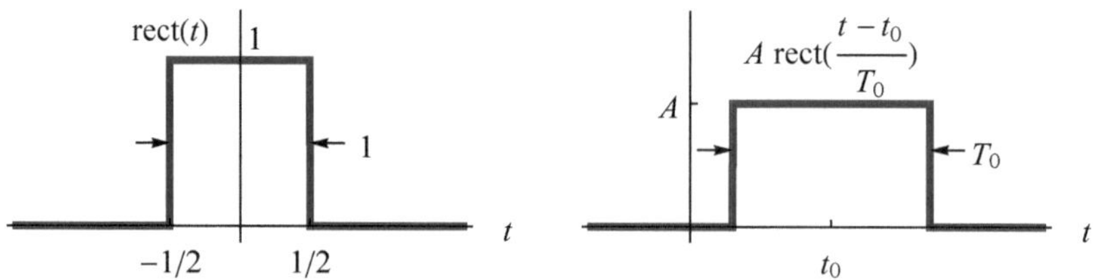

Bild 2.7 Der Rechteckimpuls

(Bild 2.7 links). Die Flanken des Impulses liegen bei $t = \pm 1/2$. Entsprechend beschreibt $A\,\text{rect}\,((t-t_0)/T_0)$ einen um t_0 nach rechts verschobenen Rechteckimpuls der Amplitude A und der Breite T_0 (Bild 2.7 rechts). Um die Position der Flanken dieses Impulses zu bestimmen, setzen wir $(t-t_0)/T_0 = \pm 1/2$. Daraus folgt, dass die Flanken bei $t = t_0 \pm T_0/2$ liegen.

Beispiel 2.2 Reaktion des RC-Tiefpasses auf einen Rechteckimpuls

Am Eingang des Tiefpasses aus Bild 2.4 liege nun das Signal $x(t) = \text{rect}(t/T_0 - 1/2)$. Dies ist ein Rechteckimpuls der Amplitude 1 und der Breite T_0, der bei $t = 0$ beginnt. Für das Ausgangssignal gilt Gl. (2.6). Dabei ist τ die Integrationsvariable, während t bezüglich der Integration ein konstanter Parameter ist. $h(-\tau)$ erhält man durch Faltung von $h(\tau)$ um die y-Achse, und $h(t-\tau)$ ist zusätzlich um t verschoben. $t > 0$ bewirkt eine Verschiebung nach rechts, $t < 0$ nach links. Das Ausgangssignal zum Zeitpunkt t, $y(t)$, ist gleich der Fläche unter $x(\tau)\cdot h(t-\tau)$, siehe Bild 2.8. Zur Berechnung von $y(t)$ müssen drei Fälle unterschieden werden:

1. Fall: $t < 0$. Für Verschiebungen $t < 0$ überlappen sich $x(\tau)$ und $h(t-\tau)$ nicht, d. h., das Produkt $x(\tau)h(t-\tau)$ ist null für alle τ, und es ist $y(t) = 0$.

2. Fall: $0 \le t \le T_0$. Für Verschiebungen im Bereich $0 \le t \le T_0$ überlappen sich $x(\tau)$ und $h(t-\tau)$ im Intervall $0 \le \tau \le t$. In diesem Intervall ist $x(\tau) = 1$, und für $y(t)$ folgt:

$$y(t) = \int_0^t \frac{1}{RC}\,\mathrm{e}^{-(t-\tau)/RC}\,d\tau = \frac{1}{RC}\left[RC\,\mathrm{e}^{-(t-\tau)/RC}\right]_0^t = 1 - \mathrm{e}^{-t/RC}$$

3. Fall: $t > T_0$. Für Verschiebungen $t > T_0$ überlappen sich $x(\tau)$ und $h(t-\tau)$ im Intervall $0 \le \tau \le T_0$, und wir erhalten entsprechend:

$$y(t) = \int_0^{T_0} \frac{1}{RC}\,\mathrm{e}^{-(t-\tau)/RC}\,d\tau = \left(1 - \mathrm{e}^{-T_0/RC}\right)\mathrm{e}^{-(t-T_0)/RC}$$

Der gesamte Verlauf von $y(t)$ ist in Bild 2.9 wiedergegeben.

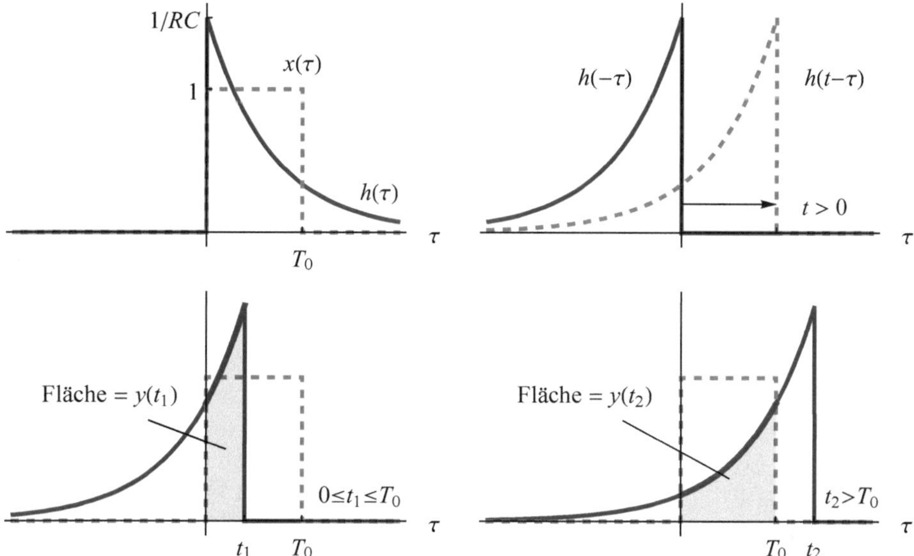

Bild 2.8 Faltung eines Rechteckimpulses der Breite T_0 mit der Impulsantwort des RC-Tiefpasses

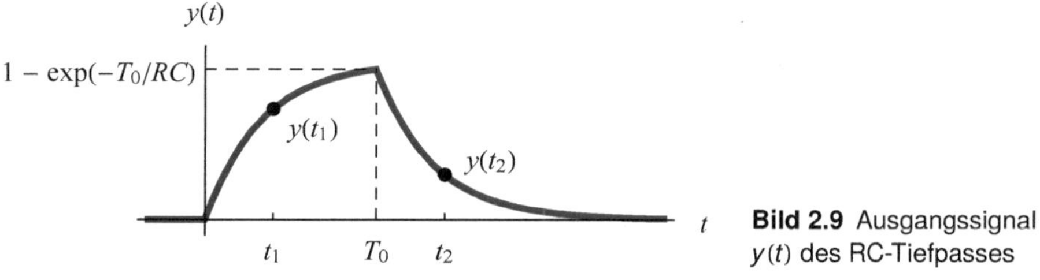

Bild 2.9 Ausgangssignal $y(t)$ des RC-Tiefpasses

■

2.1.2 Fourier-Transformation

Die Fourier[2]-Transformation dient der Beschreibung von Signalen und Systemen im Frequenzbereich. Die Beschreibungen im Zeit- und Frequenzbereich sind dabei gleichwertig; die Fourier-Transformation bietet aber eine neue Perspektive und damit neue Einsichten. Auch ist je nach Fragestellung die Lösung eines Problems in einem der Bereiche häufig wesentlich einfacher. Die Fourier-Transformierte eines Signals $x(t)$ nennt man dessen Fourier-Spektrum $S(f)$, definiert als:

$$S(f) = \mathcal{F}\{x(t)\} = \int_{-\infty}^{\infty} x(t)\, e^{-j2\pi f t}\, dt \tag{2.14}$$

[2] Jean B. J. Fourier (1768–1830), französischer Mathematiker und Physiker.

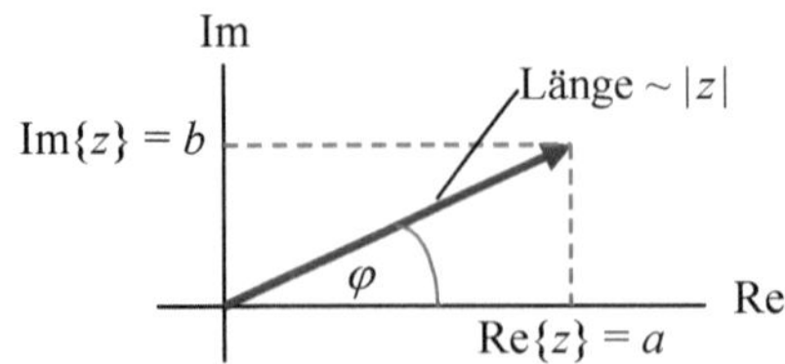

Bild 2.10 Betrag und Phase einer komplexen Größe

Umgekehrt erhält man $x(t)$ durch Fourier-Rücktransformation von $S(f)$:

$$x(t) = \mathscr{F}^{-1}\left\{S(f)\right\} = \int_{-\infty}^{\infty} S(f)\, \mathrm{e}^{j2\pi f t}\, df \tag{2.15}$$

$S(f) = \mathscr{F}\{x(t)\}$ und $x(t) = \mathscr{F}^{-1}\left\{S(f)\right\}$ sind symbolische Schreibweisen, oft werden dafür auch die Symbole $S(f)$ •—○ $x(t)$ und $x(t)$ ○—• $S(f)$ verwendet. $S(f)$ gibt die Verteilung der Amplitude über der Frequenz an und wird daher auch als Fourier-Spektrum oder Amplitudendichtespektrum bezeichnet. Hat das Signal beispielsweise die Dimension einer Spannung, so hat die Fourier-Transformierte die Dimension Vs oder V/Hz. Oft wird auch $\omega = 2\pi f$ anstelle von f als Integrationsvariable verwendet. Mit $d\omega/df = 2\pi$ erhält man dann:

$$S(\omega) = \int_{-\infty}^{\infty} x(t)\, \mathrm{e}^{-j\omega t}\, dt, \quad x(t) = \frac{1}{2\pi}\int_{-\infty}^{\infty} S(\omega)\, \mathrm{e}^{j\omega t}\, d\omega$$

Die Fourier-Transformierte ist im Allgemeinen eine komplexe Funktion. Aufspalten in Real- und Imaginärteil liefert:

$$S(f) = \mathrm{Re}\left\{S(f)\right\} + j\,\mathrm{Im}\left\{S(f)\right\} \tag{2.16}$$

Eine komplexe Größe $z = a + jb$ wird grafisch als Zeiger in der komplexen Ebene dargestellt (Bild 2.10). Auf der x-Achse wird der Realteil und auf der y-Achse der Imaginärteil aufgetragen. Die Länge des Zeigers ist der Betrag $|z|$, und der mit der x-Achse gebildete Winkel ist die Phase φ von z. Für den Real- und den Imaginärteil gilt $a = |z|\cos\varphi$ bzw. $b = |z|\sin\varphi$, und es ist $z = |z|\left(\cos\varphi + j\sin\varphi\right) = |z|\,\mathrm{e}^{j\varphi}$. Letzteres geht auf die eulersche[3] Beziehung $\exp(\pm j\theta) = \cos\theta \pm j\sin\theta$ zurück. Für $S(f)$ erhält man damit:

$$\begin{aligned} S(f) &= |S(f)|\,\mathrm{e}^{j\varphi(f)} \\ |S(f)| &= \sqrt{\mathrm{Re}^2\left\{S(f)\right\} + \mathrm{Im}^2\left\{S(f)\right\}} \\ \varphi(f) &= \arg\left(S(f)\right) = \arctan\frac{\mathrm{Im}\left\{S(f)\right\}}{\mathrm{Re}\left\{S(f)\right\}} \quad \text{für} \quad \mathrm{Re}\left\{S(f)\right\} \geq 0 \end{aligned} \tag{2.17}$$

Bevor wir uns mit den Eigenschaften der Fourier-Transformation näher beschäftigen, wollen wir zunächst die Transformierte des Rechteckimpulses mithilfe von Gl. (2.14) bestimmen.

---

[3] Leonhard Euler (1707–1783), schweizer Mathematiker und Physiker.

Beispiel 2.3 Fourier-Transformierte des Rechteckimpulses

Der Rechteckimpuls $x(t) = A\,\mathrm{rect}(t/T_0)$ hat die Amplitude A im Intervall $-T_0/2 \le t \le T_0/2$ und ist gleich null außerhalb dieses Intervalls (siehe Bild 2.11 links). Die Fourier-Transformierte berechnet sich zu:

$$S(f) = \int_{-T_0/2}^{T_0/2} A\,\mathrm{e}^{-j2\pi f t}\,dt = A\,\frac{\mathrm{e}^{-j\pi f T_0} - \mathrm{e}^{j\pi f T_0}}{-j2\pi f} \tag{2.18}$$

Ersetzt man die beiden Exponentialfunktionen im Zähler von Gl. (2.18) durch die eulersche Beziehung $\exp(\pm j\theta) = \cos\theta \pm j\sin\theta$, so vereinfacht sich der Ausdruck zu:

$$S(f) = A\,\frac{\sin(\pi f T_0)}{\pi f} = A\,T_0\,\mathrm{si}(\pi f T_0) \tag{2.19}$$

In Gl. (2.19) wird die *si-Funktion* $\mathrm{si}(x) = \sin(x)/x$ eingeführt.[4] Durch Anwendung der Regel von l'Hospital[5] erhält man den Grenzwert für $x = 0$ zu $\mathrm{si}(0) = 1$. Rechts dieses Wertes besteht die Funktion aus einer mit $1/x$ abklingenden Sinusschwingung. Die si-Funktion ist eine gerade Funktion, daher verläuft die Funktion im Bereich negativer x-Werte spiegelsymmetrisch zur y-Achse (Bild 2.11 rechts).

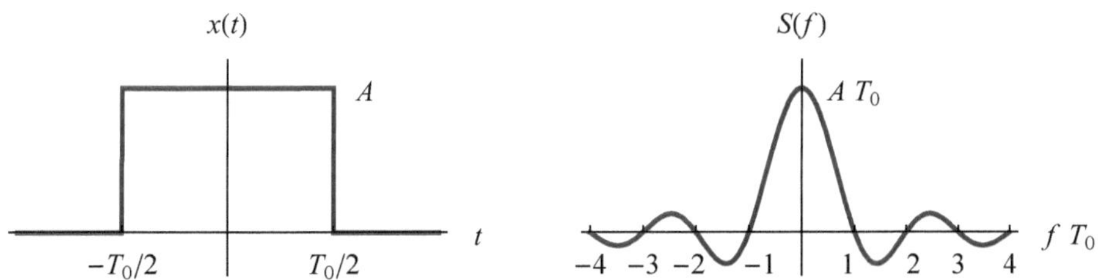

Bild 2.11 Der Rechteckimpuls und dessen Fourier-Transformierte

■

Wichtige Eigenschaften und Theoreme der Fourier-Transformation und die Transformierten der (in der Nachrichtentechnik) bedeutendsten Signale sind in Anhang 2 zu finden. Die Fourier-Transformation ist eine *lineare Transformation*, d. h., es gilt:

$$x(t) = a_1 x_1(t) + a_2 x_2(t)$$

$$S(f) = \mathcal{F}\{a_1 x_1(t) + a_2 x_2(t)\} = a_1 \mathcal{F}\{x_1(t)\} + a_2 \mathcal{F}\{x_2(t)\}$$

Dies folgt direkt aus dem Einsetzen von $x(t)$ in das Fourier-Integral. Die Summanden können separat integriert werden, und die konstanten Faktoren a_1 und a_2 können vor die Integrale gezogen werden. Die Transformierte des Dirac-Impulses ergibt sich zu:

$$\mathcal{F}\{\delta(t)\} = \int_{-\infty}^{\infty} \delta(t)\,\mathrm{e}^{-j2\pi f t}\,dt = \mathrm{e}^{-j2\pi f t}\Big|_{t=0} = 1$$

---

4 In der englischsprachigen Literatur wird meist die verwandte Funktion $\mathrm{sinc}(x) = \sin(\pi x)/\pi x$ verwendet. Es ist $\mathrm{sinc}(x) = \mathrm{si}(\pi x)$.

5 Guillaume F. A. l'Hospital (1661–1704), französischer Mathematiker.

Betrachten wir umgekehrt einen Dirac-Impuls im Frequenzbereich, so lautet die Rücktransformierte:

$$\mathscr{F}^{-1}\left\{\delta(f)\right\} = \int_{-\infty}^{\infty} \delta(f)\, \mathrm{e}^{j2\pi f t}\, df = \mathrm{e}^{j2\pi f t}\Big|_{f=0} = 1$$

Ein Dirac-Impuls im Zeitbereich hat also ein konstantes, von der Frequenz unabhängiges Fourier-Spektrum, während ein Dirac-Impuls im Frequenzbereich einer Konstanten bzw. einem Gleichanteil im Zeitbereich entspricht. Der *Ähnlichkeitssatz* gibt den Zusammenhang zwischen der Transformierten von $x(t)$ und dem gedehnten Signal $x(at)$ an. Mit der Substitution $\lambda = at$ ist:

$$\mathscr{F}\{x(at)\} = \frac{1}{|a|}\int_{-\infty}^{\infty} x(\lambda)\, \mathrm{e}^{-j2\pi f \lambda/a}\, d\lambda = \frac{1}{|a|} S\left(\frac{f}{a}\right)$$

Der *Verschiebungssatz* gibt den Zusammenhang zwischen der Transformierten von $x(t)$ und dem verschobenen Signal $x(t-t_0)$ an. Mit $\lambda = t - t_0$ ist:

$$\mathscr{F}\{x(t-t_0)\} = \int_{-\infty}^{\infty} x(\lambda)\, \mathrm{e}^{-j2\pi f(\lambda+t_0)}\, d\lambda = \mathrm{e}^{-j2\pi f t_0}\int_{-\infty}^{\infty} x(\lambda)\, \mathrm{e}^{-j2\pi f\lambda}\, d\lambda = S(f)\, \mathrm{e}^{-j2\pi f t_0}$$

Auf ganz ähnliche Weise erhält man den Zusammenhang bei einer Verschiebung im Frequenzbereich:

$$\mathscr{F}^{-1}\left\{S(f-f_0)\right\} = x(t)\, \mathrm{e}^{j2\pi f_0 t}$$

Beispiel 2.4 Fourier-Transformierte von $a\,\delta(t-t_0)$

Die Fourier-Transformierte des mit dem Faktor a gewichteten und an die Stelle t_0 verschobenen Dirac-Impulses lautet:

$$\mathscr{F}\{a\,\delta(t-t_0)\} = a\, \mathrm{e}^{-j2\pi f t_0} \tag{2.20}$$

Dies ist ein Ergebnis, auf das wir noch häufig zurückgreifen werden. ■

Periodische Signale können nicht mithilfe von Gl. (2.14) transformiert werden, da das Fourier-Integral für diese Signale nicht existiert.[6] Dies hängt damit zusammen, dass sich für solche Signale die Amplitudendichte auf unendlich schmale Bereiche $\Delta f \to 0$ konzentriert. Führt man jedoch den Dirac-Impuls $\delta(f)$ (mit der Einheit 1/Hz) zur Beschreibung solcher Spektren ein, so lassen sich auch für viele periodische Signale deren Fourier-Transformierte angeben.

Beispiel 2.5 Fourier-Transformierte des Kosinus- und des Sinussignals

Wir stellen das Kosinussignal $x(t) = A\cos(2\pi f_0 t)$ mit der Amplitude A und der Frequenz f_0 mithilfe der eulerschen Beziehung $\exp(\pm j\theta) = \cos\theta \pm j\sin\theta$ durch die Exponentialfunktion dar:

$$A\cos(2\pi f_0 t) = \frac{A}{2}\left(\mathrm{e}^{j2\pi f_0 t} + \mathrm{e}^{-j2\pi f_0 t}\right)$$

---

[6] Eine hinreichende Bedingung für die Existenz des Fourier-Integrals ist die abolute Integrierbarkeit des Signals, d. h., es muss $\int_{-\infty}^{\infty}|x(t)|\,dt < \infty$ gelten.

Mithilfe des Satzes für die Verschiebung im Frequenzbereich erhalten wir für die Fourier-Tranformierte der beiden Exponentialfunktionen $\delta(f-f_0)$ und $\delta(f+f_0)$. Damit lautet die Fourier-Tranformierte der Kosinusfunktion:

$$\mathcal{F}\left\{A\cos(2\pi f_0 t)\right\} = \frac{A}{2}\left(\delta(f-f_0)+\delta(f+f_0)\right) \tag{2.21}$$

Das Fourier-Spektrum des Kosinussignals ist reell und gerade und besteht aus zwei Dirac-Impulsen bei $f = f_0$ und $f = -f_0$ (Bild 2.12 links). Entsprechend schreiben wir für die Sinusfunktion $x(t) = A\sin(2\pi f_0 t)$

$$A\sin(2\pi f_0 t) = -j\,\frac{A}{2}\left(e^{j2\pi f_0 t} - e^{-j2\pi f_0 t}\right)$$

und erhalten für deren Fourier-Transformierte:

$$\mathcal{F}\left\{A\sin(2\pi f_0 t)\right\} = -j\,\frac{A}{2}\left(\delta(f-f_0)-\delta(f+f_0)\right) \tag{2.22}$$

Das Fourier-Spektrum des Sinussignals ist imaginär und ungerade (Bild 2.12 rechts). Der Betrag der beiden Fourier-Spektren ist aber gleich (Bild 2.12 unten).

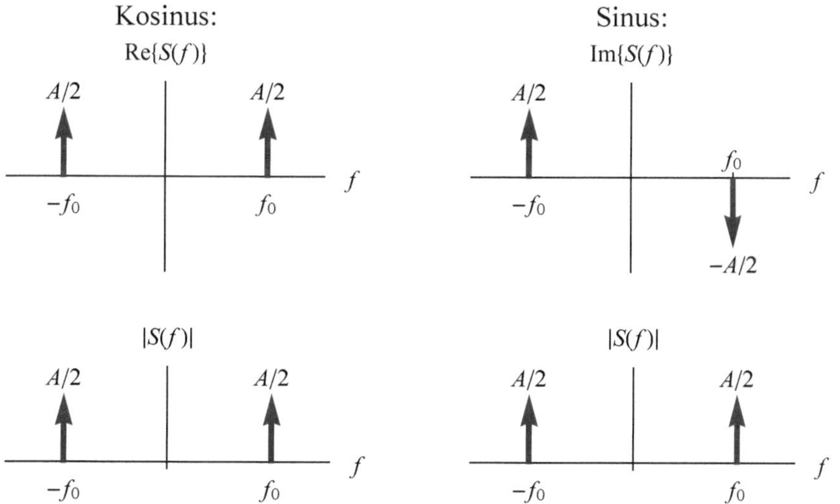

Bild 2.12 Fourier-Transformierte des Kosinus- und des Sinussignals

■

Wie man am letzten Beispiel erkennt, besitzen periodische Signale Linienspektren, d. h., im Spektrum tauchen schmale Linien bei einzelnen Frequenzen auf, die mathematisch durch Dirac-Impulse beschrieben werden. Nichtperiodische Signale wie der Rechteckimpuls in Beispiel 2.3 sind dagegen durch kontinuierliche Spektren gekennzeichnet. Auch die negativen Frequenzen, die in den Spektren auftauchen, erscheinen zunächst sonderbar. Sie sind eine mathematische Konsequenz der Definition der Fourier-Transformation gemäß den Gln. (2.14) und (2.15). In den Beispielen 2.3 und 2.4 sind sie erforderlich, um reelle Signale im Zeitbereich zu erhalten. Auch das Abtasttheorem (Abschnitt 3.1) wird nur verständlich, wenn die spektralen Anteile bei negativen Frequenzen einbezogen werden.

Beispiel 2.6 Fourier-Reihe und Fourier-Transformation

Bild 2.13 zeigt links oben ein periodisches Rechtecksignal mit der Pulsbreite T_0 und der Periodendauer T. Der Ausdruck T_0/T wird als Tastverhältnis bezeichnet. Periodische Signale lassen sich als eine Fourier-Reihe darstellen, d. h. als eine Summe von Sinus- und Kosinustermen, deren Frequenzen ganzzahlige Vielfache von $1/T$ sind. Im Falle des periodischen Rechtecksignals gilt:

$$x(t) = \frac{T_0}{T}\left(1 + 2\sum_{n=1}^{\infty} \mathrm{si}\left(\pi n \frac{T_0}{T}\right)\cos\left(2\pi n \frac{t}{T}\right)\right)$$

Jedem Kosinusterm entsprechen im Spektrum zwei Dirac-Impulse bei den Frequenzen $\pm n/T$, deren Höhe durch die si-Funktion gegeben ist (Bild 2.13 rechts oben). Stellen wir uns nun vor, dass die Periodendauer immer größer wird, während die Pulsbreite konstant bleibt. Wenn T gegen unendlich geht, erhalten wir im Zeitbereich einen einzelnen Rechteckimpuls und im Spektrum „verschmelzen" die Linien zu einem kontinuierlichen Spektrum wie in Gl. (2.19) definiert (Bild 2.13 unten).

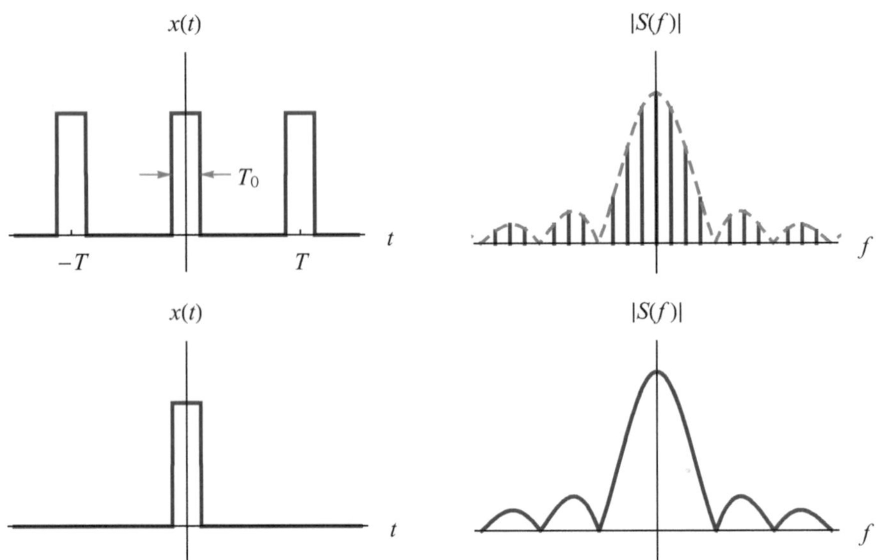

Bild 2.13 Periodisches und nichtperiodisches Signal und deren Spektren

■

Der Faltung zweier Signale im Zeitbereich entspricht die Multiplikation der Fourier-Transformierten im Frequenzbereich. Auch umgekehrt entspricht der Multiplikation im Zeitbereich die Faltung im Frequenzbereich:

$$\mathcal{F}\{x(t) * y(t)\} = \mathcal{F}\{x(t)\} \cdot \mathcal{F}\{y(t)\} = S_x(f) \cdot S_y(f)$$

$$\mathcal{F}\{x(t) \cdot y(t)\} = \mathcal{F}\{x(t)\} * \mathcal{F}\{y(t)\} = S_x(f) * S_y(f) \tag{2.23}$$

Diese beiden Beziehungen werden auch Faltungstheoreme genannt. Den ersten Zusammenhang erhält man durch Einsetzen des Faltungsintegrals in das Fourier-Integral:

$$\mathcal{F}\{x(t) * y(t)\} = \int_{-\infty}^{\infty} \left[\int_{-\infty}^{\infty} x(\tau)\, y(t-\tau)\, d\tau \right] \mathrm{e}^{-j2\pi f t}\, dt$$

$$= \int_{-\infty}^{\infty} x(\tau) \underbrace{\left[\int_{-\infty}^{\infty} y(t-\tau) \mathrm{e}^{-j2\pi f t}\, dt \right]}_{\substack{\mathcal{F}\{y(t-\tau)\} = S_y(f)\mathrm{e}^{-j2\pi f \tau} \\ \text{(Verschiebungssatz)}}} d\tau$$

Durch Anwenden des Verschiebungssatzes, wie oben gezeigt, wird daraus das erste Faltungstheorem:

$$\mathcal{F}\{x(t) * y(t)\} = \underbrace{\left[\int_{-\infty}^{\infty} x(\tau) \mathrm{e}^{-j2\pi f \tau}\, d\tau \right]}_{\mathcal{F}\{x(t)\} = S_x(f)} S_y(f) = S_x(f) \cdot S_y(f)$$

Den zweiten Zusammenhang in Gl. (2.23) erhält man durch eine ähnliche Rechnung, ausgehend von der Fourier-Transformation von $x(t) \cdot y(t)$ mit anschließendem Einsetzen von $\mathcal{F}^{-1}\{S_y(f)\}$ für $y(t)$.

Beispiel 2.7 Fourier-Transformierte des Dreieckimpulses

Der Dreieckimpuls $\Lambda(t)$ ist in Anhang 1 definiert, und Bild 2.14 links zeigt $A\Lambda(t/T_0)$. Die direkte Berechnung der Fourier-Transformierten von $\Lambda(t)$ mittels des Fourier-Integrals Gl. (2.14) ist recht aufwändig. Man gelangt wesentlich schneller zum Ziel, wenn man sich durch Auswerten des Faltungsintegrals klarmacht, dass der Dreieckimpuls über die Faltung des Rechteckimpulses $\mathrm{rect}(t)$ mit sich selbst entsteht (siehe Aufgabe 2.3):

$$\mathrm{rect}(t) * \mathrm{rect}(t) = \Lambda(t) = \begin{cases} 1 - |t| & \text{für} \quad |t| \le 1 \\ 0 & \text{für} \quad |t| > 1 \end{cases}$$

Für die Fourier-Transformierte von $\Lambda(t)$ folgt mithilfe der Faltungstheoreme und Gl. (2.19) mit $A = T_0 = 1$ sofort:

$$\mathcal{F}\{\Lambda(t)\} = \mathcal{F}\{\mathrm{rect}(t) * \mathrm{rect}(t)\} = \mathcal{F}\{\mathrm{rect}(t)\} \cdot \mathcal{F}\{\mathrm{rect}(t)\} = \mathrm{si}^2(\pi f)$$

Mithilfe des Ähnlichkeitssatzes erhält man für die Fourier-Transformierte eines Dreieckimpulses der Breite $2T_0$ und der Höhe A (Bild 2.14 rechts):

$$S(f) = \mathcal{F}\left\{ A\Lambda\left(\frac{t}{T_0}\right) \right\} = A\, T_0\, \mathrm{si}^2(\pi f T_0) \tag{2.24}$$

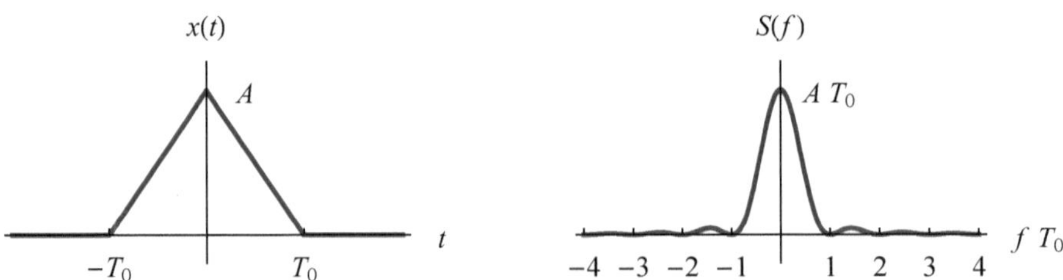

Bild 2.14 Der Dreieckimpuls und dessen Fourier-Transformierte

■

2.1.3 Übertragungsfunktion

Die Fourier-Transformation eröffnet uns eine weitere Möglichkeit zur Beschreibung eines LTI-Systems. Wir betrachten zunächst die Übertragung eines sinusförmigen Signals. Aufgrund der Linearität des Systems erhalten wir am Ausgang ein Signal gleicher Frequenz, während Amplitude und Phase des Ausgangssignals von den Eigenschaften des LTI-Systems bestimmt werden. In der komplexen Wechselstromrechnung gehört zu einem sinusförmigen Signal mit der Amplitude $\hat{u}$ und der Phase φ die komplexe Amplitude $\underline{\hat{u}} = \hat{u}\,\mathrm{e}^{j\varphi}$. Multipliziert man die komplexe Amplitude mit $\mathrm{e}^{j\omega t} = \mathrm{e}^{j2\pi f t}$, so erhält man eine komplexe Zeitfunktion. Deren Realteil ist die zugehörige reelle Zeitfunktion $\hat{u}\cos(2\pi f t + \varphi)$. Das Verhältnis von komplexer Amplitude am Ausgang $\underline{\hat{u}}_2$ zu komplexer Amplitude am Eingang $\underline{\hat{u}}_1$ ist die Übertragungsfunktion. Da diese von der Frequenz des Signals abhängt, bezeichnen wir sie mit $H(f)$:

$$H(f) = \frac{\underline{\hat{u}}_2}{\underline{\hat{u}}_1} = \frac{\hat{u}_2\,\mathrm{e}^{j\varphi_2}}{\hat{u}_1\,\mathrm{e}^{j\varphi_1}} = \frac{\hat{u}_2}{\hat{u}_1}\,\mathrm{e}^{j(\varphi_2-\varphi_1)} \tag{2.25}$$

Vergleicht man die Darstellung der Übertragungsfunktion durch Betrag und Phase $H(f) = |H(f)|\,\mathrm{e}^{j\varphi(f)}$ mit Gl. (2.25), so zeigt sich, dass der Betrag von $H(f)$ gleich dem Verhältnis der Amplituden von Ausgangs- und Eingangssignal ist. $|H(f)| = \hat{u}_2/\hat{u}_1$ wird daher als *Amplitudengang* des Systems bezeichnet. Die Phase $\varphi(f) = \varphi_2 - \varphi_1$ von $H(f)$ ist gleich der Phasendifferenz zwischen Ausgangs- und Eingangssignal und wird als *Phasengang* bezeichnet.

Da die Impulsantwort $h(t)$ und die Übertragungsfunktion $H(f)$ das gleiche System beschreiben, muss es einen Zusammenhang zwischen den beiden geben. Dazu betrachten wir die komplexen Signale:

$$x(t) = \underline{\hat{u}}_1\,\mathrm{e}^{j2\pi f t}, \quad y(t) = \underline{\hat{u}}_2\,\mathrm{e}^{j2\pi f t}$$

Im Zeitbereich gilt

$$y(t) = h(t) * x(t) = \int_{-\infty}^{\infty} h(\tau)\,\underline{\hat{u}}_1\,\mathrm{e}^{j2\pi f(t-\tau)}\,d\tau = \underline{\hat{u}}_1\,\mathrm{e}^{j2\pi f t}\int_{-\infty}^{\infty} h(\tau)\,\mathrm{e}^{-j2\pi f\tau}\,d\tau$$

und damit:

$$\frac{\underline{\hat{u}}_2}{\underline{\hat{u}}_1} = \int_{-\infty}^{\infty} h(\tau)\,\mathrm{e}^{-j2\pi f\tau}\,d\tau$$

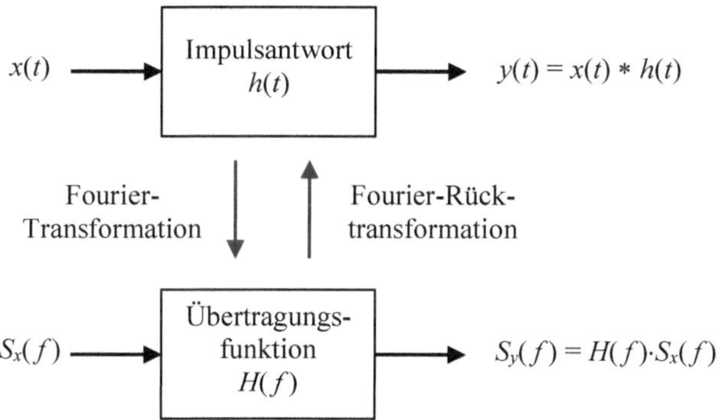

Bild 2.15 Beschreibung eines LTI-Systems im Zeit- und im Frequenzbereich

Das Integral auf der rechten Seite in obiger Gleichung ist aber nichts anderes als das Fourier-Integral aus Gl. (2.14). Die Übertragungsfunktion eines Systems ist also die Fourier-Transformierte der Impulsantwort:

$$H(f) = \mathscr{F}\{h(t)\}, \qquad h(t) = \mathscr{F}^{-1}\{H(f)\} \tag{2.26}$$

Durch Fourier-Transformation der Beziehung $y(t) = x(t) * h(t)$ erhält man mithilfe des Faltungstheorems aus Gl. (2.23) schließlich die Beschreibung eines LTI-Systems im Frequenzbereich:

$$S_y(f) = \mathscr{F}\{y(t)\} = \mathscr{F}\{x(t) * h(t)\} = \mathscr{F}\{x(t)\} \cdot \mathscr{F}\{h(t)\} = S_x(f) \cdot H(f) \tag{2.27}$$

Die Multiplikation des Fourier-Spektrums des Eingangssignals mit der Übertragungsfunktion des LTI-Systems ergibt also das Fourier-Spektrum des Ausgangssignals. Die Übertragungsfunktion bestimmt, wie sich Amplitude und Phase der spektralen Komponenten des Eingangssignals bei Übertragung über das System verändern. Die Beschreibungen im Zeitbereich mittels der Impulsantwort und im Frequenzbereich mittels der Übertragungsfunktion sind über die Fourier-Transformation verknüpft. Diese Zusammenhänge sind nochmals in Bild 2.15 zusammengefasst.

Beispiel 2.8 Übertragungsfunktion des RC-Tiefpasses

Wir betrachten wieder den RC-Tiefpass von Bild 2.4. Am Eingang bzw. Ausgang liegen sinusförmige Signale der Frequenz f und mit den komplexen Amplituden $\underline{\hat{u}}_1$ bzw. $\underline{\hat{u}}_2$. Mit den Impedanzen $\underline{Z}_1 = R$ und $\underline{Z}_2 = 1/j\omega C$ erhält man durch Anwendung der Spannungsteilerregel für die Übertragungsfunktion:

$$H(f) = \frac{\underline{\hat{u}}_2}{\underline{\hat{u}}_1} = \frac{\underline{Z}_2}{\underline{Z}_1 + \underline{Z}_2} = \frac{1/j\omega C}{R + 1/j\omega C} = \frac{1}{1 + j\omega RC} = \frac{1}{1 + j2\pi f RC}$$

Man erhält $H(f)$ aber ebenfalls durch die Fourier-Transformation der Impulsantwort aus Gl. (2.12):

$$H(f) = \mathscr{F}\{h(t)\} = \int_0^\infty \frac{1}{RC}\,\mathrm{e}^{-t/RC}\,\mathrm{e}^{-j2\pi f t}\,dt = \int_0^\infty \frac{1}{RC}\,\mathrm{e}^{-(1/RC+j2\pi f)t}\,dt$$

$$= \left[\frac{\mathrm{e}^{-(1/RC+j2\pi f)t}}{-(1+j2\pi fRC)}\right]_0^\infty = \frac{1}{1+j2\pi fRC}$$

Mit der Bandbreite $B = 1/2\pi RC$ erhalten wir die kompakte Form:

$$H(f) = \frac{1}{1+jf/B} \qquad (2.28)$$

Bildet man Betrag und Phase des Nenners, so erhält man:

$$H(f) = \frac{1}{\sqrt{1+(f/B)^2}\,\mathrm{e}^{j\arctan(f/B)}} = \frac{1}{\sqrt{1+(f/B)^2}}\,\mathrm{e}^{-j\arctan(f/B)}$$

Daraus können wir direkt Betrag und Phase von $H(f)$ ablesen:

$$|H(f)| = \frac{1}{\sqrt{1+(f/B)^2}}, \qquad \varphi(f) = -\arctan\frac{f}{B} \qquad (2.29)$$

Diese Funktionen sind in Bild 2.16 dargestellt. Bei der Frequenz $f = B$ nimmt der Betrag den Wert $1/\sqrt{2}$ und die Phase den Wert $-45°$ an.

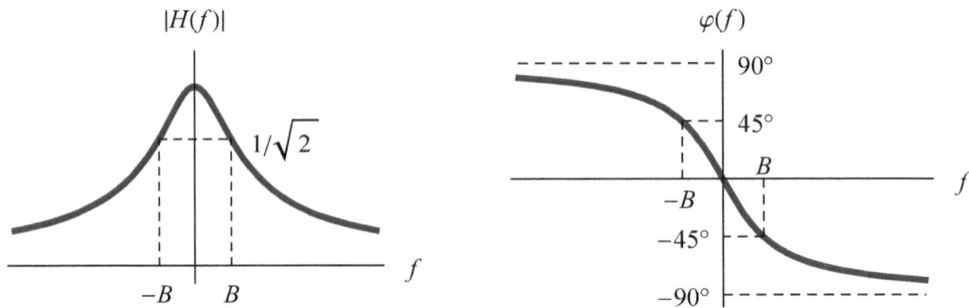

Bild 2.16 Betrag und Phase der Übertragungsfunktion des RC-Tiefpasses

■

Der Betrag einer Übertragungsfunktion wird oft in dB (Dezibel) angegeben. Das Dezibel[7] ist ein logarithmischer Maßstab, der für Dämpfungs- und Pegelangaben verwendet wird. Das Verhältnis von Ausgangsleistung P_2 zu Eingangsleistung P_1 eines Systems beträgt dabei (Logarithmus $\lg x$ zur Basis 10):

$$a = 10\lg\frac{P_2}{P_1}\ \mathrm{dB}$$

Diese Größe ist eigentlich dimensionslos und erhält die Pseudoeinheit dB. Ist der dB-Wert a bekannt, so erhält man das Verhältnis der Leistungen zu $P_2/P_1 = 10^{a/10}$.

[7] Benannt nach Alexander G. Bell (1847–1922), amerikanischer Erfinder.

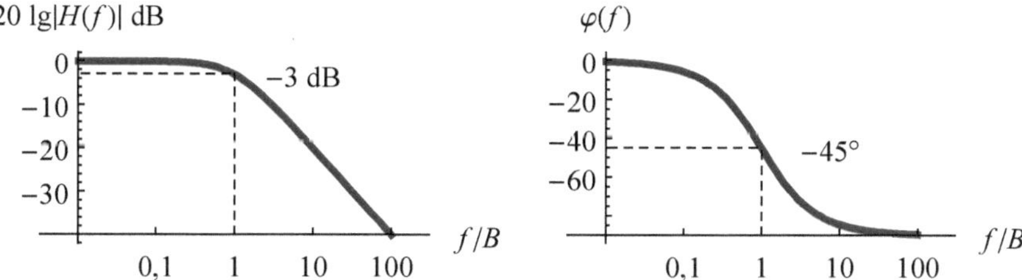

Bild 2.17 Bode-Diagramm der Übertragungsfunktion des RC-Tiefpasses

Liegt eine Spannung U an einem Widerstand R_L an, so gilt für die elektrische Leistung $P = U^2/R_L$. Da $\lg x^2 = 2\lg x$ ist, gilt bei gleichem Bezugswiderstand R_L für das Verhältnis der Spannungen:

$$a = 10\lg\frac{U_2^2/R_L}{U_1^2/R_L} = 10\lg\left(\frac{U_2}{U_1}\right)^2 = 20\lg\frac{U_2}{U_1}\ \text{dB}$$

Ist die Ausgangsgröße kleiner als die Einganggröße ($P_2 < P_1$ oder $U_2 < U_1$), so spricht man von einer Dämpfung und der dB-Wert ist negativ. Im umgekehrten Fall spricht man von einer Verstärkung und der dB-Wert ist positiv. Absolutwerte werden relativ zu einer Bezugsgröße spezifiziert. In der Nachrichtentechnik werden Leistungen oft mit Bezug auf 1 mW und Spannungen mit Bezug auf 1 µV angegeben:

$$P = 10\ \lg\frac{P_1}{1\,\text{mW}}\ \ \text{dB (1 mW)}$$

$$U = 20\ \lg\frac{U_1}{1\,\mu\text{V}}\ \ \text{dB (1 µV)}$$

Eine Leistung von 1 µW entspricht also −30 dB (1 mW), eine Leistung von 1 W entspricht 30 dB (1 mW) und eine Spannung von 1 V entspricht 120 dB (1 µV). In der Praxis üblich sind auch die Angaben 30 dBm und 120 dBµV.[8]

Wir kehren nochmals zur Übertragungsfunktion des RC-Tiefpasses aus Beispiel 2.8 zurück. An der Stelle $f = B$ erhält man für den Betrag der Übertragungsfunktion aus Gl. (2.29):

$$|H(f = B)| = 1/\sqrt{2} = 0{,}707, \qquad a = 20\lg|H(f = B)| = -3\ \text{dB}$$

Die Bandbreite des RC-Tiefpasses ist also die Frequenz, bei der die Dämpfung −3 dB beträgt. Trägt man den Amplitudengang in der Form $20\lg|H(f)|$ und den Phasengang $\varphi(f)$ eines Systems über der logarithmisch eingeteilten Frequenz auf, so erhält man das Bode[9]-Diagramm. Bild 2.17 zeigt das Bode-Diagramm für den RC-Tiefpass.

In Beispiel 2.1 haben wir die Sprungantwort $g(t)$ des RC-Tiefpasses bestimmt. Zwischen der Anstiegszeit der Sprungantwort und der Bandbreite besteht ein einfacher und nützlicher Zusammenhang. Als Anstiegszeit t_A bezeichnet man die Zeit, in der die Sprungantwort von

[8] Nach der Norm DIN EN 60027-3 sollten Pegelangaben in der Form L_P(re 1 mW) = 30 dB, $L_{P/1\,\text{mW}}$ = 30 dB oder 30 dB (1 mW) erfolgen und die Schreibweise 30 dBm vermieden werden [48].

[9] Hendrik W. Bode (1905–1982), amerikanischer Elektrotechniker.

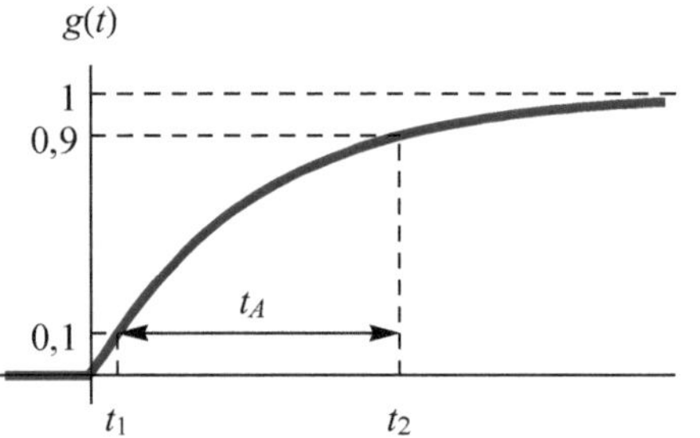

Bild 2.18 Definition der Anstiegszeit t_A

10 % auf 90 % des Endwertes ansteigt (Bild 2.18). Sie ergibt sich mithilfe von Gl. (2.11) mit $t_1 = -RC\ln 0{,}9$ und $t_2 = -RC\ln 0{,}1$ zu:

$$t_A = t_2 - t_1 = RC(\ln 0{,}9 - \ln 0{,}1) = 2{,}2\,RC = 2{,}2\,\frac{1}{2\pi B}$$

$$t_A = \frac{0{,}35}{B} \tag{2.30}$$

Gl. (2.30) kann allgemein zur Abschätzung der Bandbreite eines Signals bei gegebener Anstiegszeit verwendet werden.

Neben der Phase $\varphi(f)$ wird auch oft die *Gruppenlaufzeit* t_g angegeben. Diese ist proportional zur Ableitung von $\varphi(f)$ nach der Frequenz:

$$t_g = -\frac{1}{2\pi}\,\frac{d\varphi(f)}{df} \tag{2.31}$$

So gilt für die Gruppenlaufzeit des RC-Tiefpasses aus Beispiel 2.8:

$$t_g = \frac{1}{2\pi B}\,\frac{1}{1+(f/B)^2} = RC\,\frac{1}{1+(2\pi RCf)^2}$$

Hier ist t_g maximal bei $f = 0$, also dort, wo die Steigung der Phase $\varphi(f)$ am größten ist (siehe Bild 2.16).

2.1.4 Verzerrungsfreies System

Ein System wird als verzerrungsfrei bezeichnet, wenn das Ausgangssignal bis auf einen Amplitudenfaktor K und eine Verzögerung t_0 gleich dem Eingangssignal ist:

$$y(t) = K\,x(t - t_0)$$

Aus der Fourier-Transformation dieser Beziehung erhält man für die Übertragungsfunktion mithilfe des Verschiebungssatzes:

$$S_y(f) = K\,S_x(f)\,\mathrm{e}^{-j2\pi f t_0}, \qquad H(f) = \frac{S_y(f)}{S_x(f)} = K\,\mathrm{e}^{-j2\pi f t_0} \tag{2.32}$$

Die Übertragungsfunktion eines verzerrungsfreien Systems weist also einen konstanten Betrag $|H(f)| = K$ und eine linear von der Frequenz abhängige Phase $\varphi(f) = -2\pi f t_0$ auf. Nach

Gl. (2.31) ist mit der linearen Phase eine konstante Gruppenlaufzeit $t_g = t_0$ verbunden. Die zugehörige Impulsantwort erhält man durch Fourier-Rücktransformation der Übertragungsfunktion. Mithilfe von Gl. (2.20) finden wir:

$$h(t) = K\,\delta(t - t_0)$$

Eine Übertragungsfunktion mit konstantem Betrag und linearer Phase ist also Voraussetzung für eine verzerrungsfreie Übertragung. Umgekehrt spricht man von Dämpfungs- oder Amplitudenverzerrungen, wenn der Betrag nicht konstant ist, und von Phasenverzerrungen, wenn die Phase nicht linear verläuft.

Beispiel 2.9 Übertragungskanal mit Mehrwegeausbreitung

Wenn sich ein Signal über verschiedene Wege vom Sender zum Empfänger mit unterschiedlichen Signallaufzeiten ausbreiten kann, spricht man von Mehrwegeempfang. Dieser ist typisch für den Mobilfunk, wenn das Signal eimal direkt und einmal indirekt, z. B. durch Reflexion an einem Gebäude, zum Empfänger gelangt. Auch in einem Fernsehkabelnetz tritt Mehrwegeempfang auf, wenn das Signal am Ende einer nicht abgeschlossenen Leitung reflektiert wird. Bild 2.19 zeigt das Modell eines solchen Kanals. Der direkte und der indirekte Ausbreitungspfad sollen jeweils für sich verzerrungsfrei sein. Bei Anregung des Kanals mit einem Dirac-Impuls erhält man dann am Ausgang einen Dirac-Impuls bei $t = 0$ (direkter Empfang) und einen zweiten Dirac-Impuls bei $t = t_0$ (indirekter Empfang). Die Impulsantwort lautet also (siehe Bild 2.19 rechts):

$$h(t) = \delta(t) + a\,\delta(t - t_0)$$

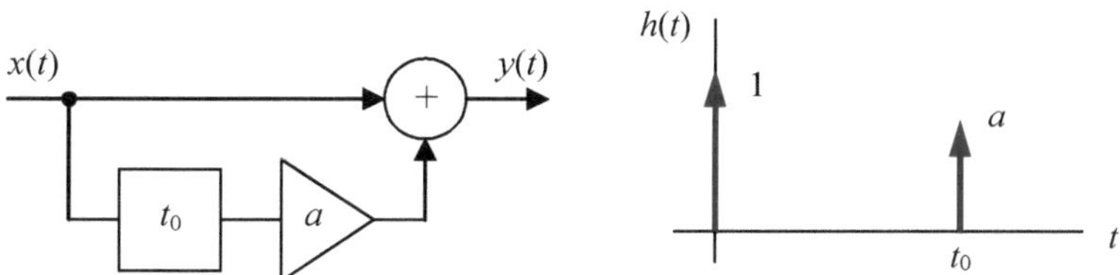

Bild 2.19 Kanalmodell und Impulsantwort bei Mehrwegeempfang

Dabei ist t_0 die Laufzeitdifferenz zwischen direktem und indirektem Pfad und a beschreibt die Dämpfung des indirekten Pfades bezogen auf den direkten Pfad. Durch Fourier-Transformation der Impulsantwort erhalten wir die Übertragungsfunktion des Kanals:

$$H(f) = 1 + a\,\mathrm{e}^{-j2\pi f t_0}, \qquad |H(f)| = \sqrt{1 + a^2 + 2a\cos(2\pi f t_0)}$$

Der Betrag der Übertragungsfunktion ist in Bild 2.20 gezeigt. Er weist an den Stellen, an denen die cos-Funktion den Wert -1 annimmt, d. h. bei $f = \pm n/2t_0$, n ungerade, Einbrüche auf. Dies lässt sich auch damit erklären, dass bei diesen Frequenzen die indirekt empfangene Schwingung aufgrund der Laufzeitdifferenz gerade gegenphasig zur direkt empfangenen Schwingung ist. Die Einbrüche sind umso ausgeprägter, je näher a bei 1 liegt.

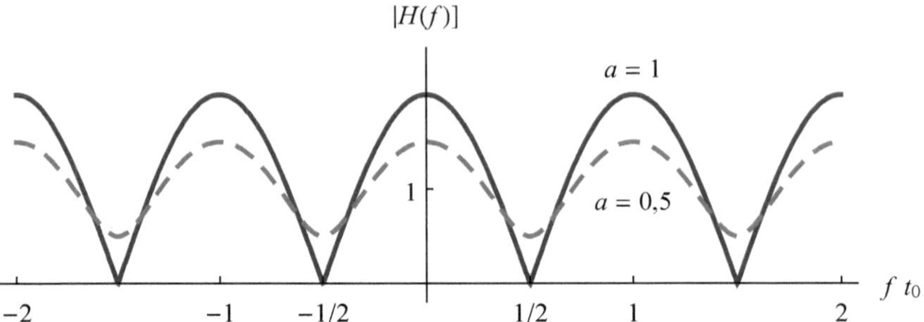

Bild 2.20 Betrag der Übertragungsfunktion des Kanals aus Bild 2.19

■

2.1.5 Der ideale Tiefpass

Die Übertragungsfunktion eines idealen Tiefpasses ist innerhalb des Durchlassbereiches konstant und außerhalb des Durchlassbereiches, also im Sperrbereich, ist sie null. Der Durchlassbereich $-B \leq f \leq B$ schließt alle Frequenzen kleiner als die Bandbreite B ein. Für die Übertragungsfunktion gilt daher:

$$H(f) = H_0 \,\text{rect}\left(\frac{f}{2B}\right) = \begin{cases} H_0 & \text{für} \quad |f| \leq B \\ 0 & \text{für} \quad |f| > B \end{cases} \tag{2.33}$$

Die Übertragungsfunktion ist somit reell, da $\text{Im}\{H(f)\} = 0$. Durch Fourier-Rücktransformation (Gl. (2.15), die Rechnung erfolgt analog zu Beispiel 2.3) erhält man die Impulsantwort:

$$h(t) = H_0 \frac{\sin(2\pi B t)}{\pi t} = 2 H_0 B \,\text{si}(2\pi B t) \tag{2.34}$$

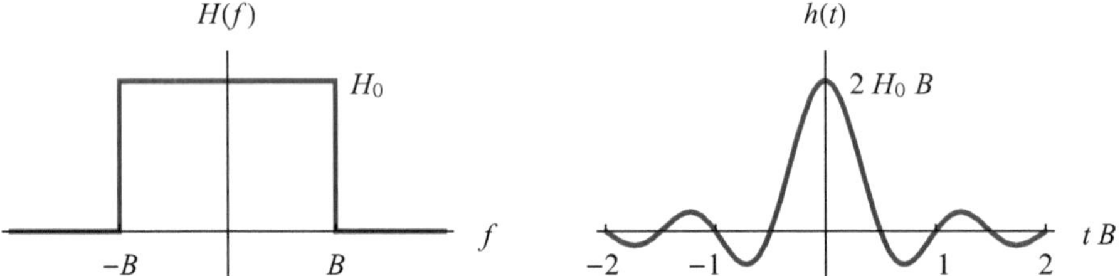

Bild 2.21 Übertragungsfunktion und Impulsantwort des idealen Tiefpasses

Übertragungsfunktion und Impulsantwort sind in Bild 2.21 gezeigt. Vergleichen Sie Bild 2.21 mit Bild 2.11 – dies ist ein schönes Beispiel für die Symmetrie der Fourier-Transformation (siehe Anhang 2)! $H(f)$ ist konstant im Durchlassbereich der Breite B. Der ideale Tiefpass ist somit ein bandbegrenztes, aber innerhalb der Bandbreite verzerrungsfreies System. Die Impulsantwort ist nicht kausal, da das Ausgangssignal bereits für $t < 0$ von null verschieden ist, obwohl die Ursache (der Dirac-Impuls am Eingang) erst bei $t = 0$ wirkt. Der ideale Tiefpass ist somit physikalisch nicht realisierbar, da wir kein System bauen können, dass die Zukunft vorhersehen kann. Er spielt aber bei der Analyse und Bewertung von Übertragungssystemen eine wichtige Rolle.

2.1.6 Der ideale Bandpass

Die Übertragungsfunktion des idealen Bandpasses der Bandbreite B lautet:

$$H(f) = H_0 \left[\mathrm{rect}\left(\frac{f-f_c}{B}\right) + \mathrm{rect}\left(\frac{f+f_c}{B}\right)\right], \qquad f_c > B/2 \tag{2.35}$$

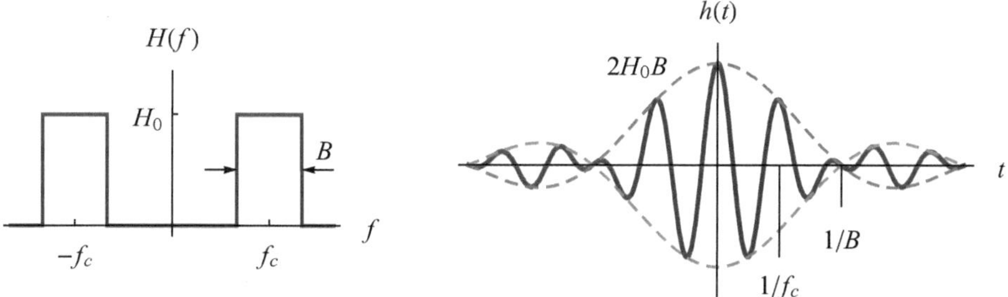

Bild 2.22 Übertragungsfunktion und Impulsantwort des idealen Bandpasses

Der Durchlassbereich der Breite B liegt symmetrisch zur Mittenfrequenz f_c (Bild 2.22 links). Die Bedingung $f_c > B/2$ besagt, dass der Sperrbereich um $f = 0$ herum nicht verschwinden darf. Die Berechnung der Impulsantwort durch Einsetzen von Gl. (2.35) in Gl. (2.15) ist ohne Probleme möglich, aber umständlich. Man gelangt auf einem anderen, einfacheren Weg zur Impulsantwort, wenn man die um $\pm f_c$ zentrierten rect-Funktionen in Gl. (2.35) durch Verschiebung einer im Ursprung liegenden rect-Funktion um $\pm f_c$ darstellt. Sie erinnern sich: Die Faltung eines Signals mit einem Dirac-Impuls entspricht einer Verschiebung des Signals, in Gl. (2.9) handelte es sich um eine Verschiebung im Zeitbereich um t_0. Eine Verschiebung im Frequenzbereich um $\pm f_c$ erhalten wir daher durch:

$$H(f) = H_0\,\mathrm{rect}\left(\frac{f}{B}\right) * \left[\delta(f-f_c) + \delta(f+f_c)\right]$$

Mithilfe des Faltungstheorems Gl. (2.23), der Fourier-Transformierten der rect-Funktion und des Dirac-Impulses sowie des Verschiebungstheorems erhalten wir:

$$\begin{aligned} h(t) &= \mathscr{F}^{-1}\left\{H_0\,\mathrm{rect}\left(\frac{f}{B}\right)\right\} \cdot \mathscr{F}^{-1}\left\{\delta(f-f_c) + \delta(f+f_c)\right\} \\ &= H_0\,B\,\mathrm{si}(\pi B t) \cdot \left(\mathrm{e}^{j2\pi f_c t} + \mathrm{e}^{-j2\pi f_c t}\right) = H_0\,B\,\mathrm{si}(\pi B t) \cdot 2\cos(2\pi f_c t) \end{aligned}$$

Somit lautet die Impulsantwort des idealen Bandpasses:

$$h(t) = 2H_0\,B\,\mathrm{si}(\pi B t)\cos(2\pi f_c t) \tag{2.36}$$

Die Übertragungsfunktion und die Impulsantwort sind in Bild 2.22 dargestellt. Für die Impulsantwort in diesem Bild gilt $f_c = 2B$. Die si-Funktion in Gl. (2.36) bildet die Hüllkurve der Impulsantwort und ist als gestrichelte Linie eingezeichnet.

2.2 Energie- und Leistungssignale

Wir hatten bisher im Wesentlichen mit zwei Arten von Signalen zu tun: mit einzelnen Impulsen wie dem Rechteck- oder dem si-Impuls und zeitlich unbegrenzten Signalen wie der Sinusschwingung. Einzelne Impulse gehören zu den Energiesignalen, während es sich bei den zeitlich unbegrenzten Signalen um Leistungssignale handelt.[10]

2.2.1 Normierte Energie und normierte Leistung

Wir betrachten als Signal eine elektrische Spannung $u(t)$, die an einem Widerstand R anliegt. Die momentane Leistung beträgt

$$p(t) = \frac{u^2(t)}{R}$$

mit der Einheit W (Watt), und die in R im Zeitintervall (t_1, t_2) umgewandelte elektrische Energie beträgt

$$E_{\text{el}} = \frac{1}{R}\int_{t_1}^{t_2} u^2(t)\,dt$$

mit der Einheit Ws. Für die Beschreibung von Systemen verwendet man meist auf einen Widerstand von $R = 1\,\Omega$ normierte Größen. Man erhält so die normierte Energie eines Signals $x(t)$,

$$E = \int_{t_1}^{t_2} x^2(t)\,dt$$

sowie die normierte mittlere Leistung:

$$P = \frac{1}{t_2 - t_1} E = \frac{1}{t_2 - t_1}\int_{t_1}^{t_2} x^2(t)\,dt$$

Handelt es sich bei $x(t)$ um eine Spannung, so hat E die Einheit V^2s, und P hat die Einheit V^2. Zur Umwandlung der normierten in elektrische Größen werden die normierten Größen durch den Bezugswiderstand R geteilt. Die normierte Leistung ist also der *Effektivwert* zum Quadrat. In der Nachrichtentechnik ist oft die Amplitude eines Signals entscheidend, nicht dessen Leistung. So entspricht eine Spannung mit einem Effektivwert von $U = 1\,\text{V}$ an einem Widerstand $R = 100\,\Omega$ einer Leistung $P_{\text{el}} = 10\,\text{mW}$, aber an einem 1-MΩ-Widerstand entspricht dies einer elektrischen Leistung von nur $1\,\mu\text{W}$ – die normierte Leistung ist aber in beiden Fällen $1\,\text{V}^2$. Energiesignale sind nun Signale endlicher Energie, d. h., es gilt:

$$E = \int_{-\infty}^{\infty} x^2(t)\,dt, \qquad 0 < E < \infty \tag{2.37}$$

[10] Wir betrachten hier die Definitionen für Energie, Leistung und Korrelationsfunktion *reeller* Signale. Die entsprechenden Definitionen für *komplexe* Signale finden sich in Anhang 1.

Beispiele für Energiesignale sind Impulse endlicher Länge wie der Rechteckimpuls und der Dreieckimpuls. Der Rechteckimpuls von Bild 2.11 links hat die Energie $E = A^2 T$. Als Leistungssignale werden Signale mit einer endlichen mittleren Leistung bezeichnet:

$$P = \lim_{T\to\infty} \frac{1}{2T} \int_{-T}^{T} x^2(t)\,dt, \qquad 0 < P < \infty \tag{2.38}$$

Zu den Leistungssignalen gehören die periodischen Signale, beispielsweise das Kosinus- und das Sinussignal, und zeitlich nicht begrenzte Zufallssignale. Ein Kosinus- oder Sinussignal mit der Amplitude A hat die normierte Leistung $P = A^2/2$ und den Effektivwert $A/\sqrt{2}$.

2.2.2 Korrelation von Energie- und Leistungssignalen

Die Korrelation ist ein Maß für die Ähnlichkeit zweier Signale. Mithilfe der Korrelation kann beispielsweise die zeitliche Verschiebung zwischen verrauschten Signalen ermittelt werden, und sie spielt bei der Beschreibung von Zufallssignalen und bei Verfahren für den Empfang digitaler Signale eine wichtige Rolle. Das Energie- und das Leistungsdichtespektrum wird über die Korrelation definiert und im nächsten Abschnitt eingeführt. Das Leistungsdichtespektrum ist eine wichtige Größe zur Beschreibung von Zufallssignalen, mit denen wir uns dann in Abschnitt 2.3 beschäftigen werden.

Die Idee der Korrelation basiert auf der Differenz zweier Energiesignale $x(t)$ und $y(t)$. Für die Energie des Differenzsignals gilt:

$$E = \int_{-\infty}^{\infty} \big(x(t) - y(t)\big)^2\,dt = \underbrace{\int_{-\infty}^{\infty} x(t)^2\,dt}_{E_x} + \underbrace{\int_{-\infty}^{\infty} y(t)^2\,dt}_{E_y} - 2\int_{-\infty}^{\infty} x(t)y(t)\,dt$$

Das erste und das zweite Integral in diesem Ausdruck sind gleich der Energie von $x(t)$ bzw. $y(t)$ und werden bei der Definition der Ähnlichkeit der Signale nicht berücksichtigt. Als *Korrelationskoeffizienten* definiert man:

$$\rho_{xy} = \frac{1}{\sqrt{E_x E_y}} \int_{-\infty}^{\infty} x(t)y(t)\,dt \tag{2.39}$$

Bedingt durch die Normierung mit den Signalenergien liegt der Korrelationskoeffizient im Bereich von +1 bis −1. Er nimmt den Wert +1 bei größter Ähnlichkeit, d. h. bei bis auf einen positiven Faktor identischen Signalen $y(t) = ax(t)$ an. Den Wert −1 erhält man für $y(t) = -ax(t)$.

Lässt man zusätzlich eine zeitliche Verschiebung τ zwischen den Signalen zu, so wird der Korrelationskoeffizient eine Funktion dieser Verschiebung. Man erhält so die unnormierte Korrelationsfunktion:

$$R_{xy}(\tau) = \int_{-\infty}^{\infty} x(t)y(t+\tau)\,dt \tag{2.40}$$

Korreliert man verschiedene Signale $x(t)$ und $y(t)$ wie in Gl. (2.40), so bezeichnet man $R_{xy}(\tau)$ auch als *Kreuzkorrelationsfunktion* (KKF). Signale, für die die KKF an der Stelle $\tau = 0$ gleich null ist, d. h. $R_{xy}(0) = 0$, bezeichnet man als orthogonale Signale.

Beispiel 2.10 Orthogonale Signale

Die Signale in Bild 2.23

$$x(t) = \mathrm{rect}\left(\frac{t}{T} - \frac{1}{2}\right)\cos\left(2\pi\frac{t}{T}\right), \qquad y(t) = \mathrm{rect}\left(\frac{t}{T} - \frac{1}{2}\right)\cos\left(4\pi\frac{t}{T}\right)$$

sind orthogonal zueinander, da:

$$R_{xy}(0) = \int_0^T \cos\left(2\pi\frac{t}{T}\right)\cos\left(4\pi\frac{t}{T}\right)dt = 0$$

Solche Signale werden bei OFDM verwendet (Abschnitt 6.6).

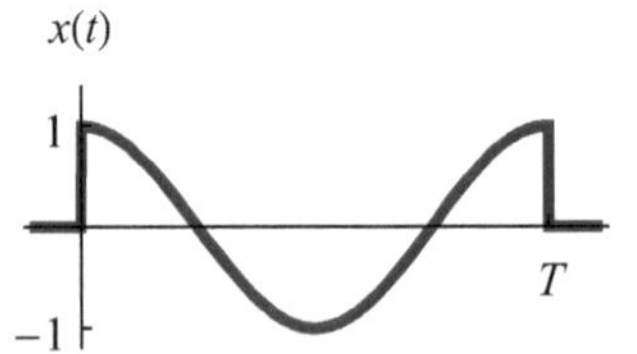

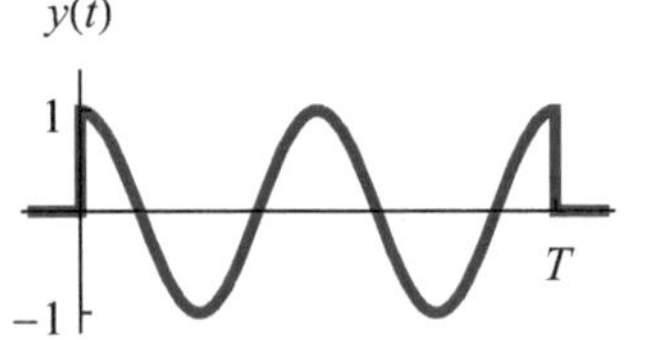

Bild 2.23 Beispiel orthogonaler Signale

■

Vergleicht man die Korrelationsfunktion aus Gl. (2.40) mit dem Faltungsintegral aus Gl. (2.6), so stellt man eine große Ähnlichkeit fest. Tatsächlich lässt sich die Korrelationsfunktion für Energiesignale mithilfe der Faltung ausdrücken. Wir ersetzen in Gl. (2.40) τ durch $-\tau$ sowie t durch λ und erhalten:

$$R_{xy}(-\tau) = \int_{-\infty}^{\infty} x(\lambda)y(\lambda-\tau)\,d\lambda = \int_{-\infty}^{\infty} x(\lambda)y(-(\tau-\lambda))\,d\lambda = x(\tau) * y(-\tau)$$

Wir ersetzen wieder $-\tau$ durch τ und erhalten den gesuchten Zusammenhang:

$$R_{xy}(\tau) = x(-\tau) * y(\tau) \tag{2.41}$$

Was passiert, wenn man die Reihenfolge der Signale vertauscht, also $y(t)$ mit $x(t)$ korreliert? Zunächst ist $R_{yx}(\tau) = y(-\tau) * x(\tau)$. Mit dem Kommutativgesetz der Faltung aus Gl. (2.7) ist ferner $R_{yx}(\tau) = x(\tau) * y(-\tau)$, also:

$$R_{yx}(\tau) = R_{xy}(-\tau) \tag{2.42}$$

Korreliert man ein Signal mit sich selbst, d. h. gilt $y(t) = x(t)$, erhält man die *Autokorrelationsfunktion* (AKF) $R_{xx}(\tau)$ oder etwas kürzer $R_x(\tau)$. Wir stellen folgende Eigenschaften der AKF reeller Energiesignale fest: $R_x(\tau)$ ist eine gerade Funktion, denn:

$$R_x(\tau) = x(-\tau) * x(\tau) = x(\tau) * x(-\tau) = R_x(-\tau) \tag{2.43}$$

$R_x(0)$ ist gleich der Signalenergie und der maximale Wert der Autokorrelationsfunktion:

$$R_x(0) = \int_{-\infty}^{\infty} x^2(t)\,dt = E, \qquad |R_x(\tau)| \le R_x(0) \tag{2.44}$$

Die Definition der Korrelationsfunktion von Leistungssignalen erfolgt analog zur Definition für Energiesignale:[11]

$$R_{xy}(\tau) = \lim_{T\to\infty} \frac{1}{2T} \int_{-T}^{T} x(t)y(t+\tau)\,dt \tag{2.45}$$

Die Autokorrelationsfunktion reeller Leistungssignale hat ähnliche Eigenschaften wie die der reellen Energiesignale. Sie ist eine gerade Funktion, und $R_x(0)$ ist gleich der Signalleistung und der maximale Wert der AKF:

$$R_x(0) = \lim_{T\to\infty} \frac{1}{2T} \int_{-\infty}^{\infty} x^2(t)\,dt = P, \qquad |R_x(\tau)| \leq R_x(0) \tag{2.46}$$

2.2.3 Energie- und Leistungsdichtespektrum

In Abschnitt 2.1.2 wurde das Fourier-Spektrum oder Amplitudendichtespektrum eines Signals definiert. Dies beschrieb die Verteilung der Amplitude über der Frequenz. Entsprechend beschreibt das Energiedichtespektrum die Verteilung der Energie für Energiesignale und das Leistungsdichtespektrum die Verteilung der Leistung für Leistungssignale. Für das Energie- bzw. Leistungsdichtespektrum eines Signals $x(t)$ verwenden wir einheitlich das Symbol $\phi_x(f)$. Eine Forderung an $\phi_x(f)$ ist, dass die Fläche unter dem Spektrum gleich der Energie bzw. der Leistung des Signals sein muss. Im Fall eines Energiesignals muss also

$$E = R_x(0) = \int_{-\infty}^{\infty} \phi_x(f)\,df \tag{2.47}$$

gelten. Durch Fourier-Transformation der Autokorrelationsfunktion eines Energiesignals in der Form von Gl. (2.43) erhalten wir zunächst:

$$\mathcal{F}\{R_x(\tau)\} = \mathcal{F}\{x(-\tau) * x(\tau)\} = \mathcal{F}\{x(-\tau)\}\,\mathcal{F}\{x(\tau)\} = S^*(f)\,S(f) = |S(f)|^2$$

Dabei ist $S^*(f)$ der konjugiert komplexe Wert von $S(f)$, und für eine komplexe Zahl $z = a + jb$ ist $z\,z^* = (a+jb)(a-jb) = a^2 + b^2 = |z|^2$. Somit ist die Fourier-Transformierte der AKF eines Energiesignals $x(t)$ gleich dem Betragsquadrat der Fourier-Transformierten von $x(t)$. Durch Rücktransformation erhalten wir wieder $R_x(\tau)$ und für $\tau = 0$ ist:

$$R_x(0) = \mathcal{F}^{-1}\left\{|S(f)|^2\right\}\Big|_{\tau=0} = \left.\int_{-\infty}^{\infty} |S(f)|^2\, \mathrm{e}^{j2\pi f\tau}\,df\right|_{\tau=0} = \int_{-\infty}^{\infty} |S(f)|^2\,df$$

Damit haben wir die Funktion $\phi_x(f)$ gefunden, die die in Gl. (2.47) formulierte Bedingung erfüllt: Es ist $|S(f)|^2$. Für das Energiedichtespektrum gilt also:

$$\phi_x(f) = \mathcal{F}\{R_x(\tau)\} = |S(f)|^2 \tag{2.48}$$

[11] Man verwendet in der Regel für die Korrelationsfunktion von Leistungs- und Energiesignalen die gleichen Symbole, also $R_{xy}(\tau)$ für die Kreuz- bzw. $R_x(\tau)$ für die Autokorrelationsfunktion.

Kombinieren wir die Gleichungen (2.37), (2.47) und (2.48), erhalten wir auch den Zusammenhang:

$$E = \int_{-\infty}^{\infty} x^2(t)\,dt = \int_{-\infty}^{\infty} |S(f)|^2\,df \tag{2.49}$$

Dies ist das parsevalsche Theorem.[12] Es verknüpft die Energie eines Signals mit dessen Fourier-Transformierter $S(f)$.

Kommen wir nun zu den Leistungssignalen. Für diese definiert man das Leistungsdichtespektrum entsprechend als Fourier-Transformierte der Autokorrelationsfunktion

$$\phi_x(f) = \mathscr{F}\{R_x(\tau)\} \tag{2.50}$$

und für die Leistung des Signals gilt:

$$P = R_x(0) = \int_{-\infty}^{\infty} \phi_x(f)\,df \tag{2.51}$$

Handelt es sich bei dem Signal $x(t)$ um eine Spannung, so hat das Energiedichtespektrum die Dimension (normierte Energie)/Frequenz, also $\mathrm{V}^2\mathrm{s/Hz}$, und das Leistungsdichtespektrum besitzt die Dimension (normierte Leistung)/Frequenz, also V^2/Hz. Sowohl das Energie- als auch das Leistungsdichtespektrum sind reelle, gerade Funktionen und stets positiv.

Beispiel 2.11 Autokorrelationsfunktion und Leistungsdichtespektrum des Kosinussignals

Ein Kosinussignal ist ein periodisches Signal und damit ein Leistungssignal. Bei einem periodischen Signal wird der Zeitmittelwert zur Bestimmung der Autokorrelationsfunktion über eine oder mehrere Perioden gebildet. Für das Kosinussignal $x(t) = A\cos(2\pi f_0 t)$ erhalten wir mithilfe von Gl. (2.45) bei Integration von $-T$ bis T mit $f_0 = 1/T$:

$$R_x(\tau) = \frac{1}{2T}\int_{-T}^{T} x(t)x(t+\tau)\,dt = \frac{A^2}{2T}\int_{-T}^{T} \cos\left(\frac{2\pi}{T}t\right)\cos\left(\frac{2\pi}{T}(t+\tau)\right)dt$$

Mithilfe der trigonometrischen Beziehungen aus Anhang 1 formen wir den zweiten Kosinusterm um und erhalten (Bild 2.24 links):

$$\begin{aligned} R_x(\tau) &= \frac{A^2}{2T}\left[\cos\left(\frac{2\pi}{T}\tau\right)\underbrace{\int_{-T}^{T}\cos^2\left(\frac{2\pi}{T}t\right)dt}_{=T} + \sin\left(\frac{2\pi}{T}\tau\right)\underbrace{\int_{-T}^{T}\cos\left(\frac{2\pi}{T}t\right)\sin\left(\frac{2\pi}{T}t\right)dt}_{=0}\right] \\ &= \frac{A^2}{2}\cos(2\pi f_0\tau) \end{aligned}$$

[12] Marc-Antoine Parseval (1755–1836), französischer Mathematiker.

Die AKF eines periodischen Signals ist also erwartungsgemäß selbst eine periodische Funktion, denn bei einer Verschiebung um τ entsprechend einem ganzzahligen Vielfachen der Periodendauer nimmt der Integrand $x(t)\,x(t+\tau)$ immer wieder den gleichen Wert an. Umgekehrt weist ein periodischer Anteil der Autokorrelationsfunktion auf eine periodische Signalkomponente hin. Für das Leistungsdichtespektrum folgt (Bild 2.24 rechts):

$$\phi_x(f) = \mathscr{F}\left\{\frac{A^2}{2}\cos(2\pi f_0 \tau)\right\} = \frac{A^2}{4}\left(\delta(f-f_0)+\delta(f+f_0)\right)$$

Die Signalleistung kann sowohl aus der Autokorrelationsfunktion für $\tau = 0$ als auch aus der Fläche unter dem Leistungsdichtespektrum bestimmt werden und beträgt:

$$P = R_x(0) = \int_{-\infty}^{\infty} \frac{A^2}{4}\left(\delta(f-f_0)+\delta(f+f_0)\right) df = \frac{A^2}{2}$$

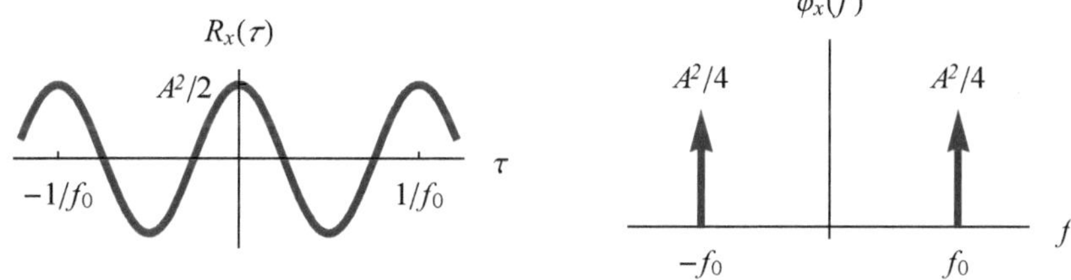

Bild 2.24 Autokorrelationsfunktion und Leistungsdichtespektrum des Kosinussignals

■

Während einem Fourier-Spektrum durch die Fourier-Rücktransformation ein eindeutiges Signal zugeordnet werden kann, gilt dies nicht für das Energie- und das Leistungsdichtespektrum. Beispielsweise erhält man für das Sinussignal $x(t) = A\sin(2\pi f_0 t)$ die gleiche Autokorrelationsfunktion und das gleiche Leistungsdichtespektrum wie für das Kosinussignal aus dem Beispiel oben. Durch die Bildung des zeitlichen Mittelwertes bei der AKF geht die Phaseninformation verloren.

2.3 Zufallssignale

Bisher haben wir uns auf deterministische Signale konzentriert, deren Verlauf durch eine Funktion $x(t)$ für beliebige t festgelegt ist. Bei Zufallssignalen ist der exakte Verlauf dagegen nicht bekannt. Stattdessen erfolgt die Beschreibung durch statistische Mittelwerte und Wahrscheinlichkeitsverteilungen. Zufallssignale treten im Zusammenhang mit Übertragungssystemen als informationstragende Nutzsignale und als Störsignale auf.

2.3.1 Beschreibung von Zufallssignalen durch Erwartungswerte

Ein Zufallssignal geht aus einem Zufallsprozess hervor. Genauer: Ein Zufallsprozess ordnet einem zufälligen Ereignis eine von der Zeit abhängige Funktion zu. Wir betrachten als Beispiel die Rauschspannung, die aufgrund der thermischen Bewegung der Elektronen in einem Widerstand entsteht. Wählt man aus einer großen Zahl identischer Widerstände gleicher Temperatur zufällig einen aus und beobachtet dessen Rauschspannung, so erhält man ein Zufallssignal. Zufallssignale werden durch Erwartungswerte beschrieben. Die für uns wichtigsten Erwartungswerte sind der Mittelwert, der quadratische Mittelwert und die Autokorrelationsfunktion.

Wir gehen im Folgenden von einem *stationären* und *ergodischen* Zufallsprozess aus. Die statistischen Eigenschaften eines stationären Prozesses sind zeitunabhängig, d. h. die Erwartungswerte sind unabhängig vom Beobachtungszeitpunkt. Einen Prozess, bei dem dies nur für die oben angeführten Erwartungswerte gilt, nennt man schwach stationär (engl.: Wide-Sense Stationary, WSS). Ist der Prozess auch ergodisch, so ist ein einzelnes Zufallssignal repräsentativ für den gesamten Prozess.[13] Bei dem oben genannten Beispiel der thermischen Rauschspannung von Widerständen können wir davon ausgehen, dass der Zufallsprozess stationär ist, wenn die Temperatur der Widerstände konstant ist. Ein einzelnes Zufallssignal ist repräsentativ für den Prozess, wenn die Widerstände identisch aufgebaut sind und den gleichen Widerstandswert und die gleiche Temperatur haben. Für stationäre, ergodische Prozesse genügt es, zur Bestimmung der Erwartungswerte ein einzelnes Zufallssignal $x(t)$ nacheinander zu verschiedenen Zeitpunkten zu beobachten und die entsprechenden Zeitmittelwerte zu bestimmen. Der *lineare Mittelwert* ist:

$$E[x(t)] = \overline{x(t)} = m_x = \lim_{T\to\infty} \frac{1}{2T} \int_{-T}^{T} x(t)\,dt \tag{2.52}$$

$E[\cdot]$ ist der Operator für den Erwartungswert, der im vorliegenden Fall durch den Zeitmittelwert definiert ist. m_x ist der Gleichanteil des Zufallssignals $x(t)$. Für den *quadratischen Mittelwert* gilt:

$$E\left[x^2(t)\right] = \overline{x^2(t)} = P = \lim_{T\to\infty} \frac{1}{2T} \int_{-T}^{T} x^2(t)\,dt \tag{2.53}$$

Wie der Vergleich mit Gl. (2.38) zeigt, ist P die mittlere normierte Leistung von $x(t)$. Die Differenz

$$\overline{x^2(t)} - \overline{x(t)}^2 = P - m_x^2 = \sigma_x^2$$

ist die *Varianz* von $x(t)$. Dabei ist das Quadrat des Mittelwertes m_x^2 die Leistung des Gleichanteils und die Varianz σ_x^2 die Leistung des Wechselanteils. Die *Standardabweichung* σ_x ist der Effektivwert des Wechselanteils. Die Gesamtleistung ist daher auch:

$$P = \overline{x^2(t)} = \sigma_x^2 + m_x^2 \tag{2.54}$$

[13] Für eine eingehendere Diskussion der Stationarität und der Ergodizität siehe z. B. [23] und [25].

Wir hatten bereits in Abschnitt 2.2.1 festgestellt, dass die normierte Leistung gleich dem Quadrat des Effektivwertes ist. Der Effektivwert ist also

$$x_{\text{eff}} = \sqrt{P} = \sqrt{\overline{x^2(t)}} \tag{2.55}$$

was sehr schön die englische Bezeichnung RMS (Root-Mean-Square) Value erklärt. Ein weiterer Parameter zur Beschreibung von Zufallssignalen ist der *Crest-Faktor*. Er ist definiert als das Verhältnis von maximaler Amplitude zu Effektivwert und wird üblicherweise in Dezibel angegeben:

$$CF = 20\lg\frac{\max\{|x(t)|\}}{x_{\text{eff}}}\ \text{dB} \tag{2.56}$$

Durch Quadrieren erhält man das Verhältnis von Spitzenleistung zu mittlerer Leistung, dies wird als *peak-to-avarage power ratio* PAPR bezeichnet:

$$PAPR = 10\lg\frac{(\max\{|x(t)|\})^2}{P}\ \text{dB} = CF \tag{2.57}$$

Vergleicht man zwei Signale mit gleicher Leistung, aber unterschiedlichem Crest-Faktor bzw. PAPR, so hat das Signal mit dem größeren Crest-Faktor die größere maximale Amplitude. Ein solches Signal stellt beispielsweise höhere Anforderungen an die Linearität eines Leistungsverstärkers.

Die Autokorrelationsfunktion eines ergodischen Prozesses ist der zeitliche Mittelwert des Produktes $x(t)x(t+\tau)$, hängt also nur von der relativen Verschiebung τ ab:

$$E[x(t)x(t+\tau)] = R_x(\tau) = \lim_{T\to\infty}\frac{1}{2T}\int_{-T}^{T} x(t)x(t+\tau)\,dt \tag{2.58}$$

Da ein zeitlich nicht begrenztes Zufallssignal ein Leistungssignal ist, ist die Definition der Korrelationsfunktion identisch mit der in Abschnitt 2.2.2 eingeführten Definition. Insbesondere gilt wieder, dass $R_x(0)$ gleich der mittleren normierten Leistung von $x(t)$ und der maximale Wert der Autokorrelationsfunktion ist, denn für $\tau = 0$ geht Gl. (2.58) in Gl. (2.53) über. Wir hatten die Korrelation als ein Maß für die Ähnlichkeit beschrieben und betrachten dazu Bild 2.25. Hier ist ein Zufallssignal $x(t)$, das um τ verschobene Signal und das Produkt $x(t)x(t+\tau)$ dargestellt. Ist τ sehr klein wie in Bild 2.25 oben, so sind sich $x(t)$ und $x(t+\tau)$ sehr ähnlich. Das Produkt der Signale ist für nahezu alle Zeitpunkte positiv, da $x(t)$ und $x(t+\tau)$ nahezu immer das gleiche Vorzeichen haben. Der zeitliche Mittelwert über $x(t)x(t+\tau)$, also $R_x(\tau)$, ist entsprechend groß. Bei einer großen Verschiebung τ (Bild 2.25 unten) sind sich die Signale nicht mehr ähnlich, das Produkt ist nicht mehr überwiegend positiv, und der zeitliche Mittelwert ist entsprechend klein.

Es wurde bereits angedeutet, dass zur vollständigen Beschreibung eines Zufallsprozesses die zugrunde liegenden Wahrscheinlichkeitsdichten bekannt sein müssen. Wir wollen uns daher zunächst mit Verteilungsfunktionen und Wahrscheinlichkeitsdichten vertraut machen.

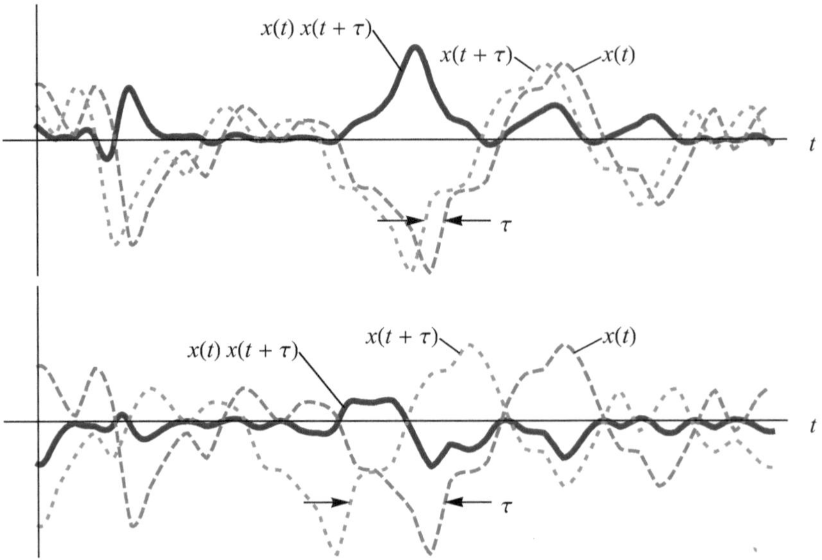

Bild 2.25 Die Autokorrelationsfunktion ist der zeitliche Mittelwert des Produktes $x(t)x(t+\tau)$

2.3.2 Verteilungsfunktion und Wahrscheinlichkeitsdichte

Ähnlich wie ein Zufallsprozess einem Ereignis eine Zeitfunktion zuordnet, ordnet eine Zufallsvariable X einem Ereignis eine reelle Zahl x zu. Gibt es eine endliche Anzahl von Ereignissen, so spricht man von einer diskreten Zufallsvariablen. Beispielsweise kann ein Element einer binären Zufallsfolge die Werte 0 oder 1 annehmen. Diesen beiden Ereignissen werden die Zahlen 0 und 1 zugeordnet:

$$X = 0, \quad X = 1$$

Sind beide Ereignisse gleich wahrscheinlich, so können wir für die Auftrittswahrscheinlichkeiten $P(X = 0) = P(X = 1) = 1/2$ schreiben. Eine stetige Zufallsvariable kann beliebige reelle Werte annehmen. Ein Beispiel ist die Rauschspannung an einem Widerstand. Die Wahrscheinlichkeit, dass eine solche Zufallsvariable einen ganz bestimmten Wert annimmt, geht gegen null. Ein sinnvolles Ereignis ist in diesem Fall beispielsweise, dass die Rauschspannung einen Wert zwischen 0,01 V und 0,02 V aufweist:

$$0{,}01\,\mathrm{V} \le X \le 0{,}02\,\mathrm{V}$$

Die *Verteilungsfunktion* $F_X(x)$ gibt die Wahrscheinlichkeit an, dass eine Zufallsvariable X kleiner oder gleich einer reellen Zahl x ist, d. h.:

$$F_X(x) = P(X \le x) \tag{2.59}$$

Die Wahrscheinlichkeit und damit auch die Verteilungsfunktion nimmt Werte zwischen null und eins an. Für das komplementäre Ereignis $P(X > x)$ gilt:

$$P(X > x) = 1 - F_X(x) \tag{2.60}$$

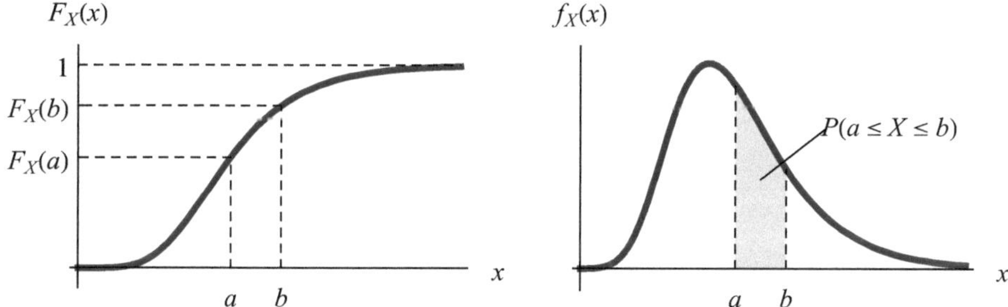

Bild 2.26 Verteilungsfunktion und Wahrscheinlichkeitsdichte einer stetigen Zufallsvariablen

Die Verteilungsfunktion ist eine stets positive, monoton steigende Funktion (Bild 2.26) mit folgenden Eigenschaften:

1. $0 \le F_X(x) \le 1$
2. $F_X(-\infty) = 0$
3. $F_X(\infty) = 1$
4. $F_X(x_1) \le F_X(x_2) \quad \text{für} x_1 \le x_2$

Die *Wahrscheinlichkeitsdichte* $f_X(x)$ einer Zufallsvariablen erhält man durch Ableitung der Verteilungsfunktion:

$$f_X(x) = \frac{dF_X(x)}{dx}, \quad F_X(x) = \int_{-\infty}^{x} f_X(\lambda)\, d\lambda \tag{2.61}$$

Die Wahrscheinlichkeitsdichte ist eine stets positive Funktion, deren Fläche eins ist:

1. $f_X(x) \ge 0$
2. $\int_{-\infty}^{\infty} f_X(\lambda)\, d\lambda = F_X(\infty) = 1$

Die Wahrscheinlichkeit, dass X in ein Intervall $a \le X \le b$ fällt, beträgt

$$P(a \le X \le b) = P(X \le b) - P(X \le a) = F_X(b) - F_X(a) = \int_{a}^{b} f_X(\lambda)\, d\lambda \tag{2.62}$$

und ist gleich der Fläche unter $f_X(x)$ im Bereich a bis b (Bild 2.26).

Aus Gl. (2.62) folgt für die Wahrscheinlichkeit, dass X in ein kleines Intervall $x \le X \le x + \Delta x$ fällt:

$$P(x \le X \le x + \Delta x) = \int_{x}^{x+\Delta x} f_X(\lambda)\, d\lambda \approx f_X(x)\, \Delta x$$

Man erhält den Mittelwert von X, indem man x mit der Auftrittswahrscheinlichkeit $f_X(x)\,\Delta x$ multipliziert und für alle Intervalle aufsummiert. Lässt man Δx gegen null gehen, so strebt der so berechnete Mittelwert gegen den Erwartungswert:

$$E[X] = m_x = \int_{-\infty}^{\infty} x\, f_X(x)\, dx \tag{2.63}$$

$E[\cdot]$ ist wieder der Operator für den Erwartungswert, der im vorliegenden Fall durch den Integralausdruck in Gl. (2.63) definiert ist. Allgemein nennt man den Erwartungswert $E[X^n]$ das n-te Moment der Verteilung. Das 1. Moment ist also der Mittelwert und das 2. Moment ist der quadratische Mittelwert. Für ihn gilt entsprechend:

$$E\left[X^2\right] = \overline{x^2} = \int_{-\infty}^{\infty} x^2\, f_X(x)\, dx \tag{2.64}$$

Im Falle einer diskreten Zufallsvariablen treten anstelle der Gleichungen (2.63) und (2.64) die Summenausdrücke:

$$E[X] = \sum_i x_i\, P(x = x_i), \quad E\left[X^2\right] = \sum_i x_i^2\, P(x = x_i) \tag{2.65}$$

Die Varianz (oder das 2. zentrale Moment) ist ein Maß für die Streuung der Werte um den Mittelwert und ist definiert als:

$$\sigma_x^2 = E\left[(X - m_x)^2\right] = E\left[X^2\right] - 2m_x E[X] + m_x^2 = \overline{x^2} - 2m_x^2 + m_x^2 = \overline{x^2} - m_x^2 \tag{2.66}$$

Nach diesen allgemeinen Ausführungen zu Verteilungsfunktionen und Wahrscheinlichkeitsdichten wollen wir nun die im Zusammenhang mit der Nachrichtentechnik wichtigsten Verteilungen betrachten. Aus der Gruppe der stetigen Verteilungsfunktionen werden hier die Gleich-, die Normal- und die Riceverteilung behandelt. Als Verteter der diskreten Verteilungsfunktionen betrachten wir die Binomialverteilung.

Gleichverteilung

Die Wahrscheinlichkeitsdichte einer gleich verteilten Zufallsgröße ist konstant in einem Intervall $a \le x \le b$ und null außerhalb dieses Intervalls. Da die Fläche unter der Wahrscheinlichkeitsdichte gleich eins sein muss, gilt:

$$f_X(x) = \frac{1}{b-a} \quad \text{für} \quad a \le x \le b \tag{2.67}$$

Durch Integration der Wahrscheinlichkeitsdichte gemäß Gl. (2.61) erhalten wir für die Verteilungsfunktion:

$$F_X(x) = \int_a^x \frac{1}{b-a}\, d\lambda = \frac{x-a}{b-a} \quad \text{für} \quad a \le x \le b \tag{2.68}$$

Wahrscheinlichkeitsdichte und Verteilungsfunktion der Gleichverteilung sind in Bild 2.27 gezeigt. Der Mittelwert bestimmt sich mit Gl. (2.63) zu:

$$m_x = \int_a^b \frac{x}{b-a}\, dx = \frac{1}{b-a}\left[\frac{1}{2}x^2\right]_a^b = \frac{b+a}{2} \tag{2.69}$$

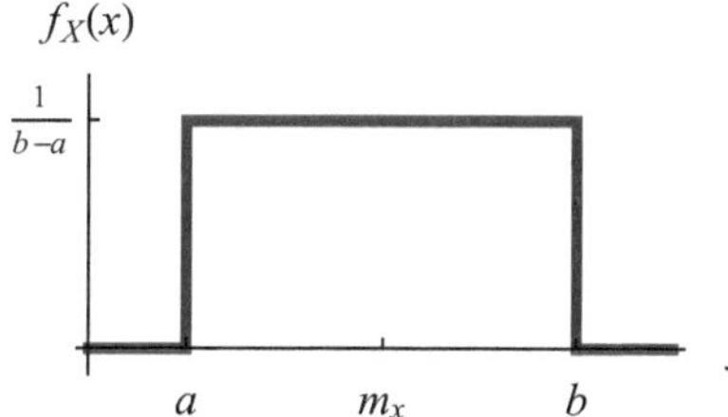

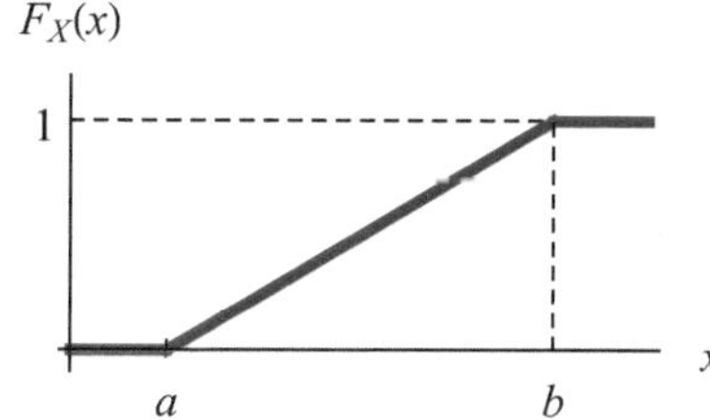

Bild 2.27 Wahrscheinlichkeitsdichte und Verteilungsfunktion der Gleichverteilung

Für den quadratischen Mittelwert erhalten wir mit Gl. (2.64):

$$\overline{x^2} = \int_a^b \frac{x^2}{b-a}\,dx = \frac{1}{3}\frac{b^3-a^3}{b-a} = \frac{1}{3}\left(b^2+ab+a^2\right)$$

Für die Varianz ergibt sich mithilfe von Gl. (2.66):

$$\sigma_x^2 = \overline{x^2} - m_x^2 = \frac{(b-a)^2}{12} \tag{2.70}$$

Die Gleichverteilung ist entweder durch die Angabe der Intervallgrenzen a und b oder durch die Angabe von Mittelwert und Varianz vollständig spezifiziert.

Normal- oder Gaußverteilung

Die Wahrscheinlichkeitsdichte der Normal- oder Gaußverteilung[14] ist durch

$$f_X(x) = \frac{1}{\sqrt{2\pi}\,\sigma_x}\exp\left(-\frac{(x-m_x)^2}{2\sigma_x^2}\right) \tag{2.71}$$

gegeben (Bild 2.28). Die Parameter dieser Verteilung sind der Mittelwert m_x und die Standardabweichung σ_x. Das Integral aus Gl. (2.61) zur Bestimmung der Verteilungsfunktion

$$F_X(x) = \int_{-\infty}^{x} \frac{1}{\sqrt{2\pi}\,\sigma_x}\exp\left(-\frac{(\lambda-m_x)^2}{2\sigma_x^2}\right)d\lambda$$

kann für die Normalverteilung nicht geschlossen berechnet werden. Hier arbeitet man mit der Fehlerfunktion[15] (error function) erf(x) bzw. der komplementären Fehlerfunktion erfc(x), die man in vielen mathematischen Handbüchern tabelliert vorfindet (siehe z. B. [2] und Anhang 4). Diese Funktionen sind definiert als:

$$\operatorname{erf}(x) = \frac{2}{\sqrt{\pi}}\int_0^x \exp\left(-\gamma^2\right)d\gamma, \quad \operatorname{erfc}(x) = 1-\operatorname{erf}(x) = \frac{2}{\sqrt{\pi}}\int_x^{\infty}\exp\left(-\gamma^2\right)d\gamma \tag{2.72}$$

[14] Carl Friedrich Gauß (1777–1855), deutscher Mathematiker.

[15] Üblich ist auch die Verwendung der Funktion $Q(x) = 1/2\,\operatorname{erfc}(x/\sqrt{2})$.

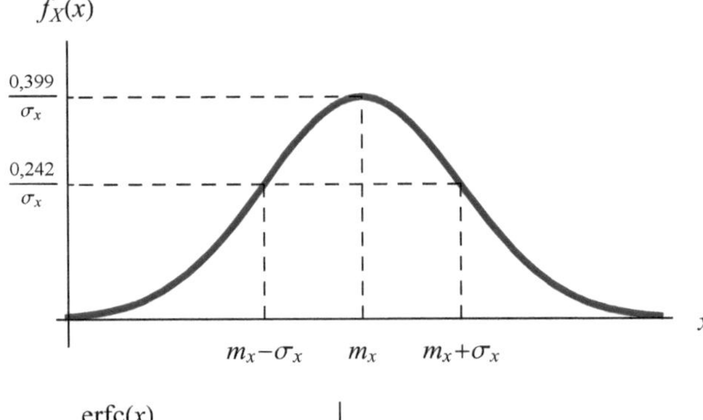

Bild 2.28 Wahrscheinlichkeitsdichte der Normalverteilung

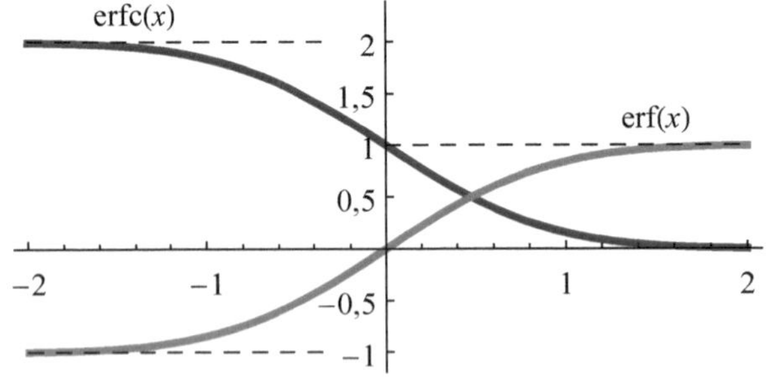

Bild 2.29 Fehlerfunktion erf(x) und komplementäre Fehlerfunktion erfc(x)

Den Verlauf der Funktionen zeigt Bild 2.29. Mit ihrer Hilfe erhalten wir mit der Substitution $\gamma = \frac{\lambda - m_x}{\sqrt{2}\sigma_x}$, $d\lambda = \sqrt{2}\,\sigma_x\, d\gamma$, für die Verteilungsfunktion:

$$F_X(x) = \frac{1}{\sqrt{\pi}} \int_{-\infty}^{\frac{x-m_x}{\sqrt{2}\sigma_x}} \exp\left(-\gamma^2\right) d\gamma = \frac{1}{2}\left(2 - \frac{2}{\sqrt{\pi}} \int_{\frac{x-m_x}{\sqrt{2}\sigma_x}}^{\infty} \exp\left(-\gamma^2\right) d\gamma\right)$$

$$= \frac{1}{2}\operatorname{erfc}\left(-\frac{x-m_x}{\sqrt{2}\sigma_x}\right) \tag{2.73}$$

Für Gl. (2.73) wurden die Beziehungen $\operatorname{erfc}(-\infty) = 2$ und $\operatorname{erfc}(-x) = 2 - \operatorname{erfc}(x)$ verwendet. Eine nützliche Näherung für die erfc-Funktion für große x lautet:

$$\operatorname{erfc}(x) \approx \frac{1}{x\sqrt{\pi}} \exp\left(-x^2\right) \quad \text{für} \quad x > 6 \tag{2.74}$$

Die Bedeutung der Normalverteilung ist im zentralen Grenzwertsatz begründet [2]. Er besagt, dass eine Zufallsvariable, die durch Aufsummieren einer großen Zahl statistisch unabhängiger Zufallsvariablen gebildet wird, näherungsweise normal verteilt ist. Voraussetzung ist, dass jeder Summand nur einen geringen Beitrag liefert.

Beispiel 2.12 Normal verteiltes Zufallssignal

Thermisches Rauschen wird durch die thermische Bewegung der Elektronen verursacht. Jedes Elektron liefert durch seine Eigenbewegung einen kleinen Beitrag zur Rauschspannung. Diese ist damit die Summe vieler statistisch unabhängiger Zufallssignale, und ihre Amplitude ist normal verteilt mit dem Mittelwert $m_x = 0$ und der

Standardabweichung σ_x (Bild 2.30). Gemäß Gl. (2.54) ist die Leistung des Rauschsignals gleich dessen Varianz σ_x^2.

Mithilfe der erfc-Funktion können wir nun z. B. die Frage beantworten, mit welcher Wahrscheinlichkeit das Zufallssignal den Wert $x_m = 2\sigma_x$ überschreitet bzw. $-x_m$ unterschreitet. Mit Gl. (2.73) erhalten wir:

$$P(|x| > x_m) = 2P(x \leq -x_m) = 2\frac{1}{2}\operatorname{erfc}\left(-\frac{-2\sigma_x}{\sqrt{2}\sigma_x}\right) = \operatorname{erfc}\left(\sqrt{2}\right) = 0{,}046$$

Ein Amplitudenwert ist also mit einer Wahrscheinlichkeit von 4,6 % größer als $2\sigma_x$ oder kleiner als $-2\sigma_x$.

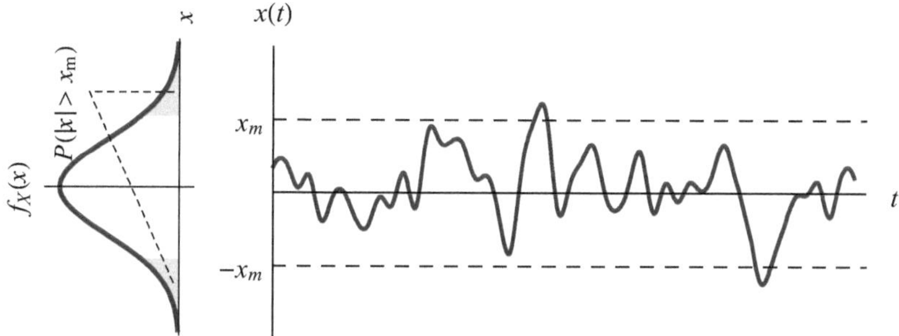

Bild 2.30 Ein normal verteiltes Zufallssignal

Rice- und Rayleighverteilung

Eine Rice[16]-verteilte Zufallsgröße entsteht, wenn aus zwei statistisch unabhängigen, normal verteilten Zufallsvariablen Y und Z mit gleicher Varianz σ^2, aber unterschiedlichen Mittelwerten $c\cos\theta$ bzw. $c\sin\theta$ eine neue Zufallsvariable X gemäß

$$X = \sqrt{Y^2 + Z^2}$$

gebildet wird. Diese Zufallsvariable ist Rice-verteilt mit der Wahrscheinlichkeitsdichte:

$$f_X(x) = \frac{x}{\sigma^2} I_0\left(x\frac{c}{\sigma^2}\right) \exp\left(-\frac{x^2 + c^2}{2\sigma^2}\right) \quad \text{für} \quad x \geq 0 \tag{2.75}$$

$I_0(x)$ ist die modifizierte Bessel-Funktion erster Art nullter Ordnung [2]. Da X nicht negativ werden kann, ist $f_X(x)$ gleich null für $x < 0$. Bild 2.31 zeigt die Wahrscheinlichkeitsdichte als Funktion von $r = x/\sigma$ mit $s = c/\sigma$ als Parameter in der Form:

$$\sigma f_X(x) = r\, I_0(r\, s) \exp\left(-\frac{r^2 + s^2}{2}\right)$$

Für $c = 0$ sind die Zufallsvariablen Y und Z mittelwertfrei. Dann ist $I_0(0) = 1$ und die Riceverteilung geht in die Rayleighverteilung[17] mit der Wahrscheinlichkeitsdichte

$$f_X(x) = \frac{x}{\sigma^2} \exp\left(-\frac{x^2}{2\sigma^2}\right) \quad \text{für} \quad x \geq 0 \tag{2.76}$$

[16] Stephen Oswald Rice (1907–1986), amerikanischer Ingenieur.
[17] John William Strutt, Lord Rayleigh (1842–1919), englischer Physiker.

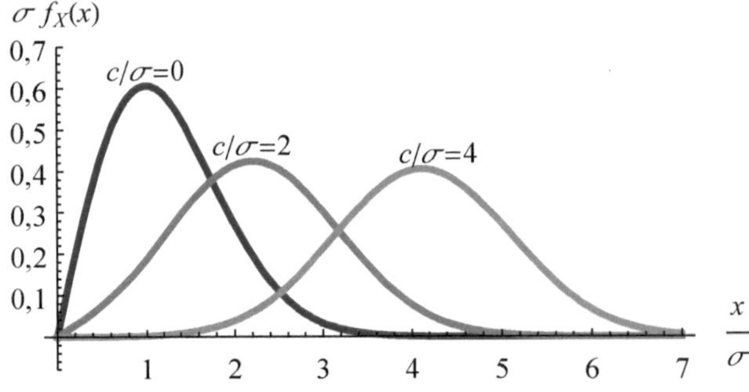

Bild 2.31 Wahrscheinlichkeitsdichte der Riceverteilung

über. Die linke Kurve in Bild 2.31 mit $c/\sigma = 0$ gilt für die Rayleighverteilung. Ist das Verhältnis c/σ sehr groß, so geht die Riceverteilung in die Normalverteilung über. Rice- und Rayleighverteilung werden uns bei der Bestimmung der Fehlerwahrscheinlichkeit im Falle der inkohärenten Demodulation begegnen.

Binomialverteilung

Die Binomialverteilung beschreibt eine diskrete Zufallsvariable, die entsteht, wenn ein Zufallsexperiment n-mal wiederholt wird. Gesucht ist die Wahrscheinlichkeit, dass dabei ein bestimmtes Ereignis A genau i-mal eintritt, d. h. dass die Zufallsvariable den Wert i $(i = 0, 1, \ldots, n)$ annimmt. Damit kann beispielsweise die Frage beantwortet werden, mit welcher Wahrscheinlichkeit i Bitfehler in einem Datenwort der Länge n bit auftreten (siehe Beispiel 2.13). Die Wahrscheinlichkeit, dass A eintritt, sei $P(A) = \rho$; die Wahrscheinlichkeit, dass A nicht eintritt, ist dann $1 - \rho$. Bei n Durchführungen des Zufallsexperiments tritt jede Folge, in der A genau i-mal eintritt, mit der Wahrscheinlichkeit $\rho^i\,(1-\rho)^{n-i}$ auf. Die Anzahl der möglichen Folgen ist durch den Binomialkoeffizienten

$$\binom{n}{i} = \frac{n!}{i!\,(n-i)!} \tag{2.77}$$

gegeben. Weiterhin ist $0! = 1$, und aus Gl. (2.77) folgen einige nützliche Werte des Binomialkoeffizienten:

$$\binom{n}{0} = \binom{n}{n} = 1, \quad \binom{n}{1} = \binom{n}{n-1} = n, \quad \binom{n}{2} = \binom{n}{n-2} = \frac{n\,(n-1)}{2}$$

Für die gesuchte Wahrscheinlichkeit, dass das Ereignis A genau i-mal eintritt (und $(n-i)$-mal nicht eintritt), erhalten wir:

$$P(i) = \binom{n}{i} \rho^i\,(1-\rho)^{n-i}, \quad i = 0, 1, \ldots, n \tag{2.78}$$

Beispiel 2.13 Wahrscheinlichkeit für ein fehlerhaftes Datenwort

Gesucht ist die Wahrscheinlichkeit, dass in einem Datenwort der Länge $n = 64$ bit genau 1 oder 2 Bitfehler auftreten. Die Bitfehlerwahrscheinlichkeit betrage $\rho = 10^{-5}$, und Bitfehler treten zufällig und unabhängig voneinander auf. Mithilfe von Gl. (2.78) erhalten wir:

$$P(1) = 64\,\rho\,(1-\rho)^{63} = 6{,}396 \cdot 10^{-4}, \quad P(2) = \frac{64 \cdot 63}{2}\,\rho^2\,(1-\rho)^{62} = 2{,}015 \cdot 10^{-7}$$

Die Wahrscheinlichkeit, dass ein fehlerhaftes Datenwort zwei oder mehr Bitfehler enthält, ist also deutlich geringer als die Wahrscheinlichkeit für einen Bitfehler. Aber schon Aristoteles wusste: Zur Wahrscheinlichkeit gehört auch, dass das Unwahrscheinliche eintritt. Die Wahrscheinlichkeit, dass ein Datenwort mindestens einen Bitfehler enthält, beträgt

$$P(i \geq 1) = 1 - P(0) = 1 - (1-\rho)^{64} = 6{,}398 \cdot 10^{-4}$$

und ist praktisch identisch zu $P(1)$, d. h., fehlerhafte Datenworte enthalten nahezu immer nur einen Bitfehler. Dies gilt allgemein, falls $n\,\rho \ll 1$ ist. Eine nützliche Näherung der Wahrscheinlichkeit für ein fehlerhaftes Datenwort ist:

$$P(i \geq 1) \approx n\,\rho$$

Dies folgt aus der Reihenentwicklung $P(0) = (1-\rho)^n \approx 1 - n\,\rho$ für $n\,\rho \ll 1$. ■

2.3.3 Leistungsdichtespektrum von Zufallssignalen

Die Autokorrelationsfunktion $R_x(\tau)$ eines stationären Zufallssignals gibt uns an, wie zeitlich um τ auseinanderliegende Werte statistisch korreliert sind. Fällt $R_x(\tau)$ nur sehr langsam vom Maximalwert $R_x(0)$ ab, so deutet dies darauf hin, dass benachbarte Werte des Zufallssignals nicht sehr voneinander abweichen (vgl. Bild 2.25). Wir erwarten dann, dass das Leistungsdichtespektrum des Signals wesentliche Leistungsanteile bei niedrigen Frequenzen enthält. Umgekehrt deutet eine schnell abfallende Autokorrelationsfunktion auf schnelle zeitliche Änderungen des Signals hin, sodass auch Leistungsanteile bei hohen Frequenzen zu erwarten sind.

Es gibt also einen Zusammenhang zwischen der Autokorrelationsfunktion und dem Leistungsdichtespektrum. Für stationäre oder zumindest schwach stationäre Zufallsprozesse kann man nach dem Wiener-Khintchine[18]-Theorem [4] die Leistungsdichte durch Fourier-Transformation der Autokorrelationsfunktion berechnen:

$$\phi_x(f) = \mathcal{F}\{R_x(\tau)\} \tag{2.79}$$

Die Fourier-Rücktransformation des Leistungsdichtespektrums liefert für $\tau = 0$ die normierte Leistung des Signals:

$$P = R_x(0) = \int_{-\infty}^{\infty} \phi_x(f)\,df \tag{2.80}$$

[18] Norbert Wiener (1894–1964), amerikanischer Mathematiker, und Aleksandr J. Khintchine (1894–1959), russischer Mathematiker.

Die Leistung ist also gleich der Fläche unter $\phi_x(f)$. Da $R_x(\tau)$ eine gerade, reelle Funktion ist, ist auch $\phi_x(f)$ eine gerade, reelle Funktion und stets positiv. Formal entsprechen diese Beziehungen den Gleichungen (2.50) und (2.51) im Falle deterministischer Leistungssignale. Es folgt nun ein etwas umfangreicheres Beispiel, in dem einige der bisher gewonnenen Erkenntnisse zusammengeführt werden.

Beispiel 2.14 Autokorrelationsfunktion und Leistungsdichtespektrum eines binären Zufallssignals

Gegeben ist ein binäres Zufallssignal $x(t)$ eines stationären, ergodischen Zufallsprozesses. Das Signal besteht aus rechteckförmigen Impulsen der Dauer T_b (Bitdauer). Eine Zufallsfolge von binären, d. h. zweiwertigen Symbolen a_k bestimmt die Impulsamplituden. Die a_k können zwei verschiedene Werte A oder $-A$ annehmen (Bild 2.32). Der Anfangszeitpunkt t_0 des ersten Impulses des Signals sei ebenfalls zufällig gewählt. Die Symbole a_k sind statistisch unabhängig und gleich wahrscheinlich, d. h. $P(A) = P(-A) = 1/2$. Für Mittelwert und Leistung des Signals erhalten wir:

$$m_x = E[x(t)] = E[a_k] = \frac{1}{2}A + \frac{1}{2}(-A) = 0$$

$$P = E\left[x^2(t)\right] = E\left[a_k^2\right] = \frac{1}{2}A^2 + \frac{1}{2}(-A)^2 = A^2$$

Zur Bestimmung der Autokorrelationsfunktion $R_x(\tau) = E[x(t)x(t+\tau)]$ betrachten wir zunächst den Fall $|\tau| > T_b$ (Bild 2.32). Für einen zufällig ausgewählten Zeitpunkt sei $x(t) = a_i$. Dann ist $x(t+|\tau|) = a_j$, d. h., wir liegen in verschiedenen Symbolen. Das Produkt $a_i\, a_j$ kann die Werte $A \cdot A$, $A \cdot (-A)$, $(-A) \cdot A$ und $(-A) \cdot (-A)$ annehmen, die Wahrscheinlichkeit für jeden der Werte ist $1/4$. Für $R_x(\tau)$ erhalten wir daher:

$$R_x(\tau) = E\left[a_i\, a_j\right] = \frac{1}{4}\left(A^2 - A^2 - A^2 + A^2\right) = 0$$

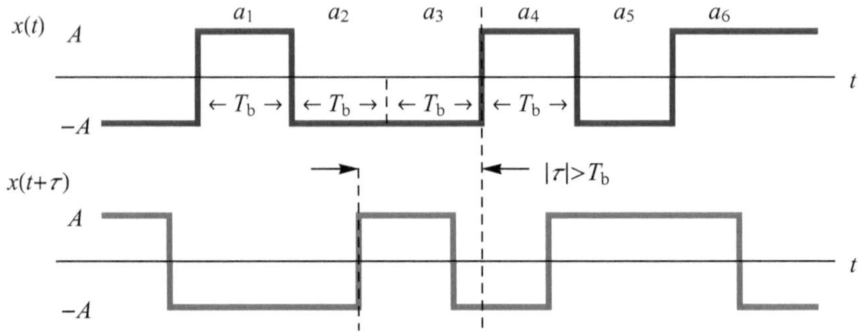

Bild 2.32 Zur Bestimmung der AKF des binären Zufallssignals für $|\tau| > T_b$

Der Fall $|\tau| \le T_b$ ist in Bild 2.33 dargestellt. Hier können wir je nach Wahl des Zeitpunktes t bei $x(t)$ und $x(t+\tau)$ in verschiedenen Symbolen oder im gleichen Symbol liegen. Das Ereignis B mit der Wahrscheinlichkeit $P(B)$ stehe für den Fall der verschiedenen Symbole. Dann ist:

$$x(t) = a_i \quad \text{und} \quad x(t+|\tau|) = \begin{cases} a_j: & \text{Wahrscheinlichkeit} \quad P(B) \\ a_i: & \text{Wahrscheinlichkeit} \quad 1 - P(B) \end{cases}$$

Für die Autokorrelationsfunktion gewichten wir die Erwartungswerte für verschiedene bzw. gleiche Symbole mit den Wahrscheinlichkeiten für diese Ereignisse und erhalten:

$$R_x(\tau) = \underbrace{E\left[a_i\, a_j\right]}_{=0} P(B) + \underbrace{E\left[a_i^2\right]}_{=A^2} (1 - P(B)) = A^2\, (1 - P(B))$$

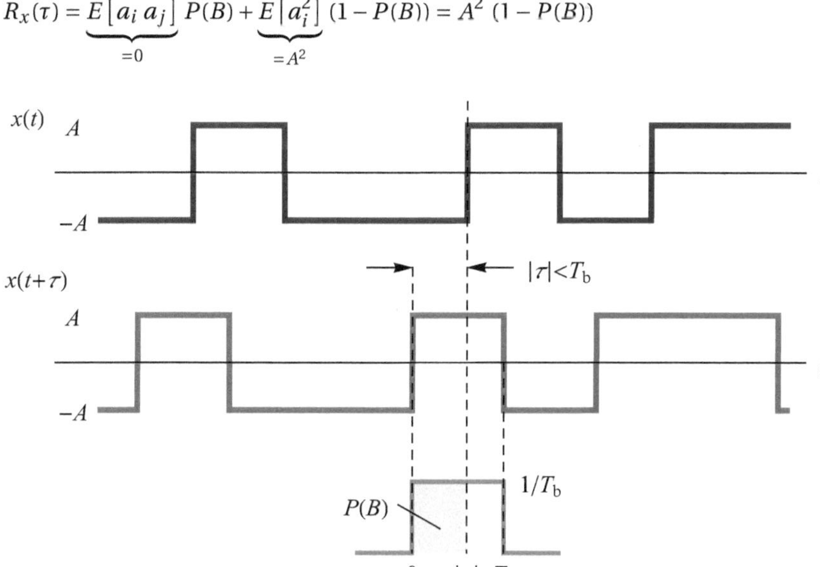

Bild 2.33 Zur Bestimmung der AKF des binären Zufallssignals für $|\tau| \leq T_b$

Zur Bestimmung von $P(B)$ betrachten wir ein beliebiges Intervall der Länge T_b (siehe Bild 2.33 unten). Der zufällig ausgewählte Zeitpunkt t ist über dieses Intervall gleich verteilt mit der Wahrscheinlichkeitsdichte $1/T_b$ (vgl. Gl. (2.67)). Die Wahrscheinlichkeit $P(B)$ ist gleich der schraffierten Fläche unter der Wahrscheinlichkeitsdichte im Bereich von 0 bis $|\tau|$:

$$P(B) = \frac{|\tau|}{T_b}$$

Wir fassen die zwei Teilergebnisse für $|\tau| > T_b$ und $|\tau| \leq T_b$ für die Autokorrelationsfunktion zusammen:

$$R_x(\tau) = A^2\, \Lambda\left(\frac{\tau}{T_b}\right) = \begin{cases} A^2\left(1 - \dfrac{|\tau|}{T_b}\right) & \text{für} \quad |\tau| \leq T_b \\ 0 & \text{für} \quad |\tau| > T_b \end{cases} \qquad (2.81)$$

Durch Fourier-Transformation der AKF aus Gl. (2.81) erhalten wir schließlich das Leistungsdichtespektrum. Mithilfe des Ergebnisses aus Beispiel 2.7 folgt sofort:

$$\phi_x(f) = A^2\, T_b\, \mathrm{si}^2\left(\pi f T_b\right) \qquad (2.82)$$

$R_x(\tau)$ und $\phi_x(f)$ sind in Bild 2.34 dargestellt. Zusätzlich ist die Leistungsdichte in Dezibel in Bild 2.35 gezeigt. Durch die Skalierung in dB sind die Nebenmaxima besser zu erkennen. Der Abstand von Haupt- zu erstem Nebenmaximum beträgt ca. 13 dB.

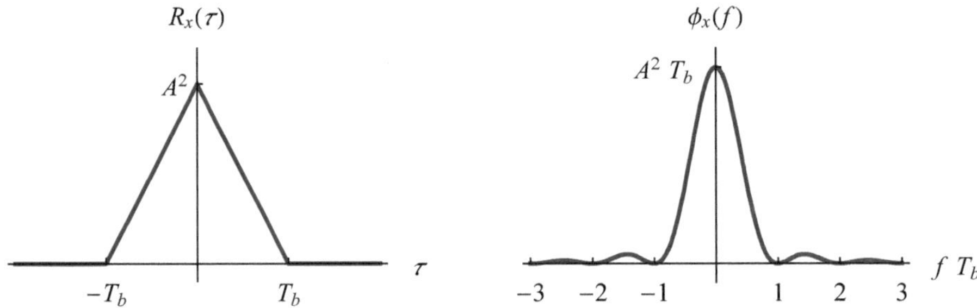

Bild 2.34 AKF und Leistungsdichtespektrum des binären Zufallssignals

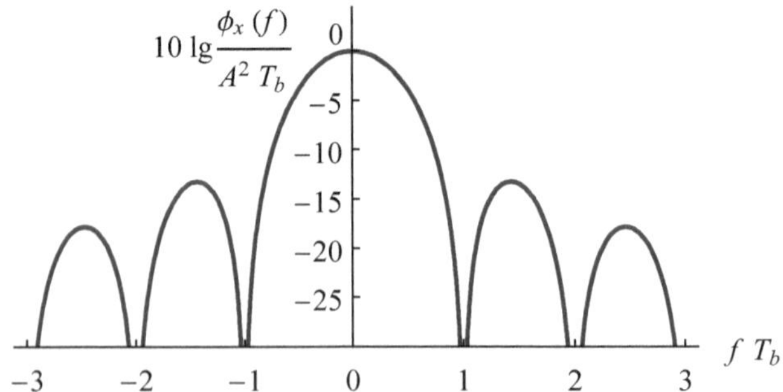

Bild 2.35 Leistungsdichtespektrum im logarithmischen Maßstab

■

2.3.4 Übertragung von Zufallssignalen über LTI-Systeme

Ein reelles Zufallssignal $x(t)$ wird über ein LTI-System mit der Impulsantwort $h(t)$ und der Übertragungsfunktion $H(f)$ übertragen. Das Zufallssignal wird durch seine Autokorrelationsfunktion $R_x(\tau)$ und sein Leistungsdichtespektrum $\phi_x(f)$ beschrieben. Wir halten zunächst fest, dass die Eigenschaften eines Zufallsprozesses wie Stationarität und Ergodizität bei der Übertragung über ein LTI-System erhalten bleiben. Dies gilt im Allgemeinen nicht für die Wahrscheinlichkeitsdichte. Eine Ausnahme bilden normal verteilte Zufallssignale, d. h., in diesem Falle ist auch das Ausgangssignal ein normal verteiltes Zufallssignal [23].

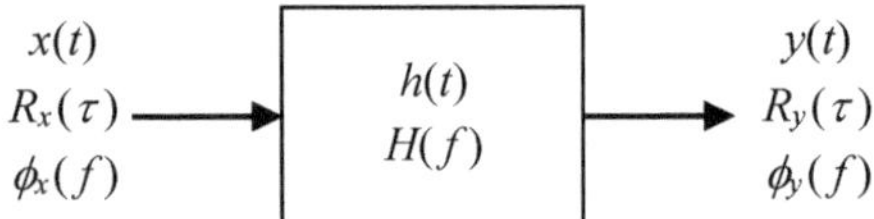

Bild 2.36 Zufallssignal und LTI-System

Zur Beschreibung des Zufallssignals $y(t)$ am Ausgang suchen wir dessen Autokorrelationsfunktion und dessen Leistungsdichtespektrum (Bild 2.36). Ausgehend von Gl. (2.6) ist zunächst

$$y(t) = x(t) * h(t) = \int_{-\infty}^{\infty} h(\lambda) x(t-\lambda)\, d\lambda$$

wobei das Kommutativgesetz und λ als Integrationsvariable verwendet wurden, um eine Verwechslung mit der Variable τ der Autokorrelationsfunktion zu vermeiden. Als erster Schritt wird die Kreuzkorrelationsfunktion $R_{xy}(\tau) = E[x(t)y(t+\tau)]$ zwischen Eingangs- und Ausgangssignal bestimmt. Wir ersetzen t durch $t-\tau$, erhalten $R_{xy}(\tau) = E[x(t-\tau)y(t)]$ und setzen das Faltungsintegral für $y(t)$ ein:

$$R_{xy}(\tau) = E\left[x(t-\tau)\int_{-\infty}^{\infty} h(\lambda)x(t-\lambda)\,d\lambda\right]$$

$E[\cdot]$ steht für die Bildung des Zeitmittelwertes in der Form von Gl. (2.58). Daher kann die Reihenfolge von Bildung des Erwartungswertes und Integration vertauscht werden und es ist:

$$R_{xy}(\tau) = \int_{-\infty}^{\infty} h(\lambda)\underbrace{E[x(t-\tau)x(t-\lambda)]}_{=R_x(\tau-\lambda)}\,d\lambda = h(\tau) * R_x(\tau)$$

Im zweiten Schritt bestimmen wir durch eine ähnliche Rechnung die Autokorrelationsfunktion des Ausgangssignals:

$$\begin{aligned} R_y(\tau) = R_y(-\tau) = E[y(t)y(t-\tau)] &= E\left[\int_{-\infty}^{\infty} h(\lambda)x(t-\lambda)\,d\lambda\, y(t-\tau)\right] \\ &= \int_{-\infty}^{\infty} h(\lambda)\underbrace{E\left[x(t-\lambda)y(t-\tau)\right]}_{=R_{xy}(-\tau+\lambda)}\,d\lambda = h(\tau) * R_{xy}(-\tau) \\ &= h(-\tau) * R_{xy}(\tau) \end{aligned}$$

Wir setzen das Ergebnis für $R_{xy}(\tau)$ ein und erhalten für den Zusammenhang zwischen Autokorrelationsfunktion von Ausgangs- und Eingangssignal:

$$R_y(\tau) = h(-\tau) * h(\tau) * R_x(\tau) \tag{2.83}$$

Die Fourier-Transformation dieser Beziehung liefert schließlich den entsprechenden Zusammenhang für die Leistungsdichten. Mit der Beziehung zwischen AKF und Leistungsdichtespektrum $\phi_x(f) = \mathcal{F}\{R_x(\tau)\}$ sowie $\mathcal{F}\{h(-\tau)\} = H^*(f)$ und dem Faltungstheorem aus Gl. (2.23) erhalten wir

$$\phi_y(f) = H^*(f)\,H(f)\,\phi_x(f)$$

bzw.:

$$\phi_y(f) = |H(f)|^2\,\phi_x(f) \tag{2.84}$$

Dieses ebenso schlichte wie wichtige Ergebnis liefert uns die Leistungsdichte am Ausgang des LTI-Systems. Sie ist gleich dem Produkt der Leistungsdichte am Eingang mit dem Betragsquadrat der Übertragungsfunktion. Die Phase von $H(f)$ spielt für die Leistungsdichte keine Rolle, da die Leistung eines Signals von der Amplitude und nicht von dessen Phase abhängt.

2.3.5 Weißes Rauschen, Rauschbandbreite und additives Rauschen

Unter weißem Rauschen versteht man ein Rauschsignal mit einer konstanten Leistungsdichte, unabhängig von der Frequenz. Die Bezeichnung geht auf die Analogie zu weißem Licht zurück, in dem alle Farben bzw. Frequenzen enthalten sind. Die Leistungsdichte des Rauschsignals $n(t)$ wird zu

$$\phi_n(f) = \frac{N_0}{2} \tag{2.85}$$

festgelegt, und die zugehörige Autokorrelationsfunktion erhält man durch Fourier-Rücktransformation:

$$R_n(\tau) = \frac{N_0}{2}\,\delta(\tau) \tag{2.86}$$

Beide Funktionen sind in Bild 2.37 gezeigt. Gl. (2.86) besagt, dass bereits bei geringsten Verschiebungen $|\tau| > 0$ keinerlei Ähnlichkeit zwischen $n(t)$ und dem um τ verschobenen Signal mehr besteht.

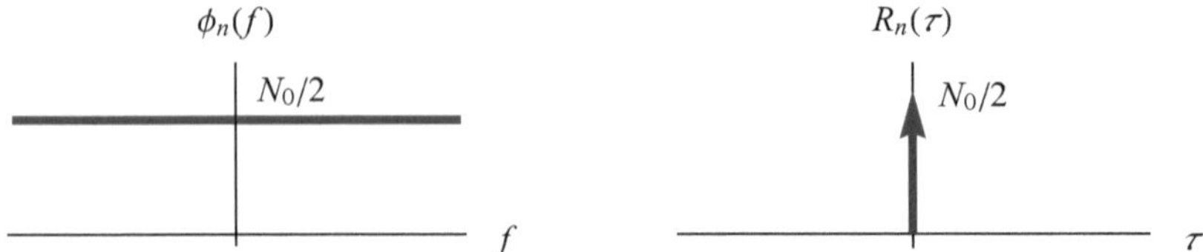

Bild 2.37 Leistungsdichtespektrum und Autokorrelationsfunktion von weißem Rauschen

Die Leistung von idealem weißen Rauschen, gegeben durch die Fläche unter $\phi_n(f)$ bzw. durch $R_n(0)$, ist unendlich. Ein solches Signal kann physikalisch nicht existieren, es hat aber für die Analyse von Übertragungssystemen eine große Bedeutung. Thermisches Rauschen, verursacht durch die thermische Bewegung der Elektronen in einem elektrischen Leiter mit dem Widerstand R, hat über einen sehr großen Frequenzbereich bis ca. 10^{12} Hz eine konstante Leistungsdichte. Für diese gilt:

$$\phi_n(f) = 2\,k\,T\,R, \quad N_0 = 4\,k\,T\,R \tag{2.87}$$

Dabei ist $k = 1{,}38 \cdot 10^{-23}$ Ws/K die Boltzmann-Konstante und T die absolute Temperatur in Kelvin (300 K ≅ 27 °C). Da alle Übertragungssysteme bandbegrenzt sind, kann thermisches Rauschen als eine der Hauptstörquellen im interessierenden Frequenzbereich sehr gut als weißes Rauschen modelliert werden.

In Beispiel 2.12 wurde thermisches Rauschen als ein normal verteiltes Zufallssignal beschrieben. Man spricht daher auch von weißem gaußschen Rauschen. Bild 2.38 zeigt das Ersatzschaltbild eines rauschenden Widerstandes. In der Ersatzschaltung wird das Rauschen durch eine Spannungsquelle $u_n(t)$ bzw. eine Stromquelle $i_n(t)$ modelliert; der Widerstand R ist rauschfrei. Die im Bereich $-f_g \le f \le f_g$ erzeugte Rauschleistung N ist gleich der Fläche unter $\phi_n(f)$ in diesem Bereich und beträgt:

$$N = \overline{u_n^2(t)} = N_0\,f_g = 4\,k\,T\,R\,f_g \tag{2.88}$$

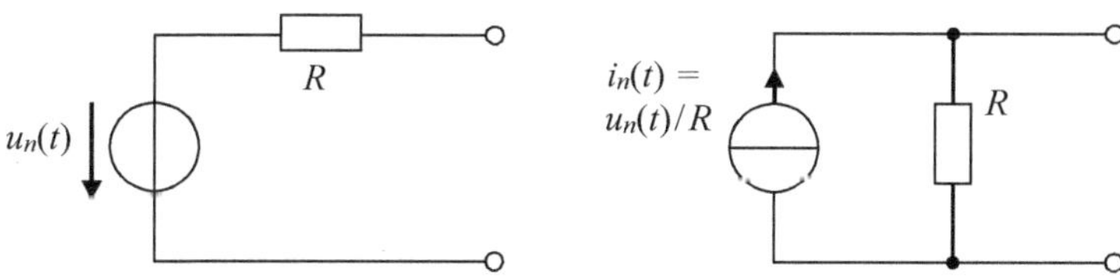

Bild 2.38 Ersatzschaltbild eines rauschenden Widerstandes mit Spannungs- bzw. Stromquelle

Beispiel 2.15 Thermisches Widerstandsrauschen

Für einen Widerstand $R = 1\,\text{M}\Omega$ erhält man mit der Grenzfrequenz $f_g = 10^{12}$ Hz sowie der Temperatur $T = 300$ K für die Rauschleistungsdichte und die Rauschleistung:

$$N_0 = 1{,}66 \cdot 10^{-14}\,\text{V}^2/\text{Hz}, \quad N = 1{,}66 \cdot 10^{-2}\,\text{V}^2$$

Schließt man an den rauschenden Widerstand einen idealen, rauschfreien Widerstand R_L an, so wird an diesen die elektrische Leistung N_{el} abgegeben. Für die Spannung bzw. die Leistung an R_L erhalten wir:

$$u_L(t) = \frac{R_L}{R + R_L}\, u_n(t), \quad N_{\text{el}} = \frac{\overline{u_L^2(t)}}{R_L} = \frac{R_L}{(R+R_L)^2}\,\overline{u_n^2(t)} = \frac{R_L}{(R+R_L)^2}\, N$$

N_{el} wird maximal im Falle einer angepassten Last $R_L = R$ und beträgt $N_{\text{el}} = k T f_g = 4{,}14 \cdot 10^{-9}$ W. Die maximal verfügbare Rauschleistung bezogen auf eine Bandbreite von 1 Hz bei 300 K ist:

$$\frac{N_{\text{el}}}{f_g} = k\,T = 4{,}14 \cdot 10^{-21}\,\frac{\text{W}}{\text{Hz}} \quad \text{oder} \quad -174\,\frac{\text{dBm}}{\text{Hz}}$$

■

Es wurde bereits erwähnt, dass alle Übertragungssysteme bandbegrenzt sind und somit immer bandbegrenztes oder gefiltertes weißes Rauschen beobachtet wird. Für das Leistungsdichtespektrum des Rauschsignals $r(t)$ am Ausgang eines Filters mit der Übertragungsfunktion $H(f)$ erhalten wir mit den Gleichungen (2.84) und (2.85):

$$\phi_r(f) = \frac{N_0}{2}\,|H(f)|^2 \tag{2.89}$$

Die Rauschleistung von $r(t)$ ist gleich der Fläche unter $\phi_r(f)$ und beträgt:

$$N = \overline{r^2(t)} = \frac{N_0}{2} \int_{-\infty}^{\infty} |H(f)|^2\, df \tag{2.90}$$

Beispiel 2.16 Durch einen RC-Tiefpass gefiltertes weißes Rauschen

Das Ersatzschaltbild eines RC-Tiefpasses mit kurzgeschlossenem Eingang und rauschendem Widerstand zeigt Bild 2.39. Für die Rauschleistungsdichte am Eingang des RC-Tiefpasses gilt mit Gl. (2.87) $\phi_n(f) = N_0/2 = 2\,k\,T\,R$.

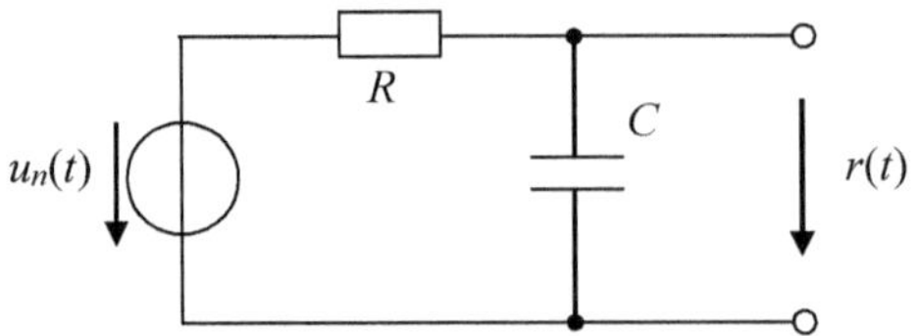

Bild 2.39 Ausgangssignal $y(t)$ des RC-Tiefpasses

Den Betrag der Übertragungsfunktion entnehmen wir Gl. (2.29) in Beispiel 2.8:

$$|H(f)| = \frac{1}{\sqrt{1+(f/B)^2}}$$

Für die Leistungsdichte von $r(t)$ gilt also mit Gl. (2.89)

$$\phi_r(f) = \frac{2kTR}{1+(f/B)^2}$$

(siehe Bild 2.40). An der Stelle $f = B$ ist die Leistungsdichte auf die Hälfte des Maximalwertes von $2kTR$ bei $f = 0$ abgesunken. Die Autokorrelationsfunktion von $r(t)$ kann aus $\phi_r(f)$ durch Fourier-Rücktransformation bestimmt werden:

$$R_r(\tau) = 2kTR \int_{-\infty}^{\infty} \frac{e^{j2\pi f\tau}}{1+(f/B)^2}\, df = 2kTR\left(\int_{-\infty}^{\infty} \frac{\cos 2\pi f\tau}{1+(f/B)^2}\, df + j\int_{-\infty}^{\infty} \frac{\sin 2\pi f\tau}{1+(f/B)^2}\, df\right)$$

Das zweite Integral ist null, da der Integrand ungerade ist und sich somit positive und negative Flächenanteile aufheben. Für das erste Integral erhält man mit

$$\int_0^{\infty} \frac{\cos(ax)}{1+x^2}\, dx = \frac{\pi}{2}\exp(-|a|)$$

und der Substitution $x = f/B$ das Ergebnis $\pi\, B \exp(-|2\pi\tau B|)$ und für die AKF:

$$R_r(\tau) = 2\pi\, k\, T\, R\, B \exp(-|2\pi\tau B|)$$

Mit $B = 1/2\pi RC$ ist schließlich:

$$R_r(\tau) = \frac{k\,T}{C}\exp\left(-\frac{|\tau|}{RC}\right)$$

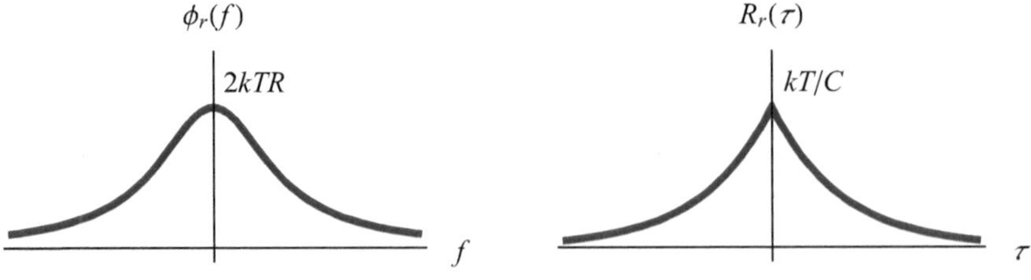

Bild 2.40 Leistungsdichtespektrum und Autokorrelationsfunktion des gefilterten weißen Rauschens

Der Vergleich der Autokorrelationsfunktion von $r(t)$ in Bild 2.40 mit der AKF des weißen Rauschens (Bild 2.37) zeigt, dass durch die Tiefpassfilterung benachbarte Werte stärker korreliert sind, d. h., das Signal ändert sich weniger rasch. Dies gilt umso mehr, je größer RC bzw. je kleiner die Bandbreite des Filters ist. Die Leistung von $\phi_r(f)$ ergibt sich zu

$$R_r(0) = \frac{k\,T}{C}$$

und ist interessanterweise unabhängig von R. Die Ursache für dieses überraschende Ergebnis wird im Folgenden aufgeklärt. ■

Die Rauschleistung am Ausgang eines Filters mit der Übertragungsfunktion $H(f)$, an dessen Eingang weißes Rauschen mit der Leistungsdichte $N_0/2$ liegt, ist durch Gl. (2.90) gegeben. Die *Rauschbandbreite* B_N dieses Filters ist definiert als die Bandbreite eines idealen Filters mit der konstanten Übertragungsfunktion H_0 im Durchlassbereich, an dessen Ausgang die gleiche Rauschleistung beobachtet wird. Dabei ist H_0 der Maximalwert von $|H(f)|$ bei der Mittenfrequenz $f = f_c$ (Bild 2.41). Die Rauschleistung am Ausgang des Filters ist proportional zur Fläche unter $|H(f)|^2$ und wir erhalten:

$$N = \frac{N_0}{2}\int_{-\infty}^{\infty} |H(f)|^2\,df = N_0\int_0^{\infty} |H(f)|^2\,df \stackrel{!}{=} N_0\,H_0^2\,B_N$$

Daraus folgt die Definition der Rauschbandbreite:

$$B_N = \frac{1}{H_0^2}\int_0^{\infty} |H(f)|^2\,df \tag{2.91}$$

B_N ist eine Kenngröße des Filters, mit deren Hilfe für weißes Rauschen am Filtereingang sofort die Rauschleistung $N = N_0\,H_0^2\,B_N$ am Ausgang angegeben werden kann.

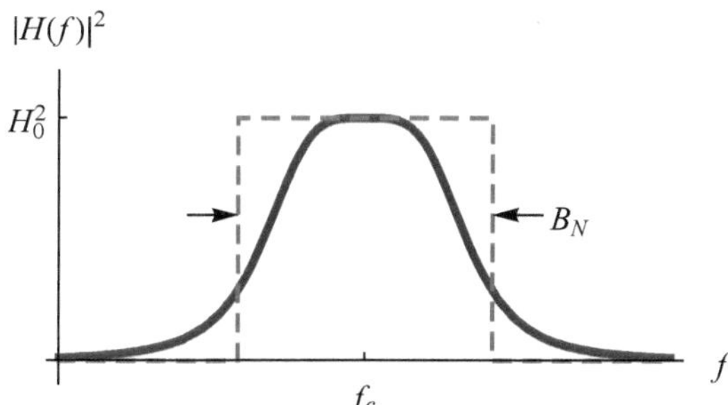

Bild 2.41 Definition der Rauschbandbreite

Beispiel 2.17 Rauschbandbreite des RC-Tiefpasses

Für den RC-Tiefpass ist $f_c = 0$ und $H_0 = H(0) = 1$. Damit erhalten wir:

$$B_N = \int_0^{\infty} \frac{1}{1+(f/B)^2}\,df$$

Mit der Substitution $f/B = x$ und $\int_0^\infty \frac{1}{1+x^2}\,dx = \frac{\pi}{2}$ folgt weiter:

$$B_N = \int_0^\infty \frac{1}{1+x^2} B\,dx = \frac{\pi}{2} B = \frac{1}{4RC}$$

Die Rauschbandbreite ist also proportional zu $1/R$. Dies erklärt das zunächst unerwartete Ergebnis von Beispiel 2.16. Die Rauschleistung am Filterausgang ist unabhängig von R, da $N = N_0 B_N = (4kTR)\cdot(1/4RC) = kT/C$. Eine Vergrößerung von R vergrößert zwar N_0, verringert aber die Rauschbandbreite. Ein Vergleich mit der 3-dB-Bandbreite $B = 1/2\pi RC$ zeigt, dass die Rauschbandbreite um den Faktor $\pi/2$ größer ist. ■

In einem Übertragungssystem überlagern sich Nutzsignal $x(t)$ und Rauschen $n(t)$ meist additiv, wie in Bild 2.42 gezeigt. Am Eingang eines Empfängers sitzt ein Filter, dessen Aufgabe es ist, das Nutzsignal unverzerrt für die weitere Signalverarbeitung durchzulassen und Störungen außerhalb des vom Signal belegten Frequenzbereichs zu unterdrücken. Am Filterausgang haben wir das Signal $y(t) = x(t) + r(t)$ mit dem bandbegrenzten Rauschsignal $r(t)$. Für die Leistung von $y(t)$ folgt:

$$\overline{y^2(t)} = \overline{(x(t)+r(t))^2} = \overline{x^2(t)} + 2\,\overline{x(t)r(t)} + \overline{r^2(t)}$$

Wir nehmen an, dass das Rauschen und das Nutzsignal physikalisch unabhängig und damit unkorreliert sind. Dann ist der Mittelwert von $x(t)\,r(t)$ gleich null und es ist:

$$\overline{y^2(t)} = \overline{x^2(t)} + \overline{r^2(t)} = S + N$$

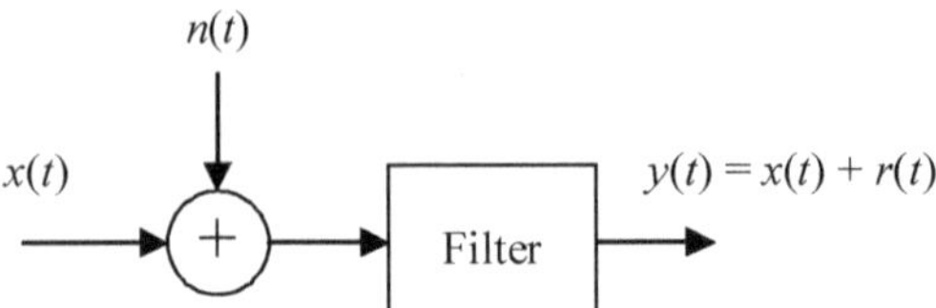

Bild 2.42 Additives Rauschen

Die Leistung des Nutzsignals $x(t)$ bezeichnet man als Signalleistung S und die Leistung des Rauschsignals $r(t)$ als Rauschleistung N. Das Verhältnis von Signal- zu Rauschleistung nennt man *Signal-Rausch-Verhältnis* (Signal-to-Noise Ratio, SNR):

$$\frac{S}{N} = \frac{\overline{x^2(t)}}{\overline{r^2(t)}} \tag{2.92}$$

Das Signal-Rausch-Verhältnis wird meist in Dezibel angegeben, d. h. in der Form $10\,\lg(S/N)$, und dann auch als *Störabstand* bezeichnet. Wir gehen in unseren weiteren Betrachtungen immer davon aus, dass es sich bei dem additiven Rauschen $n(t)$ um weißes, gaußsches Rauschen mit der Rauschleistungsdichte $N_0/2$ handelt (engl.: Additive White Gaussian Noise, AWGN). Wir nehmen an, das Nutzsignal sei auf die Bandbreite B begrenzt und das Filter sei ein ideales Filter gleicher Bandbreite. Damit gilt für die Rauschleistung:

$$N = N_0\,B \tag{2.93}$$

Eine Verstärkung des Eingangssignals wurde nicht berücksichtigt, da diese sich gleichermaßen auf Signal und Rauschen auswirkt und damit keinen Einfluss auf das Signal-Rausch-Verhältnis hat. Eine große Bandbreite hat also eine große Rauschleistung zur Folge. Um in einem breitbandigen Übertragungssystem auf das gleiche Signal-Rausch-Verhältnis wie in einem schmalbandigen System zu kommen, ist eine entsprechend größere Signalleistung erforderlich.

2.4 Weiterführende Hinweise

Herleitungen zu den Theoremen und Transformationspaaren der Fourier-Transformation finden sich in [23] und [31]. Die mit der Fourier-Transformation in enger Beziehung stehende Laplace-Transformation wird ebenfalls in [31] behandelt. Zufallsprozesse, insbesondere stationäre und ergodische Prozesse, werden in [23], [25] und [29] näher beschrieben. Ein Beweis des Wiener-Khintchine-Theorems findet sich in [4]. Modelle für zeitvariante Übertragungskanäle, wie sie insbesondere im Mobilfunk auftreten, werden in [29] diskutiert. Ein interessanter Aspekt der Fourier-Transformation ist die Tatsache, dass zeitbegrenzte Signale wie die Signale aus den Beispielen 2.3 und und 2.7 eine unendlich große Bandbreite haben, d. h., es existiert keine Frequenz, oberhalb derer das Fourier-Spektrum zu null wird. Andererseits müssen exakt bandbegrenzte Signale wie das Kosinussignal aus Beispiel 2.5 eine unendliche Zeitdauer haben. In der Praxis werden aber Signale immer nur für eine endliche Dauer existieren. Eine interessante Diskussion zu dieser Fragestellung findet sich in [37].

2.5 Übungsaufgaben

2.1 Skizzieren Sie die folgenden Signale bzw. Spektren:

a) $$s(t) = \mathrm{rect}\left(\frac{t}{T_0}\right)$$

b) $$s(t) = A\,\mathrm{rect}\left(\frac{t}{T_0}\right) + 2\,A\,\mathrm{rect}\left(\frac{t}{T_0} - 1\right)$$

c) $$s(t) = -A\,\mathrm{rect}\left(\frac{t}{T_0}\right) * \delta(t - 2T_0)$$

d) $$S(f) = S_0\,\mathrm{si}\left(\pi f \frac{T_0}{2}\right)$$

2.2 Berechnen Sie die Sprungantwort $g(t)$ (also die Reaktion auf einen Einheitssprung $u(t)$) des RC-Tiefpasses mithilfe der Faltung.

2.3 Berechnen Sie die Faltung des Rechteckimpulses mit sich selbst, also $\mathrm{rect}(t) * \mathrm{rect}(t)$.

2.4 Berechnen Sie die Fourier-Transformierte von $x(t) = A\,\mathrm{rect}(t/T - 1/2)$.

2.5 Ein TV-Satellit sendet mit einer Leistung von 30 W. Die Dämpfung der gesamten Übertragungsstrecke beträgt 120 dB.

a) Geben Sie die Empfangsleistung in dB (1 mW) und in Watt an.

b) Geben Sie den Effektivwert der Signalamplitude am Empfänger für einen Eingangswiderstand von $R_L = 75\,\Omega$ in Volt und in dB (1 µV) an.

2.6 Berechnen Sie Energiedichtespektrum, Autokorrelationsfunktion und Energie des si-Impulses:

$$x(t) = a_0 \,\mathrm{si}\left(\pi \frac{t}{T}\right)$$

2.7 Ein Zufallssignal $x(t)$ ist gleich verteilt im Bereich von −0,2 V und 1,5 V.

a) Bestimmen Sie die Gesamtleistung sowie den Gleich- und Wechselanteil der Leistung.

b) Wie groß ist die Wahrscheinlichkeit, dass $x(t)$ im Bereich von 0,3 V bis 0,8 V liegt?

3 Signalabtastung und Quantisierung

Die Abtastung und die Quantisierung eines analogen Signals sind grundlegende Funktionen der Analog-Digital-Wandlung. Ein bandbegrenztes analoges Signal $x(t)$ wird mit der Rate f_A, der Abtastrate, abgetastet (Bild 3.1). Ein Signal ist bandbegrenzt, wenn es keine Leistungsanteile oberhalb einer Grenzfrequenz f_g hat. Das Abtasttheorem stellt den Zusammenhang zwischen f_g und der erforderlichen Abtastrate her: f_A muss mindestens doppelt so groß wie f_g sein. Faszinierend ist, dass bei Einhaltung dieser Bedingung das Signal $x(t)$ eindeutig und absolut fehlerfrei aus den Abtastwerten rekonstruiert werden kann. Da nur bandbegrenzte Signale bei einer endlichen Abtastrate durch ihre Abtastwerte eindeutig dargestellt werden können, befindet sich am Eingang des A/D-Wandlers ein Tiefpass mit der Bandbreite f_g.

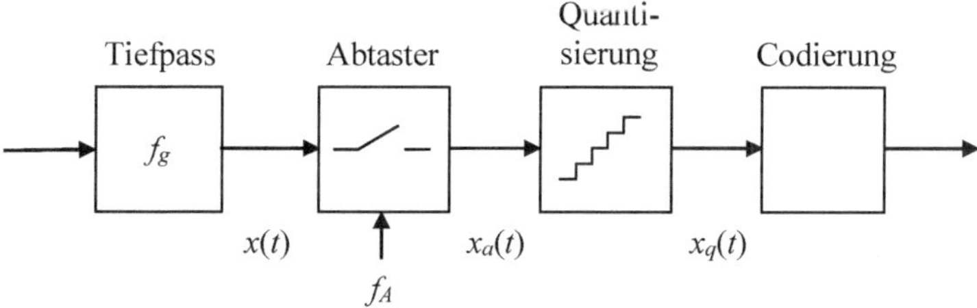

Bild 3.1 Prinzip der Analog-Digital-Wandlung

Die abgetasteten Amplitudenwerte werden auf eine diskrete Anzahl von Werten quantisiert. Dabei geht die Information über die exakten Amplitudenwerte verloren, und das aus den quantisierten Abtastwerten rekonstruierte Signal ist mit einem Quantisierungsrauschen verbunden. Aufgabe der Codierung ist es schließlich, die quantisierten Amplitudenwerte auf binäre Codeworte abzubilden.

3.1 Abtasttheorem

Ein analoges Signal $x(t)$ wird im Abstand T_A gleichmäßig abgetastet. T_A ist die *Abtastperiode*, deren Kehrwert $f_A = 1/T_A$ die *Abtastrate* (engl.: sampling rate). Ein realer Abtaster besteht aus einem elektronischen Schalter und einem Kondensator. Wird der Schalter zum Zeitpunkt $t = nT_A$ geschlossen, so wird der Kondensator auf die Spannung $x(nT_A)$ aufgeladen. Anschließend wird der Schalter geöffnet und der Spannungswert intern im A/D-Wandler weiter verarbeitet. Dieser Vorgang wiederholt sich im Abstand T_A. Das abgetastete Signal besteht daher aus einer Folge von Impulsen, die mit den Amplitudenwerten gewichtet sind. Bei einem

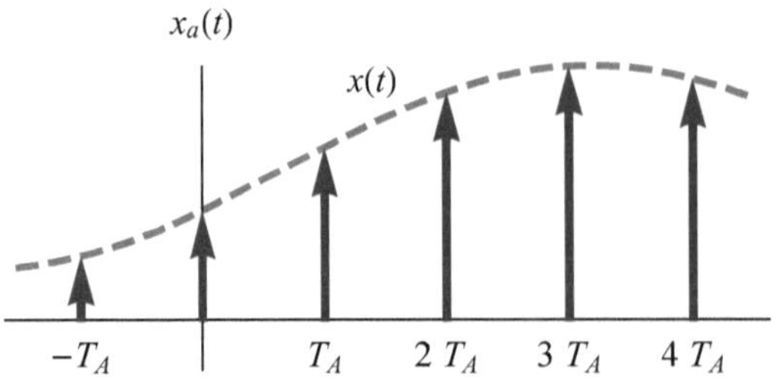

Bild 3.2 Abtastung eines Signals $x(t)$ durch eine Dirac-Impulsfolge

idealen Abtaster geht die Breite der Impulse gegen null. Die mathematische Beschreibung für das abgetastete Signal $x_a(t)$ ist dann das Produkt von $x(t)$ mit einer Folge von Dirac-Impulsen im Abstand T_A:

$$x_a(t) = x(t) \sum_{n=-\infty}^{\infty} \delta(t - nT_A) = \sum_{n=-\infty}^{\infty} x(nT_A)\,\delta(t - nT_A) \tag{3.1}$$

Die Dirac-Impulse werden also mit den Amplitudenwerten $x(nT_A)$ gewichtet (Bild 3.2). Die Fourier-Transformation von $x_a(t)$ liefert mit dem Faltungstheorem Gl. (2.23) das zugehörige Fourier-Spektrum:

$$S_a(f) = \mathscr{F}\{x(t)\} * \mathscr{F}\left\{\sum_{n=-\infty}^{\infty} \delta(t - nT_A)\right\} = S_x(f) * S_\delta(f) \tag{3.2}$$

$S_\delta(f)$ ist die Fourier-Transformierte der Dirac-Impulsfolge. Für einen einzelnen Impuls gilt zunächst $\mathscr{F}\{\delta(t - nT_A)\} = \exp(-j2\pi nfT_A)$ (siehe Beispiel 2.4) und damit für die Transformierte der Impulsfolge:

$$S_\delta(f) = \sum_{n=-\infty}^{\infty} \mathrm{e}^{-j2\pi nfT_A} = \sum_{n=-\infty}^{\infty} \cos(2\pi nfT_A) - j \sum_{n=-\infty}^{\infty} \sin(2\pi nfT_A)$$

Da der Sinus eine ungerade Funktion ist, d. h., es ist $\sin(-x) = -\sin(x)$, addieren sich bei der rechten Summe die Summanden für n und $-n$ zu null. Der Summand für $n = 0$ ist ebenfalls null und damit verschwindet die ganze Summe. Da der Kosinus eine gerade Funktion ist, d. h., es ist $\cos(-x) = \cos(x)$ und $\cos(0) = 1$, erhalten wir:

$$S_\delta(f) = 1 + 2\sum_{n=1}^{\infty} \cos(2\pi nfT_A) \tag{3.3}$$

Bild 3.3 zeigt Teilsummen von Gl. (3.3) unter Berücksichtigung der ersten $N = 4$ bzw. $N = 16$ Summanden. Die Teilsummen ergeben eine Folge von Impulsen, die mit größer werdendem N schmäler und höher werden. Für $N \to \infty$ konvergiert die Summe gegen eine Folge von Dirac-Impulsen im Abstand $f = 1/T_A$ und mit dem Gewicht $1/T_A$. Wir erhalten damit als Fourier-Transformierte der Dirac-Impulsfolge wiederum eine Dirac-Impulsfolge im Frequenzbereich:

$$S_\delta(f) = \frac{1}{T_A} \sum_{n=-\infty}^{\infty} \delta\left(f - \frac{n}{T_A}\right) \tag{3.4}$$

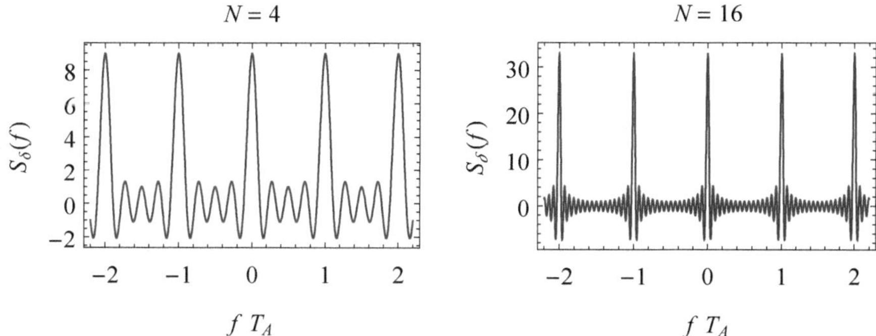

Bild 3.3 Approximation von $S_\delta(f)$ durch eine Teilsumme $1 + 2\sum_{n=1}^{N} \cos(2\pi n f T_A)$

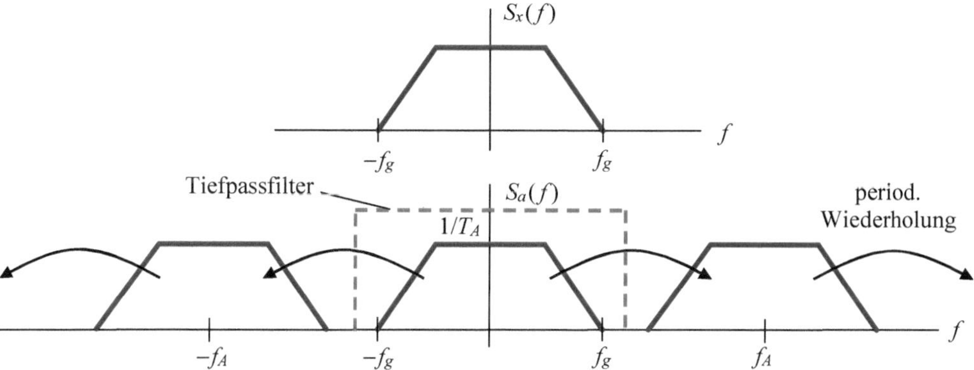

Bild 3.4 Fourier-Spektren des analogen Signals $x(t)$ und des abgetasteten Signals $x_a(t)$ für $f_A > 2f_g$

Kehren wir nun zu Gl. (3.2) zurück. Wir müssen also $S_x(f)$ mit Dirac-Impulsen bei $f = n/T_A$ falten. Nach Gl. (2.9) entspricht die Faltung mit einem Dirac-Impuls einer Verschiebung, also hier der Verschiebung von $S_x(f)$ um $\pm n/T_A$:

$$S_a(f) = \frac{1}{T_A} \sum_{n=-\infty}^{\infty} S_x\left(f - \frac{n}{T_A}\right) \tag{3.5}$$

Das Spektrum des abgetasteten Signals besteht also aus der periodischen Wiederholung des mit $1/T_A$ skalierten Signalspektrums $S_x(f)$ im Abstand $f_A = 1/T_A$, der Abtastrate. Bild 3.4 zeigt dazu ein Beispiel. Bei $x(t)$ handelt es sich um ein auf f_g bandbegrenztes Signal, d. h., es ist $S_x(f) = 0$ für $|f| > f_g$. Gezeigt ist zunächst der Fall $f_A > 2f_g$. Die durch die periodische Wiederholung entstehenden Teilspektren überlappen sich in diesem Fall nicht. Wie im Bild angedeutet, kann das ursprüngliche Signal aus den Abtastwerten mithilfe eines Tiefpassfilters zurückgewonnen werden.

Bild 3.5 zeigt nun den Fall $f_A < 2f_g$. Die Teilspektren überlappen sich, und das ursprüngliche Signal kann nicht mehr unverfälscht zurückgewonnen werden. Das „Erscheinen" von spektralen Komponenten im Bereich $|f| \le f_g$ nennt man auch Alias-Effekt (engl.: aliasing).

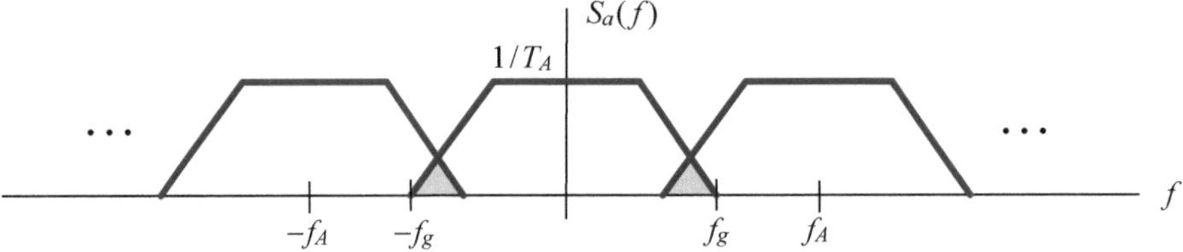

Bild 3.5 Fourier-Spektrum von $x_a(t)$ für $f_A < 2f_g$

Aus diesen Beobachtungen folgt das *Abtasttheorem*: Für die Abtastrate eines Signals mit der oberen Grenzfrequenz f_g muss

$$f_A = \frac{1}{T_A} \geq 2f_g \tag{3.6}$$

gelten. Im Grenzfall $f_A = 2f_g$ bezeichnet man die Abtastrate als *Nyquist-Rate.*[1] Im Falle $f_A > 2f_g$ spricht man von Überabtastung (engl.: oversampling), für $f_A < 2f_g$ von Unterabtastung. Eine Unterabtastung und der damit verbundene Alias-Effekt wird vermieden, wenn man vor der Abtaststufe ein Tiefpassfilter mit der Bandbreite $f_g < f_A/2$ vorsieht, wie in Bild 3.1 gezeigt. Ein solches Filter wird daher auch als Anti-Aliasing-Filter bezeichnet.

Beispiel 3.1 Abtastung eines Kosinussignals

Wir betrachten die Abtastung eines Kosinussignals der Frequenz $f_0 = 1$ kHz. Das Signalspektrum $S_x(f)$ haben wir in Beispiel 2.5, Gl. (2.21) betrachtet. Es besteht aus zwei Dirac-Impulsen bei $\pm f_0$. Wir tasten dieses Signal mit der Rate $f_A = 8$ kHz ab, sodass das Abtasttheorem mehr als erfüllt ist. Die Abtastperiode beträgt $T_A = 125\,\mu$s, und wir erhalten acht Abtastwerte pro Periode des Kosinussignals. Das Spektrum des abgetasteten Signals besteht aus der periodischen Wiederholung von $S_x(f)$ im Abstand f_A, wie in Bild 3.6 gezeigt. Es enthält also neben den ursprünglichen spektralen Linien bei ± 1 kHz weitere Linien bei ± 7 kHz, ± 9 kHz, ± 15 kHz usw. oder allgemein bei $\pm f_0 + n f_A$.

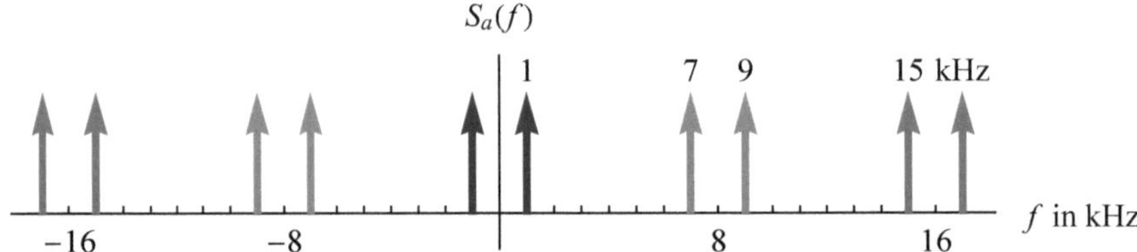

Bild 3.6 Spektrum eines Kosinussignals der Frequenz 1 kHz, abgetastet mit $f_A = 8$ kHz

Das Auftreten dieser zusätzlichen Linien erklärt sich im Zeitbereich dadurch, dass die Abtastwerte nicht nur das Kosinussignal der Frequenz $f_0 = 1$ kHz repräsentieren, sondern auch Kosinussignale der Frequenzen 7 kHz, 9 kHz, 15 kHz usw. (Bild 3.7). Umgekehrt heißt das: Hätten wir ein Kosinussignal der Frequenz $f_0 = 7$ kHz mit der Rate

[1] Harry Nyquist (1889–1976), amerikanischer Ingenieur.

$f_A = 8$ kHz abgetastet, hätten wir die gleichen Abtastwerte und das gleiche Spektrum $S_a(f)$ wie in Bild 3.6 erhalten! In diesem Fall wäre das Abtasttheorem aber nicht erfüllt, und das Erscheinen der spektralen Linien bei ± 1 kHz würde dem Alias-Effekt zugeschrieben.

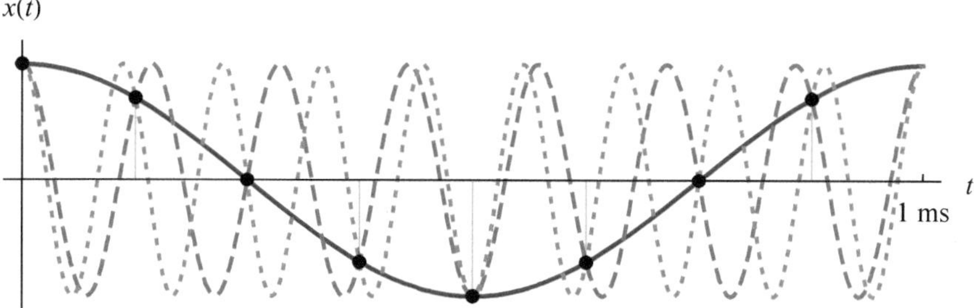

Bild 3.7 Die Abtastwerte repräsentieren ein Kosinussignal der Frequenz 1 kHz, 7 kHz oder 9 kHz

■

Wie bereits in Bild 3.4 angedeutet, kann für $f_A \geq 2f_g$ aus dem abgetasteten Signal mithilfe eines Tiefpassfilters wieder das analoge Signal zurückgewonnen werden. Man nennt dieses Filter auch Rekonstruktions- oder Interpolationsfilter. Die Bandbreite muss im Bereich f_g bis $f_A - f_g$ liegen. Bei einem idealen Tiefpass wie in Bild 3.4 gezeigt, werden die periodischen Wiederholungen im Spektrum $S_a(f)$ vollständig unterdrückt, und man erhält am Ausgang ein Signal, dessen Spektrum identisch zu $S_x(f)$ ist. Da ein Signal aber über seine Fourier-Transformierte eindeutig bestimmt ist, ist das Ausgangssignal des Tiefpassfilters identisch zu $x(t)$!

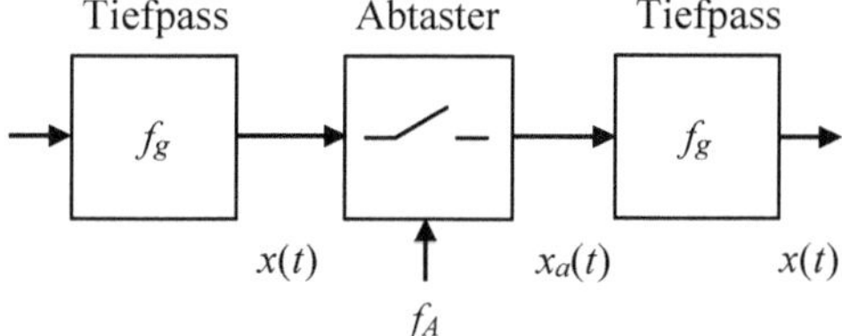

Bild 3.8 Rekonstruktion von $x(t)$ aus $x_a(t)$

Wir wollen die Funktionsweise des Filters im Zeitbereich verstehen und betrachten dazu ein System wie in Bild 3.8 gezeigt. Der Tiefpass am Ausgang ist das Rekonstruktionsfilter. Es handle sich um einen idealen Tiefpass wie in Abschnitt 2.1.5 beschrieben mit der Bandbreite $B = f_A/2 = 1/2T_A$ und $H_0 = T_A$. Für die Impulsantwort dieses Filters gilt damit:

$$h(t) = 2\,H_0\,B\,\mathrm{si}(2\pi B t) = \mathrm{si}(\pi f_A t) = \mathrm{si}\left(\pi \frac{t}{T_A}\right)$$

Am Eingang des Filters liegt $x_a(t)$ an, das nach Gl. (3.1) aus einer Folge von Dirac-Impulsen $x(nT_A)\,\delta(t - nT_A)$ besteht. Auf jeden Dirac-Impuls reagiert das Filter mit der Impulsantwort $x(nT_A)\,\mathrm{si}(\pi(t - nT_A)/T_A)$ am Ausgang. Für das Ausgangssignal gilt also:

$$x(t) = \sum_{n=-\infty}^{\infty} x(nT_A)\,\mathrm{si}\left(\pi \frac{t - nT_A}{T_A}\right) \qquad (3.7)$$

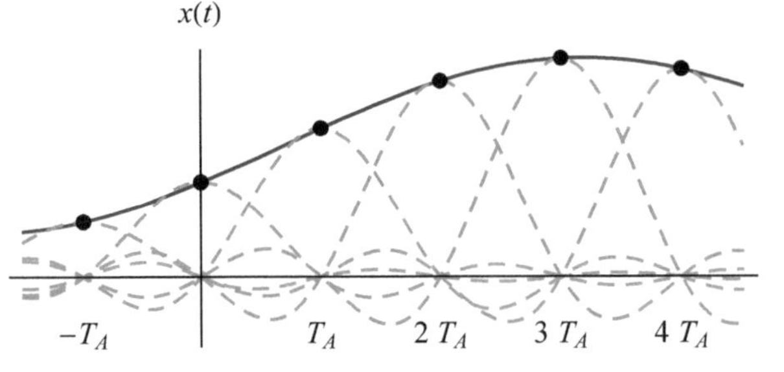

Bild 3.9 Exakte Rekonstruktion von $x(t)$ durch Interpolation der Abtastwerte durch ein ideales Tiefpassfilter

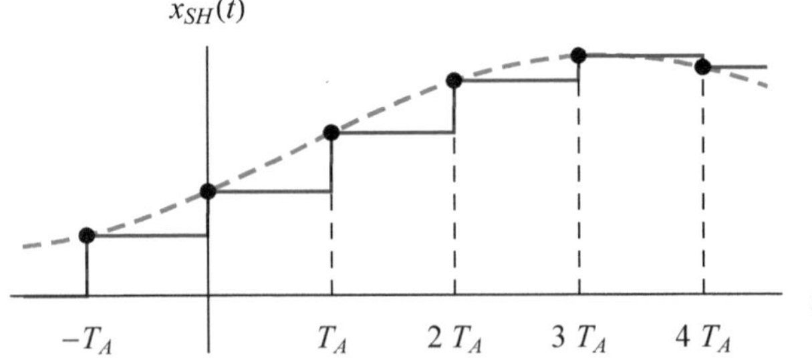

Bild 3.10 Näherungsweise Rekonstruktion von $x(t)$ durch ein Abtasthalteglied

Das zeitkontinuierliche Signal ergibt sich also durch eine Folge von si-Impulsen im Abstand T_A, die mit den Abtastwerten gewichtet werden. Bild 3.9 zeigt dazu ein Beispiel. Zu jedem Zeitpunkt ergibt die Summe der si-Funktionen exakt das urprüngliche Signal $x(t)$.

Die obigen Betrachtungen zeigen, dass es theoretisch möglich ist, bei Einhaltung des Abtasttheorems ein Signal exakt aus den Abtastwerten zu rekonstruieren. Eine praktische Lösung zur Signalrekonstruktion, die oft in Digital-Analog-Wandlern zum Einsatz kommt, ist eine Sample-Hold-Stufe, auch Abtasthalteglied oder Halteglied 0. Ordnung genannt. Eine Sample-Hold-Stufe hält von Abtastwert zu Abtastwert die Amplitude konstant, sodass sich ein treppenförmiges Ausgangssignal ergibt (Bild 3.10). Dieses Signal können wir durch eine Folge von Rechteckimpulsen der Breite T_A und der Höhe $x(nT_A)$ im Abstand T_A beschreiben:

$$x_{SH}(t) = \sum_{n=-\infty}^{\infty} x(nT_A)\,\mathrm{rect}\left(\frac{t-nT_A}{T_A} - \frac{1}{2}\right)$$

Die Verschiebung der Rechteckimpulse um nT_A drücken wir durch die Faltung mit Dirac-Impulsen aus (vgl. Gl. (2.9)):

$$x_{SH}(t) = \left(\sum_{n=-\infty}^{\infty} x(nT_A)\,\delta(t-nT_A)\right) * \mathrm{rect}\left(\frac{t}{T_A} - \frac{1}{2}\right)$$

Der geklammerte Ausdruck entspricht dem ideal abgetasteten Signal Gl. (3.1). Mit dem Faltungstheorem Gl. (2.23) erhalten wir für das Fourier-Spektrum von $x_{SH}(t)$:

$$S_{SH}(f) = \mathcal{F}\{x_{SH}(t)\} = \mathcal{F}\left\{\sum_{n=-\infty}^{\infty} x(nT_A)\,\delta(t-nT_A)\right\} \cdot \mathcal{F}\left\{\mathrm{rect}\left(\frac{t}{T_A} - \frac{1}{2}\right)\right\}$$

Wir kennen sowohl die Fourier-Transformierte des ersten Terms, Gl. (3.5), als auch die Transformierte des Rechteckimpulses (siehe Aufgabe 2.4). Für den Betrag von $S_{SH}(f)$ gilt damit:

$$\left|S_{SH}(f)\right| = \left|\sum_{n=-\infty}^{\infty} S_x\left(f - \frac{n}{T_A}\right)\,\mathrm{si}(\pi f T_A)\right|$$

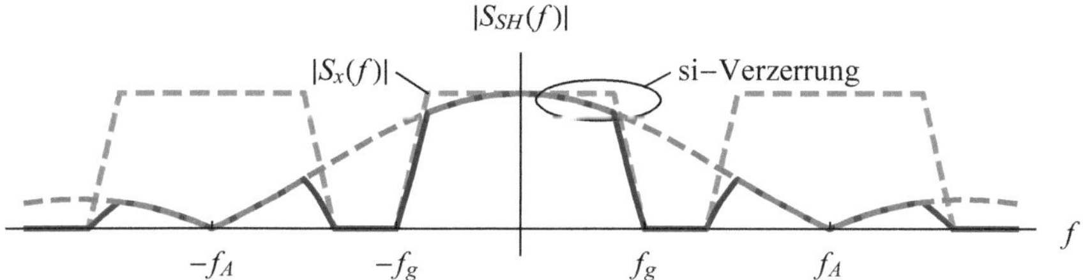

Bild 3.11 Spektrum des rekonstruierten Signals

$|S_{SH}(f)|$ besteht also aus der periodischen Wiederholung von $S_x(f)$, multipliziert mit der si-Funktion. Diese hat die ersten Nullstellen bei $\pm f_A$ (Bild 3.11). Im Unterschied zur Rekonstruktion mit einem idealen Tiefpassfilter werden also hier die periodischen Wiederholungen nicht vollständig unterdrückt. Ferner fällt die Amplitude im Bereich von 0 bis f_g, bedingt durch die si-Funktion, ab. Dies wird auch als si-Verzerrung bezeichnet. Letztere lässt sich durch ein digitales Filter vor der Sample-Hold-Stufe kompensieren. Das Filter hat einen Amplitudengang, der invers zur si-Funktion verläuft. Die nicht vollständig unterdrückten periodischen Wiederholungen können durch ein der Sample-Hold-Stufe folgendes analoges Filter weiter gedämpft werden.

Allgemein gilt: Je näher die Abtastrate an der Nyquist-Rate liegt, desto geringer ist der Abstand zwischen den periodischen Wiederholungen des Signalspektrums und desto steilflankiger müssen das Anti-Aliasing-Filter und das Rekonstruktionsfilter sein. Die Anforderungen an diese analogen Filter werden erheblich verringert, wenn man die Abtastrate erhöht, d. h. mit einem gewissen Maß an Überabtastung arbeitet. Eine Unterabtastung muss in der Regel vermieden werden. Eine Ausnahme bilden Bandpasssignale, auf deren Abtastung im folgenden Abschnitt eingegangen wird.

3.2 Abtastung von Bandpasssignalen

In Abschnitt 2.1.6 haben wir den Begriff des Bandpasses eingeführt. Ein Bandpass ist dadurch gekennzeichnet, dass seine Übertragungsfunktion aus einem Durchlassbereich endlicher Breite besteht, der die Umgebung um $f = 0$ herum nicht einschließt. Dementsprechend hat ein Bandpasssignal ein Fourier-Spektrum, das durch die gleichen Eigenschaften gekennzeichnet ist.

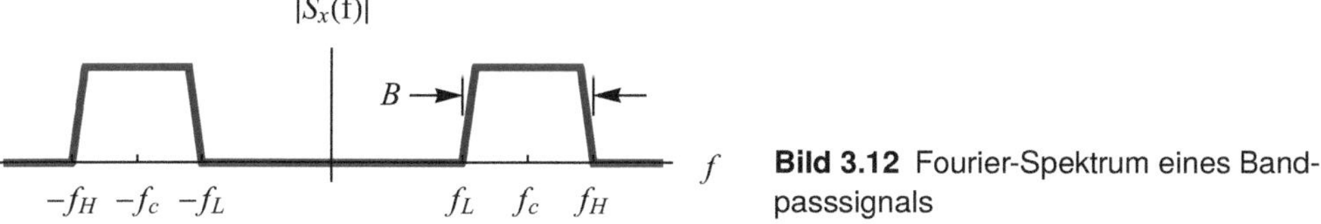

Bild 3.12 Fourier-Spektrum eines Bandpasssignals

Ein Bandpasssignal $x(t)$ habe eine Mittenfrequenz f_c, eine untere Grenzfrequenz f_L und eine obere Grenzfrequenz f_H (Bild 3.12). Für die Bandbreite des Signals folgt $B = f_H - f_L$. Wird

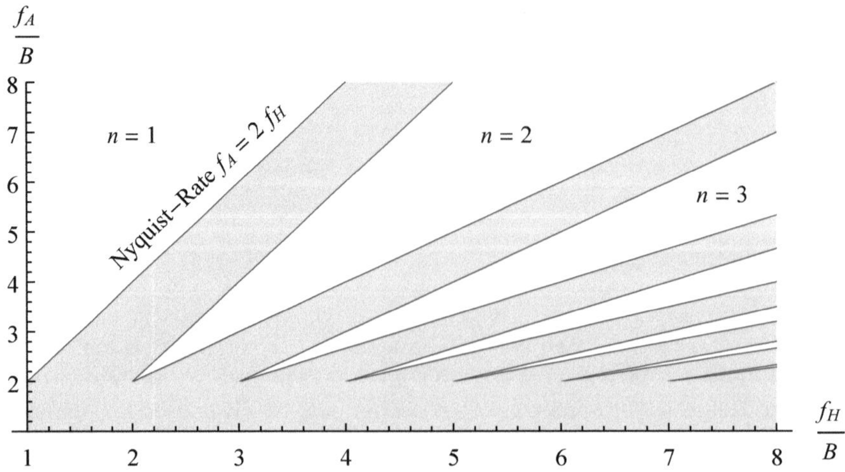

Bild 3.13 Zulässige Abtastraten gemäß Gl. (3.8): Die schraffierten Bereiche sind nicht zulässig.

dieses Signal abgetastet, so gilt auch hier zunächst Gl. (3.5), d. h., durch die Abtastung wiederholt sich das Signalspektrum periodisch im Abstand $f_A = 1/T_A$. Gemäß Gl. (3.6) muss für die Abtastrate $f_A \geq 2f_H$ gelten. Da das Spektrum $S_x(f)$ von $x(t)$ aber im Bereich von 0 bis f_L verschwindet, gibt es auch niedrigere Abastraten, bei denen kein Aliasing bzw. keine Überlappung der Teilspektren auftritt. Dazu muss die Abtastrate die Bedingung

$$\frac{2f_H}{n} \leq f_A \leq \frac{2f_L}{n-1}, \qquad 1 \leq n \leq \left\lfloor \frac{f_H}{B} \right\rfloor \tag{3.8}$$

erfüllen. Dabei ist $\lfloor x \rfloor$ die größte ganze Zahl, die kleiner oder gleich x ist. Der Fall $n = 1$ entspricht einer Abtastrate $f_A \geq 2f_H$. Je größer n gewählt wird, umso größer ist die erzielte Reduzierung der Abtastrate. Allerdings wird gleichzeitig der zulässige Bereich für die Abtastrate immer kleiner. In Bild 3.13 ist das Verhältnis Abtastrate zu Bandbreite f_A/B über dem Verhältnis obere Grenzfrequenz zu Bandbreite f_H/B dargestellt. Die Linien begrenzen die Bereiche mit den zulässigen Abtastraten gemäß Gl. (3.8), die schraffierten Bereiche sind nicht zulässig. Zieht man in diesem Diagramm bei einem bestimmten Verhältnis f_H/B eine vertikale Linie, so kann man an der y-Achse die zulässigen Bereiche für f_A/B für $n = 1, 2, 3, \ldots$ ablesen.

Aus dem abgetasteten Signal kann trotz Unterabtastung mithilfe eines Filters wieder das ursprüngliche Signal zurückgewonnen werden. Den durch Gl. (3.8) und Bild 3.13 gegebenen Zusammenhang macht man sich am besten anhand eines Beispiels klar.

Beispiel 3.2 Abtastung eines Bandpasssignals

Bild 3.14 oben zeigt das Spektrum eines Bandpasssignals mit $f_c = 4$, $f_L = 3{,}5$, $f_H = 4{,}5$ und der Bandbreite $B = 1$. Die Frequenzangaben sind dimensionslos, da die Einheiten in diesem Beispiel ohne Belang sind. Man denke sich die Frequenzangaben beispielsweise auf eine Referenzfrequenz f_{ref} bezogen. Nach Gl. (3.8) muss n im Bereich $1 \ldots 4$ liegen. Für die zulässigen Abtastraten folgt:

$n = 1: \quad f_A \geq 9$

$n = 2: \quad 4{,}50 \leq f_A \leq 7{,}00$

$n - 3: \quad 3{,}00 \leq f_A \leq 3{,}50$

$n = 4: \quad 2{,}25 \leq f_A \leq 2{,}33$

Diese Bereiche können wir auch in Bild 3.13 ablesen, wenn wir eine vertikale Linie bei $f_H / B = 4{,}5$ ziehen. Für $n = 3$ und $f_A = 3{,}2$ erhalten wir das Fourier-Spektrum des abgetasteten Signals wie in Bild 3.14 unten gezeigt.

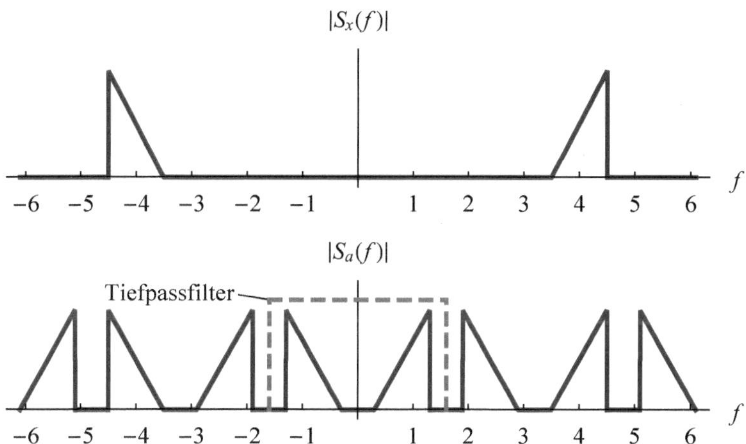

Bild 3.14 Fourier-Spektren eines Bandpasssignals $x(t)$ und des abgetasteten Signals

Aus den Abtastwerten kann beispielsweise mithilfe eines Tiefpassfilters, dessen Bandbreite im Bereich 1,3...1,9 liegt, das Bandpasssignal wieder zurückgewonnen werden, wie in Bild 3.14 angedeutet. Je näher sich die Abtastrate an den zulässigen Grenzen bewegt, umso steilflankiger muss das Filter sein. Das so zurückgewonnene Signal hat eine um f_A verschobene Mittenfrequenz, d. h., es ist $f_c' = f_c - f_A = 0{,}8$. ■

Wie das obige Beispiel zeigt, ist die Unterabtastung mit einer (erwünschten) Verschiebung der Mittenfrequenz hin zu niedrigeren Frequenzen verbunden. Eine alternative Implementierung besteht aus einem Mischer (siehe Abschnitt 6.7), der das Bandpasssignal nach $f_c' = 0{,}8$ verschiebt, und der anschließenden Abtastung mit $f_A = 3{,}2$. Dann ergibt sich für das abgetastete Signal das gleiche Fourier-Spektrum wie in Beispiel 3.2 nach der Tiefpassfilterung. Während aber bei Verwendung eines Mischers das Signal-Rausch-Verhältnis erhalten bleibt, ist dies bei der Unterabtastung nicht der Fall.

Die Rauschleistung im Bereich des Nutzsignals, also innerhalb der Bandbreite B, sei N_S, und das Signal-Rausch-Verhältnis des Bandpasssignals sei S/N_S. Bei einer Rauschleistungsdichte $N_0/2$ des Analog-Digital-Wandlers beträgt dessen Rauschleistung $N_B = N_0 B$ innerhalb der Bandbreite B. Bedingt durch die periodische Wiederholung des Spektrums erscheinen neben dem Nutzsignal auch $n-1$ Bänder der Breite B im gleichen Bereich. Bild 3.15 zeigt dies anhand von Beispiel 3.2. Dadurch verringert sich das Signal-Rausch-Verhältnis von S/N_S auf:

$$\frac{S}{N} = \frac{S}{N_S + (n-1) N_B} \tag{3.9}$$

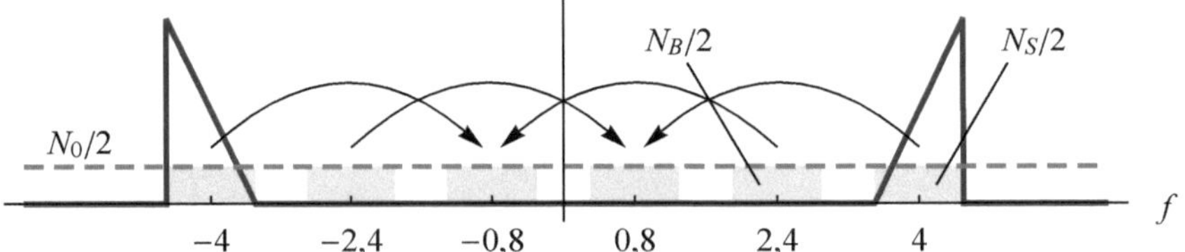

Bild 3.15 Zur Bestimmung des Signal-Rausch-Verhältnisses bei Bandpassabtastung

Für $N_S \gg N_B$ wirkt sich dies nur wenig aus, aber für $N_S \approx N_B$ wird das Signal-Rausch-Verhältnis etwa um den Faktor n oder $10 \lg n$ dB schlechter.

3.3 Lineare Quantisierung

Wie wir gesehen haben, kann ein Signal abgetastet und aus den Abtastwerten wieder exakt rekonstruiert werden, sofern die Bedingungen des Abtasttheorems eingehalten werden. Die Abtastwerte enthalten also die vollständige Information des Signals. Allerdings haben wir noch nicht die Quantisierung berücksichtigt, die bei der Analog-Digital-Wandlung erforderlich ist. Durch die Quantisierung geht die Information über den genauen Amplitudenwert verloren, und das Signal kann nicht mehr fehlerfrei zurückgewonnen werden.

Bei der Quantisierung werden die abgetasteten Amplitudenwerte auf $m = 2^n$ diskrete Werte abgebildet. Jedem dieser Werte wird ein Codewort, bestehend aus n bit mit $n = \log_2 m$, zugeordnet. Die Anzahl der diskreten Werte ist eine Potenz von zwei, sodass jedem n-bit-Codewort genau ein Amplitudenwert zugeordnet werden kann. Abtastrate und Quantisierung bestimmen die Bitrate des seriellen digitalen Signals. Im Abstand $T_A = 1/f_A$ wird ein Codewort der Länge n bit erzeugt, dies entspricht der Bitrate:

$$r_b = n f_A \tag{3.10}$$

Bei der linearen Quantisierung wird der Eingangsbereich in m gleich große Intervalle Δ aufgeteilt. Der Begriff linear bezieht sich auf diese Aufteilung; die Quantisierung selbst ist immer eine nichtlineare Operation. Bild 3.16 zeigt dazu ein Beispiel. Alle Amplitudenwerte innerhalb eines Intervalls bekommen das gleiche Codewort zugewiesen und die genaue Amplitude innerhalb des Intervalls kann nicht mehr rekonstruiert werden.

Der Quantisierer habe einen Eingangswertebereich von $A_{\max}$. Für die Größe der Quantisierungsintervalle folgt:

$$\Delta = \frac{A_{\max}}{m} \tag{3.11}$$

Für die Rekonstruktion des analogen Signals muss jedem Codewort ein Spannungswert zugeordnet werden. Dieser Wert liegt in der Mitte des Quantisierungsintervalls. Den Zusammenhang zwischen ursprünglichem Amplitudenwert x und dem Codewort zugeordnetem quantisierten Wert x_q beschreibt die Quantisierungskennlinie. Bild 3.17 zeigt ein einfaches Beispiel einer solchen Kennlinie mit $m = 8 = 2^3$ Intervallen bzw. $n = 3$ bit. Im Beispiel erfolgt die Codierung im Zweierkomplement. Bei einer Binärzahl im Zweierkomplement mit n Bit hat das

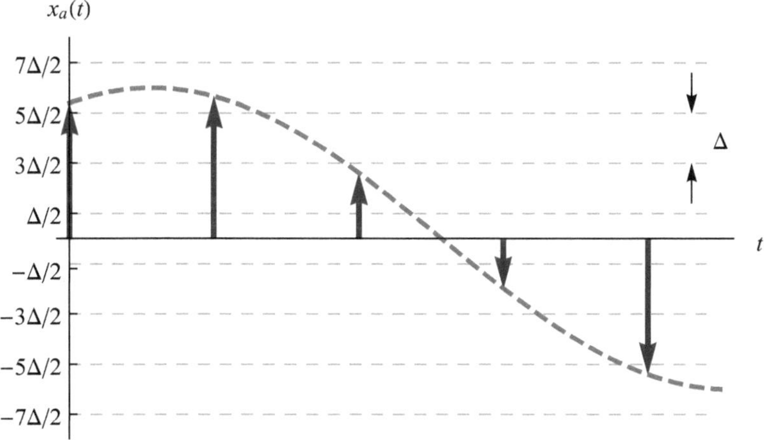

Bild 3.16 Quantisierung der Abtastwerte

höchstwertige Bit (engl.: most significant bit, MSB) die Wertigkeit -2^{n-1}, und die Wertigkeiten der folgenden Bits sind $2^{n-2}, \ldots, 2^0$. Alle Codeworte, die mit einer 1 beginnen, stellen also negative Zahlen dar. Beispielsweise ergibt sich für das Codewort 110 dezimal:

$$1 \cdot (-2^2) + 1 \cdot 2^1 + 0 \cdot 2^0 = -2$$

Bei 8 Quantisierungsintervallen geht der Eingangsbereich A_{max} des Quantisierers von $7\Delta/2$ bis $-9\Delta/2$. Die Differenz $x_q - x$ bezeichnet man als Quantisierungsfehler $f_q(x)$. Der Quantisierungsfehler ist in Bild 3.18 dargestellt. Nimmt x einen Wert am unteren Rand des Quantisierungsintervalls an, so beträgt der Fehler $\Delta/2$. In der Mitte des Intervalls ist er 0, und er beträgt $-\Delta/2$, wenn x am oberen Rand des Quantisierungsintervalls liegt.

Bedingt durch die Quantisierung entsteht ein Quantisierungsrauschen, das umso größer ist, je gröber quantisiert wird. Das quantisierte Signal ist die Summe aus Originalsignal und Quantisierungsfehler, d. h., Nutz- und Störsignal überlagern sich additiv, da $x_q = x + f_q(x)$. Wir werden jetzt die Quantisierungsrauschleistung N_q und das zugehörige Signal-Rausch-Verhältnis S/N_q als eine wesentliche Eigenschaft eines Analog-Digital-Wandlers bestimmen.

Bis von einigen Sonderfällen abgesehen ist der Quantisierungsfehler $f_q(x)$ ein Zufallssignal.[2] Wir nehmen an, dass $f_q(x)$ gleich verteilt im Intervall $\Delta/2$ bis $-\Delta/2$ ist. Diese Annahme ist für praktisch relevante Fälle $n \geq 6$ gerechtfertigt, da dann das Quantisierungsintervall Δ sehr klein bezogen auf den Eingangsbereich A_{max} ist. Damit handelt es sich um ein gleich verteiltes Zufallssignal, dessen Leistung wir mithilfe von Gl. (2.54) ermitteln können. Der Mittelwert von $f_q(x)$ ist nach Gl. (2.69) null. Die Quantisierungsrauschleistung ist somit gleich der Varianz und mit Gl. (2.70) erhalten wir:

$$N_q = \overline{f_q^2(x)} = \frac{\Delta^2}{12} \tag{3.12}$$

Als Eingangssignal betrachten wir ein sinusförmiges Signal. Wenn das Signal den Eingangsbereich A_{max} des Quantisierers vollständig ausnutzt, beträgt dessen Amplitude $A = A_{\text{max}}/2$. Die

[2] Solche Sonderfälle sind beispielsweise eine Gleichspannung oder ein sinusförmiges Signal der Frequenz f_0, wenn die Abtastrate ein ganzzahliges Vielfaches von f_0 ist.

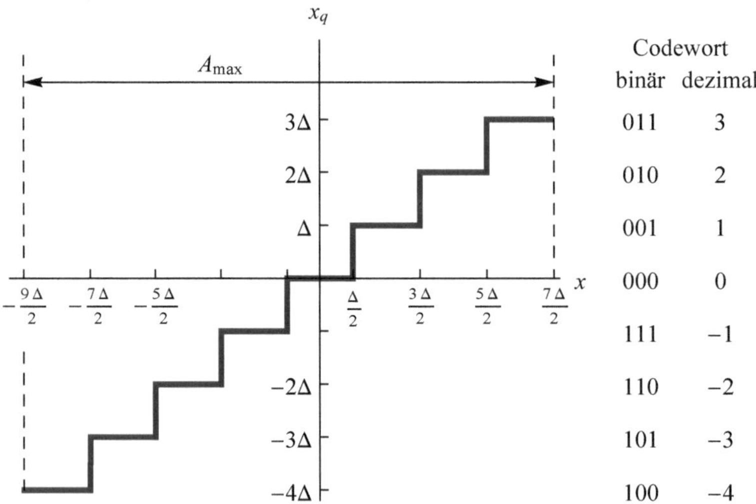

Bild 3.17 Quantisierungskennlinie bei linearer Quantisierung mit 3 bit

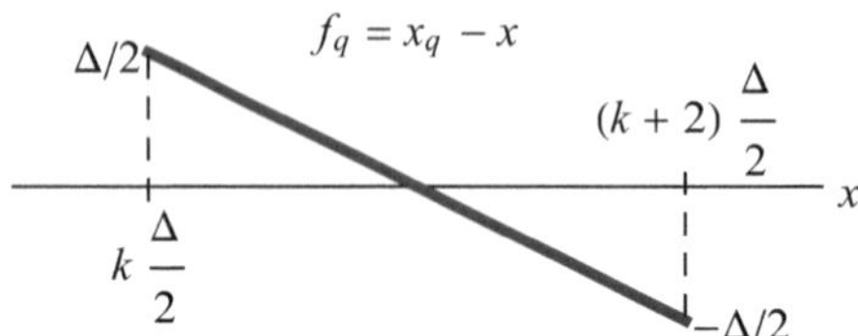

Bild 3.18 Der Quantisierungsfehler f_q ($k = \pm 1, \pm 3, \ldots$)

Signalleistung ist dann $S = A^2/2 = A_{max}^2/8$ (Beispiel 2.11), und das Signal-Rausch-Verhältnis beträgt:

$$\frac{S}{N_q} = \frac{A_{max}^2/8}{\Delta^2/12}$$

Wir ersetzen $\Delta = A_{max}/m$ und anschließend $m = 2^n$:

$$\frac{S}{N_q} = \frac{12}{8}\,m^2 = \frac{3}{2}\,2^{2n}$$

Der Störabstand, also S/N_q in Dezibel ausgedrückt, beträgt:

$$s = 10\lg\frac{S}{N_q} = 10\lg\frac{3}{2} + n\,10\lg 2^2 = 1{,}76\,\mathrm{dB} + n\,6{,}02\,\mathrm{dB} \tag{3.13}$$

Der Störabstand hängt also nur von der Anzahl der Quantisierungsintervalle ab. Diese ist umso größer, je feiner quantisiert wird. Erhöht man n (und damit die Anzahl der Bits eines Codewortes) um eins, so verdoppelt sich die Anzahl der Intervalle, und der Störabstand verbessert sich um 6,02 dB. Typische Werte für n sind $n = 8$ oder $n = 16$. Man spricht dann von einem 8-Bit-A/D-Wandler oder einem 16-Bit-A/D-Wandler. Bei $n = 8$ ist die Anzahl der Quantisierungsintervalle $m = 256$, bei $n = 16$ steigt sie auf $m = 65536$. Tabelle 3.1 fasst die gewonnenen

Tabelle 3.1 Beispiele zur Abtastung und Quantisierung

	Telefonsignal	Compact Disc
Obere Grenzfrequenz f_g	3,4 kHz	20 kHz
Abtastrate f_A	8 kHz	44,1 kHz
Quantisierung n	8 bit [a]	16 bit
Bitrate r_b	64 kbit/s	705,6 kbit/s [b]
Störabstand s	49,92 dB	98,08 dB

[a] nichtlineare Quantisierung (A- oder μ-Kennlinie nach G.711, siehe Abschnitt 3.4)
[b] Monosignal, Bitrate für ein Stereosignal einschl. Fehlerschutz: ca. 2 Mbit/s

Erkenntnisse am Beispiel des Telefonsignals, also der digitalen Übertragung eines Sprachsignals im Fernsprechnetz, und der Compact Disc zusammen.

Bei der Herleitung von Gl. (3.13) wurde nur das Quantisierungsrauschen berücksichtigt. Es gibt aber noch weitere Rauschquellen in einem A/D-Wandler, die sich umso stärker bemerkbar machen, je geringer das Quantisierungsrauschen ist. Vorausgesetzt haben wir auch, dass der A/D-Wandler optimal ausgesteuert wird. Wird der Quantisierer von einem sinusförmigen Signal mit der Amplitude $a = A/10$, d. h. nur zu 10 % ausgesteuert, so beträgt dessen Leistung nur noch $a^2/2 = A^2/200$, also 1/100 der Leistung des Signals mit der Amplitude A. Die Leistung des Quantisierungsrauschens ist jedoch unabhängig von der Signalamplitude. Dies hat zur Folge, dass sich das Signal-Rausch-Verhältnis um den Faktor 100 und der Störabstand um 20 dB verringert. Auch eine Übersteuerung muss vermieden werden, da dies zu einer Amplitudenbegrenzung (engl.: clipping) führt. Neben den Rauscheigenschaften spielt auch die Linearität eines A/D-Wandlers eine entscheidende Rolle, siehe dazu Beispiel 4.4.

3.4 Nichtlineare Quantisierung und Pulscodemodulation (PCM)

Teilt man den Eingangsbereich des Quantisierers in unterschiedlich große Quantisierungsintervalle auf, so spricht man von nichtlinearer Quantisierung. Ist die Häufigkeitsverteilung der Amplitudenwerte des Eingangssignals bekannt, kann man die Größe der Intervalle so festlegen, dass das Signal-Rausch-Verhältnis verbessert wird. Bild 3.19 zeigt ein Sprachsignal der Länge 2,2 s. Das Signal wurde mit einer Abtastrate von 8 kHz abgetastet; es besteht also aus 17 600 Abtastwerten. Daneben ist die Häufigkeitsverteilung der Amplitudenwerte zu sehen. Typisch für Sprachsignale ist, dass niedrige Amplituden besonders häufig auftreten. Dies hat zur Folge, dass der Quantisierer meist nur zu einem geringen Teil ausgesteuert wird und sich das Signal-Rausch-Verhältnis verschlechtert.

Für die Übertragung von Sprachsignalen im Fernsprechnetz wird daher eine nichtlineare Quantisierung verwendet, bei der kleine Signalamplituden feiner quantisiert werden als große Amplitudenwerte. Diese nichtlineare Quantisierung ist international standardisiert durch die

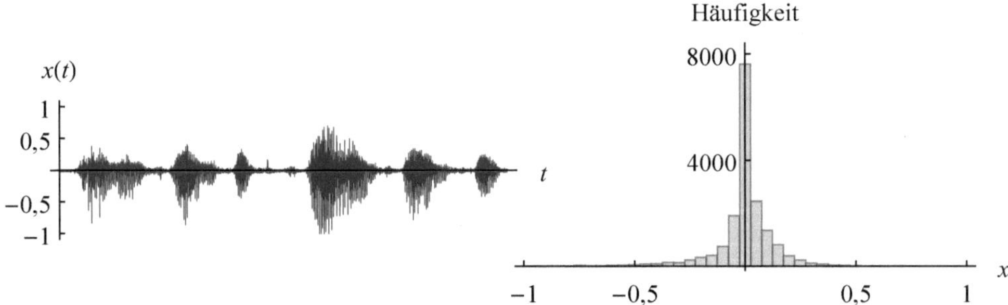

Bild 3.19 Sprachsignal und dessen Häufigkeitsverteilung der Amplitudenwerte

ITU[3] in der Empfehlung G.711 (Pulse Code Modulation (PCM) for Voice Frequencies) [59]. Darin sind zwei logarithmische Kennlinien spezifiziert, die A- und die μ-Kennlinie. Erstere wird vorwiegend in Europa und letztere vorwiegend in den USA und Japan verwendet.

Die A-Kennlinie verläuft linear durch den Ursprung und logarithmisch für große x-Werte (Bild 3.20):

$$y = \begin{cases} \operatorname{sgn}(x)\dfrac{A\,|x|}{1+\ln A} & \text{für} \quad 0 \le |x| \le \dfrac{1}{A} \\[2ex] \operatorname{sgn}(x)\dfrac{1+\ln(A\,|x|)}{1+\ln A} & \text{für} \quad \dfrac{1}{A} \le |x| \le 1 \end{cases} \tag{3.14}$$

Die Amplituden von x und y sind auf 1 normiert, und für den Parameter A gilt $A = 87{,}56$. Die μ-Kennlinie ist durch

$$y = \operatorname{sgn}(x)\frac{\ln\left(1+\mu\,|x|\right)}{\ln\left(1+\mu\right)} \tag{3.15}$$

definiert, wobei $\mu = 255$ gilt. Sie weicht nur geringfügig von der A-Kennlinie ab. Die A-Kennlinie hat im linearen Bereich, d. h. im Bereich kleiner Eingangsamplituden, die Steigung $v = 16$. Kleine Eingangssignale werden also um v verstärkt; dies entspricht einer Erhöhung der Signalleistung um v^2. Damit verbessert sich für kleine Signalamplituden der Störabstand um 24 dB.

Die A-Kennlinie wurde ursprünglich durch einen nichtlinearen Verstärker (Kompander) mit einer Kennlinie gemäß Gl. (3.14) und nachfolgender linearer Quantisierung mit 8 bit realisiert. Im Empfänger wurde das Signal mithilfe eines nichtlinearen Verstärkers mit inverser Kennlinie (Expander) wieder rekonstruiert. Heute wird die Kennlinie durch 13 lineare Segmente spezifiziert. Diese Kennlinie zeigt Bild 3.21 für den Bereich der positiven x-Werte.

Segment 1 überdeckt den Bereich $0 \le x \le 1/64$ und hat die Steigung $(2/8)/(1/64) = 16$. Für alle weiteren Segmente halbiert sich die Steigung von Segment zu Segment. Segment 1 wird in 32 Quantisierungsintervalle unterteilt, alle weiteren Segmente in 16 Intervalle. Nimmt man den Bereich für negative x-Werte hinzu, so erhält man eine Kennlinie mit 13 Geradenstücken. Für den gesamten Bereich ergeben sich $2 \cdot (32 + 6 \cdot 16) = 256$ Quantisierungsintervalle, die auf 8-bit-Codeworte abgebildet werden [59].

[3] International Telecommunication Union, siehe *www.itu.int*.

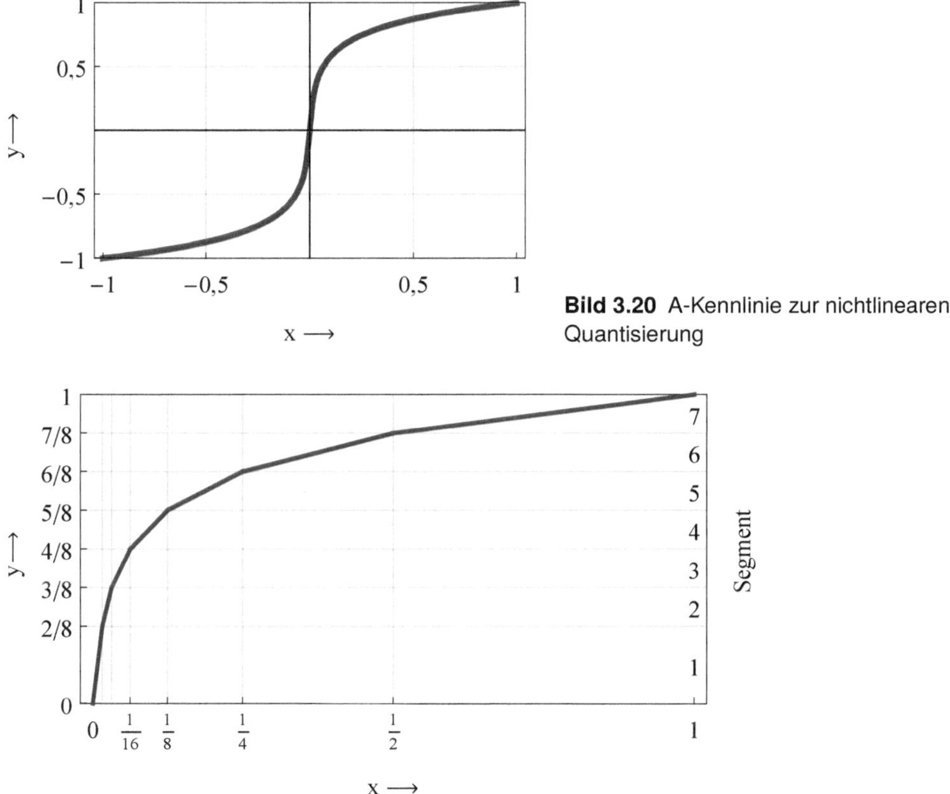

Bild 3.20 A-Kennlinie zur nichtlinearen Quantisierung

Bild 3.21 13-Segment-Kennlinie nach G.711

Die 13-Segment-Kennlinie wird durch lineare Quantisierung und eine nachfolgende Umcodierung realisiert. Dazu wird das Signal zunächst mit einer Auflösung entsprechend Segment 1 quantisiert. Diese sieht 32 Intervalle für 1/64 des positiven Bereichs vor. Man quantisiert den gesamten Bereich $-1 \leq x \leq 1$ mit gleicher Auflösung, d. h. mit $32 \cdot 64 \cdot 2 = 4096$ Intervallen. Dies entspricht einer linearen 12-bit-Quantisierung. Anschließend erfolgt eine Umcodierung in 8-bit-Codeworte, wobei Segment 1 auf 32 Codeworte abgebildet wird und die Segmente 2 bis 7 auf jeweils 16 Codeworte abgebildet werden. Bei einer Abtastrate von 8 kHz benötigt das nichtlinear quantisierte Signal eine Bitrate von 64 kbit/s für die Übertragung. Diese Bitrate bildet die Basis vieler Übertragungssysteme in den Telekommunikationsnetzen.

Differenzielle PCM und Sprachcodierung

Die differenzielle PCM (DPCM) ist ein Verfahren zur Reduzierung der Bitrate des digitalen Signals. Bei einem Sprachsignal, das mit einer Rate von 8 kHz abgetastet wird, ändern sich die Abtastwerte von Abtastzeitpunkt zu Abtastzeitpunkt, d. h. im Abstand von 125 µs, meist nur wenig. Diese Eigenschaft macht sich die DPCM zunutze, um das Signal mit einer Bitrate kleiner 64 kbit/s zu codieren. Dazu wird aus vorangegangenen Abtastwerten ein Prädiktions- oder Vorhersagewert gebildet. Dieser Wert wird vom aktuellen Abtastwert abgezogen. Je besser der

Tabelle 3.2 Typische Werte einiger Sprachcodecs

	Typ	Bitrate	Verzögerung
G.711	PCM	64 kbit/s	0,125 ms
G.726	ADPCM	16, 24, 32 oder 40 kbit/s	0,125 ms
G.722	ADPCM	48, 56 oder 64 kbit/s	4 ms
G.723.1	LPC	5,3 oder 6,3 kbit/s	37,5 ms

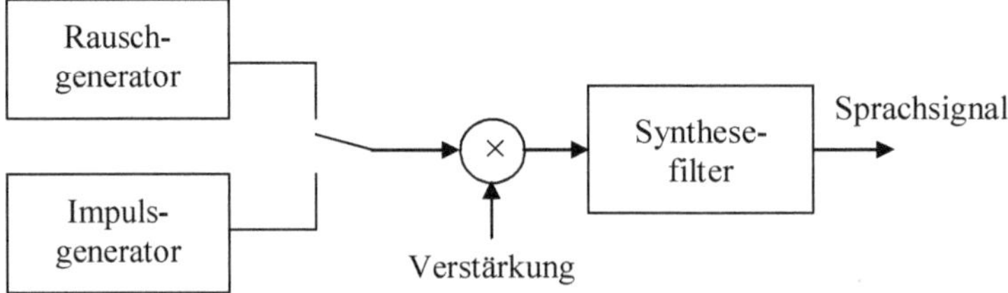

Bild 3.22 Modell der Spracherzeugung bei LPC

Prädiktionswert, umso kleiner ist die Differenz. Dieses Differenzsignal wird nun codiert und übertragen. Da das Differenzsignal einen kleineren Dynamikbereich als das Eingangssignal hat, kann es auf kürzere Codeworte abgebildet werden [36].

Der mit der DPCM erzielbare Gewinn hängt von der Autokorrelationsfunktion (AKF) des Sprachsignals ab. Ein Sprachsignal ist jedoch nur über eine Zeitspanne von ca. 20 ms stationär; man spricht auch von einem quasistationären Signal. Für die AKF bedeutet dies, dass sie sich zeitlich verändert und nur in einem Intervall von ca. 20 ms als konstant betrachtet werden kann. Bei der adaptiven DPCM (ADPCM) werden daher die Parameter zur Bildung des Vorhersagewertes im Abstand von ca. 20 ms neu berechnet. ADPCM ist von der ITU in der Empfehlung G.726 [60] standardisiert und ermöglicht die Codierung eines Sprachsignals mit Bitraten bis herab zu 16 kbit/s.

In Tabelle 3.2 sind einige von der ITU standardisierte Sprachcodecs (Codec: Codierer-Decodierer) zusammengestellt. Neben den bereits erwähnten Codierverfahren G.711 und G.726 sind zwei weitere Codecs enthalten. G.722 [61] bietet eine bessere Sprachqualität, da hier Frequenzen bis 7 kHz übertragen werden. Das auf 7 kHz bandbegrenzte Sprachsignal wird mit einer Abtastrate von 16 kHz abgetastet und mit 14 bit quantisiert. Das 7-kHz-Band wird anschließend in Teilbänder aufgeteilt, die jeweils mit ADPCM codiert werden. Der Codec G.723.1 [62] erlaubt die Übertragung eines Sprachsignals bei wesentlich geringeren Bitraten. Zunächst fällt auf, dass dieser Codec eine deutlich größere Verzögerung hat. Dies liegt daran, dass ein längerer Ausschnitt des Signals analysiert werden muss, um bei akzeptabler Sprachqualität auf Bitraten von einigen kbit/s zu kommen.

G.723.1 gehört zu einer Klasse von Codecs, die auf einem Analyse-Synthese-Verfahren basieren (LPC: Linear Predictive Coding). Diesen Verfahren liegt ein in Bild 3.22 skizziertes Spracherzeugungsmodell zu Grunde. Es besteht aus einem Synthesefilter, das den Vokaltrakt aus Nasen-, Mund- und Rachenraum nachbildet. Dieses wird durch weißes Rauschen im Falle von stimmlosen Lauten bzw. durch einen Impulsgenerator im Falle von stimmhaften Lauten angeregt.

Im Codierer werden die Modellparameter so bestimmt, dass der Fehler zwischen Eingangssignal und synthetisch erzeugtem Signal minimal wird. Zum Empfänger werden nur die Modellparameter übertragen, und mit deren Kenntnis kann das Sprachsignal wieder synthetisiert werden. Mit LPC kann ein Sprachsignal bis auf wenige kbit/s komprimiert werden. Diese niedrigen Bitraten sind jedoch mit großen Signalverzögerungen und mit einer geringeren Sprachqualität verbunden. Die Verzögerung durch den Codec ist ein wichtiger Parameter, da sie zusammen mit anderen Komponenten die Ende-zu-Ende-Verzögerung des Sprachsignals bestimmt. Bei der Telefonie sollte diese einen Wert von ca. 200 ms nicht überschreiten, da größere Verzögerungen als sehr störend empfunden werden.

3.5 Weiterführende Hinweise

Das Abtasttheorem wurde 1949 von Claude Shannon veröffentlicht [35] und wird oft als Shannon-Abtasttheorem bezeichnet. Es hat aber auch andere Väter, so wird es auch WKS-Abtasttheorem nach Whittaker, Kotelnikov und Shannon genannt. Es wird ausführlicher u. a. in [23], [24] und [28] behandelt.

Das Abtasttheorem hat von Beginn an eine große Faszination ausgeübt. Eine Übersicht über die historische Entwicklung und eine Reihe von Erweiterungen und Anwendungen des Abtasttheorems, z. B. die ungleichförmige Abtastung, bei der die Abstände zwischen den Abstastzeitpunkten nicht konstant sind, findet sich in [12]. Eine ausführliche Beschreibung der Bandpassabtastung wird in [42] gegeben.

Details zur schaltungstechnischen Realisierung von A/D- und D/A-Wandlern sowie deren technische Spezifikationen findet man in den Datenblätten und Applikationsberichten der Hersteller.

Wie wir am Beispiel der Sprachsignale gesehen haben, werden Signale oft mit hohen Abtastraten unter Beachtung des Abtasttheorems erfasst und anschließend komprimiert. Unter den Begriffen *Compressed Sensing* und *Compressive Sampling* fasst man Verfahren zusammen, die die Abtastung und Kompression kombinieren. Dabei kommen zwei Prinzipien zum Einsatz: Eine analoge Vorverarbeitung mithilfe von Zufallssignalen und anschließend die Abtastung mit einer Rate unterhalb der Nyquist-Rate, oder eine ungleichförmige Abtastung (d. h. in unregelmäßigen Abständen), wobei die mittlere Abtastrate ebenfalls unterhalb der Nyquist-Rate liegt. Unter bestimmten Voraussetzungen kann das Signal aus deutlich weniger Abtastwerten rekonstruiert werden. Einen guten Einstieg in dieses Thema bietet [3].

3.6 Übungsaufgaben

3.1 Ein sinusförmiges Signal mit der Frequenz $f_0 = 5$ kHz und der Amplitude $A = 1{,}5$ V wird von einem A/D-Wandler abgetastet und mit 12 bit quantisiert. Der A/D-Wandler hat einen Eingangsbereich von $\pm 1{,}5$ V, und die Abtastrate beträgt $f_A = 16$ kHz.

a) Wie groß ist das auf das Quantisierungsrauschen bezogene Signal-Rausch-Verhältnis des abgetasteten Signals (Angabe in dB und als Verhältnis)?

b) Wie groß ist die Bitrate des seriellen digitalen Signals?

c) Skizzieren Sie das Fourier-Spektrum des abgetasteten Signals im Bereich ±24 kHz.

3.2 Bestimmen Sie das auf das Quantisierungsrauschen bezogene Signal-Rausch-Verhältnis des abgetasteten Signals, wenn die Amplitude des sinusförmiges Eingangssignals $A = 0{,}5$ V beträgt (alle anderen Werte wie in Aufgabe 3.1).

3.3 Skizzieren Sie das Fourier-Spektrum des abgetasteten Signals im Bereich ±24 kHz, wenn die Frequenz des sinusförmiges Eingangssignals $f_0 = 10$ kHz beträgt (alle anderen Werte wie in Aufgabe 3.1).

3.4 Ein Zufallssignal $x(t)$ mit normal verteilter Wahrscheinlichkeitsdichte der Amplitude (Mittelwert $m_x = 0$, Standardabweichung σ_x) wird linear quantisiert. Der Quantisierer hat einen Eingangsbereich von $-3\sigma_x$ bis $3\sigma_x$ und m Quantisierungsintervalle.

a) Wie groß ist die Leistung des Quantisierungsrauschens unter der Annahme, dass der Quantisierungsfehler $f_q(x)$ innerhalb eines Quantisierungsintervalls gleich verteilt ist?

b) Wie groß ist das auf das Quantisierungsrauschen bezogene Signal-Rausch-Verhältnis des abgetasteten Signals (Angabe in dB)?

c) Wie groß ist die Wahrscheinlichkeit, dass die Amplitude von $x(t)$ den Arbeitsbereich des Quantisierers überschreitet?

4 Digitale Signalverarbeitung in der Nachrichtentechnik

Die digitale Signalverarbeitung ist ein unverzichtbares Werkzeug in der Nachrichtentechnik. Die meisten Funktionen im Bereich der Modulation/Demodulation und der Codierung/Decodierung werden mithilfe der digitalen Signalverarbeitung, z. B. mit einem digitalen Signalprozessor, realisiert. Man spricht dann von zeitdiskreten Signalen und Systemen. Viele Messgeräte arbeiten digital, und Simulationssoftware wie MATLAB oder Scilab arbeitet mit zeidiskreten Signalen. Auch wenn die mathematische Formulierung der Verfahren mit zeitkontinuierlichen Signalen geschieht — die praktische Umsetzung erfolgt oft als zeitdiskretes System. Die Schnittstelle zwischen zeitkontinuierlichen und zeidiskreten Signalen bilden die in Kapitel 3 besprochenen Analog-Digital- und Digital-Analog-Wandler.

Aus dem umfangreichen Themenkomplex der digitalen Signalverarbeitung konzentrieren wir uns auf die Bereiche, die im Zusammenhang mit der Nachrichtentechnik besonders wichtig sind. Ebenso wie zeitkontinuierliche Systeme werden zeitdiskrete Systeme im Zeitbereich durch ihre Impulsantwort und im Frequenzbereich durch ihre Übertragungsfunktion beschrieben. Wir erweitern daher zunächst unsere Betrachtungen von Kapitel 2 auf zeitdiskrete Signale und Systeme. Die diskrete Fourier-Transformation ist ein wichtiges Werkzeug zur Spektralanalyse. Ein weiteres Thema sind digitale Filter. Man unterscheidet zwei Klassen: Filter mit endlicher Impulsantwort oder FIR-Filter (Finite Impulse Response) und Filter mit unendlicher Impulsantwort oder IIR-Filter (Infinite Impulse Response). Pulsformfilter und signalangepasste Filter, die in Kapitel 5 besprochen werden, werden in der Regel als FIR-Filter realisiert.

4.1 Zeitdiskrete Signale und Systeme

Ein zeitdiskretes Signal ist eine Folge von reellen oder komplexen Zahlen, für die wir

$$\{x(n)\} = \{\ldots, x(-2), x(-1), x(0), x(1), x(2), \ldots\}, \qquad -\infty \leq n \leq \infty \tag{4.1}$$

schreiben. $x(n)$ bezeichnet also den n-ten Wert der Folge, wird aber auch zur Vereinfachung der Schreibweise für das ganze zeitdiskrete Signal verwendet. Dies ist vergleichbar mit der Verwendung von $x(t)$ für den Wert eines zeitkontinuierlichen Signals zum Zeitpunkt t oder für das Signal selbst. Erhalten wir das zeitdiskrete Signal durch Abtasten eines zeitkontinuierlichen Signals, so repräsentiert $x(n)$ die Folge der Abtastwerte. In Abschnitt 3.1 hatten wir den Ausdruck Gl. (3.1)

$$x_a(t) = \sum_{n=-\infty}^{\infty} x(nT_A)\,\delta(t - nT_A)$$

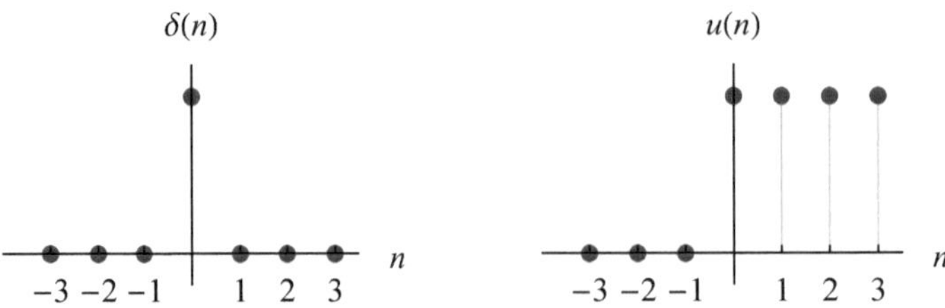

Bild 4.1 Einheitsimpuls und zeitdiskreter Einheitssprung

für ein abgetastetes Signal gefunden. T_A ist die Abtastperiode und $f_A = 1/T_A$ die Abtastrate, und $x(nT_A) \cong x(n)$ ist die Folge der Abtastwerte. Das zeitdiskrete Signal $x(n)$ ist nur für ganzzahlige Werte von n definiert. Im Gegensatz dazu ist das abgetastete Signal $x_a(t)$ zwischen den Abtastwerten null und daher für jeden beliebigen Zeitpunkt t definiert. Die Abtastrate tritt beim zeitdiskreten Signal $x(n)$ nicht in Erscheinung. Sie ist für ein zeitdiskretes System nur in der Hinsicht von Bedeutung, dass sie die verfügbare Zeit für die Berechnung eines Ausgangswertes vorgibt (Abschnitt 1.2).

Wichtige zeitdiskrete Elementarsignale sind der Einheitsimpuls und der Einheitssprung (Bild 4.1). Der Einheitsimpuls $\delta(n)$ ist das zeitdiskrete Äquivalent des Dirac-Impulses. Er ist durch

$$\delta(n) = \begin{cases} 1 & \text{für} \quad n = 0 \\ 0 & \text{für} \quad n \neq 0 \end{cases} \tag{4.2}$$

definiert. Für den zeitdiskreten Einheitssprung gilt:

$$u(n) = \begin{cases} 1 & \text{für} \quad n \geq 0 \\ 0 & \text{für} \quad n < 0 \end{cases} \tag{4.3}$$

4.1.1 Energie, Leistung und Korrelationsfunktion

Die Korrelationsfunktion zeitdiskreter Signale ist analog zu Gl. (2.40) im Falle der Energiesignale oder zu Gl. (2.45) im Falle der Leistungssignale definiert. Anstelle der Verschiebung um τ tritt die Verschiebung um k Abtastwerte. Die Korrelationsfunktion für reelle Energiesignale[1] lautet somit:

$$R_{xy}(k) = \sum_{n=-\infty}^{\infty} x(n)\, y(n+k) \tag{4.4}$$

Die normierte Energie eines Signals erhält man aus der Autokorrelationsfunktion (AKF) an der Stelle $k = 0$:

$$E = R_x(0) = \sum_{n=-\infty}^{\infty} x^2(n) \tag{4.5}$$

[1] Die entsprechenden Definitionen für komplexe Signale finden sich in Anhang 1.

Für reelle Leistungssignale gilt entsprechend

$$R_{xy}(k) = \lim_{N\to\infty} \frac{1}{2N+1} \sum_{n=-N}^{N} x(n)\, y(n+k) \tag{4.6}$$

und für die normierte Leistung:

$$P = R_x(0) = \lim_{N\to\infty} \frac{1}{2N+1} \sum_{n=-N}^{N} x^2(n) \tag{4.7}$$

Der Einheitsimpuls ist ein Energiesignal, da er eine endliche Energie hat. Sie ergibt sich mithilfe von Gln. (4.2) und (4.5) zu $E = 1$. Der Einheitssprung aus Gl. (4.3) ist dagegen ein Leistungssignal mit der Leistung $P = 1/2$, denn es ist $\sum_{n=0}^{N} 1 = N+1$ und $\lim_{N\to\infty} \frac{N+1}{2N+1} = 1/2$.

Die Gleichungen (4.6) und (4.7) beschreiben auch die Korrelationsfunktion und die Leistung zeitdiskreter stationärer ergodischer Zufallssignale. Analog zu den Gln. (2.52) und (2.54) gelten für den Mittelwert und die Leistung

$$E[x(n)] = \overline{x(n)} = m_x = \lim_{N\to\infty} \frac{1}{2N+1} \sum_{n=-N}^{N} x(n) \tag{4.8}$$

$$E\left[x^2(n)\right] = \overline{x^2(n)} = P = \sigma_x^2 + m_x^2 \tag{4.9}$$

mit der Varianz σ_x^2. Für diese Erwartungswerte können leicht Schätzwerte bestimmt werden, wenn eine endliche Zahl von Abtastwerten des Signals vorliegt. Für Mittelwert, Varianz und AKF erhält man aus M Abtastwerten die Schätzwerte:

$$\hat{m}_x = \frac{1}{M} \sum_{n=0}^{M-1} x(n) \tag{4.10}$$

$$\hat{P} = \frac{1}{M} \sum_{n=0}^{M-1} x^2(n) \tag{4.11}$$

$$\hat{\sigma}_x^2 = \frac{1}{M} \sum_{n=0}^{M-1} (x(n) - \hat{m}_x)^2 \tag{4.12}$$

$$\hat{R}_x(k) = \frac{1}{M} \sum_{n=0}^{M-|k|-1} x(n)\, x(n+k) \tag{4.13}$$

Oft wird in Gl (4.13) als Normierungsfaktor auch $1/(M-|k|)$ anstelle von $1/M$ verwendet, da die Summe in Gl. (4.13) $M-|k|$ Summanden enthält. Dadurch ergibt sich ein erwartungstreuer Schätzwert der AKF, d. h., für $M \to \infty$ geht der Schätzwert $\hat{R}_x(k)$ der AKF gegen den wahren Wert $R_x(k)$. Aus dem gleichen Grund verwendet man in Gl. (4.12) auch den Faktor $1/(M-1)$ anstelle von $1/M$. Allerdings gilt dann nur näherungsweise $\hat{\sigma}_x^2 + \hat{m}_x^2 \approx \hat{R}_x(k)$.

Beispiel 4.1 Leistung und Autokorrelationsfunktion eines zeitdiskreten Zufallssignals

Bild 3.19 in Abschnitt 3.4 zeigt ein Sprachsignal, das aus $M = 17\,600$ Abtastwerten besteht. Bei einer Abtastrate von $f_A = 8$ kHz entspricht dies einer Abtastperiode von $T_A = 125\,\mu$s und einer Signaldauer von 2,2 s. Die Abtastwerte wurden mit 8 bit linear quantisiert. Damit liegen die Werte im Bereich $-128 \le x(n) \le 128$ (für Bild 3.19 wurde die Amplitude auf 1 normiert). Mittelwert, Leistung und Varianz berechnen sich nach Gl. (4.10), Gl. (4.11) und Gl. (4.12) zu

$$\hat{m}_x = -0{,}45, \qquad \hat{P} = 321{,}41, \qquad \hat{\sigma}_x^2 = 321{,}21$$

Für die AKF erhält man aus den Abtastwerten mit Gl. (4.13) im Bereich $-2 \le k \le 2$:

$$\hat{R}_x(0) = 321{,}41$$
$$\hat{R}_x(1) = \hat{R}_x(-1) = 282{,}12$$
$$\hat{R}_x(2) = \hat{R}_x(-2) = 195{,}77$$

Die absoluten Werte haben keine physikalische Bedeutung, da sie vom verwendeten Zahlenbereich abhängen. Beispielsweise ergäben sich bei einer Quantisierung mit 16 bit ein Wertebereich $-32768 \le x(n) \le 32768$ und entsprechend größere Werte für Mittelwert, Varianz und AKF. Normiert man die AKF so, dass der Maximalwert gleich eins ist, erhält man:

$$\hat{R}_x(0)/\hat{R}_x(0) = 1$$
$$\hat{R}_x(1)/\hat{R}_x(0) = 0{,}88$$
$$\hat{R}_x(2)/\hat{R}_x(0) = 0{,}61$$

Der Verlauf der AKF für Verschiebungen bis $k = 20$ bzw. $\tau = 20\ T_A = 2{,}5$ ms ist in Bild 4.2 dargestellt.

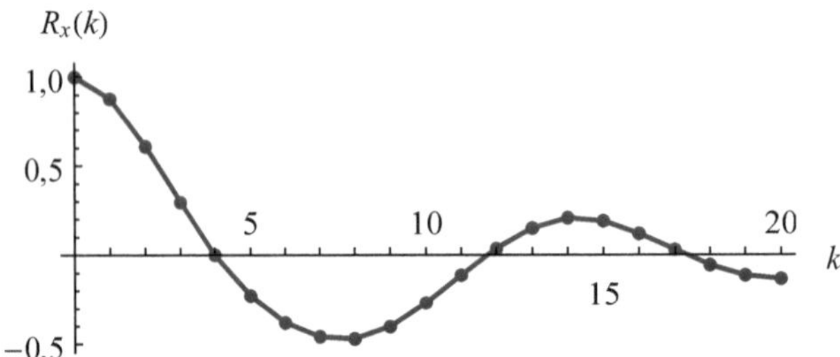

Bild 4.2 Autokorrelationsfunktion des Sprachsignals aus Bild 3.19

■

4.1.2 Diskrete Faltung

Die Beschreibung zeitdiskreter Systeme erfolgt analog der Beschreibung zeitkontinuierlicher Systeme (Abschnitt 2.1). Das Verhalten eines linearen zeitinvarianten Systems wird im Zeitbereich durch dessen Impulsantwort und im Frequenzbereich durch dessen Übertragungsfunktion bestimmt. Dies gilt genauso für zeitdiskrete Systeme. Ein zeitdiskretes System reagiert auf ein Eingangssignal $x(n)$ mit dem Ausgangssignal $y(n)$. Der funktionale Zusammenhang zwischen Eingang und Ausgang wird zunächst wieder formal durch $y(n) = F\{x(n)\}$ beschrieben (Bild 4.3).

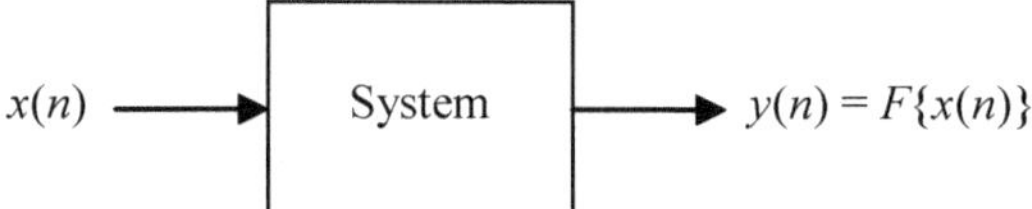

Bild 4.3 Ein zeitdiskretes System

Das zeitdiskrete System heißt linear, wenn für eine Linearkombination von Eingangssignalen $x_i(n)$ die Linearkombination der entsprechenden Ausgangssignale $y_i(n) = F\{x_i(n)\}$ zu beobachten ist. Dann gilt:

$$x(n) = a_1 x_1(n) + a_2 x_2(n) + \ldots = \sum_i a_i x_i(n)$$

$$y(n) = a_1 F\{x_1(n)\} + a_2 F\{x_2(n)\} + \ldots = \sum_i a_i F\{x_i(n)\} \tag{4.14}$$

Ein System ist zeitinvariant, wenn dessen Eigenschaften unabhängig von einer Verschiebung sind. Für eine Verschiebung des Eingangssignals um k Abtastwerte erhält man dann:

$$F\{x(n-k)\} = y(n-k) \tag{4.15}$$

Ein System, das die Eigenschaften nach Gln. (4.14) und (4.15) erfüllt, nennt man ein zeitdiskretes, lineares zeit- bzw. verschiebungsinvariantes System, kurz: zeitdiskretes LTI-System (Linear Time-Invariant). Die diskrete Faltung ist das Gegenstück zu Gl. (2.6) für zwei zeitdiskrete Signale $x(n)$ und $y(n)$ sowie ein LTI-System mit der Impulsantwort $h(n)$. Die Impulsantwort $h(n) = F\{\delta(n)\}$ eines zeitdiskreten Systems ist dessen Reaktion auf den Einheitsimpuls $\delta(n)$. Für ein beliebiges Signal $x(n)$ schreiben wir zunächst mithilfe des Einheitsimpulses

$$x(n) = \sum_{k=-\infty}^{\infty} x(k)\,\delta(n-k) = x(n) * \delta(n)$$

da $\delta(n-k) = 0$ für alle $k \neq n$ und somit alle Summanden mit dem Index $k \neq n$ gleich null sind. Die Summe in obiger Gleichung bezeichnet man als Faltungssumme; man verwendet dafür den gleichen Operator $(*)$ wie im zeitkontinuierlichen Fall. Mit den Eigenschaften der Linearität Gl. (4.14) und der Zeitinvarianz Gl. (4.15) erhalten wir für ein zeitdiskretes LTI-System:

$$\begin{aligned} y(n) = F\{x(n)\} &= F\left\{\sum_{k=-\infty}^{\infty} x(k)\,\delta(n-k)\right\} \\ &= \sum_{k=-\infty}^{\infty} x(k)\,F\{\delta(n-k)\} && \text{(Linearität)} \\ &= \sum_{k=-\infty}^{\infty} x(k)\,h(n-k) && \text{(Zeitinvarianz)} \end{aligned}$$

Für ein beliebiges Eingangssignal $x(n)$ erhält man das Ausgangssignal $y(n)$ eines zeitdiskreten LTI-Systems also durch Faltung von $x(n)$ mit der Impulsantwort $h(n)$:

$$y(n) = x(n) * h(n) = \sum_{k=-\infty}^{\infty} x(k)\,h(n-k) \tag{4.16}$$

Wie im zeitkontinuierlichen Fall gelten für die diskrete Faltung das Kommutativ-, Assoziativ- und das Distributivgesetz.

Beispiel 4.2 Reaktion eines zeitdiskreten Systems auf einen Einheitssprung

Wir betrachten ein zeitdiskretes System mit der Impulsantwort:

$$h(n) = \begin{cases} \frac{1}{2}\,\mathrm{si}\left(\frac{\pi}{2}(n-5)\right) & \text{für} \quad 0 \le n \le 10 \\ 0 & \text{sonst} \end{cases}$$

Wie wir im nächsten Abschnitt sehen werden, handelt es sich dabei um einen Tiefpass. Die Impulsantwort hat eine endliche Länge, da sie nur im Bereich $0 \le n \le 10$ von null verschieden ist, und sie ist kausal, da $h(n) = 0$ für $n < 0$ ist. Wir wollen mithilfe der zeitdiskreten Faltung die Sprungantwort, also die Reaktion des Systems auf einen Einheitssprung $u(n)$ bestimmen. Für das Ausgangssignal gilt:

$$y(n) = h(n) * u(n) = \sum_{k=-\infty}^{\infty} h(k)\, u(n-k)$$

Dieser Zusammenhang ergibt sich aus Gl. (4.16) mit $x(n) = u(n)$ und unter Anwendung des Kommutativgesetzes. Bild 4.4 zeigt $h(k)$ und $u(n-k)$ für verschiedene n.

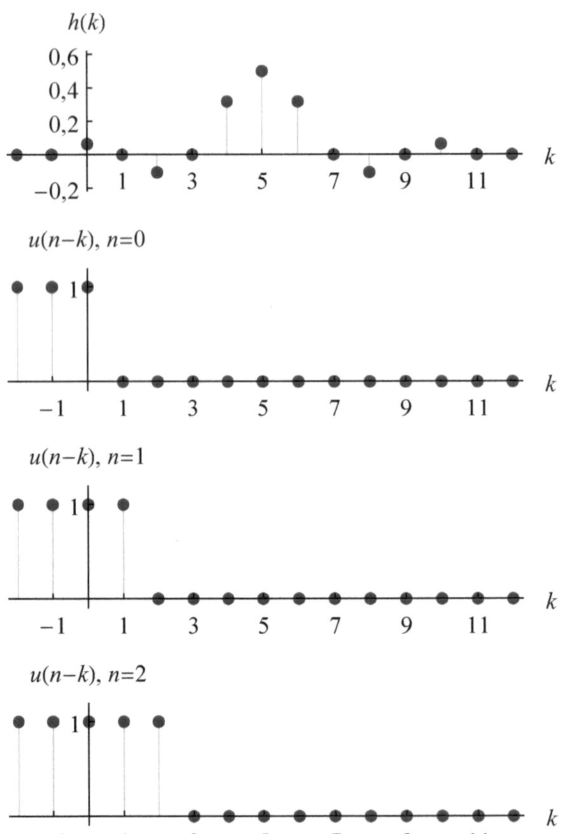

Bild 4.4 Zur Auswertung der Faltungssumme

$y(n)$ wird berechnet, indem man $u(n-k)$ elementweise mit $h(k)$ multipliziert und alle Werte aufsummiert. Für $n < 0$ ist $y(n) = 0$, da alle Summanden null sind. Für $n = 0, 1, \ldots$ erhält man

$$y(0) = h(0) = 0{,}0637$$

$$y(1) = h(0) + h(1) = 0{,}0637$$

$$y(2) = h(0) + h(1) + h(2) = -0{,}0424$$

$$\vdots$$

$$y(10) = h(0) + h(1) + h(2) + \ldots + h(10) = 1{,}0517$$

oder allgemein:

$$h(n) = \begin{cases} 0 & \text{für} \quad n < 0 \\ \sum\limits_{k=0}^{n} h(k) & \text{für} \quad 0 \le n \le 10 \\ \sum\limits_{k=0}^{10} h(k) & \text{für} \quad n > 10 \end{cases}$$

Für $n > 10$ bleibt $y(n)$ bei konstant 1,0517. Das vollständige Signal zeigt Bild 4.5.

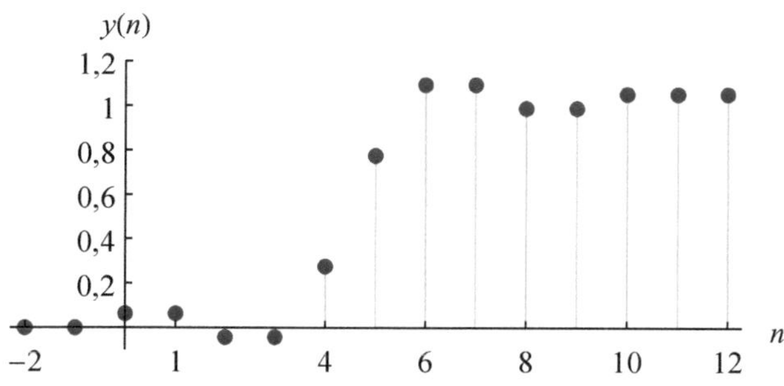

Bild 4.5 Ausgangssignal

■

Die zeitdiskrete Faltung ist also direkt vergleichbar mit der zeitkontinuierlichen Faltung, wobei an die Stelle der Integrationsvariablen τ der Summationsindex k tritt. Neben der konzeptionellen Bedeutung hat die diskrete Faltung auch eine große praktische Bedeutung, da in den meisten Fällen die Berechnung der Ausgangswerte eines zeitdiskreten LTI-Systems durch Auswertung der Faltungssumme erfolgt.

4.1.3 Fourier-Transformation zeitdiskreter Signale

Wir hatten in Abschnitt 3.1 die Fourier-Transformierte eines abgetasteten Signals $x_a(t)$ bestimmt und

$$S_a(f) = \frac{1}{T_A} \sum_{n=-\infty}^{\infty} S_x\left(f - \frac{n}{T_A}\right)$$

erhalten, also die periodische Wiederholung des Signalspektrums $S_x(f)$ im Abstand $f_A = 1/T_A$. Um einen Ausdruck zu bekommen, der nur von den Abtastwerten abhängt, setzen wir $x_a(t)$ in das Fourier-Integral Gl. (2.14) ein und erhalten

$$\begin{aligned} S_a(f) = \mathcal{F}\{x_a(t)\} &= \int_{-\infty}^{\infty} \sum_{n=-\infty}^{\infty} x(nT_A)\,\delta(t-nT_A)\,\mathrm{e}^{-j2\pi f t}\,dt \\ &= \sum_{n=-\infty}^{\infty} \left[x(nT_A) \int_{-\infty}^{\infty} \delta(t-nT_A)\,\mathrm{e}^{-j2\pi f t}\,dt \right] \\ &= \sum_{n=-\infty}^{\infty} x(nT_A)\,\mathrm{e}^{-j2\pi f n T_A} \end{aligned}$$

wobei im letzten Schritt von dem Ergebnis Gl. (2.20) aus Beispiel 2.4 Gebrauch gemacht wurde. Der obige Ausdruck hängt tatsächlich nur von den Abtastwerten ab. Wir setzen $T_A = 1$, damit lautet die Fourier-Transformierte eines zeitdiskreten Signals:

$$S(f) = \mathcal{F}\{x(n)\} = \sum_{n=-\infty}^{\infty} x(n)\,\mathrm{e}^{-j2\pi n f} \tag{4.17}$$

$S(f)$ ist eine kontinuierliche, periodische Funktion mit der Periode eins, denn es ist

$$S(f+1) = \sum_{n=-\infty}^{\infty} x(n)\,\mathrm{e}^{-j2\pi n(f+1)} = \sum_{n=-\infty}^{\infty} x(n)\,\mathrm{e}^{-j2\pi n f}\,\mathrm{e}^{-j2\pi n}$$

und $\mathrm{e}^{-j2\pi n} = 1$ für n ganzzahlig. Daraus folgt $S(f+1) = S(f)$ oder allgemein $S(f+m) = S(f)$ für ein beliebiges ganzzahliges m. Daher genügt es, $S(f)$ im Bereich einer Periode von $-1/2 \leq f \leq 1/2$ zu betrachten. Diese Periodizität ist identisch mit der periodischen Wiederholung des Signalspektrums $S_x(f)$, wenn das zeitdiskrete Signal $x(n)$ aus der Abtastung des analogen Signals $x(t)$ mit der Rate f_A hervorgeht. Aber der obige Zusammenhang zeigt: Jedes zeitdiskrete Signal hat ein periodisches Signalspektrum, unabhängig davon, wie $x(n)$ erzeugt wurde!

Durch die Normierung mit $T_A = 1/f_A = 1$ geht der Bezug zur tatsächlichen Frequenz verloren. Die normierte Frequenz $f = 1$ entspricht der Abtastrate f_A, und der Bereich einer Periode von $f = -1/2$ bis $1/2$ entspricht dem Frequenzbereich $f = -f_A/2$ bis $f_A/2$ oder $-1/2 \leq f/f_A \leq 1/2$. Üblich sind auch Definitionen der Fourier-Transformierten zeitdiskreter Signale als Funktion von $\Omega = 2\pi f$. $S(\Omega)$ ist dann periodisch mit der Periode 2π, und der Bereich einer Periode erstreckt sich über $-\pi \leq \Omega \leq \pi$.

Aus $S(f)$ erhält man mit der inversen Fourier-Transformation wieder das zeitdiskrete Signal $x(n)$. Da $S(f)$ periodisch ist, erfolgt die Integration über eine Periode im Bereich $-1/2 \leq f \leq 1/2$:

$$x(n) = \mathcal{F}^{-1}\{S(f)\} = \int_{-1/2}^{1/2} S(f)\,\mathrm{e}^{j2\pi n f}\,df \tag{4.18}$$

Wie wir bei der Herleitung von Gl. (4.17) gesehen haben, ist die Fourier-Transformation zeitdiskreter Signale ein Sonderfall der durch Gln. (2.14) und (2.15) definierten Fourier-Transformation, und die in Abschnitt 2.1.2 besprochenen Theoreme gelten entsprechend.

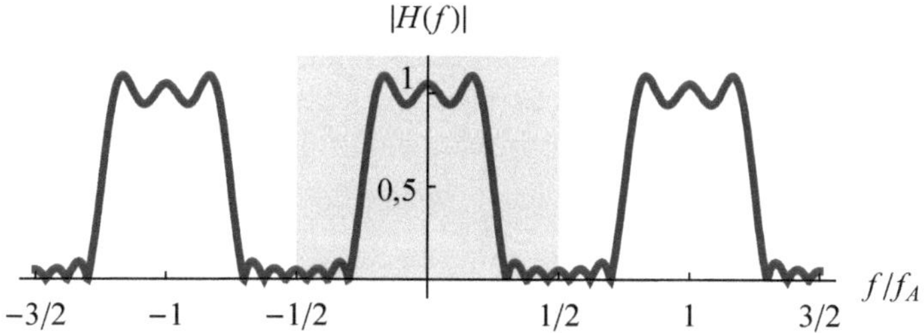

Bild 4.6 Betrag der Übertragungsfunktion des Systems aus Beispiel 4.2

Insbesondere gilt für die Transformierte eines um k Abtastwerte verschobenen Signals:

$$\mathscr{F}\{x(n-k)\} = S_x(f)\,\mathrm{e}^{-j2\pi kf} \tag{4.19}$$

Ferner enstpricht der Faltung zweier Signale im Zeitbereich die Multiplikation im Frequenzbereich:

$$\mathscr{F}\left\{x(n) * y(n)\right\} = \mathscr{F}\{x(n)\} \cdot \mathscr{F}\left\{y(n)\right\} = S_x(f) \cdot S_y(f) \tag{4.20}$$

Die Fourier-Transformierte der Impulsantwort $h(n)$ eines zeitdiskreten LTI-Systems bezeichnet man wie im zeitkontinuierlichen Fall als Übertragungsfunktion $H(f)$. Durch die Transformation der Beziehung Gl. (4.16) erhalten wir:

$$S_y(f) = \mathscr{F}\{x(n) * h(n)\} = S_x(f) H(f) \tag{4.21}$$

Durch Multiplikation der Fourier-Transformierten des Eingangssignals mit der Übertragungsfunktion des zeitdiskreten LTI-Systems erhält man also die Fourier-Transformierte des Ausgangssignals. Gl (4.21) ist formal identisch zu Gl. (2.27), wobei es sich in Gl. (2.27) bei $S_x(f)$, $S_y(f)$ und $H(f)$ um die Fourier-Transformierten zeitkontinuierlicher Signale handelt. Für die Übertragungsfunktion des zeitdiskreten Systems aus Beispiel 4.2 gilt:

$$H(f) = \sum_{n=0}^{10} \frac{1}{2}\,\mathrm{si}\left(\frac{\pi}{2}(n-5)\right)\,\mathrm{e}^{-j2\pi nf}$$

Bild 4.6 zeigt den Betrag dieser Übertragungsfunktion. Er wird von $f/f_A = -3/2$ bis $3/2$ dargestellt, sodass die periodische Wiederholung des Bereiches $-1/2 \le f/f_A \le 1/2$ zu erkennen ist. Dieser Bereich, in Bild 4.6 grau hinterlegt, ist aber für die Übertragungsfunktion entscheidend. Wie bereits in Beispiel 4.2 erwähnt, handelt es sich um ein Tiefpassfilter mit einem Durchlassbereich von ca. $0 \le f/f_A \le 1/4$ und einem Sperrbereich von ca. $1/4 \le f/f_A \le 1/2$.

4.1.4 Diskrete Fourier-Transformation

Wenn man die Fourier-Transformierte eines zeitdiskreten Signals aus einer endlichen Zahl von Abtastwerten berechnen will, muss die Summe in Gl. (4.17) auf eine endliche Anzahl von Summanden beschränkt werden. Liegen N Abtastwerte von $x(n)$ vor, also für $n = 0, 1, \ldots, N-1$, so erhält man:

$$S(f) = \sum_{n=0}^{N-1} x(n)\,\mathrm{e}^{-j2\pi nf}$$

Als Nächstes stellt sich die Frage, für welche Frequenzen f man die Fourier-Transformierte berechnet. Prinzipiell ist dies für beliebige f möglich, allerdings erhält man bei N Abtastwerten auch nur N unabhängige Frequenzwerte im Bereich einer Periode. Für $f = k/N$, $k = 0, 1, \ldots, N-1$, erhält man die diskrete Fourier-Transformation (DFT):

$$S_{\mathrm{DFT}}(k) = \sum_{n=0}^{N-1} x(n)\,\mathrm{e}^{-j2\pi nk/N}, \qquad k = 0, 1, \ldots, N-1 \tag{4.22}$$

Die inverse DFT (IDFT) ist durch

$$x(n) = \frac{1}{N}\sum_{k=0}^{N-1} S_{\mathrm{DFT}}(k)\,\mathrm{e}^{j2\pi nk/N}, \qquad n = 0, 1, \ldots, N-1 \tag{4.23}$$

gegeben. Die DFT nach Gl. (4.22) liefert N Werte im Bereich einer Periode von $0 \le f < 1$. Um den Bezug zur absoluten Frequenz herzustellen, müssen wir beachten, dass die normierte Frequenz $f = 1$ der Abtastrate f_A entspricht. Der k-te Wert entspricht also der Frequenz

$$f_k = \frac{k}{N} f_A, \qquad k = 0, 1, \ldots, N-1 \tag{4.24}$$

und der Abstand zwischen zwei Werten ist gleich

$$\Delta f = \frac{1}{N} f_A \tag{4.25}$$

Δf nennt man auch die spektrale Auflösung. Die Abtastrate bestimmt also den Frequenzbereich der DFT, während durch die Anzahl der Abtastwerte die spektrale Auflösung festgelegt wird.

Wir betrachten im Folgenden die Abtastung eines Kosinussignals, um uns die Möglichkeiten und Einschränkungen der DFT klarzumachen. Wie wir aus Beispiel 2.5 wissen, besteht das Fourier-Spektrum der Kosinusschwingung aus zwei spektralen Linien bei $\pm f_0$. Durch die Abtastung wiederholt sich das Spektrum periodisch im Abstand f_A. Die Frequenz des Kosinussignals sei $f_0 = 1$ kHz, und die Abtastrate betrage $f_A = 8$ kHz. In Beispiel 3.1 hatten wir die gleichen Werte angenommen, und Bild 3.6 zeigt das Spektrum des abgetasteten Kosinussignals.

Kommen wir nun zur DFT: Wir nehmen an, wir tasten zwei Perioden des Signals ab und erhalten $N = 16$ Abtastwerte (Bild 4.7 oben). Dabei spielen die absoluten Werte von f_0 und f_A keine Rolle, denn solange sich das Verhältnis f_0 / f_A nicht ändert, erhält man die in Bild 4.7 gezeigten Abtastwerte. Bild 4.7 unten zeigt den Betrag der DFT nach Gl. (4.22). Der spektralen Linie bei $k = 2$ ist nach Gl. (4.24) die Frequenz $f_k = 1$ kHz zugeordnet. Bei $f_A/2$ oder $k = N/2 = 8$ beginnt die periodische Wiederholung des Spektrums (vgl. Bild 3.6). Zur Linie bei $k = 14$ gehört die Frequenz $f_k = 7$ kHz.

Um aus der DFT das zweiseitige Spektrum im Bereich $-f_A/2 \le f \le f_A/2$ zu erhalten, müssen die Werte im Bereich $N/2 \le k \le N-1$ entfernt und links wieder angefügt werden. Da das Betragsspektrum eines reellen Signals stets eine gerade Funktion ist, wird aber meist nur der Bereich $0 \le f \le f_A/2$ bzw. $0 \le k \le N/2-1$ dargestellt.

Die diskreten Werte der DFT in Bild 4.7 repräsentieren also genau das erwartete Linienspektrum des Kosinussignals. Bild 4.8 zeigt nun das Resultat, wenn die Abtastrate $f_A = 6{,}4$ kHz

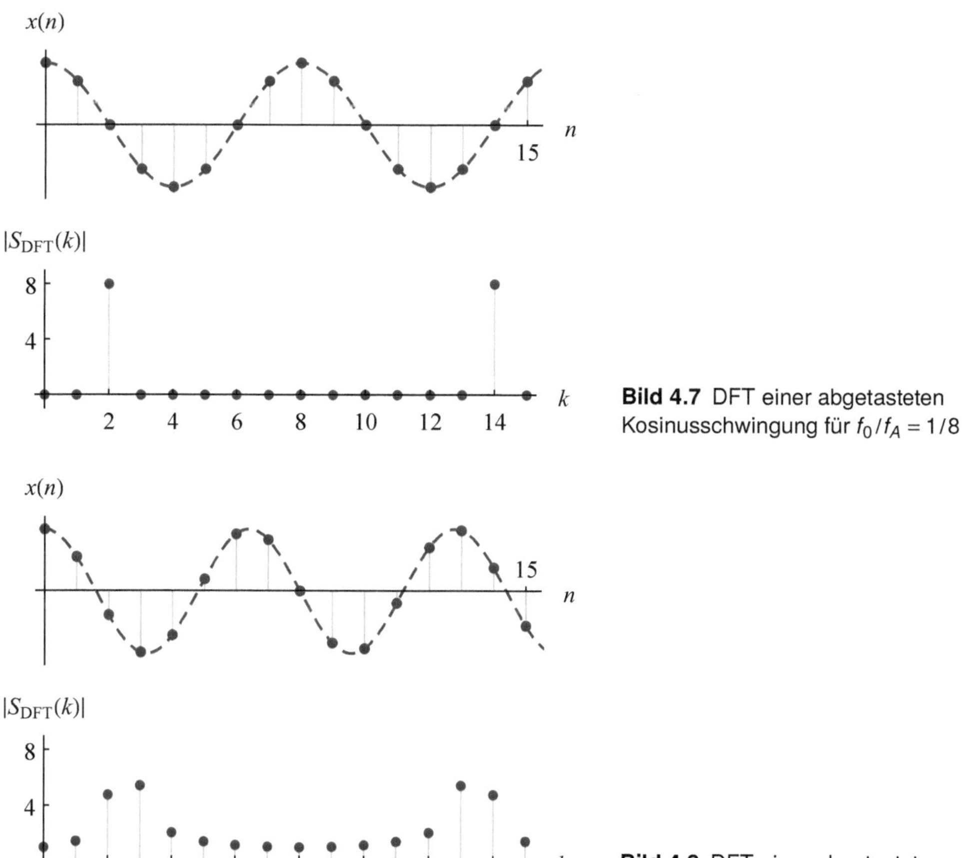

Bild 4.7 DFT einer abgetasteten Kosinusschwingung für $f_0/f_A = 1/8$

Bild 4.8 DFT einer abgetasteten Kosinusschwingung für $f_0/f_A = 1/6{,}4$

beträgt. Die spektralen Linien laufen auseinander, man bezeichnet dies als *Leckeffekt* (engl.: leakage).

Zwar erkennt man an der DFT in Bild 4.8 unten das Vorhandensein spektraler Komponenten im Bereich $k = 2\ldots 3$ entsprechend einem Frequenzbereich von 0,8 … 1,2 kHz, weitere Schlüsse auf das Signal können jedoch kaum gezogen werden. Der Leckeffekt hat seine Ursache darin, dass das zu Gl. (4.23) gehörige zeitdiskrete Signal periodisch mit der Periode N ist, d. h., es ist $x(n \pm N) = x(n)$. Dies folgt aus Gl. (4.23) und:

$$\mathrm{e}^{j2\pi(n\pm N)k/N} = \mathrm{e}^{j2\pi nk/N} \underbrace{\mathrm{e}^{\pm j2\pi k}}_{=1 \text{ für } k \text{ ganzzahlig}} = \mathrm{e}^{j2\pi nk/N}$$

Die DFT eines auf N Abtastwerte begrenzten Signals $x(n)$ ist also identisch zu der DFT des periodisch fortgesetzten Signals $x_p(n)$. Bild 4.9 zeigt die periodische Fortsetzung von $x(n)$ aus Bild 4.8. Am Ende einer Periode kommt es zu einer Unstetigkeit im Signalverlauf. Diese Unstetigkeit verursacht den Leckeffekt. Ist dagegen $N\,T_A$ ein ganzzahliges Vielfaches der Periodendauer der Kosinusschwingung wie in Bild 4.7, so entstehen bei der periodischen Fortsetzung keine Unstetigkeiten, und der Leckeffekt tritt nicht in Erscheinung.

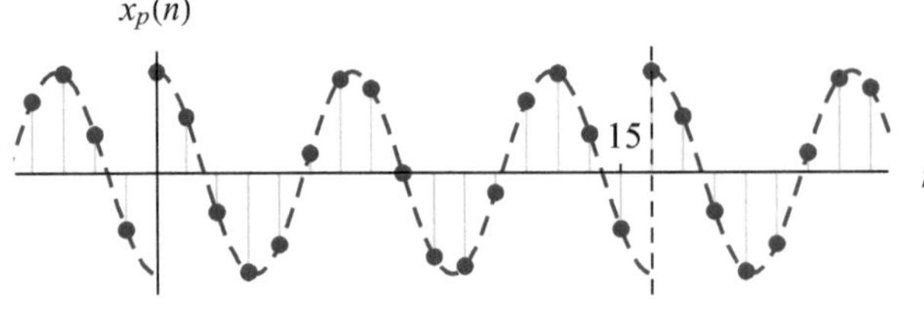

Bild 4.9 $x_p(n)$ entsteht aus der periodischen Fortsetzung des Signals $x(n)$ aus Bild 4.8

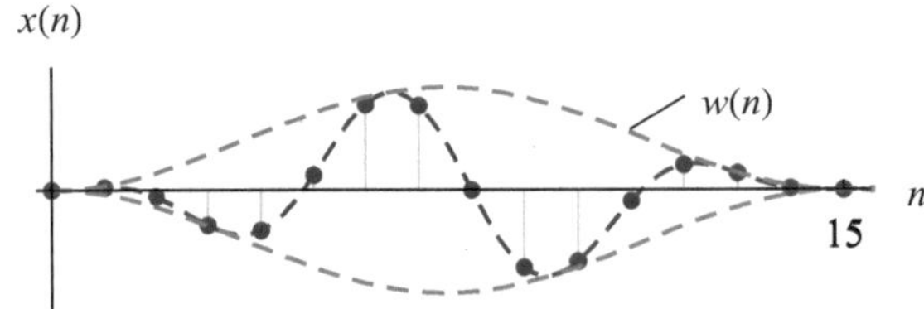

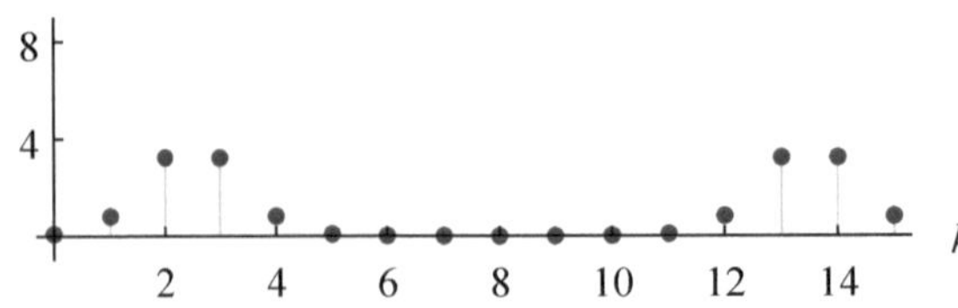

Bild 4.10 DFT einer abgetasteten Kosinusschwingung für $f_0/f_A = 1/6{,}4$ bei Bewertung mit einem Hanning-Fenster

Der Leckeffekt kann reduziert werden, wenn $x(n)$ mit einer Funktion $w(n)$ gewichtet wird, die die Amplitude zu den Intervallgrenzen hin absenkt. Dies bezeichnet man als *Fensterung* (engl.: windowing). Eine gebräuchliche Funktion hierfür ist das Hanning-Fenster. Es ist durch

$$w(n) = \frac{1}{2}\left(1 - \cos\left(\frac{2\pi n}{N-1}\right)\right) \tag{4.26}$$

definiert. Bild 4.10 zeigt das gewichtete (d. h. mit $w(n)$ multiplizierte) zeitdiskrete Signal und dessen DFT. Weitere Fensterfunktionen und Erläuterungen zu deren Einfluss auf die spektrale Auflösung und den Leckeffekt findet man in [9] und [24].

Die DFT ist ein wichtiges Werkzeug in der Nachrichtentechnik, um das Spektrum eines Signals zu bestimmen. Sie ist daher oft Bestandteil von Messgeräten und Simulationssoftware. Im folgenden Beispiel betrachten wir nochmals die Auswirkungen des Leckeffekts.

Beispiel 4.3 Spektrum eines Zweitonsignals

Ein Zweitonsignal setzt sich aus zwei Sinusschwingungen unterschiedlicher Frequenz zusammen. Im Beispiel liegen die beiden Frequenzen dicht zusammen und die Amplitude der höherfrequenten Schwingung ist deutlich kleiner. Eine dritte Komponente ist weißes Rauschen. Bild 4.11 zeigt die DFT eines solchen Signals, berechnet aus $N = 1024$ Abtastwerten. Die Plots zeigen nur die erste Hälfte der DFT, also $N/2$ Werte, da die zweite Hälfte der Werte lediglich die periodische Wiederholung des Spektrums enthält. Dies entspricht dem Frequenzbereich $0 \le f \le f_A/2$.

Im oberen Plot ist der Betrag der DFT $|S_{\mathrm{DFT}}(f)|$ linear abgebildet, die höherfrequente Sinusschwingung mit der geringen Amplitude und das Rauschen sind nicht zu erkennen. Im mittleren Plot ist das Spektrum in Dezibel, also $20\lg|S_{\mathrm{DFT}}(f)|$, abgebildet. Hier ist der Leckeffekt bei der niederfrequenten Schwingung und das Rauschen zu erkennen. Die höherfrequente Schwingung wird durch den Leckeffekt weitgehend verdeckt. Der untere Plot zeigt schließlich die DFT bei Verwendung des Hanning-Fensters, beide Sinusschwingungen sind nun gut zu erkennen.

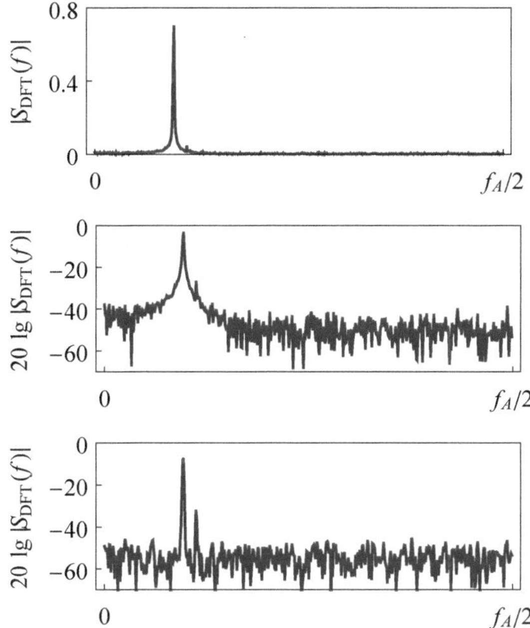

Bild 4.11 DFT eines Zweitonsignals, oben: linear skaliert, Mitte: logarithmisch skaliert, unten: mit Hanning-Fenster bewertet

■

Mithilfe der DFT kann auch das Leistungsdichtespektrum eines zeitdiskreten Zufallssignals geschätzt werden. Man bezeichnet den Schätzwert

$$\hat{\varphi}_x(k) = \frac{T_A}{N}\,|S_{\mathrm{DFT}}(k)|^2 \tag{4.27}$$

auch als *Periodogramm* [24], [28]. Es ist $T_A = 1/f_A$, und mit der obigen Skalierung geben die diskreten Werte des Periodogramms die Leistungsdichte innerhalb der Bandbreite $\Delta f = f_A/N$ an. Die mittlere Leistung in einem Frequenzbereich erhält man, indem man die Werte von $\hat{\varphi}_x(k)$ in diesem Bereich aufsummiert und mit Δf multipliziert:

$$\hat{P}_x = \Delta f \sum_k \hat{\varphi}_x(k) = \frac{1}{N^2} \sum_k |S_{\mathrm{DFT}}(k)|^2 \tag{4.28}$$

Das Periodogramm ist jedoch nicht erwartungstreu und hat die Eigenschaft, dass dessen Varianz auch für beliebig große Werte von N nicht verschwindet. Dies macht sich dadurch bemerkbar, dass das Periodogramm stark um den Erwartungswert streut, und diese Streuung auch bei Vergrößern von N nicht abnimmt. Eine Möglichkeit zur Reduzierung der Varianz besteht darin, $x(n)$ in mehrere Abschnitte zu unterteilen, für jeden der Abschnitte das Periodogramm zu berechnen und anschließend den Mittelwert über diese Periodogramme zu bilden.

Die DFT wird auch deshalb als vielseitiges Werkzeug in der digitalen Signalverarbeitung eingesetzt, weil in der Form der *schnellen Fourier-Transformation* (engl.: Fast Fourier Transform, FFT) sehr effiziente Berechnungsverfahren für sie existieren [9], [24]. Die FFT reduziert die Anzahl der erforderlichen Multiplikationen und Additionen drastisch und kann daher auch für große N in verhältnismäßig kurzer Zeit ausgeführt werden. Die Anwendung der FFT setzt voraus, dass N eine Potenz von 2 ist.

Beispiel 4.4 DFT eines Analog-Digital-Wandlers

In jedem Datenblatt eines Analog-Digital-Wandlers findet man einen DFT-Plot ähnlich Bild 4.12. Für diesen Plot wird ein Kosinussignal der Frequenz f_0 an den Eingang gelegt, N Abtastwerte aufgezeichnet und daraus die DFT berechnet. Mithilfe der DFT kann die Linearität des Systems beurteilt werden. Bei einem perfekt linearen System enthält das aufgezeichnete Signal nur die Grundschwingung $\cos(2\pi f_0 t)$. In einem realen System treten auch Terme $\cos^n(2\pi f_0 t)$ mit geringer Amplitude auf. Diese enthalten die n-te Harmonische, wie sich durch Umformen mithilfe der trigonometrischen Beziehungen zeigen lässt. Wenn deren Amplituden groß genug sind, sodass sie nicht im Rauschen verschwinden, tauchen im DFT-Plot spektrale Linien bei den Frequenzen nf_0 auf. Je größer deren Amplituden, umso nichtlinearer ist das System.

Bild 4.12 zeigt eine typische DFT eines 12-bit-Analog-Digital-Wandlers, berechnet aus $N = 8192$ Werten. Die Grundschwingung hat die Frequenz $f_0 = 6{,}25$ MHz, und die Abtastrate beträgt 100 MHz. Gezeigt wird der Betrag der DFT, ausgedrückt in dB. Die y-Achse ist so skaliert, dass 0 dB der Vollaussteuerung entsprechen. Der Plot zeigt die ersten $N/2$ Werte der DFT, entsprechend dem Frequenzbereich von 0 bis $f_A/2$ bzw. dem Bereich von 0 bis 50 MHz. In der DFT sind die 2. Harmonische bei der Frequenz $2f_0 = 12{,}5$ MHz und die 3. Harmonische bei $3f_0 = 18{,}75$ MHz zu erkennen.

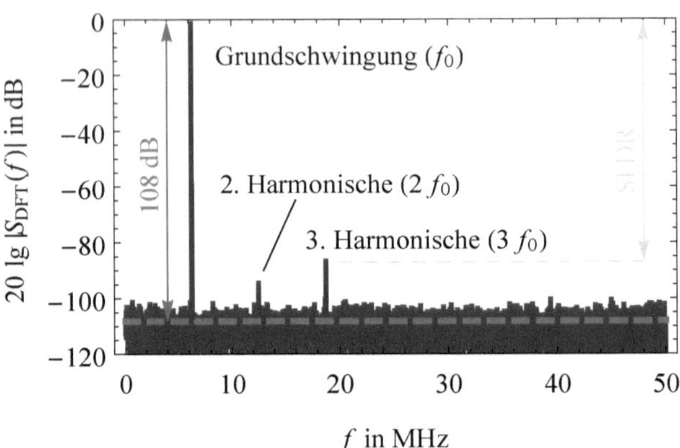

Bild 4.12 DFT eines Analog-Digital-Wandlers

Bei $n = 12$ bit ergibt sich nach Gl. (3.13) ein Störabstand von 74 dB. Der tatsächliche Störabstand ist aber in diesem Beispiel unter Berücksichtigung weiterer Rauschquellen neben dem Quantisierungsrauschen etwas geringer und beträgt 72 dB. Bezeichnen wir die Signalleistung mit S und die Rauschleistung mit N_{ges}, so gilt also:

$$s = 10 \lg \frac{S}{N_{\text{ges}}} = 72\,\text{dB}$$

Das Nutzsignal konzentriert sich im Spektrum auf einen einzelnen Wert der DFT bei $k_{\max}$. Für die Signalleistung gilt:

$$S = \Delta f\, \phi_x(k_{\max})$$

Für die Rauschleistung schreiben wir:

$$N_{\text{ges}} = \Delta f \sum_{k=0}^{N/2-1} \phi_n(k) = \Delta f\, \frac{N}{2}\, \overline{\phi}_n$$

$\overline{\phi}_n$ ist die mittlere Rauschleistungsdichte, also $\frac{1}{N/2}\sum_{k=0}^{N/2-1}\phi_n(k)$. Für den Störabstand folgt:

$$10\lg\frac{S}{N_{\text{ges}}} = 10\lg\frac{2}{N}\,\frac{\phi_x(k_{\max})}{\overline{\phi}_n} = 10\lg\frac{\phi_x(k_{\max})}{\overline{\phi}_n} - 10\lg\frac{N}{2} = 72\,\text{dB}$$

Für den Abstand zwischen Signal und Rauschen im DFT-Plot erhält man daher:

$$20\lg\frac{\sqrt{\phi_x(k_{\max})}}{\sqrt{\overline{\phi}_n}} = 10\lg\frac{\phi_x(k_{\max})}{\overline{\phi}_n} = 72\,\text{dB} + 10\lg\frac{N}{2} = 108\,\text{dB}$$

Dieser Wert ist in Bild 4.12 eingezeichnet. Der Abstand zwischen der Grundschwingung und Harmonischen mit der höchsten Amplitude wird als *Spurious Free Dynamic Range* (SFDR) bezeichnet und beträgt im Beispiel ca. 86 dB. ■

4.2 Digitale Filter

Ein digitales Filter besteht aus Addierern, Multiplizierern und Verzögerungselementen. Bild 4.13 zeigt diese Strukturelemente. Der Addierer liefert die Summe zweier Eingangswerte, und der Multiplizierer liefert das Produkt aus Eingangswert und einem konstanten Koeffizienten. Das Verzögerungselement liefert den um einen Abtastwert bzw. eine Abtastperiode T verzögerten Eingangswert, stellt also ein Speicherelement dar.

Die allgemeine Struktur eines digitalen Filters zeigt Bild 4.14. Das Filter besteht im linken Teil aus N Verzögerungselementen, die die Eingangswerte $x(n), \ldots, x(n-N)$ enthalten. Diese Werte werden mit den Koeffizienten $b_0, \ldots, b_N$ multipliziert. Der rechte Teil besteht aus M Verzögerungselementen, die die vorangegangenen Ausgangswerte $y(n-1), \ldots, y(n-M)$ enthalten und die mit den Koeffizienten $a_1, \ldots, a_M$ multipliziert werden. Mithilfe von Bild 4.14 erhält man für das Ausgangssignal die lineare Differenzengleichung:

$$y(n) = \sum_{i=0}^{N} b_i\, x(n-i) + \sum_{i=1}^{M} a_i\, y(n-i) \tag{4.29}$$

Die Koeffizienten b_i und a_i bestimmen die Übertragungscharakteristik; man bezeichnet sie als Filterkoeffizienten. Durch die Fourier-Transformation der Beziehung Gl. (4.29) erhalten wir mithilfe des Verschiebungssatzes, Gl. (4.19):

$$S_y(f) = S_x(f) \sum_{i=0}^{N} b_i\, \mathrm{e}^{-j2\pi i f} + S_y(f) \sum_{i=1}^{M} a_i\, \mathrm{e}^{-j2\pi i f}$$

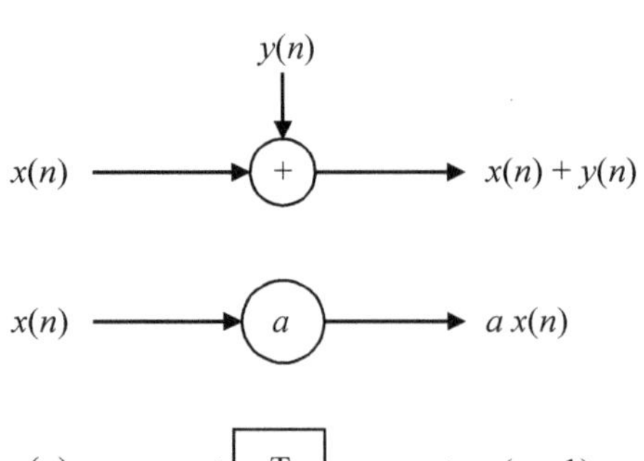

Bild 4.13 Addierer, Multiplizierer und Verzögerungselement

Durch Umstellen erhalten wir die Übertragungsfunktion des Filters:

$$H(f) = \frac{S_y(f)}{S_x(f)} = \frac{\sum\limits_{i=0}^{N} b_i\, \mathrm{e}^{-j2\pi i f}}{1 - \sum\limits_{i=1}^{M} a_i\, \mathrm{e}^{-j2\pi i f}} \tag{4.30}$$

Ein Filter mit endlicher Impulsantwort oder ein *FIR-Filter* (Finite Impulse Response) erhalten wir, wenn $a_i = 0$ für alle i gilt. Ein FIR-Filter besteht also nur aus dem linken Teil des Blockschaltbildes Bild 4.14, und die Impulsantwort ist auf $N+1$ Werte begrenzt. Für $a_i \neq 0$ für einige oder alle i erhalten wir aufgrund des rekursiven rechten Teils des Blockschaltbildes Bild 4.14 ein Filter mit einer unendlich langen Impulsantwort oder ein *IIR-Filter* (Infinite Impulse Response).

Die Kosten bzw. der Aufwand eines Filters werden in Form der Anzahl der erforderlichen Multiplikationen und Additionen (engl.: multiply-accumulate, MAC) gemessen. Pro Filterkoeffizient ist eine Multiplikation und eine Addition erforderlich. Die Realisierung erfolgt meist durch Umsetzung von Gl. (4.29) in ein Programm, das beispielsweise auf einem digitalen Signalprozessor abläuft. Bei besonders hohen Anforderungen an die Geschwindigkeit ist eine schaltungstechnische Realisierung mit Schieberegistern, Multiplizierern und Addierern entsprechend Bild 4.14 möglich. Erfolgt die Zahlendarstellung im Festkommaformat, so führt der begrenzte Wertebereich zu Rundungsfehlern bei den Filterkoeffizienten und den Zwischenergebnissen [9]. Zwar treten auch bei Gleitkommazahlen Rundungsfehler auf, aufgrund des wesentlich größeren Wertebereichs spielen diese jedoch in der Regel keine Rolle.

Wesentliche Eigenschaften von FIR-Filtern sind:

- Immer stabil
- Lineare Phase möglich
- Unempfindlich gegen Rundungsfehler
- Gut für adaptive Filter geeignet

Wesentliche Eigenschaften von IIR-Filtern sind:

- Geringerer Aufwand bei ähnlichem Amplitudengang im Vergleich zu einem FIR-Filter
- In der Regel kleinere Gruppenlaufzeit

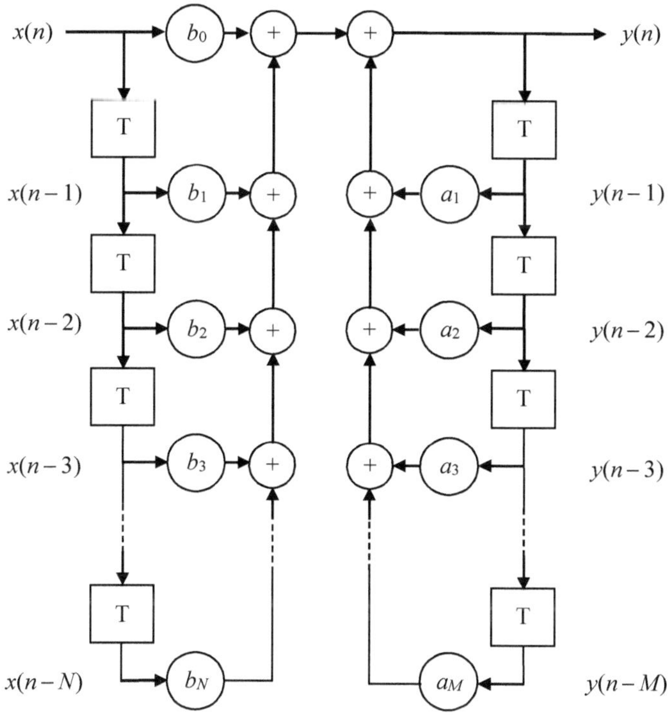

Bild 4.14 Allgemeine Struktur eines digitalen Filters

- Lineare Phase nicht möglich
- Empfindlicher gegen Rundung der Filterkoeffizienten, kann instabil werden

Es wurde bereits erwähnt, dass FIR-Filter in der Nachrichtentechnik eine wichtige Rolle spielen. Wir wollen uns daher mit diesem Filtertyp etwas näher beschäftigen.

Finite Impulse Response (FIR)-Filter

Bild 4.15 zeigt das Blockschaltbild eines FIR-Filters der Ordnung N. Es hat $N+1$ Filterkoeffizienten $b_0, \ldots, b_N$ und geht aus Bild 4.14 hervor, wenn alle a_i, also alle Koeffizienten des rechten Teils, gleich null sind. Legt man einen Einheitsimpuls $\delta(n)$ (Bild 4.1) an den Eingang des Filters, so werden die Speicherelemente des Filters zunächst mit null gefüllt, und das Ausgangssignal ist ebenfalls null. Den ersten Wert ungleich null erhält man für $n = 0$, dann ist $x(n) = \delta(0) = 1$ und der Ausgangswert ist b_0. Für $n = 1$ ist $x(n) = \delta(1) = 0$, $x(n-1) = \delta(0) = 1$ und der Ausgangswert ist b_1. Nacheinander „erscheinen" also die Filterkoeffizienten am Ausgang. Die Impulsantwort lautet daher

$$h(n) = b_0\,\delta(n) + b_1\,\delta(n-1) + \ldots + b_N\,\delta(n-N) \tag{4.31}$$

und es ist $h(0) = b_0$, $h(1) = b_1$, $\ldots$, $h(N) = b_N$. Die Werte der Impulsantwort sind also identisch mit den Filterkoeffizienten des FIR-Filters. Die Impulsantwort ist ferner endlich, da sie

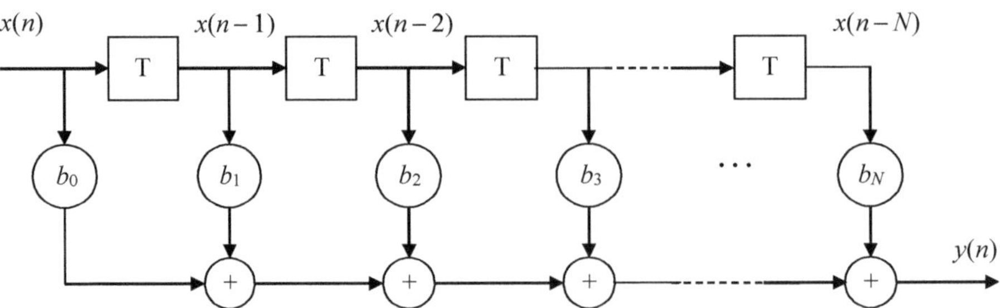

Bild 4.15 FIR-Filter

maximal $N+1$ von null verschiedene Werte enthalten kann. Mit Gl. (4.16) folgt bei Anwendung des Kommutativgesetzes der Faltung:

$$y(n) = h(n) * x(n) = \sum_{k=0}^{N} h(k)\,x(n-k) = \sum_{i=0}^{N} b_i\,x(n-i) \tag{4.32}$$

Dies ist identisch zu Gl. (4.29) mit $a_i = 0$. Für die Übertragungsfunktion des FIR-Filters erhalten wir mit Gl. (4.30):

$$H(f) = \sum_{i=0}^{N} b_i\,\mathrm{e}^{-j2\pi i f} \tag{4.33}$$

Zur Bestimmung der Filterkoeffizienten geht man von einem idealen System, beispielsweise in Form eines Tiefpass-, Hochpass- oder Bandpassfilters aus. Aus der idealen Übertragungsfunktion $H_{\mathrm{id}}(f)$ erhalten wir die Impulsantwort durch Fourier-Rücktransformation nach Gl. (4.18):

$$h(n) = \int_{-1/2}^{1/2} H_{\mathrm{id}}(f)\,\mathrm{e}^{j2\pi n f}\,df \tag{4.34}$$

Die Impulsantwort eines idealen Systems nach Gl. (4.34) ist nicht kausal und unendlich lang. Damit ein zeitdiskretes System kausal ist, muss

$$h(n) = 0 \quad \text{für} \quad n < 0$$

gelten. Um ein kausales Filter mit einer endlichen Impulsantwort zu erhalten, müssen wir $h(n)$ auf den Bereich $-L \le n \le L$ beschränken und die Impulsantwort um L Werte nach rechts verschieben. Damit erhalten wir für $2L+1 = N+1$ Filterkoeffizienten:

$$\begin{aligned} b_0 &= h(-L) \\ &\vdots \\ b_N &= h(L) \end{aligned} \tag{4.35}$$

Wir wollen uns die Vorgehensweise am Beispiel eines Tiefpassfilters veranschaulichen. Bild 4.16 zeigt die Übertragungsfunktion $H_{\mathrm{id}}(f)$ eines idealen Tiefpasses mit der Bandbreite B (vgl. auch Bild 2.21). Da es sich um ein zeitdiskretes LTI-System handelt, ist die Übertragungsfunktion

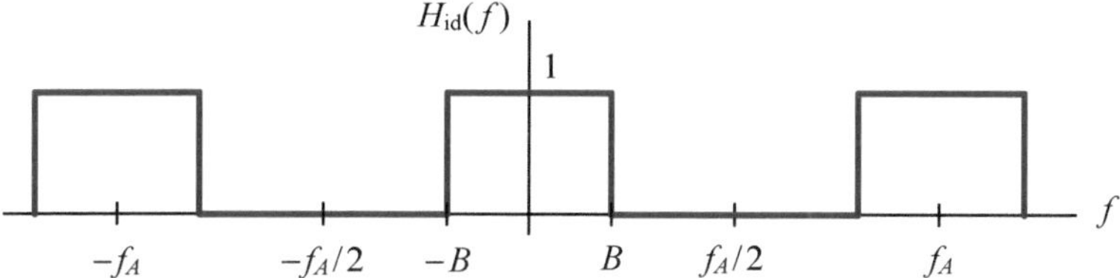

Bild 4.16 Übertragungsfunktion des idealen zeitdiskreten Tiefpasses

periodisch mit der Periode f_A, und es muss $B < f_A/2$ gelten. Wir wählen $B = f_A/4$ und mit $f_A = 1$ folgt:

$$H_{id}(f) = \text{rect}\left(\frac{f}{2B}\right) = \text{rect}(2f)$$

Unser $H_{id}(f)$ ist gleich eins im Bereich $-1/4 \leq f \leq 1/4$ und für die Impulsantwort erhalten wir mit Gl. (4.34):

$$h(n) = \int_{-1/4}^{1/4} e^{j2\pi nf}\, df = \frac{1}{2}\,\text{si}\left(\frac{\pi n}{2}\right)$$

$h(n)$ ist in Bild 4.17 links zu sehen. Durch Begrenzen und Verschieben erhalten wir schließlich die Filterkoeffizienten nach Gl. (4.35). Für $L = 5$ ist hat unser Filter die Ordnung $N = 10$ und damit 11 Koeffizienten:

$$b_i = \begin{cases} \frac{1}{2}\,\text{si}\left(\frac{\pi}{2}(i-5)\right) & \text{für} \quad 0 \leq i \leq 10 \\ 0 & \text{sonst} \end{cases}$$

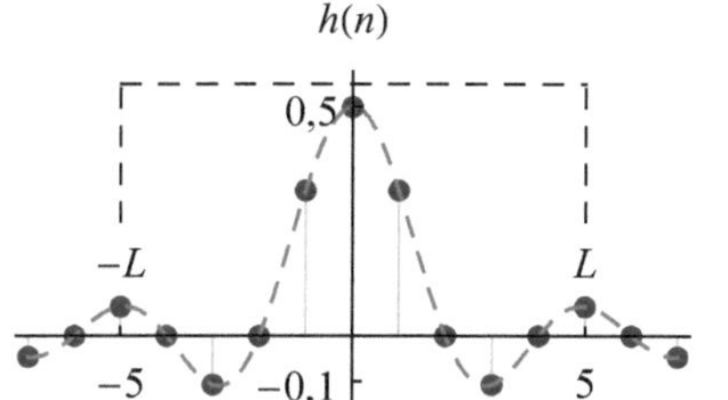

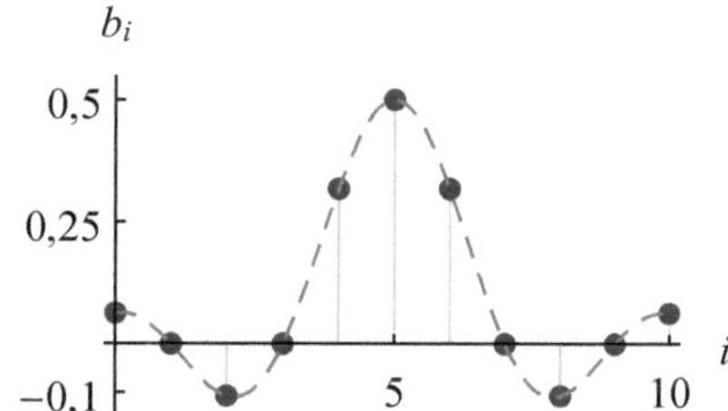

Bild 4.17 Impulsantwort des idealen Tiefpassfilters und des FIR-Tiefpassfilters ($N = 10$)

Bild 4.17 rechts zeigt diese Filterkoeffizienten. Dabei handelt es sich um die gleiche Impulsantwort, die in Beispiel 4.2 verwendet wurde. Die zugehörige Übertragungsfunktion lautet mithilfe von Gl. (4.33):

$$H(f) = \sum_{i=0}^{10} \frac{1}{2}\,\text{si}\left(\frac{\pi}{2}(i-5)\right) e^{-j2\pi if}$$

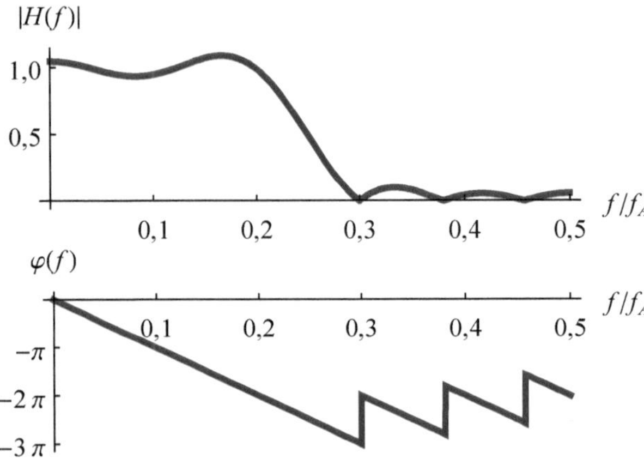

Bild 4.18 Übertragungsfunktion des FIR-Tiefpassfilters ($N = 10$)

Der Betrag der Übertragungsfunktion in Bild 4.18 oben ist identisch zu Bild 4.6, wobei hier nur der wesentliche Bereich $0 \leq f \leq 1/2$ dargestellt wird. Bild 4.18 unten zeigt die Phase der Übertragungsfunktion. Das Filter hat die interessante Eigenschaft, dass es einen linearen Phasenverlauf hat. Ausgehend von der obigen Übertragungsfunktion erhalten wir für ein beliebiges L mit der Substitution $i = n + L$ und mithilfe der eulerschen Formel:

$$H(f) = \sum_{i=0}^{N} \frac{1}{2} \operatorname{si}\left(\frac{\pi}{2}(i-L)\right) \mathrm{e}^{-j2\pi i f} = \left[\sum_{n=-L}^{L} \frac{1}{2} \operatorname{si}\left(\frac{\pi n}{2}\right) \mathrm{e}^{-j2\pi n f}\right] \mathrm{e}^{-j2\pi L f}$$

$$= \left[\frac{1}{2} + \sum_{n=1}^{L} \operatorname{si}\left(\frac{\pi n}{2}\right) \cos(2\pi n f)\right] \mathrm{e}^{-j2\pi L f}$$

Die Phase ist proportional zu $-2\pi L f$, d. h., sie fällt linear mit der Frequenz. Hinzu kommen Phasensprünge um π bzw. 180°, wenn die reelle Funktion in der eckigen Klammer ihr Vorzeichen wechselt. Bei einem Vorzeichenwechsel wird das Eingangssignal invertiert, dies entspricht einer Phasenverschiebung um π. Für die Gruppenlaufzeit von $H(f)$ erhalten wir mithilfe der Definition Gl. (2.31):

$$t_g = -\frac{1}{2\pi} \frac{d\varphi(f)}{df} = L$$

Die Gruppenlaufzeit, also die Verzögerung durch das Filter[2], ist konstant und unabhängig von der Frequenz. Sie ist gleich $L = N/2$ und steigt mit der Anzahl der Filterkoeffizienten. Signale erfahren unabhängig von ihrer Frequenz die gleiche Verzögerung, und die relative Phasenlage ändert sich nicht. Es kommt aufgrund der Welligkeit des Betrages von $H(f)$ also nur zu Amplitudenverzerrungen, aber nicht zu Phasenverzerrungen (siehe auch Abschnitt 2.1.4). Um ein linearphasiges Filter zu erhalten, muss die Impulsantwort symmetrisch bezüglich ihres mittleren Koeffizienten $b_{N/2}$ sein. Die Impulsantwort kann spiegelsymmetrisch wie in Bild 4.17 oder punktsymmetrisch sein. Bei Filtern mit ungerader Ordnung N liegt die Symmetrieachse zwischen den mittleren Koeffizienten $b_{(N-1)/2}$ und $b_{(N+1)/2}$.

[2] Wenn das Filter mit der Abtastrate $f_A = 1/T_A$ arbeitet, ist die Gruppenlaufzeit $L\,T_A$.

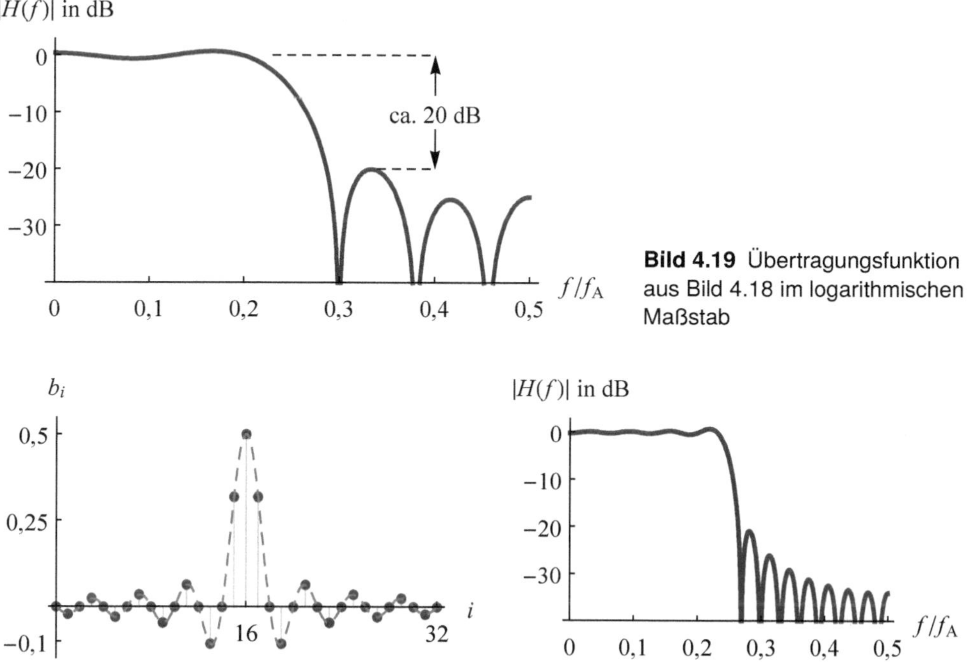

Bild 4.19 Übertragungsfunktion aus Bild 4.18 im logarithmischen Maßstab

Bild 4.20 Impulsantwort und Übertragungsfunktion des FIR-Tiefpassfilters ($N = 32$)

Der Betrag der Übertragungsfunktion des Filters aus Bild 4.18 ist in Bild 4.19 nochmals in Dezibel (d. h. in der Form $20 \lg|H(f)|$) dargestellt. Man erkennt das gewünschte Tiefpassverhalten mit $B = 1/4$, allerdings beträgt die minimale Dämpfung im Sperrbereich nur ca. 20 dB, und im Bereich der Filterflanke ist der Verlauf nicht besonders steil. Hier liegt die Vermutung nahe, dass durch eine Erhöhung der Anzahl der Filterkoeffizienten die tatsächliche Übertragungsfunktion der idealen Übertragungsfunktion besser angenähert werden kann.

Bild 4.20 zeigt die Impulsantwort und die Übertragungsfunktion eines Filters der Ordnung $N = 32$. Dieses Filter hat 33 Koeffizienten, die durch

$$b_i = \begin{cases} \frac{1}{2}\,\mathrm{si}\left(\frac{\pi}{2}(i-16)\right) & \text{für} \quad 0 \le i \le 32 \\ 0 & \text{sonst} \end{cases}$$

gegeben sind. Durch die Erhöhung der Anzahl der Koeffizienten haben wir zwar einen steileren Verlauf der Filterflanke erreicht, die minimale Dämpfung im Sperrbereich beträgt weiterhin jedoch nur 20 dB. Auch durch eine weitere Erhöhung von N ändert sich dies nicht.

Um die Dämpfung im Sperrbereich zu vergrößern, muss die Impulsantwort mit einer *Fensterfunktion* bewertet werden. Das Prinzip der Fensterung ist uns bereits im Zusammenhang mit der diskreten Fourier-Transformation in Abschnitt 4.1.4 begegnet. Tatsächlich werden sowohl für die Spektralanalyse als auch für den Filterentwurf die gleichen Fensterfunktionen verwendet. Bild 4.21 zeigt einige gebräuchliche Funktionen:

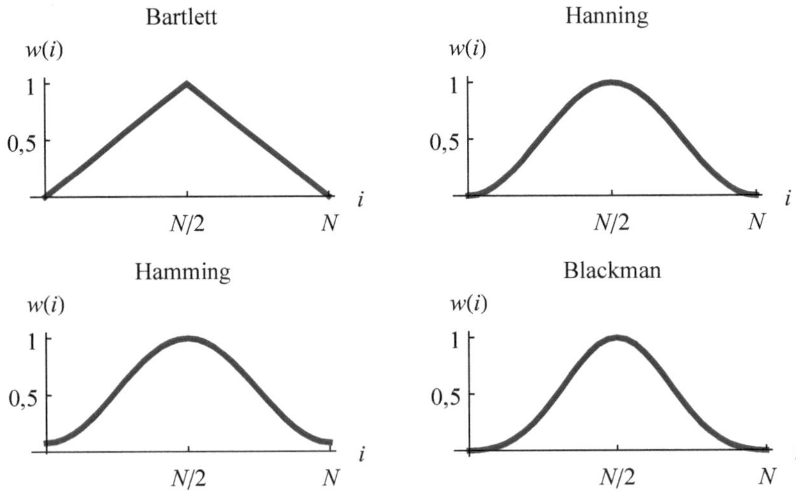

Bild 4.21 Fensterfunktionen

Bartlett:
$$w(i) = \begin{cases} 2i/N, & 0 \le i \le N/2 \\ 2 - 2i/N, & N/2 \le i \le N \end{cases} \tag{4.36}$$

Hanning:
$$w(i) = \frac{1}{2}\left(1 - \cos\left(\frac{2\pi i}{N}\right)\right), \quad 0 \le i \le N \tag{4.37}$$

Hamming:
$$w(i) = 0{,}54 - 0{,}46 \cos\left(\frac{2\pi i}{N}\right), \quad 0 \le i \le N \tag{4.38}$$

Blackman:
$$w(i) = 0{,}42 - 0{,}5 \cos\left(\frac{2\pi i}{N}\right) + 0{,}08 \cos\left(\frac{4\pi i}{N}\right), \quad 0 \le i \le N \tag{4.39}$$

Wird wie zuvor die Impulsantwort einfach abgeschnitten, so kann dies als Multiplikation mit einem Rechteckfenster beschrieben werden, wie in Bild 4.17 links angedeutet. Durch die Gewichtung oder Multiplikation der Impulsantwort mit einer der Fensterfunktion aus Bild 4.21 werden die ersten und letzten Werte der Impulsantwort abgesenkt.

Bei der Auswahl der Fensterfunktion muss ein Kompromiss zwischen der Dämpfung im Sperrbereich und der Steilheit der Filterflanke gefunden werden. Bild 4.22 zeigt die Übertragungsfunktion des Filters aus Bild 4.20 bei Bewertung mit den oben genannten Fensterfunktionen. Zum Vergleich ist jeweils der Verlauf ohne Fensterung entsprechend Bild 4.20 gestrichelt eingezeichnet. Wie das Bild zeigt, kann mit dem Fensterentwurf die Dämpfung beträchtlich gesteigert werden, wenn man eine weniger steile Filterflanke beim Übergang vom Durchlass- in den Sperrbereich in Kauf nimmt.

Allen Amplitudengängen ist gemeinsam, dass die Dämpfung zu höheren Frequenzen hin zunimmt. Oft ist jedoch über den gesamten Sperrbereich eine gleichmäßig hohe Dämpfung erwünscht. Dann ist ein Entwurf optimal, mit dem eine gleichmäßige Welligkeit bei größtmöglicher Dämpfung erzielt wird. Man bezeichnet ein solches Filter auch als Equiripple-Filter. Bild 4.23 zeigt die Spezifikation der Übertragungsfunktion eines Equiripple-Filters in Form eines Toleranzschemas.

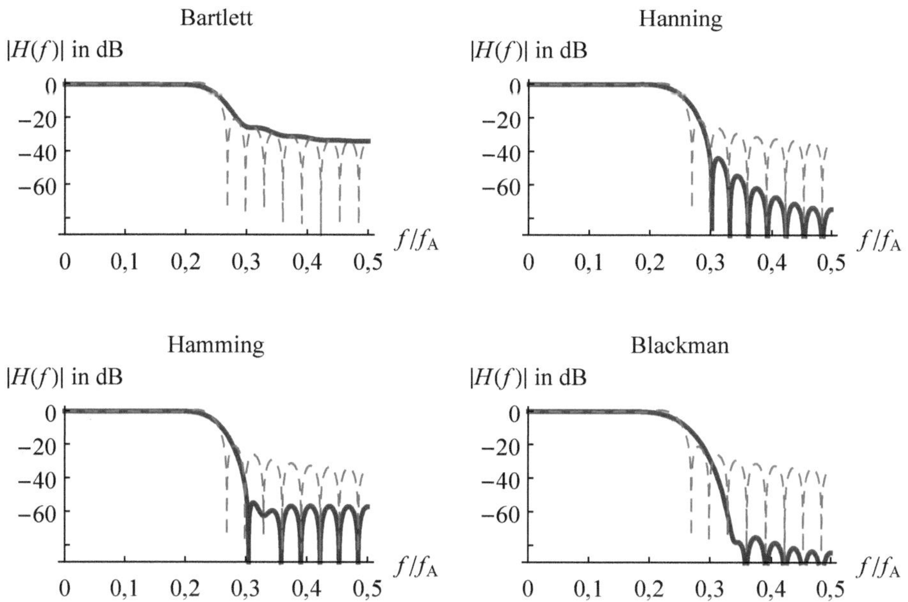

Bild 4.22 Übertragungsfunktion des FIR-Tiefpassfilters (N = 32) bei Bewertung der Impulsantwort mit verschiedenen Fensterfunktionen

Die Eckfrequenzen f_1 und f_2 bestimmen die Breite des Übergangsbereiches und damit die Steilheit der Filterflanke. Die Parameter δ_1 und δ_2 legen die Welligkeit im Durchlassbereich bzw. die Dämpfung im Sperrbereich fest. Anhand dieser Spezifikation werden die Filterkoeffizienten numerisch berechnet. Als Standard-Verfahren für die Berechnung liegt den meisten Entwurfsprogrammen der Remez-Algorithmus zugrunde [24].

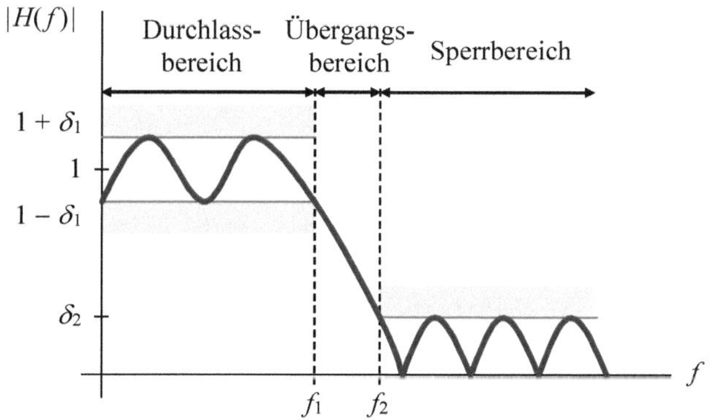

Bild 4.23 Toleranzschema eines Equiripple-Filters

Bild 4.24 zeigt die Übertragungsfunktion unseres Tiefpassfilters mit 33 Koeffizienten als Equiripple-Entwurf. Für dieses Beispiel wurde $f_1 = 0{,}23\, f_A$ und $f_2 = 0{,}27\, f_A$ gewählt und die Filterordnung vorgegeben. Die Koeffizienten und damit die Impulsantwort unterscheiden sich nur geringfügig von der Impulsantwort in Bild 4.20. Bei gegebener Filterordnung N kann

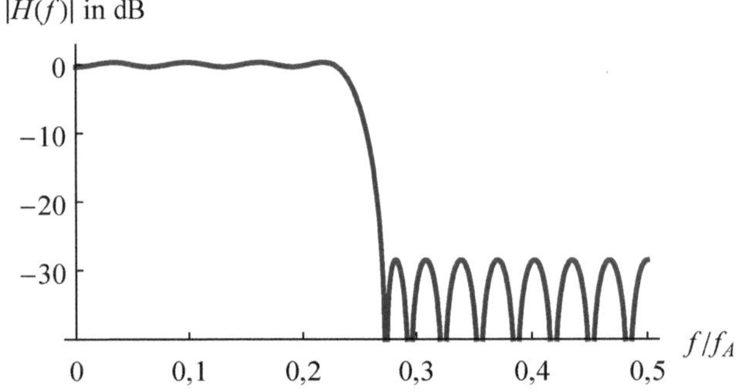

Bild 4.24 Übertragungsfunktion des Equiripple-Tiefpassfilters (N = 32)

die Dämpfung im Sperrbereich auf Kosten der Breite des Übergangsbereiches oder der Welligkeit des Durchlassbereiches erhöht werden. Auch umgekehrt lässt sich einer dieser Parameter auf Kosten der anderen Parameter verbessern. Soll dagegen die Dämpfung im Sperrbereich erhöht werden, ohne dass die Breite des Übergangsbereiches oder die Welligkeit des Durchlassbereiches steigen, so muss man die Filterordnung vergrößern. Mit einer Ordnung von z. B. $N = 256$ lassen sich Filter mit sehr steilen Flanken und Dämpfungen von mehr als 100 dB realisieren, deren Amplitudengang einem idealen Filter (Abschnitte 2.1.5 und 2.1.6) sehr nahe kommt.

4.3 Weiterführende Hinweise

Eine ausführliche Behandlung der digitalen Signalverarbeitung findet sich in [9], [24], [27] und [28]. Referenz [27] legt dabei den Schwerpunkt auf die Nachrichtentechnik. Wir erwähnen einige wichtige Aspekte der digitalen Signalverarbeitung, die dort behandelt werden: Die *z-Transformation* ist ein nützliches Werkzeug zur Bestimmung der Übertragungsfunktion und der Impulsantwort sowie zur Untersuchung der Stabilität zeitdiskreter Systeme. IIR-Filter werden ausgehend von analogen Filtern wie Butterworth- oder Chebyshev-Filter meist mithilfe der *bilinearen Transformation* entworfen. Das Ausgangssignal eines zeitsdiskreten LTI-Systems mit der Impulsantwort $h(n)$ wird üblicherweise durch die Auswertung von Gl. (4.16) berechnet. Alternativ dazu kann das Ausgangssignal nach Gl. (4.21) bestimmt werden. Hat die Eingangsfolge die Länge L und die Impulsantwort die Länge M, werden beide zunächst mit Nullen auf die Länge $L + M - 1$ aufgefüllt. Anschließend wird die DFT $S_x(k)$ der Eingangsfolge berechnet, mit der DFT $H(k)$ der Impulsantwort multipliziert und das Ergebnis $S_y(k)$ mit der IDFT zurücktransformiert. Dieses Verfahren bezeichnet man auch als *schnelle Faltung*. Das *Overlap-add-Verfahren* und das *Overlap-save-Verfahren* erlauben die blockweise Anwendung, sodass beliebig lange Eingangssignale verarbeitet werden können.

Oft muss in einem zeitdiskreten System die Abtastrate geändert werden, man spricht auch von Multiraten-Signalverarbeitung. Unter *Dezimierung* versteht man das Herabsetzen und unter *Interpolation* das Heraufsetzen der Abtastrate um einen ganzzahligen Faktor. Kombiniert man beides, kann man die Abtastrate um einen rationalen Faktor ändern. Beispielsweise werden für Audiosignale oft die Abtastraten 48 kHz und 44,1 kHz verwendet. Diese Abtastraten stehen im Verhältnis 160 zu 147. Möchte man ein Audiosignal mit $f_A = 44{,}1$ kHz in ein Signal mit

$f_A = 48$ kHz umwandeln, muss die Abtastrate um den Faktor 160 herauf- und anschließend um den Faktor 147 herabgesetzt werden.

4.4 Übungsaufgaben

4.1 Gegeben ist das zeitdiskrete Signal $x(n) = [u(n) - u(n-6)]\,(6-n)$.

a) Skizzieren Sie $x(n)$.

b) Skizzieren Sie das Signal $y(n) = x(4-n)$.

4.2 Gegeben ist die Impulsantwort $h(n)$ eines zeitdiskreten LTI-Systems und das Eingangssignal $x(n)$:

$$h(n) = \begin{cases} a^n & \text{für} \quad n \geq 0 \\ 0 & \text{sonst} \end{cases} \qquad x(n) = \begin{cases} 1 & \text{für} \quad 0 \leq n \leq 5 \\ 0 & \text{sonst} \end{cases}$$

a) Skizzieren Sie untereinander $h(k)$ (für $a < 1$) und $x(n-k)$ über k für $n = 3$.

b) Bestimmen Sie durch zeitdiskrete Faltung das Ausgangssignal.

4.3 Gegeben ist ein idealer zeitdiskreter Tiefpass mit der Bandbreite $3/8\,f_A$.

a) Bestimmen Sie die Impulsantwort des idealen Tiefpasses.

b) Bestimmen Sie die Koeffizienten eines entsprechenden FIR-Filters der Ordnung $N = 6$.

c) Das Filter soll durch die Verwendung eines Hamming-Fensters modifiziert werden. Bestimmen Sie die geänderten Filterkoeffizienten.

4.4 Gegeben ist ein idealer zeitdiskreter Hochpass mit der Bandbreite $1/8\,f_A$. Bestimmen Sie die Impulsantwort des idealen Hochpasses.

5 Digitale Nachrichtenübertragung im Basisband

Digitale Übertragungssysteme haben analoge Systeme weitgehend abgelöst. Digitale Nachrichtenübertragung heißt, dass eine Binärfolge, also eine Folge von Nullen und Einsen, übertragen wird. Analoge Signale werden vor der Übertragung wie in Kapitel 3 beschrieben mithilfe von Analog-Digital-Wandlern digitalisiert. Wir sprechen von Basisband-Übertragung, wenn das Quellensignal in seiner ursprünglichen Frequenzlage übertragen wird. Die Übertragung im Basisband findet sich bei leitungsgebundenen Systemen. Beispiele sind die USB-Schnittstelle (Universal Serial Bus) oder die aus der Unterhaltungselektronik bekannte HDMI-Schnittstelle (High Definition Multimedia Interface). Im Gegensatz zur Basisband-Übertragung wird bei der Bandpass-Übertragung das zu übertragende Signal auf einen Träger aufmoduliert und so zu höheren Frequenzen hin verschoben. Allerdings erfolgt auch hier die Signalverarbeitung im Wesentlichen im Basisband, sodass die in diesem Kapitel behandelten Konzepte von grundlegender Bedeutung für alle digitalen Übertragungssysteme sind.

Ein wesentlicher Parameter eines digitalen Übertragungssystems ist dessen *Bitrate*, die in bit pro Sekunde (bit/s) angegeben wird. Fasst man mehrere Bit zu einem Symbol zusammen, so spricht man von der *Symbolrate*, also der Anzahl der Symbole pro Sekunde.[1]

Ein Übertragungssystem besteht aus einem Sender und einem Empfänger, die über einen *Übertragungskanal* oder kurz den *Kanal* verbunden sind. Bei dem Kanal kann es sich um eine Leiterbahn, ein Kabel, einen Funkkanal, einen Lichtwellenleiter, aber auch um ein Speichermedium handeln. Der Kanal dämpft und verzerrt das Signal des Senders, und Störungen wie z. B. Rauschen überlagern sich dem Signal. Daher kommt es bei der Übertragung zu Bitfehlern, und die *Bitfehlerwahrscheinlichkeit* eines Übertragungssystems ist ein wichtiger Qualitätsparameter.

5.1 Basisbandsignale und Leitungscodes

Bei den Basisbandsignalen unterscheiden wir zwischen NRZ- und RZ-Signalen einerseits und unipolaren und bipolaren Signalen andererseits. Ein NRZ-Signal (Non-Return-to-Zero) besteht aus Impulsen der Dauer T_b. T_b ist die Bitdauer, der Kehrwert $r_b = 1/T_b$ ist die *Bitrate* mit der Einheit bit/s. Ein unipolares NRZ-Signal hat die Pegel 0 und A, während ein bipolares NRZ-Signal die Pegel $-A$ und A verwendet (Bild 5.1). Von einem RZ-Signal (Return-to-Zero)

[1] Für die Symbolrate wird auch der Begriff *Baudrate* und die Einheit *baud* verwendet, benannt nach Émile Baudot (1845–1903), französischer Ingenieur.

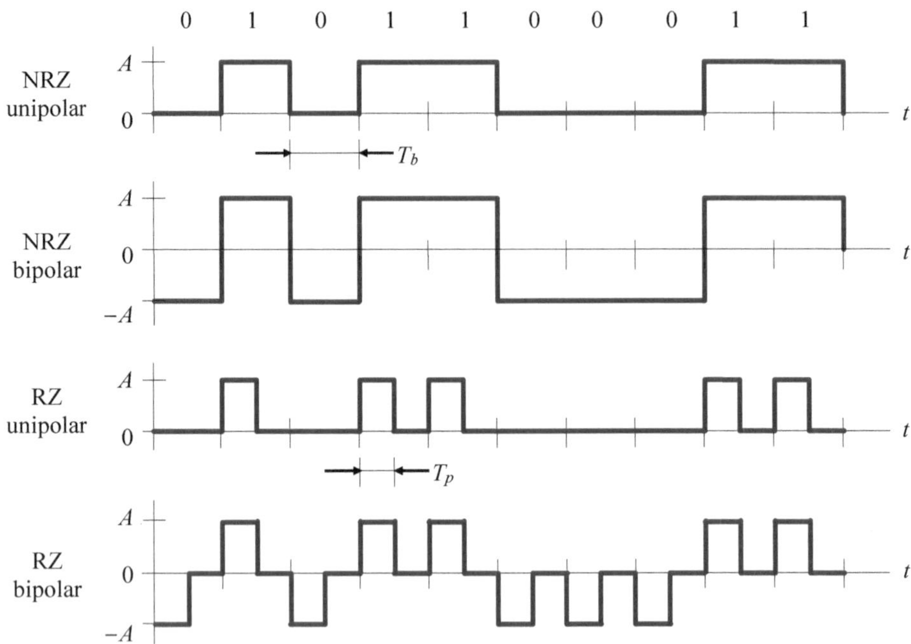

Bild 5.1 Digitale Basisbandsignale

spricht man, wenn die Impulsdauer T_p kleiner als T_b ist. Bild 5.1 zeigt unten die unipolare und die bipolare Version eines RZ-Signals.

Ein Leitungscode bildet die zu übertragenden binären Symbole 0 und 1 gemäß einer Codierregel auf eine Pulsfolge ab. Mit der Leitungscodierung möchte man z. B. einen der folgenden Punkte erreichen:

- Erzeugung von Signalen ohne Gleichanteil
- Spektrale Formung des Signals
- Vereinfachung der Taktrückgewinnung
- Fehlererkennung

Es gibt eine Vielzahl von Leitungscodes, die jeweils unterschiedlichen Anforderungen gerecht werden. Bild 5.2 zeigt einige Beispiele. Der NRZI-Code (Non-Return-to-Zero Inverted) ist dadurch gekennzeichnet, dass für binär 1 ein Polaritätswechsel erfolgt, aber kein Wechsel für binär 0. Dadurch hat eine Polaritätsvertauschung keinen Einfluss auf das decodierte Signal. Der NRZI-Code wird bei USB 2.0 verwendet. Beim AMI-Code (Alternate Mark Inversion) wird die binäre 0 in den Pegel 0, die binäre 1 abwechselnd in A und $-A$ codiert. Auch hier bleibt eine Polaritätsvertauschung ohne Folgen, zusätzlich ist das codierte Signal gleichspannungsfrei.

Beim Manchester-Code wird die binäre 1 durch einen Signalübergang von A nach $-A$ und die binäre 0 durch einen Signalübergang von $-A$ nach A jeweils in der Bitmitte dargestellt. Das codierte Signal ist wiederum gleichspannungsfrei, und die häufigen Flankenwechsel vereinfachen die Taktrückgewinnung. Damit ist allerdings auch eine Verbreiterung des Spektrums verbunden (siehe Abschnitt 5.2.5).

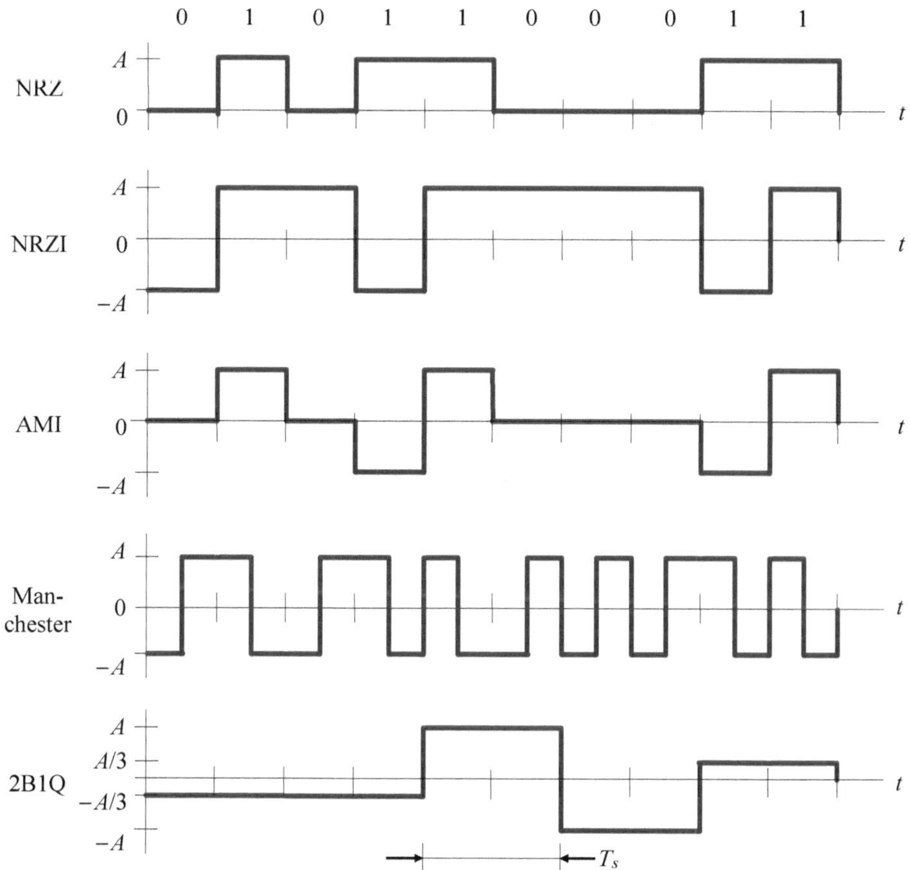

Bild 5.2 Einige Leitungscodes

Als letztes Beispiel ist in Bild 5.2 ein Code mit vierwertigen Symbolen gezeigt. Beim 2B1Q-Code wird ein Block von 2 bit in ein vierwertiges (quaternäres) Symbol codiert. Tabelle 5.1 zeigt die entsprechende Zuordnung. Diese erfolgt so, dass sich benachbarte 2-bit-Blöcke nur in einem Bit unterscheiden. Man bezeichnet dies als Gray-Codierung.[2] Kommt es im Empfänger aufgrund von Störungen zu einem Symbolfehler, d. h., wird anstelle des gesendeten Symbols fälschlicherweise ein benachbartes Symbol detektiert, so ist damit auch nur ein Bitfehler verbunden.

Das 2B1Q-Signal hat quaternäre Symbole der Dauer T_s, und die Symbolrate beträgt $r_s = 1/T_s$. Da $T_s = 2\,T_b$ ist, ist die Symbolrate nur halb so groß wie die Bitrate. Allgemein gilt bei m-wertigen Symbolen und $\log_2 m$ Bit pro Symbol für den Zusammenhang zwischen Symbol- und Bitrate:

2 Frank Gray (1887–1969), amerikanischer Physiker.

Tabelle 5.1 Codierungstabelle des 2B1Q-Codes

2-bit-Block	Quaternäres Symbol
10	A
11	$A/3$
01	$-A/3$
00	$-A$

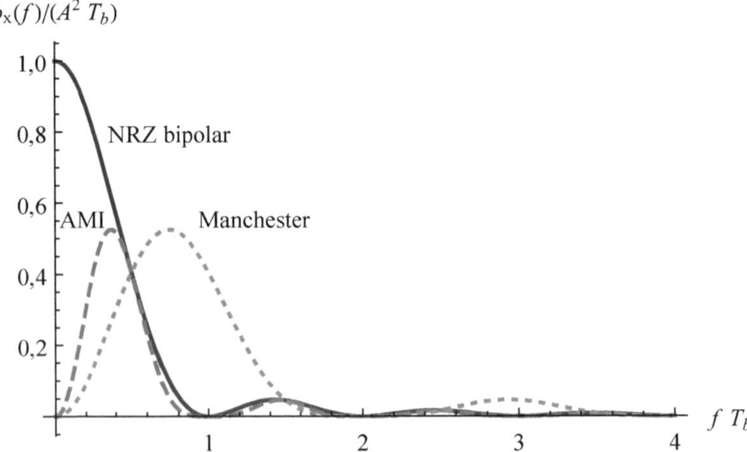

Bild 5.3 Leistungsdichtespektren des bipolaren NRZ-Signals, des AMI- und des Manchester-Codes

$$r_s = \frac{r_b}{\log_2 m} \tag{5.1}$$

Weitere Leitungscodes sind z. B. der nBmB-Code, bei dem ein Block von n binären Symbolen auf einen Block von $m > n$ binären Symbolen abgebildet wird. Er ist oft bei optischen Übertragungssystemen zu finden, wird aber auch als 8B10B-Code bei USB 3.0 verwendet. Man spricht auch hier von einer Symbolrate; diese ist um den Faktor m/n größer als die Bitrate.

Beim Leistungsdichtespektrum des biplolaren NRZ-Signals können wir auf die Ergebnisse von Beispiel 2.14 zurückgreifen. Es ist durch Gl. (2.82) gegeben und in Bild 5.3 für den Bereich positiver Frequenzen gezeigt. Ebenfalls enthalten sind die Spektren des AMI- und des Manchester-Codes. Auf deren Berechnung wird in Abschnitt 5.2.5 eingegangen. AMI- und Manchester-Code sind gleichstromfrei, d. h., das Leistungsdichtespektrum ist null in der Umgebung von $f = 0$. Aufgrund der häufigen Flankenwechsel verschiebt sich der Schwerpunkt des Spektrums des Manchester-Codes zu höheren Frequenzen im Vergleich zu den anderen Codes. Damit ist eine größere Übertragungsbandbreite verbunden.

Bei gleich wahrscheinlichen binären Symbolen 0 und 1 enthält das NRZI-Signal ebenso viele zufällige Signalübergänge wie das NRZ-Signal, es hat daher auch das gleiche Leistungsdichtespektrum. Dies gilt auch für den 2B1Q-Code, wobei jedoch T_b durch T_s ersetzt werden muss.

Da T_s doppelt so groß wie T_b ist, benötigt ein 2B1Q-codiertes Signal bei gleicher Bitrate nur die halbe Übertragungsbandbreite wie ein NRZ-Signal.

Im Zusammenhang mit den Basisbandsignalen wird auch oft der Begriff der *Pulsamplitudenmodulation* (engl.: Pulse Amplitude Modulation, PAM) verwendet. So spricht man bei zweiwertigen Signalen von PAM2 und bei vierwertigen Signalen, wie dem 2B1Q-Code, von PAM4.[3]

5.2 Intersymbol-Interferenz und Nyquist-Pulsformung

Ein digitales Signal mit rechteckförmigen Grundimpulsen enthält auch bei Frequenzen, die wesentlich höher als die Symbolrate sind, noch beträchtliche Leistungsanteile. Dies zeigt das Leistungsdichtespektrum (Bild 5.3). Wird ein solches Signal über einen bandbegrenzten Kanal übertragen, kommt es zu Verzerrungen, die sich in einem Auseinanderlaufen der Impulse äußern. Man bezeichnet dies als Impulsnebensprechen oder *Intersymbol-Interferenz.* Diese lässt sich durch die Verwendung besonderer Grundimpulse, der *Nyquist-Impulse,* vermeiden.

5.2.1 Nyquist-Bandbreite

Wir stellen uns zunächst die Frage nach der mindestens erforderlichen Übertragungsbandbreite für ein digitales Signal mit der Symbolrate r_s. Wir betrachten dazu eine periodische 1-0-Folge eines NRZ-Signals (Bild 5.4). Die Grundschwingung dieses Signals hat eine Frequenz von $f = 1/2T_s = r_s/2$. Dies bezeichnet man als die Nyquist-Bandbreite B_N des Signals:

$$B_N = \frac{1}{2} r_s \tag{5.2}$$

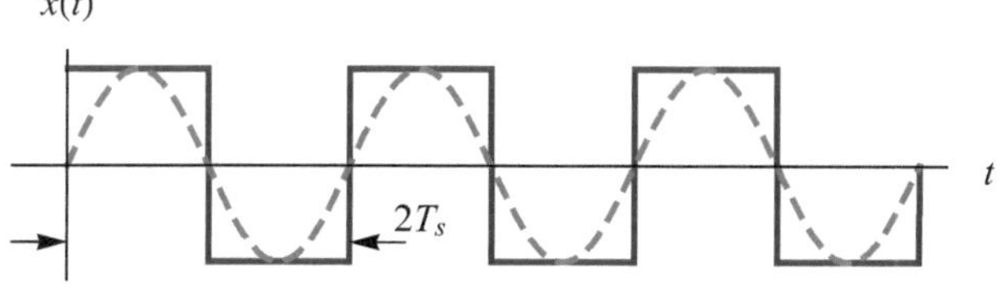

Bild 5.4 Bipolares NRZ-Signal, 1-0-Folge

Ein Übertragungskanal muss also mindestens eine Bandbreite $B_K \geq B_N$ haben. Wie bereits oben erwähnt bewirkt eine Bandbegrenzung jedoch ein Auseinanderlaufen der rechteckförmigen Grundimpulse. Bild 5.5 zeigt dazu als Beispiel einen Rechteckimpuls der Breite T_s, der über einen RC-Tiefpasskanal übertragen wird (vgl. Beispiel 2.2). Der Rechteckimpuls entspricht einem einzelnen Symbol, und der Übertragungskanal wird in diesem Beispiel durch einen RC-Tiefpass modelliert. Wird dieses Signal im Abstand T_s abgetastet, so erhält man den Hauptwert

[3] Mit Pulsamplitudenmodulation wird aber auch das abgetastete Signal nach Gl. (3.1) als Vorstufe zur Pulscodemodulation bezeichnet. Ein für die Übertragung geeignetes PAM-Signal erhält man, wenn man die Dirac-Impulse duch schmale Rechteckimpulse ersetzt.

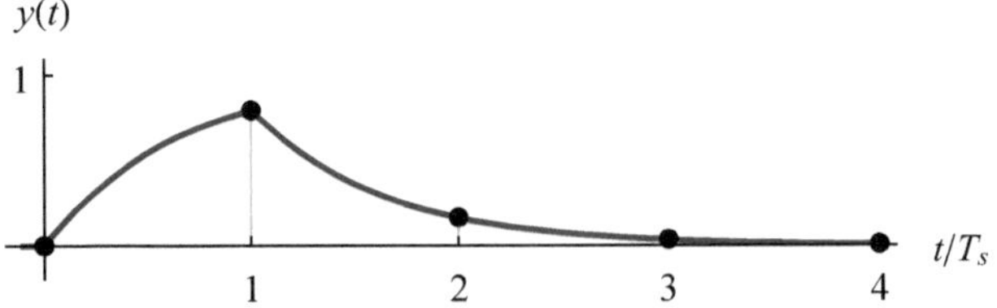

Bild 5.5 Übertragung eines Rechteckimpulses der Dauer T_S über einen RC-Tiefpasskanal

für $t = T_s$ und Nachläufer für $t = 2T_s$, $t = 3T_s$ usw., die für die Intersymbol-Interferenz verantwortlich sind.

Wird nicht nur ein einzelnes Symbol, sondern eine Symbolfolge im Abstand T_s gesendet, so beeinflussen diese Nachläufer die Abtastwerte der nachfolgenden Symbole. In Bild 5.6 ist ein entsprechendes Signal gezeigt. Ebenfalls enthalten sind die Abtastwerte im Abstand T_s, die das Signal in den Entscheidungszeitpunkten markieren. Diese Werte sind unterschiedlich und hängen von den vorangegangenen Symbolen ab.

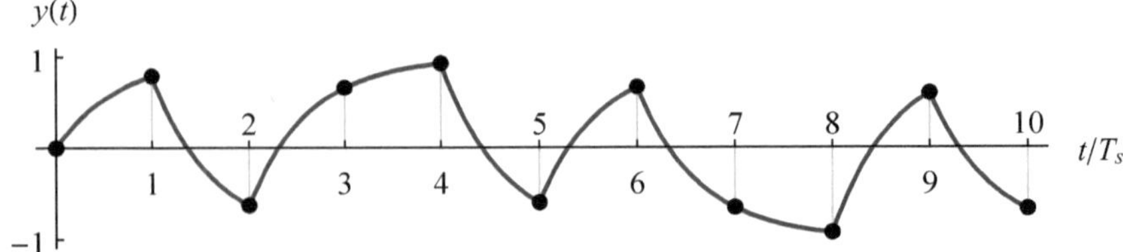

Bild 5.6 Übertragung eines bipolaren NRZ-Signals mit rechteckförmigen Grundimpulsen über einen RC-Tiefpasskanal

Es gibt nun Pulsformen, mit denen trotz einer Bandbegrenzung durch den Übertragungskanal eine Übertragung ohne Intersymbol-Interferenz möglich ist. Das im nächsten Abschnitt behandelte erste Nyquist-Kriterium liefert die Bedingung, die diese Grundimpulse erfüllen müssen.

5.2.2 Das erste Nyquist-Kriterium

Durch eine spektrale Formung des Signals mithilfe eines Pulsformfilters können Leistungsanteile bei hohen Frequenzen unterdrückt werden. Bei einem idealen bandbegrenzten Kanal, d. h. einem Kanal mit konstanter Übertragungsfunktion innerhalb der Übertragungsbandbreite B_K, ist dann eine Übertragung ohne Intersymbol-Interferenz möglich.

Bild 5.7 zeigt das Prinzip der Vermeidung von Intersymbol-Interferenz am Beispiel eines unipolaren NRZ-Signals. Eine binäre 1 wird durch einen Impuls $p(t)$, eine binäre 0 durch keinen Impuls repräsentiert. Der Empfänger tastet das Signal zu den Entscheidungszeitpunkten im Abstand T_s, der Symboldauer, ab. Durch die Pulsformung wird erreicht, dass ein Impuls nur im Entscheidungszeitpunkt gleich eins und zu allen anderen Abtastzeitpunkten gleich null ist, d. h., es gilt:

$$p(nT_s) = \begin{cases} 1 & \text{für} \quad n = 0 \\ 0 & \text{für} \quad n \neq 0 \end{cases} \tag{5.3}$$

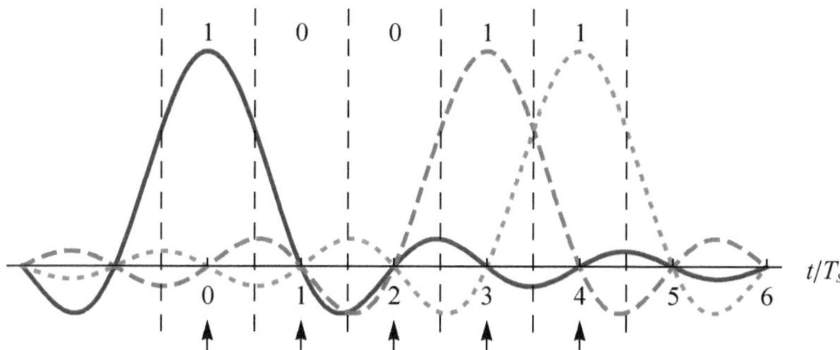

Bild 5.7 Impulsform zur Übertragung ohne Intersymbol-Interferenz (die Pfeile deuten die Entscheidungszeitpunkte an)

Damit entstehen keine Nachläufer und auch keine Intersymbol-Interferenz. Pulsformen, die dieser Bedingung gerecht werden, werden *Nyquist-Impulse* genannt und erfüllen das *erste Nyquist-Kriterium*. Dies besagt, dass die periodische Wiederholung der Fourier-Transformierten $P(f)$ des Impulses $p(t)$ im Abstand $1/T_s$ eine Konstante ergeben muss, es gilt also:

$$\sum_{n=-\infty}^{\infty} P\left(f-\frac{n}{T_s}\right)=T_s=\text{const.} \tag{5.4}$$

Dieser Zusammenhang ist grafisch in Bild 5.8 dargestellt. Zum Beweis des ersten Nyquist-Kriteriums betrachten wir den zeitkontinuierlichen Grundimpuls $p(t)$, abgetastet im Abstand T_s. Mithilfe von Gl. (3.1) können wir dafür

$$p(t)\sum_{n=-\infty}^{\infty}\delta(t-n\,T_s)=\sum_{n=-\infty}^{\infty}p(n\,T_s)\,\delta(t-n\,T_s)$$

schreiben. Die in Gl. (5.3) formulierte Bedingung ist dann äquivalent zu:

$$p(t)\sum_{n=-\infty}^{\infty}\delta(t-n\,T_s)=\delta(t)$$

Die Fourier-Transformation dieser Beziehung liefert unter Verwendung der Transformierten der Dirac-Impulsfolge aus Gl. (3.4)

$$\mathscr{F}\{p(t)\}*\mathscr{F}\left\{\sum_{n=-\infty}^{\infty}\delta(t-n\,T_s)\right\}=\mathscr{F}\{\delta(t)\}$$

$$P(f)*\frac{1}{T_s}\sum_{n=-\infty}^{\infty}\delta\left(f-\frac{n}{T_s}\right)=1$$

$$\sum_{n=-\infty}^{\infty}P\left(f-\frac{n}{T_s}\right)=T_s$$

und damit schließlich das bereits in Gl. (5.4) formulierte erste Nyquist-Kriterium.[4]

[4] Die obige Rechnung ist äquivalent zur Rechnung, die uns auf Gl. (3.5) geführt hat. Das erste Nyquist-Kriterium ist eng mit dem Abtasttheorem verbunden.

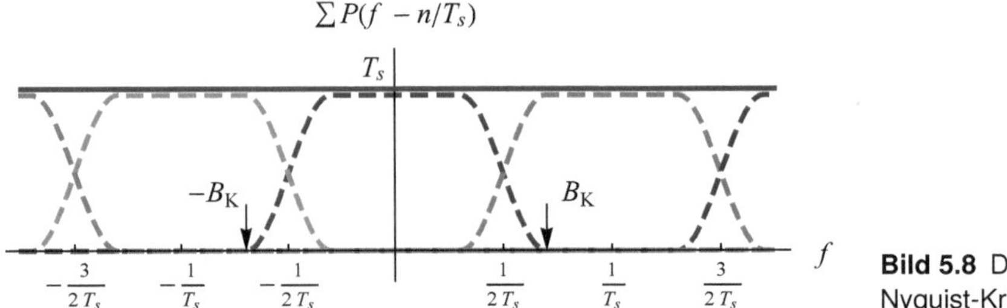

Bild 5.8 Das erste Nyquist-Kriterium

Das Kriterium wird erfüllt durch Impulse, deren Fourier-Spektrum $P(f)$ im Bereich der Flanke schiefsymmetrisch zu $f = 1/2T_s$ ist. Man bezeichnet dies auch als Nyquist-Flanke. $P(f)$ wird null für $|f| \geq B_K$ (siehe Bild 5.8). Überträgt man einen solchen Impuls über einen idealen Tiefpasskanal, der eine Bandbreite größer oder gleich B_K hat, so wird der Impuls nicht verzerrt, und die Bedingung Gl. (5.3) ist auch am Empfängereingang erfüllt.

Die minimale Übertragungsbandbreite erhält man im Grenzfall eines rechteckförmigen Spektrums mit $P(f) = \text{const.}$ für $|f| \leq 1/2T_s$ und $P(f) = 0$ für $|f| > 1/2T_s$. Die erforderliche Übertragungsbandbreite beträgt $B_K = 1/2T_s$ und ist gleich der durch Gl. (5.2) gegebenen Nyquist-Bandbreite. Der zugehörige Grundimpuls ist dann ein si-Impuls mit $p(t) = \text{si}(\pi\, t/T_s)$. Diese Pulsform erfordert jedoch die exakte Einhaltung der idealen Entscheidungszeitpunkte. Ursache dafür ist, dass der si-Impuls proportional zu $1/t$ und damit nur langsam abklingt. Weicht der Entscheidungszeitpunkt minimal vom idealen Zeitpunkt ab, d. h., werden die Nulldurchgänge der si-Impulse nicht genau getroffen, so entsteht Intersymbol-Interferenz, die aufgrund des langsamen Abklingens sehr groß werden kann. Besser geeignet sind daher Kosinus-roll-off-Impulse, die ebenfalls das erste Nyquist-Kriterium erfüllen, aber schneller abklingen.

5.2.3 Kosinus-roll-off-Filter

Ein gebräuchliches Pulsformfilter ist das Kosinus-roll-off-Filter. Die Übertragungsfunktion dieses Filters lautet

$$P_{rc}(f) = \frac{1}{2B_N} \begin{cases} 1, & |f| < (1-\alpha)\,B_N \\ \frac{1}{2}\left(1+\cos\left[\frac{\pi}{2\alpha}\left(\frac{|f|}{B_N}-(1-\alpha)\right)\right]\right), & (1-\alpha)\,B_N \leq |f| \leq (1+\alpha)\,B_N \\ 0, & |f| > (1+\alpha)\,B_N \end{cases} \tag{5.5}$$

mit der Nyquist-Bandbreite $B_N = 1/2T_s$. Sie ist in Bild 5.9 zu sehen. Der Parameter α wird Roll-off-Faktor genannt und liegt im Bereich $0 \leq \alpha \leq 1$. Er bestimmt die Steilheit der Filterflanke, die durch die mittlere Zeile in Gl. (5.5) definiert wird. Es handelt sich um eine um +1 angehobene Kosinusfunktion (engl.: raised cosine), was den Index rc erklärt. Die Impulsantwort des Filters (Bild 5.10) lautet:

$$p_{rc}(t) = \text{si}\left(\pi\frac{t}{T_s}\right)\frac{\cos\left(\pi\alpha\frac{t}{T_s}\right)}{1-\left(2\alpha\frac{t}{T_s}\right)^2} \tag{5.6}$$

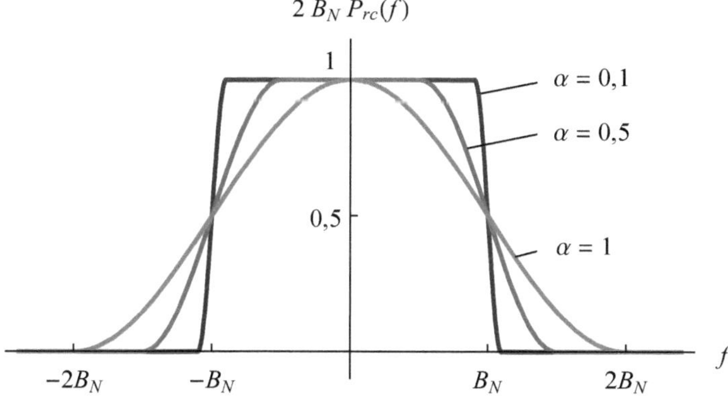

Bild 5.9 Übertragungsfunktion des Kosinus-roll-off-Filters

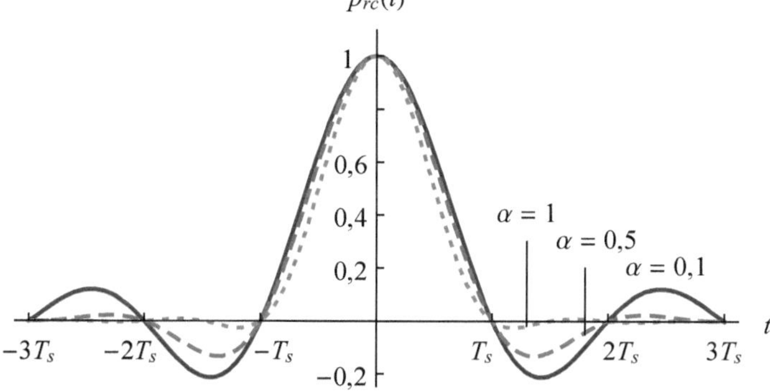

Bild 5.10 Impulsantwort des Kosinus-roll-off-Filters

$p_{rc}(t)$ hat Nullstellen im Abstand T_s wie in Gl. (5.3) gefordert, und $P_{rc}(f)$ erfüllt das erste Nyquist-Kriterium nach Gl. (5.4). Da $P_{rc}(f)$ für Frequenzen oberhalb von $(1+\alpha)B_N$ zu null wird, beträgt die erforderliche Übertragungsbandbreite:

$$B_K = (1+\alpha)\,B_N = (1+\alpha)\,\frac{r_s}{2} \tag{5.7}$$

Die Übertragungsbandbreite ist mindestens gleich der Nyquist-Bandbreite für $\alpha = 0$. Allerdings wird für diesen Fall $P_{rc}(f)$ rechteckförmig und $p_{rc}(t)$ geht in einen si-Impuls über. In praktischen Systemen liegt α im Bereich 0,1 ... 1, sodass B_K gleich dem 1,1- bis 2-Fachen der Nyquist-Bandbreite ist. Der Kosinus-roll-off-Impuls klingt proportional zu $1/t^3$ und damit wesentlich schneller als der si-Impuls ab, sodass geringe Abweichungen von den idealen Entscheidungszeitpunkten tolerierbar sind.

Ein digitales Basisbandsignal ist nun eine Folge von Grundimpulsen, z. B. von Rechteck- oder Kosinus-roll-off-Impulsen, die mit den zu übertragenden Symbolen gewichtet werden. Wir schreiben daher

$$x(t) = \sum_{k=-\infty}^{\infty} a_k\, p(t - k\,T_s) \tag{5.8}$$

wobei a_k ein m-wertiges Symbol, $p(t)$ der Grundimpuls und T_s die Symboldauer ist. $p(t-kT_s)$ ist der um kT_s verschobene Grundimpuls, der das k-te Symbol repräsentiert. Im Falle eines bi-

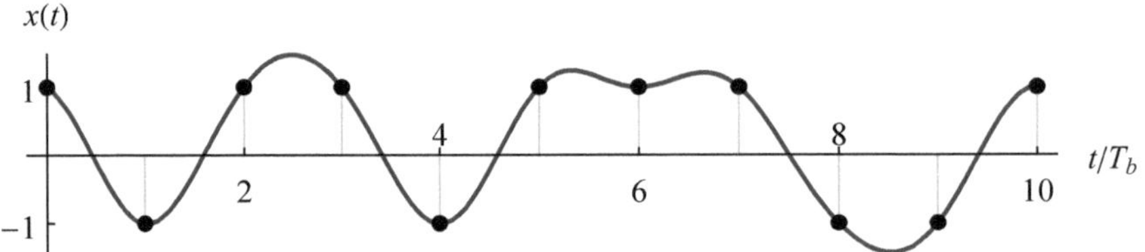

Bild 5.11 Bipolares NRZ-Signal mit Kosinus-roll-off-Pulsformung ($\alpha = 0,5$) für die Symbolfolge $\{a_k\} = \{1, -1, 1, 1, -1, 1, 1, 1, -1, -1, 1\}$

polaren NRZ-Signals können die zweiwertigen Symbole die Werte A und $-A$ annehmen, d. h., es ist $a_k \in \{-A, A\}$. Im Falle einer binären 1 ist $a_k = A$, und es wird das Signal $A\,p(t - kT_s)$ gesendet, für eine binäre 0 gilt $a_k = -A$ und das Signal lautet $-A\,p(t - kT_s)$.

Bild 5.11 zeigt ein bipolares NRZ-Signal mit einer auf eins normierten Amplitude, d. h., es ist $a_k \in \{-1, 1\}$, sowie Kosinus-roll-off-Grundimpulsen gemäß Gl. (5.6) mit einem Roll-off-Faktor von 0,5. Bild 5.11 zeigt ebenfalls die Abtastwerte des Signals im Abstand von T_b (im Falle eines binären Signals ist die Symboldauer T_s gleich der Bitdauer T_b). Da das Signal aufgrund der Nyquist-Pulsformung frei von Intersymbol-Interferenz ist, nimmt es zu den Entscheidungszeitpunkten nur die Werte 1 oder −1 an, unabhängig von der Symbolfolge (vgl. dagegen mit Bild 5.6!).

Die Bezeichnung Puls*formfilter* legt nahe, dass man ein von der Symbolfolge $\{a_k\}$ abhängiges Eingangssignal an ein Filter mit der Impulsantwort $p(t)$ legt. Um das mit Gl. (5.8) definierte Signal $x(t)$ zu erhalten, muss das Eingangssignal aus einer mit den Symbolen a_k gewichteten Folge von Dirac-Impulsen bestehen:

$$x(t) = \left(\sum_{k=-\infty}^{\infty} a_k\, \delta(t - k\,T_s) \right) * p(t) = \sum_{k=-\infty}^{\infty} a_k\, p(t - k\,T_s)$$

Zu der Schwierigkeit, ein solches Signal zu erzeugen, kommt hinzu, dass ein Filter mit einer Impulsantwort nach Gl. (5.6) nicht kausal und damit nicht realisierbar ist. Das Pulsformfilter kann aber sehr einfach als digitales FIR-Filter realisiert werden. Die Vorgehensweise ist ähnlich wie in Abschnitt 4.2 beschrieben: Man begrenzt und verschiebt die Impulsantwort, um ein kausales Filter zu erhalten. Bild 5.12 zeigt die Impulsantwort eines Kosinus-roll-off-Filters, das als FIR-Filter realisiert wird.

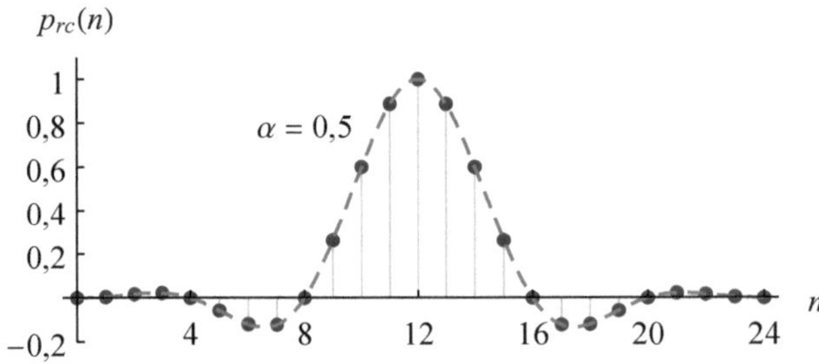

Bild 5.12 Kosinus-roll-off-Filter realisiert als FIR-Filter

Im Beispiel wird $p_{rc}(t)$ mit $m = 4$ Abtastwerten pro Symbol, also zu den Zeitpunkten $t = \frac{n}{m}\,T_s$, abgetastet. Die Impulsantwort wird auf $\pm 3\,T_s$, also den Bereich $-12 \le n \le 12$, begrenzt und um

$3T_s$ bzw. 12 Werte nach rechts verschoben. So erhält man schließlich die Impulsantwort $p_{rc}(n)$ des FIR-Filters in Bild 5.12. Das FIR-Filter approximiert das ideale Kosinus-roll-off-Filter umso besser, je größer der Bereich ist, auf den die Impulsantwort begrenzt wird.

Bezieht man in die Betrachtung des sendeseitigen Pulsformfilters das zugehörige optimale Empfangsfilter mit ein, so kommt man zum Wurzel-Kosinus-roll-off-Filter, das in Abschnitt 5.3.2 beandelt wird.

5.2.4 Das Augendiagramm

Die Auswirkungen der Intersymbol-Interferenz sind besonders gut mithilfe eines Augendiagramms zu erkennen. Ein solches Diagramm entsteht, wenn Abschnitte des digitalen Signals entsprechend einigen Symboldauern überlagert werden. Die Messung des Augendiagramms ist ohne großen Aufwand möglich, z. B. mit einem Oszilloskop mit Speicherfunktion. Als Triggersignal wird noch der Symboltakt des digitalen Signals benötigt.

Bild 5.13 zeigt das Augendiagramm eines bipolaren NRZ-Signals bei Verwendung von Kosinus-roll-off-Grundimpulsen für die Fälle $\alpha = 1$ und $\alpha = 0{,}5$. Die x-Achse erstreckt sich jeweils über $2T_b$. Das zum Augendiagramm zugehörige Zeitsignal für den Fall $\alpha = 0{,}5$ zeigt Bild 5.11.

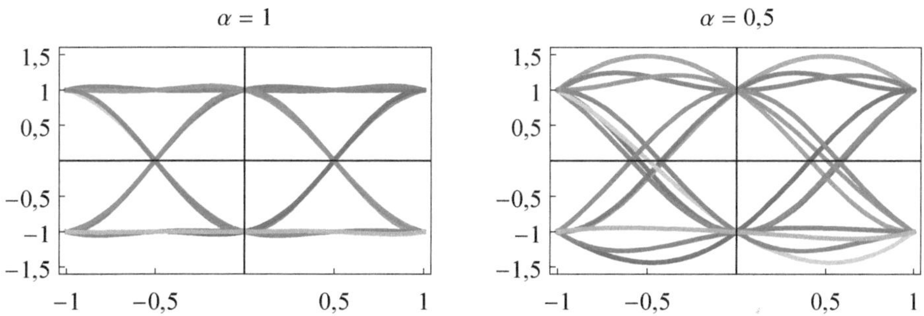

Bild 5.13 Augendiagramm für ein bipolares NRZ-Signal mit Kosinus-roll-off-Pulsformung

Charakteristische Werte eines Augendiagramms sind die vertikale und die horizontale Augenöffnung. Die Stelle, an der die *vertikale Augenöffnung* maximal wird, markiert den idealen Entscheidungszeitpunkt. Je geringer die vertikale Öffnung, umso größer ist die Wahrscheinlichkeit, dass es aufgrund einer Fehlentscheidung zu Bitfehlern kommt. In Bild 5.13 schneiden sich sowohl für $\alpha = 1$ als auch für $\alpha = 0{,}5$ alle Linien an der Stelle der größten Augenöffnung in einem Punkt. Im Entscheidungszeitpunkt nimmt das Signal nur die Werte 1 oder −1 an (vgl. Bild 5.11), d. h., man hat keine Intersymbol-Interferenz, und das erste Nyquist-Kriterium ist erfüllt.

Eine kleine *horizontale Augenöffnung* bedeutet, dass der Spielraum für den Entscheidungszeitpunkt geringer ist. In Bild 5.13 ist die horizontale Öffnung für $\alpha = 0{,}5$ deutlich kleiner als für $\alpha = 1$. Je kleiner α, umso kleiner ist auch die horizontale Augenöffnung. Der Fall $\alpha = 1$ ist ein Sonderfall, da am Ende eines Symbols das Signal den Wert $(a_k + a_{k+1})/2$ annimmt, für ein bipolares Signal also den Wert −1, 0 oder 1. Dies wird als *zweites Nyquist-Kriterium* bezeichnet.

Wird bei der Verwendung von Kosinus-roll-off-Grundimpulsen der Roll-off-Faktor α verkleinert, so verringert sich zwar die erforderliche Übertragungsbandbreite, siehe Gl. (5.7), gleichzeitig wird aber die horizontale Augenöffnung kleiner, und die Anforderungen an den Symboltakt nehmen zu. Mit einem kleinen α ist ein weiterer Nachteil verbunden: Das Überschwingen bzw. der maximale Wert des Signals wird größer. Beispielsweise ist in Bild 5.13 für $\alpha = 1$ der Maximalwert nur geringfügig größer als 1, während für $\alpha = 0{,}5$ Spitzenwerte von ca. 1,5 erreicht werden. Je ausgeprägter das Überschwingen, umso größer sind die Anforderungen an die Linearität eines nachfolgenden Leistungsverstärkers.

Bild 5.14 zeigt das zu dem Signal von Bild 5.6 zugehörige Augendiagramm. Bedingt durch die Intersymbol-Interferenz schneiden sich die Linien an der Stelle der größten Augenöffnung nicht mehr in einem Punkt, und die vertikale Augenöffnung verringert sich beträchtlich. Dies ist umso ausgeprägter, je kleiner die Bandbreite des RC-Tiefpasskanals in Relation zur Symbolrate ist. Das Bild zeigt auch eine Maske, wie sie für viele Übertragungssysteme spezifiziert wird. Über die Maske wird festgelegt, welche Bereiche im Augendiagramm nicht vom Signal berührt werden dürfen. Dadurch wird eine minimale vertikale und horizontale Augenöffnung gewährleistet.

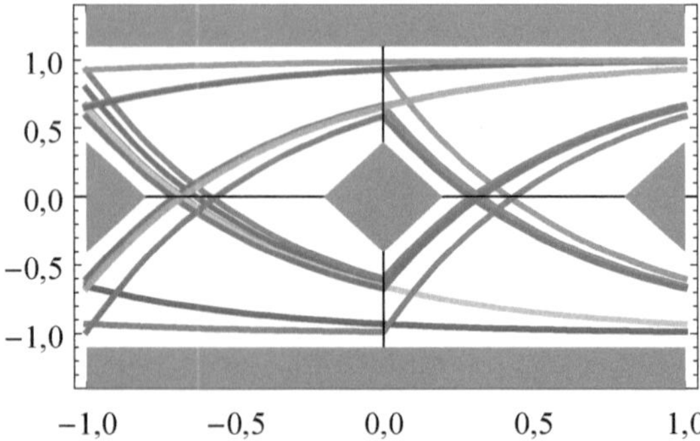

Bild 5.14 Augendiagramm und Maske eines NRZ-Signals mit rechteckförmigen Grundimpulsen bei Übertragung über einen RC-Tiefpasskanal

Abschließend betrachten wir noch das Augendiagramm eines 2B1Q-Signals bei Verwendung von Kosinus-roll-off-Grundimpulsen mit einem Roll-off-Faktor von $\alpha = 1$ (Bild 5.15). Hier kann das Signal im Entscheidungszeitpunkt vier verschiedene Werte annehmen, nämlich 3, 1, −1 oder −3.

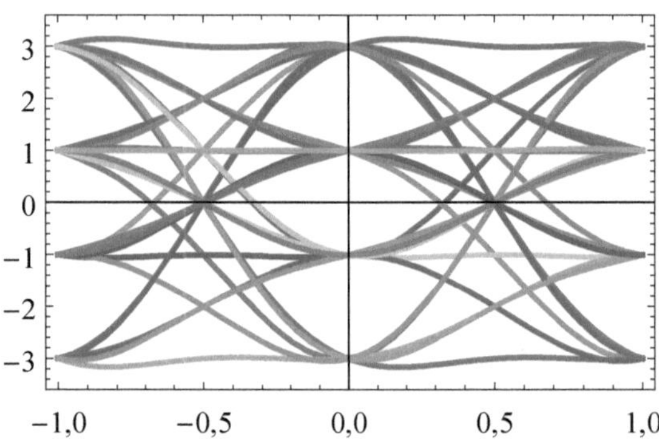

Bild 5.15 Augendiagramm eines 2B1Q-Signals mit Kosinus-roll-off-Pulsformung

5.2.5 Leistungsdichtespektrum digitaler Basisbandsignale

Wir kennen bereits aus Beispiel 2.14 das Leistungsdichtespektrum eines bipolaren NRZ-Signals mit rechteckförmigen Grundimpulsen. In Abschnitt 5.1 wurde gesagt, dass mithilfe eines Leitungscodes das Spektrum des Signals modifiziert werden kann. Schließlich wurde in den vorangegangenen Abschnitten mehrfach auf die Bedeutung des Fourier-Spektrums der Grundimpulse hingewiesen. Wir wollen nun den Einfluss der Leitungscodierung und des Grundimpulses auf das Leistungsdichtespektrum des digitalen Basisbandsignals näher untersuchen.

Das digitale Basisbandsignal ist für eine zufällige Symbolfolge $\{a_k\}$ ein Zufallssignal und wird durch Gl. (5.8) definiert. Wie in Abschnitt 2.3.3 beschrieben, können wir bei bekannter Autokorrelationsfunktion durch Fourier-Transformation das Leistungsdichtespektrum berechnen. Allerdings handelt es sich bei $x(t)$ nicht um ein stationäres Signal. Vielmehr sind Mittelwert und Autokorrelationsfunktion periodisch und damit abhängig vom Beobachtungszeitpunkt. Dies wird klar, wenn man $x(t)$ als ein Signal auffasst, das durch Modulation des periodischen Trägersignals $\sum p(t-kT_s)$ mit der Symbolfolge $\{a_k\}$ entsteht. Beispielsweise ist der Mittelwert von $x(t)$

$$E[x(t)] = E[a_k] \sum_{k=-\infty}^{\infty} p(t-kT) = m_a \sum_{k=-\infty}^{\infty} p(t-kT)$$

periodisch mit der Periode T (zur Vereinfachung der Schreibweise lassen wir im Folgenden den Index s bei der Symboldauer weg). Man bezeichnet ein solches Signal als zyklostationär. Bei einem zyklostationären Signal ist auch die Autokorrelationsfunktion (AKF) periodisch und muss über eine Periode gemittelt werden. Dadurch wird die Abhängigkeit vom Beobachtungszeitpunkt t beseitigt:

$$\overline{R_x(\tau)} = \frac{1}{T} \int_{-T/2}^{T/2} R_x(t, t+\tau)\, dt \tag{5.9}$$

Ist die Symbolfolge $\{a_k\}$ stationär, so ergibt sich:

$$\overline{R_x(\tau)} = \frac{1}{T} \sum_{n=-\infty}^{\infty} R_a(n)\, R_p(\tau - nT) \tag{5.10}$$

$R_a(n) = E[a_k\, a_{k+n}]$ ist die AKF von $\{a_k\}$ und $R_p(\tau)$ ist die AKF des Energiesignals $p(t)$. Durch Fourier-Transformation von Gl. (5.10) können wir nun das Leistungsdichtespektrum von $x(t)$ bestimmen:

$$\phi_x(f) = \mathscr{F}\left\{\overline{R_x(\tau)}\right\} = \frac{1}{T} \sum_{n=-\infty}^{\infty} R_a(n) \int_{-\infty}^{\infty} R_p(\tau - nT)\, \mathrm{e}^{-j2\pi f\tau}\, d\tau$$

Bei dem Integral in obiger Gleichung handelt es sich um die Fourier-Transformierte der um nT verschobenen AKF des Grundimpulses $p(t)$. Laut Gl. (2.48) ist die Fourier-Transformierte von $R_p(\tau)$ gleich dem Energiedichtespektrum von $p(t)$. Mithilfe des Verschiebungssatzes der Fourier-Transformation erhalten wir schließlich:

$$\phi_x(f) = \frac{1}{T} \left|P(f)\right|^2 \sum_{n=-\infty}^{\infty} R_a(n)\, \mathrm{e}^{-j2\pi f n T} \tag{5.11}$$

Das Leistungsdichtespektrum $\phi_x(f)$ hängt also von zwei Größen ab: der Fourier-Transformierten $P(f)$ des Grundimpulses $p(t)$ und der Autokorrelationsfolge $R_a(n)$ der Symbolfolge. Letztere wird von der Leitungscodierung bestimmt. Das Leistungsdichtespektrum des Basisbandsignals $x(t)$ kann also durch die Wahl des Grundimpulses und der Leitungscodierung geformt werden.

Wenn die Symbolfolge $\{a_k\}$ unkorreliert ist, dann ist die Wahrscheinlichkeit, dass ein Symbol einen bestimmten Wert annimmt, unabhängig von den vorangegangenen Symbolen. Dies gilt beispielsweise für ein NRZ-Signal. Eine Abhängigkeit zwischen den Symbolen wird durch bestimmte Leitungscodes herbeigeführt (siehe Beispiel 5.2). Für eine unkorrelierte Folge $\{a_k\}$ gilt für die Autokorrelationsfunktion

$$R_a(n) = \begin{cases} \overline{a^2} = \sigma_a^2 + m_a^2 & \text{für} \quad n = 0 \\ m_a^2 & \text{für} \quad n \neq 0 \end{cases}$$

wobei σ_a^2 die Varianz und m_a der Mittelwert der Symbolfolge sind. $R_a(0)$ ist gleich der Leistung der Folge. Damit erhalten wir ausgehend von Gl. (5.11) zunächst:

$$\phi_x(f) = \frac{1}{T} \left|P(f)\right|^2 \left[\sigma_a^2 + m_a^2 \sum_{n=-\infty}^{\infty} \mathrm{e}^{-j2\pi f n T}\right]$$

In der Summe in obiger Gleichung erkennen wir die Fourier-Transformierte der Dirac-Impulsfolge (siehe Gl. (3.4) und deren Herleitung). Für das Leistungsdichtespektrum eines digitalen Basisbandsignals im Falle unkorrelierter Symbole gilt somit:

$$\phi_x(f) = \underbrace{\frac{\sigma_a^2}{T} \left|P(f)\right|^2}_{\substack{\text{kontinuierliches}\\ \text{Spektrum}}} + \underbrace{\frac{m_a^2}{T^2} \sum_{n=-\infty}^{\infty} \left|P\left(\frac{n}{T}\right)\right|^2 \delta\left(f - \frac{n}{T}\right)}_{\text{Linienspektrum}} \tag{5.12}$$

Der erste Summand in Gl. (5.12) beschreibt ein kontinuierliches Spektrum, während der zweite Summand diskrete Linien im Spektrum darstellt. Wir wollen in den folgenden Beispielen für einige Basisbandsignale das Leistungsdichtespektrum berechnen und uns mit der Anwendung der Gln. (5.11) und (5.12) vertraut machen.

Beispiel 5.1 Bipolares NRZ-Signal mit Kosinus-roll-off-Grundimpulsen

Für ein bipolares NRZ-Signal ist $a_k \in \{-A, A\}$, und die Symbole sind unkorreliert, d. h., wir wenden Gl. (5.12) an. Wir setzen voraus, dass beide Symbole mit gleicher Wahrscheinlichkeit $P(A) = P(-A) = 1/2$ auftreten. Für den Mittelwert der Symbolfolge $\{a_k\}$ folgt:

$$m_a = E\left[a_k\right] = \frac{1}{2} A + \frac{1}{2}(-A) = 0$$

Der quadratische Mittelwert ist gleich der Leistung der Folge:

$$\overline{a^2} = E\left[a_k^2\right] = \frac{1}{2} A^2 + \frac{1}{2}(-A)^2 = A^2$$

Wegen $m_a = 0$ ist $\overline{a^2} = \sigma_a^2 = A^2$, und Gl. (5.12) vereinfacht sich zu:

$$\phi_x(f) = \frac{A^2}{T} \left|P(f)\right|^2$$

Bei Kosinus-roll-off-Grundimpulsen ist $P(f)$ durch $P_{rc}(f)$ aus Gl. (5.5) gegeben. Bild 5.16 zeigt das resultierende Leistungsdichtespektrum für ein solches Signal für $\alpha = 0{,}5$ und $\alpha = 1$. Zum Vergleich ist auch das Spektrum für rechteckförmige Grundimpulse gestrichelt dargestellt. Für diesen Fall ist $P(f) = T\,\mathrm{si}(\pi f T)$, und wir erhalten für das Leistungsdichtespektrum den bereits bekannten Ausdruck Gl. (2.82).

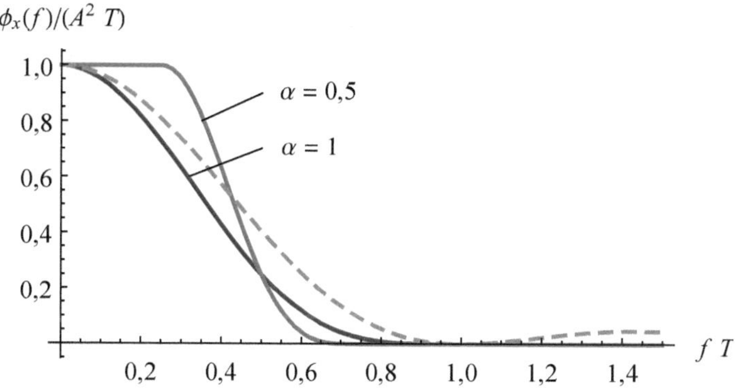

Bild 5.16 Leistungsdichtespektrum eines bipolaren NRZ-Signals mit Kosinus-roll-off-Pulsformung

$P_{rc}(f)$ und damit auch $\phi_x(f)$ wird zu null für $\left|f\right| > (1+\alpha)B_N$. Das Basisbandsignal $x(t)$ enthält also keine Leistungsanteile für $\left|f\right| > 0{,}75/T$ $(\alpha = 0{,}5)$ bzw. für $\left|f\right| > 1/T$ $(\alpha = 1)$. Wird $x(t)$ über einen verzerrungsfreien Kanal mit entsprechender Bandbreite übertragen, so gelangt das Signal unverzerrt zum Empfänger, und es entsteht keine Intersymbol-Interferenz. ■

Beispiel 5.2 AMI-codiertes Signal mit rechteckförmigen Grundimpulsen

Für ein AMI-codiertes Signal ist $a_k \in \{-A, 0, A\}$. Da aufgrund der Codiervorschrift niemals ein A auf ein A bzw. ein $-A$ auf ein $-A$ folgen kann, sind die Symbole korreliert, und wir müssen zur Bestimmung des Leistungsdichtespektrums auf Gl. (5.11) zurückgreifen. Mit den Auftrittswahrscheinlichkeiten

$$P(a_k = 0) = \frac{1}{2}, \quad P(a_k = A) = P(a_k = -A) = \frac{1}{4}$$

können wir die Werte der Autokorrelationsfunktion bestimmen, indem wir die möglichen Ereignisse mit deren Auftrittswahrscheinlichkeiten gewichten. $R_a(0)$ wird ganz so wie der quadratische Mittelwert der Symbolfolge im vorangegangenen Beispiel bestimmt. Für $R_a(\pm 1)$ werden alle Kombinationen von Symbolen, die aufeinander folgen können, betrachtet. Beispielsweise folgt auf ein A entweder eine 0 oder ein $-A$, jeweils mit der Wahrscheinlichkeit 1/2. Die Folgen $\{A, 0\}$ und $\{A, -A\}$ treten also beide mit der

Wahrscheinlichkeit $1/4 \cdot 1/2 = 1/8$ auf. Insgesamt erhalten wir für die AKF der Symbolfolge:

$$R_a(n) = E\left[a_k\, a_{k+n}\right] = \begin{cases} A^2/2 & \text{für} \quad n = 0 \\ -A^2/4 & \text{für} \quad |n| = 1 \\ 0 & \text{für} \quad |n| \geq 2 \end{cases}$$

Für rechteckförmige Grundimpulse ist $p(t) = \mathrm{rect}(t/T)$ und $P(f) = T\,\mathrm{si}(\pi f T)$. Dies eingesetzt in Gl. (5.11) ergibt:

$$\begin{aligned} \phi_x(f) &= T\,\mathrm{si}^2(\pi f T)\left[\frac{A^2}{2} - \frac{A^2}{4}\left(\mathrm{e}^{j2\pi f n T} + \mathrm{e}^{-j2\pi f n T}\right)\right] = A^2\, T\,\mathrm{si}^2(\pi f T)\,\frac{1}{2}\,\left[1 - \cos(2\pi f T)\right] \\ &= A^2\, T\,\mathrm{si}^2(\pi f T)\,\sin^2(\pi f T) \end{aligned}$$

Das Leistungsdichtespektrum des AMI-Codes wurde bereits in Bild 5.3 gezeigt. Aufgrund des $\sin^2$-Terms verschwindet das Spektrum bei $f = 0$, d. h., durch die Codierung werden die Leistungsanteile bei niedrigen Frequenzen unterdrückt. ■

Beispiel 5.3 Manchester-codiertes Signal mit rechteckförmigen Grundimpulsen

Bild 5.17 zeigt den Grundimpuls, der dem Manchester-Code zugrunde liegt. Dessen Fourier-Transformierte lautet:

$$P(f) = \frac{T}{2}\,\mathrm{si}\left(\pi f \frac{T}{2}\right)\left[\mathrm{e}^{j\pi f T/2} - \mathrm{e}^{-j\pi f T/2}\right]$$

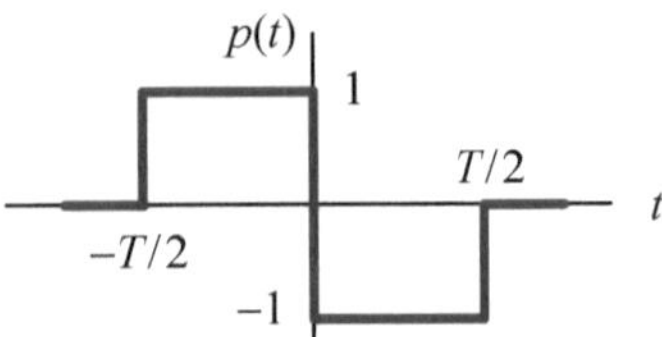

Bild 5.17 Grundimpuls des Manchester-Codes

Es ist $a_k \in \{-A, A\}$ und wie in Beispiel 5.1 ergibt sich $m_a = 0$ und $\sigma_a^2 = A^2$. Mit Gl. (5.12) erhält man für das Leistungsdichtespektrum:

$$\phi_x(f) = A^2\, T\,\mathrm{si}^2\left(\pi f \frac{T}{2}\right)\sin^2\left(\pi f \frac{T}{2}\right)$$

Dieses Spektrum ist dem Spektrum des AMI-Codes ähnlich, aber im Vergleich dazu um den Faktor zwei gedehnt (Bild 5.3). ■

Bei einem unipolaren Signal ist $m_a \neq 0$, und das Leistungsdichtespektrum kann gemäß dem zweiten Summanden in Gl. (5.12) spektrale Linien bei ganzzahligen Vielfachen von $1/T$ enthalten. Die Linien treten bei $f = n/T$ auf, wenn gleichzeitig die Fourier-Transformierte des Grundimpulses an diesen Stellen ungleich null ist, wenn also $P(n/T) \neq 0$ ist. Dies ist beispielsweise bei einem RZ-Signal mit $p(t) = \mathrm{rect}\left(\frac{t}{T/2}\right)$ und $P(f) = (T/2)\,\mathrm{si}(\pi f T/2)$ der Fall. Das Vorhandensein einer spektralen Komponente bei der Symboltaktfrequenz oder Vielfachen davon vereinfacht die Symboltaktsynchronisation im Empfänger.

5.3 Fehlerwahrscheinlichkeit

Wir bestimmen zunächst die Bitfehlerwahrscheinlichkeit bei binärer Übertragung und werden sehen, dass diese eine Funktion des Signal-Rausch-Verhältnisses am Empfängereingang ist. Darauf aufbauend erhalten wir das signalangepasste Filter als optimales Empfangsfilter. Das signalangepasste Filter maximiert das Signal-Rausch-Verhältnis und minimiert die Bitfehlerwahrscheinlichkeit. Schließlich erweitern wir unsere Betrachtung auf Signale mit mehr als zwei Pegeln und lernen den Unterschied zwischen Symbol- und Bitfehlerwahrscheinlichkeit kennen.

5.3.1 Fehlerwahrscheinlichkeit bei binärer Übertragung

Zur Bestimmung der Bitfehlerwahrscheinlichkeit eines binären Übertragungssystems betrachten wir das Modell in Bild 5.18. Der Sender erzeugt das Signal $x(t)$ in der Form von Gl. (5.8). Für die zweiwertigen Symbole gelte ganz allgemein $a_k \in \{A_0, A_1\}$, d. h., wir lassen auch offen, ob es sich um ein unipolares oder bipolares Signal handelt. Der Empfänger besteht aus einem Abtaster, der das Signal im Symboltakt abtastet, und dem Entscheider mit der Schwelle C.

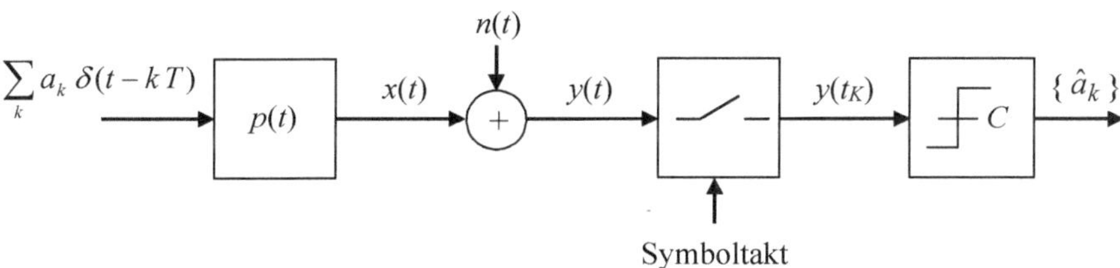

Bild 5.18 Modell eines binären Übertragungssystems

Dem Nutzsignal $x(t)$ überlagert sich additiv das Rauschsignal $n(t)$. Dabei handle es sich um bandbegrenztes gaußsches Rauschen. Im Empfänger wird $y(t) = x(t)+n(t)$ zu den Zeitpunkten $t_K = KT$ im Abstand der Symboldauer abgetastet:

$$y(t_K) = \sum_{k=-\infty}^{\infty} a_k\, p(KT-kT) + n(t_K) \tag{5.13}$$

Wir gehen davon aus, dass das Nutzsignal $x(t)$ frei von Intersymbol-Interferenz ist, d. h. es gilt Gl (5.3), und dass die Abtastung zum optimalen Zeitpunkt der größten Augenöffnung erfolgt. Dann gilt

$$p(KT-kT) = \begin{cases} 1 & \text{für} \quad k = K \\ 0 & \text{für} \quad k \neq K \end{cases} \tag{5.14}$$

und damit:

$$y(t_K) = a_K + n(t_K) \tag{5.15}$$

Das Signal am Entscheidereingang setzt sich also aus einem Nutzanteil a_K und einem Rauschanteil $n(t_K)$ zusammen. Liegt $y(t_K)$ oberhalb einer Schwelle C, so gibt der Entscheider das

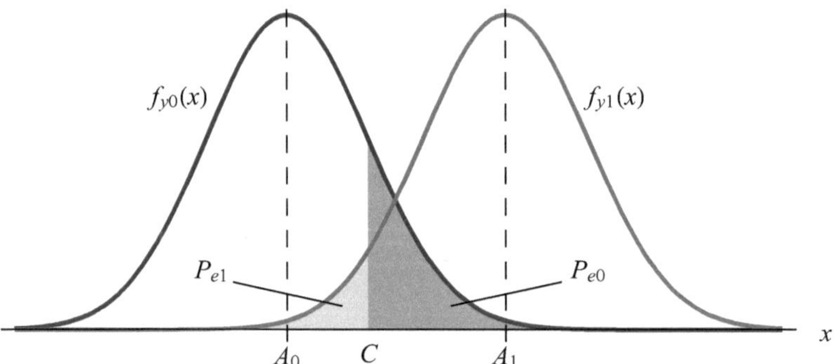

Bild 5.19 Wahrscheinlichkeitsdichtefunktionen $f_{y0}(x)$, $f_{y1}(x)$ und bedingte Fehlerwahrscheinlichkeiten P_{e0}, P_{e1}

Symbol $\hat{a}_K = A_1$ aus, und im Falle $y(t_K) \leq C$ wird auf das Symbol $\hat{a}_K = A_0$ entschieden. Es entsteht nun ein Fehler, d. h., es ist $\hat{a}_K \neq a_K$, wenn $a_K = A_0$ gesendet wurde, $y(t_K)$ aber größer als C ist. Die Wahrscheinlichkeit dafür sei P_{e0}. Ebenso entsteht für $a_K = A_1$ und $y(t_K) \leq C$ ein Fehler mit der Wahrscheinlichkeit P_{e1}. Bei P_{e0} und P_{e1} handelt es sich um bedingte Wahrscheinlichkeiten, da sie vom gesendeten Symbol abhängen. Wir schreiben dafür:

$$\begin{aligned} P_{e0} &= P\left(y(t_K) > C \,\middle|\, a_K = A_0\right) \\ P_{e1} &= P\left(y(t_K) \leq C \,\middle|\, a_K = A_1\right) \end{aligned} \tag{5.16}$$

Der Rauschanteil $n(t_K)$ ist ein mittelwertfreies normal verteiltes Zufallssignal mit $m_n = 0$ und der Standardabweichung σ_n. Die Summe aus Nutz- und Rauschsignal ist somit ebenfalls normal verteilt mit dem Mittelwert A_0 (für $a_K = A_0$) bzw. A_1 (für $a_K = A_1$) und der Standardabweichung σ_n. Für $a_K = A_0$ bezeichnen wir die Wahrscheinlichkeitsdichte für $y(t_K)$ mit $f_{y0}(x)$, für $a_K = A_1$ entsprechend mit $f_{y1}(x)$ (Bild 5.19). Die bedingten Fehlerwahrscheinlichkeiten P_{e0} und P_{e1} entsprechen den in Bild 5.19 gekennzeichneten Flächen unter $f_{y0}(x)$ bzw. $f_{y1}(x)$. Für sie gilt:

$$\begin{aligned} P_{e0} &= \int_C^{\infty} f_{y0}(x)\,dx = 1 - \int_{-\infty}^{C} f_{y0}(x)\,dx \\ P_{e1} &= \int_{-\infty}^{C} f_{y1}(x)\,dx \end{aligned} \tag{5.17}$$

Verringert man die Schwelle C, so wird zwar P_{e1} kleiner, gleichzeitig aber P_{e0} größer. Wir suchen daher die optimale Schwelle, bei der die Bitfehlerwahrscheinlichkeit minimal wird. Wir bezeichnen mit P_0 die Wahrscheinlichkeit, dass das Symbol $a_K = A_0$ gesendet wird, während P_1 für die Wahrscheinlichkeit, dass $a_K = A_1$ gesendet wird, steht. Für die Bitfehlerwahrscheinlichkeit P_b gilt dann:

$$P_b = P_0\,P_{e0} + P_1\,P_{e1} \tag{5.18}$$

P_b wird minimal, wenn C die Bedingung $\partial P_b/\partial C = 0$ erfüllt. Wir setzen Gl. (5.17) in Gl. (5.18) ein, differenzieren nach C und erhalten:

$$\frac{\partial P_b}{\partial C} = 0 = -P_0\, f_{y0}(C) + P_1\, f_{y1}(C) \tag{5.19}$$

Meist sind die Symbole $a_K = A_0$ und $a_K = A_1$ gleich wahrscheinlich, es ist also $P_0 = P_1 = 1/2$. Dann folgt aus Gl. (5.19)

$$f_{y0}(C) = f_{y1}(C) \tag{5.20}$$

und die optimale Schwelle C, für die die Fehlerwahrscheinlichkeit minimal wird, liegt am Schnittpunkt der Wahrscheinlichkeitsdichten $f_{y0}(x)$ und $f_{y1}(x)$. In Bild 5.19 haben $f_{y0}(x)$ und $f_{y0}(x)$ die gleiche Form und sind symmetrisch bezüglich ihres Mittelwertes, da wir von einem normal verteilten Rauschsignal ausgegangen sind. Dann liegt der Schnittpunkt genau in der Mitte zwischen A_0 und A_1:

$$C = \frac{A_0 + A_1}{2} \tag{5.21}$$

Dieses Ergebnis ist offensichtlich, aber: Es gilt nur für gleichwahrscheinliche Symbole. Ist z. B. $P_0 > P_1$, dann trittt in der Symbolfolge A_0 häufiger als A_1 auf, und die optimale Schwelle liegt rechts der Mitte.

In Abschnitt 2.3.2 haben wir die Fläche unter der Normalverteilung mithilfe der komplementären Fehlerfunktion $\operatorname{erfc}(x)$ ausgedrückt. Mithilfe von Gl. (2.73) können wir für P_{e1} aus Gl. (5.17)

$$P_{e1} = \frac{1}{2}\operatorname{erfc}\left(-\frac{C - A_1}{\sqrt{2}\,\sigma_n}\right) = \frac{1}{2}\operatorname{erfc}\left(\frac{A_1 - A_0}{2\sqrt{2}\,\sigma_n}\right) \tag{5.22}$$

schreiben. Aufgrund der Symmetrie von $f_{y0}(x)$ und $f_{y1}(x)$ gilt darüber hinaus $P_{e0} = P_{e1}$. Mit Gl. (5.18) und $P_0 = P_1 = 1/2$ erhalten wir schließlich für die mittlere Bitfehlerwahrscheinlichkeit:

$$P_b = \frac{1}{2}\operatorname{erfc}\left(\frac{A_1 - A_0}{2\sqrt{2}\,\sigma_n}\right) \tag{5.23}$$

Wir wollen nun auf die zwei wichtigen Fälle bipolare bzw. unipolare binäre Übertragung eingehen. Im Falle einer bipolaren Übertragung ist $A_0 = -A$ und $A_1 = A$. Für die Leistung des Nutzsignals im Abtastzeitpunkt folgt $S = A^2$, und für die Rauschleistung gilt $N = \sigma_n^2$. Dies in Gl. (5.23) eingesetzt ergibt:

$$P_{b,\text{bip.}} = \frac{1}{2}\operatorname{erfc}\left(\frac{A}{\sqrt{2}\,\sigma_n}\right) = \frac{1}{2}\operatorname{erfc}\sqrt{\frac{S}{2N}} \tag{5.24}$$

Bei einem unipolaren Signal ist $A_0 = 0$ und $A_1 = A$. Für die Signalleistung folgt $S = A^2/2$ und für die Fehlerwahrscheinlichkeit:

$$P_{b,\text{uni.}} = \frac{1}{2}\operatorname{erfc}\left(\frac{A}{2\sqrt{2}\,\sigma_n}\right) = \frac{1}{2}\operatorname{erfc}\sqrt{\frac{S}{4N}} \tag{5.25}$$

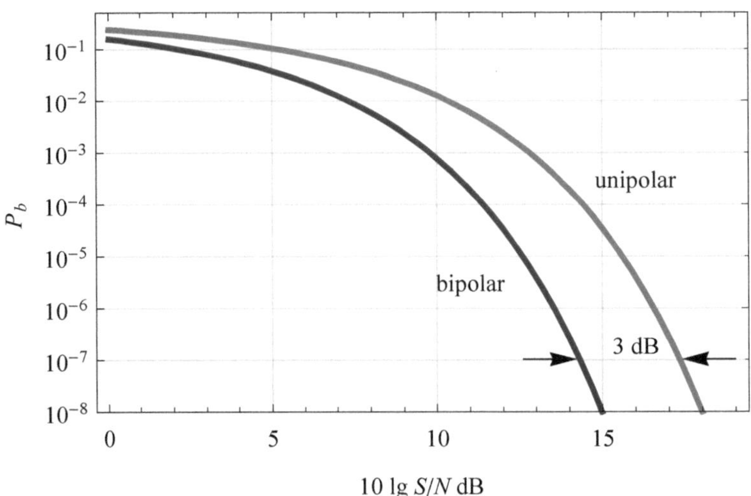

Bild 5.20 Bitfehlerwahrscheinlichkeit bei bipolarer und unipolarer Übertragung

Der Verlauf dieser Fehlerwahrscheinlichkeiten ist in Bild 5.20 als Funktion des Störabstandes gezeigt. Durch die doppelt logarithmische Darstellung sind auch kleine Fehlerwahrscheinlichkeiten gut ablesbar. Wird der Störabstand sehr klein, strebt P_b gegen 0,5, während bei großen Störabständen ein steiler Abfall zu beobachten ist. Dies ist typisch für alle digitalen Übertragungssysteme. Bei einem großen Störabstand ist die Übertragung praktisch fehlerfrei; unterschreitet der Störabstand eine vom Übertragungsverfahren abhängige Schwelle, steigt die Fehlerwahrscheinlichkeit stark an. Die unipolare Übertragung benötigt für die gleiche Fehlerwahrscheinlichkeit ein um ca. 3 dB größeres Signal-Rausch-Verhältnis als die bipolare Übertragung.

Beispiel 5.4 BER — Rate oder Quote?

Im englischen Sprachgebrauch wird die Bitfehlerwahrscheinlichkeit oft mit BER oder Bit Error Rate bezeichnet. Dies führt dann zu der deutschen Bezeichnung Bitfehlerrate. Tatsächlich ist aber nicht eine Rate, also die Anzahl von Fehlern pro Zeiteinheit, sondern eine relative Häufigkeit bzw. eine Quote gemeint.

Bei Messungen an einem Übertragungssystem oder bei dessen Simulation wird die Bitfehlerhäufigkeit ermittelt, indem eine bekannte Folge von Bits über das System übertragen und die empfangene mit der gesendeten Folge verglichen wird. Die Anzahl der Bitfehler, geteilt durch die Anzahl der insgesamt gesendeten Bits, ist die Bitfehlerhäufigkeit oder auch Bitfehlerquote. Je größer die Anzahl der gesendeten Bits, umso besser entspricht die so ermittelte Bitfehlerhäufigkeit der zugrunde liegenden Bitfehlerwahrscheinlichkeit.

Die Bitfehlerhäufigkeit kann typisch im Bereich von 10^{-12} bei optischen Übertragungssystemen über Lichtwellenleiter bis 10^{-2} bei ungünstigen Funkkanälen liegen. Die Fehler*rate* hängt auch von der Bitrate des Übertragungssystems ab. Im Mittel tritt ein Bitfehler pro $1/P_b$ bit auf. Die Fehlerrate beträgt $P_b\,r_b$ und die mittlere Zeit zwischen zwei Fehlern $(P_b\,r_b)^{-1}$. Tabelle 5.2 zeigt die Bitfehlerrate und die mittlere Zeit zwischen zwei Bitfehlern bei $P_b = 10^{-6}$ für zwei Bitraten.

Tabelle 5.2 Bitfehlerrate und mittlere Zeit zwischen zwei Bitfehlern für eine Bitfehlerhäufigkeit von $P_b = 10^{-6}$

r_b	$P_b\, r_b$	$(P_b\, r_b)^{-1}$
64 kbit/s	0,064 s^{-1}	15,625 s
1 Gbit/s	1000 s^{-1}	1 ms

Bei niedrigen Bitraten und niedrigen Fehlerwahrscheinlichkeiten können sehr lange Mess- bzw. Simulationszeiten erforderlich sein, da für eine zuverlässige Ermittlung der Fehlerhäufigkeit mindestens 10 Fehler erfasst werden sollten. ■

5.3.2 Signalangepasstes Filter

Wie wir im vorangegangenen Abschnitt gesehen haben, hängt die Fehlerwahrscheinlichkeit vom Signal-Rausch-Verhältnis S/N am Entscheidereingang im Abtastzeitpunkt ab. Wir erweitern nun unser Modell des Übertragungssystems um ein Filter mit der Impulsantwort $h(t)$ am Empfängereingang (Bild 5.21). Das Filter hat die Aufgabe, den Einfluss der Störungen des Übertragungskanals zu minimieren. Bei dem additiven Rauschsignal $n(t)$ handelt es sich nun um weißes gaußsches Rauschen, man spricht auch von einem AWGN (Additive White Gaussian Noise)-Kanal. Wir suchen ein Filter, das das Signal-Rausch-Verhältnis am Entscheidereingang im Abtastzeitpunkt maximiert und damit die Fehlerwahrscheinlichkeit minimiert.

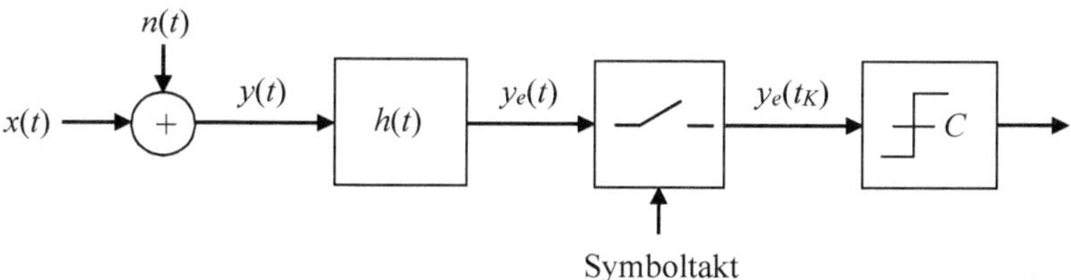

Bild 5.21 Empfängermodell mit Filter am Eingang

Wir betrachten zunächst als Nutzsignal ein einzelnes Symbol $x(t) = a_k\, p(t)$. Am Eingang des Empfangsfilters liegt dann das Signal $y(t) = x(t) + n(t)$. Wir erhalten das Signal am Ausgang des Filters, indem wir $y(t)$ mit der Impulsantwort $h(t)$ des Filters falten:

$$y_e(t) = (x(t) + n(t)) * h(t) = x(t) * h(t) + n(t) * h(t) = x_e(t) + n_e(t) \qquad (5.26)$$

Der erste Summand in Gl. (5.26) stellt das Nutzsignal $x_e(t) = x(t) * h(t)$, der zweite das Störsignal $n_e(t) = n(t) * h(t)$ dar. Im Abtastzeitpunkt $t_K = T$ gilt für das Signal-Rausch-Verhältnis am Entscheidereingang:

$$\frac{S_e}{N_e} = \frac{\overline{x_e^2(T)}}{\overline{n_e^2(T)}} \qquad (5.27)$$

Wir wollen nun das Signal-Rausch-Verhältnis als Funktion von $h(t)$ ausdrücken und $h(t)$ so bestimmen, dass dieser Ausdruck maximal wird. Das Rauschsignal $n(t)$ hat die Leistungsdichte $N_0/2$. Für die Rauschleistung am Filterausgang gilt mit Gl. (2.90) und dem parsevalschen

Theorem Gl. (2.49):

$$N_e = \frac{N_0}{2} \int_{-\infty}^{\infty} |H(f)|^2 \, df = \frac{N_0}{2} \int_{-\infty}^{\infty} h^2(t) \, dt \tag{5.28}$$

$H(f)$ ist die Übertragungsfunktion des Empfangsfilters. Für das Nutzsignal schreiben wir

$$x_e(T) = h(t) * x(t)|_{t=T} = a_k \int_{-\infty}^{\infty} h(\tau) \, p(T-\tau) \, d\tau \tag{5.29}$$

und erhalten für die Signalleistung:

$$S_e = \overline{a_k^2} \left[\int_{-\infty}^{\infty} h(\tau) \, p(T-\tau) \, d\tau \right]^2 \tag{5.30}$$

Damit gilt für das gesuchte Signal-Rausch-Verhältnis:

$$\frac{S_e}{N_e} = \frac{\overline{a_k^2}}{N_0/2} \frac{\left[\int_{-\infty}^{\infty} h(\tau) \, p(T-\tau) \, d\tau \right]^2}{\int_{-\infty}^{\infty} h^2(\tau) \, d\tau} \tag{5.31}$$

Das Maximum dieses Ausdrucks können wir mithilfe der schwarzschen Ungleichung bestimmen. Diese besagt, dass

$$\left[\int_{-\infty}^{\infty} f(x) \, g(x) \, dx \right]^2 \leq \int_{-\infty}^{\infty} f^2(x) \, dx \int_{-\infty}^{\infty} g^2(x) \, dx \tag{5.32}$$

für zwei reelle Funktionen $f(x)$ und $g(x)$ ist. Die Ausdrücke sind gleich, falls $f(x) = K\, g(x)$ ist, K ist eine beliebige Konstante. Um dies auf Gl. (5.31) anwenden zu können, erweitern wir mit der mittleren Energie eines Symbols

$$E_s = \overline{a_k^2} \int_{-\infty}^{\infty} p^2(\tau) \, d\tau = \overline{a_k^2} \int_{-\infty}^{\infty} p^2(T-\tau) \, d\tau \tag{5.33}$$

und erhalten schließlich für das Signal-Rausch-Verhältnis am Entscheidereingang:

$$\frac{S_e}{N_e} = \frac{E_s}{N_0/2} \frac{\left[\int_{-\infty}^{\infty} h(\tau) \, p(T-\tau) \, d\tau \right]^2}{\int_{-\infty}^{\infty} h^2(\tau) \, d\tau \int_{-\infty}^{\infty} p^2(T-\tau) \, d\tau} \tag{5.34}$$

Der rechte Bruch in Gl. (5.34) kann gemäß der schwarzschen Ungleichung maximal eins werden. Dies ist der Fall, wenn für die Impulsantwort des Empfangsfilters

$$h(t) = K \, p(T-t) \tag{5.35}$$

gilt. Die Impulsantwort des Filters ist damit gleich dem zeitlich gespiegelten und um T verschobenen Grundimpuls $p(t)$, multipliziert mit einer Filterkonstanten K. Bild 5.22 zeigt ein Beispiel mit einem etwas ungewöhnlichen, sägezahnförmigen Grundimpuls, an dem man aber die zeitliche Spiegelung gut sehen kann. Da die Impulsantwort an das gesendete Signal „angepasst" ist, bezeichnet man das Filter auch als signalangepasstes Filter (engl.: matched filter). Rechts ist in Bild 5.22 das Ausgangssignal $x_e(t) = x(t) * h(t) = a_k\, p(t) * h(t)$ des Filters zu sehen.

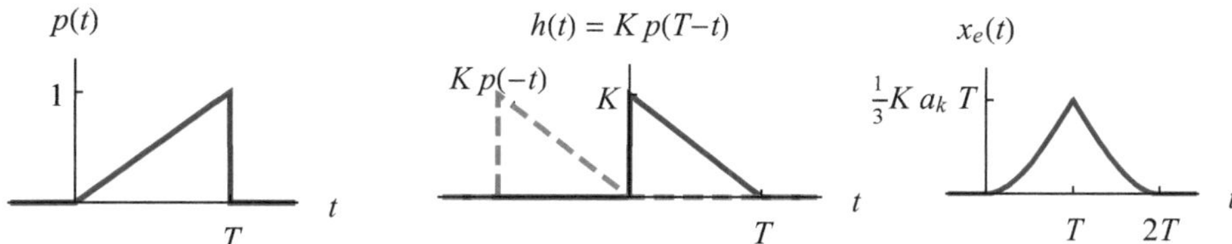

Bild 5.22 Beispiel eines signalangepassten Filters

Das Signal-Rausch-Verhältnis am Filterausgang wird für dieses Filter maximal und beträgt:

$$\frac{S_e}{N_e} = \frac{E_s}{N_0/2} \tag{5.36}$$

Wir kehren noch einmal zum Nutzsignal Gl. (5.29) zurück. Wir setzen die Impulsantwort Gl. (5.35) ein und erhalten:

$$x_e(T) = K\, a_k \int_{-\infty}^{\infty} p^2(T-\tau)\, d\tau = K\, a_k \int_{-\infty}^{\infty} p^2(t)\, dt = K\, a_k\, R_p(0) \tag{5.37}$$

$R_p(0)$ ist die Autokorrelationsfunktion von $p(t)$ an der Stelle $\tau = 0$ und damit nach Gl. (2.44) gleich dessen Energie. Für das Beispiel aus Bild 5.22 gilt $R_p(0) = T/3$. Das Nutzsignal im Abtastzeitpunkt hängt also nur von der Energie des Grundimpulses ab, unabhängig von dessen Form. Für einen auf das Intervall $(0,\, T)$ begrenzten Grundimpuls folgt:

$$x_e(T) = K\, a_k \int_{0}^{T} p^2(t)\, dt \tag{5.38}$$

Dem signalangepassten Filter äquivalent ist daher ein *Korrelationsfilter*, bestehend aus einem Multiplizierer, Integrator und Abtaster (Bild 5.23). Das signalangepasste Filter und das Korrelationsfilter erzeugen zwar unterschiedliche Ausgangssignale $x_e(t)$, liefern aber den gleichen Signalwert $x_e(T)$ im Abtastzeitpunkt.

Bei einem binären Signal ist die mittlere Energie pro Symbol E_s identisch mit der mittleren Energie pro Bit E_b. Im Falle des bipolaren NRZ-Signals erhalten wir mithilfe von Gl. (5.24) durch Einsetzen des bei Verwendung eines signalangepassten Filters erzielten Signal-Rausch-Verhältnisses gemäß Gl. (5.36) eine Bitfehlerwahrscheinlichkeit von:

$$P_{b,\text{bip.}} = \frac{1}{2}\operatorname{erfc}\sqrt{\frac{E_b}{N_0}} \tag{5.39}$$

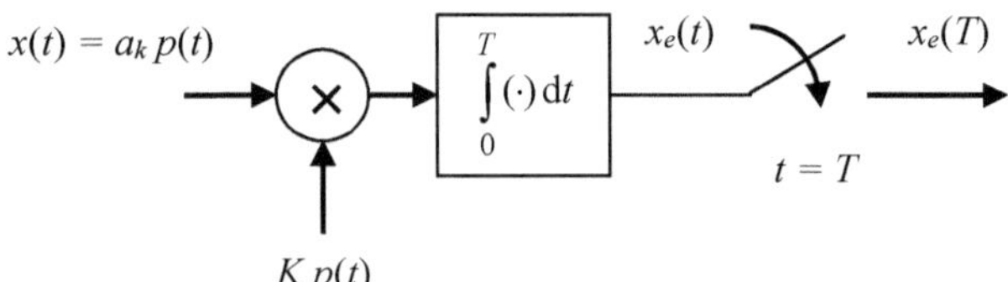

Bild 5.23 Zum signalangepassten Filter äquivalentes Korrelationsfilter

Beispiel 5.5 Signalangepasstes Filter bei rechteckförmigem Grundimpuls

Bei einem rechteckförmigen Grundimpuls sind die durch Gl. (5.35) gegebene Impulsantwort des signalangepassten Filters und der Grundimpuls bis auf den Faktor K identisch. Für das Nutzsignal am Ausgang des Filters erhalten wir (Bild 5.24)

$$x_e(T) = a_k\,p(t) * K\,p(T-t) = K\,a_k\,\mathrm{rect}\left(\frac{t}{T} - \frac{1}{2}\right) * \mathrm{rect}\left(\frac{t}{T} - \frac{1}{2}\right)$$

$$= K\,a_k\,T\,\Lambda\left(\frac{t-T}{T}\right) = \begin{cases} K\,a_k\,t & \text{für} \quad 0 \le t \le T \\ K\,a_k\,(2T-t) & \text{für} \quad T \le t \le 2T \end{cases}$$

mit dem Maximalwert $x_e(T) = K\,a_k T$ bei $t = T$.

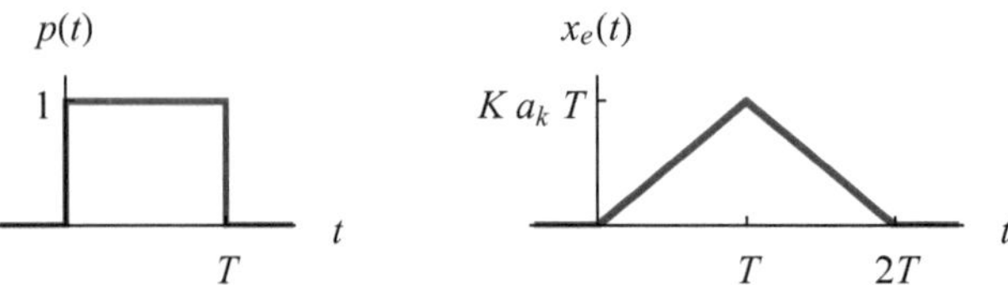

Bild 5.24 Grundimpuls und Ausgangssignal des signalangepassten Filters

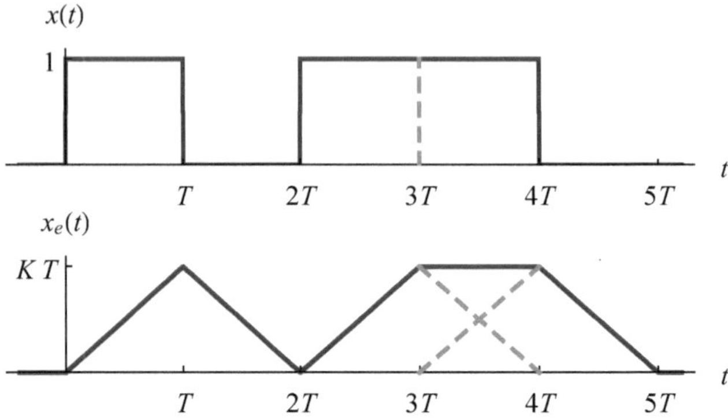

Bild 5.25 Ausgangssignal bei einer Pulsfolge am Eingang

Bild 5.25 zeigt das Ausgangssignal des Filters, wenn das Eingangssignal aus einer Folge von Grundimpulsen im Abstand T besteht, die mit den Symbolen $\{a_k\} = \{1, 0, 1, 1\}$ gewichtet sind. Das Ausgangssignal nimmt zu den Abtastzeitpunkten kT, $k = 1 \ldots 4$, jeweils den Wert $K a_k T$ an, also je nach Symbol entweder den Wert KT oder den Wert 0.

■

In Bild 5.22 und Bild 5.24 wurde die Verschiebung T des signalangepassten Filters identisch zur Dauer des Grundimpulses gewählt. Dies ist nicht zwingend notwendig. Für ein kausales Filter muss die Verschiebung aber größer oder mindestens gleich der Pulsdauer sein.

Kehren wir nochmals zu unseren Überlegungen zur Intersymbol-Interferenz aus Abschnitt 5.2 zurück. Danach muss das Signal am Eingang des Abtasters, also $x_e(t)$, für eine Übertragung ohne Intersymbol-Interferenz das erste Nyquist-Kriterium erfüllen. Dies erfordert bei Übertragung über einen bandbegrenzten Kanal die Verwendung von Nyquist-Impulsen, also Kosinus-roll-off-Impulsen. Um gleichzeitig die Forderung nach einem signalangepassten Empfangsfilter zu erfüllen, muss die Übertragungsfunktion $P(f)$ eines Nyquist-Pulsformfilters auf das Sende- und Empfangsfilter „aufgeteilt" werden (Bild 5.26).

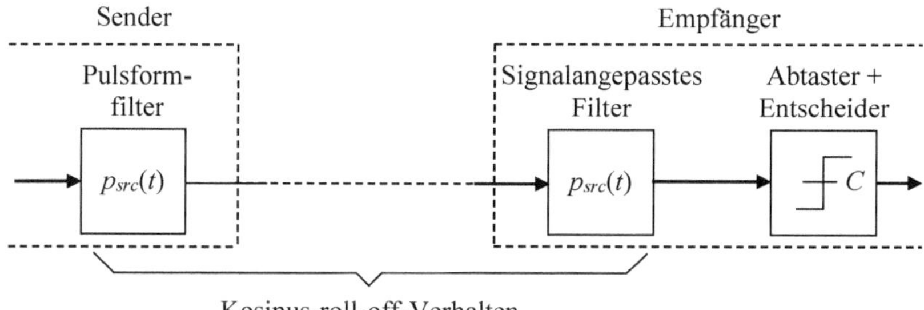

Bild 5.26 Wurzel-Kosinus-roll-off-Filter als Sende- und Empfangsfilter

Wählt man die Übertragungsfunktion beider Filter gleich der Wurzel der Übertragungsfunktion des Kosinus-roll-off-Filters, so gilt für die Gesamtübertragungsfunktion

$$\sqrt{P_{rc}(f)}\,\sqrt{P_{rc}(f)} = P_{rc}(f)$$

und das erste Nyquist-Kriterium ist erfüllt. Entsprechend bezeichnet man diese Filter als *Wurzel-Kosinus-roll-off-Filter* (engl.: square-root raised cosine filter). Für die Übertragungsfunktion und die Impulsantwort eines solchen Filters gilt (siehe Bild 5.27)

$$P_{src}(f) = \frac{1}{\sqrt{2B_N}} \begin{cases} 1, & |f| < (1-\alpha)\,B_N \\ \cos\left[\dfrac{\pi}{4\alpha}\left(\dfrac{|f|}{B_N} - (1-\alpha)\right)\right], & (1-\alpha)\,B_N \le |f| \le (1+\alpha)\,B_N \\ 0, & |f| > (1+\alpha)\,B_N \end{cases} \tag{5.40}$$

$$p_{src}(t) = \frac{1}{\sqrt{T_s}}\,\frac{4\alpha\frac{t}{T_s}\cos\left[\pi(1+\alpha)\frac{t}{T_s}\right] + \sin\left[\pi(1-\alpha)\frac{t}{T_s}\right]}{\left[1-\left(4\alpha\frac{t}{T_s}\right)^2\right]\pi\frac{t}{T_s}} \tag{5.41}$$

mit $B_N = 1/2T_s$. Da die Impulsantwort symmetrisch bezüglich $t = 0$ ist, ist das Empfangsfilter gleichzeitig auch das zum gesendeten Grundimpuls signalangepasste Filter. Bei der Verwendung von Wurzel-Kosinus-roll-off-Filtern, wie in Bild 5.26 gezeigt, ist zu beachten, dass das Sendefilter allein kein Nyquist-Filter ist. Man erkennt dies auch daran, dass $p_{src}(t)$ keine Null-

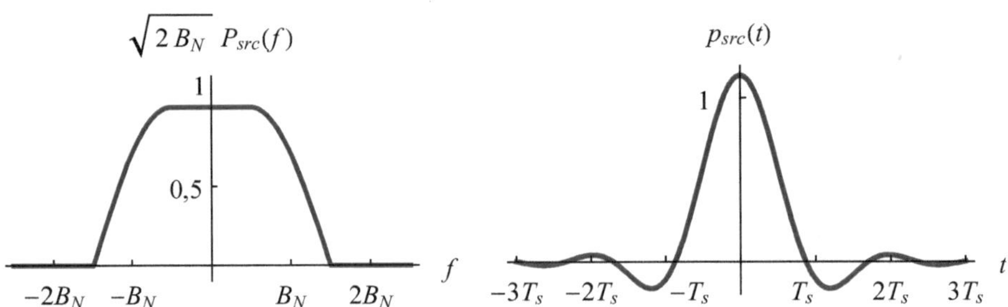

Bild 5.27 Übertragungsfunktion und Impulsantwort des Wurzel-Kosinus-roll-off-Filters ($\alpha = 0{,}5$)

stellen im Abstand T_s hat, wie in Gl. (5.3) gefordert (vgl. auch Bild 5.10). Im Augendiagramm des gesendeten Signals schneiden sich die Linien an der Stelle der größten Augenöffnung nicht in einem Punkt. Dies ist erst wieder hinter dem Empfangsfilter der Fall.

5.3.3 Fehlerwahrscheinlichkeit bei Mehrpegelübertragung

Bisher haben wir uns auf die binäre Übertragung mit zweiwertigen Symbolen beschränkt. Wir wollen nun unsere Betrachtung auf m-wertige Symbole erweitern. Wir gehen von einem Signal mit m Amplitudenstufen im Bereich $\pm A$ aus, auch pulsamplitudenmoduliertes Signal (PAM) genannt. Der Abstand zwischen den Stufen beträgt $\Delta A = 2A/(m-1)$, und die Symbole nehmen die Werte

$$a_k \in \left\{\pm\frac{1}{m-1}\,A,\ \pm\frac{3}{m-1}\,A,\ \ldots,\ \pm\frac{m-3}{m-1}\,A,\ \pm A\right\} \tag{5.42}$$

an. Beispielsweise ist für den 2B1Q-Code in Bild 5.2 $m = 4$ und $a_k \in \{\pm A/3, \pm A\}$. Der Entscheider muss nun zwischen m Symbolen unterscheiden und hat dementsprechend $m-1$ Entscheiderschwellen. Wir gehen wieder davon aus, dass alle Symbole mit der gleichen Wahrscheinlichkeit auftreten. Dann liegen die Entscheiderschwellen jeweils in der Mitte zwischen zwei Amplitudenstufen. Der Abstand einer Entscheiderschwelle zu den benachbarten Amplitudenstufen ist also jeweils $\Delta A/2$.

Dem Nutzsignal sei wieder additives gaußsches Rauschen überlagert. Die resultierenden bedingten Wahrscheinlichkeitsdichten für $y(t_K)$ und die bedingten Symbolfehlerwahrscheinlichkeiten $P_{e0}, P_{e1}, \ldots, P_{e(m-1)}$ sind für $m = 4$ in Bild 5.28 dargestellt. Wie man den schraffierten Flächen des Bildes entnehmen kann, sind die Fehlerwahrscheinlichkeiten für die betragsmäßig größten Amplitudenstufen, $a_k = \pm A$, nur halb so groß wie für die inneren Amplitudenstufen. Für Erstere gilt

$$P_{e0} = P_{e(m-1)} = \frac{1}{2}\operatorname{erfc}\left(\frac{\Delta A/2}{\sqrt{2}\,\sigma_n}\right) = \frac{1}{2}\operatorname{erfc}\left(\frac{A}{(m-1)\,\sqrt{2}\,\sigma_n}\right)$$

während für die verbleibenden $m-2$ inneren Amplitudenstufen die Fehlerwahrscheinlichkeiten

$$P_{e1} = \ldots = P_{e(m-2)} = 2\,\frac{1}{2}\operatorname{erfc}\left(\frac{\Delta A/2}{\sqrt{2}\,\sigma_n}\right) = \operatorname{erfc}\left(\frac{A}{(m-1)\,\sqrt{2}\,\sigma_n}\right)$$

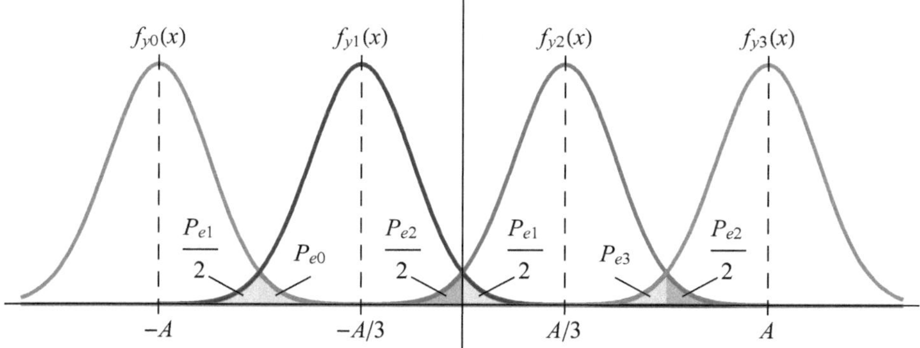

Bild 5.28 Wahrscheinlichkeitsdichtefunktionen und bedingte Fehlerwahrscheinlichkeiten bei Mehrpegelübertragung am Beispiel $m = 4$

betragen. Bei gleich wahrscheinlichen Symbolen tritt jedes der m möglichen Symbole mit der Wahrscheinlichkeit $1/m$ auf. Für die mittlere *Symbolfehlerwahrscheinlichkeit* folgt:

$$\begin{aligned}
P_s &= \frac{1}{m}\left(P_{e0} + P_{e1} + \ldots + P_{e(m-1)}\right) \\
&= \frac{1}{m}\left(2\,\frac{1}{2}\operatorname{erfc}\left(\frac{A}{(m-1)\sqrt{2}\sigma_n}\right) + (m-2)\operatorname{erfc}\left(\frac{A}{(m-1)\sqrt{2}\sigma_n}\right)\right) \\
&= \frac{m-1}{m}\operatorname{erfc}\left(\frac{A}{(m-1)\sqrt{2}\sigma_n}\right)
\end{aligned} \tag{5.43}$$

Für $m = 2$ werden aus unseren m-wertigen Symbolen zweiwertige bipolare Symbole, und Gl. (5.43) reduziert sich zu Gl. (5.24). Das Nutzsignal ist im Abtastzeitpunkt gleich a_k, nimmt also die in Gl. (5.42) festgelegten Werte jeweils mit der Wahrscheinlichkeit $1/m$ an. Die Leistung ist gleich dem quadratischen Mittelwert:

$$\begin{aligned}
S = \overline{a_k^2} &= 2\,\frac{1}{m}\left[\left(\frac{1}{m-1}A\right)^2 + \left(\frac{3}{m-1}A\right)^2 + \ldots + \left(\frac{m-3}{m-1}A\right)^2 + \left(\frac{m-1}{m-1}A\right)^2\right] \\
&= \frac{2A^2}{m(m-1)^2}\underbrace{\sum_{i=1}^{m/2}(2i-1)^2}_{=\frac{m(m^2-1)}{6}} = \frac{m^2-1}{3(m-1)^2}A^2
\end{aligned} \tag{5.44}$$

Mit der Rauschleistung $N = \sigma_n^2$ folgt für die Symbolfehlerwahrscheinlichkeit als Funktion des Signal-Rausch-Verhältnisses:

$$P_s = \frac{m-1}{m}\operatorname{erfc}\sqrt{\frac{3}{2(m^2-1)}\,\frac{S}{N}} \tag{5.45}$$

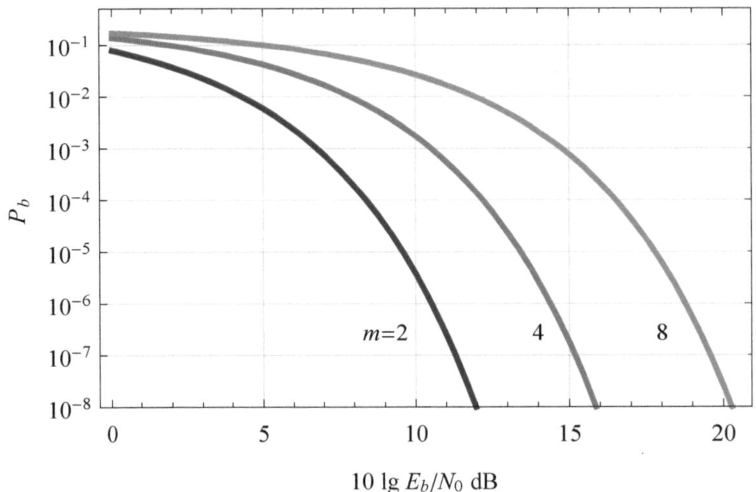

Bild 5.29 Bitfehlerwahrscheinlichkeit bei Mehrpegelübertragung

Meist ist die Bitfehlerwahrscheinlichkeit und nicht die Symbolfehlerwahrscheinlichkeit die interessantere Größe zur Beschreibung der Übertragungsqualität. Einem m-wertigen Symbol entspricht ein Block von $\log_2 m$ bit. Jetzt kommt wieder die Gray-Codierung ins Spiel, bei der sich benachbarte $\log_2 m$-bit-Blöcke in nur einem Bit unterscheiden (siehe Tabelle 5.1 für das Beispiel $m = 4$). Im Falle eines Symbolfehlers wird nahezu immer anstelle des gesendeten Symbols auf ein benachbartes Symbol entschieden und nur extrem selten auf ein „weiter entferntes“ Symbol. Daher entspricht ein Symbolfehler einem Bitfehler, und in einem Beobachtungsintervall ist die Zahl der Symbol- und der Bitfehler näherungsweise gleich. Die Anzahl der im Intervall übertragenen Bits ist jedoch um den Faktor $\log_2 m$ größer als die Zahl der Symbole, sodass für die *Bitfehlerwahrscheinlichkeit*

$$P_b \approx \frac{P_s}{\log_2 m} \tag{5.46}$$

folgt. Bei signalangepasster Filterung gilt weiterhin mit Gl. (5.36) für das Signal-Rausch-Verhältnis

$$\frac{S}{N} = \frac{E_s}{N_0/2} = \log_2 m \, \frac{E_b}{N_0/2} \tag{5.47}$$

denn nach Gl. (5.1) ist die Symboldauer gleich dem $\log_2 m$-fachen der Bitdauer. Damit ist auch die mittlere Symbolenergie gleich dem $\log_2 m$-fachen der mittleren Energie pro Bit. Wir setzen Gl. (5.47) in Gl. (5.45) ein und erhalten mithilfe von Gl. (5.46) für die Bitfehlerwahrscheinlichkeit:

$$P_b \approx \frac{m-1}{m \log_2 m} \operatorname{erfc} \sqrt{\frac{3 \log_2 m}{m^2-1} \frac{E_b}{N_0}} \tag{5.48}$$

Bild 5.29 zeigt den Verlauf der Bitfehlerwahrscheinlichkeit für verschiedene m. Eine Verdopplung von m erfordert bei gleicher Fehlerwahrscheinlichkeit jeweils ein um ca. 4 dB größeres E_b/N_0-Verhältnis.

Wie bereits oben festgestellt entspricht der Fall $m = 2$ einem binaren bipolaren Signal, und Gl. (5.48) vereinfacht sich zu Gl. (5.39). Die Bitfehlerwahrscheinlichkeit ist für diesen Fall sowohl in Bild 5.29 als auch in Bild 5.20 gezeigt. In Bild 5.29 ist sie jedoch als Funktion von E_b/N_0 und in Bild 5.20 als Funktion von S/N aufgetragen. Da sich E_b/N_0 und S/N für $m = 2$ um den Faktor 2 unterscheiden, ist $10\lg E_b/N_0$ um 3 dB kleiner als $10\lg S/N$. Der Vergleich verschiedener Übertragungsverfahren erfolgt sinnvollerweise immer auf der Basis E_b/N_0, da die Rauschleistung N auch von der Übertragungsbandbreite und damit von der Symbolrate abhängt.

Beispiel 5.6 Symbol- und Bitfehlerwahrscheinlichkeit

Wir betrachten wieder den Fall quaternärer Symbole, also $m = 4$, mit $A = 1\,\text{V}$. Die Rauschleistung betrage $N = \sigma_n^2 = 0{,}01\,\text{V}^2$. Für die Signalleistung und das Signal-Rausch-Verhältnis erhalten wir mit Gl. (5.44):

$$S = \frac{5}{9}\,\text{V}^2, \quad \frac{S}{N} = 55{,}56 \cong 17{,}45\,\text{dB}$$

Mit Gl. (5.45) folgt für die Symbolfehlerwahrscheinlichkeit:

$$P_s = \frac{3}{4}\,\text{erfc}(2{,}36) = 6{,}34 \cdot 10^{-4}$$

Die Bitfehlerwahrscheinlichkeit ist nach Gl. (5.46) halb so groß wie die Symbolfehlerwahrscheinlichkeit, also $P_b \approx 3{,}17 \cdot 10^{-4}$. Wir können P_b auch mithilfe von Gl. (5.48) berechnen oder aus Bild 5.29 ablesen, müssen dabei aber beachten, dass E_b/N_0 entsprechend Gl. (5.47) um den Faktor 4 oder 6,02 dB kleiner als S/N ist.

Wir wollen nun die Annahme, dass im Falle eines Symbolfehlers praktisch immer auf ein dem gesendeten Symbol benachbartes Symbol entschieden wird und die zu Gl. (5.46) führte, an einem Beispiel überprüfen. Die Wahrscheinlichkeit, dass ein Symbolfehler auftritt, falls das Symbol $a_K = A/3$ gesendet wurde, beträgt:

$$P_{e2} = \text{erfc}\left(\frac{A}{3\sqrt{2}\sigma_n}\right) = \text{erfc}(2{,}36) = 8{,}45 \cdot 10^{-4}$$

Dies ist gleich der Wahrscheinlichkeit, dass aufgrund des Rauschens das Signal am Entscheidereingang größer als $2A/3$ oder kleiner als 0 ist. Ist das Signal kleiner als $-2A/3$, so gibt der Entscheider das Symbol $\hat{a}_K = -A$ aus. Die Wahrscheinlichkeit dafür beträgt

$$\begin{aligned} P\left(y(t_K) \leq -\frac{2}{3}A \,\middle|\, a_K = \frac{A}{3}\right) &= \frac{1}{2}\,\text{erfc}\left(\frac{3\,\Delta A/2}{\sqrt{2}\sigma_n}\right) = \frac{1}{2}\,\text{erfc}(7{,}07) \\ &\approx \frac{1}{2}\,\frac{1}{7{,}07\sqrt{\pi}}\,\exp\left(-(7{,}07)^2\right) = 7{,}81 \cdot 10^{-24} \end{aligned}$$

ist also verschwindend gering. Daher wird im Falle eines Symbolfehlers nahezu immer auf ein benachbartes Symbol entschieden. ■

5.4 Kanalverzerrungen

Bisher sind wir von einem zwar bandbegrenzten, aber innerhalb der Übertragungsbandbreite verzerrungsfreien Kanal ausgegangen. Unserem Kanal lag daher das Modell des idealen Tiefpasses zu Grunde. Dies ist natürlich eine Vereinfachung, die in der Praxis meist nicht zutrifft. Ein realistischeres Kanalmodell, den Mehrwegekanal, hatten wir in Beispiel 2.9 betrachtet. Dessen Einbrüche in der Übertragungsfunktion führen zu gravierenden Verzerrungen. Für die Bilder 5.5, 5.6 und 5.14 hatten wir den Kanal durch einen RC-Tiefpass modelliert.

In unserem bisherigen Modell eines Übertragungssystems sind wir der Bandbegrenzung des Kanals durch die Verwendung von Nyquist-Grundimpulsen begegnet. Dadurch hat das digitale Basisbandsignal eine exakt begrenzte Bandbreite. Trotz der Begrenzung der Signalbandbreite verursachen nun die Verzerrungen eines realen Kanals eine Intersymbol-Interferenz, die durch einen Entzerrer im Empfänger kompensiert werden muss.

Wir betrachten im folgenden Abschnitt die lineare Entzerrung, die mithilfe von digitalen FIR-Filtern realisiert wird. Wir beschränken uns dabei auf Entzerrer, die im Symboltakt (Symboltaktentzerrer) bzw. mit dem doppelten Symboltakt (Entzerrer mit Doppelabtastung) arbeiten. Da die Übertragungscharakteristik des Kanals meist nicht vorab bekannt ist, wird oft ein adaptiver Entzerrer verwendet. Bei einem adaptiven Entzerrer passen sich die Filterkoeffizienten automatisch so an, dass die Intersymbol-Interferenz minimiert wird. Auf die Besonderheiten bei der Entzerrung von Bandpasssignalen gehen wir in Abschnitt 6.5 ein.

5.4.1 Symboltaktentzerrer

Wir erweitern unser Modell des Übertragungssystems um den Kanal mit der Impulsantwort $h_K(t)$ (Bild 5.30). Im Kanal wird ferner das Rauschsignal $n(t)$ zum Nutzsignal addiert. Auf der Senderseite wird das Pulsformfilter $p(t)$ verwendet. Der Empfänger besteht aus dem signalangepassten Filter $h(t)$, einem Abtaster und einem Symboltaktentzerrer $e(n)$. Der lineare Entzerrer ist ein FIR-Filter nach Bild 4.15. Während wir in Abschnitt 4.2 beim Filterentwurf von einer gewünschten Übertragungsfunktion ausgegangen sind, werden bei einem Entzerrer die Filterkoeffizienten so bestimmt, dass die Intersymbol-Interferenz minimal wird.

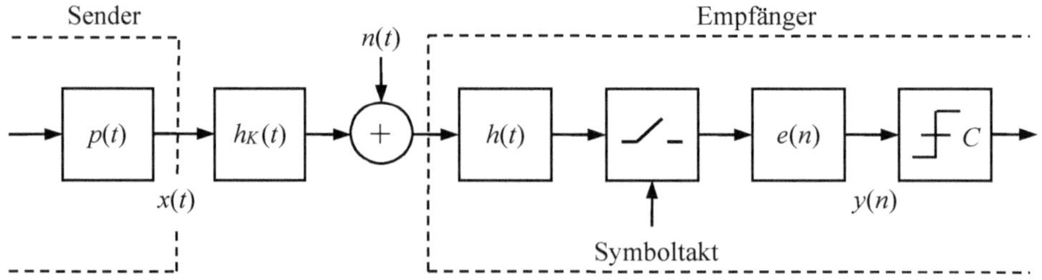

Bild 5.30 Modell eines Übertragungssystems mit signalangepasstem Filter und Symboltaktentzerrer im Empfänger

Ein einzelner Impuls $p(t)$, der über den Kanal übertragen wird, erscheint am Empfängereingang als Faltung mit der Kanalimpulsantwort, also $w(t) = p(t) * h_K(t)$. Das signalangepasste

Filter muss daher die Impulsantwort $h(t) = w(T - t)$ haben. Bei einem rauschfreien Kanal erhalten wir am Ausgang des Filters den Impuls:

$$g(t) = p(t) * h_K(t) * h(t) \tag{5.49}$$

$g(t)$ wird mit der Symbolrate $1/T$ abgetastet, und es entsteht der zeitdiskrete Impuls $g(n)$. Um die Verwendung des FIR-Filters als Entzerrer hervorzuheben, bezeichnen wir die $N+1$ Filterkoeffizienten mit $e_0, e_1, \ldots, e_N$. Die Koeffizienten e_i bilden die Impulsantwort $e(n)$ des Entzerrerfilters. Für das Ausgangssignal des Filters gilt dann mit Gl. (4.32):

$$y(n) = e(n) * g(n) = \sum_{k=0}^{N} e_k\, g(n-k) \tag{5.50}$$

Im Idealfall sollte das Ausgangssignal frei von Intersymbol-Interferenz sein. Dann gilt entsprechend Gl. (5.3):

$$y(n) = \begin{cases} 1 & \text{für} \quad n = k \\ 0 & \text{für} \quad n \neq k \end{cases} \tag{5.51}$$

Der Hauptwert liegt im Gegensatz zu Gl. (5.3) bei $n = k$ und nicht bei $n = 0$, da die Signallaufzeit durch das Entzerrerfilter berücksichtigt werden muss.

Der Eingangsimpuls habe eine endliche Länge, d. h., es ist $g(n) = 0$ für $n < 0$ und $n > m$ und $g(n) = \{g_0, g_1, \ldots, g_m\}$. Wenn wir das Eingangssignal $g(n)$ mit $m+1$ Elementen mit der Impulsantwort $e(n)$ mit $N+1$ Elementen falten, so entsteht ein Ausgangssignal $y(n)$ mit $m+N+1$ Elementen. Bei idealer Entzerrung erfüllt $y(n)$ die Bedingung Gl. (5.51), und es gilt $y(n) = \{0, \ldots, 0, 1, 0, \ldots, 0\}$. Wir definieren den Spaltenvektor **e** mit den Entzerrerkoeffizienten und den Ergebnisvektor **y** mit den Elementen des Ausgangssignals:

$$\mathbf{e} = \begin{bmatrix} e_0 \\ e_1 \\ \vdots \\ e_N \end{bmatrix}, \quad \mathbf{y} = \begin{bmatrix} y(0) \\ y(1) \\ \vdots \\ y(m+N) \end{bmatrix} = \begin{bmatrix} 0 \\ \vdots \\ 0 \\ 1 \\ 0 \\ \vdots \\ 0 \end{bmatrix} \tag{5.52}$$

Mithilfe dieser Vektoren schreiben wir für das durch Gl. (5.50) gegebene Gleichungssystem:

$$\begin{bmatrix} g_0 & 0 & 0 & \cdots & 0 & 0 & 0 \\ g_1 & g_0 & 0 & \cdots & 0 & 0 & 0 \\ g_2 & g_1 & g_0 & \cdots & 0 & 0 & 0 \\ \vdots & & & & & & \\ 0 & 0 & 0 & \cdots & g_m & g_{m-1} & g_{m-2} \\ 0 & 0 & 0 & \cdots & 0 & g_m & g_{m-1} \\ 0 & 0 & 0 & \cdots & 0 & 0 & g_m \end{bmatrix} \begin{bmatrix} e_0 \\ e_1 \\ \vdots \\ e_N \end{bmatrix} = \begin{bmatrix} 0 \\ \vdots \\ 0 \\ 1 \\ 0 \\ \vdots \\ 0 \end{bmatrix} \tag{5.53}$$

Die Matrix in Gl. (5.53) besteht aus $m+N+1$ Zeilen und $N+1$ Spalten und wird als Faltungsmatrix **F** bezeichnet.[5] Damit können wir für das Gleichungssystem in kompakter Form

$$\mathbf{F}\,\mathbf{e} = \mathbf{y} \tag{5.54}$$

schreiben. Gl. (5.54) beschreibt ein System mit $m+N+1$ Gleichungen. Da aber nur $N+1$ Filterkoeffizienten zur Verfügung stehen, kann das Gleichungssystem nicht gelöst werden. Bei Abtastung mit der Symbolrate ist also mit einem Symboltaktentzerrer endlicher Länge eine exakte Entzerrung in dem Sinn, dass der Ausgangsvektor Gl. (5.51) erfüllt, nicht möglich.

Zero-Forcing-Lösung

Eine Lösung des Gleichungssystems wird möglich, wenn man nicht die exakte Einhaltung von Gl. (5.51) fordert, sondern eine geringe Abweichung δ_i, $0 \le i \le m+N$, vom Idealwert zulässt. Der Ergebnisvektor lautet dann:

$$\mathbf{y} = \mathbf{y_{id}} + \boldsymbol{\delta} = \underbrace{\begin{bmatrix} 0 \\ \vdots \\ 1 \\ \vdots \\ 0 \end{bmatrix}}_{\mathbf{y_{id}}} + \underbrace{\begin{bmatrix} \delta_0 \\ \vdots \\ \delta_k \\ \vdots \\ \delta_{m+N} \end{bmatrix}}_{\boldsymbol{\delta}} = \begin{bmatrix} \delta_0 \\ \vdots \\ 1+\delta_k \\ \vdots \\ \delta_{m+N} \end{bmatrix}$$

Die Entzerrerkoeffizienten werden nun so bestimmt, dass die Summe der Fehlerquadrate

$$\sum_{i=0}^{m+N} \delta_i^2 = \boldsymbol{\delta}^T \boldsymbol{\delta} \tag{5.55}$$

minimal wird.[6] Setzt man $\boldsymbol{\delta} = \mathbf{F}\,\mathbf{e} - \mathbf{y_{id}}$ in Gl. (5.55) ein, so führt die Bestimmung des Minimums zu der Lösung:

$$\mathbf{e} = \left(\mathbf{F}^T\,\mathbf{F}\right)^{-1}\,\mathbf{F}^T\,\mathbf{y} \tag{5.56}$$

$\mathbf{F}^T\,\mathbf{F}$ ist eine quadratische Matrix mit jeweils $N+1$ Zeilen und Spalten. Man nennt einen Entzerrer nach Gl. (5.56) auch Zero-Forcing-Entzerrer, da er versucht, die Nullstellen im idealen Ausgangssignal Gl. (5.51) möglichst gut einzuhalten.

MMSE-Lösung

Günstiger ist die Minimum Mean Square Error oder MMSE-Lösung, bei der die Summe aus Intersymbol-Interferenz *und* Rauschleistung minimiert wird. Das Rauschen $n(t)$ am Empfängereingang erscheint nach dem Abtaster als gefiltertetes Rauschen $r(n)$ am Entzerrereingang. Für die Summe aus Nutzsignal und Rauschen gilt $s(n) = g(n) + r(n)$. Die MMSE-Lösung für die Entzerrerkoeffizienten lautet

$$\mathbf{e} = \mathbf{R}^{-1}\,\boldsymbol{\rho} \tag{5.57}$$

---

5 **F** ist eine Toeplitz-Matrix, bei der die Elemente auf den Diagonalen parallel zur Hauptdiagonalen gleich sind.

6 $[\cdot]^T$ ist der transponierte Vektor bzw. die transponierte Matrix.

mit der Autokorrelationsmatrix **R** und dem Kreuzkorrelationsvektor $\boldsymbol{\rho}$. Die Elemente von **R** bestehen aus den Werten der Autokorrelationsfolge von $s(n)$. Im Falle unkorrelierter Symbole gilt:

$$\mathbf{R} = \mathbf{F}^T\,\mathbf{F} + \sigma_r^2\,\mathbf{I} \tag{5.58}$$

σ_r^2 ist die Leistung des Rauschens $r(n)$, und **I** ist die Einheitsmatrix. Die Elemente des Kreuzkorrelationsvektors

$$\boldsymbol{\rho} = \mathbf{F}^T\,\mathbf{y_{id}} \tag{5.59}$$

sind identisch mit einer Zeile von **F**. Wir betrachten als Beispiel den Fall $m = 2$, d. h., der Eingangsimpuls ist auf drei Werte g_0, g_1, g_2 begrenzt. Für den Entzerrer gelte $N = 2$. Dann lauten die Faltungsmatrix und deren Transponierte:

$$\mathbf{F} = \begin{bmatrix} g_0 & 0 & 0 \\ g_1 & g_0 & 0 \\ g_2 & g_1 & g_0 \\ 0 & g_2 & g_1 \\ 0 & 0 & g_2 \end{bmatrix}, \quad \mathbf{F}^T = \begin{bmatrix} g_0 & g_1 & g_2 & 0 & 0 \\ 0 & g_0 & g_1 & g_2 & 0 \\ 0 & 0 & g_0 & g_1 & g_2 \end{bmatrix}$$

Die Autokorrelationsmatrix ist eine $(N+1) \times (N+1)$- bzw. 3×3-Matrix:

$$\mathbf{R} = \begin{bmatrix} g_0^2 + g_1^2 + g_2^2 + \sigma_r^2 & g_0 g_1 + g_1 g_2 & g_0 g_2 \\ g_0 g_1 + g_1 g_2 & g_0^2 + g_1^2 + g_2^2 + \sigma_r^2 & g_0 g_1 + g_1 g_2 \\ g_0 g_2 & g_0 g_1 + g_1 g_2 & g_0^2 + g_1^2 + g_2^2 + \sigma_r^2 \end{bmatrix}$$

Für $\mathbf{y_{id}} = [0\ \ 0\ \ 1\ \ 0\ \ 0]^T$ erhält man im Beispiel $\boldsymbol{\rho} = [g_2\ g_1\ g_0]^T$.

5.4.2 Entzerrer mit Doppelabtastung

Vertauscht man in Bild 5.30 Entzerrer und Abtaster, so entsteht ein System, in dem das signalangepasste Filter mit der Impulsantwort $h(t)$ und der Übertragungsfunktion $H(f)$ und das – nun zeitkontinuierliche – Entzerrerfilter mit der Impulsantwort $e(t)$ und der Übertragungsfunktion $E(f)$ in Reihe liegen. Diese beiden Filter können zu einem Filter mit der Impulsantwort $h(t) * e(t)$ und der Übertragungsfunktion $H(f)\,E(f)$ zusammengefasst werden. Bei einem Kosinus-roll-off-Filter ist $H(f) = 0$ für $f > B_K$. Für die benötigte Bandbreite gilt $B_K \le 2\,B_N = r_s = 1/T$. Wird das Signal mit der Rate $f_A = 2/T$ abgetastet, so ist daher das Abtasttheorem erfüllt.

Bild 5.31 zeigt den so modifizierten Empfänger. Der Entzerrer übernimmt hier gleichzeitig die Aufgabe des signalangepassten Filters. Er arbeitet mit der Abtastrate $2/T$ und wird auch als T/2-Entzerrer bezeichnet. Da der Entscheider nur einen Wert pro Symbol benötigt, folgt auf den Entzerrer eine Dezimierungsstufe, die die Abtastrate halbiert. Vor dem Abtaster befindet sich noch ein Tiefpassfilter mit der Bandbreite $B_K = f_A/2$. Der Tiefpass dient als Anti-Aliasing-Filter und unterdrückt das Rauschen bei Frequenzen oberhalb der halben Abtastrate.

Ein einzelner Impuls $p(t)$, der über Kanal übertragen wird, erscheint als $g(t) = p(t) * h_K(t)$ am Empfängereingang. Nach der Abtastung erhalten wir $g(n)$. Dieser habe wieder eine endliche Länge, d. h., es ist $g(n) = 0$ für $n < 0$ und $n > m$, und der Entzerrer habe $N+1$ Filterkoeffizienten.

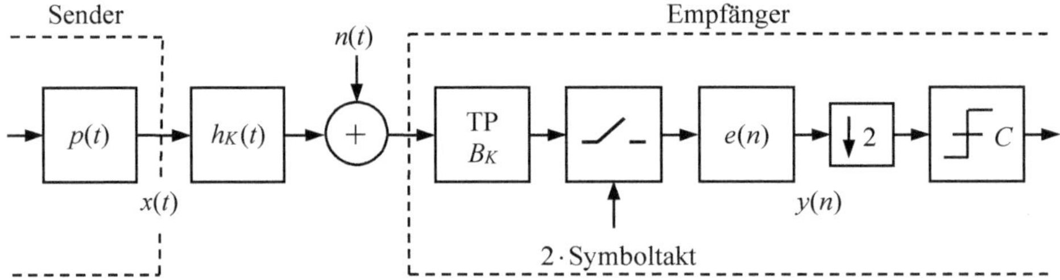

Bild 5.31 Modell eines Übertragungssystems mit T/2-Entzerrer

Damit erhalten wir auch wieder ein Ausgangssignal $y(n)$ der Länge $m+N+1$. Von diesen $m+N+1$ Elementen muss aber nur jedes zweite Element die Bedingung entsprechend Gl. (5.51) erfüllen. Die dazwischen liegenden Elemente werden durch die Dezimierungsstufe entfernt und nicht weiter verarbeitet.

Zero-Forcing-Lösung

Das Gleichungssystem für den T/2-Entzerrer erhalten wir aus Gl. (5.53), indem wir jede zweite Zeile löschen. Für $m+N$ gerade erhalten wir

$$\begin{bmatrix} g_0 & 0 & 0 & \cdots & 0 & 0 & 0 \\ g_2 & g_1 & g_0 & \ldots & 0 & 0 & 0 \\ \vdots & & & & & & \\ 0 & 0 & 0 & \ldots & g_m & g_{m-1} & g_{m-2} \\ 0 & 0 & 0 & \ldots & 0 & 0 & g_m \end{bmatrix} \begin{bmatrix} e_0 \\ e_1 \\ \vdots \\ e_N \end{bmatrix} = \begin{bmatrix} 0 \\ \vdots \\ 0 \\ 1 \\ 0 \\ \vdots \\ 0 \end{bmatrix} \tag{5.60}$$

oder $\mathbf{F}\,\mathbf{e} = \mathbf{y}$. Für $N = m$ ist die Faltungsmatrix $\mathbf{F}$ eine quadratische Matrix mit jeweils $N+1$ Zeilen und Spalten. Dann lautet die Lösung des Gleichungssystems:

$$\mathbf{e} = \mathbf{F}^{-1}\,\mathbf{y} \tag{5.61}$$

Dies entspricht der Zero-Forcing-Lösung, und Gl. (5.51) ist exakt erfüllt. Die exakte Entzerrung entfernt damit zwar die Intersymbol-Interferenz vollständig, kann jedoch in sehr großen Koeffizienten und damit in einer Anhebung der Rauschleistung resultieren.

MMSE-Lösung

Die MMSE-Lösung für den T/2-Entzerrer ist formal identisch zu den Gln. (5.57), (5.58) und (5.59) des Symboltaktentzerrers:

$$\mathbf{e} = \mathbf{R}^{-1}\,\boldsymbol{\rho} \tag{5.62}$$

$$\mathbf{R} = \mathbf{F}^T\,\mathbf{F} + \sigma_r^2\,\mathbf{I} \tag{5.63}$$

$$\boldsymbol{\rho} = \mathbf{F}^T\,\mathbf{y_{id}} \tag{5.64}$$

Allerdings entspricht die Faltungsmatrix **F** nun einer Matrix entsprechend Gl. (5.60), bei der jede zweite Zeile gestrichen wurde. Wir betrachten als Beispiel wieder den Fall $m = 2$, d. h., der Eingangsimpuls ist auf drei Werte g_0, g_1, g_2 begrenzt. Für den Entzerrer gelte $N = 4$. Dann lauten die Faltungsmatrix und deren Transponierte für den T/2-Entzerrer:

$$\mathbf{F} = \begin{bmatrix} g_0 & 0 & 0 & 0 & 0 \\ g_2 & g_1 & g_0 & 0 & 0 \\ 0 & 0 & g_2 & g_1 & g_0 \\ 0 & 0 & 0 & 0 & g_2 \end{bmatrix}, \quad \mathbf{F}^T = \begin{bmatrix} g_0 & g_2 & 0 & 0 \\ 0 & g_1 & 0 & 0 \\ 0 & g_0 & g_2 & 0 \\ 0 & 0 & g_1 & 0 \\ 0 & 0 & g_0 & g_2 \end{bmatrix}$$

Die Autokorrelationsmatrix ist eine $(N+1) \times (N+1)$- bzw. 5×5-Matrix:

$$\mathbf{R} = \begin{bmatrix} g_0^2 + g_2^2 + \sigma_r^2 & g_1 g_2 & g_0 g_2 & 0 & 0 \\ g_1 g_2 & g_1^2 + \sigma_r^2 & g_0 g_1 & 0 & 0 \\ g_0 g_2 & g_0 g_1 & g_0^2 + g_2^2 + \sigma_r^2 & g_1 g_2 & g_0 g_2 \\ 0 & 0 & g_1 g_2 & g_1^2 + \sigma_r^2 & g_0 g_1 \\ 0 & 0 & g_0 g_2 & g_0 g_1 & g_0^2 + g_2^2 + \sigma_r^2 \end{bmatrix}$$

Für $m = 2$ und $N = 4$ hat das Ausgangssignal des Entzerrers die Länge $m + N + 1 = 7$. Nach Streichen jedes zweites Wertes erhält man $\mathbf{y_{id}}$ mit vier Elementen. Für $\mathbf{y_{id}} = [0\ 1\ 0\ 0]^T$ erhält man im Beispiel $\boldsymbol{\rho} = [g_2\ g_1\ g_0\ 0\ 0]^T$.

Wir betrachten nun den Fall, dass das sendeseitige Pulsformfilter ein Wurzel-Kosinus-roll-off-Filter mit einer Impulsantwort nach Gl. (5.41) und einem Roll-off-Faktor $\alpha = 0{,}5$ ist. Als Modell für den Übertragungskanal dient uns ein RC-Tiefpass mit der Impulsantwort nach Gl. (2.12) und der Bandbreite $B = 1/(2\pi RC) = 0{,}1/T$. Bild 5.32 zeigt den Impuls $g(t) = p_{src}(t) * h_K(t)$ am Empfängereingang und dessen Abtastwerte im Abstand $T/2$.

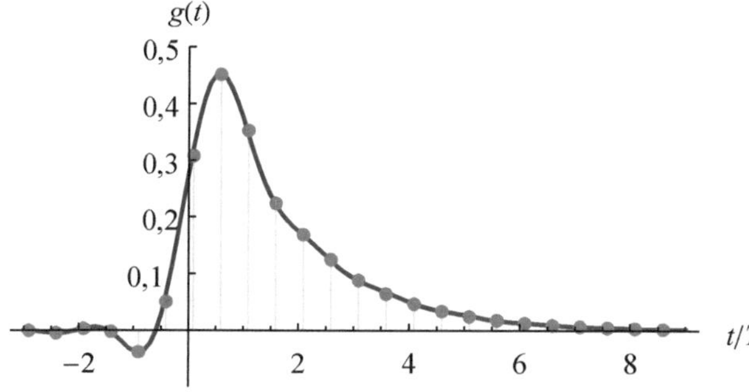

Bild 5.32 Der Impuls $g(t)$ am Empfängereingang

Ein Anhaltspunkt für die mindestens erforderliche Entzerrer-Länge ist die Anzahl der Symbole, über die sich $g(t)$ erstreckt. Bei K Symbolen und Doppelabtastung sind mindestens $2K$ Koeffizienten erforderlich. In unserem Beispiel erstreckt sich $g(t)$ über ca. 8 Symbole, und wir legen für den Entzerrer $N = 16$ bzw. $N + 1 = 17$ Koeffizienten fest. Für die Berechnung der Entzerrerkoeffizienten ziehen wir 33 Werte von $g(n)$ heran, d. h., es ist $m = 32$. Damit erhalten wir eine Faltungsmatrix **F** – nach Streichen jeder zweiten Zeile entsprechend Gl. (5.60) – mit 25 Zeilen und 17 Spalten. Die Autokorrelationsmatrix **R** ist eine (17×17)-Matrix.

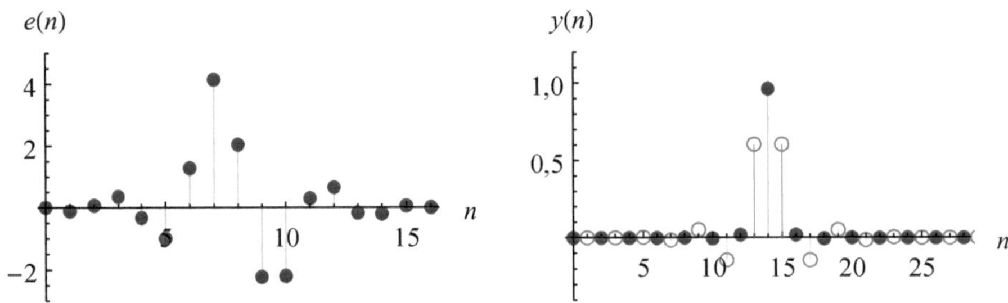

Bild 5.33 Entzerrerkoeffizienten und Impuls am Entzerrerausgang für $\sigma_r^2 = 10^{-3}$

Bild 5.33 zeigt die mit Gl. (5.62) berechneten Entzerrerkoeffizienten für $\sigma_r^2 = 10^{-3}$. Ein einzelner (rauschfreier) Impuls $g(n)$ am Eingang des Entzerrers resultiert im Ausgangssignal $y(n)$. Die vollen Punkte markieren jeden zweiten Wert, der dem Entscheider zugeführt wird. Die dazwischen liegenden Werte werden durch die Dezimierungstufe entfernt. Bild 5.34 zeigt die Augendiagramme am Eingang und am Ausgang des Entzerrers. Am Eingang ist das Auge vollständig geschlossen. Am Ausgang ist das Auge weit geöffnet, und man erkennt gut die zwei Abtastwerte pro Symbol.

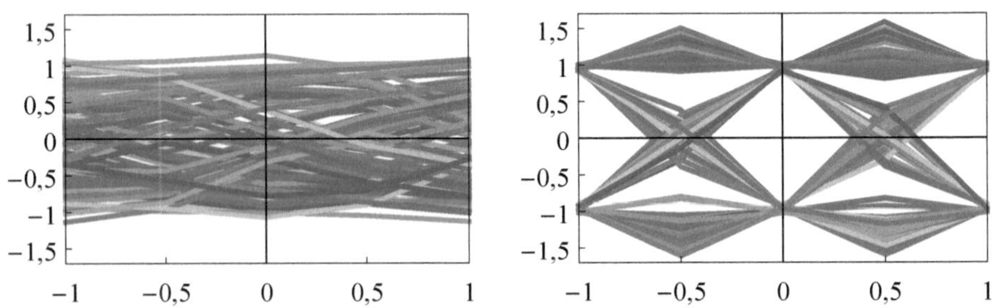

Bild 5.34 Augendiagramme am Entzerrereingang und -ausgang

Bei genauem Hinsehen erkennt man aber auch, dass sich die Linien an der Stelle der größten Augenöffnung nicht genau in einem Punkt schneiden, d. h., die Abtastwerte sind zu diesen Zeitpunkten nicht genau ± 1, sondern weichen geringfügig ab. Bei $y(n)$ in Bild 5.33 kommt dies dadurch zum Ausdruck, dass die durch die vollen Punkte markierten Werte neben dem Hauptwert nicht exakt null sind, gut zu erkennen bei den Werten für $n = 12$ und $n = 16$.

Durch Verkleinern von σ_r^2 kann man zwar die verbleibende Intersymbol-Interferenz verringern, dies hat jedoch größere Entzerrerkoeffizienten zur Folge. In Bild 5.35 sind die Koeffizienten und das Ausgangssignal für $\sigma_r^2 = 10^{-14}$ dargestellt. Die Koeffizienten erreichen Werte von über 90. Die Abweichungen der vollen Punkte des Ausgangssignals zu den Elementen von $\mathbf{y}_{\mathbf{id}}$ sind zwar geringer geworden, die dazwischenliegenden Werte allerdings größer. Bezieht man das Rauschen $r(n)$ am Entzerrereingang mit ein, so hat dies eine Anhebung der Rauschleistung am Entzerrerausgang und damit einen Anstieg der Fehlerwahrscheinlichkeit zur Folge.

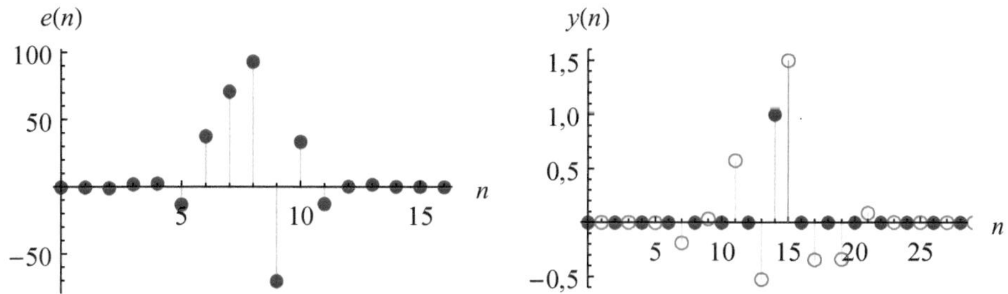

Bild 5.35 Entzerrerkoeffizienten und Impuls am Entzerrerausgang für $\sigma_r^2 = 10^{-14}$

5.4.3 Vergleich der verschiedenen Empfängerkonzepte

In Abschnitt 5.3.2 haben wir die Übertragung über einen AWGN-Kanal betrachtet. Der AWGN-Kanal überträgt das Nutzsignal unverzerrt, d. h., wir haben keine Intersymbol-Interferenz. Als Störung wird dem Nutzsignal weißes Rauschen überlagert. In diesem Fall ist der Empfänger mit signalangepasstem Filter der optimale Empfänger im Sinne der minimalen Fehlerwahrscheinlichkeit. Bei Übertragung mit Intersymbol-Interferenz, hervorgerufen durch einen nicht verzerrungsfreien Kanal, ist ein Entzerrer im Empfänger erforderlich. Wir haben aus der Familie der linearen Entzerrer den Symboltaktentzerrer und den T/2-Entzerrer betrachtet.

Der Empfänger mit Symboltaktentzerrer hat den Vorteil, dass er nur einen Abtastwert pro Symbol benötigt. Dies ist gerade bei sehr hohen Symbolraten günstig. Mit dem Symboltaktentzerrer sind aber auch eine Reihe von Nachteilen verbunden: Er benötigt ein vorgeschaltetes signalangepasstes Filter, und der Entwurf dieses Filters erfordert die Kenntnis der Kanalimpulsantwort. Implementiert man das Filter als digitales Filter (vgl. dazu die Hinweise am Ende von Abschnitt 5.2.3), so muss das Eingangssignal mit einer entsprechend hohen Rate abgetastet werden. Schließlich kann ein Symboltaktentzerrer endlicher Länge die Intersymbol-Interferenz nicht vollständig kompensieren, und das Ergebnis hängt stark von der Abtastphase ab. Verschieben sich die Abtastwerte von $g(n)$, so kann dies einen beträchtlichen Anstieg der verbleibenden Intersymbol-Interferenz zur Folge haben. Im Vergleich dazu arbeitet der T/2-Entzerrer zwar mit der doppelten Abtastrate, er ist aber weitgehend unabhängig von der Abtastphase, und er übernimmt gleichzeitig die Funktion des signalangepassten Filters.

Lineare Entzerrer haben im Wesentlichen einen zum Kanal inversen Frequenzgang. In unserem Beispiel hat der Entzerrer eine Hochpasscharakteristik, da es sich bei dem Kanal um einen Tiefpass handelt. Problematisch sind Kanäle mit tiefen Einbrüchen im Amplitudengang, wie sie beispielsweise bei einem Mehrwegekanal (Beispiel 2.9) auftreten. Ein linearer Entzerrer versucht, diese Einbrüche durch eine entsprechende Verstärkung auszugleichen. Dies hat eine höhere Rauschleistung am Entzerrerausgang zur Folge. Empfänger mit linearem Entzerrer sind daher suboptimal.

Der optimale Empfänger besteht aus einem signalangepassten Filter, gefolgt von einem MLSE (Maximum Likelihood Sequence Estimation)-Entzerrer. Der MLSE-Entzerrer entscheidet nicht über einzelne Symbole, sondern über eine ganze Folge von Symbolen, denn er bestimmt die Symbolfolge, die mit größter Wahrscheinlichkeit gesendet wurde. Dies geschieht mithilfe des Viterbi-Algorithmus. Auf das Maximum-Likelihood-Kriterium und den Viterbi-Algorithmus gehen wir in Abschnitt 7.3.2 im Zusammenhang mit der Decodierung von Faltungscodes ein. Der mit dem MLSE-Entzerrer verbundene Aufwand steigt allerdings exponentiell mit der Anzahl der Symbole, über die sich der Eingangsimpuls $g(t)$ erstreckt.

5.4.4 Adaptive Entzerrung

Die Bestimmung der Filterkoeffizienten, wie im vorangehenden Abschnitt beschrieben, erfordert die Kenntnis der Impulsantwort oder der Übertragungsfunktion des Kanals. Diese sind aber oft gar nicht bekannt, und in diesem Fall muss die Einstellung der Koeffizienten adaptiv erfolgen. Bild 5.36 zeigt die Struktur eines adaptiven Entzerrers. Handelt es sich um einen T/2-Entzerrer, so wird die Abtastrate vor dem Entscheider um den Faktor 2 reduziert. Als iteratives Verfahren zur Koeffizientenadaption betrachten wir den LMS (Least-Mean-Square)-Algorithmus.

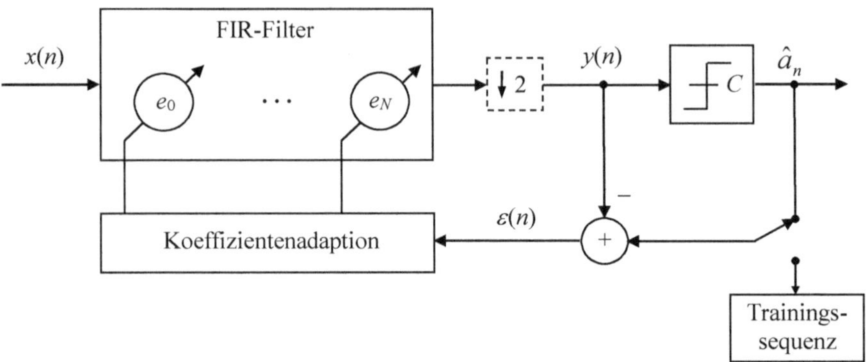

Bild 5.36 Aufbau eines adaptiven Entzerrers

Zur Einstellung der Filterkoeffizienten wird die Differenz der Signale am Entscheiderausgang und am Entzerrerausgang $\epsilon(n) = \hat{a}_n - y(n)$ gebildet. $\epsilon(n)$ ist ein Maß für die Intersymbol-Interferenz. Beispielsweise wären bei einem bipolaren Signal und idealer Entzerrung sowohl $\hat{a}_n$ als auch $y(n)$ gleich ± 1 und damit $\epsilon(n) = 0$. Beim LMS-Algorithmus wird der quadratische Fehler

$$Q = \epsilon^2(n) = \left(\hat{a}_n - y(n)\right)^2 \tag{5.65}$$

minimiert. Q wird auch als Zielfunktion bezeichnet. Wir nehmen an, dass $\hat{a}_n$ unabhängig von den Entzerrerkoeffizienten ist. Dies setzt voraus, dass der Entzerrer bereits richtig eingestellt oder die gesendete Datenfolge im Empfänger bekannt ist. Da $y(n)$ eine lineare Funktion der Filterkoeffizienten e_k ist, hängt Q quadratisch von jedem der e_k ab (Bild 5.37). Der optimale Koeffizient ist durch das Minimum der Zielfunktion gegeben. Die Adaption der Koeffizienten erfolgt proportional zum Gradienten bzw. der Steigung $\partial Q / \partial e_k$ der Zielfunktion:

$$e_k(n+1) = e_k(n) - \alpha \frac{\partial Q}{\partial e_k} \quad (k = 0, \ldots, N) \tag{5.66}$$

Im Minimum der Zielfunktion ist die Steigung null, und der Algorithmus ist zum optimalen Wert $e_{k,\mathrm{opt}}$ konvergiert. Für den Gradienten gilt mit Gl. (5.65) unter der Voraussetzung, dass $\hat{a}_n$

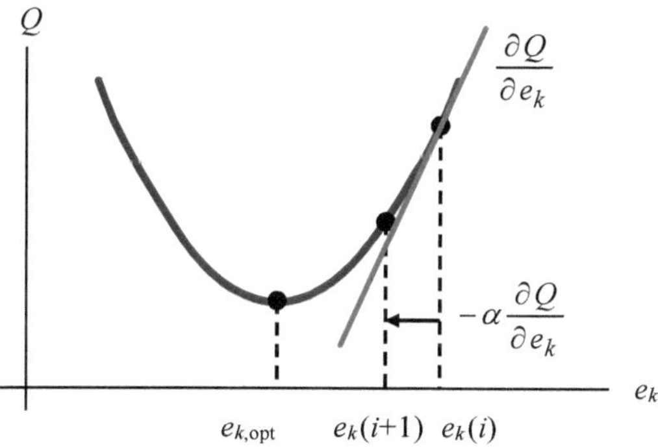

Bild 5.37 Prinzip der Koeffizientenadaption

unabhängig von den Entzerrerkoeffizienten ist:

$$\frac{\partial Q}{\partial e_k} = -2\left(\hat{a}_n - y(n)\right)\frac{\partial y(n)}{\partial e_k} \tag{5.67}$$

Nach Gl. (5.50) ist das Ausgangssignal des Entzerrers für ein Eingangssignal $x(n)$

$$y(n) = e_0\, x(n) + \cdots + e_k\, x(n-k) + \cdots + e_N\, x(n-N)$$

und damit:

$$\frac{\partial y(n)}{\partial e_k} = x(n-k)$$

Dies eingesetzt in Gl. (5.67) und weiter in Gl. (5.66) ergibt

$$e_k(n+1) = e_k(n) + \alpha\left(\hat{a}_n - y(n)\right) x(n-k) \quad (k = 0, \ldots, N) \tag{5.68}$$

wobei der Faktor 2 aus Gl. (5.67) nun in α enthalten ist. Gl. (5.68) stellt die Vorschrift zur Koeffizientenadaption entsprechend dem in Bild 5.37 dargestellten Prinzip dar. Die Eingangswerte $x(n-k)$ können den Speicherelementen des FIR-Filters entnommen werden. Mit jedem neuen Eingangswert $x(n)$ müssen alle $N+1$ Entzerrerkoeffizienten neu berechnet werden.

Der LMS-Algorithmus konvergiert zur MMSE-Lösung, falls die Datenfolge unkorreliert ist, also Gl. (5.57) im Falle des Symboltaktentzerrers oder Gl. (5.62) im Falle des T/2-Entzerrers. Die Schrittweite α bestimmt dabei die Konvergenzgeschwindigkeit. Ein kleines α bedeutet langsame Konvergenz bei geringem Restfehler. Umgekehrt resultiert ein großes α in schneller Konvergenz bei großem Restfehler. Wird α zu groß gewählt, konvergiert der Algorithmus nicht mehr. Allgemein verringert sich die zulässige Schrittweite mit einer steigenden Anzahl von Entzerrerkoeffizienten und im Falle ungünstiger Kanäle mit tiefen Einbrüchen im Amplitudengang.

Zu Beginn der Übertragung wird zunächst eine dem Empfänger bekannte Trainingssequenz gesendet. Dadurch wird erreicht, dass $\hat{a}_n$ unabhängig von den Entzerrerkoeffizienten ist, auch wenn diese noch weit von der optimalen Einstellung entfernt sind. Nachdem der Adaptionsalgorithmus konvergiert ist, wird von der Trainingssequenz auf die empfangene Datenfolge umgeschaltet.

5.5 Scrambling

Ein Scrambler dient der Verwürflung eines Datensignals. Dadurch werden lange 0- oder 1-Folgen vermieden, die ansonsten zu Problemen bei der Taktrückgewinnung oder der adaptiven Entzerrung führen würden. Scrambling wird auch verwendet, um die statistische Unabhängigkeit von gesendetem und empfangenem Signal zu gewährleisten. Die Verwürflung wird im Empfänger mithilfe eines Descramblers rückgängig gemacht.

Beim Scrambling wird zur Datenfolge eine Pseudozufallsfolge addiert. Der Descrambler addiert die gleiche Zufallsfolge nochmals zur gescrambelten Folge. Da die Addition modulo 2 erfolgt, erhält man durch das zweimalige Addieren schließlich wieder die zu übertragende Datenfolge.[7]

Pseudozufallsfolgen oder auch PN-Folgen (Pseudo Noise, PN) werden mithilfe rückgekoppelter Schieberegister erzeugt. Bild 5.38 zeigt dazu ein einfaches Beispiel. Ein PN-Generator besteht aus m Registern, die den Wert 0 oder 1 enthalten können. Der Generator kann sich somit in 2^m verschiedenen Zuständen befinden. Allerdings darf der Zustand, in dem alle Register den Wert 0 enthalten, nicht auftreten, da dann am Ausgang konstant 0 erzeugt würde. Bei einer PN-Folge werden alle möglichen Zustände durchlaufen, d. h., es wird eine Folge der Länge $N = 2^m - 1$ erzeugt. Nach N bit wiederholt sich die Folge periodisch.

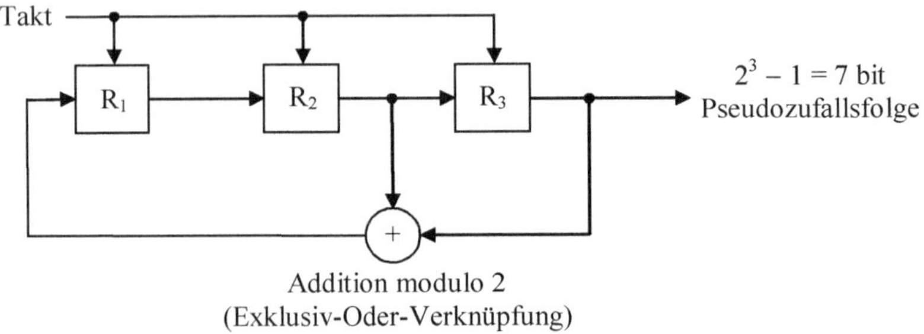

Bild 5.38 Erzeugung einer Pseudozufallsfolge mit rückgekoppelten Schieberegistern

Beispiel 5.7 Erzeugung einer PN-Folge der Länge $N = 7$

Wir bestimmen die PN-Folge des Generators aus Bild 5.38. Die drei Register $R_1 \ldots R_3$ werden zu Beginn meist mit 1 1 1 initialisiert. Eine andere Initialisierung ist möglich; lediglich die Werte 0 0 0 sind nicht zulässig. Mit jedem Taktimpuls wird der Wert von R_1 in R_2 und der Wert von R_2 in R_3 geschoben. In R_1 gelangt der Wert von $R_2 \oplus R_3$. Die Zustände der Register, die der PN-Generator durchläuft, sind in Tabelle 5.3 angegeben.

Nach $n = 7$ Takten hat der Generator wieder den Zustand bei $n = 0$ erreicht. Die PN-Folge erscheint am Ausgang von R_3, also 1 1 1 0 0 1 0; danach wiederholt sich die Folge periodisch. Da $m = 3$ ist, erzeugt der Generator eine Folge der Länge $N = 2^3 - 1 = 7$.

7 Die Addition modulo 2 entspricht einer Exklusiv-Oder-Verknüpfung: $0 \oplus 0 = 1 \oplus 1 = 0$, $0 \oplus 1 = 1 \oplus 0 = 1$.

Tabelle 5.3 Erzeugung einer PN-Folge mit der Schaltung nach Bild 5.38

n	R_1	R_2	R_3	$R_2 \oplus R_3$
0	1	1	1	0
1	0	1	1	0
2	0	0	1	1
3	1	0	0	0
4	0	1	0	1
5	1	0	1	1
6	1	1	0	1
7	1	1	1	0

■

Da N immer ungerade ist, enthält eine PN-Folge $(N+1)/2$-mal den Wert 1 und $(N-1)/2$-mal den Wert 0. Die zum Scrambeln verwendeten PN-Folgen sind natürlich wesentlich länger als die Folge in unserem Beispiel. Typische Werte reichen von $N = 127$ ($m = 7$) bis über 10^{12} ($m = 43$). Die Rückführungen, die nach der Addition modulo 2 wieder in das erste Register eingespeist werden, dürfen nicht beliebig gewählt werden. Nur bei bestimmten Rückführungen werden alle Zustände durchlaufen und eine PN-Folge erzeugt.

Die zum Scrambeln verwendeten PN-Generatoren werden durch ihr Generatorpolynom $g(x)$ spezifiziert. Einem m-stufigen Schieberegister entspricht das Polynom

$$g(x) = g_0\, x^0 + \ldots + g_i\, x^i + \ldots + g_m\, x^m \tag{5.69}$$

vom Grad m. Die Koeffizienten g_i sind entweder 1 oder 0. Die Potenzen x^i entsprechen der Wertigkeit eines Bits, d. h., das Bit hinter dem Register R_1 hat die Wertigkeit x, das Bit hinter Register R_m die Wertigkeit x^m. Die Koeffizienten, an denen das Schieberegister Rückführungen enthält, sind 1, alle anderen Koeffizienten sind null (Bild 5.39). Es ist immer $g_0 = g_m = 1$. Für die weiteren Koeffizienten des PN-Generators aus Bild 5.38 gilt $g_1 = 0$ und $g_2 = 1$. Das Generatorpolynom lautet daher $g(x) = 1 + x^2 + x^3$. Auf die Polynomdarstellung kommen wir nochmals im Zusammenhang mit zyklischen Blockcodes zurück (Abschnitt 7.2.4).

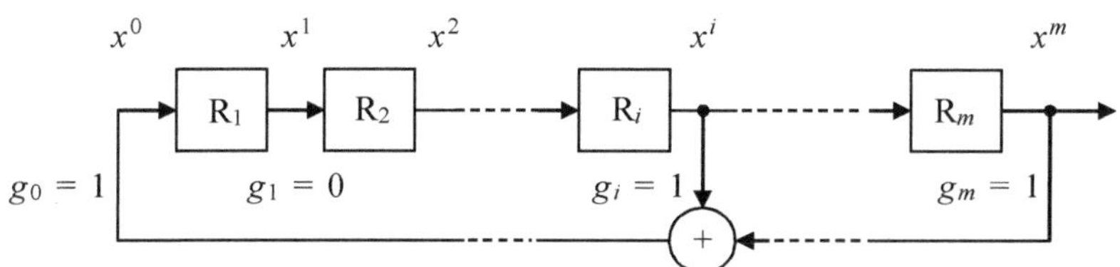

Bild 5.39 Polynomdarstellung eines PN-Generators

Die Generatoren zur Erzeugung der Pseudozufallsfolge im Scrambler und im Descrambler müssen synchronisiert werden, um die ursprüngliche Datenfolge wieder zu erhalten. Beim *rahmensynchronisierten Scrambler* geschieht dies, indem die Generatoren am Rahmenanfang in den Anfangszustand zurückgesetzt werden (Bild 5.40).

Dies setzt eine rahmenstrukturierte Übertragung voraus, d. h., einem Block von Nutzdaten wird ein Rahmenkopf vorangestellt. Der Rahmenkopf enthält Zusatzinformationen wie z. B.

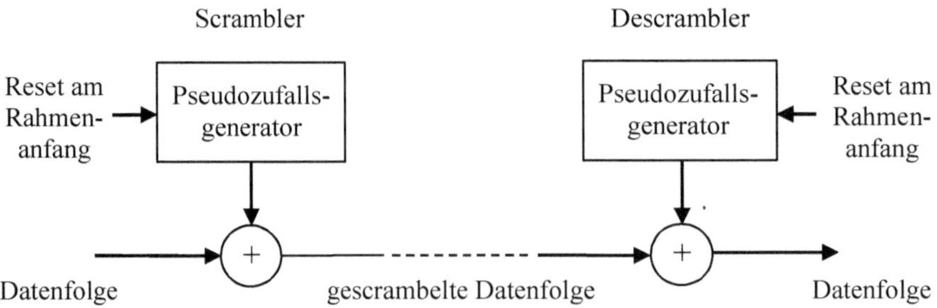

Bild 5.40 Rahmensynchronisierter Scrambler und Descrambler

eine Adresse, eine Sequenznummer, Informationen über die Nutzlast und ein Rahmenkennungswort, das den Rahmenanfang markiert. Mit Beginn eines neuen Rahmens werden die PN-Generatoren des Scramblers und des Descramblers in einen definierten Zustand gesetzt. Das Rahmenkennungswort wird nicht gescrambelt, da die Erkennung des Rahmenanfangs bereits vor dem Descrambeln im Empfänger erfolgen muss. Ein rahmensynchronisierter Scrambler mit dem Generatorpolynom $g(x) = 1 + x^{14} + x^{15}$ wird beim digitalen Fernsehen (Digital Video Broadcasting, DVB) über Satellit und Kabel (DVB-S [50], [53] und DVB-C [51], [55]) verwendet.

Legt man an den Eingang des Scramblers eine periodische Eingangsfolge, so ist auch die Ausgangsfolge periodisch. Hat die Eingangsfolge die Periode M, so ist die Periode der gescrambelten Folge gleich dem kleinsten gemeinsamen Vielfachen von M und N. Damit diese so groß wie möglich wird, muss N eine Primzahl sein. Ist die Eingangsfolge identisch zur PN-Folge, so ist die gescrambelte Folge konstant 0. Dass dieser Fall zufällig eintritt, ist aber besonders bei längeren PN-Folgen sehr unwahrscheinlich.

Ist eine rahmenstrukturierte Übertragung nicht gegeben, werden *selbstsynchronisierende Scrambler* verwendet. Bei diesen werden die Schieberegister sowohl auf der Sende- als auch der Empfangsseite mit der gescrambelten Datenfolge gespeist (Bild 5.41). Nach der (fehlerfreien) Übertragung von m bit ist der Inhalt beider Schieberegister identisch und Scrambler und Descrambler sind synchronisiert.

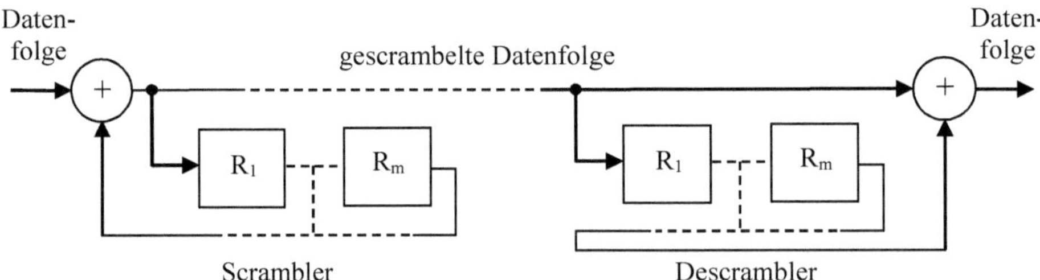

Bild 5.41 Selbstsynchronisierender Scrambler und Descrambler

Selbstsynchronisierende Scrambler haben den Nachteil der *Fehlermultiplikation.* Wird auf der Übertragungsstrecke zwischen Scrambler und Descrambler ein Bit verfälscht, so erzeugt dies zunächst einen Bitfehler am Descrambler-Ausgang. Gleichzeitig gelangt das fehlerhafte Bit aber auch in das Schieberegister und erzeugt pro Rückführung einen weiteren Bitfehler. Daher verwendet man in der Regel PN-Generatoren mit maximal zwei Rückführungen. Eine Fehlermultiplikation tritt beim rahmensynchronisierten Scrambler nicht auf.

Beispiel 5.8 Selbstsynchronisierender Scrambler

Bild 5.42 zeigt einen selbstsynchronisierenden Scrambler mit dem Generatorpolynom $g(x) = 1 + x^2 + x^3$. Die Register werden zu Beginn mit 1 1 1 initialisiert. Mit jedem Taktimpuls wird der Wert von R_1 in R_2 und der Wert von R_2 in R_3 geschoben. Das Ausgangsbit ergibt sich zu $c_n = b_n \oplus R_2 \oplus R_3$, dieser Wert gelangt gleichzeitig in R_1.

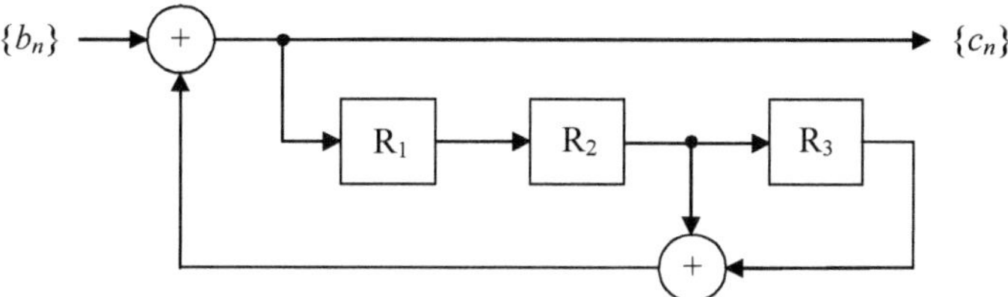

Bild 5.42 Selbstsynchronisierender Scrambler mit dem Generatorpolynom $g(x) = 1 + x^2 + x^3$

Das Beispiel in Tabelle 5.4 verdeutlicht die Arbeitsweise des Scramblers. Während die Eingangsfolge sechs aufeinanderfolgende Nullen enthält, ist dies bei der gescrambelten Folge nicht mehr der Fall.

Tabelle 5.4 Beispiel zur Arbeitsweise des Scramblers nach Bild 5.42

n	R_1	R_2	R_3	$R_2 \oplus R_3$	b_n	c_n
0	1	1	1	0	0	0
1	0	1	1	0	0	0
2	0	0	1	1	0	1
3	1	0	0	0	0	0
4	0	1	0	1	0	1
5	1	0	1	1	0	1
6	1	1	0	1	1	0
7	0	1	1	0	1	1
8	1	0	1	1	1	0

Es lässt sich leicht verifizieren, dass der entsprechende Descrambler wieder aus der Folge $\{c_n\}$ die ursprüngliche Eingangsfolge $\{b_n\}$ reproduziert. Tritt jedoch ein Fehler in $\{c_n\}$ auf, so enthält die Ausgangsfolge des Descramblers aufgrund der oben beschriebenen Fehlermultiplikation drei Fehler. ■

5.6 Synchronisation

Bei den Empfängermodellen, die wir bisher betrachtet haben, sind wir davon ausgegangen, dass der Symboltakt zur Verfügung steht. Allerdings ist die Bereitstellung eines separaten Taktsignals eher die Ausnahme. Nur bei sehr kurzen Entfernungen, z. B. innerhalb eines Gerätes, wird der Symboltakt oft über eine eigene Leitung mit übertragen. Bei größeren Entfernungen wird auf eine separate Übertragung des Taktes verzichtet, stattdessen wird der Takt aus dem Eingangssignal zurückgewonnen. Dies ist die Aufgabe der *Symboltaktsynchronisation.*

Neben der Symboltaktsynchronisation ist bei rahmenstrukturierten Übertragungssystemen eine *Rahmensynchronisation* erforderlich. Nachdem der Symboltakt zurückgewonnen wurde, steht am Entscheiderausgang die Symbolfolge und gegebenenfalls nach der Decodierung die Binärfolge zur Verfügung. In einem zweiten Schritt wird nun mithilfe der Rahmensynchronisation der Beginn eines Übertragungsrahmens ermittelt. Wird ein Modulationsverfahren verwendet, bei dem das Basisbandsignal auf ein Trägersignal aufmoduliert wird, kann zusätzlich noch eine *Trägersynchronisation* erforderlich sein (siehe Abschnitt 6.4.1).

Wir wollen uns in den beiden folgenden Abschnitten einen Überblick über die Symboltakt- und die Rahmensynchronisation verschaffen. Dies ist eine knappe qualitative Behandlung eines umfangreichen Themas. Aus den zahlreichen Verfahren und Algorithmen, die für die Symboltaktsynchronisation entwickelt wurden, gehen wir exemplarisch auf die Mueller & Müller-Synchronisation ein.

5.6.1 Symboltaktsynchronisation

Wir betrachten zunächst ein analoges System zur Erzeugung des Symboltaktes nach Bild 5.43. Dabei wird aus dem Eingangssignal nach einer geeigneten Vorverarbeitung ein Signal mit einer periodischen Komponente extrahiert, die einer spektralen Linie bei der Symboltaktfrequenz $1/T$ (oder auch Vielfachen von $1/T$) entspricht. Diese Methode wird als *Spektralverfahren* bezeichnet.

In Abschnitt 5.2.5 haben wir das Spektrum digitaler Basisbandsignale untersucht und gesehen, dass das Signal in der Regel keine spektralen Linien enthält, aus denen sich die Symboltaktfrequenz ableiten lässt. Eine Ausnahme bilden lediglich unipolare RZ-Signale. Daher muss das Signal zunächst einer nichtlinearen Operation unterzogen werden, um die gewünschte spektrale Komponente zu erhalten. Als nichtlineare Operationen kommen beispielsweise das Quadrieren oder die Betragsbildung des Basisbandsignals in Betracht.

Nach der nichtlinearen Operation enthält das Signal eine periodische Komponente bei der Symboltaktfrequenz, die sich im Spektrum durch eine Linie bei $f = 1/T$ bemerkbar macht. Längere Folgen ohne Symbolwechsel müssen vermieden werden, da diese auch nach der nichtlinearen Operation zu einem konstanten Signal ohne periodische Komponente führen. Solche Folgen werden durch eine geeignete Leitungscodierung (siehe Abschnitt 5.1) oder durch Scrambling (Abschnitt 5.5) vermieden. Im Falle eines Signals mit rechteckförmigen Grundimpulsen führen weder die Quadrierung noch die Betragsbildung zum Ziel, da das resultierende Signal einfach konstant ist. Hier kann man das Signal vor der Betragsbildung differenzieren, um die periodische Komponente zu erhalten.

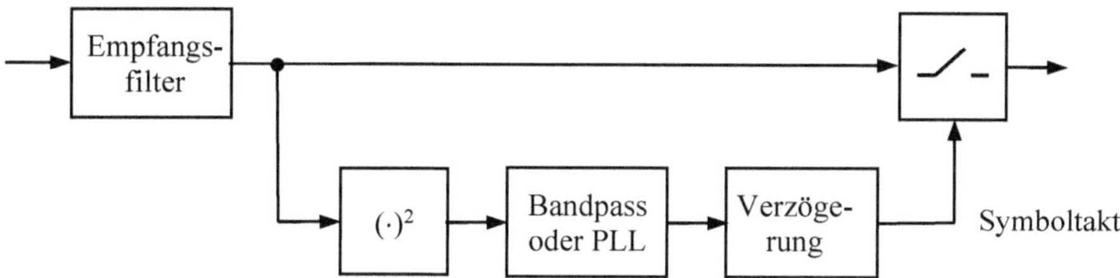

Bild 5.43 Symboltaktsynchronisation durch Spektralverfahren

Bild 5.43 zeigt ein Beispiel der Realisierung des Spektralverfahrens, bei der die nichtlineare Operation aus dem Quadrieren des Signals besteht. Die spektrale Komponente bei $f = 1/T$ wird durch einen Bandpass oder einen Phasenregelkreis (Phase-Locked Loop, PLL) extrahiert. Während die Frequenz des Taktsignals durch die Symbolrate $1/T$ gegeben ist, wird die Abtastphase durch den Zeitpunkt der größten Augenöffnung bestimmt. Das Taktsignal muss also zeitlich so justiert werden, dass der Abtastzeitpunkt mit der maximalen Augenöffnung zusammenfällt. Dies ist die Aufgabe des Verzögerungsgliedes.

Das Leistungsdichtespektrum des nichtlinear vorverzerrten Signals besteht aus der erwünschten spektralen Linie und einem kontinuierlichen Anteil. Die Aufgabe des Bandpassfilters ist es, ein Sinussignal bei der Symboltaktfrequenz herauszufiltern. Der kontinuierliche Anteil des Spektrums wirkt dabei als Störung des Sinussignals. Hinzu kommen weitere Störungen durch dem Basisbandsignal überlagertes Rauschen. Diese Störungen des Sinussignals bewirken statistische Schwankungen der Nulldurchgänge, die die Abtastzeitpunkte markieren. Dies bezeichnet man als *Jitter*.

Um den Jitter so gering wie möglich zu halten, ist ein sehr schmalbandiges Filter erforderlich. Ein schmalbandiges Filter lässt jedoch nur geringe Abweichungen der Mittenfrequenz von der Taktfrequenz zu. Wird die Abweichung zu groß, liegt die spektrale Linie des Taktsignals nicht mehr im Durchlassbereich des Filters. Als Alternative zu einem Bandpassfilter ist die Verwendung eines Phasenregelkreises oder PLLs in Bild 5.43 angedeutet. Ein PLL kann als sehr schmalbandiger Bandpass aufgefasst werden, dessen Mittenfrequenz sich adaptiv anpasst (siehe Abschnitt 6.2.2, Bild 6.21).

Man kann zwar das in Bild 5.43 dargestellte Spektralverfahren auch als zeitdiskretes System implementieren, allerdings erweisen sich hier andere Verfahren hinsichtlich der Anforderungen an die Abtastrate und des Verhaltens unter Störeinflüssen als günstiger. Bei der in Bild 5.44 gezeigten Symboltaktsynchronisation wird das Signal mit der Rate f_A abgetastet und durch das zeitdiskrete Empfangsfilter, z. B. ein signalangepasstes Filter, vorverarbeitet. Ein Timingfehler-Detektor ermittelt die optimalen Abtastzeitpunkte. Werden dazu auch die Symbole am Entscheiderausgang verwendet, spricht man von einem *entscheidungsrückgekoppelten Verfahren* (engl.: Decision Feedback). Der Timingfehler-Detektor steuert einen Interpolator. Dieser ist in der Lage, aus den vorhandenen Abtastwerten durch Interpolation Zwischenwerte zu berechnen und so die Abtastphase zu verschieben. Alternativ kann mithilfe des Fehlersignals auch ein numerisch gesteuerter Oszillator (Numerically Controlled Oscillator, NCO) so geregelt werden, dass er den Abtasttakt mit der korrekten Frequenz und Phase erzeugt.

Wir betrachten als Beispiel das Mueller & Müller-Synchronisationsverfahren. Es ist ein entscheidungsrückgekoppeltes Verfahren, das mit einem Abtastwert pro Symbol arbeitet, d. h., die Abtastrate am Eingang des Timingfehler-Detektors beträgt $r_s = 1/T$. Bild 5.45 zeigt ein

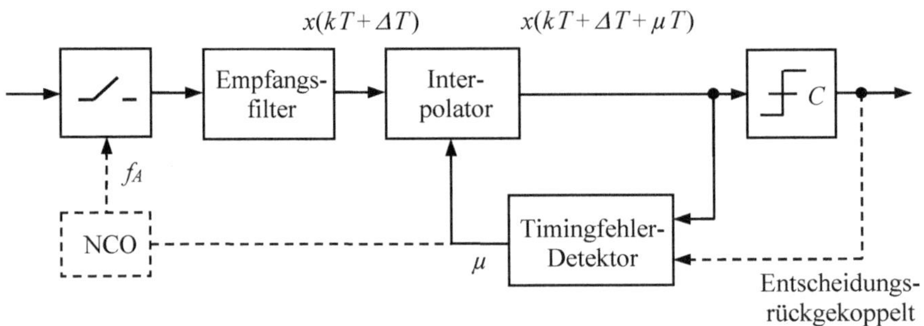

Bild 5.44 Symboltaktsynchronisation mit Timingfehler-Detektor

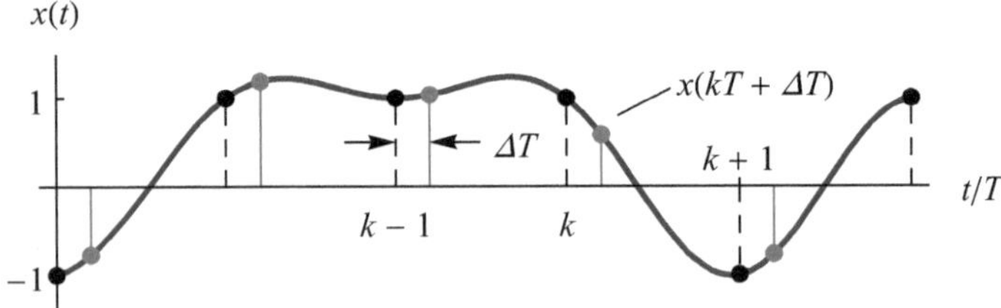

Bild 5.45 Binäres, bipolares Signal und dessen Abtastwerte

binäres, bipolares Signal mit Kosinus-roll-off-Grundimpulsen (Roll-off-Faktor $\alpha = 0{,}5$) und dessen Abtastwerte. Diese sind um ΔT gegenüber den idealen Abtastwerten verschoben. Der Timingfehler-Detektor berechnet

$$z(k) = \hat{a}_{k-1}\, x\,(k\,T + \Delta T) - \hat{a}_k\, x\,((k-1)\,T + \Delta T) \tag{5.70}$$

mit dem Signal $x(t) = \sum_{i=-\infty}^{\infty} a_i\, g(t - i\,T)$ nach dem Empfangsfilter, abgetastet zu den Zeitpunkten $t = k\,T + \Delta T$, sowie $\hat{a}_k$, den Symbolen am Entscheiderausgang. Wir nehmen an, dass der Entscheider weitgehend korrekte Symbole liefert, d. h. $\hat{a}_k = a_k$. Diese Annahme ist für Symbolfehlerwahrscheinlichkeiten kleiner als ca. 10^{-2} gerechtfertigt. Für den Erwartungswert $E\,[z(k)]$ gilt:

$$E\,[z(k)] = \sigma_a^2\, \left[g(T + \Delta T) - g(-T + \Delta T)\right] \tag{5.71}$$

σ_a^2 ist die Varianz der Symbolfolge $\{a_k\}$. Das Verfahren basiert also auf der Symmetrie des Grundimpulses $g(t)$ und setzt daher bei der Übertragung mit Intersymbol-Interferenz einen eingestellten Entzerrer voraus. Der Erwartungswert wird näherungsweise durch ein Tiefpassfilter gebildet, das den Mittelwert von $z(k)$ über mehrere Symbole bildet. Aus dem Mittelwert $\overline{z(k)}$ wird die erforderliche Verschiebung μ der Abtastphase ermittelt. Bild 5.46 zeigt $\overline{z(k)}$, gemittelt über 20 Symbole.

Bezieht man Rauschen mit ein, das sich dem Nutzsignal additiv überlagert, so schwankt das Detektorsignal um die ideale Kennlinie. Bild 5.46 zeigt zusätzlich $\overline{z(k)}$ für ein Signal-Rausch-Verhältnis von 10 dB. Die Varianz des Detektorsignals kann durch eine stärkere Filterung von $z(k)$ verringert werden. Allerdings ist zu bedenken, dass sich bei einer Frequenzdifferenz ΔT mit fortschreitender Zeit vergrößert oder verkleinert. Die Filterung muss daher der maximal zu erwartenden Frequenzdifferenz angepasst werden.

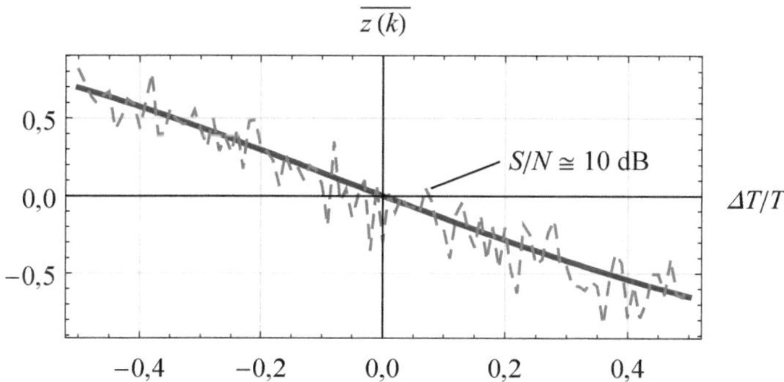

Bild 5.46 Kennlinie der Mueller & Müller-Symboltaktsynchronisation

5.6.2 Rahmensynchronisation

Bei vielen Übertragungssystemen ist die Bitfolge in Rahmen (engl.: Frames) strukturiert. Ein Rahmen besteht aus einem Block von Nutzdaten und einem Rahmenkopf. Der Rahmenkopf enthält beispielsweise eine Sequenznummer, Informationen über die Nutzlast und ein Rahmenkennungswort, mit dessen Hilfe der Empfänger den Rahmenanfang findet.

Beispiele für eine rahmenstrukturierte Übertragung finden wir beim digitalen Fernsehen (Digital Video Broadcasting, DVB) und bei lokalen Rechnernetzen (Ethernet). Bei DVB wird die Bitfolge als MPEG Transport Stream (MPEG-TS) in Rahmen der Länge 188 byte eingeteilt (siehe auch Beispiel 6.6). Das Rahmenkennungswort wird hier als Sync-Byte bezeichnet und hat den festen Wert 47 (hex) = 0100 0111 (bin). Ein Ethernet-Frame hat eine variable Länge von max. 1526 byte (siehe Beispiel 8.2). Der Rahmenkopf besteht aus 22 byte und enthält einen 8-byte-Vorspann zur Takt- und Rahmensynchronisation, Ziel- und Quelladresse und eine Längenangabe. Das letzte Byte des Vorspanns hat den Wert 1010 1011 (bin) und dient als Rahmenkennungswort.

Die Wahrscheinlichkeit, dass ein Rahmenkennungswort der Länge N bit zufällig nochmals in den Nutzdaten vorkommt, beträgt:

$$P = \left(\frac{1}{2}\right)^N \tag{5.72}$$

Um die Wahrscheinlichkeit für eine fehlerhafte Erkennung des Rahmenanfangs zu reduzieren, kann der Empfänger bei bekannter Rahmenlänge L mehrfach nach dem Rahmenkennungswort suchen. Wurde ein Rahmenkennungswort gefunden, muss nach L (bit oder byte) das nächste Rahmenkennungswort erscheinen. Dies setzt eine kontinuierliche Übertragung wie beim MPEG-TS voraus. Bei der Übertragung einzelner Rahmen im Burstbetrieb wie im Beispiel des Ethernet ist dies nicht möglich.

Die Suche nach dem bekannten Bitmuster des Rahmenkennungswortes kann auch mithilfe eines Korrelationsfilters erfolgen. Ein solches Filter bestimmt die Korrelationsfunktion von dem Synchronisationswort $w(n)$ und der Eingangsfolge $x(n)$. Die Korrelationsfunktion für ein Rahmenkennungswort der Länge N bit lautet (siehe Gl. (4.4)):

$$R_{wx}(k) = \sum_{n=0}^{N-1} w(n)\, x(n+k) \tag{5.73}$$

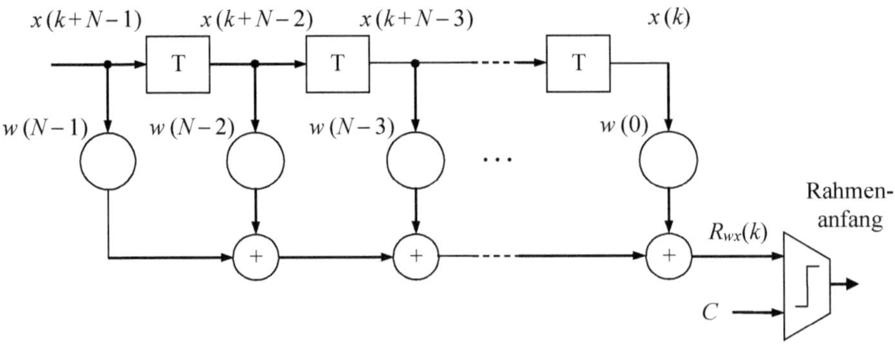

Bild 5.47 Korrelationsfilter zur Rahmensynchronisation

Die Struktur eines Korrelationsfilters zur Berechnung von $R_{wx}(k)$ zeigt Bild 5.47. Es entspricht einem FIR-Filter (Bild 4.15), allerdings nehmen hier sowohl die Eingangswerte als auch die Filterkoeffizienten nur die Werte 0 oder 1 an.

Am Eingang des Filters liegt die Folge $x(n)$, in der $w(n)$ enthalten ist. Wenn $x(k) = w(0)$, $x(k+1) = w(1), \ldots, x(k+N-1) = w(N-1)$ ist, dann erhalten wir am Ausgang des Filters den Autokorrelationswert von $w(n)$ für die Verschiebung 0, also $R_{wx}(k) = R_w(0)$. Der Ausgangswert des Filters wird mit einem Schwellenwert C verglichen, der gleich oder geringfügig kleiner als $R_w(0)$ gewählt wird.

Ein Kriterium für die Wahl der Synchronisationsfolge $w(n)$ ist die Forderung, dass deren Autokorrelationsfunktion keine ausgeprägten Nebenmaxima enthält, die gegebenenfalls zu einem Erreichen der Schwelle und damit zu einem Fehlalarm führen könnten. Diese Eigenschaft wird von Barker-Folgen erfüllt. Für eine Barker-Folge der Länge N gilt für die Autokorrelationsfunktion:

$$\begin{aligned} &R_w(0) = N \\ &R_w(k) \leq 1 \quad \text{für} \quad k \neq 0 \end{aligned} \tag{5.74}$$

Tabelle 5.5 zeigt alle bekannten Barker-Folgen. Die längste bekannte Folge besteht aus 13 Symbolen. Auch alle Folgen, die man aus den Folgen von Tabelle 5.5 durch Invertieren oder Spiegeln erhält, haben eine Autokorrelationsfunktion mit der durch Gl. (5.74) gegebenen Eigenschaft.

Tabelle 5.5 Barker-Folgen

N	*w*(*n*)
2	1 -1
3	1 1 -1
4	1 1 -1 1 oder 1 1 1 -1
5	1 1 1 -1 1
7	1 1 1 -1 -1 1 -1
11	1 1 1 -1 -1 -1 1 -1 -1 1 -1
13	1 1 1 1 1 -1 -1 1 1 -1 1 -1 1

Beispiel 5.9 Rahmensynchronisation mit Barker-Folge

Die Nutzdaten eines Rahmens bestehen in diesem Beispiel aus 128 bit und der Rahmenkopf aus einem Rahmenkennungswort der Länge $N = 11$ bit. Die Gesamtlänge des Rahmens beträgt also $L = 139$ bit (Bild 5.48). Bei dem Rahmenkennungswort handelt es sich um die Barker-Folge der Länge 11 aus Tabelle 5.5.

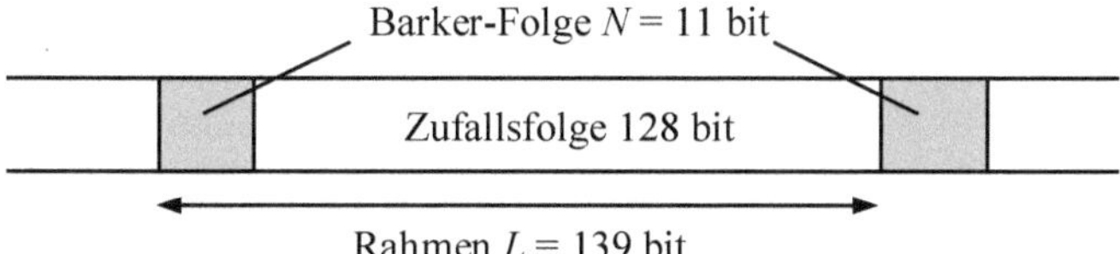

Bild 5.48 Übertragungsrahmen mit Barker-Folge als Rahmenkennungswort

Die Nutzdaten sind binäre Zufallsdaten (1 oder −1 mit einer Auftrittswahrscheinlichkeit von jeweils 1/2). Die Symbolfolge wird mit der Barker-Folge durch ein Korrelationsfilter gemäß Bild 5.47 korreliert, und wir erhalten das Ausgangssignal in Bild 5.49. Der Maximalwert des Ausgangssignals ist $R_w(0) = 11$. Diesen Wert erhalten wir, wenn das Rahmenkennungswort am Eingang des Filters erscheint. Die Peaks liegen genau im Abstand der Rahmenlänge L und markieren den Rahmenanfang.

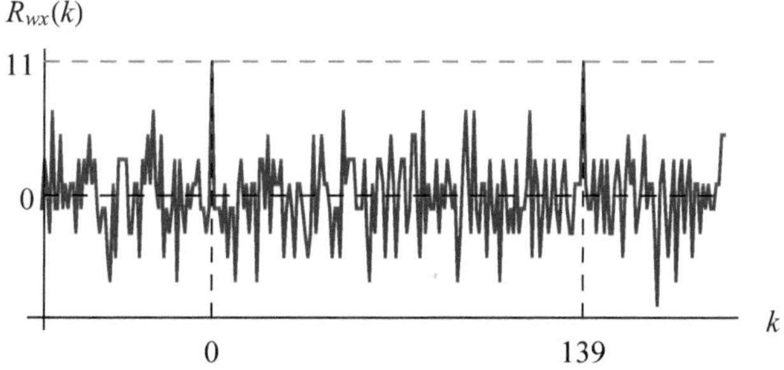

Bild 5.49 Ausgangssignal des Korrelationsfilters

■

5.7 Weiterführende Hinweise

Die Nyquist-Rate und die Nyquist-Kriterien wurden 1928 von Harry Nyquist veröffentlicht [22], also zu einer Zeit, als Datenübertragung über Telegrafenleitungen mittels Morsezeichen erfolgte. Das erste Transatlantikkabel, das 1858 verlegt wurde, hatte aufgrund seiner großen Kapazität nur eine sehr geringe Bandbreite und erlaubte lediglich die Übermittlung einiger Worte pro Stunde. Da die Zusammenhänge zwischen Bandbreite und Symbolrate noch nicht bekannt waren, wurde die Spannung der Impulse immer weiter erhöht, bis das Kabel nach etwa einem Monat zerstört wurde.[8]

[8] Eine belletristische Fußnote: Die Verlegung des ersten Transatlantikkabels ist auch Gegenstand des 2003 erschienenen Romans *Rausch* von John Griesemer. Titel der Originalausgabe: Signal & Noise.

Neben den in Abschnitt 5.4 besprochenen linearen Entzerrern gibt es weitere Entzerrer-Typen: den Entzerrer mit quantisierter Rückführung, bei dem die Symbole am Ausgang des Entscheiders über ein digitales Filter zurückgeführt werden (engl.: Decision Feedback Equalizer, DFE), sowie den in Abschnitt 5.4.3 bereits erwähnten MLSE (Maximum Likelihood Sequence Estimation)-Entzerrer [14], [29]. Ein sehr empfehlenswerter Artikel zur Entzerrung ist [30].

Das sehr vielschichtige Thema der Synchronisation wird ausführlich in [18] sowie in dem Übersichtsartikel [7] behandelt. Das in Abschnitt 5.6.1 behandelte entscheidungsrückgekoppelte Mueller & Müller-Verfahren wird in [14] und [18] sowie in der Originalarbeit [21] beschrieben. Weitere bekannte Verfahren sind die Gardner- und die Early-Late-Symboltaktsynchronisation, die zu den nicht entscheidungsrückgekoppelten Verfahren zählen. Der Interpolator zur Verschiebung der Abtastphase kann als Farrow-Filter implementiert werden [18], [28].

Ein interessanter Aspekt ist die Verbindung des Themas der Synchronisation zur Chaos-Theorie. Bei den in Abschnitt 5.6.1 beschriebenen Spektralverfahren mit PLL geht es darum, einen Oszillator zu synchronisieren. Bei der Synchronisation von Oszillatoren wurden vielfältige chaotische Phänomene beobachtet [6], [26].

5.8 Übungsaufgaben

5.1 Die Bitrate eines Basisband-Übertragungssystems betrage 160 Mbit/s. Wie groß sind die Symbolrate und die Nyquist-Bandbreite, wenn

a) der NRZI-Leitungscode verwendet wird?

b) der 2B1Q-Leitungscode verwendet wird?

5.2 Ein Kosinus-roll-off-Filter hat die Eckfrequenzen $f_1 = (1-\alpha)B_N = 17{,}6\,\text{kHz}$ und $f_2 = (1+\alpha)B_N = 26{,}4\,\text{kHz}$. Geben Sie den Roll-off-Faktor, die Nyquist-Bandbreite und die Übertragungsbandbreite des Filters an.

5.3 Gegeben ist ein unipolares RZ-Signal $x(t)$ mit rechteckförmigen Grundimpulsen $p(t)$. Es ist $x(t) = \sum_{k=-\infty}^{\infty} a_k\, p(t-kT)$, $a_k \in \{0, A\}$ und $p(t) = \text{rect}\left(\frac{t}{T/2}\right)$. Bestimmen und skizzieren Sie das Leistungsdichtespektrum.

5.4 Ein binäres Übertragungssystem sendet ein unipolares NRZ-Signal mit den Amplituden $a_k \in \{0\,\text{V}, 1\,\text{V}\}$. Der Übertragungskanal hat eine Dämpfung von 25 dB. Als Störung wirkt weißes, gaußsches Rauschen mit einer Leistung von $10^{-4}\,\text{V}^2$ am Empfängereingang.

a) Wie groß ist die Bitfehlerwahrscheinlichkeit?

b) Wie groß ist die Bitfehlerwahrscheinlichkeit bei bipolarer Übertragung mit $a_k \in \{-1\text{V}, 1\text{V}\}$?

c) Geben Sie für die Fehlerwahrscheinlichkeiten aus (a) und (b) für eine Bitrate von 2 Mbit/s jew. den mittleren Abstand zwischen zwei Fehlerereignissen an.

5.5 Das Generatorpolynom eines Scramblers sei $g(x) = 1 + x + x^3$. Am Eingang liegt die alternierende 0-1-Folge $\{b_n\} = \{0, 1, 0, 1, 0, 1, \ldots\}$ an. Der Anfangszustand der Register ist $\{1, 1, 1\}$.

a) Geben Sie die Ausgangsfolge $\{c_n\}$ für den rahmensynchronisierten Scrambler an.

b) Geben Sie die Ausgangsfolge $\{c_n\}$ für den selbstsynchronisierenden Scrambler an.

6 Modulationsverfahren

Bei der Basisbandübertragung können wir das Leistungsdichtespektrum durch Pulsformung und Leitungscodierung in bestimmten Grenzen formen. Allerdings ist für die Übertragung dieser Signale ein Kanal erforderlich, dessen Durchlassbereich $f = 0$ einschließt oder zumindest bis an $f \approx 0$ heranreicht.

Durch ein Modulationsverfahren wird das Spektrum des Basisbandsignals zu höheren Frequenzen hin verschoben, indem es mit einem sinusförmigen Träger multipliziert wird. Damit kann das Signal über einen Kanal mit Bandpasscharakteristik, beispielsweise einen Funk- oder Satellitenkanal, übertragen werden. Modulationsverfahren dienen auch der Mehrfachausnutzung eines verfügbaren Frequenzbereiches wie in der Rundfunktechnik. Durch die Wahl der Trägerfrequenz und der Bandbreite des Signals kann gezielt ein definiertes Frequenzband belegt werden, ohne benachbarte Frequenzbänder zu stören.

Wir beschäftigen uns zunächst mit den grundlegenden Eigenschaften von Bandpasssignalen. Dies sind Signale, deren Fourier-Spektrum auf einen Bereich endlicher Breite beschränkt ist und im Bereich um $f = 0$ verschwindet. Modulationssignale gehören daher zu den Bandpasssignalen. Zu einem reellen Bandpasssignal gehört ein im Allgemeinen komplexes äquivalentes Tiefpasssignal. Real- und Imaginärteil des komplexen Tiefpasssignals werden als Quadraturkomponenten bezeichnet. Tatsächlich erfolgt in heutigen Sender- und Empfängerkonzepten die (digitale) Signalverarbeitung fast ausschließlich im Tiefpassbereich, da man dann mit geringeren Abtastraten arbeiten kann.

Wir besprechen grundlegende analoge und digitale Modulationsverfahren. Bei den analogen Verfahren wird ein analoges Basisbandsignal auf den Träger aufmoduliert, während es sich bei den digitalen Verfahren um ein digitales Basisbandsignal handelt. Neben den grundlegenden Modulationsarten werden die Prinzipien der kohärenten und der inkohärenten Demodulation behandelt. Bei der digitalen Modulation bestimmen wir exemplarisch die Fehlerwahrscheinlichkeit für einzelne Verfahren.

Während bei den klassischen Modulationsverfahren ein Trägersignal verwendet wird, wird bei Multiträgersystemen die zu übertragende Symbolfolge auf mehrere Subträger aufgeteilt. Für jeden der Subträger können Leistung und Modulationsformat individuell festgelegt werden, und somit lässt sich das Multiträgersignal optimal an den Übertragungskanal anpassen. Wir beschäftigen uns dabei insbesondere mit OFDM (Orthogonal Frequency Division Multiplexing), das beispielsweise beim digitalen terrestrischen Rundfunk verwendet wird. Abschließend werden grundlegende Empfängerarchitekturen betrachtet. Neben dem klassischen Überlagerungsempfänger, bei dem das Eingangssignal zunächst auf eine Zwischenfrequenz umgesetzt wird, spielen auch zunehmend Empfänger, die das Eingangssignal direkt in das Basisband umsetzen, eine wichtige Rolle.

6.1 Bandpasssignale

Das Spektrum von Bandpasssignalen ist auf einen begrenzten Bereich um eine Mittenfrequenz f_c herum beschränkt. Bandpasssignale und -systeme können durch äquivalente Tiefpasssignale und -systeme beschrieben werden. Dieser Zusammenhang zwischen Bandpass- und Tiefpassbereich ist sehr wichtig für das Verständnis, wie bestimmte Eigenschaften von Bandpasssignalen durch Signalverarbeitung im Tiefpassbereich erzielt werden können.

6.1.1 Bandpasssignal und äquivalentes Tiefpasssignal

Bild 6.1 oben zeigt das Fourier-Spektrum $S_{\mathrm{BP}}(f)$ eines Bandpasssignals mit der Mittenfrequenz f_c. Das Signal hat eine endliche Bandbreite, denn das Spektrum ist auf den Bereich $f_c \pm f_g$ begrenzt. Ein reelles Bandpasssignal hat ein Fourier-Spektrum mit einem geraden Realteil und einem ungeraden Imaginärteil (siehe Anhang 2).

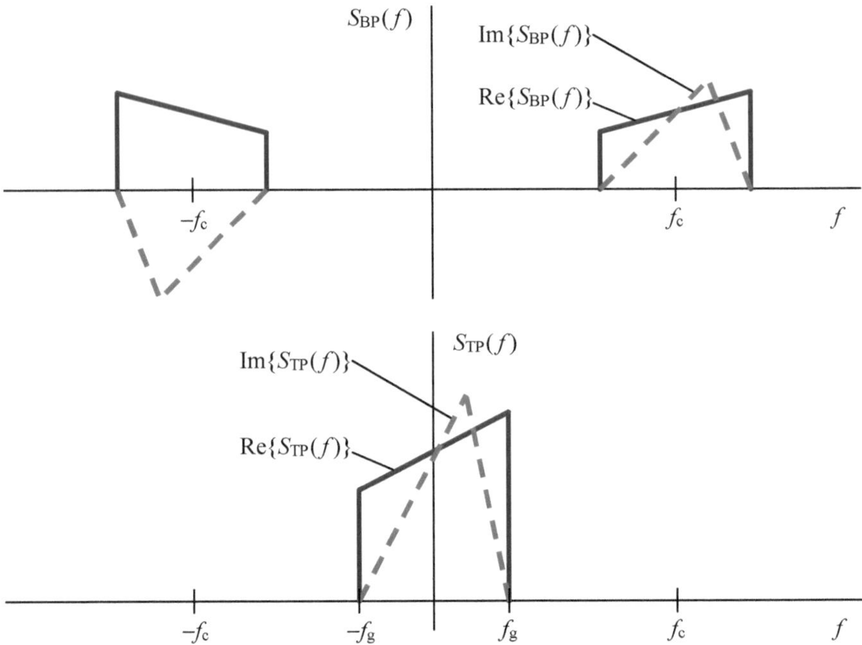

Bild 6.1 Fourier-Spektrum eines Bandpasssignals und des zugehörigen äquivalenten Tiefpasssignals

Man erhält das äquivalente Tiefpasssignal mit dem Fourier-Spektrum $S_{\mathrm{TP}}(f)$ aus $S_{\mathrm{BP}}(f)$, indem man $S_{\mathrm{BP}}(f)$ auf den Bereich positiver Frequenzen begrenzt, um f_c in Richtung negativer Frequenzen verschiebt und mit 2 multipliziert. Man kann bereits erkennen, dass $S_{\mathrm{TP}}(f)$ im Allgemeinen weder einen geraden Realteil noch einen ungeraden Imaginärteil hat und das zugehörige Signal im Zeitbereich daher komplex sein wird.

Umgekehrt erhält man aus dem Tiefpasssignal das Bandpasssignal, wenn man $S_{\mathrm{TP}}(f)$ um einen Betrag $\pm f_c$ auf der Frequenzachse verschiebt und $f_c > f_g$ gilt. Um durch die Verschiebung von $S_{\mathrm{TP}}(f)$ ein reelles Bandpasssignal zu erhalten, müssen für Real- und Imaginärteil von $S_{\mathrm{BP}}(f)$ die Beziehungen

$$\mathrm{Re}\left\{S_{\mathrm{BP}}(f)\right\} = \frac{1}{2}\mathrm{Re}\left\{S_{\mathrm{TP}}(f - f_c)\right\} + \frac{1}{2}\mathrm{Re}\left\{S_{\mathrm{TP}}\left(-(f + f_c)\right)\right\}$$

$$\mathrm{Im}\left\{S_{\mathrm{BP}}(f)\right\} = \frac{1}{2}\mathrm{Im}\left\{S_{\mathrm{TP}}(f - f_c)\right\} - \frac{1}{2}\mathrm{Im}\left\{S_{\mathrm{TP}}\left(-(f + f_c)\right)\right\} \qquad (6.1)$$

gelten. Der Realteil von $S_{\mathrm{BP}}(f)$ ist also gleich dem um f_c nach rechts verschobenen Realteil von $S_{\mathrm{TP}}(f)$ plus dem gespiegelten und um f_c nach links verschobenen Realteil von $S_{\mathrm{TP}}(f)$. Der Imaginärteil von $S_{\mathrm{BP}}(f)$ wiederum ist gleich dem um f_c nach rechts verschobenen Imaginärteil von $S_{\mathrm{TP}}(f)$ plus dem gespiegelten, um f_c nach links verschobenen und mit -1 multiplizierten Imaginärteil von $S_{\mathrm{TP}}(f)$. Dies lässt sich am Beispiel von Bild 6.1 gut nachvollziehen. Fasst man die Real- und Imaginärteile in Gl. (6.1) zusammen, erhält man für die Beziehung zwischen $S_{\mathrm{BP}}(f)$ und $S_{\mathrm{TP}}(f)$ den Ausdruck:

$$S_{\mathrm{BP}}(f) = \frac{1}{2}S_{\mathrm{TP}}(f - f_c) + \frac{1}{2}S^*_{\mathrm{TP}}\left(-(f + f_c)\right) \qquad (6.2)$$

Man bezeichnet die Signale, deren Fourier-Spektren entsprechend Gl. (6.2) verknüpft sind, als Bandpasssignal und äquivalentes Tiefpasssignal.

Gl. (6.2) gilt für beliebige reelle Bandpasssignale, solange $S_{\mathrm{BP}}(f)$ im Bereich um $f = 0$ verschwindet und damit $S_{\mathrm{TP}}(f) = 0$ für $f \leq -f_c$ gilt. f_c muss dabei nicht zwingend in der Mitte des Bereiches von $S_{\mathrm{BP}}(f)$ liegen, der von null verschieden ist. Solange sich f_c überhaupt in diesem Bereich befindet, stellt $S_{\mathrm{TP}}(f)$ ein Tiefpasssignal dar.

Wir wollen nun den entsprechenden Zusammenhang im Zeitbereich zwischen Bandpasssignal $x_{\mathrm{BP}}(t) = \mathscr{F}^{-1}\left\{S_{\mathrm{BP}}(f)\right\}$ und äquivalentem Tiefpasssignal $x_{\mathrm{TP}}(t) = \mathscr{F}^{-1}\left\{S_{\mathrm{TP}}(f)\right\}$ untersuchen. Durch Fourier-Rücktransformation von Gl. (6.2) erhalten wir zunächst:

$$x_{\mathrm{BP}}(t) = \frac{1}{2}x_{\mathrm{TP}}(t)\,\mathrm{e}^{j2\pi f_c t} + \frac{1}{2}\left[x_{\mathrm{TP}}(t)\,\mathrm{e}^{j2\pi f_c t}\right]^*$$

Für eine komplexe Zahl $z = a + jb$ ist $z + z^* = (a + jb) + (a - jb) = 2\,\mathrm{Re}\{z\}$, somit folgt für das Bandpasssignal:

$$x_{\mathrm{BP}}(t) = \mathrm{Re}\left\{x_{\mathrm{TP}}(t)\,\mathrm{e}^{j2\pi f_c t}\right\} \qquad (6.3)$$

Im Beispiel von Bild 6.1 ist weder der Realteil von $S_{\mathrm{TP}}(f)$ gerade, noch dessen Imaginärteil ungerade. Zu einem reellen Bandpasssignal gehört daher im Allgemeinen ein komplexes Tiefpasssignal $x_{\mathrm{TP}}(t)$. Die Aufspaltung von $x_{\mathrm{TP}}(t)$ in Real- und Imaginärteil liefert:

$$x_{\mathrm{TP}}(t) = x_i(t) + j\,x_q(t) = |x_{\mathrm{TP}}(t)|\,\mathrm{e}^{\varphi_{\mathrm{TP}}(t)} \qquad (6.4)$$

Man bezeichnet den Realteil von $x_{\mathrm{TP}}(t)$ als Normal- oder Inphase-Komponente $x_i(t)$ und den Imaginärteil als Quadraturkomponente $x_q(t)$. Stellt man $x_{\mathrm{TP}}(t)$ als Zeiger in der komplexen

Ebene dar, so steht $x_q(t)$ senkrecht (in Quadratur) auf $x_i(t)$. Für den Betrag (d. h. die Länge des Zeigers) und die Phase gilt:

$$|x_{\mathrm{TP}}(t)| = \sqrt{x_i^2(t) + x_q^2(t)}$$

$$\varphi_{\mathrm{TP}}(t) = \arg(x_{\mathrm{TP}}(t)) \tag{6.5}$$

Setzt man $x_{\mathrm{TP}}(t)$ aus Gl. (6.4) in Gl. (6.3) ein und ersetzt die Exponentialfunktion mithilfe der eulerschen Beziehung, so erhält man:

$$x_{\mathrm{BP}}(t) = \mathrm{Re}\left\{\left(x_i(t) + j\,x_q(t)\right)\left(\cos(2\pi f_c t) + j\,\sin(2\pi f_c t)\right)\right\}$$

Das Bandpasssignal lässt sich damit in der Form

$$x_{\mathrm{BP}}(t) = x_i(t)\cos(2\pi f_c t) - x_q(t)\sin(2\pi f_c t) \tag{6.6}$$

darstellen. Ersetzt man $x_{\mathrm{TP}}(t)$ durch die Darstellung nach Betrag und Phase, so ergibt sich:

$$x_{\mathrm{BP}}(t) = |x_{\mathrm{TP}}(t)|\cos\left(2\pi f_c t + \varphi_{\mathrm{TP}}(t)\right) \tag{6.7}$$

Das Bandpasssignal ist also ein Kosinussignal der Frequenz f_c, dessen Phase und Amplitude durch die Phase und den Betrag des Tiefpasssignals bestimmt werden. $x_{\mathrm{TP}}(t)$ wird auch als *komplexe Hüllkurve* und dessen Betrag als *Einhüllende* des Bandpasssignals bezeichnet.

Im Zeitbereich erhält man das zu einem Bandpasssignal äquivalente Tiefpasssignal, indem man $x_{\mathrm{BP}}(t)$ mit dem komplexen Signal $\exp(-j2\pi f_c t)$ multipliziert:

$$x_{\mathrm{BP}}(t)\,\mathrm{e}^{-j2\pi f_c t} = x_{\mathrm{BP}}(t)\left[\cos(2\pi f_c t) - j\,\sin(2\pi f_c t)\right] \tag{6.8}$$

Betrachten wir zunächst den ersten Summanden in Gl. (6.8). Wir setzen $x_{\mathrm{BP}}(t)$ aus Gl. (6.6) ein und erhalten:

$$\begin{aligned} x_{\mathrm{BP}}(t)\cos(2\pi f_c t) &= x_i(t)\cos^2(2\pi f_c t) - x_q(t)\sin(2\pi f_c t)\cos(2\pi f_c t) \\ &= x_i(t)\,\frac{1}{2}\left(1 + \cos(4\pi f_c t)\right) - x_q(t)\,\frac{1}{2}\sin(4\pi f_c t) \end{aligned} \tag{6.9}$$

Der Multiplikation von $x_i(t)$ mit $\cos(4\pi f_c t)$ entspricht eine Verschiebung des Spektrums von $x_i(t)$ um $\pm 2 f_c$. Gleiches gilt für $x_q(t)$ und $\sin(4\pi f_c t)$. Mithilfe eines Tiefpassfilters der Grenzfrequenz f_c, das die Signalanteile um $f = \pm 2 f_c$ entfernt, erhalten wir unter der Voraussetzung $S_{\mathrm{TP}}(f) = 0$ für $|f| \geq f_c$ aus Gl. (6.9) die Normalkomponente $x_i(t)/2$. Wir verfahren entsprechend mit dem zweiten Summanden aus Gl. (6.8) und erhalten nach einer Tiefpassfilterung die Quadraturkomponente $j\,x_q(t)/2$.

Aus dieser Überlegung folgt das Blockschaltbild in Bild 6.2 zur Erzeugung von $x_{\mathrm{TP}}(t)$ aus $x_{\mathrm{BP}}(t)$. Im oberen Zweig der Schaltung wird $x_{\mathrm{BP}}(t)$ mit $\cos(2\pi f_c t)$ und im unteren Zweig mit $-\sin(2\pi f_c t)$ multipliziert. Nach der Tiefpassfilterung stehen am Ausgang der Schaltung Real- und Imaginärteil von $x_{\mathrm{TP}}(t)/2$ getrennt als jeweils reelle Signale zur Verfügung. Ein entsprechendes Blockschaltbild zur Erzeugung von $x_{\mathrm{BP}}(t)$ aus $x_{\mathrm{TP}}(t)$ folgt direkt aus Gl. (6.6) und ist in Bild 6.3 dargestellt.

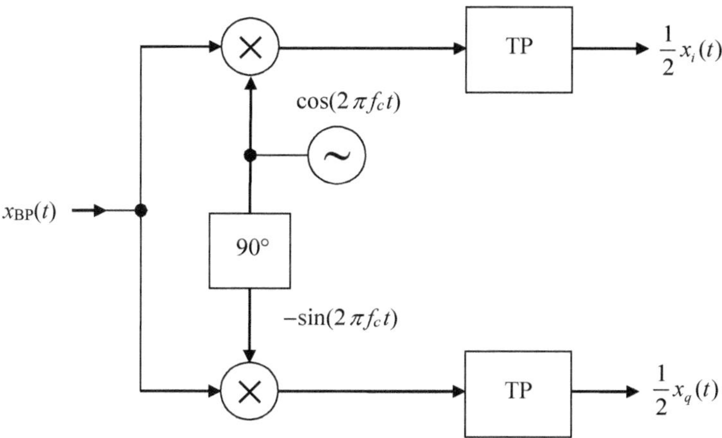

Bild 6.2 Erzeugung des äquivalenten Tiefpasssignals aus dem Bandpasssignal

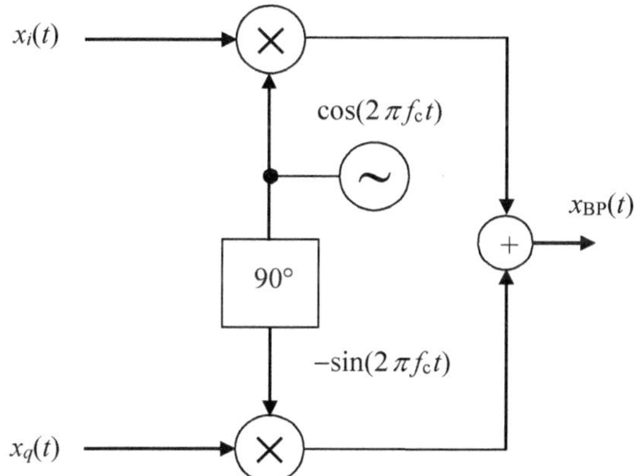

Bild 6.3 Erzeugung des Bandpasssignals aus dem äquivalenten Tiefpasssignal

Mit der Darstellung eines Bandpasssignals als äquivalentes Tiefpasssignal ist die *Hilbert-Transformation* eng verbunden (siehe Anhang 3). Ein Hilbert-Transformator ist ein ideales Filter mit einem frequenzunabhängigen Amplitudengang und einer konstanten Phasenverschiebung von +90° für $f < 0$ bzw. −90° für $f > 0$. Das äquivalente Tiefpasssignal kann auch mithilfe eines Hilbert-Transformators aus dem Bandpasssignal erzeugt werden.

Beispiel 6.1 Zeitbegrenztes Kosinussignal

Wir betrachten als Tiefpasssignal den Rechteckimpuls mit der Amplitude A und der Länge T:

$$x_{TP}(t) = x_i(t) = A\,\mathrm{rect}(t/T) \quad (x_q(t) = 0)$$

Für das zugehörige Bandpasssignal erhalten wir für $f_c \gg 1/T$ mit Gl. (6.6)

$$x_{BP}(t) = A\,\mathrm{rect}(t/T)\cos(2\pi f_c t)$$

also eine auf das Intervall T zeitbegrenzte Kosinusschwingung. Das Fourier-Spektrum des Rechteckimpulses ist durch die si-Funktion gegeben (siehe Beispiel 2.3). Durch die

Bedingung $f_c \gg 1/T$ ist gewährleistet, dass $S_{TP}(f) \approx 0$ für $f \leq -f_c$ gilt. Die Fourier-Transformierte des Bandpasssignals lautet:

$$S_{BP}(f) = A\,T\,\mathrm{si}\big(\pi f T\big) * \frac{1}{2}\left[\delta(f - f_c) + \delta(f + f_c)\right] = \frac{A\,T}{2}\left[\mathrm{si}\big(\pi(f - f_c)T\big) + \mathrm{si}\big(\pi(f + f_c)T\big)\right]$$

$x_{BP}(t)$ und $S_{BP}(f)$ sind in Bild 6.4 gezeigt. Das Fourier-Spektrum des Tiefpasssignals ist reell und gerade, da $x_{TP}(t)$ reell und gerade ist. In diesem Fall müssen wir das Tiefpassspektrum lediglich um $\pm f_c$ verschieben, um das Fourier-Spektrum des Bandpasssignals zu erhalten.

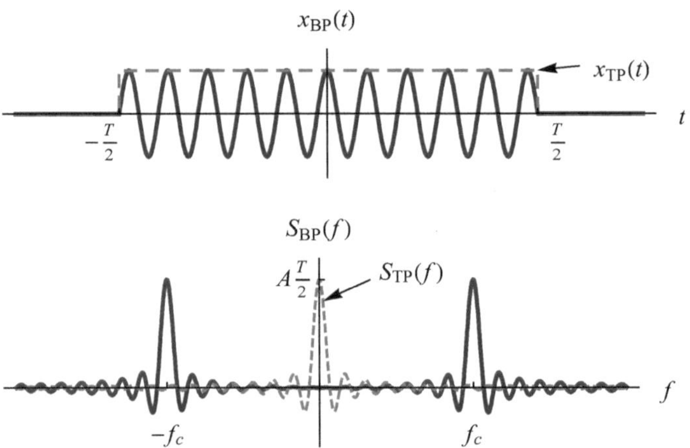

Bild 6.4 Das zeitbegrenzte Kosinussignal und dessen Fourier-Spektrum

■

6.1.2 Äquivalentes Tiefpasssystem

Der Zusammenhang zwischen Bandpasssignal und äquivalentem Tiefpasssignal nach Gl. (6.2) gilt in gleicher Form auch für ein Bandpasssystem mit der Übertragungsfunktion $H_{BP}(f)$. Daher gibt es zu $H_{BP}(f)$ ein äquivalentes Tiefpasssystem mit der Übertragungsfunktion $H_{TP}(f)$ und der Impulsantwort $h_{TP}(t)$:

$$H_{BP}(f) = \frac{1}{2} H_{TP}(f - f_c) + \frac{1}{2} H^*_{TP}\big(-(f + f_c)\big)$$
$$h_{TP}(t) = h_i(t) + j\,h_q(t) \tag{6.10}$$

Am Eingang des Bandpasssystems liege das Signal $x_{BP}(t)$. Für das Ausgangssignal $y_{BP}(t)$ und dessen Fourier-Transformierte $G_{BP}(f)$ gilt zunächst:

$$y_{BP}(t) = x_{BP}(t) * h_{BP}(t), \quad G_{BP}(f) = S_{BP}(f)\,H_{BP}(f) \tag{6.11}$$

Nun können wir das Bandpasssystem aber auch im Tiefpassbereich realisieren, indem wir aus dem Eingangssignal das zugehörige äquivalente Tiefpasssignal gewinnen, dies über das äquivalente Tiefpasssystem übertragen und das Ausgangssignal in den Bandpassbereich zurücktransformieren. Für das Ausgangssignal und das zugehörige Tiefpasssignal schreiben wir wieder:

$$y_{\mathrm{BP}}(t) = \mathrm{Re}\left\{y_{\mathrm{TP}}(t)\,\mathrm{e}^{j2\pi f_c t}\right\}$$

$$G_{\mathrm{BP}}(f) = \frac{1}{2}G_{\mathrm{TP}}(f-f_c) + \frac{1}{2}G_{\mathrm{TP}}^{*}\big(-(f+f_c)\big) \tag{6.12}$$

Wir suchen nun den Zusammenhang zwischen $x_{\mathrm{TP}}(t)$, $h_{\mathrm{TP}}(t)$ und $y_{\mathrm{TP}}(t)$. Ausgehend von $G_{\mathrm{BP}}(f)$ aus Gl. (6.11) setzen wir für die Bandpassspektren bzw. Übertragungsfunktion die entsprechenden Tiefpassausdrücke ein und erhalten:

$$\begin{aligned}&\frac{1}{2}G_{\mathrm{TP}}(f-f_c) + \frac{1}{2}G_{\mathrm{TP}}^{*}\big(-(f+f_c)\big)\\ &= \left[\frac{1}{2}S_{\mathrm{TP}}(f-f_c) + \frac{1}{2}S_{\mathrm{TP}}^{*}\big(-(f+f_c)\big)\right]\left[\frac{1}{2}H_{\mathrm{TP}}(f-f_c) + \frac{1}{2}H_{\mathrm{TP}}^{*}\big(-(f+f_c)\big)\right]\end{aligned}$$

Im nächsten Schritt multiplizieren wir die Klammern in obiger Gleichung aus. Dabei ist zu beachten, dass es sich bei $S_{\mathrm{TP}}(f-f_c)$ und $H_{\mathrm{TP}}(f-f_c)$ um die nach rechts verschobenen Teilspektren und bei $S_{\mathrm{TP}}^{*}\big(-(f+f_c)\big)$ und $H_{\mathrm{TP}}^{*}\big(-(f+f_c)\big)$ um die nach links verschobenen Teilspektren handelt, die sich nicht überlappen. Deren Produkte sind also null und wir erhalten

$$\begin{aligned}&\frac{1}{2}G_{\mathrm{TP}}(f-f_c) + \frac{1}{2}G_{\mathrm{TP}}^{*}\big(-(f+f_c)\big)\\ &= \frac{1}{4}S_{\mathrm{TP}}(f-f_c)\,H_{\mathrm{TP}}(f-f_c) + \frac{1}{4}S_{\mathrm{TP}}^{*}\big(-(f+f_c)\big)\,H_{\mathrm{TP}}^{*}\big(-(f+f_c)\big)\end{aligned}$$

oder kurz:

$$G_{\mathrm{TP}}(f) = \frac{1}{2}S_{\mathrm{TP}}(f)\,H_{\mathrm{TP}}(f) \tag{6.13}$$

Im Zeitbereich lautet damit der gesuchte Zusammenhang:

$$y_{\mathrm{TP}}(t) = \frac{1}{2}x_{\mathrm{TP}}(t) * h_{\mathrm{TP}}(t) \tag{6.14}$$

Dabei gelten für den Real- und den Imaginärteil von $y_{\mathrm{TP}}(t)$:

$$y_i(t) = \frac{1}{2}\left[x_i(t) * h_i(t) - x_q(t) * h_q(t)\right]$$

$$y_q(t) = \frac{1}{2}\left[x_i(t) * h_q(t) + x_q(t) * h_i(t)\right] \tag{6.15}$$

Aus Gl. (6.15) resultiert das Blockschaltbild Bild 6.5 zur Realisierung eines Bandpasssystems als äquivalentes Tiefpasssystem. Im Falle eines Bandpasssystems mit reeller Impulsantwort vereinfacht sich das Blockschaltbild, da $h_q(t) = 0$ ist. Voraussetzung dafür ist eine bezüglich f_c symmetrische Übertragungsfunktion, sodass die äquivalente Tiefpass-Übertragungsfunktion einen geraden Realteil und einen ungeraden Imaginärteil hat.

Ein Beispiel für ein solches System ist der ideale Bandpass. Aus dessen Impulsantwort Gl. (2.36), $h(t) = 2\,H_0\,B\,\mathrm{si}(\pi B t)\,\cos(2\pi f_c t)$, erhalten wir sofort durch Vergleich mit Gl. (6.6) die Impulsantwort des dazu äquivalenten Tiefpasses:

$$h_{\mathrm{TP}}(t) = 2\,H_0\,B\,\mathrm{si}(\pi B t)$$

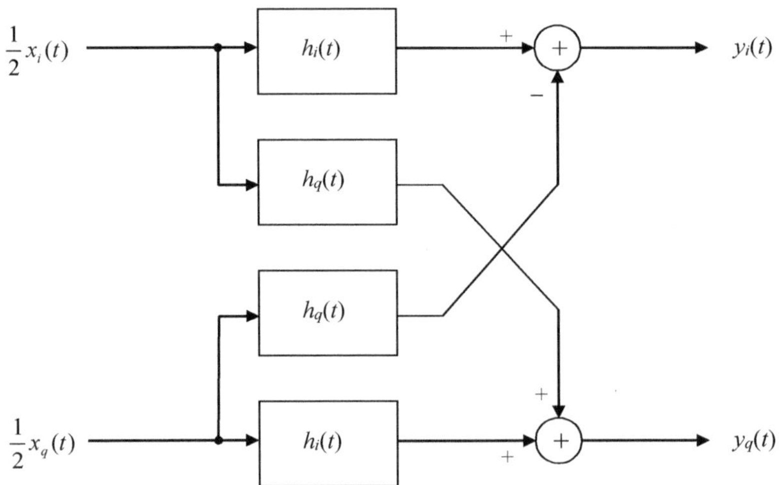

Bild 6.5 Realisierung eines Bandpasssystems im Tiefpassbereich

Da $h_{\mathrm{TP}}(t)$ reell ist, gilt $h_{\mathrm{TP}}(t) = h_i(t)$ und $h_q(t) = 0$. Die Übertragungsfunktion des äquivalenten Tiefpasses lautet $H_{\mathrm{TP}}(f) = 2\,H_0\,\mathrm{rect}(f/B)$.

Beispiel 6.2 Berechnung des Ausgangssignals eines Bandpassfilters mithilfe der Bandpass-Tiefpass-Transformation

Das Signal $x(t) = \mathrm{si}(\pi t)\cos(2\pi f_c t)$ wird über ein Bandpassfilter mit der Impulsantwort $h(t) = \mathrm{si}^2(\pi t)\cos(2\pi f_c t)$ übertragen. Wir bestimmen das Ausgangssignal $y(t)$ mithilfe der Bandpass-Tiefpass-Transformation. Für die Fourier-Transformierten von $x(t)$ und $h(t)$ erhalten wir:

$$S(f) = \mathrm{rect}(f) * \frac{1}{2}\left[\delta(f - f_c) + \delta(f + f_c)\right] = \frac{1}{2}\left[\mathrm{rect}(f - f_c) + \mathrm{rect}(f + f_c)\right]$$

$$H(f) = \Lambda(f) * \frac{1}{2}\left[\delta(f - f_c) + \delta(f + f_c)\right] = \frac{1}{2}\left[\Lambda(f - f_c) + \Lambda(f + f_c)\right]$$

$S(f)$ hat die Bandbreite $B = f_c + 1/2 - (f_c - 1/2) = 1$ (dimensionslos), und $H(f)$ hat die Bandbreite $B = f_c + 1 - (f_c - 1) = 2$. Wir bestimmen nun die zugehörigen Tiefpasssignale $S_{\mathrm{TP}}(f)$ und $H_{\mathrm{TP}}(f)$. Dazu begrenzen wir $S(f)$ und $H(f)$ auf den Bereich positiver Frequenzen, verschieben das Resultat um f_c nach links und multiplizieren mit 2. Das Ergebnis lautet:

$$S_{\mathrm{TP}}(f) = \mathrm{rect}(f), \quad H_{\mathrm{TP}}(f) = \Lambda(f)$$

Für die Fourier-Transformierte des Ausgangssignals gilt nun im Tiefpassbereich (Bild 6.6):

$$G_{\mathrm{TP}}(f) = \frac{1}{2}\,S_{\mathrm{TP}}(f)\,H_{\mathrm{TP}}(f) = \begin{cases} \frac{1}{2}(f+1) & \text{für} \quad -\frac{1}{2} \le f \le 0 \\ \frac{1}{2}(-f+1) & \text{für} \quad 0 \le f \le \frac{1}{2} \\ 0 & \text{für} \quad |f| > \frac{1}{2} \end{cases}$$

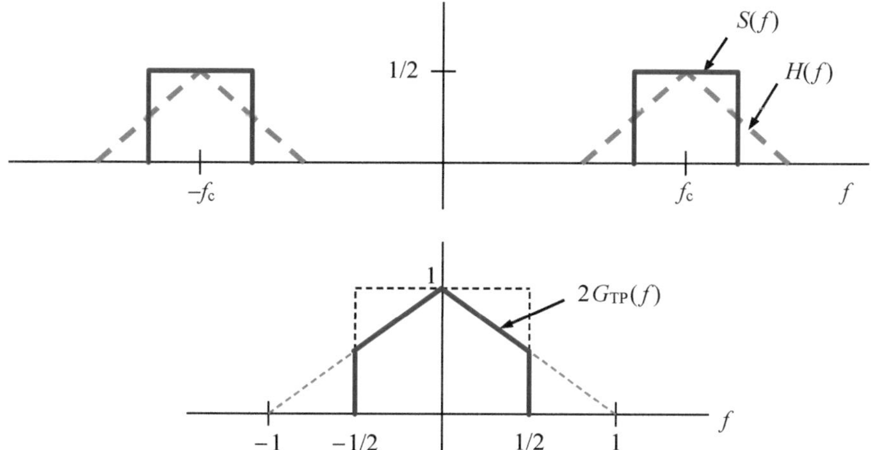

Bild 6.6 Fourier-Spektren des Bandpass- und des äquivalenten Tiefpasssignals

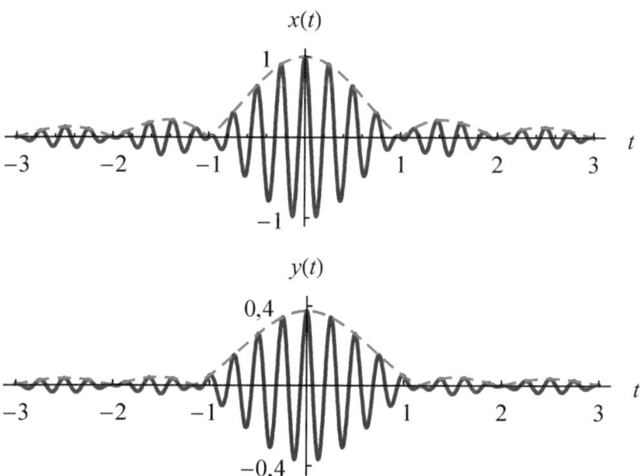

Bild 6.7 Eingangs- und Ausgangssignal des Bandpassfilters

Durch Fourier-Rücktransformation von $G_{TP}(f)$ erhalten wir $y_{TP}(t)$. Wir setzen $G_{TP}(f)$ in das Fourier-Integral ein und integrieren abschnittsweise von $-1/2$ bis 0 und von 0 bis $1/2$ mit dem Ergebnis:

$$y_{TP}(t) = \frac{1}{4\pi t}\left[\sin(\pi t) + \frac{1}{\pi t}\,(1-\cos(\pi t))\right]$$

Da $y_{TP}(t)$ reell ist, folgt mit Gl. (6.3) für das gesuchte Signal:

$$y(t) = y_{TP}(t)\,\cos(2\pi f_c t)$$

Eingangssignal $x(t)$ und Ausgangssignal $y(t)$ des Bandpassfilters sind in Bild 6.7 zu sehen. Die Hüllkurven der Signale sind als gestrichelte Linien enthalten. Bei dem Eingangssignal handelt es sich um einen Nyquist-Impuls, der die Bedingung Gl. (5.3) (mit

$T_s = 1$) erfüllt und der ein Trägersignal amplitudenmoduliert. Da das Filter nicht verzerrungsfrei ist, ist die Nyquist-Bedingung hinter dem Filter nicht mehr erfüllt. Dies ist bei der Hüllkurve von $y(t)$ zu sehen, deren Nullstellen nicht mehr exakt im Abstand 1 auftreten. ■

Durch das Zusammenschalten der Bandpass-Tiefpass-Transformation (Bild 6.2), des äquivalenten Tiefpasssystems (Bild 6.5) und der Tiefpass-Bandpass-Transformation (Bild 6.3) erhalten wir die vollständige Realisierung eines Bandpasssystems im Tiefpassbereich. Eine vereinfachte Darstellung dieser auch Quadraturmischung genannten Schaltung ergibt sich mit komplexen Signalen, wie in Bild 6.8 gezeigt. Die Doppelpfeile repräsentieren dabei die komplexen Signale. Die Zusammenfassung von $x_i(t)$ und $x_q(t)$ zu einem komplexen Signal $x_{\text{TP}}(t) = x_i(t) + j\,x_q(t)$ ist dabei ein mathematischer Aspekt; in der praktischen Umsetzung werden Real- und Imaginärteil jeweils als getrennte reelle Signale behandelt. Die in Bild 6.2 enthaltenen Tiefpassfilter sind im Blockschaltbild (Bild 6.8) entfallen, da deren Funktion in der Regel von dem äqivalenten Tiefpassfilter mit der Impulsantwort $h_{\text{TP}}(t)$ und der Übertragungsfunktion $H_{\text{TP}}(f)$ übernommen wird. Dazu muss $H_{\text{TP}}(f)$ lediglich die Bedingung $H_{\text{TP}}(f) = 0$ für $|f| \geq f_c$ erfüllen.

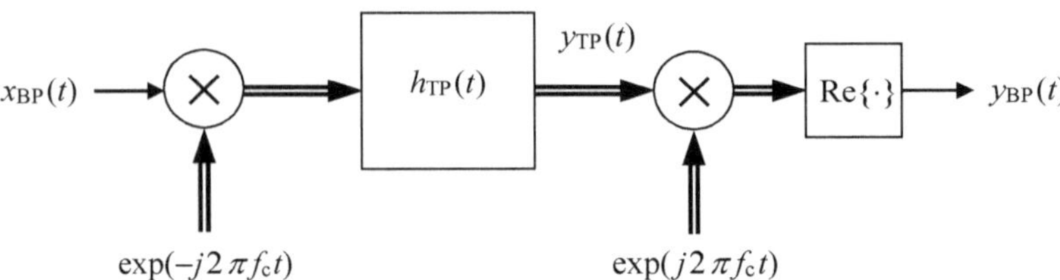

Bild 6.8 Komplexe Darstellung der Quadraturmischung

6.1.3 Leistungsdichtespektrum von Bandpassrauschen

Weißes Rauschen mit der Leistungsdichte $N_0/2$ werde über einen idealen Bandpass der Bandbreite B übertragen. Bild 6.9 oben zeigt die Leistungsdichte $\phi_{n_{\text{BP}}}(f)$ des Rauschsignals $n_{\text{BP}}(t)$ am Ausgang des Bandpassfilters:

$$\phi_{n_{\text{BP}}}(f) = \begin{cases} N_0/2 & \text{für} \quad f_c - B/2 \leq |f| \leq f_c + B/2 \\ 0 & \text{sonst} \end{cases} \tag{6.16}$$

Wie jedes andere Bandpasssignal lässt sich auch $n_{\text{BP}}(t)$ in der Form

$$n_{\text{BP}}(t) = n_i(t)\cos(2\pi f_c t) - n_q(t)\sin(2\pi f_c t) \tag{6.17}$$

schreiben. $n_i(t)$ und $n_q(t)$ sind die Quadraturkomponenten des Bandpassrauschens. Diese sind mittelwertfrei und unkorreliert, d. h., es ist $E[n_i(t)\,n_q(t)] = 0$ [29]. Für den quadratischen Mittelwert von $n_{\text{BP}}(t)$ gilt daher

$$E\left[n_{\text{BP}}^2(t)\right] = \overline{n_{\text{BP}}^2(t)} = \frac{1}{2}\,\overline{n_i^2(t)} + \frac{1}{2}\,\overline{n_q^2(t)}$$

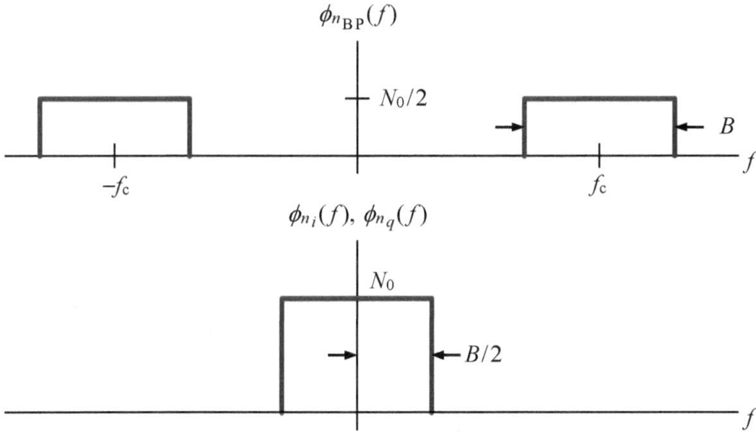

Bild 6.9 Leistungsdichtespektrum von Bandpassrauschen und dessen Quadraturkomponenten

wobei der Faktor 1/2 gleich dem quadratischen Mittelwert der Trägerschwingung ist. Da die Quadraturkomponenten die gleiche Leistung haben müssen, folgt daraus:

$$N = N_0\,B = \overline{n_{\mathrm{BP}}^2(t)} = \overline{n_i^2(t)} = \overline{n_q^2(t)} \tag{6.18}$$

Jede der Quadraturkomponenten von $n_{\mathrm{BP}}(t)$ hat also die gleiche Leistung wie $n_{\mathrm{BP}}(t)$ selbst, und ihre Leistungsdichte beträgt (Bild 6.9 unten):

$$\phi_{n_i}(f) = \phi_{n_q}(f) = \begin{cases} N_0 & \text{für} \quad -B/2 \le f \le B/2 \\ 0 & \text{sonst} \end{cases} \tag{6.19}$$

6.2 Analoge Modulationsverfahren

Aus der Sicht der Nachrichtentechnik sind analoge Modulationsverfahren heute insbesondere für den Hörrundfunk von Bedeutung. Hier ist die Amplitudenmodulation in den Lang-, Mittel- und Kurzwellenbändern sowie die Frequenzmodulation im Ultrakurzwellenbereich zu finden. Während der analoge Fernsehrundfunk durch DVB (Digital Video Broadcasting) abgelöst wurde, konnte sich der analoge Hörrundfunk bisher gegen digitale Varianten (DAB: Digital Audio Broadcasting, und DRM: Digital Radio Mondiale) noch behaupten.

Analoge Modulationsverfahren kommen aber auch in anderen Bereichen wie der Sensorik zum Einsatz. Sie dienen beispielsweise dazu, optische Regensensoren im Auto unempfindlich gegen externes Licht zu machen, und Postionsdrehgeber in Elektromotoren erzeugen analog modulierte Signale.

Die Modulation einer sinusförmigen Trägerschwingung

$$x(t) = a\cos(2\pi f\,t + \varphi)$$

erfolgt durch zeitliche Änderung der Amplitude a, der Frequenz f oder der Phase φ. Je nach dem, welcher der Parameter in Abhängigkeit von dem zu übertragenden Signal verändert wird, spricht man von Amplituden-, Frequenz- oder Phasenmodulation. Die entsprechenden digitalen Verfahren heißen Amplitudenumtastung (ASK, Amplitude-Shift Keying), Frequenzumtastung (FSK, Frequency-Shift Keying) und Phasenumtastung (PSK, Phase-Shift Keying).

Abschnitt 6.2.1 geht auf die Amplitudenmodulation (AM) und Abschnitt 6.2.2 auf die Frequenzmodulation (FM) ein. Frequenz- und Phasenmodulation werden auch unter dem Begriff der Winkelmodulation zusammengefasst, wobei hier der Schwerpunkt auf der in der Praxis bedeutsameren Frequenzmodulation liegt. Neben den grundlegenden Eigenschaften wird auf die Erzeugung und die Demodulation der Signale sowie das Verhalten bei Störungen eingegangen. FM benötigt in der Regel zwar eine größere Bandbreite als AM, ist aber robuster bei Störungen.

6.2.1 Amplitudenmodulation

Bei der Amplitudenmodulation (AM) verändert ein analoges Signal $x(t)$ die Amplitude der Trägerschwingung gemäß:

$$a(t) = A_c \left(1 + \mu\, x(t)\right) \tag{6.20}$$

Das modulierende Signal $x(t)$ wird auch Basisbandsignal genannt. Das AM-Signal wird durch die Gleichung

$$x_c(t) = A_c \left(1 + \mu\, x(t)\right) \cos(2\pi f_c t) \tag{6.21}$$

beschrieben. Dabei ist A_c die Trägeramplitude, f_c die Trägerfrequenz und μ der Modulationsindex. Das modulierende Signal $x(t)$ ist auf die Amplitude 1 normiert, d. h., es ist $|x(t)| \leq 1$. Für den Modulationsindex gilt $0 < \mu < 1$. Bild 6.10 zeigt ein Beispiel für den Fall $\mu = 0{,}8$. Die maximale Amplitude von $x_c(t)$ ist $A_c\,(1+\mu)$, die minimale Amplitude ist $A_c\,(1-\mu)$. Die gestrichelte Linie wird Hüllkurve des AM-Signals genannt. Die Hüllkurve wird von $x(t)$ bestimmt.

Für einen Modulationsindex $\mu < 1$ ist der Faktor in der Klammer vor der Kosinusfunktion immer positiv. Für $\mu > 1$ kann der Faktor auch negativ werden. Man bezeichnet dies als Übermodulation, ein in der Regel unerwünschter Fall. An den Stellen, wo der Faktor das Vorzeichen ändert, kommt es zu einem 180°-Phasensprung des Trägersignals.

Wir multiplizieren den Ausdruck für $x_c(t)$ aus

$$x_c(t) = A_c \cos(2\pi f_c t) + A_c\, \mu\, x(t) \cos(2\pi f_c t)$$

und erhalten für die Fourier-Transformierte:

$$\begin{aligned} S_c(f) &= A_c \frac{1}{2} \left[\delta(f-f_c) + \delta(f+f_c)\right] + A_c\, \mu\, S_x(f) * \frac{1}{2} \left[\delta(f-f_c) + \delta(f+f_c)\right] \\ &= \frac{A_c}{2} \left[\delta(f-f_c) + \delta(f+f_c)\right] + \frac{\mu A_c}{2} \left[S_x(f-f_c) + S_x(f+f_c)\right] \end{aligned} \tag{6.22}$$

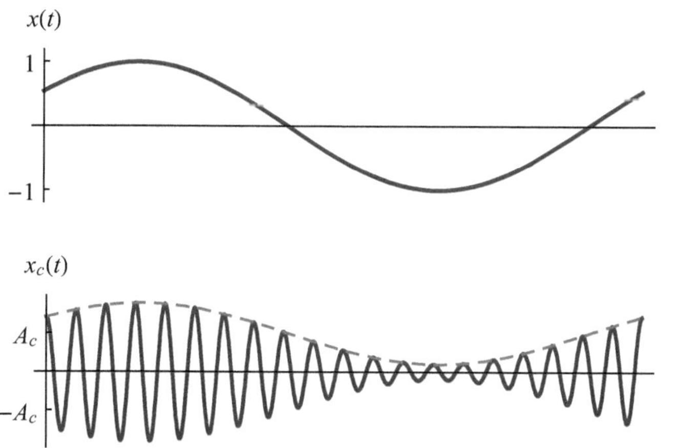

Bild 6.10 Amplitudenmoduliertes Signal ($\mu = 0{,}8$)

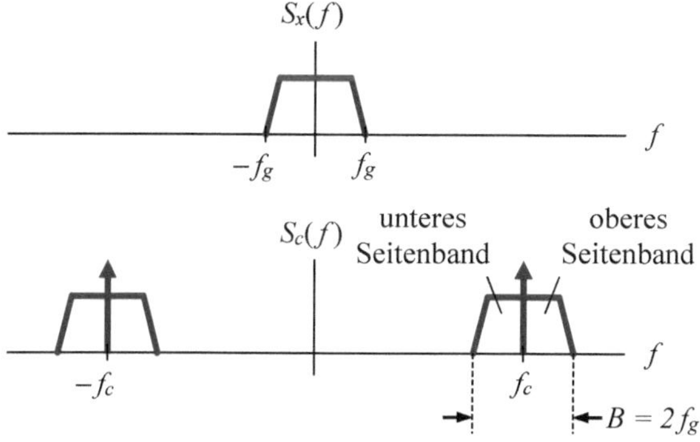

Bild 6.11 Fourier-Spektren des Basisbandsignals und des AM-Signals

Dabei ist $S_x(f)$ die Fourier-Transformierte des modulierenden Signals $x(t)$. Bild 6.11 zeigt die Fourier-Spektren $S_x(f)$ und $S_c(f)$. Bei $x(t)$ handelt es sich um ein bandbegrenztes Signal mit der Grenzfrequenz f_g. Der erste Term in Gl. (6.22), die beiden Dirac-Impulse, stellen spektrale Linien bei der Trägerfrequenz f_c dar. Bei dem zweiten Term handelt es sich um das um $\pm f_c$ verschobene Spektrum $S_x(f)$ des Basisbandsignals. Das modulierte Signal hat die doppelte Bandbreite des Basisbandsignals, $B = 2f_g$. Der Bereich des Spektrums oberhalb von f_c wird als oberes Seitenband, der Bereich unterhalb von f_c entsprechend als unteres Seitenband bezeichnet.

Die Amplitudenmodulation mit Träger wird im AM-Hörrundfunk verwendet, da der Empfänger mit einem einfachen Hüllkurvendemodulator auskommt. Allerdings werden bei diesem Verfahren mindestens 50 % der Gesamtleistung für den Träger benötigt, und nur maximal 50 % der Leistung stehen für die Seitenbänder mit dem Nutzsignal zur Verfügung. Ausgehend von Gl. (6.21) erhält man ein AM-Signal ohne Träger, wenn der Faktor vor der Kosinusfunktion nur aus dem Basisbandsignal $x(t)$ besteht:

$$x_c(t) = A_c\, x(t)\, \cos(2\pi f_c t) \tag{6.23}$$

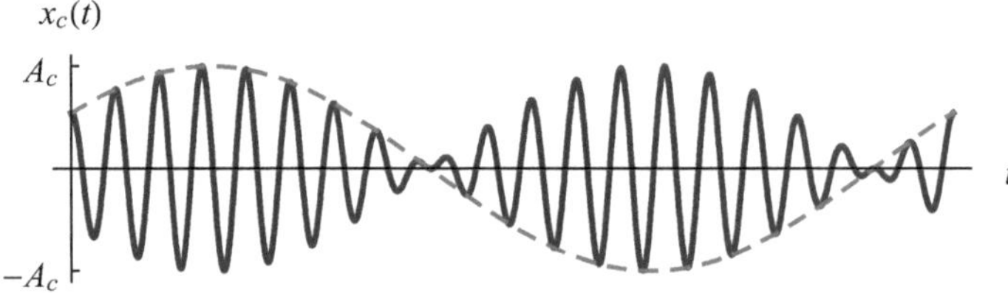

Bild 6.12 Reines Zweiseitenbandsignal

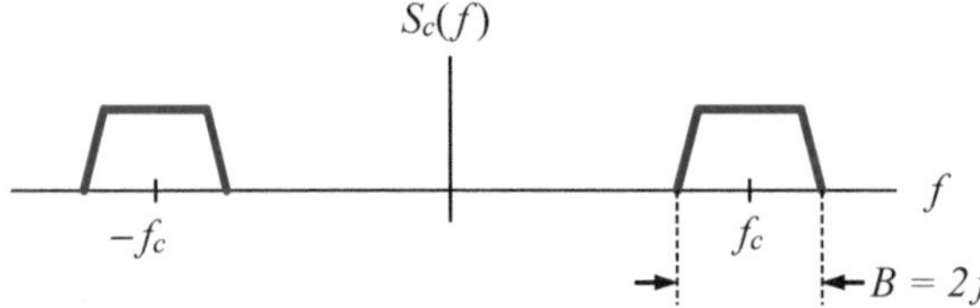

Bild 6.13 Fourier-Spektrum des reinen Zweiseitenbandsignals

Bestimmt man wieder durch eine ähnliche Rechnung wie oben das Fourier-Spektrum, so erhält man:

$$S_c(f) = \frac{A_c}{2}\left[S_x(f - f_c) + S_x(f + f_c)\right] \tag{6.24}$$

Bild 6.12 zeigt den zeitlichen Signalverlauf und Bild 6.13 das Spektrum. Diese AM-Variante wird als *reine Zweiseitenband-AM* oder auch als DSB-SC (Double-Sideband Suppressed-Carrier Modulation) bezeichnet. Im Vergleich zur AM mit Träger hat sie den Vorteil, dass das demodulierte Signal bei sonst gleichen Bedingungen ein besseres Signal-Rausch-Verhältnis aufweist. Dieser Vorteil wird mit einem höheren Aufwand im Empfänger erkauft, da eine kohärente Demodulation erforderlich ist.

Ein reelles Basisbandsignal hat ein Fourier-Spektrum mit einem geraden Realteil und einem ungeraden Imaginärteil. Aufgrund dieser Symmetrie ist es nicht erforderlich, beide Seitenbänder zu übertragen. Wird ein Seitenband des modulierten Signals unterdrückt, so erhält man die *Einseitenband-AM* (SSB, Single-Sideband Modulation). Die praktischen Schwierigkeiten bei der vollständigen Unterdrückung eines Seitenbandes werden bei der *Restseitenband-AM* (VSB, Vestigial-Sideband Modulation) umgangen. Bei der VSB wird ein kleiner Rest des anderen Seitenbandes mit übertragen [4], [14].

Modulation und Demodulation von AM-Signalen

Bild 6.14 zeigt einen Produktmodulator zur Erzeugung von AM- und DSB-SC-Signalen. Für das Signal am Eingang des Multiplizierers gilt:

$$x_i(t) = a_0 + a_1\, x(t) = a_0\left(1 + \frac{a_1}{a_0}\, x(t)\right)$$

Bei den Konstanten a_0 und a_1 handelt es sich um einen Gleichanteil bzw. einen Verstärkungsfaktor. Dieses Signal wird mit dem Träger multipliziert, und wir erhalten für das Ausgangssignal:

$$x_c(t) = a_0\left(1 + \frac{a_1}{a_0}\, x(t)\right)\cos(2\pi f_c\, t)$$

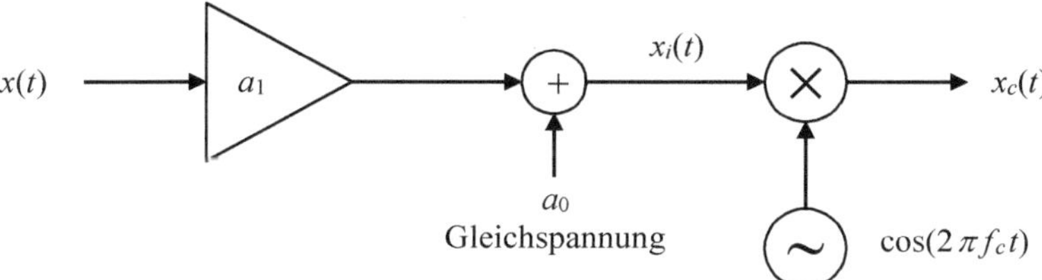

Bild 6.14 Produkt-Modulator

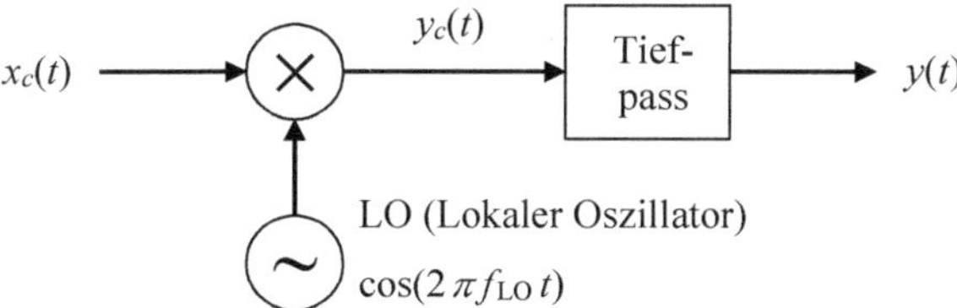

Bild 6.15 Kohärente Demodulation

Der Vergleich mit Gl. (6.21) zeigt, dass mit den Konstanten der Modulationsindex eingestellt wird, es ist $\mu = a_1 / a_0$. Ein DSB-SC-Signal erhält man, wenn der Gleichanteil $a_0 = 0$ gesetzt wird. In diesem Fall wird die Addierstufe nicht benötigt, und der Modulator vereinfacht sich entsprechend.

Wie bei der digitalen Demodulation wird zwischen der kohärenten und der inkohärenten Demodulation unterschieden. Bei der kohärenten Demodulation wird das AM-Signal mit einem zum Träger kohärenten Signal eines lokalen Oszillators (LO) multipliziert. Kohärent heißt frequenz- und phasengleich zum Träger. Der mit der Synchronisation des lokalen Oszillators verbundene Aufwand wird bei der inkohärenten Demodulation vermieden. Der geringere Aufwand ist aber mit einem schlechteren Signal-Rausch-Verhältnis verbunden.

Einen kohärenten Demodulator, der für alle AM-Varianten geeignet ist, zeigt Bild 6.15. Das Eingangssignal wird wie oben beschrieben mit dem Signal des LO multipliziert:

$$y_c(t) = x_c(t)\,\cos(2\pi f_{\mathrm{LO}}\,t) = a(t)\,\cos(2\pi f_c\,t)\,\cos(2\pi f_{\mathrm{LO}}\,t) \tag{6.25}$$

Im Falle perfekter Synchronisation ist $f_{\mathrm{LO}} = f_c$. Für ein AM-Signal nach Gl. (6.21) gilt dann

$$y_c(t) = A_c\,\big(1+\mu\,x(t)\big)\,\cos(2\pi f_c\,t)\,\cos(2\pi f_c\,t) = A_c\,\big(1+\mu\,x(t)\big)\,\frac{1}{2}\,\big[1+\cos(4\pi f_c\,t)\big]$$

wobei wir von der trigonometrischen Identität für $\cos^2 x$ Gebrauch gemacht haben. Der auf den Multiplizierer folgende Tiefpass unterdrückt den Signalanteil bei $2f_c$. Für das Ausgangssignal folgt:

$$y(t) = \frac{A_c}{2}\,\big(1+\mu\,x(t)\big) \tag{6.26}$$

Das Ausgangssignal der Schaltung nach Bild 6.15 ist also bis auf einen konstanten Faktor gleich dem Basisbandsignal $x(t)$ und enthält noch einen Gleichanteil. Im Spektralbereich bewirkt die Multiplikation mit dem Signal des LO die Verschiebung des Spektrums $S_c(f)$ um $\pm f_c$, wie in Bild 6.16 gezeigt. Der Gleichanteil geht auf den Träger im AM-Signal zurück. Bei der Demodulation eines DSB-SC-Signals entsteht kein Gleichanteil, wovon man sich auch durch Einsetzen von Gl. (6.23) in Gl. (6.25) überzeugen kann.

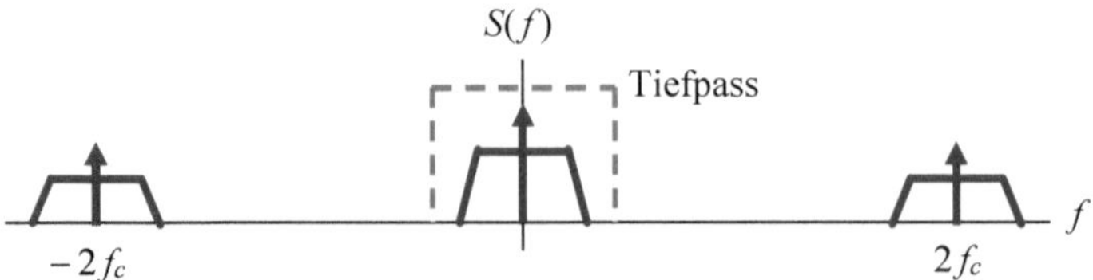

Bild 6.16 Fourier-Spektrum des demodulierten AM-Signals

Meist steht kein Referenzsignal für die Synchronisation des LOs zur Verfügung, dann muss aus dem Empfangssignal eine entsprechende Referenz gewonnen werden. Dazu muss aber der Träger im Signal vorhanden sein. Ist dies wie bei der DSB-SC und der SSB bzw. VSB nicht der Fall, muss der Träger gegebenenfalls senderseitig mit geringer Leistung noch additiv hinzugefügt werden.

Wie wirkt sich eine nicht perfekte Synchronisation des LOs auf das demodulierte Signal aus? Im Falle einer Phasendifferenz $\Delta\varphi$ bezogen auf den Träger gilt für das LO-Signal $\cos(2\pi f_c t + \Delta\varphi)$. Für das demodulierte Signal erhält man unter Anwendung der trigonometrischen Identitäten (ohne Berücksichtigung etwaiger Gleichanteile und konstanter Faktoren):

$$y(t) = x(t)\cos(\Delta\varphi)$$

Eine Phasendifferenz wirkt sich also in einer Absenkung der Amplitude um den Faktor $\cos(\Delta\varphi)$ aus. Im Falle einer Frequenzdifferenz Δf bezogen auf den Träger gilt für das LO-Signal $\cos\big(2\pi(f_c + \Delta f)t\big)$, und das demodulierte Signal lautet:

$$y(t) = x(t)\cos(2\pi\Delta f t)$$

Die Auswirkungen einer Frequenzdifferenz sind schwieriger zu verstehen. Betrachten wir den Frequenzbereich, also die Fourier-Transformierte von $y(t)$:

$$S_y(f) = S_x(f) * \frac{1}{2}\left[\delta(f-\Delta f) + \delta(f+\Delta f)\right] = \frac{1}{2}\left[S_x(f-\Delta f) + S_x(f+\Delta f)\right]$$

Die Frequenzdifferenz bewirkt eine Verschiebung des Spektrums des Basisbandsignals um $\pm\Delta f$. Bei einem Audiosignal machen sich schon geringe Abweichungen bemerkbar, und Sprecher bekommen eine Donald-Duck-Stimme.

Die AM mit Träger wurde für den Hörrundfunk gewählt, weil damit besonders einfache Empfänger mit einem Hüllkurvendemodulator möglich sind. Dieser extrahiert die Hüllkurve des AM-Signals (die gestrichelte Linie in Bild 6.10). Eine einfache schaltungstechnische Realisierung eines Hüllkurvendemodulators zeigt Bild 6.17. Das AM-Signal wird durch die Diode am Eingang zunächst gleichgerichtet. Der nachfolgende RC-Tiefpass, bestehend aus R_1 und C_1, entfernt das Trägersignal. Der Hochpass (R_2 und C_2) unterdrückt den Gleichanteil des demodulierten Signals. DSB-SC kann nicht mit dem Hüllkurvendemodulator demoduliert werden, denn hier würde man das gleichgerichtete Basisbandsignal erhalten.

Die oben beschriebene Hüllkurvendemodulation kann problemlos mithilfe der digitalen Signalverarbeitung realisiert werden, sofern die Verarbeitung mit der erforderlichen Abtastrate möglich ist. Mathematisch entspricht die Gleichrichtung der Betragsbildung, und die erforderliche Filterung erfolgt mittels digitaler Filter. Der Hüllkurvendemodulator aus Bild 6.63, der im

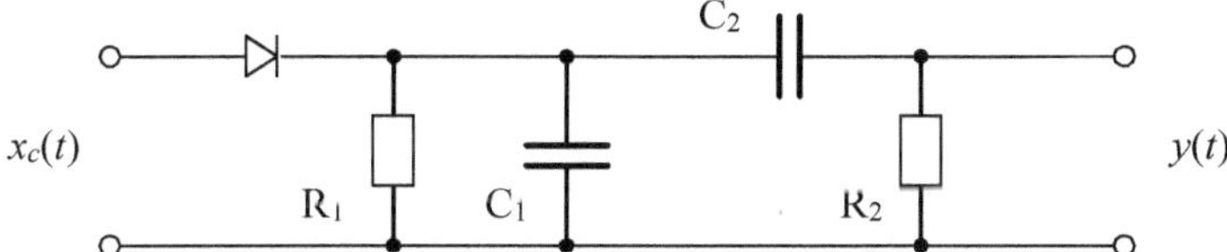

Bild 6.17 AM-Hüllkurvendemodulator

Zusammenhang mit der Demodulation eines ASK-Signals besprochen wird, erlaubt auch die Demodulation eines AM-Signals. Durch die Realisierung im Tiefpassbereich ist er besonders gut für eine digitale Implementierung geeignet.

Störverhalten der AM

Bei digitalen Übertragungssystemen ist die Fehlerwahrscheinlichkeit das entscheidende Kriterium zur Beurteilung des Systems. Die Fehlerwahrscheinlichkeit hängt vom Signal-Rausch-Verhältnis im Übertragungskanal ab. An die Stelle der Fehlerwahrscheinlichkeit tritt bei einem analogen Übertragungssystem das Signal-Rausch-Verhältnis des demodulierten Signals. Wir wollen im Folgenden das Signal-Rausch-Verhältnis des Basisbandsignals in Abhängigkeit vom Signal-Rausch-Verhältnis auf der HF-Seite bestimmen. Dazu legen wir das in Bild 6.18 gezeigte Modell eines Empfängers zugrunde.

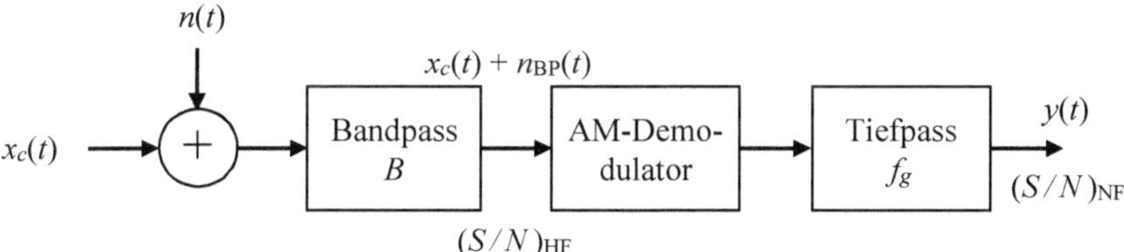

Bild 6.18 Modell eines AM-Empfängers zur Bestimmung des Signal-Rausch-Verhältnisses

Im Übertragungskanal überlagert sich dem Nutzsignal $x_c(t)$ additiv das Rauschsignal $n(t)$. Am Eingang des Empfängers befindet sich ein idealer Bandpass der Bandbreite B, der das Nutzsignal ungehindert durchlässt und Störungen oder unerwünschte Signale außerhalb des Nutzsignals unterdrückt. Es folgt der Demodulator und ein Tiefpass der Bandbreite f_g, also der oberen Grenzfrequenz des Basisbandsignals.

Wir wollen das Signal-Rausch-Verhältnis am Ausgang, $(S/N)_{\mathrm{NF}}$, als Funktion des Signal-Rausch-Verhältnisses im Kanal innerhalb der Bandbreite B, $(S/N)_{\mathrm{HF}}$, bestimmen. Die (normierte) Signalleistung ist gleich dem quadratischen Mittelwert des Signals. Für das Nutzsignal am Eingang des Empfängers gilt also $S_{\mathrm{HF}} = \overline{x_c^2(t)}$. Bei dem Rauschsignal $n(t)$ handle es sich um weißes, gaußsches Rauschen mit der Leistungsdichte $N_0/2$. Für die Rauschleistung am Demodulatoreingang folgt $N_{\mathrm{HF}} = N_0\,B$ und für das Signal-Rausch-Verhältnis:

$$\left(\frac{S}{N}\right)_{\mathrm{HF}} = \frac{\overline{x_c^2(t)}}{N_0\,B} \tag{6.27}$$

Ein kohärenter Demodulator liefert am Ausgang das Nutzsignal gemäß Gl. (6.26). Wird dem Eingangssignal das gefilterte Rauschsignal $n_{\mathrm{BP}}(t) = n_i(t)\cos(2\pi f_c t) - n_q(t)\sin(2\pi f_c t)$ additiv überlagert, so enthält das demodulierte Signal die additive Rauschkomponente $n_i(t)/2$ (vgl. Gl. (6.17) und die Rechnung, die zu Gl. (6.26) geführt hat). Wir lassen vereinfachend den Faktor 1/2 weg, der sowohl beim Nutz- als auch beim Rauschsignal erscheint und daher keinen Einfluss auf das Signal-Rausch-Verhältnis hat. Nach Abtrennen des Gleichanteils erhalten wir für das demodulierte Signal:

$$y(t) = A_c\,\mu\,x(t) + n_i(t)$$

Der erste Summand ist das Nutzsignal mit der Leistung

$$S_{\mathrm{NF}} = A_c^2\,\mu^2\,\overline{x^2(t)} = A_c^2\,\mu^2\,P_x$$

P_x ist die normierte Leistung des Basisbandsignals $x(t)$. Der zweite Summand ist das Rauschsignal mit der Leistung entsprechend Gl. (6.18):

$$N_{\mathrm{NF}} = \overline{n_i^2(t)} = N_0\,B$$

Da im Falle von AM und DSB-SC die HF-Bandbreite doppelt so groß wie die NF-Bandbreite ist, d. h. es ist $B = 2f_g$, erhalten wir für das gesuchte Signal-Rausch-Verhältnis am Ausgang also:

$$\left(\frac{S}{N}\right)_{\mathrm{NF}} = \frac{A_c^2\,\mu^2\,P_x}{2\,N_0\,f_g} \tag{6.28}$$

Im Falle der AM wird das HF-Signal durch Gl. (6.21) beschrieben und für dessen Leistung gilt:

$$S_{\mathrm{HF}} = \overline{x_c^2(t)} = \frac{A_c^2}{2}\,\overline{\left(1+\mu\,x(t)\right)^2} = \frac{A_c^2}{2}\,\left(1+\mu^2\,P_x\right)$$

Vorausgesetzt wurde dabei ein gleichanteilfreies Basisbandsignal, d. h. $\overline{x(t)} = 0$. Für das Signal-Rausch-Verhältnis Gl. (6.27) erhalten wir mit $B = 2f_g$:

$$\left(\frac{S}{N}\right)_{\mathrm{HF}} = \frac{\frac{1}{2}\,A_c^2\,\left(1+\mu^2\,P_x\right)}{2\,N_0\,f_g}$$

Wir setzen abschließend $(S/N)_{\mathrm{NF}}$ und $(S/N)_{\mathrm{HF}}$ ins Verhältnis:

$$\textbf{AM:}\quad \frac{(S/N)_{\mathrm{NF}}}{(S/N)_{\mathrm{HF}}} = \frac{2\,\mu^2\,P_x}{1+\mu^2\,P_x} \tag{6.29}$$

Im Falle von DSB-SC nach Gl. (6.23) gilt für die HF-Signalleistung $S_{\mathrm{HF}} = \frac{1}{2}\,A_c^2\,P_x$. Für die Rauschleistungen gelten die gleichen Zusammenhänge wie oben. Für das Signal-Rausch-Verhältnis am Ausgang gilt Gl. (6.28) mit $\mu = 1$, und wir erhalten:

$$\textbf{DSB-SC:}\quad \frac{(S/N)_{\mathrm{NF}}}{(S/N)_{\mathrm{HF}}} = 2 \tag{6.30}$$

Da $\mu \leq 1$ und $P_x < 1$ gilt, hat also AM im Vergleich zu DSB-SC bei gleichem Signal-Rausch-Verhältnis am Empfängereingang das schlechtere Signal-Rausch-Verhältnis am Demodulatorausgang. Für ein sinusförmiges Basisbandsignal der Amplitude 1 ist $P_x = 1/2$. Mit $\mu = 1$ ergibt sich mit Gl. (6.29) für AM ein Verhältnis von 2/3, dies ist um den Faktor 1/3 oder $-4{,}77$ dB schlechter als das Verhältnis für DSB-SC. Der Grund liegt wie bereits erwähnt in der Leistung, die für die Übertragung des Trägers aufgewendet werden muss.

Ein Hüllkurvendemodulator liefert bei einem großen Signal-Rausch-Verhältnis am Eingang näherungsweise das gleiche Ausgangssignal wie der kohärente Demodulator. Damit erhält man auch das gleiche Signal-Rausch-Verhältnis am Ausgang. Dies gilt aber nicht mehr, wenn das Signal-Rausch-Verhältnis am Eingang klein wird, denn dann überlagern sich Nutzsignal und Rauschen am Demodulatorausgang nicht mehr additiv, sondern multiplikativ [4], [14]. Dadurch verschlechtert sich das Signal-Rausch-Verhältnis am Ausgang überproportional stark. Man bezeichnet diese Verschlechterung auch als Schwelleneffekt der Hüllkurvendemodulation.

6.2.2 Frequenz- und Phasenmodulation

Die Frequenzmodulation (FM) und die Phasenmodulation (PM) werden unter dem Oberbegriff *Winkelmodulation* zusammengefasst. Bei der Winkelmodulation moduliert das Basisbandsignal $x(t)$ die Phase $\varphi(t)$ des Trägersignals. Dabei hängt $\varphi(t)$ linear von $x(t)$ ab. Das modulierte Signal

$$x_c(t) = A_c \cos\left(2\pi f_c t + \varphi(t)\right) \tag{6.31}$$

ist dagegen eine nichtlineare Funktion von $x(t)$. FM und PM zählen daher zu den nichtlinearen Modulationsverfahren. $\varphi(t)$ ist der Winkel des zu $x_c(t)$ äquivalenten Tiefpasssignals in der komplexen Ebene. Bei der PM gilt für den Zusammenhang zwischen Phase und Basisbandsignal

$$\varphi(t) = \varphi_\Delta\, x(t)$$

mit dem Phasenhub φ_Δ als Parameter. Die momentane Frequenz eines harmonischen Signals $\cos\theta(t)$ ist definiert als die Ableitung der momentanen Phase nach der Zeit:

$$f(t) = \frac{1}{2\pi}\frac{d\theta(t)}{dt}$$

Für die momentane Frequenz eines PM-Signals gilt also

$$f(t) = f_c + \frac{\varphi_\Delta}{2\pi}\frac{dx(t)}{dt}$$

d. h., $f(t)$ ist proportional zur Ableitung von $x(t)$.

Ein FM-Signal ist definiert durch eine momentane Frequenz, die proportional zu $x(t)$ ist:

$$f(t) = f_c + f_\Delta\, x(t) \tag{6.32}$$

Der Parameter f_Δ wird entsprechend als Frequenzhub bezeichnet. Damit folgt für die momentane Phase

$$\theta(t) = 2\pi\int_0^t f(\tau)\,d\tau = 2\pi f_c t + 2\pi f_\Delta \int_0^t x(\tau)\,d\tau$$

für $t \geq 0$ und eine Anfangsphase $\theta(t=0) = 0$ und weiter für das FM-Signal:

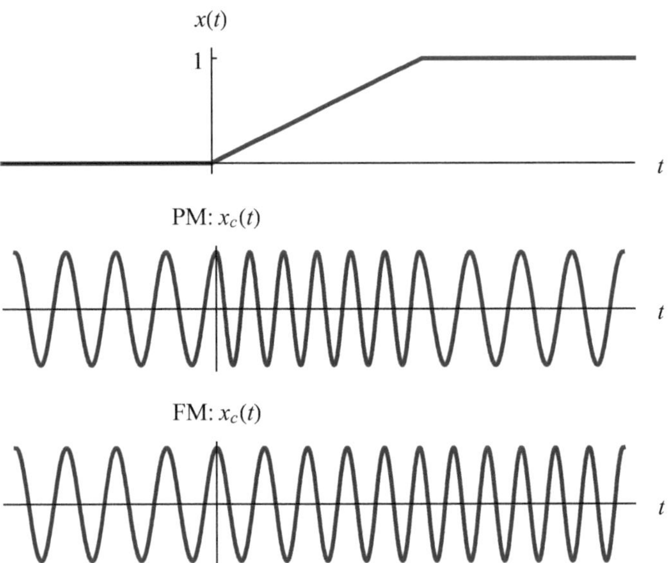

Bild 6.19 Phasen- (PM) und Frequenzmodulation (FM)

$$x_c(t) = A_c \cos\left(2\pi f_c t + 2\pi f_\Delta \int_0^t x(\tau)\,d\tau\right) \tag{6.33}$$

Bild 6.19 zeigt ein Beispiel eines PM- und eines FM-Signals. Da bei der PM die momentane Frequenz proportional zur Ableitung bzw. zur Steigung von $x(t)$ ist, erkennen wir im Bereich der ansteigenden Flanke von $x(t)$, ausgehend von der Ruhefrequenz f_c, eine höhere Frequenz des PM-Signals. Die momentane Frequenz des FM-Signals ist dagegen proportional zu $x(t)$ und steigt entsprechend in diesem Bereich kontinuierlich an. Wir stellen außerdem fest, dass PM und FM eine konstante Amplitude bzw. Einhüllende haben.

Da FM ein nichtlineares Modulationsverfahren ist, kann das Spektrum eines FM-Signals in der Regel nicht als geschlossener Ausdruck angegeben werden. Wir beschränken uns daher auf den Sonderfall der Modulation mit einem sinusförmigen Signal. Bei Modulation mit einem periodischen Signal ist auch das FM-Signal periodisch, und es besitzt dann ein Linienspektrum. Für

$$x(t) = A_m \cos(2\pi f_m t)$$

lautet die momentane Phase:

$$\theta(t) = 2\pi f_c t + 2\pi f_\Delta \int_0^t A_m \cos(2\pi f_m \tau)\,d\tau = 2\pi f_c t + A_m \frac{f_\Delta}{f_m} \sin(2\pi f_m t)$$

Wir führen noch den FM-Modulationsindex

$$\beta = A_m \frac{f_\Delta}{f_m} \tag{6.34}$$

ein und schreiben für das FM-Signal:

$$x_c(t) = A_c \cos\big(2\pi f_c t + \beta \sin(2\pi f_m t)\big) \tag{6.35}$$

Dieses periodische Signal lässt sich in eine Fourier-Reihe der Form

$$x_c(t) = A_c \sum_{n=-\infty}^{\infty} J_n(\beta) \cos\big(2\pi (f_c + n f_m) t\big) \tag{6.36}$$

entwickeln. Bei $J_n(\beta)$ handelt es sich um die Bessel-Funktionen erster Art der Ordnung n, definiert durch:

$$J_n(\beta) = \frac{1}{2\pi} \int_{-\pi}^{\pi} \exp\left[j(\beta \sin\lambda - n\lambda)\right] d\lambda$$

In Tabelle 6.1 sind einige numerische Werte von $J_n(\beta)$ mit bis zu zwei Nachkommastellen zusammengestellt. Die Werte für negative n erhält man aus $J_{-n}(\beta) = (-1)^n J_n(\beta)$.

Tabelle 6.1 Einige Werte von $J_n(\beta)$

n	$J_n(0{,}1)$	$J_n(0{,}2)$	$J_n(0{,}5)$	$J_n(1)$	$J_n(2)$	$J_n(5)$	$J_n(10)$
0	1,00	0,99	0,94	0,77	0,22	−0,18	−0,25
1	0,05	0,10	0,24	0,44	0,58	−0,33	0,04
2			0,03	0,11	0,35	0,05	0,25
3				0,02	0,13	0,36	0,06
4					0,03	0,39	−0,22
5						0,26	−0,23
6						0,13	−0,01
7						0,05	0,22
8						0,02	0,32
9							0,29
10							0,21
11							0,12
12							0,06

Durch Fourier-Transformation von Gl. (6.36) erhalten wir das Spektrum des FM-Signals:

$$S_c(f) = \frac{A_c}{2} \sum_{n=-\infty}^{\infty} J_n(\beta) \left[\delta(f - f_c - n f_m) + \delta(f + f_c + n f_m)\right] \tag{6.37}$$

$S_c(f)$ besteht also aus spektralen Linien, mathematisch beschrieben durch Dirac-Impulse $\delta(f)$, deren Höhe durch die Koeffizienten $J_n(\beta)$ bestimmt wird. Die Linien finden sich bei den Frequenzen $f = f_c + n f_m$ bzw. $f = -(f_c + n f_m)$, also ausgehend von der Trägerfrequenz $\pm f_c$ im Abstand von Vielfachen von f_m, der Frequenz des modulierenden Signals.

Bild 6.20 zeigt einige FM-Spektren für verschiedene Modulationsindizes. Die Dirac-Impulse sind hier der Übersichtlichkeit halber nicht als Pfeile, sondern als einfache Linien dargestellt.

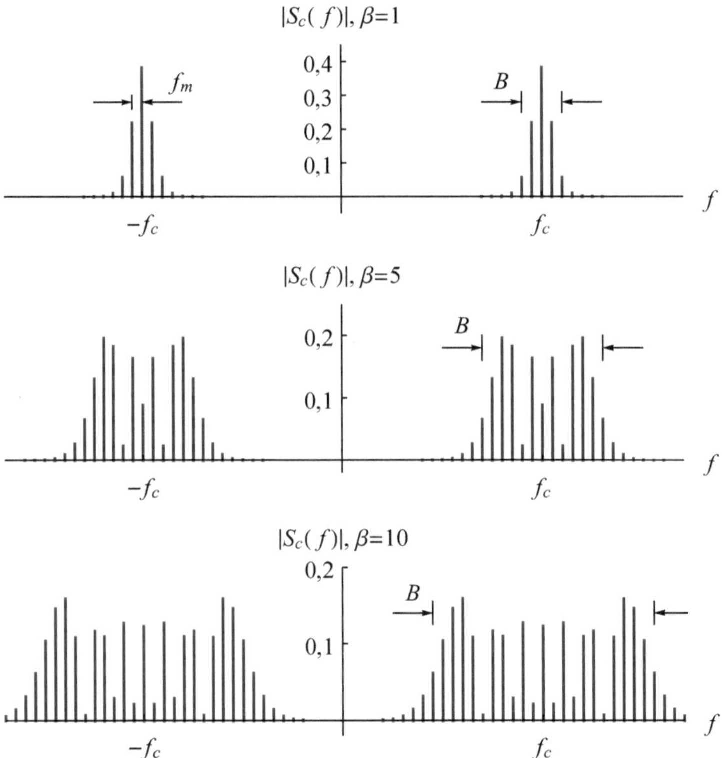

Bild 6.20 Fourier-Spektren von FM-Signalen bei sinusförmiger Modulation

Zum Beispiel ergeben sich für $\beta = 1$ und $n = 0$ Linien bei $\pm f_c$ der Höhe $|J_0(1)|/2 = 0{,}385$ (vgl. Tabelle 6.1). Die dazu benachbarten Linien bei $\pm f_c \pm f_m$ ergeben sich für $n = \pm 1$ und haben die Höhe $|J_1(1)|/2 = 0{,}22$.

Das FM-Spektrum ist prinzipiell unendlich ausgedehnt, auch wenn das Basisbandsignal bandbegrenzt ist. Allerdings werden die spektralen Linien sehr klein, wenn n groß wird, da die entsprechenden Werte der Bessel-Funktionen sehr klein werden. Als Abschätzung für die Übertragungsbandbreite dient häufig die Carson-Bandbreite.[1] Dabei werden jeweils oberhalb und unterhalb von der Trägerfrequenz $\beta + 1$ Linien berücksichtigt, also:

$$B \approx 2\left(\beta + 1\right) f_m$$

Diese Abschätzung wird auf den Fall der Modulation mit einem beliebigen, bandbegrenzten Basisbandsignal übertragen. Setzt man $f_m = f_g$ (obere Grenzfrequenz des Basisbandsignals) und $A_m = 1$, so ist nach Gl. (6.34) $\beta = f_\Delta / f_g$, und für die Carson-Bandbreite gilt:

$$B \approx 2\left(\beta + 1\right) f_g = 2\left(f_\Delta + f_g\right) \tag{6.38}$$

Diese ist in Bild 6.20 eingezeichnet. In vielen Fällen zeigt sich, dass Gl. (6.38) die Bandbreite eines FM-Signals etwas zu niedrig einschätzt. Ein besserer Wert ergibt sich durch die Gleichung:

[1] John Renshaw Carson (1886–1940), amerikanischer Nachrichtentechniker.

$$B \approx 2\left(\beta+2\right) f_g = 2\left(f_\Delta + 2 f_g\right) \tag{6.39}$$

Wie man anhand von Gl. (6.38) bzw. Gl. (6.39) und Bild 6.20 erkennt, nimmt die Bandbreite eines FM-Signals mit zunehmenden Modulationsindex β bzw. Frequenzhub f_Δ zu. Allgemein spricht man von Schmalband-FM, falls

$$\frac{f_\Delta}{f_g} \ll 1: \quad B \approx 2 f_g$$

und von Breitband-FM, falls:

$$\frac{f_\Delta}{f_g} \gg 1: \quad B \approx 2 f_\Delta$$

Modulation und Demodulation von FM-Signalen

Ein einfacher FM-Modulator besteht lediglich aus einem spannungsgesteuerten Oszillator (VCO, Voltage-Controlled Oscillator). Die Frequenz eines VCO ist linear abhängig von der Steuerspannung $x(t)$:

$$f(t) = f_0 + K_v\, x(t)$$

Dabei ist f_0 die Ruhefrequenz und K_v die Empfindlichkeit des VCOs. K_v hat die Einheit Hz/V. Als Steuerspannung dient das Basisbandsignal $x(t)$. Wie der Vergleich mit Gl. (6.32) zeigt, bestimmen die Empfindlichkeit des VCO und die Amplitude der Steuerspannung den Frequenzhub.

Einen FM-Demodulator auf der Basis eines Phasenregelkreises (PLL, Phase-Locked Loop) zeigt Bild 6.21. Ein Phasenregelkreis besteht aus einem VCO, einem Phasenkomparator und einem Schleifenfilter. Der Phasenkomparator erzeugt ein Signal, das proportional zur Phasendifferenz zwischen Eingangssignal und VCO-Signal ist. Dieses Signal wird durch das Schleifenfilter geglättet und verstärkt. Die Steuerspannung $y(t)$ regelt den VCO so, dass die Phasendifferenz minimiert wird. Im Falle der FM-Demodulation wird das PLL-Schleifenfilter so dimensioniert, dass die Steuerspannung und damit die Frequenz des VCOs den Frequenzänderungen des Eingangssignals folgen kann. Da sich die Frequenz proportional zum Basisbandsignal $x(t)$ ändert, gilt dann $y(t) = x(t)$.

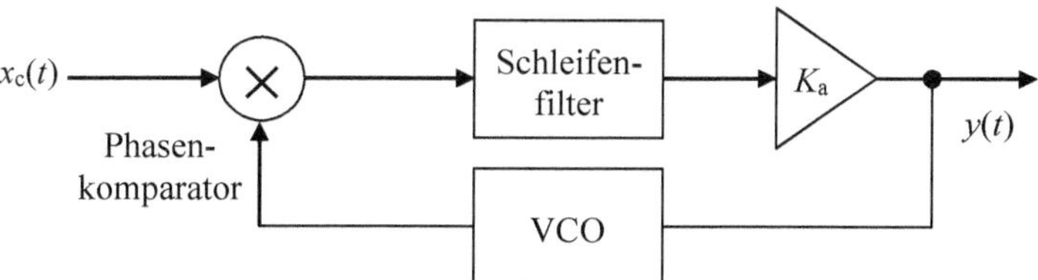

Bild 6.21 FM-PLL-Demodulator

Einen für die digitale Signalverarbeitung sehr gut geeigneten FM-Demodulator zeigt Bild 6.22. Aus dem FM-Signal wird zunächst das äquivalente Tiefpasssignal $x_{TP}(t)$ gewonnen, wie in

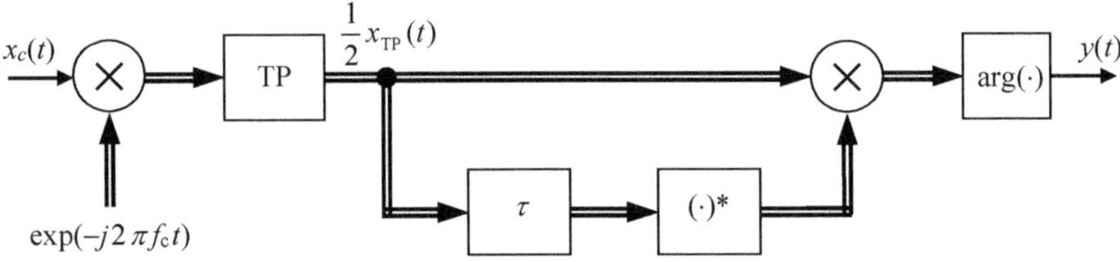

Bild 6.22 Basisband-FM-Demodulator

Abschnitt 6.1 beschrieben. Die weitere Signalverarbeitung erfolgt im Tiefpassbereich bei entsprechend niedrigen Abtastraten. $x_{\text{TP}}(t)$ wird mit dem um τ verzögerten und konjugiertkomplexen Tiefpasssignal multipliziert und die Phase des Produkts bestimmt. Wie der Vergleich von Gln. (6.4) und (6.7) mit Gl. (6.31) zeigt, gilt für das äquivalente Tiefpasssignal:

$$x_{\text{TP}}(t) = A_c\,\mathrm{e}^{j\varphi(t)}$$

Der Demodulator Bild 6.22 bestimmt die Phase:

$$\arg\left(\frac{1}{2}x_{\text{TP}}(t)\,\frac{1}{2}x^*_{\text{TP}}(t-\tau)\right) = \arg\left(\frac{A_c^2}{4}\,\mathrm{e}^{j\varphi(t)}\,\mathrm{e}^{-j\varphi(t-\tau)}\right) = \arg\left(\frac{A_c^2}{4}\,\mathrm{e}^{j(\varphi(t)-\varphi(t-\tau))}\right)$$
$$= \varphi(t) - \varphi(t-\tau)$$

Diese Differenz ist aber proportional zu $x(t)$, denn bei der Frequenzmodulation gilt entsprechend Gln. (6.31) und (6.33) für die Phase des Trägersignals:

$$\varphi(t) = 2\pi f_\Delta \int\limits_0^t x(\tau)\,d\tau$$

Die Ableitung der Phase ist daher proportional zu $x(t)$:

$$x(t) \sim \frac{d\varphi(t)}{dt} \approx \frac{\varphi(t)-\varphi(t-\tau)}{\tau}$$

Für die Berechnung der Phase kann beispielsweise der CORDIC-Algrithmus verwendet werden [45]. Falls erforderlich kann noch die Amplitude von $x_{\text{TP}}(t)$ normiert werden, um evt. vorhandene Amplitudenschwankungen zu entfernen. Dazu wird $x_{\text{TP}}(t)$ durch den Betrag $|x_{\text{TP}}(t)| = \sqrt{x_i^2(t) + x_q^2(t)}$ dividiert.

Störverhalten der FM

Wir bestimmen das Signal-Rausch-Verhältnis des demodulierten Signals in Abhängigkeit vom Signal-Rausch-Verhältnis auf der HF-Seite. Der Analyse liegt das Empfängermodell in Bild 6.23 zugrunde. Es unterscheidet sich von dem AM-Modell Bild 6.18 durch die Verwendung eines FM-Demodulators anstelle eines AM-Demodulators und durch einen vor dem Demodulator angeordneten Begrenzer. Dieser begrenzt die Amplitude des FM-Signals und beseitigt Amplitudenschwankungen, die sich sonst auch auf das demodulierte Signal auswirken würden.

Da das FM-Signal eine konstante Amplitude hat, gilt für dessen Leistung:

$$S_{\text{HF}} = \frac{A_c^2}{2}$$

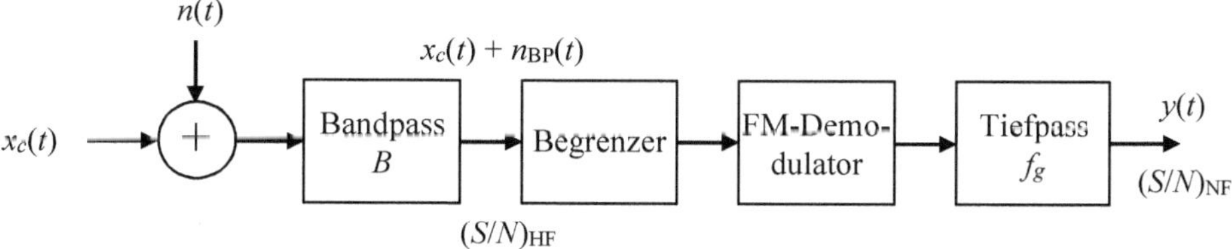

Bild 6.23 Modell eines FM-Empfängers zur Bestimmung des Signal-Rausch-Verhältnisses

Bei dem Rauschsignal $n(t)$ handle es sich um weißes, gaußsches Rauschen mit der Leistungsdichte $N_0/2$. Für die Rauschleistung nach dem Bandpass der Bandbreite B, die gleich der Bandbreite des FM-Signals gewählt wird, folgt

$$N_{\mathrm{HF}} = N_0 \, B$$

und für das Signal-Rausch-Verhältnis:

$$\left(\frac{S}{N}\right)_{\mathrm{HF}} = \frac{A_c^2/2}{N_0\, B} = \frac{S_{\mathrm{HF}}}{N_0\, 2\,(\beta+1)\, f_g} \tag{6.40}$$

Dabei haben wir für B die Carson-Bandbreite gemäß Gl. (6.38) eingesetzt. Mithilfe von Gln. (6.31) und (6.17) schreiben wir für die Summe aus Nutzsignal und Rauschen nach dem Bandpassfilter:

$$x_c(t) + n_{\mathrm{BP}}(t) = A_c \cos\left(2\pi f_c t + \varphi(t)\right) + n_i(t)\cos\left(2\pi f_c t\right) - n_q(t)\sin\left(2\pi f_c t\right) \tag{6.41}$$

Wir bestimmen nun das Signal-Rausch-Verhältnis am Demodulatorausgang. Die Funktion des FM-Demodulators besteht darin, dass das Eingangssignal zunächst differenziert und anschließend die Hüllkurve extrahiert wird. Wir differenzieren dazu das Nutzsignal und erhalten:

$$\frac{d x_c(t)}{dt} = -A_c\left(2\pi f_c + \frac{d\varphi(t)}{dt}\right)\sin\left(2\pi f_c t + \varphi(t)\right)$$

Die Hüllkurve enthält neben einem Gleichanteil das Nutzsignal:

$$\frac{d\varphi(t)}{dt} = 2\pi f_\Delta\, x(t) \tag{6.42}$$

Zunächst bestimmen wir die Rauschleistung am Ausgang. Es lässt sich zeigen, dass $\varphi(t)$ keinen Einfluss auf die Rauschleistung hat und daher zu null gesetzt werden kann [4]. Mithilfe der trigonometrischen Identität für $a\cos x + b\sin x$ formen wir Gl. (6.41) um:

$$\begin{aligned} x_c(t) + n_{\mathrm{BP}}(t) &\approx (A_c + n_i(t))\cos(2\pi f_c t) - n_q(t)\sin(2\pi f_c t) \\ &= \sqrt{(A_c + n_i(t))^2 + n_q^2(t)}\,\cos\left(2\pi f_c t - \arctan\frac{-n_q(t)}{A_c + n_i(t)}\right) \end{aligned}$$

Durch den Begrenzer werden Amplitudenschwankungen in Form des Wurzelterms beseitigt. Für ein großes Signal-Rausch-Verhältnis am Eingang ist $A_c \gg n_i(t)$. Dann ist das Argument der

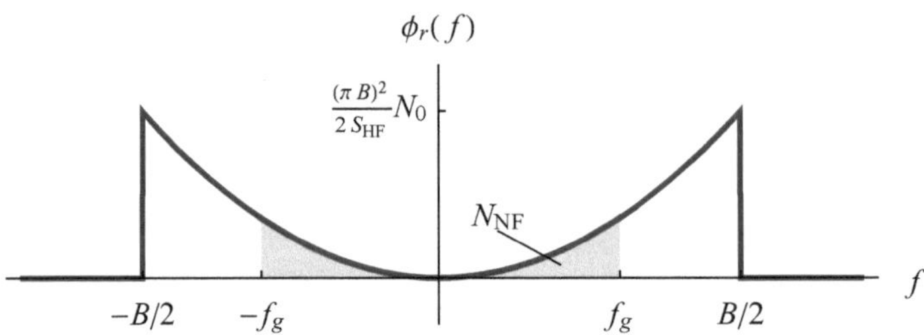

Bild 6.24 Leistungsdichtespektrum des Rauschens am Ausgang eines FM-Demodulators

arctan-Funktion näherungsweise $-n_q(t)/A_c \ll 1$, und mit $\arctan x \approx x$ für $x \ll 1$ erhalten wir für das Signal am Eingang des Demodulators:

$$w(t) \approx \cos\left(2\pi f_c t + \frac{n_q(t)}{A_c}\right)$$

Wie zuvor gezeigt, differenziert der Demodulator das Signal und extrahiert die Hüllkurve, also:

$$2\pi f_c + \underbrace{\frac{1}{A_c}\frac{dn_q(t)}{dt}}_{r(t)} = 2\pi f_c + r(t)$$

Der zweite Term auf der linken Seite ist das Rauschsignal am Demodulatorausgang, das wir mit $r(t)$ bezeichnen. Bei $n_q(t)$ handelt es sich um bandbegrenztes Rauschen. Es hat die konstante Leistungsdichte N_0 innerhalb der Bandbreite $B/2$:

$$\phi_{n_q}(f) = N_0 \operatorname{rect}\left(\frac{f}{B}\right)$$

Ein idealer Differenzierer hat die Übertragungsfunktion $H(f) = j2\pi f$. Mit Gl. (2.84) gilt für die Leistungsdichte von $r(t)$:

$$\phi_r(f) = \frac{1}{A_c^2}\,|H(f)|^2\,\phi_{n_q}(f) = \frac{(2\pi f)^2}{A_c^2} N_0 \operatorname{rect}\left(\frac{f}{B}\right) = \frac{2(\pi f)^2}{S_{HF}} N_0 \operatorname{rect}\left(\frac{f}{B}\right) \tag{6.43}$$

Bild 6.24 zeigt die Leistungsdichte des Rauschens am Demodulatorausgang. Das Rauschen hat keine konstante Leistungsdichte, sondern diese hängt quadratisch von der Frequenz f ab.

Nach dem Demodulator befindet sich in unserem Empfängermodell noch ein idealer Tiefpass mit der Bandbreite f_g, der Bandbreite des Basisbandsignals. Als letzten Schritt zur Berechnung der Rauschleistung am Ausgang bestimmen wir die Leistung von $r(t)$ innerhalb des Frequenzbereiches $\pm f_g$. N_{NF} ist gleich der Fläche unter $\phi_r(f)$ im Bereich $\pm f_g$ (siehe Bild 6.24):

$$N_{NF} = \int_{-f_g}^{f_g} \phi_r(f)\,df = \int_{-f_g}^{f_g} \frac{2(\pi f)^2}{S_{HF}} N_0\,df = \frac{4\pi^2}{3}\frac{N_0}{S_{HF}} f_g^3$$

Wird der Träger moduliert, d. h., es ist $\varphi(t) \neq 0$, so überlagern sich Nutz- und Rauschsignal additiv am Demodulatorausgang, sofern das Signal-Rausch-Verhältnis am Eingang ausreichend groß ist. Das Nutzsignal ist durch Gl. (6.42) gegeben und hat die Leistung:

$$S_{NF} = \left(2\pi f_\Delta\right)^2 \overline{x^2(t)} = \left(2\pi f_\Delta\right)^2 P_x$$

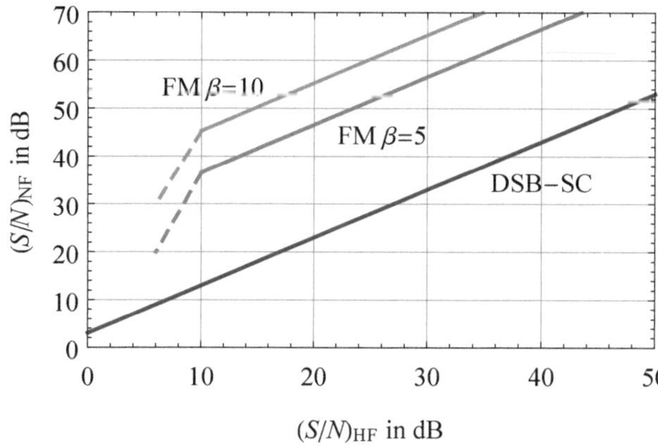

Bild 6.25 Störabstände bei der Frequenzmodulation

Damit gilt für das Signal-Rausch-Verhältnis am Ausgang

$$\left(\frac{S}{N}\right)_{\mathrm{NF}} = 3\left(\frac{f_\Delta}{f_g}\right)^2 \frac{S_{\mathrm{HF}}}{N_0\, f_g}\, P_x = 3\,\beta^2\, \frac{S_{\mathrm{HF}}}{N_0\, f_g}\, P_x$$

wobei wir den FM-Modulationsindex $\beta = f_\Delta / f_g$ verwendet haben. Wir setzen nun noch das Signal-Rausch-Verhältnis am Eingang aus Gl. (6.40) und am Ausgang ins Verhältnis und erhalten:

$$\textbf{FM:}\quad \frac{(S/N)_{\mathrm{NF}}}{(S/N)_{\mathrm{HF}}} = 6\,\beta^2\,(\beta+1)\,P_x \qquad (6.44)$$

Bild 6.25 zeigt $(S/N)_{\mathrm{NF}}$ (in dB) als Funktion von $(S/N)_{\mathrm{HF}}$ (ebenfalls in dB) für verschiedene Modulationsindizes. Für ein großes $(S/N)_{\mathrm{HF}}$ folgt $(S/N)_{\mathrm{NF}}$ dem linearen Zusammenhang gemäß Gl. (6.44). Ein großes $(S/N)_{\mathrm{HF}}$ war ja auch eine der Annahmen, unter der Gl. (6.44) bestimmt wurde. Wird $(S/N)_{\mathrm{HF}}$ kleiner als ca. 10 dB, so gilt dieser Zusammenhang nicht mehr, und $(S/N)_{\mathrm{NF}}$ verschlechtert sich drastisch. Dies ist als FM-Schwelleneffekt bekannt und in Bild 6.25 durch die gestrichelten Linien gekennzeichnet. Unterhalb dieser FM-Schwelle sind Nutzsignal und Rauschen am Demodulatorausgang nicht mehr additiv überlagert. Zum Vergleich ist auch die entsprechende Gleichung (6.30) für DSB-SC mit eingezeichnet.

Bei Modulation mit einem sinusförmigen Signal der Amplitude 1 ist $P_x = 1/2$. Für $\beta = 5$ ergibt sich gemäß Gl. (6.44) ein Verhältnis von 450 oder 26,5 dB. Für $\beta = 10$ erhält man 3300 oder 35,2 dB. Das Signal-Rausch-Verhältnis ist am Empfängerausgang also um 26,5 dB bzw. 35,2 dB besser als am Empfängereingang. Je größer dieser Gewinn, desto größer ist aber auch die erforderliche Übertragungsbandbreite: Für $\beta = 5$ ist eine Bandbreite von ca. $12\, f_g$ und für $\beta = 10$ ist eine Bandbreite von ca. $22\, f_g$ erforderlich. Die bessere Übertragungsqualität bei FM ist also mit einem größeren Bandbreitebedarf verbunden.

Beispiel 6.3 UKW-Rundfunk

Der UKW-Rundfunk im Frequenzbereich von 87 MHz bis 108 MHz (Ultrakurzwelle) verwendet die Frequenzmodulation. Die Bandbreite des Audiosignals beträgt 15 kHz, und der Frequenzhub beträgt 75 kHz. Mit der Einführung der FM-Stereoübertragung wird im unteren Frequenzbereich bis 15 kHz das Summensignal aus linkem und rechten Kanal (L + R) übertragen. Dadurch erhält auch ein Monoempfänger die Information aus beiden Kanälen. Das Differenzsignal (L − R) wird mithilfe der reinen Zweiseitenband-AM (DSB-SC) auf einen Träger bei 38 kHz aufmoduliert. Das DSB-SC-Signal enthält keinen Träger. Stattdessen wird der sogenannte Stereo-Pilotton bei der halben Trägerfrequenz von 19 kHz übertragen. Bild 6.26 zeigt das resultierende Spektrum des Basisbandsignals.

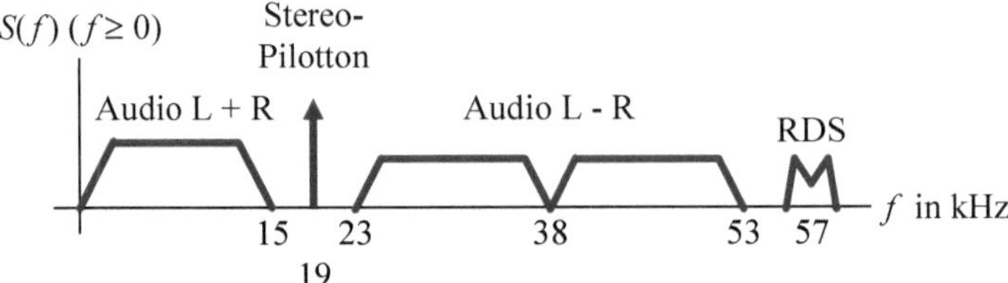

Bild 6.26 Spektrum des FM-Stereo-Basisbandsignals

Ebenfalls in Bild 6.26 enthalten ist das RDS-Signal (Radio Data System) bei 57 kHz. Über RDS werden digital Zusatzinformationen wie beispielsweise eine Senderkennung, alternative Empfangsfrequenzen, Texte oder Verkehrsinformationen (TMC: Traffic Message Channel) übertragen. Als Modulationsverfahren wird eine binäre Phasenumtastung bei einer Trägerfrequenz von 57 kHz verwendet, dem Dreifachen der Frequenz des Stereo-Pilottons. Das digitale Signal wird vor der Modulation NRZI-codiert und anschließend Manchester-codiert (vgl. Abschnitt 5.1). Für die Pulsformung wird ein Wurzel-Kosinus-roll-off-Filter mit einem Roll-off-Faktor von $\alpha = 1$ verwendet (vgl. Abschnitt 5.3.2). Die Bitrate beträgt 1187,5 bit/s, dies ist genau 1/48 der Trägerfrequenz. Die Symbolrate (nach der Manchester-Codierung) beträgt 2375 baud. Das modulierte Signal hat eine Bandbreite von ca. 4,8 kHz [49].

Die obere Grenzfrequenz des Basisbandsignals beträgt also $f_g = 59{,}4$ kHz. Dieses Signal ist das Eingangssignal für den FM-Modulator. Für $f_\Delta = 75$ kHz erhält man mit Gl. (6.39) eine Bandbreite des HF-Signals von ca. 390 kHz.

Um das Signal-Rausch-Verhältnis weiter zu verbessern, werden beim FM-Rundfunk hohe Frequenzen des NF-Signals senderseitig angehoben (Preemphase) und im Empfänger wieder abgesenkt (Deemphase). Dies geschieht mithilfe einfacher RC-Hoch- und Tiefpässe mit einer −3-dB-Grenzfrequenz von 3,2 kHz. Der Vorteil dieses Verfahrens wird anhand von Bild 6.24 deutlich: Nach der Absenkung hoher Frequenzen im Empfänger hat das Nutzsignal den ursprünglichen Frequenzgang, das besonders bei hohen Frequenzen vorhandene Rauschen ist aber deutlich niedriger als ohne Deemphase. Mithilfe der Preemphase/Deemphase wird eine Verbesserung des Signal-Rausch-Abstands nach der Demodulation von ca. 13 dB erreicht. Ein FM-RDS-Empfänger, realisiert mit MATLAB/Simulink, wird in [32] beschrieben. ■

6.3 Digitale Modulationsverfahren

Ebenso wie die analogen Modulationsverfahren lassen sich auch die digitalen Varianten in lineare und nichtlineare Verfahren unterteilen. Von einem linearen Verfahren spricht man, wenn die Quadraturkomponenten linear von der zu übertragenden Symbolfolge abhängen. Dies ist bei der Amplitudenumtastung, der Phasenumtastung und der Quadratur-Amplitudenmodulation der Fall. Die Frequenzumtastung zählt zu den nichtlinearen Verfahren. Wir beginnen mit dem Quadraturmodulator, mit dessen Hilfe sich alle linearen Modulationsarten erzeugen lassen.

6.3.1 Quadraturmodulator

Ausgehend von Gl. (6.3) schreiben wir für ein moduliertes Signal:

$$\begin{aligned} x_c(t) &= A_c \operatorname{Re}\left\{x_{\mathrm{TP}}(t)\, \mathrm{e}^{j2\pi f_c t+\theta_c}\right\} \\ &= A_c \left[x_i(t) \cos(2\pi f_c t+\theta_c) - x_q(t) \sin(2\pi f_c t+\theta_c)\right] \end{aligned} \qquad (6.45)$$

Dabei haben wir den Ausdruck Gl. (6.3) um die Amplitude A_c und die Phase θ_c des Trägersignals ergänzt. Das Tiefpasssignal $x_{\mathrm{TP}}(t)$ enthält die zu übertragende Information in Form einer Symbolfolge. Im Falle eines linearen Modulationsverfahrens, bei dem die Quadraturkomponenten $x_i(t)$ und $x_q(t)$ des Tiefpasssignals linear von der Symbolfolge abhängen, können wir das modulierte Signal mithilfe eines Quadratur-Modulators erzeugen (Bild 6.27). Eine Folge von m-wertigen Symbolen $\{a_n\}$ wird in zwei Teilfolgen $\{a'_k\}$ bzw. $\{a''_k\}$ aufgespalten. Daraus werden Real- und Imaginärteil des Tiefpasssignals gebildet. Nach einem Pulsformfilter mit der (reellen) Impulsantwort $p(t)$ erhält man entsprechend Gl. (5.8) die Quadraturkomponenten

$$\begin{aligned} x_i(t) &= \sum_{k=-\infty}^{\infty} a'_k\, p(t-kT) \\ x_q(t) &= \sum_{k=-\infty}^{\infty} a''_k\, p(t-kT) \end{aligned} \qquad (6.46)$$

oder in komplexer Schreibweise:

$$x_{\mathrm{TP}}(t) = \sum_{k=-\infty}^{\infty} \left(a'_k + j\, a''_k\right) p(t-kT) \qquad (6.47)$$

Die Quadraturkomponenten des Tiefpasssignals stellen also digitale Basisbandsignale dar, die voneinander unabhängige Symbolfolgen enthalten. Durch die den Pulsformfiltern folgenden Mischstufen entsteht auf gleiche Weise wie in Bild 6.3 ein reelles Bandpasssignal. Die komplexe Ebene, die von den Quadraturkomponenten $x_i(t)$ und $x_q(t)$ aufgespannt wird, wird auch *Signalraum* genannt. Entsprechend ist der Block zur Aufteilung der Symbolfolge in Bild 6.27 mit Signalraumzuordnung bezeichnet. Die obige Darstellung eines Modulationssignals gilt zunächst für alle linearen Modulationsverfahren. Mit der Wertigkeit der Symbole $\{a'_k\}$ und $\{a''_k\}$ und der Art der Signalraumzuordnung wird ein spezifisches Modulationsverfahren festgelegt.

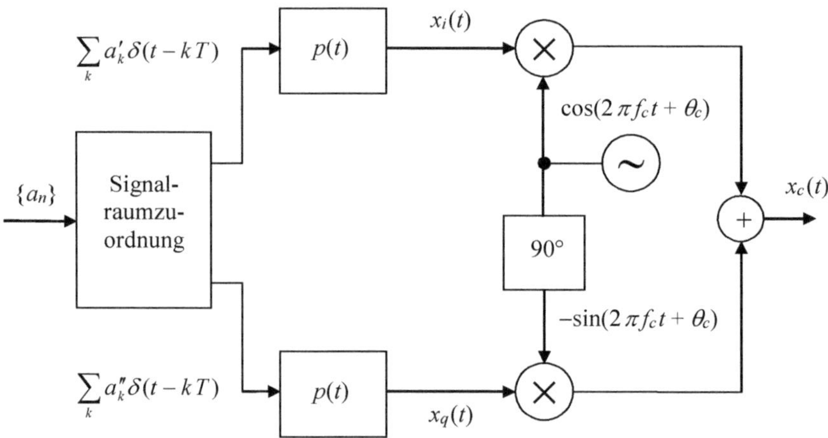

Bild 6.27 Quadratur-Modulator

Zur Bestimmung des Leistungsdichtespektrums von $x_c(t)$ muss zunächst dessen Autokorrelationsfunktion $R_c(\tau) = E[x_c(t)\, x_c(t+\tau)]$ ermittelt werden [29]. Das Leistungsdichtespektrum erhält man anschließend durch Fourier-Transformation der Autokorrelationsfunktion (vgl. Abschnitt 2.3.3).

Eine vereinfachte Betrachtung geht davon aus, dass θ_c in Gl. (6.45) eine im Intervall 0 bis 2π gleichverteilte Zufallsgröße ist. Dies ist der Fall, wenn θ_c als zufällige Phase des lokalen Oszillators im Modulator im Einschaltmoment aufgefasst wird. Dann hat $x_i(t)\cos(2\pi f_c t + \theta_c)$ die Autokorrelationsfunktion $R_i(\tau)\,\frac{1}{2}\cos(2\pi f_c \tau)$. $R_i(\tau)$ ist die Autokorrelationsfunktion von $x_i(t)$. Sind ferner $x_i(t)$ und $x_q(t)$ unkorreliert und ist wenigstens eine der Quadraturkomponenten mittelwertfrei, so gilt für die Autokorrelationsfunktion von $x_c(t)$ [4]:

$$R_c(\tau) = \left[R_i(\tau) + R_q(\tau)\right] \frac{A_c^2}{2} \cos(2\pi f_c \tau) \tag{6.48}$$

Der Ausdruck rechts von der eckigen Klammer in Gl. (6.48) ist die Autokorrelationsfunktion eines Kosinus- oder Sinussignals (siehe Beispiel 2.11). Durch Fourier-Transformation von $R_c(\tau)$ erhalten wir für das Leistungsdichtespektrum des modulierten Signals den Ausdruck:

$$\begin{aligned} \phi_c(f) &= \left[\phi_i(f) + \phi_q(f)\right] * \frac{A_c^2}{4} \left[\delta(f-f_c) + \delta(f+f_c)\right] \\ &= \frac{A_c^2}{4} \left[\phi_i(f-f_c) + \phi_q(f-f_c) + \phi_i(f+f_c) + \phi_q(f+f_c)\right] \end{aligned} \tag{6.49}$$

Die Leistungsdichtespektren der Quadraturkomponenten in der Form von Gl. (6.46) kennen wir aus Abschnitt 5.2.5. Für $\phi_i(f)$ und $\phi_q(f)$ gilt (unter den dort genannten Voraussetzungen) Gl. (5.11) oder Gl. (5.12). Das Spektrum des modulierten Signals besteht aus den um $\pm f_c$ verschobenen Spektren der Quadraturkomponenten.

Bei den meisten Modulationsverfahren haben die Quadraturkomponenten identische Spektren. Bei mittelwertfreien, unkorrelierten Symbolen ist das Spektrum proportional zu $|P(f)|^2$, d. h., es wird duch die die Pulsformfilter $p(t)$ bestimmt (siehe Beispiel 5.1). Bild 6.28 zeigt das Spektrum des modulierten Signals für rechteckförmige Grundimpulse und Kosinus-roll-off-Grundimpulse. Kombiniert man die Forderung nach einem bandbegrenzten Signal

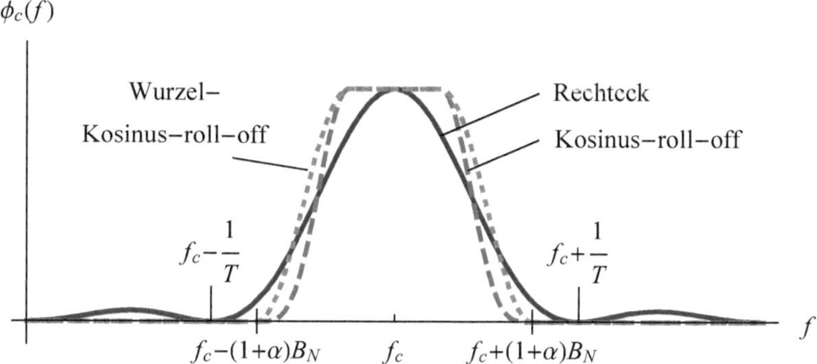

Bild 6.28 Leistungsdichtespektrum des modulierten Signals

ohne Intersymbol-Interferenz mit der Forderung nach einem signalangepassten Filter, so ist das Pulsformfilter und das Empfangsfilter jeweils ein Wurzel-Kosinus-roll-off-Filter (Abschnitt 5.3.2). Während das Basisbandsignal nach Gl. (5.7) die Bandbreite $(1+\alpha)B_N$ hat, beträgt die Bandbreite des modulierten Signals $B_K = 2(1+\alpha)B_N$, ist also doppelt so groß wie die des Basisbandsignals. Setzen wir für die Nyquist-Bandbreite $B_N = 1/2T = r_s/2$ ein, so können wir für die Bandbreite auch $B_K = (1+\alpha)r_s$ schreiben.

6.3.2 Amplitudenumtastung

Bei der Amplitudenumtastung (Amplitude-Shift Keying, ASK) ändert sich die Amplitude, aber nicht die Phase des modulierten Signals. Daher ist nach Gl. (6.7) $\varphi_{TP}(t)$ und damit auch $x_q(t)$ gleich null. Wir fordern zusätzlich, dass $x_i(t)$ unipolar ist, da ein Vorzeichenwechsel eine 180°-Phasenänderung bewirken würde. Damit gilt für die Quadraturkomponenten eines m-stufigen amplitudengetasteten Signals oder kurz eines m-ASK-Signals

$$\begin{aligned} x_i(t) &= \sum_{k=-\infty}^{\infty} a_k\, p(t-kT), \quad a_k \in \{0, 1, \ldots, m-1\} \\ x_q(t) &= 0 \end{aligned} \tag{6.50}$$

und für das modulierte Signal:

$$x_c(t) = A_c\, x_i(t) \cos(2\pi f_c t + \theta_c) \tag{6.51}$$

Bild 6.29 zeigt den Signalverlauf für binäre ASK ($m = 2$) mit rechteckförmigen Grundimpulsen $p(t)$. Da das Trägersignal bei diesem Verfahren ein- und ausgeschaltet wird, spricht man auch von On-Off-Keying (OOK). In Bild 6.29 wurden die Trägerphase θ_c und die Symboldauer T so gewählt, dass das Ein- und Ausschalten im Nulldurchgang des Trägers erfolgt. Bild 6.30 (a) zeigt die Signalraumkonstellation. Die zwei Punkte markieren die Spitze des Zeigers, der durch das Tiefpasssignal $x_{TP}(t)$ in der komplexen Ebene aufgespannt wird. Da dessen Imaginärteil $x_q(t)$ gleich null ist, liegt die Spitze des Zeigers immer auf der reellen Achse. Der Betrag $|x_{TP}(t)|$ bestimmt die Länge des Zeigers und ist entsprechend Gl. (6.7) proportional der Amplitude des modulierten Signals. Die zwei Punkte im Signalraum entsprechen den zwei Amplitudenstufen des binären ASK-Signals.

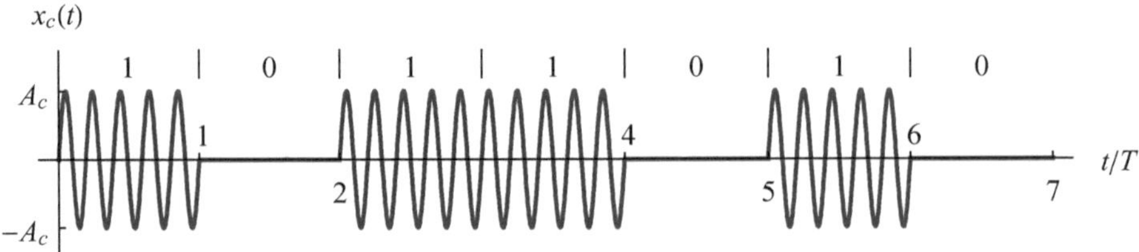

Bild 6.29 ASK-Signal ($m = 2$)

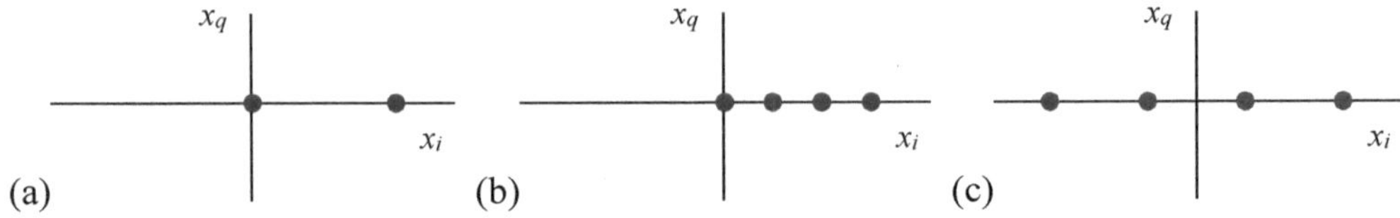

Bild 6.30 ASK-Signalraumkonstellation: (a) $m = 2$, (b) $m = 4$, (c) $m = 4$ ohne Träger

Die Bilder 6.30 (b) und (c) zeigen zwei Varianten einer vierstufigen ASK. Bei der Signalraumkonstellation in Bild 6.30 (b) ist $a_k \in \{0, 1, 2, 3\}$, während bei der Konstellation in Bild 6.30 (c) $a_k \in \{-3, -1, 1, 3\}$ ist. Auch diese Variante wird zu den ASK-Verfahren gezählt, obwohl es hier zu 180°-Phasenänderungen kommt. Aufgrund dieser zufälligen Phasenwechsel enthält das Spektrum keine Linie bei der Trägerfrequenz.

Da die Quadraturkomponente des Tiefpasssignals gleich null ist, ist auch dessen Leistungsdichtespektrum $\phi_q(f)$ gleich null. Um das Leistungsdichtespektrum von $x_c(t)$ entsprechend Gl. (6.49) anzugeben, benötigen wir noch $\phi_i(f)$. Wenn alle m Werte von 0 bis $m-1$, die a_k annehmen kann, mit der gleichen Wahrscheinlichkeit $1/m$ auftreten, gelten für Mittelwert, quadratischen Mittelwert und Varianz der Symbolfolge

$$\overline{a_k} = m_a = \frac{1}{m}\,(0 + 1 + \ldots + m - 1) = \frac{m-1}{2}$$

$$\overline{a_k^2} = \sigma_a^2 + m_a^2 = \frac{1}{m}\left(0^2 + 1^2 + \ldots + (m-1)^2\right) = \frac{(m-1)\,(2m-1)}{6}$$

$$\sigma_a^2 = \overline{a_k^2} - m_a^2 = \frac{m^2-1}{12}$$

und wir erhalten mit Gl. (5.12):

$$\phi_i(f) = \frac{m^2-1}{12}\,T\,\mathrm{si}^2(\pi f t) + \frac{(m-1)^2}{4}\,\delta(f) \tag{6.52}$$

Das Spektrum des unipolaren Basisbandsignals besteht aus einer kontinuierlichen Komponente sowie einer Linie bei $f = 0$, die mathematisch durch den Dirac-Impuls $\delta(f)$ in Gl. (6.52) beschrieben wird. Das Spektrum des modulierten Signals ist gleich dem um $\pm f_c$ verschobenen Spektrum des Basisbandsignals. Daher erscheint diese Linie im ASK-Spektrum bei der Trägerfrequenz f_c (Bild 6.31). Für die ASK-Variante mit der Signalraumkonstellation Bild 6.30 (c) ist die Symbolfolge mittelwertfrei, d. h., es ist $m_a = 0$. Daher enthält in diesem Fall das Spekrum des ASK-Signals keine Linie bei $f = f_c$.

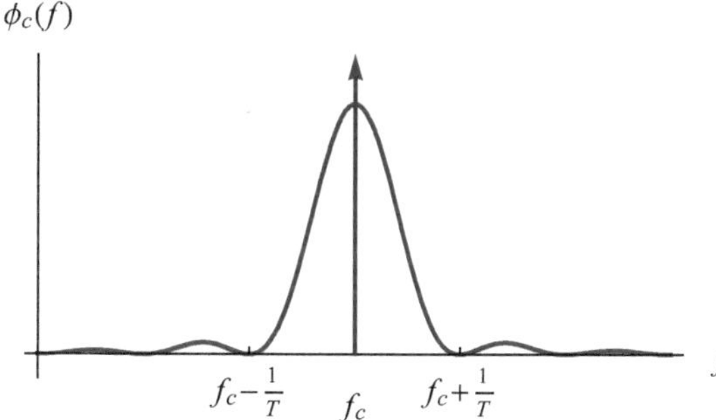

Bild 6.31 Leistungsdichtespektrum eines ASK-Signals

6.3.3 Phasenumtastung

Ein phasenumgetastetes Signal (Phase-Shift Keying, PSK) hat eine konstante Amplitude und die Form:

$$x_c(t) = A_c \sum_{k=-\infty}^{\infty} \cos(2\pi f_c t + \theta_c + \varphi_k)\, p(t - kT) \tag{6.53}$$

Jeder Summand in Gl. (6.53) stellt ein einzelnes Symbol in Form einer durch $p(t)$ zeitlich begrenzten Kosinusschwingung mit der Phase φ_k dar. Die zu übertragende Information ist in φ_k enthalten. Mithilfe der trigonometrischen Beziehung für $\cos(x + y)$ mit $x = \varphi_k$ und $y = 2\pi f_c t + \theta_c$ bringen wir Gl. (6.53) in die Form von Gl. (6.45):

$$x_c(t) =$$
$$A_c \left[\sum_{k=-\infty}^{\infty} \cos(\varphi_k)\, p(t-kT) \cos(2\pi f_c t + \theta_c) - \sum_{k=-\infty}^{\infty} \sin(\varphi_k)\, p(t-kT) \sin(2\pi f_c t + \theta_c) \right]$$

Daraus entnimmt man die Quadraturkomponenten:

$$x_i(t) = \sum_{k=-\infty}^{\infty} I_k\, p(t-kT), \quad I_k = \cos\varphi_k$$

$$x_q(t) = \sum_{k=-\infty}^{\infty} Q_k\, p(t-kT), \quad Q_k = \sin\varphi_k \tag{6.54}$$

Der Zusammenhang zwischen φ_k und den Symbolen a_k wird so gewählt, dass sich im Bereich $0 \ldots 2\pi$ die maximal mögliche Phasenänderung ergibt:

$$\varphi_k = \frac{2\pi\, a_k}{m} + \lambda, \quad a_k \in \{0, 1, \ldots, m-1\}, \quad \lambda \in \left\{0, \frac{\pi}{m}\right\} \tag{6.55}$$

Im Falle von $m = 2$ bezeichnet man das Modulationsverfahren als BPSK (binäre PSK), für $m = 4$ als QPSK (quaternäre PSK) und für $m \geq 8$ als m-PSK. Für QPSK sind die Werte für a_k, φ_k, I_k und Q_k in Tabelle 6.2 zusammengestellt. Den 4-wertigen Symbolen werden jeweils 2 bit, auch Dibit genannt, zugeordnet. Die Zuordnung erfolgt so, dass sich die Dibits benachbarter Konstellationspunkte in nur einem Bit unterscheiden. Dies ist wieder die bereits aus Abschnitt 5.1 bekannte Gray-Codierung.

Tabelle 6.2 Wertetabelle für QPSK ($m = 4$, $\lambda = 0$)

a_k	φ_k	I_k	Q_k	Dibit
0	0	1	0	0 0
1	$\pi/2$	0	1	0 1
2	π	−1	0	1 1
3	$3\pi/2$	0	−1	1 0

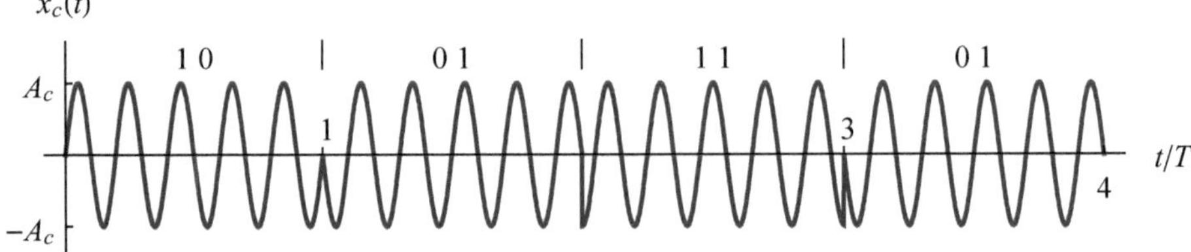

Bild 6.32 QPSK-Signal

Bild 6.32 zeigt den zeitlichen Verlauf eines QPSK-Signals. Die Phase kann sich von Symbol zu Symbol um π (180°) oder $\pm\pi/2$ (±90°) ändern. Die Amplitude ist konstant, sofern es sich bei den Grundimpulsen $p(t)$ wie hier um Rechteckimpulse handelt.

Bild 6.33 zeigt in der Bildmitte die Signalraumkonstellation für QPSK und zusätzlich auch die Konstellation für eine zwei- und achtstufige PSK. Die Werte für I_k und Q_k entsprechen den x- bzw. y-Koordinaten der Punkte im Signalraum, denen Gray-codierte binäre Codeworte zugeordnet sind. Wählt man $\lambda = \pi/m$, so resultiert dies in einer Drehung der Signalraumkonstellation um 90° ($m = 2$), 45° ($m = 4$) oder 22,5° ($m = 8$).

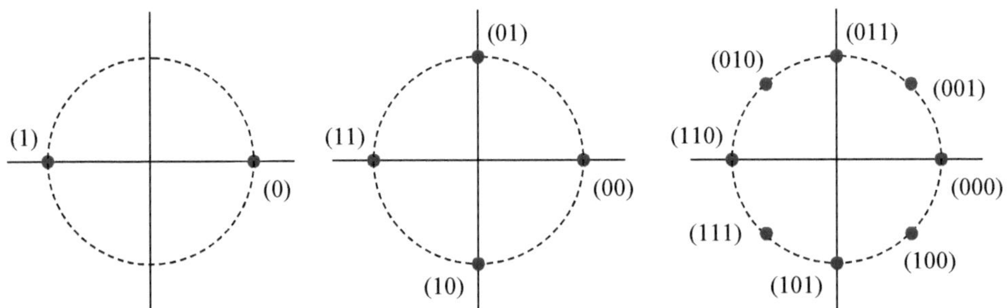

Bild 6.33 Signalraumkonstellation für BPSK ($m = 2$), QPSK ($m = 4$) und 8-PSK ($m = 8$)

Das Leistungsdichtespektrum des PSK-Signals hat die in Bild 6.28 gezeigte Form. Für Mittelwert und Varianz von I_k und Q_k gilt

$$\overline{I_k} = \overline{Q_k} = 0, \quad \overline{I_k^2} = \overline{Q_k^2} = \frac{1}{2} \tag{6.56}$$

und für das Leistungsdichtespektrum der Quadraturkomponenten folgt:

$$\phi_i(f) = \phi_q(f) = \frac{1}{2T} \, |P(f)|^2 \tag{6.57}$$

Bei rechteckförmigen Grundimpulsen ist $P(f) = T\,\mathrm{si}(\pi f T)$. Das PSK-Signal hat dann prinzipiell eine unendlich große Bandbreite, auch wenn die Leistungsdichte, wie in Bild 6.28 zu sehen, für $f > f_c + 1/T$ bzw. $f < f_c - 1/T$ schnell abnimmt. Wird nun das Signal bandbegrenzt, so geht der Vorteil einer konstanten Amplitude verloren. Ein Signal mit konstanter Amplitude stellt nur geringe Anforderungen an die Linearität des HF-Leistungsverstärkers, sodass der Verstärker sehr leistungseffizient realisiert werden kann. Dies ist wichtig, wenn es auf eine geringe Leistungsaufnahme ankommt, beispielsweise in der Satellitentechnik oder im Mobilfunk, wenn die Leistungsaufnahme die Betriebsdauer eines mobilen batteriebetriebenen Endgeräts bestimmt.

Eine Bandbegrenzung des PSK-Signals erreicht man entweder durch eine Bandpassfilterung des modulierten Signals oder aber durch spektrale Formung mithilfe der Pulsformfilter im Tiefpassbereich. Bild 6.34 zeigt ein QPSK-Signal bei Verwendung von Kosinus-roll-off-Filtern zur Pulsformung, d. h., bei den Grundimpulsen $p(t)$ in Gl. (6.54) handelt es sich um Nyquist-Impulse in der Form von Gl. (5.6).[2] Die Pulsformung hat zur Folge, dass die Einhüllende des modulierten Signals nicht mehr konstant ist. Besonders starke Amplitudeneinbrüche ergeben sich bei Phasenänderungen um $\pm\pi$. In Bild 6.34 ist dies bei dem Wechsel von Dibit 1 0 auf Dibit 0 1 zu erkennen.

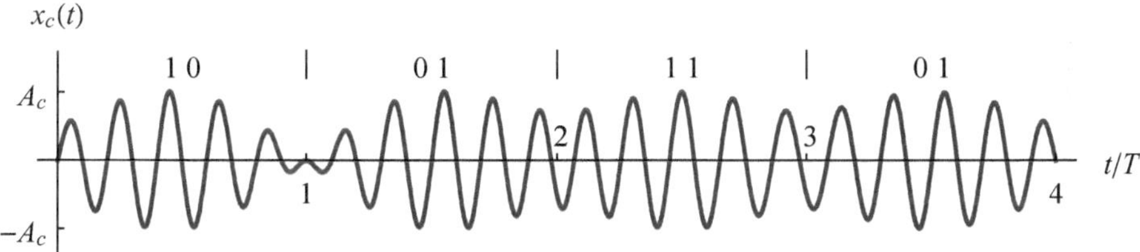

Bild 6.34 QPSK-Signal mit Kosinus-roll-off-Grundimpulsen ($\alpha = 0{,}5$)

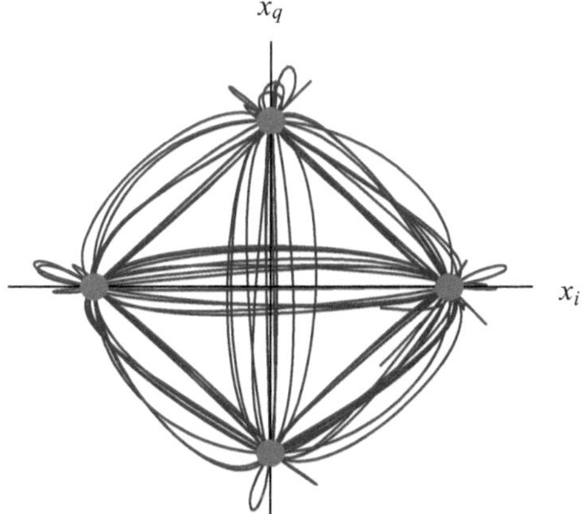

Bild 6.35 Verlauf des Signals aus Bild 6.34 in der x_i-x_q-Ebene

Bild 6.35 zeigt den Verlauf, den der von den Quadraturkomponenten gebildete Zeiger in der x_i-x_q-Ebene beschreibt. Die Länge des Zeigers ist gleich der Amplitude des Bandpasssignals.

[2] Bei einem Wurzel-Kosinus-roll-off-Filter erhält man ein Signal entsprechend Bild 6.34 *nach* dem signalangepassten Filter im Empfänger.

Eine konstante Amplitude setzt eine konstante Länge voraus, d. h., der Zeiger verläuft auf einem exakten Kreis. Dies ist hier offensichtlich nicht der Fall. Bei Phasenänderungen um $\pm\pi$ verläuft der Zeiger in der Nähe des Ursprungs, was zu den bereits beobachteten Amplitudeneinbrüchen führt. Aufgrund der Nyquist-Pulsformung ist das QPSK-Signal in Bild 6.34 aber frei von Intersymbol-Interferenz. In der Signalraumdarstellung ist dies daran zu erkennen, dass sich im Bereich der vier Punkte im Signalraum die vom Zeiger beschriebenen Linien exakt in einem Punkt schneiden.

Offset-QPSK

Die Offset-QPSK ist eine Variante der QPSK, bei der diese Amplitudeneinbrüche vermieden werden. Wir betrachten dazu zunächst die Signalraumkonstellation für QPSK, $\lambda = \pi/4$, in Bild 6.36 (a). Der eingezeichnete Übergang, verbunden mit einer Phasenänderung um $\pm\pi$, entsteht, wenn sich sowohl I_k als auch Q_k gleichzeitig ändern. Diese für die Amplitudeneinbrüche verantwortlichen Phasenänderungen werden vermieden, wenn die Quadraturkomponente relativ zur Normalkomponente um $T/2 = T_b$ verzögert wird (Bild 6.37). Durch diese Verzögerung wird die gleichzeitige Änderung von I_k und Q_k ausgeschlossen, vielmehr ändert sich nun die Phase in zwei Schritten von jeweils $\pi/2$ wie in Bild 6.36 (b) angedeutet.

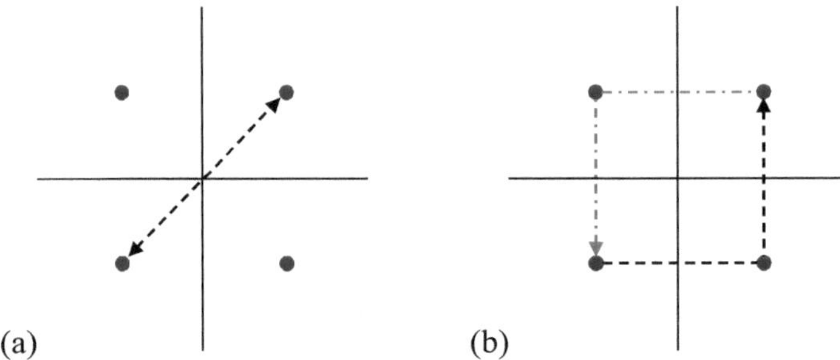

Bild 6.36 180°-Phasenübergang bei (a) QPSK und (b) Offset-QPSK

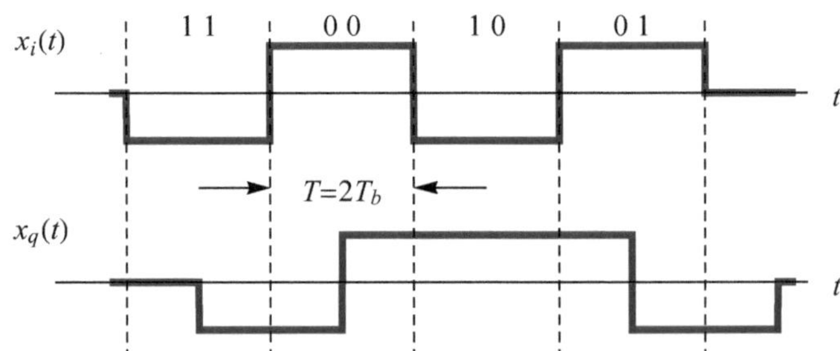

Bild 6.37 Quadraturkomponenten des Offset-QPSK-Signals

Eine besonders einfache Senderstruktur ergibt sich mit der in Bild 6.37 vorgenommenen Zuordnung der Dibits. Das erste Bit eines Dibits bestimmt I_k, das zweite Bit Q_k:

$$a_n = \begin{cases} 0: & I_k = 1/\sqrt{2} \\ 1: & I_k = -1/\sqrt{2} \end{cases} \qquad a_{n+1} = \begin{cases} 0: & Q_k = 1/\sqrt{2} \\ 1: & Q_k = -1/\sqrt{2} \end{cases}$$

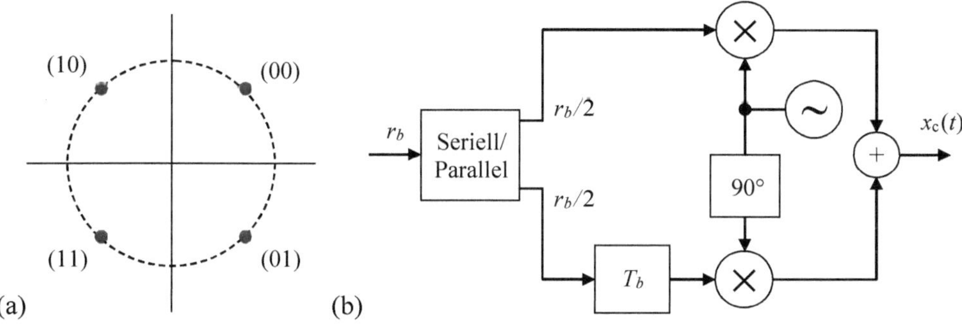

Bild 6.38 Offset-QPSK: (a) Signalraumkonstellation, (b) Sender

Bild 6.38 zeigt die Signalraumkonstellation mit der entsprechenden Zuordnung der Dibits und das Blockschaltbild des Senders. Die Signalraumzuordnung aus Bild 6.27 vereinfacht sich zu einer Seriell/Parallel-Wandlung. Lässt man das Verzögerungsglied im unteren Zweig weg, so erhält man ein herkömmliches QPSK-Signal.

Differenzielle PSK (DPSK)

Die Demodulation eines PSK-Signals erfordert die Kenntnis der absoluten Phase des Trägers, d. h., die Demodulation muss kohärent erfolgen (vgl. Abschnitt 6.4.1). Da die Rückgewinnung der Trägerphase aus dem Empfangssignal mit einer Phasenunsicherheit um ein ganzzahliges Vielfaches von $2\pi/m$ verbunden ist, muss zusätzlich eine bekannte Symbolfolge eingefügt werden, mit deren Hilfe der Empfänger die verbleibende Phasenunsicherheit beseitigen kann. Dieses Problem kann mit der differenziellen PSK (DPSK) umgangen werden, bei der die Information in der Differenz der Phase aufeinanderfolgender Symbole enthalten ist. Darüber hinaus kann ein DPSK-Signal auch inkohärent demoduliert werden. Für die Phase des DPSK-Signals gilt

$$\begin{aligned} \varphi_0 &= \Delta\varphi_0 \\ \varphi_k &= \varphi_{k-1} + \Delta\varphi_k \quad (k \geq 1) \end{aligned} \tag{6.58}$$

mit:

$$\Delta\varphi_k = \frac{2\pi\, a_k}{m} + \lambda, \quad a_k \in \{0, 1, \ldots, m-1\}, \quad \lambda \in \left\{0, \frac{\pi}{m}\right\} \tag{6.59}$$

Die möglichen Phasenänderungen bei differenzieller QPSK (DQPSK, $m = 4$) sind in Tabelle 6.3 zusammengestellt, und die zugehörigen Signalraumkonstellationen zeigt Bild 6.39. Für $\lambda = \pi/m$ ergibt sich die Besonderheit, dass sich die Signalraumkonstellation von Symbol zu Symbol um π/m dreht. Für DQPSK ist $\lambda = \pi/4$ – man bezeichnet das Verfahren auch als $\pi/4$-DQPSK – und die Drehung beträgt 45°. Für k gerade liegen die Punkte im Signalraum auf den Diagonalen, für k ungerade auf den Achsen. Auch hier treten keine Phasenänderungen um $\pm\pi$ auf, d. h., wie bei der Offset-QPSK werden die damit verbundenen starken Amplitudeneinbrüche bei einem bandbegrenzten Signal vermieden.

DPSK geht aus PSK mithilfe einer differenziellen Vorcodierung hervor. Der Vorcodierer erzeugt aus der Symbolfolge $\{a_k\}$ die Folge $\{d_k\}$. Einem Symbol d_k wird entsprechend Gl. (6.55) die

Tabelle 6.3 Phasenänderungen bei DQPSK

a_k	$\Delta\varphi_k$ ($\lambda = 0$)	$\Delta\varphi_k$ ($\lambda = \pi/4$)
0	0	$\pi/4$
1	$\pi/2$	$3\pi/4$
2	π	$5\pi/4$
3	$3\pi/2$	$7\pi/4$

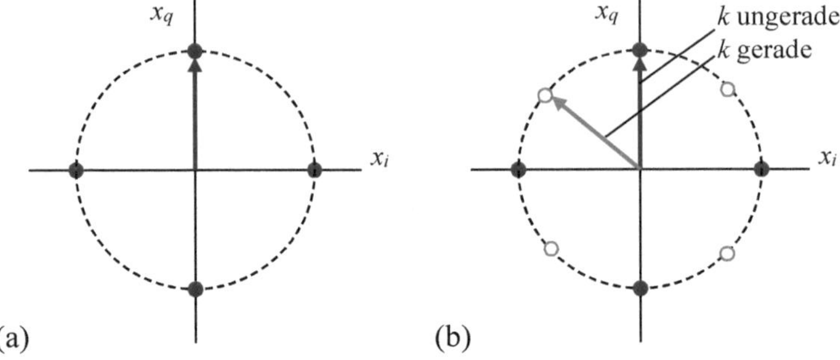

Bild 6.39 Signalraumkonstellation für DQPSK: (a) $\lambda = 0$, (b) $\lambda = \pi/4$

absolute Trägerphase $\varphi_k = 2\pi\, d_k/m + \lambda$ zugewiesen. Für den Zusammenhang zwischen a_k und d_k gilt:[3]

$$d_0 = a_0$$

$$d_k = (a_k + d_{k-1}) \bmod m \quad (k \geq 1)$$

Wir betrachten ein Beispiel für d_k, die absolute Phase φ_k und die Phasenänderung $\Delta\varphi_k$, die sich für DQPSK ($m = 4$, $\lambda = 0$) ergibt:

$$\begin{aligned}
\{a_k\} &= \{\ 1,\ 3,\ 3,\ 1,\ 0,\ 2,\ 3\} \\
\{d_k\} &= \{\ 1,\ 0,\ 3,\ 0,\ 0,\ 2,\ 1\} \\
\{\varphi_k\} &= \{\ \pi/2,\ 0,\ 3\pi/2,\ 0,\ 0,\ \pi,\ \pi/2\} \\
\{\Delta\varphi_k\} &= \{\ -,\ 3\pi/2,\ 3\pi/2,\ \pi/2,\ 0,\ \pi,\ 3\pi/2\}
\end{aligned}$$

Sowohl Offset-QPSK als auch DPSK haben das gleiche Leistungsdichtespektrum wie die herkömmliche Phasenumtastung.

6.3.4 Quadratur-Amplitudenmodulation

Bei den bisher betrachteten Modulationsverfahren ASK und PSK wurde entweder die Amplitude oder die Phase des Trägersignals in Abhängigkeit von der zu übertragenden Information verändert. Bei der Quadratur-Amplitudenmodulation (QAM) ändern sich nun sowohl die Amplitude als auch die Phase des Trägers. Bild 6.40 zeigt als Beispiel die Signalraumkonstellation eines QAM-Signals mit $m = 16$ oder kurz 16-QAM.

[3] Die Modulo-Operation $a \bmod b$ liefert den Divisonsrest von a/b.

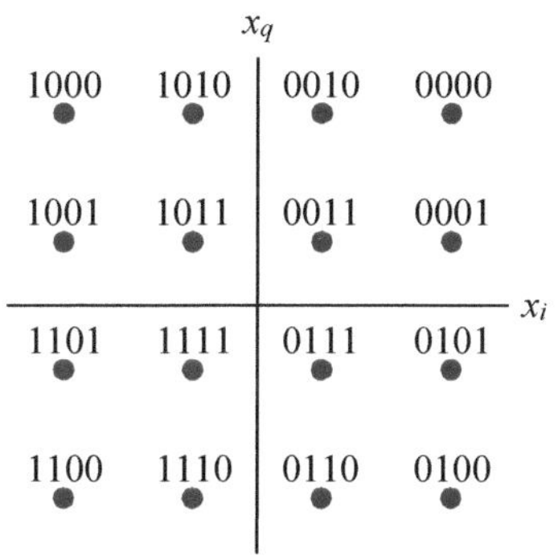

x_q

1000 1010 0010 0000

1001 1011 0011 0001

x_i

1101 1111 0111 0101

1100 1110 0110 0100

Bild 6.40 Signalraumkonstellation für 16-QAM

Falls m eine Quadratzahl ist, können die m Punkte im Signalraum quadratisch angeordnet werden wie im Beispiel von Bild 6.40. Mit $m = n^2$ gilt dann für die Quadraturkomponenten eines m-QAM-Signals:

$$x_i(t) = \sum_{k=-\infty}^{\infty} a'_k\, p(t-kT), \quad a'_k \in \{\pm 1, \pm 3, \ldots, \pm(n-1)\}$$

$$x_q(t) = \sum_{k=-\infty}^{\infty} a''_k\, p(t-kT), \quad a''_k \in \{\pm 1, \pm 3, \ldots, \pm(n-1)\} \qquad (6.60)$$

Für $m = 16$ ist $n = 4$ und a'_k, $a''_k \in \{\pm 1, \pm 3\}$, a'_k und a''_k sind also jeweils vierwertig. Der von den Quadraturkomponenten gebildete Zeiger kann drei verschiedene Längen und zwölf verschiedene Winkel annehmen. Entsprechend ist das 16-QAM-Signal durch drei Amplitudenstufen und zwölf Phasenwinkel gekennzeichnet, die in insgesamt sechzehn verschiedenen Kombinationen auftreten.

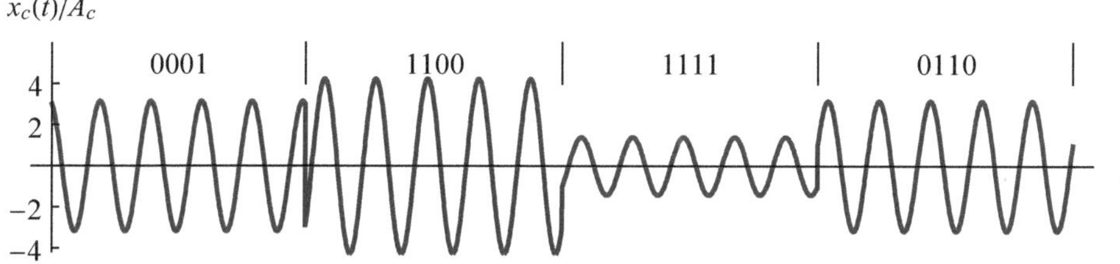

Bild 6.41 Signalverlauf eines 16-QAM-Signals

Bild 6.41 zeigt dazu ein Beispiel mit den Symbolfolgen $\{a'_k\} = \{3, -3, -1, 1\}$ und $\{a''_k\} = \{1, -3, -1, -3\}$. Ein QAM-Symbol enthält die Information von $n = \log_2 m$ bit, also 4 bit im Falle der 16-QAM. Diese 4 bit teilen sich zu je 2 bit auf die beiden Quadraturkomponenten auf. Bild 6.40 zeigt eine Möglichkeit der Zuordnung der 4-bit-Codeworte zu den Punkten des Signalraumes. Die ersten 2 bit markieren den Quadranten, die letzten 2 bit einen der vier Punkte eines Quadranten. Alle Punkte sind Gray-codiert, d. h., benachbarten Punkten sind binäre Codeworte zugeordnet, die sich in nur einem Bit unterscheiden. Gleiches gilt auch für die Quadranten selbst. Da die Quadraturkomponenten eines QAM-Signals unkorreliert und mittelwertfrei sind, hat das Leistungsdichtespektrum wieder die in Bild 6.28 gezeigte Form.

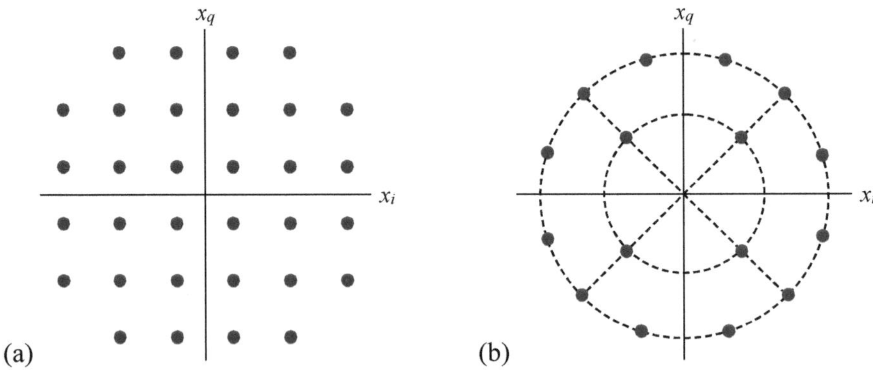

Bild 6.42 Signalraumkonstellationen für (a) 32-QAM und (b) 16-APSK

Wenn m eine Quadratzahl ist wie bei der 16-QAM, der 64-QAM oder der 256-QAM, erhält man eine quadratische Anordnung der Punkte im Signalraum. Bild 6.42 (a) zeigt als Beispiel eine Konstellation für 32-QAM, bei der m keine Quadratzahl ist. Bei der gezeigten Anordnung spricht man wegen des kreuzförmigen Umrisses auch von Cross-QAM.

Während eine quadratische Anordnung die Signalraumzuordnung im Sender vereinfacht, sind auch andere Anordnungen möglich, die beispielsweise die Distanz zwischen den Punkten vergrößern und damit die Fehlerwahrscheinlichkeit verringern. Ein anderes Kriterium kann das Verhältnis von Spitzenleistung zu mittlerer Leistung sein (PAPR, Gl. (2.57)), wobei Erstere von der maximalen Länge und Letztere von der mittleren Länge des Zeigers im Signalraum abhängt. Bild 6.42 (b) zeigt eine Anordnung für $m = 16$. Man spricht dann auch allgemein von Amplituden-Phasenumtastung (Amplitude-Phase Shift Keying, APSK).

6.3.5 Frequenzumtastung

Die bisher behandelten Modulationsverfahren werden zu den linearen Verfahren gezählt, da die Quadraturkomponenten des modulierten Signals linear von der zu übertragenden Symbolfolge abhängen. Die Frequenzumtastung (Frequency-Shift Keying, FSK) ist dagegen ein nichtlineares Verfahren. Bei der FSK wird die Frequenz des Trägersignals in Abhängigkeit der zu übertragenden Symbolfolge geändert.

Ein m-stufiges FSK-Signal kann mithilfe von m Oszillatoren erzeugt werden, zwischen denen in Abhängigkeit von den m-wertigen Symbolen a_k umgeschaltet wird. Dies kann jedoch Phasensprünge im Umschaltzeitpunkt zur Folge haben. Solche Phasensprünge wirken sich ungünstig auf das Leistungsdichtespektrum des FSK-Signals aus, da sie zu einer spektralen Aufweitung führen. Günstiger ist die Verwendung von FSK mit kontinuierlicher Phase (Continuous-Phase FSK, CPFSK), auf die wir uns im Folgenden konzentrieren. Ein CPFSK-Signal kann beispielsweise durch die entsprechende Ansteuerung eines spannungsgesteuerten Oszillators gewonnen werden. Es wird durch die komplexe Einhüllende

$$x_{\mathrm{TP}}(t) = \exp\left[j2\pi f_\Delta \int_0^t \sum_{k=0}^{\infty} a_k\, p(\lambda - kT)\, d\lambda \right], \quad t \geq 0 \tag{6.61}$$

definiert. Darin bezeichnet f_Δ den Frequenzhub, der die Abweichung der Frequenz des FSK-Signals von der Frequenz f_c des unmodulierten Trägers beschreibt. Durch die Integration über das Basisbandsignal ist sichergestellt, dass die Phase kontinuierlich und ohne Sprünge verläuft.

Für die weitere Betrachtung legen wir ein binäres FSK-Signal mit $a_k \in \{-1, 1\}$, $T = T_b$ und rechteckförmigen Grundimpulsen der Form $p(t) = \text{rect}(t/T_b - 1/2)$ zugrunde. Um uns den Verlauf der Phase für diesen Fall klar zu machen, betrachten wir zunächst das Integral in Gl. (6.61):

$$\int_0^t \sum_{k=0}^{\infty} a_k\, p(\lambda - kT_b)\, d\lambda = \sum_{k=0}^{\infty} a_k \int_0^t p(\lambda - kT_b)\, d\lambda$$

$p(\lambda - kT_b)$ ist im Bereich $kT_b \leq \lambda \leq (k+1)T_b$ gleich eins und sonst überall null. Das Integral steigt linear an und nimmt am Ende des ersten Symbolintervalls ($k = 0$, $t = T_b$) den Wert $a_0 T_b$ an, am Ende des zweiten Intervalls ($k = 1$, $t = 2T_b$) den Wert $(a_0 + a_1)T_b$ usw., sodass wir für das k-te Symbolintervall

$$\int_0^t \sum_{k=0}^{\infty} a_k\, p(\lambda - kT_b)\, d\lambda = \sum_{j=0}^{k-1} a_j T_b + a_k (t - kT_b), \qquad kT_b \leq t \leq (k+1)T_b$$

schreiben können. Wir setzen diesen Ausdruck in Gl. (6.61) ein und erhalten:

$$\begin{aligned} x_{\text{TP}}(t) &= \exp\left[j \left(2\pi f_\Delta \sum_{j=0}^{k-1} a_j T_b + 2\pi f_\Delta\, a_k (t - kT_b) \right) \right] \\ &= \exp\left[j \left(\varphi(kT_b) + 2\pi f_\Delta\, a_k (t - kT_b) \right) \right], \quad kT_b \leq t \leq (k+1)T_b \end{aligned} \tag{6.62}$$

Darin bezeichnet $\varphi(kT_b)$ die Anfangsphase zu Beginn des Intervalls bei $t = kT_b$. Am Ende des Intervalls bei $t = (k+1)T_b$ erreicht die Phase den Wert:

$$\varphi(kT_b) + 2\pi f_\Delta\, a_k\, T_b$$

Als Modulationsindex bezeichnet man die Größe:

$$\eta = 2 f_\Delta\, T \tag{6.63}$$

Für unser zweistufiges FSK-Signal ist a_k gleich 1 oder -1 und $T = T_b$. Die Phasenänderung während einer Symboldauer beträgt dann:

$$\Delta\varphi(kT_b) = \pm 2\pi f_\Delta\, T_b = \pm\, \pi\, \eta \tag{6.64}$$

Der Verlauf der Phase, ausgehend von $\varphi(0) = 0$, ist in Bild 6.43 dargestellt. Wie das Bild zeigt, hängt die momentane Phase von den vorangegangenen Symbolen ab. CPFSK wird daher auch als gedächtnisbehaftetes Modulationsverfahren bezeichnet. Bild 6.44 zeigt die Signalraumdarstellung für $\eta = 1$ und $\eta = 1/2$. Im ersten Fall ändert sich die Phase während eines Symbolintervalls kontinuierlich um $\pm\pi$ und erreicht am Ende des Intervalls den Wert 0 oder π. Im zweiten Fall beträgt die Phasenänderung $\pm\pi/2$, und am Intervallende erhält man 0, $\pi/2$, π oder $3\pi/2$.

Der Betrag von $x_{\text{TP}}(t)$ ist konstant, d. h., $x_{\text{TP}}(t)$ und damit auch $x_c(t)$ haben eine konstante Amplitude. Für Letzteres erhalten wir mit Gl. (6.7):

$$x_c(t) = \cos\left[2\pi f_c t + \varphi(kT_b) + 2\pi f_\Delta\, a_k (t - kT_b) \right], \quad kT_b \leq t \leq (k+1)T_b \tag{6.65}$$

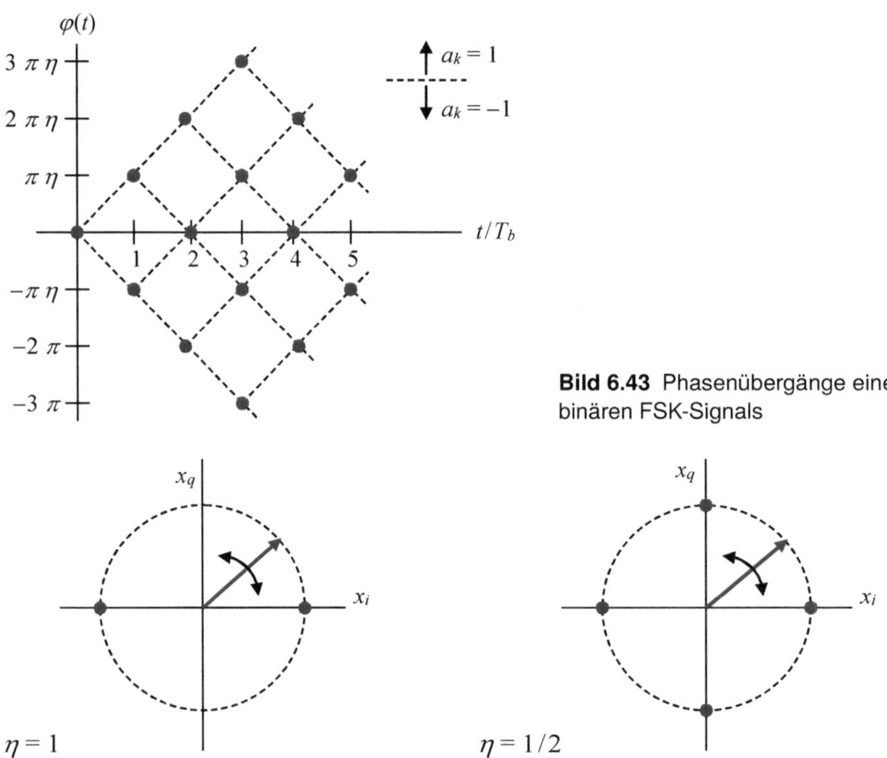

Bild 6.43 Phasenübergänge eines binären FSK-Signals

Bild 6.44 Signalraumdarstellung eines binären FSK-Signals

Die momentane Frequenz des FSK-Signals ist gleich der Ableitung des Arguments der cos-Funktion nach der Zeit, dividiert durch 2π:

$$f(t) = f_c + f_\Delta\, a_k = \begin{cases} f_c + f_\Delta & \text{für} \quad a_k = 1 \\ f_c - f_\Delta & \text{für} \quad a_k = -1 \end{cases} \tag{6.66}$$

Bild 6.45 zeigt den zeitlichen Verlauf eines FSK-Signals mit $\eta = 1$ und einem Frequenzhub $f_\Delta = 1/2T_b$. Mit $f_c = 3/T_b$ beträgt die momentane Frequenz des Signals in diesem Beispiel:

$$f(t) = \begin{cases} 3/T_b + 1/2T_b = 3{,}5T_b & \text{für} \quad a_k = 1 \\ 3/T_b - 1/2T_b = 2{,}5T_b & \text{für} \quad a_k = -1 \end{cases}$$

Da CPFSK gedächtnisbehaftetet ist, ist die spektrale Analyse bis auf wenige Sonderfälle sehr aufwändig. Wir betrachten im Folgenden den Fall $\eta = 1$, für den sich CPFSK als lineares Verfahren darstellen lässt. Wir zerlegen dazu das Signal in seine Quadraturkomponenten, die linear von der zu übertragenden Symbolfolge abhängen. Für den in Bild 6.45 gezeigten Fall eines binären FSK-Signals mit $\eta = 1$ setzt sich das Signal aus zeitlich auf die Symboldauer begrenzten Kosinusschwingungen mit der Frequenz $f_c + a_k f_\Delta$ mit $f_\Delta = 1/2T_b$ zusammen. Die Phase ändert sich immer innerhalb eines Symbolintervalls um $2\pi f_\Delta a_k T_b = \pm\pi$. Wir schreiben daher

$$x_c(t) = \sum_k \cos\left(2\pi f_c t + \pi\, a_k \frac{t}{T_b}\right) p(t - kT_b)$$

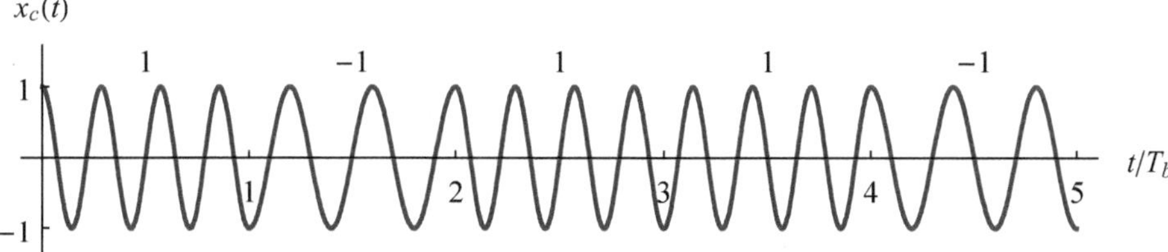

Bild 6.45 Binäres FSK-Signal ($\eta = 1$, $f_c = 3/T_b$)

mit $p(t) = \text{rect}(t/T_b - 1/2)$. Mithilfe der trigonometrischen Beziehung für $\cos(x + y)$ mit $x = \pi a_k t/T_b$ und $y = 2\pi f_c t$ erhalten wir:

$$x_c(t) = \sum_k \cos\left(\pi a_k \frac{t}{T_b}\right) p(t - kT_b) \cos\left(2\pi f_c t\right) - \sum_k \sin\left(\pi a_k \frac{t}{T_b}\right) p(t - kT_b) \sin\left(2\pi f_c t\right)$$

Durch Vergleich mit Gl. (6.6) erhalten wir die Quadraturkomponenten $x_i(t)$ und $x_q(t)$. Da $a_k = \pm 1$ ist, gilt $\cos(\pi a_k t/T_b) = \cos(\pi t/T_b)$, und die Normalkomponente ist ein Kosinussignal mit der Periodendauer $2T_b$:

$$x_i(t) = \sum_k \cos\left(\pi a_k \frac{t}{T_b}\right) p(t - kT_b) = \cos\left(\pi \frac{t}{T_b}\right) \tag{6.67}$$

Ferner ist

$$\sin\left(\pi a_k \frac{t}{T_b}\right) = a_k \sin\left(\pi \frac{t}{T_b}\right) = a_k (-1)^k \sin\left(\pi \frac{t - kT_b}{T_b}\right)$$

und wir erhalten für die Quadraturkomponente:

$$\begin{aligned} x_q(t) &= \sum_k \sin\left(\pi a_k \frac{t}{T_b}\right) p(t - kT_b) \\ &= \sum_k (-1)^k a_k \sin\left(\pi \frac{t - kT_b}{T_b}\right) p(t - kT_b) = \sum_k \tilde{a}_k \tilde{p}(t - kT_b) \end{aligned} \tag{6.68}$$

Die Quadraturkomponente lässt sich also in der Form von Gl. (5.8) mit der Symbolfolge bzw. dem Grundimpuls

$$\tilde{a}_k = (-1)^k a_k, \quad \tilde{p}(t) = \sin\left(\pi \frac{t}{T_b}\right) p(t) \tag{6.69}$$

darstellen. Da $p(t)$ ein auf $0 \le t \le T_b$ begrenzter Rechteckimpuls ist, handelt es sich bei dem modifizierten Grundimpuls $\tilde{p}(t)$ um die positive Halbwelle einer Sinusschwingung. Ferner sind $x_i(t)$ und $x_q(t)$ unabhängig voneinander, sodass sich das Leistungsdichtespektrum des FSK-Signals gemäß Gl. (6.49) aus den Spektren $\phi_i(f)$ und $\phi_q(f)$ der Quadraturkomponenten ergibt. Bei der Normalkomponente Gl. (6.67) handelt es sich um ein Kosinussignal mit der Leistungsdichte

$$\phi_i(f) = \frac{1}{4}\left[\delta\left(f - \frac{1}{2T_b}\right) + \delta\left(f + \frac{1}{2T_b}\right)\right] \tag{6.70}$$

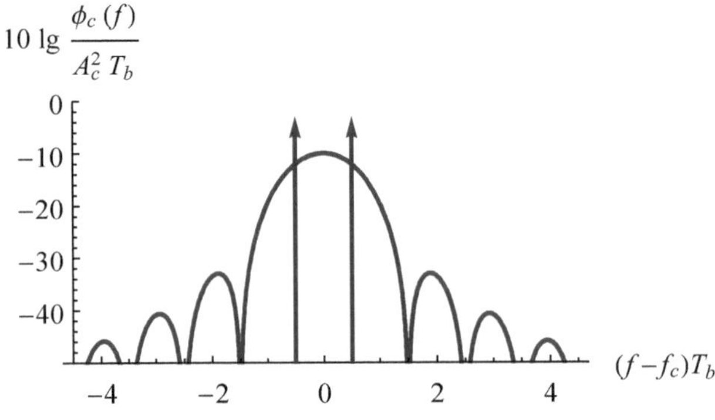

Bild 6.46 Leistungsdichtespektrum des binären FSK-Signals ($\eta = 1$)

(siehe Beispiel 2.11). Da es sich bei $\tilde{a}_k$ um eine bipolare Datenfolge handelt, gilt für deren Mittelwert $m_a = 0$ und für die Varianz $\sigma_a^2 = 1$. Mit dem Betrag der Fourier-Transformierten $\tilde{P}(f)$ des Grundimpulses $\tilde{p}(t)$ aus Gl. (6.69)

$$|\tilde{P}(f)| = \frac{2T_b}{\pi} \frac{\cos(\pi T_b f)}{(2T_b f)^2 - 1} \tag{6.71}$$

und mithilfe von Gl. (5.12) erhalten wir für die Leistungsdichte der Quadraturkomponente:

$$\phi_q(f) = \frac{\sigma_a^2}{T_b} |\tilde{P}(f)|^2 = \frac{4T_b}{\pi^2} \left(\frac{\cos(\pi T_b f)}{(2T_b f)^2 - 1} \right)^2 \tag{6.72}$$

Gemäß Gl. (6.49) ergibt sich das Spektrum des modulierten Signals durch Verschiebung von $\phi_i(f)$ und $\phi_q(f)$ um $\pm f_c$. Das Resultat sehen wir in Bild 6.46. Das Spektrum besteht aus zwei spektralen Linien bei $f_c \pm f_\Delta = f_c \pm 1/2T_b$, die auf $\phi_i(f)$ aus Gl. (6.70) zurückgehen. Der kontinuierliche Teil des Spektrums wird durch $\phi_q(f)$ aus Gl. (6.72) beschrieben, wobei noch der Faktor $A_c^2/4$ aus Gl. (6.49) berücksichtigt wurde. Die Nullstellen liegen bei $f_c \pm n/2T_b$, $n = 3, 5, 7, \ldots$, und $\phi_q(f)$ fällt proportional zu f^{-4} ab, also deutlich stärker als z. B. das Spektrum in Bild 2.35.

Für FSK mit $\eta > 1$ weitet sich das Spektrum, d. h., bei gleicher Bitrate ist eine größere Bandbreite erforderlich. Für $\eta < 1$ verringert sich entsprechend der Bandbreitebedarf. m-ASK, m-PSK und m-QAM ist gemeinsam, dass bei konstanter Symbolrate die Bandbreite des modulierten Signals konstant bleibt – eine Erhöhung von m führt also zu einer größeren Bitrate bei gleicher Bandbreite. Bei einer m-stufigen Frequenzumtastung werden m verschiedene Frequenzen im Abstand $2\,f_\Delta$ erzeugt. Die Bandbreite ist daher $B \approx m\,2\,f_\Delta$, und eine Erhöhung von m ist auch mit einer größeren Bandbreite verbunden.

Minimum-Shift Keying

Im Falle von $\eta = 1/2$ spricht man von Minimum-Shift Keying (MSK). $\eta = 1/2$ ist der minimale Modulationsindex, für den die Signale, die für $a_k = 1$ bzw. $a_k = -1$ gesendet werden, orthogonal zueinander sind. Bei diesen Signalen handelt es sich um zeitlich auf die Symboldauer begrenzte Kosinusschwingungen mit der Frequenz $f_c \pm f_\Delta = f_c \pm 1/4T_b$, deren Kreuzkorrelationsfunktion für $\tau = 0$ gleich null ist.[4] Wie im Falle $\eta = 1$ lässt sich ein MSK-Signal durch linear von den zu übertragenden Symbolen abhängige Quadraturkomponenten darstellen. Aus

[4] Die Orthogonalität kann ähnlich wie in Beispiel 2.10 nachgewiesen werden.

Gl. (6.62) folgt mit $T = T_b$ und $f_\Delta = 1/4T_b$

$$x_i(t) = \cos\left(\varphi(kT_b) + \frac{\pi}{2}\, a_k\, \frac{t - kT_b}{T_b}\right)$$

$$x_q(t) = \sin\left(\varphi(kT_b) + \frac{\pi}{2}\, a_k\, \frac{t - kT_b}{T_b}\right)$$

für die Dauer eines Symbolintervalls im Bereich $kT_b \le t \le (k+1)\,T_b$. Wie bisher ist $a_k \in \{-1, 1\}$ und $\varphi(kT_b)$ ist die Anfangsphase zum Zeitpunkt $t = kT_b$. Mit $\eta = 1/2$ entnehmen wir Bild 6.43, dass sich die Phase von Symbol zu Symbol um $\Delta\varphi(kT_b) = a_k\, \pi/2$ ändert. Für k *gerade* ist $\varphi(kT_b) = 0, \pm\pi, \pm 2\pi, \ldots$, während für k *ungerade* $\varphi(kT_b) = \pm\pi/2, \pm 3\pi/2, \ldots$ ist.

Wir betrachten nun ein Intervall der Länge $2T_b$ mit $(k-1)\,T_b \le t \le (k+1)\,T_b$ und k *gerade*. Wir formen die Normalkomponente im ersten Teilintervall $(k-1)\,T_b \le t \le kT_b$ mithilfe der trigonometrischen Beziehung für $\cos(x+y)$ um. Für k gerade ist $k-1$ ungerade und $\cos\left(\varphi\,[(k-1)\,T_b]\right) = 0$, d. h., wir erhalten:

$$\cos\left(\varphi\,[(k-1)\,T_b] + \frac{\pi}{2}\, a_{k-1}\, \frac{t - (k-1)\,T_b}{T_b}\right)$$

$$= -\sin\left(\varphi\,[(k-1)\,T_b]\right)\, \sin\left(\frac{\pi}{2}\, a_{k-1}\, \frac{t-(k-1)\,T_b}{T_b}\right)$$

$$= -\sin\left(\varphi\,[(k-1)\,T_b]\right)\, a_{k-1}\, \sin\left(\frac{\pi}{2}\, \frac{t - kT_b}{T_b} + \frac{\pi}{2}\right)$$

Weiter ist $\varphi\,[(k-1)\,T_b] = \varphi(kT_b) - \Delta\varphi\,[(k-1)\,T_b] = \varphi(kT_b) - a_{k-1}\,\pi/2$. Mit der Beziehung für $\sin(x+y)$ und $\sin\left(\varphi(kT_b)\right) = 0$ ist der erste Sinusterm $\sin\left(\varphi\,[(k-1)\,T_b]\right) = -a_{k-1}\cos\left(\varphi(kT_b)\right)$. Mit $a_{k-1}^2 = 1$ erhalten wir schließlich:

$$\cos\left(\varphi\,[(k-1)\,T_b] + \frac{\pi}{2}\, a_{k-1}\, \frac{t-(k-1)\,T_b}{T_b}\right) = \cos\left(\varphi(kT_b)\right)\, \cos\left(\frac{\pi}{2}\, \frac{t - kT_b}{T_b}\right)$$

Im zweiten Teilintervall $kT_b \le t \le (k+1)\,T_b$ erhalten wir mit $\sin\left(\varphi(kT_b)\right) = 0$ den identischen Ausdruck:

$$\cos\left(\varphi(kT_b) + \frac{\pi}{2}\, a_k\, \frac{t-kT_b}{T_b}\right) = \cos\left(\varphi(kT_b)\right)\, \cos\left(\frac{\pi}{2}\, \frac{t-kT_b}{T_b}\right)$$

Daher können wir für die Normalkomponente im gesamten Intervall der Länge $2T_b$ mit $(k-1)\,T_b \le t \le (k+1)\,T_b$, k *gerade*

$$x_i(t) = \cos\left(\varphi(kT_b)\right)\, \cos\left(\frac{\pi}{2}\, \frac{t-kT_b}{T_b}\right)\, \mathrm{rect}\left(\frac{t-kT_b}{2T_b}\right) = I_k\, \tilde{p}(t - kT_b)$$

schreiben. Für die Symbole I_k gilt $I_k = \cos\left(\varphi(kT_b)\right) = \pm 1$. Die zweite Kosinusfunktion und die rect-Funktion werden zu einem neuen Grundimpuls $\tilde{p}(t)$ der Länge $2T_b$ zusammengefasst:

$$\tilde{p}(t) = \cos\left(\pi\, \frac{t}{2T_b}\right)\, \mathrm{rect}\left(\frac{t}{2T_b}\right) \tag{6.73}$$

Eine entsprechende Rechnung liefert für die Quadraturkomponente für k *ungerade* im Intervall $(k-1)\,T_b \le t \le (k+1)\,T_b$ die Beziehung

$$x_q(t) = \sin\left(\varphi(kT_b)\right)\, \cos\left(\frac{\pi}{2}\, \frac{t-kT_b}{T_b}\right)\, \mathrm{rect}\left(\frac{t-kT_b}{2T_b}\right) = Q_k\, \tilde{p}(t - kT_b)$$

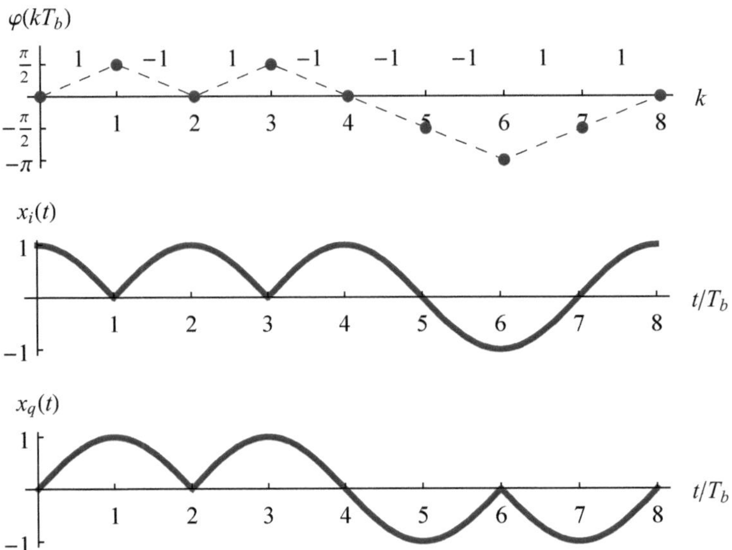

Bild 6.47 Phasenübergänge und Quadraturkomponenten eines MSK-Signals

mit $Q_k = \sin\big(\varphi(kT_b)\big) = \pm 1$. Zusammenfassend schreiben wir für die Quadraturkomponenten des MSK-Signals:

$$\begin{aligned} x_i(t) &= \sum_{k\,\text{gerade}} I_k\, \tilde{p}(t - kT_b), \qquad & I_k &= \cos\big(\varphi(kT_b)\big) \\ x_q(t) &= \sum_{k\,\text{ungerade}} Q_k\, \tilde{p}(t - kT_b), \qquad & Q_k &= \sin\big(\varphi(kT_b)\big) \end{aligned} \tag{6.74}$$

Bild 6.47 zeigt ein Beispiel für die Phasenübergänge und die Quadraturkomponenten bei MSK. Der Verlauf der Phase $\varphi(kT_b)$ entspricht einem durch die Symbolfolge definierten Weg durch das Diagramm Bild 6.43. $\varphi(kT_b)$ bestimmt gemäß Gl. (6.74) die Wertigkeit der Symbole I_k (k gerade) und Q_k (k ungerade). Der Grundimpuls $\tilde{p}(t)$ besteht, ähnlich wie im Fall $\eta = 1$, aus der positiven Halbwelle einer Kosinusschwingung, hat aber nach Gl. (6.73) die Länge $2T_b$. Die Quadraturkomponente $x_q(t)$ ist wie bei der Offset-QPSK relativ zur Normalkomponente $x_i(t)$ um T_b zeitlich versetzt. Damit kann ein MSK-Signal mit einer Struktur ähnlich Bild 6.38 mit den entsprechenden Pulsformfiltern zur Erzeugung der Grundimpulse generiert werden. Die Erzeugung der I_k und Q_k aus den Eingangssymbolen kann rekursiv erfolgen:

$$\begin{aligned} d_0 &= 0 \\ d_k &= (-1)^{k-1}\, d_{k-1}\, a_{k-1} \quad (k \geq 1) \end{aligned} \tag{6.75}$$

Die d_k ergeben abwechselnd I_k und Q_k: $I_k = d_k$ für k gerade und $Q_k = d_k$ für k ungerade. Da die Datensymbole a_k abwechselnd I_k und Q_k bestimmen, sind $x_i(t)$ und $x_q(t)$ unabhängig voneinander, sodass sich das Leistungsdichtespektrum des MSK-Signals wiederum aus den Spektren $\phi_i(f)$ und $\phi_q(f)$ ergibt. Ferner sind die Symbole $I_k, Q_k \in \{-1, 1\}$ mittelwertfrei und

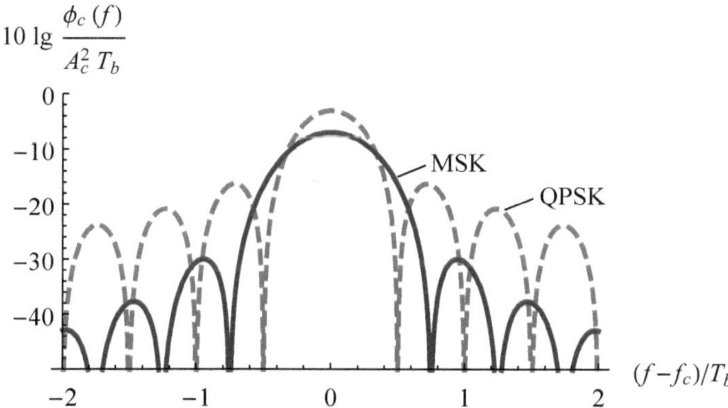

Bild 6.48 Leistungsdichtespektren für MSK und QPSK

die Varianz ist eins. $|\tilde{P}(f)|$ erhalten wir aus Gl. (6.71), indem wir T_b durch $2T_b$ ersetzen. Für die Leistungsdichte der Quadraturkomponenten folgt schließlich:

$$\phi_i(f) = \phi_q(f) = \frac{16T_b}{\pi^2}\left(\frac{\cos(2\pi T_b f)}{(4T_b f)^2 - 1}\right)^2 \tag{6.76}$$

Das Spektrum des modulierten Signals, Bild 6.48, ist gleich der Summe von $\phi_i(f)$ und $\phi_q(f)$, verschoben um $\pm f_c$. Entsprechend Gl. (6.49) ist noch der Faktor $A_c^2/4$ zu berücksichtigen. Das Spektrum ist dem Spektrum des FSK-Signals für $\eta = 1$ ähnlich (Bild 6.46), enthält aber keine diskreten Linien und hat aufgrund des geringeren Frequenzhubs nur etwa die halbe Breite. Die Nullstellen liegen bei $f_c \pm n/4T_b$ ($n = 3, 5, 7, \ldots$). Bei gegebener Bitrate benötigt das MSK-Signal also nur die halbe Übertragungsbandbreite im Vergleich zu FSK mit $\eta = 1$.

In Bild 6.48 ist ebenfalls das Spektrum eines QPSK-Signals mit rechteckförmigen Grundimpulsen enthalten. Die erste Nullstelle des QPSK-Spektrums ausgehend vom Maximum liegt bei $f_c \pm 1/T = f_c \pm 1/2T_b$. Der Vergleich zeigt, dass die Hauptkeule des MSK-Signals zwar breiter als die des QPSK-Signals ist, aber dass dessen Nebenmaxima wesentlich schneller abfallen. Während sowohl MSK als auch QPSK eine konstante Amplitude haben, verursacht MSK daher weniger Störungen in benachbarten Kanälen.

Gaußsches Minimum-Shift Keying

Die Kombination von MSK mit einem Gauß-Filter wird als gaußsches Minimum-Shift Keying (GMSK) bezeichnet. Ein Gauß-Filter hat die Impulsantwort

$$h_G(t) = \sqrt{\frac{2\pi}{\ln 2}}\, B \exp\left(-\frac{2\pi^2}{\ln 2} B^2 t^2\right) \tag{6.77}$$

und die Übertragungsfunktion:

$$H_G(f) = \exp\left(-\frac{\ln 2}{2}\left(\frac{f}{B}\right)^2\right) \tag{6.78}$$

B ist die −3-dB-Bandbreite des Filters. Am Eingang des Filters liegt ein bipolares NRZ-Signal mit rechteckförmigen Grundimpulsen. Das Ausgangssignal steuert einen FSK-Modulator an.

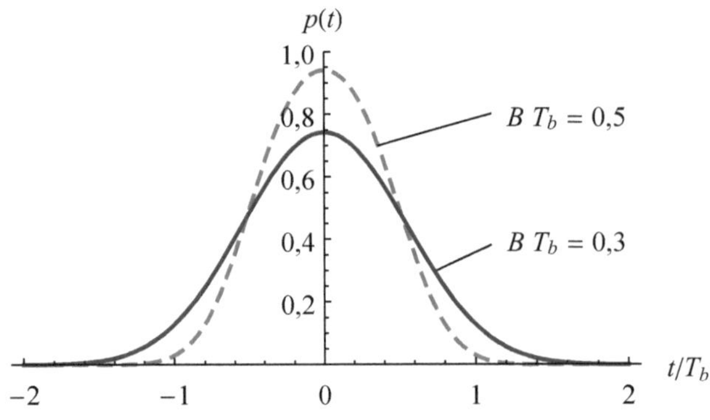

Bild 6.49 Grundimpuls bei GMSK

Der Grundimpuls hinter dem Gauß-Filter hat die Form:

$$p(t) = \mathrm{rect}\left(\frac{t}{T_b}\right) * h_G(t)$$

$$= \frac{1}{2}\left[\mathrm{erfc}\left(\pi\, B\, T_b \sqrt{\frac{2}{\ln 2}}\left(\frac{t}{T_b} - \frac{1}{2}\right)\right) - \mathrm{erfc}\left(\pi\, B\, T_b \sqrt{\frac{2}{\ln 2}}\left(\frac{t}{T_b} + \frac{1}{2}\right)\right)\right] \tag{6.79}$$

Je kleiner das Bandbreite-Bitdauer-Produkt $B\,T_b$, umso langsamer klingt der Grundimpuls ab (Bild 6.49).

Auch das GMSK-Signal hat eine konstante Amplitude. Durch die Verwendung des Gauß-Filters werden sprunghafte Änderungen der Frequenz des MSK-Signals vermieden, und die Leistungsdichte fällt sehr schnell ab – umso schneller, je kleiner das Produkt $B\,T_b$ ist. Allerdings ist der Grundimpuls nicht mehr auf die Bitdauer beschränkt, wodurch Intersymbol-Interferenz entsteht. Um die gleiche Bitfehlerwahrscheinlichkeit zu erzielen, benötigt daher GMSK ein geringfügig höheres Signal-Rausch-Verhältnis als MSK. Da die Intersymbol-Interferenz steigt, wenn $B\,T_b$ kleiner wird, muss bei der Wahl von $B\,T_b$ zwischen Bandbreitebedarf und dem erforderlichen Signal-Rausch-Verhältnis abgewogen werden.

GMSK wird als Modulationsverfahren bei GSM (Global System for Mobile Communication) im Mobilfunk mit einem Bandbreite-Bitdauer-Produkt von $B\,T_b = 0{,}3$ verwendet. Eine weitere Anwendung mit ähnlichem Anforderungsprofil findet sich bei digitalen schnurlosen Telefonen. Der DECT (Digital European Cordless Telephone)-Standard sieht GMSK mit $B\,T_b = 0{,}5$ vor. Bluetooth (siehe Beispie 8.1) verwendet GFSK, also gaußsches Frequency-Shift Keying. Dabei handelt es sich um FSK mit einem Modulationsindex $\eta \neq 1/2$ und dem in Gl. (6.79) definierten Grundimpuls.

Beispiel 6.4 Modulationsverfahren bei der digitalen Fernsehübertragung

Bei der Übertragungstechnik für das digitale Fernsehen oder DVB (Digital Video Broadcasting) werden die Übertragungswege Satellit, Kabel und terrestrische Funkübertragung unterschieden. Die entsprechenden Verfahren werden mit DVB-S, DVB-C und DVB-T bezeichnet.

Bei DVB-S wird als Modulationsverfahren QPSK verwendet [50]. Zur Pulsformung wird sendeseitig ein Wurzel-Kosinus-roll-off-Filter mit einem Roll-off-Faktor $\alpha = 0{,}35$ eingesetzt. Auf der Empfängerseite wird ein identisches Filter als signalangepasstes

Filter verwendet. Das Basisbandsignal hat gemäß Gln. (5.7) und (5.2) die Bandbreite $(1+\alpha)r_s/2$. Durch die Modulation des Basisbandsignals auf einen Träger wird das Spektrum des Signals um $\pm f_c$ verschoben, und die Bandbreite des modulierten Signals ist daher doppelt so groß wie die Bandbreite des Basisbandsignals:

$$B_K = (1+\alpha)\, r_s \tag{6.80}$$

Bei gegebener Kanalbandbreite beträgt mit Gl. (5.1) die maximale Bitrate:

$$r_b = \log_2 m \, \frac{B_K}{1+\alpha} \tag{6.81}$$

Die Bandbreite eines TV-Satellitentransponders liegt typisch im Bereich 26 MHz bis 36 MHz. Für B_K = 33 MHz beträgt die Symbolrate r_s = 24,44 Mbaud ($24{,}44 \cdot 10^6$ Symbole/s) und mit $m = 4$ beträgt die Bitrate r_b = 48,89 Mbit/s. Dies stellt eine Bruttobitrate dar. Die Nettobitrate abzüglich des Fehlerschutzes (siehe Kapitel 7) beträgt ca. 30 Mbit/s. Um Dienste wie hochauflösendes Fernsehen (High Definition Television, HDTV) zu unterstützen, werden in der zweiten Generation von DVB-S (DVB-S2 und DVB-S2X [53]) auch komplexere Modulationsverfahren wie 8-PSK, 16-APSK und 32-APSK verwendet. Zusammen mit einem effizienteren Fehlerschutz konnte so die Nettobitrate bei gleicher Kanalbandbreite um durchschnittlich ca. 30 % erhöht werden [20].

Für die Übertragung über Kabelfernsehnetze legt der DVB-C-Standard QAM als Modulationsverfahren fest [51]. Als Sende- und Empfangsfilter dienen wie bei DVB-S Wurzel-Kosinus-roll-off-Filter, allerdings beträgt hier der Roll-off-Faktor $\alpha = 0{,}15$. Die Übertragung erfolgt in der Regel über Kanäle mit einer Bandbreite von 8 MHz. Bei der meist verwendeten 64-QAM ist $m = 64$, $\log_2 m = 6$, und die Symbolrate beträgt r_s = 6,96 Mbaud, während für die Bitrate r_b = 41,74 Mbit/s gilt. Die Nettobitrate abzüglich des Fehlerschutzes beträgt ca. 38 Mbit/s.

Bei der zweiten Generation DVB-C2 wird QAM in Verbindung mit OFDM (Orthogonal Frequency Division Multiplexing) verwendet [55]. Das effizienteste, im Standard vorgesehene Modulationsverfahren ist 4096-QAM! Auch DVB-T verwendet OFDM. Wir beschäftigen uns in Abschnitt 6.6 mit diesem Mehrträgerverfahren. ■

6.4 Demodulation und Fehlerwahrscheinlichkeit digitaler Modulationsverfahren

Ein Demodulator extrahiert aus dem Modulationssignal die übertragene Symbolfolge. Man unterscheidet zwischen zwei grundlegenden Prinzipien: Der *kohärenten* Demodulation und der *inkohärenten* Demodulation. Bei der kohärenten Demodulation wird das Eingangssignal mit einem zum Träger kohärenten Signal eines lokalen Oszillators multipliziert. Unter einem kohärenten Signal versteht man ein bezüglich Frequenz und Phase synchrones Signal. Dazu muss aus dem Eingangssignal eine Information über Frequenz und Phase des Trägers gewonnen und der lokale Oszillator mithilfe dieser Information synchronisiert werden. Dies bezeichnet man auch als Trägersynchronisation, die mit erheblichem technischen Aufwand verbunden sein kann. Da bei der Phasenumtastung und bei der Quadratur-Amplitudenmodulation die zu übertragende Information in der Phase des Trägers enthalten ist, können diese Signale nur kohärent demoduliert werden.

Bei der inkohärenten Demodulation ist keine Trägersynchronisation erforderlich. Allerdings benötigt ein inkohärentes Demodulationsverfahren ein größeres Signal-Rausch-Verhältnis als ein kohärentes Verfahren, um die gleiche Fehlerwahrscheinlichkeit zu erzielen. Wir vergleichen die in Abschnitt 6.3 behandelten Modulationsverfahren anhand ihrer Fehlerwahrscheinlichkeit bei Störung durch additives weißes gaußsches Rauschen, also für den AWGN-Kanal.

In den folgenden Abschnitten bestimmen wir die Fehlerwahrscheinlichkeit exemplarisch für die binäre Phasenumtastung bei kohärenter Demodulation und für die binäre Amplitudenumtastung bei inkohärenter Demodulation. Anhand der zwei Beispiele werden die grundlegenden Unterschiede dieser Demodulationsverfahren deutlich. Ein vollständiger Vergleich der Verfahren muss auch deren spektrale Effizienz berücksichtigen. Die spektrale Effizienz ist das Verhältnis von Bitrate zu erforderlicher Übertragungsbandbreite, ausgedrückt in bit/s pro Hz. Auf diesen Aspekt kommen wir in Abschnitt 7.1 zurück.

6.4.1 Kohärente Demodulation

Für lineare Modulationsverfahren hatten wir, ausgehend von Bild 6.3, den Quadratur-Modulator in Bild 6.27 hergeleitet. Dabei wird das Bandpasssignal $x_c(t)$ aus den Quadraturkomponenten in Form der digitalen Basisbandsignale Gl. (6.46) erzeugt. Analog dazu ergibt sich aus Bild 6.2 die Struktur des Quadratur-Demodulators (Bild 6.50). Durch Multiplikation des Eingangssignals mit dem zum Träger phasen- und frequenzsynchronen Signal $\cos(2\pi f_c t + \theta)$ bzw. $-\sin(2\pi f_c t + \theta)$ des lokalen Oszillators erhalten wir wieder die Quadraturkomponenten. Berücksichtigt man eine Signallaufzeit τ zwischen Sender und Empfänger, so muss für die Phase des lokalen Oszillators $\theta = \theta_c - 2\pi f_c \tau$ gelten. Auf die bei der kohärenten Demodulation erforderliche Trägersynchronisation gehen wir am Ende dieses Abschnitts ein. Die Funktion der Tiefpässe in Bild 6.2 wird von den Empfangsfiltern mit übernommen.

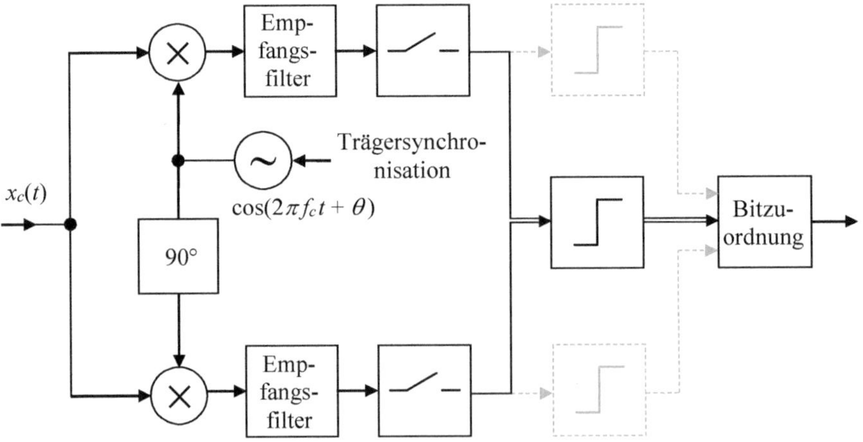

Bild 6.50 Quadratur-Demodulator

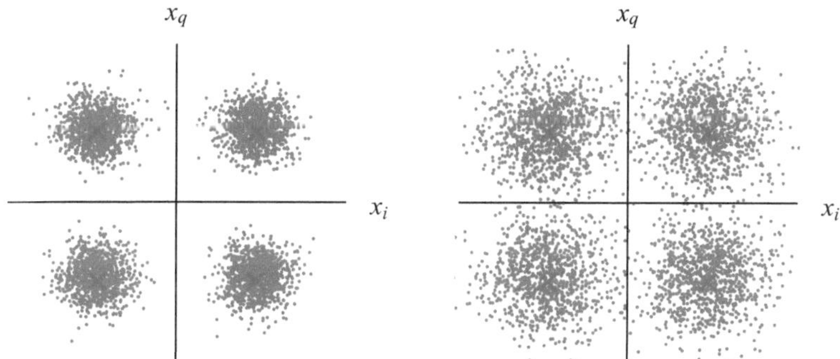

Bild 6.51 Signalraumkonstellation für QPSK bei Störung durch additives weißes gaußsches Rauschen

Die Signalverarbeitung der Quadraturkomponenten entspricht der empfängerseitigen Verarbeitung eines Basisbandsignals, wobei die Verarbeitung getrennt für die Normal- und die Quadraturkomponente erfolgen muss. Das im Sinne einer minimalen Fehlerwahrscheinlichkeit optimale Empfangsfilter ist das in Abschnitt 5.3.2 hergeleitete signalangepasste Filter, dessen Impulsantwort gleich dem zeitlich gespiegelten Grundimpuls ist. Dem Empfangsfilter folgt der Abtaster, der das Signal im Symboltakt zum Zeitpunkt der größten Augenöffnung abtastet. Die Abtastwerte der Normal- und der Quadraturkomponente entsprechen einem Punkt im Signalraum, und der Entscheider bestimmt das Symbol $\hat{a}_k$, das diesem Punkt am nächsten liegt. Anschließend werden den Symbolen binäre Codeworte entsprechend der senderseitigen Codierung zugeordnet.

Bild 6.51 zeigt die Signalraumkonstellation, die sich für QPSK bei Störung durch additives weißes gaußsches Rauschen ergibt. Bei dieser Phasenlage kann die Entscheidung unabhängig für die Normal- und die Quadraturkomponente erfolgen, wie in Bild 6.50 angedeutet.[5] Das Bild links entspricht einem Störabstand von ca. 13 dB, und das Bild rechts erhält man für 8 dB. Offensichtlich sind bei einem geringeren Störabstand mehr Fehlentscheidungen und damit eine größere Fehlerwahrscheinlichkeit zu erwarten.

Wir bestimmen nun die Fehlerwahrscheinlichkeit für binäre Phasenumtastung (BPSK) bei kohärenter Demodulation auf der Grundlage des Modells Bild 6.52. Wir nehmen an, dass der Kanal innerhalb der Übertragungsbandbreite B verzerrungsfrei ist, d. h., es entsteht keine Intersymbol-Interferenz. Das Störsignal $n(t)$ überlagert sich dem Nutzsignal additiv. Es handelt sich dabei um weißes gaußsches Rauschen mit der Leistungsdichte $N_0/2$. Das Bandpassfilter mit der Bandbreite B am Empfängereingang lässt das Nutzsignal unverändert durch und unterdrückt Störungen, die außerhalb der Übertragungsbandbreite liegen.

Für binäre Phasenumtastung ist $I_k = \pm 1$ und $Q_k = 0$, d. h., für die Quadraturkomponente gilt gemäß Gl. (6.54) $x_q(t) = 0$. Dies ist auch aus der Signalraumkonstellation Bild 6.33 ersichtlich, und damit entfällt der untere Zweig in Bild 6.50 zur Verarbeitung der Quadraturkomponente.

[5] Die Phasenlage im Empfänger ist unabhängig von der sendeseitigen Phase $\lambda = 0$ oder $\pi/4$, sondern wird von der Phase des lokalen Oszillators bestimmt.

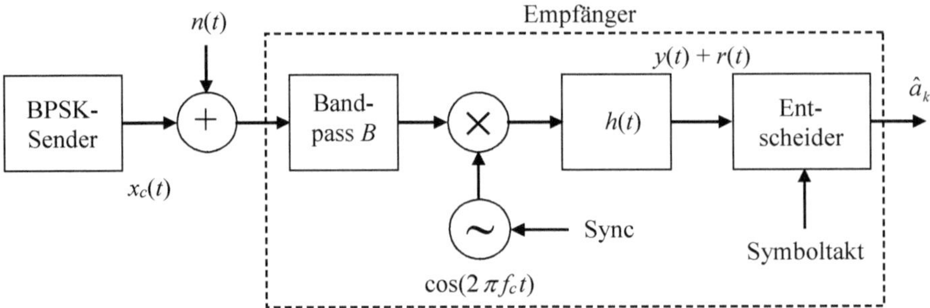

Bild 6.52 Kohärenter Empfänger für BPSK

Wir setzen zur Vereinfachung $A_c = 1$ und $\theta = 0$ und erhalten für das BPSK-Signal:

$$x_c(t) = x_i(t)\cos(2\pi f_c t) = \sum_{k=-\infty}^{\infty} I_k\, p(t-kT_b)\cos(2\pi f_c t)$$

Wir betrachten ein einzelnes Symbol der Form:

$$s(t) = I_k\, p(t)\cos(2\pi f_c t) \tag{6.82}$$

Am Eingang des Empfangsfilters mit der Impulsantwort $h(t)$ liegt das Signal

$$\frac{1}{2}\,(s_i(t) + n_i(t)) \quad + \text{weitere Terme} \tag{6.83}$$

an. Darin sind $s_i(t) = I_k\, p(t)$ und $n_i(t)$ die Normalkomponenten des Nutzsignals $s(t)$ bzw. des bandpassgefilterten Rauschsignals $n_{\mathrm{BP}}(t)$. Der Faktor $1/2$ resultiert aus Gl. (6.9). Die „weiteren Terme“ entsprechen Signalanteilen bei $2f_c$, die durch das nachfolgende Filter unterdrückt werden. Das signalangepasste Filter (siehe Abschnitt 5.3.2) hat die Impulsantwort:

$$h(t) = K\, p(T_b - t)$$

Wir konzentrieren uns zunächst auf das Nutzsignal. Am Ausgang des Filters erhalten wir für die Nutzsignalkomponente:

$$y(t) = \frac{1}{2}\, s_i(t) * h(t) = \frac{1}{2}\, I_k K \int_{-\infty}^{\infty} p(\tau)\, p(T_b - t + \tau)\, d\tau$$

Das Ausgangssignal wird maximal im Entscheidungszeitpunkt $t = T_b$:

$$y(T_b) = \frac{1}{2}\, I_k K \int_{-\infty}^{\infty} p^2(\tau)\, d\tau$$

Die mittlere Energie eines Bits beträgt

$$E_b = \int_{-\infty}^{\infty} s^2(t)\, dt = \overline{I_k^2}\,\frac{1}{2}\int_{-\infty}^{\infty} p^2(t)\, dt = \frac{1}{2}\int_{-\infty}^{\infty} p^2(t)\, dt \tag{6.84}$$

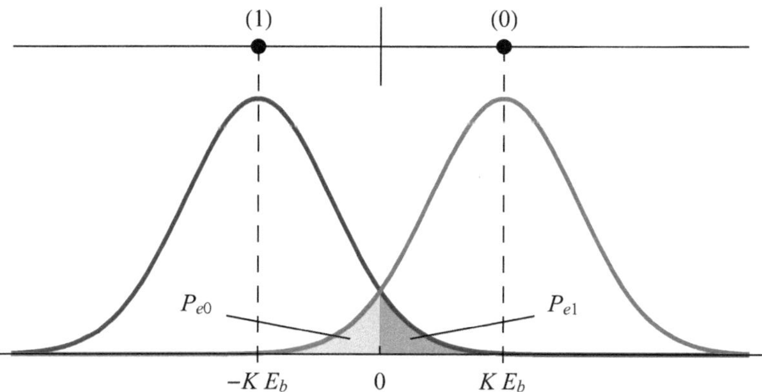

Bild 6.53 Wahrscheinlichkeitsdichtefunktionen der Signale am Entscheidereingang für binäre Phasenumtastung

mit $\overline{I_k^2} = 1$. Der Faktor 1/2 ist der quadratische Mittelwert der Trägerschwingung $\cos(2\pi f_c t)$, und das Integral über $p^2(t)$ ist gleich der Energie des Grundimpulses. Damit können wir für das Nutzsignal im Entscheidungszeitpunkt

$$y(T_b) = I_k\,K\,E_b = \pm K\,E_b \tag{6.85}$$

schreiben. Wenden wir uns nun dem Rauschsignal zu. Die Eigenschaften von bandpassgefiltertem weißen Rauschen haben wir in Abschnitt 6.1.3 betrachtet. Nach Gl. (6.19) hat $n_i(t)$ die Leistungsdichte N_0. Am Eingang des signalangepassten Filters liegt nach Gl. (6.83) $n_i(t)/2$. Wegen des Faktors 1/2 beträgt dessen Leistungsdichte $N_0/4$. Mithilfe von Gl. (2.84) erhalten wir für die Leistungsdichte des Rauschsignals $r(t)$ am Filterausgang:

$$\phi_r(f) = \frac{N_0}{4}\,|H(f)|^2$$

Die Leistung von $r(t)$ ist gleich der Fläche unter $\phi_r(f)$. Zur Berechnung machen wir vom parsevalschen Theorem Gl. (2.49) Gebrauch:

$$N_r = \int_{-\infty}^{\infty} \phi_r(f)\,df = \frac{N_0}{4}\,K^2 \int_{-\infty}^{\infty} p^2(t)\,dt = \frac{N_0}{2}\,K^2\,E_b \tag{6.86}$$

Dabei haben wir das Integral über $p^2(t)$ mithilfe der mittleren Energie pro Bit nach Gl. (6.84) ausgedrückt.

Ein normal verteiltes Zufallssignal bleibt auch nach der Übertragung über ein LTI-System normal verteilt. Bei dem Rauschsignal $r(t)$ am Entscheidereingang handelt es sich also um gaußsches Rauschen mit der Leistung N_r. Die Amplitude von $r(t)$ ist normal verteilt mit dem Mittelwert 0 und der Varianz $\sigma_r^2 = N_r$. Die Summe aus Nutzsignal und Rauschsignal ist ebenfalls normal verteilt, aber durch die Addition des Nutzsignals nach Gl. (6.85) verschiebt sich der Mittelwert um $\pm KE_b$. Die zugehörigen Wahrscheinlichkeitsdichten sind in Bild 6.53 gezeigt (vgl. auch Bild 5.19).

Die weitere Bestimmung der Fehlerwahrscheinlichkeit erfolgt analog zu Abschnitt 5.3.1. Im Sender werden die binären Symbole $a_k = 0$ auf $I_k = 1$ und $a_k = 1$ auf $I_k = -1$ abgebildet. Der

Empfänger entscheidet auf $\hat{a}_k = 0$, falls das Signal am Entscheidereingang größer als null ist, andernfalls entscheidet er auf $\hat{a}_k = 1$. Wurde $a_k = 0$ gesendet, kommt es zu einer Fehlentscheidung, falls das Signal kleiner als null ist; die Wahrscheinlichkeit dafür ist P_{e0}. Entsprechend beträgt im Falle $a_k = 1$ die Wahrscheinlichkeit für eine Fehlentscheidung P_{e1} (Bild 6.53). Bei gleich wahrscheinlichen Symbolen erhalten wir analog zu Gl. (5.23) für die mittlere Bitfehlerwahrscheinlichkeit:

$$P_{b,\text{BPSK}} = \frac{1}{2}\,\text{erfc}\left(\frac{2\,K\,E_b}{2\sqrt{2}\,\sigma_r}\right) \tag{6.87}$$

Mit $\sigma_r^2 = N_r$ aus Gl. (6.86) lautet schließlich unser Ergebnis für die Bitfehlerwahrscheinlichkeit für BPSK (Bild 6.54):

$$P_{b,\text{BPSK}} = \frac{1}{2}\,\text{erfc}\sqrt{\frac{E_b}{N_0}} \tag{6.88}$$

Die Fehlerwahrscheinlichkeit wird vom minimalen Abstand der Punkte im Signalraum und der mittleren Energie pro Symbol E_s bestimmt. Bei BPSK ist $E_s = E_b$ sowie $I_k = \pm 1$, und der Abstand beträgt $d_{\min} = 2$. Damit können wir das Argument der erfc-Funktion in Gl. (6.87) in der Form

$$\frac{2\,K\,E_s}{2\sqrt{2}\,\sigma_r} = \frac{d_{\min}\,E_s}{2\sqrt{N_0\,E_s}} = \sqrt{\left(\frac{d_{\min}}{2}\right)^2 \frac{E_s}{N_0}}$$

schreiben. Bei der Phasenumtastung liegen die Punkte im Signalraum auf einem Kreis mit dem Radius 1. Bei der quaternären Phasenumtastung (QPSK) mit der in Bild 6.51 gezeigten Signalraumkonstellation beträgt der Abstand $d_{\min}/2 = 1/\sqrt{2}$. Bei einer Zuordnung der Dibits nach Bild 6.38 bestimmt das erste Bit den Realteil und das zweite Bit den Imaginärteil. Das QPSK-Signal besteht also aus zwei unabhängigen BPSK-Signalen, und der Empfänger hat im Zweig der Normal- und der Quadraturkomponente jeweils einen Entscheider, die unabhängig voneinander arbeiten. Ein Symbol entspricht 2 Bit, d. h., die Symboldauer ist doppelt so groß wie die Bitdauer, und es ist $E_s = 2E_b$. Damit erhalten wir für die *Bitfehlerwahrscheinlichkeit* für QPSK:

$$P_{b,\text{QPSK}} = \frac{1}{2}\,\text{erfc}\sqrt{\frac{1}{2}\,\frac{E_s}{N_0}} = \frac{1}{2}\,\text{erfc}\sqrt{\frac{E_b}{N_0}} \tag{6.89}$$

QPSK hat also die gleiche Bitfehlerwahrscheinlichkeit wie BPSK, benötigt aber bei gleicher Bitrate nur die halbe Übertragungsbandbreite, denn diese wird von der Symbolrate bestimmt. Anders ausgedrückt ist bei gleicher Bandbreite die Bitrate bei BPSK nur halb so groß wie bei QPSK. Dies liegt daran, dass BPSK die Quadraturkomponente nicht nutzt.

Auch für Offset-QPSK ist die Bitfehlerwahrscheinlichkeit durch Gl. (6.89) gegeben, denn die Verzögerung der Quadraturkomponente relativ zur Normalkomponente hat darauf keinen Einfluss. Setzen wir eine Gray-Codierung voraus und nehmen an, dass ein Symbolfehler in einem Bitfehler resultiert, so gilt für die QPSK-*Symbolfehlerwahrscheinlichkeit*:

$$P_{s,\text{QPSK}} \approx 2\,P_{b,\text{QPSK}}$$

Tatsächlich ist die Symbolfehlerwahrscheinlichkeit geringfügig kleiner, da der Fall, dass in der Normal- und der Quadraturkomponente gleichzeitig ein Fehler eintritt, vernachlässigt wird.

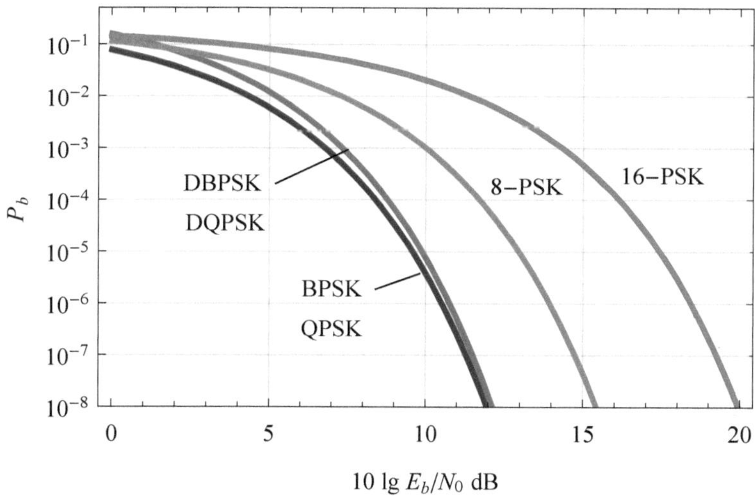

Bild 6.54 Bitfehlerwahrscheinlichkeit für Phasenumtastung

Bild 6.55 (a) zeigt die Entscheidungsgrenzen für m-PSK am Beispiel $m = 8$. Der halbe Abstand zwischen zwei Punkten beträgt $d_{\min}/2 = \sin(\pi/m)$. Es kommt zu einem Symbolfehler, wenn die Grenzen über- *oder* unterschritten werden. Für die *Symbolfehlerwahrscheinlichkeit* für m-PSK, $m > 4$ und $E_s/N_0 >> 1$ gilt daher:

$$P_{s,\,m\text{-PSK}} \approx \operatorname{erfc}\left(\sqrt{\frac{E_s}{N_0}}\,\sin\frac{\pi}{m}\right) \tag{6.90}$$

Legen wir bei der Zuordnung von binären Codeworten zu den Symbolen eine Gray-Codierung zugrunde, so resultiert ein Symbolfehler in einem Bitfehler und für den Zusammenhang zwischen Symbol- und Bitfehlerwahrscheinlichkeit gilt Gl. (5.46):

$$P_b \approx \frac{P_s}{\log_2 m} \tag{6.91}$$

Hinter Gl. (6.91) steht die Annahme, dass im Falle eines Symbolfehlers nahezu immer auf ein benachbartes Symbol entschieden wird. Dies ist bei einem ausreichenden Signal-Rausch-Verhältnis und einer nicht zu dicht gepackten Signalraumkonstellation der Fall. Da die Symboldauer um den Faktor $\log_2 m$ größer ist als die Bitdauer, gilt für die mittlere Energie pro Symbol

$$E_s = \log_2 m\, E_b \tag{6.92}$$

sodass wir für die *Bitfehlerwahrscheinlichkeit*

$$P_{b,\,m\text{-PSK}} \approx \frac{1}{\log_2 m}\operatorname{erfc}\left(\sqrt{\log_2 m\,\frac{E_b}{N_0}}\,\sin\frac{\pi}{m}\right) \tag{6.93}$$

erhalten. Diese ist in Bild 6.54 für $m = 8$ und $m = 16$ wiedergegeben.

Während phasenumgetastete Signale nur kohärent demoduliert werden können, kann bei differenzieller Vorcodierung, also bei DPSK, sowohl kohärent als auch inkohärent demoduliert

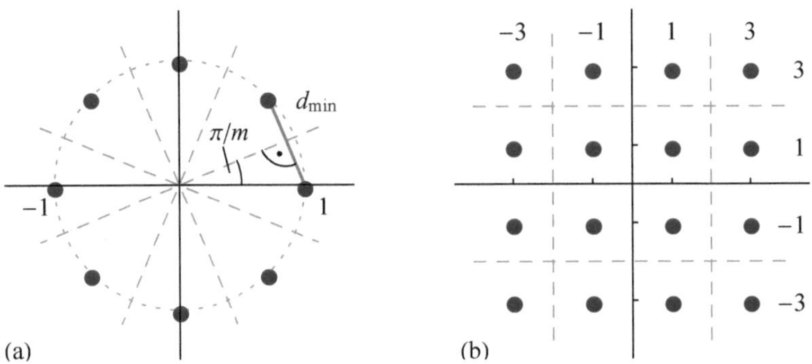

Bild 6.55 Entscheidungsgrenzen für (a) 8-PSK und (b) 16-QAM

werden. Auf die inkohärente Demodulation von DPSK-Signalen kommen wir im folgenden Abschnitt zurück. Ein kohärenter DPSK-Demodulator ist identisch zu einem kohärenten PSK-Demodulator aufgebaut und liefert die differenzcodierte Folge $\{\hat{d}_k\}$. Da zur Decodierung das vorangegangene Symbol benötigt wird, ist ein Symbolfehler immer mit einem Folgefehler verbunden. Bei kohärenter Demodulation ist die Symbol- und die Bitfehlerwahrscheinlichkeit daher etwa doppelt so groß wie für PSK:

$$P_{b,\text{DPSK}} \approx 2\,P_{b,\text{PSK}} \tag{6.94}$$

Die Bitfehlerwahrscheinlichkeit für $m = 2$ (DBPSK) und $m = 4$ (DQPSK) ist wie zuvor identisch und ebenfalls in Bild 6.54 gezeigt. Daraus ist ersichtlich, dass sich der Faktor 2 bei der Bitfehlerwahrscheinlichkeit nur geringfügig bezüglich des erforderlichen Störabstandes auswirkt.

Die Entscheidungsgrenzen für m-QAM zeigt Bild 6.55 (b) am Beispiel der 16-QAM. Aufgrund der Definition Gl. (6.60) beträgt der minimale Abstand zwischen den Punkten 2. Wir müssen das Tiefpasssignal jedoch auf die Leistung 1 normieren, dazu teilen wir durch die Wurzel aus dem quadratischen Mittelwert und erhalten:

$$\sqrt{\overline{(a'_k)^2} + \overline{(a''_k)^2}} = \sqrt{\frac{2\,(m-1)}{3}}, \qquad \frac{d_{\text{min}}}{2} = \sqrt{\frac{3}{2\,(m-1)}}$$

Wie bei der QPSK erfolgt im Empfänger die Entscheidung für die Normal- und die Quadraturkomponente getrennt und unabhängig voneinander. Die Bestimmung der Fehlerwahrscheinlichkeiten für die Quadraturkomponenten erfolgt analog zu Abschnitt 5.3.3 (wobei wir m durch $\sqrt{m}$ ersetzen müssen). Für die Symbol- und die Bitfehlerwahrscheinlichkeit folgt:

$$P_{s,\text{QAM}} \approx 2\left(1 - \frac{1}{\sqrt{m}}\right) \text{erfc}\sqrt{\frac{3}{2(m-1)}\,\frac{E_s}{N_0}}$$

$$P_{b,\text{QAM}} \approx \frac{2}{\log_2 m}\left(1 - \frac{1}{\sqrt{m}}\right) \text{erfc}\sqrt{\frac{3}{2(m-1)}\,\log_2 m\,\frac{E_b}{N_0}} \tag{6.95}$$

Bild 6.56 zeigt P_b für verschiedene m. Der Fall $m = 4$, also 4-QAM, ist identisch mit QPSK. Vergleicht man m-PSK mit m-QAM für $m > 4$, so belegen beide die gleiche Übertragungsbandbreite, da die Leistungsdichtespektren von PSK und QAM identisch sind. Allerdings benötigt

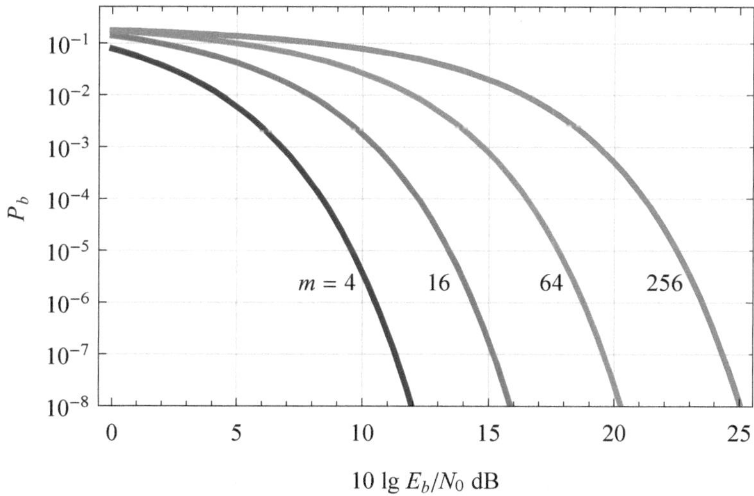

Bild 6.56 Bitfehlerwahrscheinlichkeit für QAM

m-PSK einen größeren Störabstand als m-QAM. Beispielsweise ist für $P_b = 10^{-6}$ bei 16-PSK ein Störabstand von $10\lg(E_b/N_0) = 18{,}4$ dB erforderlich, während 16-QAM nur 14,4 dB, also 4 dB weniger, benötigt. Dagegen wirft PSK den Vorteil einer konstanten Amplitude in die Waagschale.

Für binäre Amplitudenumtastung mit der Signalraumkonstellation nach Bild 6.30 (a) ist der Abstand der Punkte gleich 1. Wir normieren wieder auf die Leistung 1, indem wir durch $\sqrt{\overline{a_k^2}} = \sqrt{1/2}$ teilen, und erhalten $d_{\min}/2 = 1/\sqrt{2}$. Die Bitfehlerwahrscheinlichkeit beträgt daher:

$$P_{b,2-\text{ASK}} = \frac{1}{2}\,\text{erfc}\sqrt{\frac{E_b}{2N_0}} \tag{6.96}$$

Binäre ASK benötigt einen um 3 dB größeren Störabstand als BPSK. Das ASK-Basisbandsignal ist unipolar, während das BPSK-Basisbandsignal bipolar ist, wie man an den Signalraumkonstellationen sehen kann. Auch für die unipolare und bipolare Basisbandübertragung hatten wir einen 3-dB-Abstand erhalten (Bild 5.20).

Sind bei der binären Frequenzumtastung die Signale, die für $a_k = 1$ und $a_k = -1$ gesendet werden, orthogonal zueinander, so beträgt die Bitfehlerwahrscheinlichkeit bei kohärenter Demodulation

$$P_{b,2-\text{FSK}} = \frac{1}{2}\,\text{erfc}\sqrt{\frac{E_b}{2N_0}} \tag{6.97}$$

ist also identisch zu $P_{b,2-\text{ASK}}$ (Bild 6.57). Während ASK, PSK und QAM bei einer Erhöhung von m einen größeren Störabstand bei gleicher Fehlerwahrscheinlichkeit benötigen, sinkt der erforderliche Störabstand bei der FSK. Dafür belegt ein m-FSK-Signal für $m > 2$ aber eine größere Bandbreite. Einen ähnlichen Zusammenhang hatten wir auch schon bei der analogen FM-Modulation erhalten: Der Störabstabstand am Demodulatorausgang kann auf Kosten der Bandbreite erhöht werden (Bild 6.25).

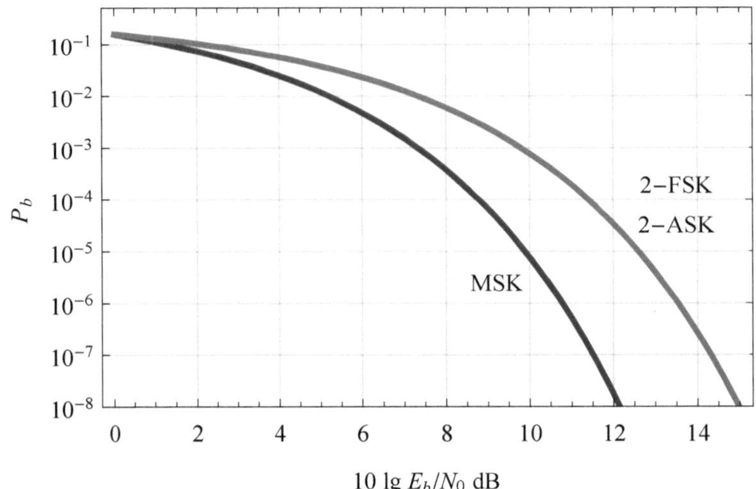

Bild 6.57 Bitfehlerwahrscheinlichkeit für binäre ASK bzw. FSK und MSK

Da wir MSK als lineares Verfahren darstellen konnten, kann MSK mit einem Quadraturdemodulator nach Bild 6.50 demoduliert werden. Die Empfangsfilter sind signalangepasste Filter, haben also eine Impulsantwort entsprechend Gl. (6.73). Wie bei der Offset-QPSK trifft der Demodulator getrennte Entscheidungen im I- und im Q-Zweig, und die Quadraturkomponente ist um T_b relativ zur Normalkomponente zeitlich versetzt. Die Symbolfolge ist jedoch entsprechend Gl. (6.75) codiert, sodass wie bei der differenziellen PSK ein Bitfehler mit einem Folgefehler verbunden ist. Die Bitfehlerwahrscheinlichkeit für MSK ist daher doppelt so groß wie die QPSK-Fehlerwahrscheinlichkeit:

$$P_{b,\mathrm{MSK}} = \mathrm{erfc}\sqrt{\frac{E_b}{N_0}} \tag{6.98}$$

GMSK benötigt für $BT_b = 0{,}3$ einen um ca. 1 dB größeren Störabstand als MSK. Dies ist auf die durch das Gauß-Filter bedingte Intersymbol-Interferenz zurückzuführen.

Beispiel 6.5 Der Unterschied zwischen S/N und E_b/N_0

In Abschnitt 2.3.5 hatten wir das Signal-Rausch-Verhältnis S/N eingeführt. Da die Rauschleistung aber nach Gl. (2.93) von der Bandbreite B des Nutzsignals abhängt, haben wir digitale Übertragungsverfahren auf der Basis des Verhältnisses Energie pro Bit zu Rauschleistungsdichte E_b/N_0 verglichen (siehe z. B. Bild 5.29 oder Bild 6.54). E_b/N_0 entspricht der Normierung von S/N auf die Bitrate und wird daher auch als *Signal-Rausch-Verhältnis pro Bit* bezeichnet.

Die mittlere Signalleistung am Empfängereingang sei S. Sie ist gleich der mittleren Energie pro Symbol geteilt durch die Symboldauer, also $S = E_s/T_s = E_s\, r_s$. Die Rauschleistung am Empfängereingang innerhalb der Bandbreite B ist $N = N_0\, B$. Die minimale Bandbreite des digital modulierten Signals beträgt $B = r_s$, sodass das $S/N = E_s/N_0$ gilt. Mit Gl. (6.92) erhalten wir schließlich:

$$\frac{S}{N} = \log_2 m\, \frac{E_b}{N_0} \tag{6.99}$$

Dieses Ergebnis unterscheidet sich von Gl. (5.47) um einen Faktor zwei, da die Bandbreite des modulierten Signals doppelt so groß wie die Bandbreite des Basisbandsignals ist.

In Bild 6.51 links beträgt das Signal-Rausch-Verhältnis $10\,\lg S/N = 13$ dB. Dies entspricht $10\,\lg E_b/N_0 = 10$ dB und einer Bitfehlerwahrscheinlichkeit $P_{b,\text{QPSK}} = 3{,}9 \cdot 10^{-6}$. Im Bild 6.51 rechts ist $10\,\lg S/N = 8$ dB, $10\,\lg E_b/N_0 = 5$ dB, und die Bitfehlerwahrscheinlichkeit beträgt $P_{b,\text{QPSK}} = 6 \cdot 10^{-3}$. ■

Trägersynchronisation

Wir wollen die Betrachtung der kohärenten Demodulation mit einigen Überlegungen zur Trägersynchronisation abschließen. In Bild 6.50 wurde angenommen, dass der lokale Oszillator des Demodulators zum Träger des Modulationssignals synchronisiert ist. Die Trägerfrequenz f_c ist zwar bekannt, aber die Frequenzen der Oszillatoren in Sender und Empfänger sind aufgrund von Toleranzen nicht exakt identisch. Zur Synchronisation des lokalen Oszillators müssen daher Phase und Frequenz des Trägers aus dem Eingangssignal ermittelt werden.

Bild 6.58 zeigt die Auswirkung eines Phasenoffsets $\Delta\theta$ auf die Signalraumkonstellation am Beispiel der QPSK. Ein Phasenoffset bewirkt eine Drehung um den konstanten Winkel $\Delta\theta$, während ein Frequenzoffset Δf zu einer Rotation um $2\pi\Delta f T$ innerhalb eines Symbolintervalls T bzw. um $2\pi\Delta f N T$ innerhalb von N Symbolintervallen führt. Ein Frequenzoffset kann auch als zeitlich variable Phasendifferenz $\Delta\theta(t)$ aufgefasst werden.

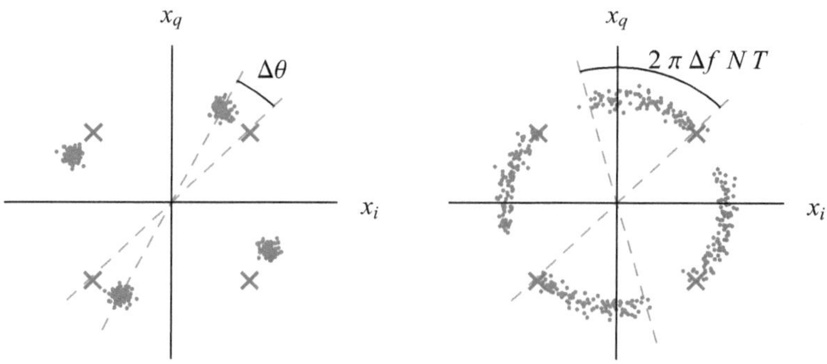

Bild 6.58 Signalraumkonstellation für QPSK bei einer Phasen- und einer Frequenzdifferenz des lokalen Oszillators

Wir betrachten als Beispiel ein phasenumgetastetes Signal. Für ein m-PSK-Signal mit rechteckförmigen Grundimpulsen gilt in einem Symbolintervall $kT \le t \le (k+1)T$ gemäß Gl. (6.53) und Gl. (6.55):

$$x_c(t) = A_c \cos(2\pi f_c t + \theta_c + \varphi_k), \quad \varphi_k = \frac{2\pi\, a_k}{m} + \lambda$$

Eine Möglichkeit zur Erzeugung eines Referenzträgers aus dem Eingangssignal besteht darin, $x_c(t)$ zur m-ten Potenz zu erheben, wodurch ein Ausdruck der Form

$$[x_c(t)]^m = \frac{A_c^m}{2^{m-1}} \cos\big(m\,(2\pi f_c t + \theta_c + \varphi_k)\big) \quad + \text{weitere Terme}$$

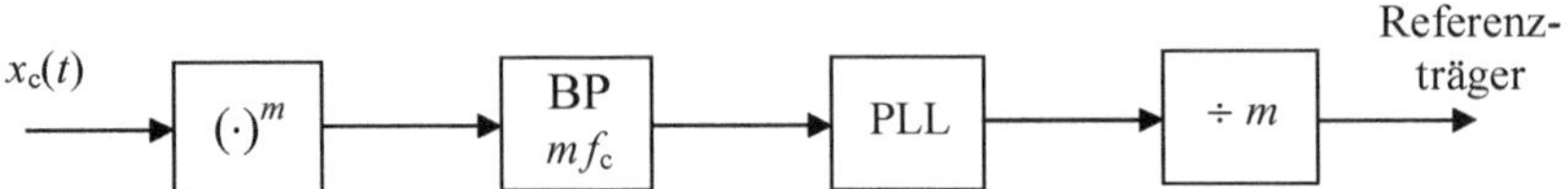

Bild 6.59 Gewinnung eines Referenzträgers durch Potenzieren des Modulationssignals

entsteht. Da $m\varphi_k$ ein ganzzahliges Vielfaches von 2π ist, vereinfacht sich dieser Ausdruck zu:

$$[x_c(t)]^m = \frac{A_c^m}{2^{m-1}} \cos(2\pi m f_c t + m\theta_c) \quad + \text{weitere Terme}$$

Damit enthält das potenzierte Signal eine Komponente, die keine Phasenänderungen mehr beinhaltet und somit unabhängig von den übertragenen Symbolen ist. Der cos-Term wird mithilfe eines Bandpassfilters extrahiert und mit einem Phasenregelkreis (Phase-Locked Loop oder PLL) zur besseren Störunterdrückung nachgeführt. Nach der Division durch m steht der Referenzträger zur Verfügung. Ein entsprechendes Blockschaltbild zeigt Bild 6.59.

Der Referenzträger weist allerdings eine Phasenunsicherheit von $\pm n(2\pi/m)$ relativ zum Träger des Modulationssignals auf, denn es ist:

$$2\pi m f_c = m\left(2\pi f_c \pm n\frac{2\pi}{m}\right)$$

Im Falle von QPSK ($m = 4$) besteht also eine Phasenunsicherheit von $+\pi/2$, $-\pi/2$ oder π. Dies entspricht einer Drehung der Signalraumkonstellation um +90°, −90° oder 180°. Zur Beseitigung dieser Phasenunsicherheit muss ein dem Empfänger bekanntes Synchronwort eingefügt werden. Ein Phasenfehler von 90° (−90°) wird dadurch korrigiert, dass die I- und Q-Komponenten vertauscht und die I-(Q-)Komponente invertiert wird. Ein Phasenfehler von 180° wird durch die Invertierung der Bitfolge korrigiert. Das Problem der Phasenunsicherheit wird bei differenzieller Vorcodierung (DPSK) umgangen, da hier die Information in der Phasenänderung enthalten ist, und die absolute Phase im Empfänger nicht bekannt sein muss.

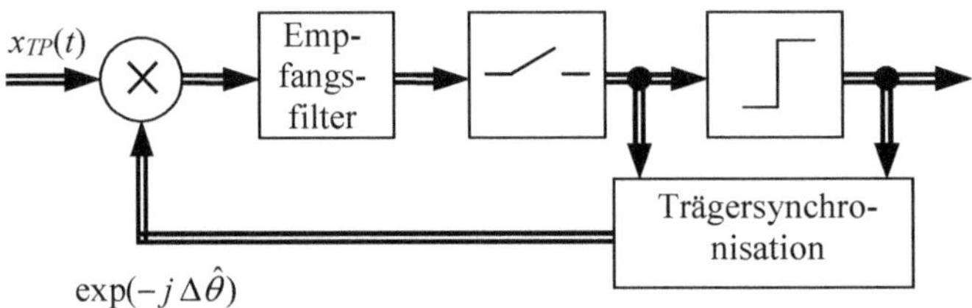

Bild 6.60 Entscheidungsrückgekoppelte Trägersynchronisation

Ein weiteres Verfahren ist die *entscheidungsrückgekoppelte Trägersynchronisation*, deren Prinzip in Bild 6.60 dargestellt ist. Aus dem Vergleich der Daten vor und hinter dem Entscheider ergibt sich die Drehung der Punkte im Signalraum relativ zu den idealen Positionen (Bild 6.61). Für den Phasenoffset $\Delta\theta$ gilt:[6]

$$\sin(\Delta\theta) = \frac{\operatorname{Re}\{a\}\operatorname{Im}\{b\} - \operatorname{Re}\{b\}\operatorname{Im}\{a\}}{|a|\,|b|}$$

[6] Die Gültigkeit dieser Beziehung lässt sich durch Einsetzen des Real- und Imaginärteils von $b = \frac{|b|}{|a|}\left(\operatorname{Re}\{a\} + j\operatorname{Im}\{a\}\right)\left(\cos(\Delta\theta) + j\sin(\Delta\theta)\right)$ zeigen.

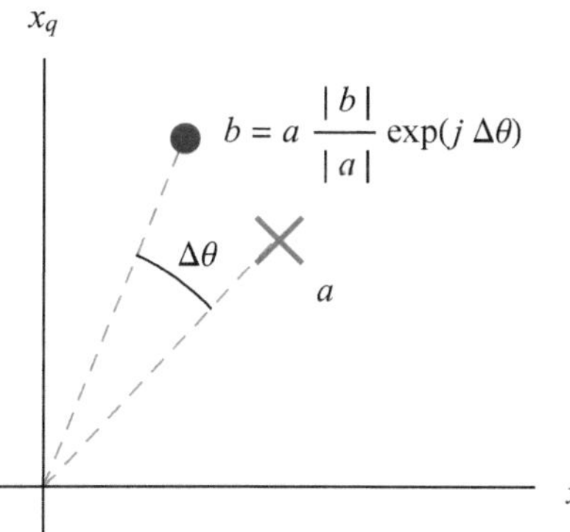

Bild 6.61 Zur Bestimmung der Phasendifferenz bei der entscheidungsrückgekoppelten Trägersynchronisation

Da dem Nutzsignal Rauschen überlagert ist, muss ein Schätzwert $\Delta\hat{\theta}$ durch eine Tiefpassfilterung über mehrere Symbole ermittelt werden. Die Korrektur der Phase erfolgt ebenfalls im Basisband, indem das Tiefpasssignal mit $\exp(-j\Delta\hat{\theta})$ multipliziert wird. Dies bewirkt eine Drehung im Signalraum um $\Delta\hat{\theta}$ in entgegengesetzter Richtung. Aber auch hier bleibt das oben beschriebene Problem der Phasenunsicherheit bestehen, da eine Drehung um $\pm n\,(2\pi/m)$ nicht erkannt wird.

Liegt ein Frequenzoffset vor, so dreht sich die Phase innerhalb eines Symbolintervalls um $\Delta\theta = 2\pi\Delta f T$. Sofern diese Drehung kleiner als π/m ist, liefert der Entscheider das korrekte Symbol, und der Phasenfehler kann ermittelt werden. Daher erfolgt die Trägersynchronisation oft in zwei Stufen: Der lokale Oszillator in der Quadraturstufe zur Erzeugung des Tiefpasssignals wird grob synchronisiert (engl.: coarse frequency synchronization), und der verbleibende Phasenoffset wird im Basisband korrigiert.

Beispiel 6.6 Bestimmung der Referenzphase bei DVB-S

Bei der digitalen Fernsehübertragung über Satellit (DVB-S, siehe Beispiel 6.4) wird als Modulationsverfahren QPSK verwendet. Zum Multiplexen der verschiedenen Audio- und Videodaten sowie von Zusatzinformationen dient der MPEG Transport Stream (MPEG-TS). Ein MPEG-TS-Paket besteht aus 188 byte; davon sind 4 byte Header und 184 byte Nutzdaten (engl.: payload), siehe Bild 6.62. Das erste Byte des Headers ist das Sync-Byte mit dem festen Wert 47 (hex) = 0100 0111 (bin). Das Sync-Byte jedes achten Pakets wird invertiert.

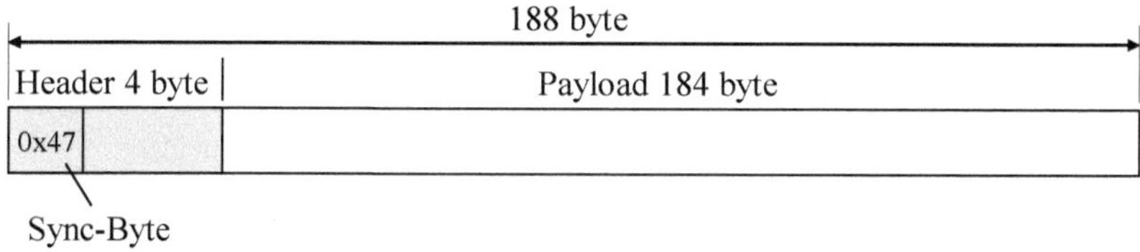

Bild 6.62 MPEG-TS-Paket

Mithilfe der Sync-Bytes kann der Empfänger die nach der Trägersynchronisation verbleibende Phasenunsicherheit beseitigen. Darüber hinaus dienen die Sync-Bytes auch der Synchronisation des Descramblers (vgl. Abschnitt 5.5). Die zweite Generation DVB-S2 erlaubt neben MPEG-TS auch andere Eingangsformate wie z. B. IP (Internet Protocol)-Pakete. DVB-S2 verwendet einen aus 64 800 bit bestehenden Übertragungsrahmen, genannt Physical Layer Frame, der mit einem 26-bit-Synchronwort (SOF, start of frame) beginnt. ■

6.4.2 Inkohärente Demodulation

Die inkohärente Demodulation benötigt keine Trägersynchronisation und vermeidet den damit verbundenen Aufwand. Allerdings erfordert sie im Vergleich zur kohärenten Demodulation ein größeres Signal-Rausch-Verhältnis, um die gleiche Fehlerwahrscheinlichkeit zu erzielen. Das Prinzip der inkohärenten Demodulation soll am Beispiel eines Empfängers für binäre Amplitudenumtastung (2-ASK) erläutert werden. Ein solcher Empfänger kann sehr einfach wie der in Abschnitt 6.2.1 beschriebene AM-Hüllkurvendemodulator (Bild 6.17) aufgebaut werden. Wir betrachten eine Realisierung im Tiefpassbereich, die für die digitale Signalverarbeitung gut geeignet ist. Bild 6.63 zeigt das Blockschaltbild eines solchen Empfängers. Er besteht wie zuvor aus einer Quadraturstufe zur Erzeugung des Tiefpasssignals. Wir fordern aber nicht, dass der lokale Oszillator zum Trägersignal synchronisiert ist. Zunächst gehen wir von einem Phasenoffset $\Delta\theta$ aus.

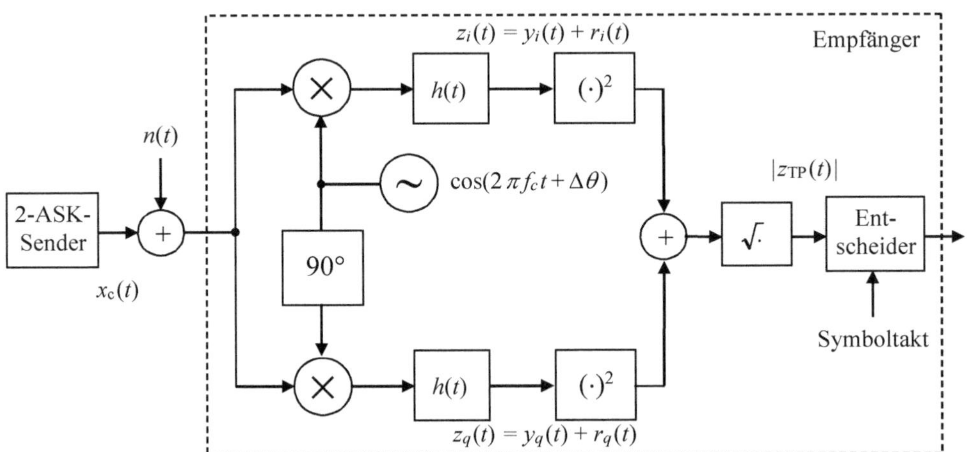

Bild 6.63 Blockschaltbild eines inkohärenten ASK-Empfängers (Hüllkurvenempfänger)

ASK ist durch Gln. (6.50) und (6.51) definiert. Wir betrachten wieder ein einzelnes Symbol eines zweistufigen ASK-Signals, d. h., es ist $a_k \in \{0, 1\}$. Für das modulierte Signal gilt

$$s(t) = \begin{cases} 0 & \text{für} \quad a_k = 0 \\ p(t)\cos(2\pi f_c t) & \text{für} \quad a_k = 1 \end{cases} \tag{6.100}$$

wobei wir wieder vereinfachend $A_c = 1$ und $\theta_c = 0$ gesetzt haben. Die zugehörigen Quadraturkomponenten lauten:

$$s_i(t) = \begin{cases} 0 & \text{für} \quad a_k = 0 \\ p(t) & \text{für} \quad a_k = 1 \end{cases}$$

$$s_q(t) = 0 \tag{6.101}$$

Bezeichnen wir die Energie von $s(t)$ für $a_k = 0$ mit E_0 und für $a_k = 1$ mit E_1, so gilt im Falle rechteckförmiger Grundimpulse $p(t) = \mathrm{rect}(t/T - 1/2)$ der Dauer T

$$E_0 = 0, \quad E_1 = \frac{1}{2} \int_{-\infty}^{\infty} p^2(t)\, dt = \frac{T}{2}$$

und die mittlere Energie eines Symbols beträgt:

$$E_b = \frac{1}{2}\,(E_0 + E_1) = \frac{T}{4} \tag{6.102}$$

Im I-Zweig des Empfängers wird das Eingangssignal $s(t)$ mit $\cos(2\pi f_c t + \Delta\theta)$ multipliziert. Das Nutzsignal am Ausgang der Quadraturstufe lautet daher $\frac{1}{2}\, s_i(t)\, \cos(\Delta\theta)$ (weitere Signalanteile bei $2 f_c$ werden durch das nachfolgende Filter unterdrückt und bleiben unberücksichtigt). Entsprechend erhält man im Q-Zweig $\frac{1}{2}\, s_i(t)\, \sin(\Delta\theta)$.

Auf die Quadraturstufe folgen signalangepasste Filter mit der ebenfalls rechteckförmigen Impulsantwort $h(t) = K\, p(T - t) = K\, p(t)$. Für das Nutzsignal am Filterausgang gilt (vgl. Beispiel 5.5):

$$y_i(t) = \frac{1}{2}\, s_i(t)\, \cos(\Delta\theta) * h(t) = \frac{KT}{2}\, \Lambda\left(\frac{t-T}{T}\right) \cos(\Delta\theta)$$

$$y_q(t) = \frac{1}{2}\, s_i(t)\, \sin(\Delta\theta) * h(t) = \frac{KT}{2}\, \Lambda\left(\frac{t-T}{T}\right) \sin(\Delta\theta) \tag{6.103}$$

Die Einhüllende des Bandpasssignals ist der Betrag des komplexen Tiefpasssignals $y_{\mathrm{TP}}(t) = y_i(t) + j\, y_q(t)$ (Bild 6.64 (a)):

$$|y_{\mathrm{TP}}(t)| = \sqrt{y_i^2(t) + y_q^2(t)} = \frac{KT}{2}\, \Lambda\left(\frac{t-T}{T}\right) \tag{6.104}$$

Im Entscheidungszeitpunkt gilt mit Gl. (6.102):

$$|y_{\mathrm{TP}}(T)| = \frac{KT}{2} = 2\, K\, E_b \tag{6.105}$$

Durch den Hüllkurvendetektor wird das Signal am Entscheidereingang also unabhängig von einer Phasendifferenz $\Delta\theta$.

Dem Nutzsignal ist das Rauschsignal $n(t)$ mit der Leistungsdichte $N_0/2$ überlagert. Der Phasenoffset $\Delta\theta$ hat keinen Einfluss auf die Leistungsdichte der Quadraturkomponenten von $n(t)$. Analog zu Gl. (6.86) gilt für die Rauschleistung von $r_i(t)$ und $r_q(t)$ am Ausgang der signalangepassten Filter:

$$N_{r_i} = N_{r_q} = \frac{N_0}{4}\, K^2 \int_{-\infty}^{\infty} p^2(t)\, dt = \frac{N_0}{4}\, K^2\, T = N_0\, K^2\, E_b \tag{6.106}$$

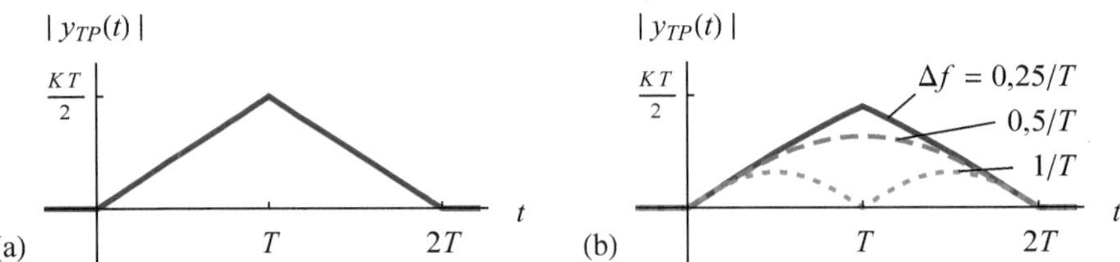

Bild 6.64 Nutzsignal am Ausgang des inkohärenten ASK-Empfängers

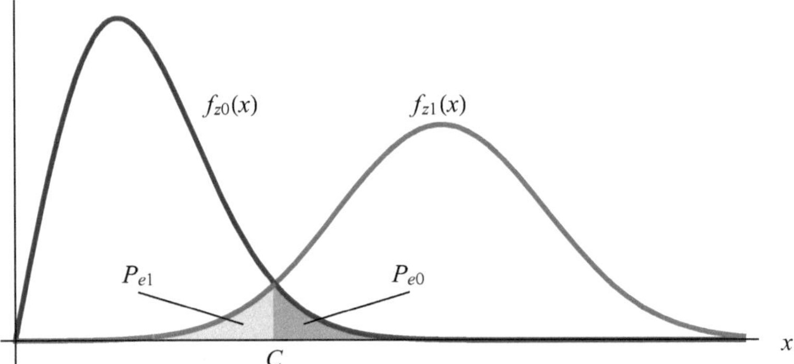

Bild 6.65 Wahrscheinlichkeitsdichtefunktionen $f_{z0}(x)$, $f_{z1}(x)$ und bedingte Fehlerwahrscheinlichkeiten P_{e0}, P_{e1} bei inkohärenter Demodulation

Bei $r_i(t)$ und $r_q(t)$ handelt es sich um gaußsches Rauschen mit der Leistung entsprechend Gl. (6.106); für die Varianz der Gauß-Verteilung gilt daher $\sigma_r^2 = N_{r_i} = N_{r_q}$. Für die Hüllkurve der Summe von Nutz- und Rauschsignal, $z_{\mathrm{TP}}(t) = y_{\mathrm{TP}}(t) + r_{\mathrm{TP}}(t)$, gilt mit Gl. (6.103) nun im Entscheidungszeitpunkt:

$$\begin{aligned}|z_{\mathrm{TP}}(T)| &= \sqrt{\big(y_i(T)+r_i(T)\big)^2 + \big(y_q(T)+r_q(T)\big)^2}\\ &= \sqrt{\left(\frac{KT}{2}\cos(\Delta\theta)+r_i(T)\right)^2 + \left(\frac{KT}{2}\sin(\Delta\theta)+r_q(T)\right)^2}\end{aligned} \qquad (6.107)$$

Da $r_i(t)$ und $r_q(t)$ Zufallsgrößen sind, ist auch $|z_{\mathrm{TP}}(T)|$ eine Zufallsgröße. Allerdings ist die Bildung der Hüllkurve eine nichtlineare Operation, und $|z_{\mathrm{TP}}(T)|$ ist daher nicht normal verteilt, sondern nach Abschnitt 2.3.2 Riceverteilt mit der Wahrscheinlichkeitsdichte Gl. (2.75). Mit $c = KT/2$ und $\sigma = \sigma_r$ erhält man die Wahrscheinlichkeitsdichte $f_{z1}(x)$ in Bild 6.65. Für $a_k = 0$ ist das Nutzsignal am Filterausgang ebenfalls null, und es ist $c = 0$. Die Riceverteilung geht dann in die Rayleighverteilung (Gl. (2.76)) über; die zugehörige Wahrscheinlichkeitsdichte ist in Bild 6.65 mit $f_{z0}(x)$ gekennzeichnet. Beide Wahrscheinlichkeitsdichten $f_{z0}(x)$ und $f_{z1}(x)$ sind null für $x < 0$, da die Hüllkurve $|z_{\mathrm{TP}}(T)|$ nicht negativ werden kann.

Der dem Hüllkurvendetektor nachfolgende Entscheider entscheidet auf $\hat{a}_k = 0$ ($\hat{a}_k = 1$), falls das Signal kleiner (größer) als die Schwelle C ist. Die mittlere Bitfehlerwahrscheinlichkeit ergibt sich wie gewohnt aus den bedingten Fehlerwahrscheinlichkeiten P_{e0} und P_{e1}, die gleich den in Bild 6.65 gekennzeichneten Flächen unter den Wahrscheinlichkeitsdichtefunktionen sind. Die optimale Schwelle, für die die Fehlerwahrscheinlichkeit minimal wird, liegt für

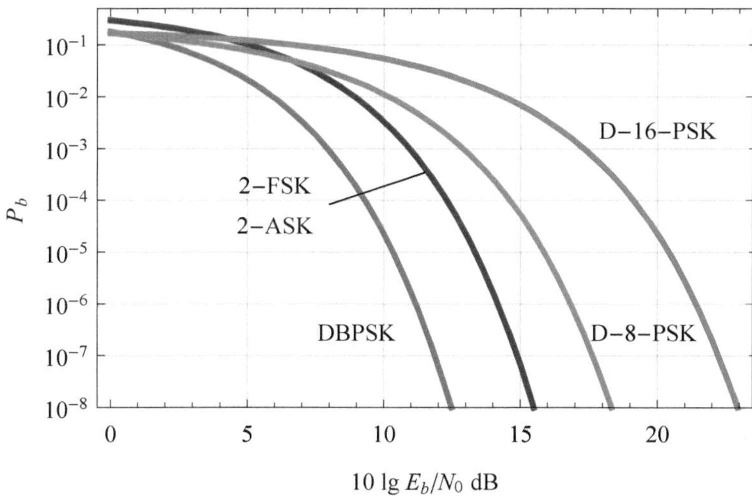

Bild 6.66 Bitfehlerwahrscheinlichkeit bei inkohärenter Demodulation

$E_b/N_0 \gg 1$ in der Nähe des Schnittpunktes der beiden Wahrscheinlichkeitsdichtefunktionen, und die Bitfehlerwahrscheinlichkeit beträgt:

$$P_{b,2-\mathrm{ASK}} \approx \frac{1}{2}\exp\left(-\frac{E_b}{2N_0}\right) \tag{6.108}$$

Die Fehlerwahrscheinlichkeit für binäre ASK bei inkohärenter Demodulation nach Gl. (6.108) ist in Bild 6.66 dargestellt. Der Vergleich mit Gl. (6.96) und Bild 6.57 zeigt, dass die inkohärente Demodulation einen um knapp 1 dB größeren Störabstand als die kohärente Demodulation erfordert. Dies gilt für alle Modulationsverfahren, die inkohärent demoduliert werden können. Je nach Verfahren ergibt sich ein Unterschied von ca. 1 ... 3 dB zu Ungunsten der inkohärenten Demodulation.

Der Unterschied wird verständlich, wenn man den kohärenten BPSK-Demodulator in Bild 6.52 und den inkohärenten ASK-Demodulator in Bild 6.63 vergleicht: In beiden Fällen besteht das äquivalente Tiefpasssignal nur aus der Normalkomponente. Der kohärente Demodulator besteht daher nur aus dem I-Zweig, und das Signal-Rausch-Verhältnis am Entscheidereingang hängt nur von der Rauschleistung der Normalkomponente des Rauschsignals $n(t)$ ab. Der inkohärente Demodulator benötigt dagegen den I- und den Q-Zweig zur Bildung der Hüllkurve, und in das Signal-Rausch-Verhältnis fließt die Leistung der Normal- *und* der Quadraturkomponente von $n(t)$ ein.

Besteht auch eine Frequenzdifferenz, d. h. ist $f_{LO} = f_c + \Delta f$, so gilt für das Nutzsignal:

$$|y_{TP}(t)| = \begin{cases} \left| K \dfrac{\sin(\pi\,\Delta f\,t)}{\pi\,\Delta f} \right| & \text{für} \quad 0 \le t \le T \\[2ex] \left| K \dfrac{\sin(\pi\,\Delta f\,(2T - t))}{\pi\,\Delta f} \right| & \text{für} \quad T \le t \le 2T \end{cases}$$

Bild 6.64 (b) zeigt $|y_{TP}(t)|$ für verschiedene Frequenzoffsets Δf. Mit steigendem Frequenzoffset verringert sich die Amplitude des Nutzsignals, und die Fehlerwahrscheinlichkeit steigt.

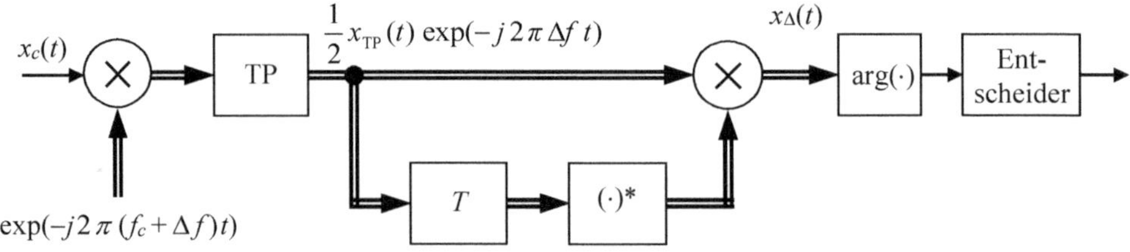

Bild 6.67 Inkohärenter Empfänger für DPSK

Bild 6.67 zeigt einen inkohärenten Empfänger für differenzielle Phasenumtastung (DPSK), realisiert im Tiefpassbereich. Die Quadraturstufe am Eingang – dargestellt in komplexer Form – erzeugt das äquivalente Tiefpasssignal. Da es sich um einen inkohärenten Empfänger handelt, ist der lokale Oszillator aber nicht synchronisiert. In Bild 6.67 wird eine Frequenzdifferenz $f_{LO} = f_c + \Delta f$ angenommen.

Bei der DPSK hat der Demodulator entsprechend Gln. (6.58) und (6.59) die Aufgabe, die Phasenänderung $\Delta\varphi_k = \varphi_k - \varphi_{k-1}$ zwischen aufeinanderfolgenden Symbolen zu ermitteln. Der Empfänger in Bild 6.67 bildet dazu das Signal $x_\Delta(t)$, indem er das Tiefpasssignal mit dem um eine Symboldauer T verzögerten konjugiert-komplexen Tiefpasssignal multipliziert:

$$x_\Delta(t) = \frac{1}{2}\, x_{TP}(t)\, e^{-j2\pi\Delta f t} \cdot \frac{1}{2}\, x_{TP}^*(t-T)\, e^{j2\pi\Delta f(t-T)}$$

Mit $x_{TP}(kT) = e^{j\varphi_k}$ gilt für $x_\Delta(t)$ zum Zeitpunkt $t = kT$:

$$\begin{aligned} x_\Delta(kT) &= \frac{1}{2}\, e^{j\varphi_k}\, e^{-j2\pi\Delta f kT} \cdot \frac{1}{2}\, e^{-j\varphi_{k-1}}\, e^{j2\pi\Delta f(k-1)T} \\ &= \frac{1}{4}\, e^{j(\Delta\varphi_k - 2\pi\Delta f T)} \end{aligned}$$

Für die Phase von $x_\Delta(kT)$ folgt:

$$\arg(x_\Delta(kT)) = \Delta\varphi_k - 2\pi\,\Delta f\,T \approx \Delta\varphi_k \quad \text{für} \quad 2\pi\,\Delta f\,T \ll \frac{\pi}{m}$$

Für die Bitfehlerwahrscheinlichkeit von binärer DPSK (DBPSK) bei inkohärenter Demodulation existiert die exakte Lösung:

$$P_{b,\text{DBPSK}} = \frac{1}{2}\exp\left(-\frac{E_b}{N_0}\right) \tag{6.109}$$

Für D-m-PSK, $m \geq 4$ und $E_b/N_0 \gg 1$ kann die Bitfehlerwahrscheinlichkeit mit der Näherungslösung

$$P_{b,\text{D}-m-\text{PSK}} \approx \frac{1}{\log_2 m}\,\text{erfc}\left(\sqrt{\log_2 m\,\frac{E_b}{N_0}}\,\sin\frac{\pi}{\sqrt{2}\,m}\right) \tag{6.110}$$

abgeschätzt werden. Gl. (6.109) für binäre DPSK und Gl. (6.110) für $m = 8$ und $m = 16$ sind in Bild 6.66 enthalten. Tabelle 6.4 stellt den für eine Fehlerwahrscheinlichkeit von $P_b = 10^{-5}$ erforderlichen Störabstand $10\lg(E_b/N_0)$ bei PSK kohärent demoduliert und DPSK inkohärent

Tabelle 6.4 Vergleich *m*-PSK bei kohärenter Demodulation und D-*m*-PSK bei inkohärenter Demodulation

m	*m*-PSK (koh.)	D-*m*-PSK (inkoh.)
2	9,59 dB	10,34 dB
4	9,59 dB	12,14 dB
8	12,97 dB	15,87 dB

demoduliert gegenüber. Für binäre Übertragung ($m = 2$) ergibt sich nur ein geringer Nachteil von weniger als einem dB für DPSK. Für $m \geq 8$ erfordert DPSK einen um ca. 3 dB höheren Störabstand.

Der DPSK-Empfänger in Bild 6.67 ist auch für die Frequenzumtastung und deren Varianten geeignet, denn bei FSK ist die Phasenänderung nach Gl. (6.64) innerhalb eines Symbolintervalls:

$$\Delta\varphi_k = a_{k-1}\, 2\pi\, f_\Delta\, T = a_{k-1}\,\pi\,\eta$$

Allerdings ist dieser Empfänger nicht für Modulationsindizes von $\eta \approx 1$ geeignet, denn dann ändert sich die Phase um $+\pi$ oder $-\pi$. Da $\exp(j\pi) = \exp(-j\pi)$ ist, können diese Fälle nicht unterschieden werden.[7]

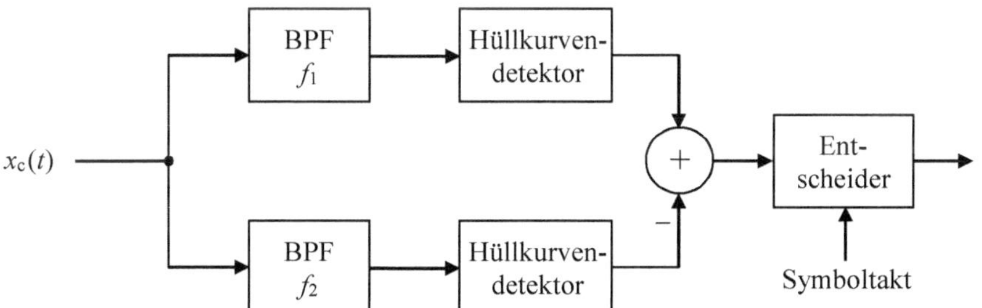

Bild 6.68 Hüllkurvenempfänger für binäre FSK

Bild 6.68 zeigt einen Hüllkurvenempfänger für binäre Frequenzumtastung. Die Bandpassfilter am Eingang sind auf die Frequenzen $f_1 = f_c + f_\Delta$ bzw. $f_2 = f_c - f_\Delta$ abgestimmt. Die Hüllkurvendetektoren können digital im Tiefpassbereich entsprechend Bild 6.63 realisiert werden. Für eine m-stufige FSK kann der Empfänger auf m Bandpassfilter bzw. Hüllkurvendetektoren erweitert werden. Die Bitfehlerwahrscheinlichkeit für binäre Frequenzumtastung beträgt:

$$P_{b,2\text{-FSK}} \approx \frac{1}{2}\exp\left(-\frac{E_b}{2N_0}\right) \tag{6.111}$$

Die Bitfehlerwahrscheinlichkeit für inkohärent demodulierte binäre FSK ist also identisch zur Bitfehlerwahrscheinlichkeit für binäre ASK (Gl. (6.108)). Auch bei kohärenter Demodulation ergab sich für beide Modulationsverfahren die gleiche Fehlerwahrscheinlichkeit. Der Vorteil der kohärenten Demodulation bezüglich des erforderlichen Störabstandes ist mit weniger als einem dB jedoch nur gering.

---

[7] Im Gegensatz dazu muss bei DBPSK nur eine Phasenänderung um π erkannt werden, unabhängig vom Vorzeichen.

6.4.3 Modulationsfehler, EVM und MER

Neben dem Signal-Rausch-Verhältnis (bzw. E_b/N_0, siehe Beispiel 6.5) beeinflussen auch Modulationsfehler die Fehlerwahrscheinlichkeit eines digitalen Modulationsverfahrens. Die EVM (Error Vector Magnitude) ist ein Qualitätsparameter, in den auch solche Faktoren eingehen. Ein verwandter Parameter ist die Modulationsfehlerrate (Modulation Error Ratio, MER). Zulässige Werte für EVM und MER sind beispielsweise in den DVB- und WLAN-Standards festgelegt [56], [58].

Typische Modulationsfehler sind Quadratur-Amplitudenfehler (IQ Amplitude Imbalance) oder Quadratur-Phasenfehler. Sie machen sich dadurch bemerkbar, dass auch bei einem rauschfreien Signal die Symbole in der Signalraumkonstellation von der idealen Position abweichen. Bild 6.69 zeigt eine 16-QAM-Signalraumkonstellation im Falle eines Amplituden- und eines Phasenfehlers.

Bei einem Amplitudenfehler sind die Amplituden des lokalen Oszillators, mit denen jeweils die Normal- und die Quadraturkomponente multipliziert werden, nicht identisch. Ist die Amplitude im x_i-Zweig größer als im x_q-Zweig, sind die Punkte im Signalraum wie in Bild 6.69 (a) gezeigt verschoben. Bei einem Phasenfehler beträgt die Phasenverschiebung zwischen den LO-Signalen nicht exakt 90° und man erhält eine „geneigte" Signalraumkonstellation wie in Bild 6.69 (b). Modulationsfehler können sowohl im Modulator als auch im Demodulator entstehen.

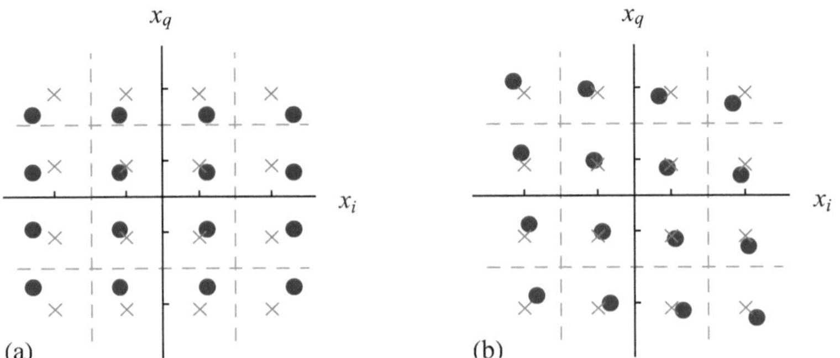

Bild 6.69 Modulationsfehler am Beispiel 16-QAM: (a) Quadratur-Amplitudenfehler, (b) Quadratur-Phasenfehler

Wir betrachten ein einzelnes Symbol. Die idealen Quadraturkomponenten seien I_k und Q_k (Bild 6.70). Die tatsächlichen Werte weichen um δI_k bzw. δQ_k ab. Der Fehlervektor ist die Differenz des idealen und des tatsächlichen Vektors und hat die Länge $\sqrt{\delta I_k^2 + \delta Q_k^2}$. Dies entspricht der Amplitude des Fehlers, und der quadratische Mittelwert entspricht dessen Effektivwert. Die EVM ist definiert als dieser Effektivwert des Fehlers, ermittelt über N Symbole und ins Verhältnis gesetzt zur Wurzel aus der mittleren Leistung, angegeben in %:

$$EVM = \sqrt{\frac{\frac{1}{N}\sum_{k=0}^{N-1}\left(\delta I_k^2 + \delta Q_k^2\right)}{\frac{1}{N}\sum_{k=0}^{N-1}\left(I_k^2 + Q_k^2\right)}} \cdot 100\% \tag{6.112}$$

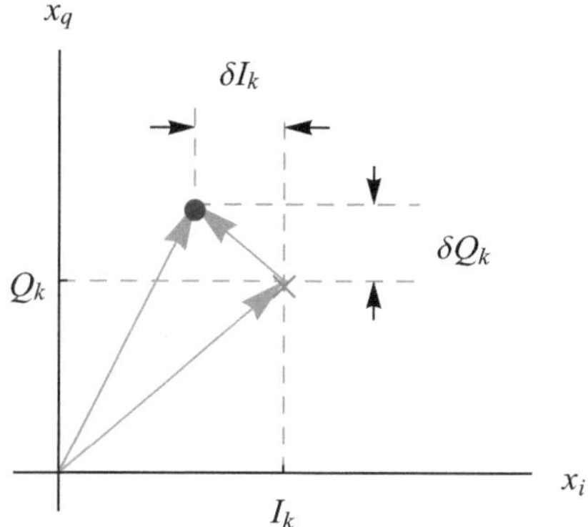

Bild 6.70 Zur Definition der Error Vector Magnitude (EVM)

Gelegentlich wird im Nenner von Gl. (6.112) als Bezugsgröße auch die Spitzenleistung verwendet, oder die EVM wird in Dezibel angegeben. Die Modulationsfehlerrate ist das Verhältnis von mittlerer Leistung zur Fehlerleistung und wird meist in der Form

$$MER = 10\lg \frac{\sum_{k=0}^{N-1}\left(I_k^2 + Q_k^2\right)}{\sum_{k=0}^{N-1}\left(\delta I_k^2 + \delta Q_k^2\right)} \text{ dB} \tag{6.113}$$

angegeben. Wie man sieht, hängen EVM und MER über $MER = 20\lg(100/EVM)$ zusammen. Sind keine Modulationsfehler vorhanden, sondern nur weißes Rauschen, so nehmen δI_k und δQ_k rein zufällige Werte an und hängen nur vom Rauschen ab. In diesem Fall ist die MER gleich dem Signal-Rausch-Verhältnis $10\lg S/N$.

Wird die EVM in einem Empfänger ermittelt, so steht in der Regel keine Referenz-Symbolfolge zur Verfügung. Dann muss der Empfänger die Symbolfolge zunächst aus dem empfangenen Signal ermitteln, was aber mit Fehlern behaftet ist. Ist der Fehlervektor so groß, dass die Entscheidergrenze überschritten wird, so nimmt der Empfänger als Referenz ein falsches Symbol und der für den Fehlervektor ermittelte Wert ist zu klein. Daher wird die EVM bei großen Symbolfehlerhäufigkeiten bzw. bei einem niedrigen Signal-Rausch-Verhältnis unterschätzt.

6.5 Entzerrung von Bandpasssignalen

Bei der Entzerrung von Bandpasssignalen spielen die gleichen Überlegungen wie bei der Entzerrung von Basisbandsignalen eine Rolle (siehe Abschnitt 5.4). Da die Entzerrung in der Regel im Tiefpassbereich mittels digitaler Filter erfolgt, ist der Entzerrer ein komplexwertiges System mit komplexem Ein- und Ausgang (Bild 6.71). Betrachtet man Real- und Imaginärteile getrennt, so erhält man das Blockschaltbild Bild 6.5. Das Eingangssignal $g(n)$ ist die zeitdiskrete Version der Faltung von sendeseitigem Grundimpuls, der Kanalimpulsantwort im Tiefpassbereich und dem empfängerseitigen signalangepassten Filter.

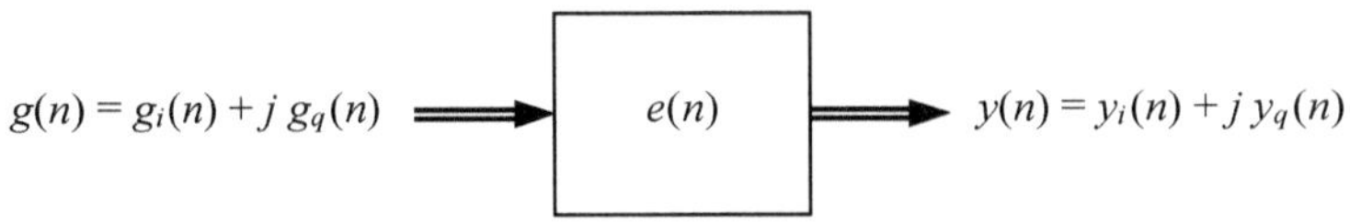

$$g(n) = g_i(n) + j\, g_q(n) \Longrightarrow \boxed{e(n)} \Longrightarrow y(n) = y_i(n) + j\, y_q(n)$$

Bild 6.71 Entzerrer für ein komplexes Tiefpasssignal

Wir nehmen als Beispiel die MMSE-Lösung für den Entzerrer mit Doppelabtastung (Abschnitt 5.4.2) und passen diese auf komplexe Tiefpasssignale an. Entsprechend den Gleichungen (5.62), (5.63) und (5.64) lautet der Vektor mit den Entzerrerkoeffizienten:

$$\mathbf{e} = \mathbf{R}^{-1}\,\boldsymbol{\rho} \tag{6.114}$$

Die Autokorrelationsmatrix $\mathbf{R}$ und der Kreuzkorrelationsvektor $\boldsymbol{\rho}$ ergeben sich aus der Faltungsmatrix $\mathbf{F}$ zu:

$$\mathbf{R} = \mathbf{F}^H\,\mathbf{F} + \sigma_r^2\,\mathbf{I} \tag{6.115}$$

$$\boldsymbol{\rho} = \mathbf{F}^H\,\mathbf{y_{id}} \tag{6.116}$$

Die Elemente von $\mathbf{R}$ entsprechen der Autokorrelationsfolge des vom Rauschen überlagerten Nutzsignals $g(n)$. Die AKF ist für komplexe Signale zu $R_x(k) = \sum_{n=-\infty}^{\infty} x^*(n)\,x(n+k)$ definiert. Daher wird in den Gln. (6.115) und (6.116) die konjugiert-komplexe Faltungsmatrix transponiert, bezeichnet mit $\mathbf{F}^H$.

Wir betrachten wieder das Beispiel aus Abschnitt 5.4.2 mit dem auf drei Werte g_0, g_1, g_2 begrenzten Eingangsimpuls und den Entzerrer der Ordnung $N = 4$. Dann lauten die Faltungsmatrix und die konjugiert-komplexe transponierte Faltungsmatrix:

$$\mathbf{F} = \begin{bmatrix} g_0 & 0 & 0 & 0 & 0 \\ g_2 & g_1 & g_0 & 0 & 0 \\ 0 & 0 & g_2 & g_1 & g_0 \\ 0 & 0 & 0 & 0 & g_2 \end{bmatrix}, \quad \mathbf{F}^H = \begin{bmatrix} g_0^* & g_2^* & 0 & 0 \\ 0 & g_1^* & 0 & 0 \\ 0 & g_0^* & g_2^* & 0 \\ 0 & 0 & g_1^* & 0 \\ 0 & 0 & g_0^* & g_2^* \end{bmatrix}$$

Die Autokorrelationsmatrix ist dann im Beispiel die 5 × 5-Matrix:

$$\mathbf{R} = \begin{bmatrix} g_0^*\,g_0 + g_2^*\,g_2 + \sigma_r^2 & g_1 g_2^* & g_0 g_2^* & 0 & 0 \\ g_1^*\,g_2 & g_1^*\,g_1 + \sigma_r^2 & g_0 g_1^* & 0 & 0 \\ g_0^*\,g_2 & g_0^*\,g_1 & g_0^*\,g_0 + g_2^*\,g_2 + \sigma_r^2 & g_1 g_2^* & g_0 g_2^* \\ 0 & 0 & g_1^*\,g_2 & g_1^*\,g_1 + \sigma_r^2 & g_0 g_1^* \\ 0 & 0 & g_0^*\,g_2 & g_0^*\,g_1 & g_0^*\,g_0 + g_2^*\,g_2 + \sigma_r^2 \end{bmatrix}$$

In Abschnitt 5.4.4 hatten wir die adaptive Entzerrung betrachtet. Die Gleichungen für die Zielfunktion Gl. (5.65) und die Adaption der Entzerrerkoeffizienten Gl. (5.68) lauten im Falle komplexer Tiefpasssignale:

$$Q = \left|\hat{a}_n - y(n)\right|^2 = \left(\hat{a}_n - y(n)\right)\,\left(\hat{a}_n^* - y^*(n)\right) \tag{6.117}$$

$$e_k(n+1) = e_k(n) + \alpha\,\left(\hat{a}_n - y(n)\right)\,x^*(n-k) \quad (k = 0, \ldots, N) \tag{6.118}$$

6.6 Multiträgersysteme und Orthogonal Frequency Division Multiplexing (OFDM)

Bei unserer bisherigen Beschreibung der Modulationsarten sind wir von der Modulation eines einzelnen Trägers mit der zu übertragenden Symbolfolge ausgegangen. Multiträgersysteme teilen die verfügbare Bandbreite in eine Anzahl von Teilbändern auf, und innerhalb der Teilbänder werden Subträger schmalbandig digital moduliert. Bild 6.72 zeigt ein Beispiel mit $K = 7$ Subträgern bei den Frequenzen $f_0, \dots, f_{K-1}$ im Abstand Δf.

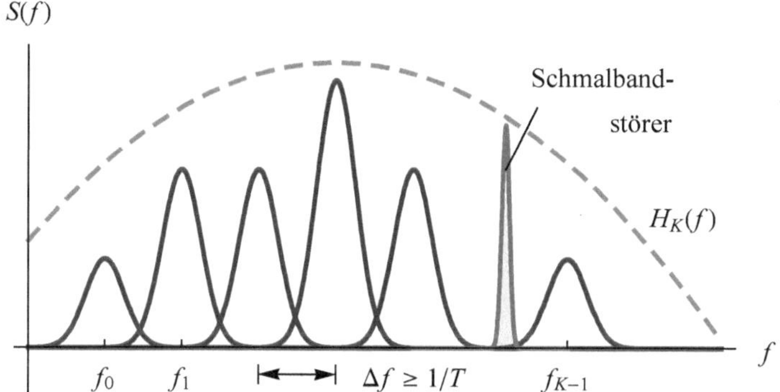

Bild 6.72 Spektrum eines Multiträgersystems

Ein Vorteil eines Multiträgersystems besteht darin, dass die Leistung und das Modulationsverfahren eines Subträgers an das Signal-Rausch-Verhältnis innerhalb des Teilbandes angepasst werden können. Die Bitrate wird maximiert, wenn die Leistung der Subträger in Bereichen mit einem großen Signal-Rausch-Verhältnis auf Kosten der Subträger in Bereichen mit einem schlechteren Signal-Rausch-Verhältnis erhöht wird, wie in Bild 6.72 angedeutet. Darüber hinaus können stark gestörte Teilbänder von der Übertragung ausgeschlossen werden, indem der entsprechende Subträger unterdrückt wird. Ein weiterer Vorteil liegt darin, dass die Entzerrung des Signals sehr einfach wird, wenn die Zahl der Subträger so groß gewählt wird, dass innerhalb der Bandbreite eines Subträgers der Übertragungskanal $H_K(f)$ als nahezu verzerrungsfrei angenommen werden kann.

Prinzipiell besteht ein Multiträgersystem mit K Subträgern aus K Modulatoren und Demodulatoren. Bild 6.73 zeigt den Aufbau des Senders, wobei jeder der K Modulatoren nach dem Prinzip des Quadratur-Modulators (Bild 6.27) aufgebaut ist. Die zu übertragende Bitfolge $\{b_i\}$ wird durch einen Seriell/Parallel-Wandler (S/P) und die Signalraumzuordnung (SRZ) in K Folgen $\{d_0(i)\}, \dots, \{d_{K-1}(i)\}$ aufgespalten. Jede dieser Folgen moduliert einen Subträger bei der Frequenz $f_0, \dots, f_{K-1}$. Für BPSK sind die Symbole $d_0(i), \dots, d_{K-1}(i)$ reell, für QPSK und QAM sind sie komplex. Für das i-te Symbol eines Subträgers schreiben wir:

$$s_k^{(i)}(t) = \mathrm{Re}\left\{d_k(i)\, p(t - iT)\, \mathrm{e}^{j\omega_k t}\right\}, \quad 0 \leq k \leq K-1 \tag{6.119}$$

Das Multiträgersignal ergibt sich aus der Summe aller Subträger:

$$s^{(i)}(t) = \sum_{k=0}^{K-1} s_k^{(i)}(t) = \mathrm{Re}\left\{\sum_{k=0}^{K-1} d_k(i)\, p(t - iT)\, \mathrm{e}^{j\omega_k t}\right\} \tag{6.120}$$

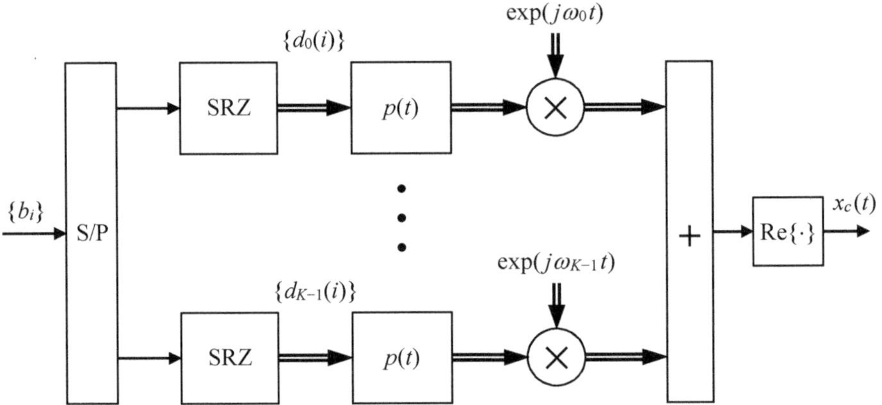

Bild 6.73 Blockschaltbild des Senders eines Multiträgersystems

Orthogonal Frequency Division Multiplexing

Da pro Subträger ein Modulator und ein Demodulator benötigt wird, ist bei einer großen Zahl von Subträgern ein beträchtlicher Aufwand erforderlich. Eine elegante Vereinfachung ergibt sich, wenn die Subträger orthogonal zueinander sind, da dann das Multiträgersignal mithilfe der inversen diskreten Fourier-Transformation (IDFT, siehe Abschnitt 4.1.4) erzeugt werden kann. Dieses Verfahren bezeichnet man als OFDM (Orthogonal Frequency Division Multiplexing). Damit können Systeme mit mehreren tausend Subträgern realisiert werden, die sehr flexibel an die Eigenschaften des Übertragungskanals angepasst werden können. Aufgrund dieser Flexibilität wird OFDM z. B. beim digitalen Hörrundfunk DAB (Digital Audio Broadcasting) und DRM (Digital Radio Mondiale), beim digitalen terrestrischen Fernsehen DVB-T, im Bereich der drahtlosen lokalen Rechnernetze (WLAN, Wireless Local Area Network) sowie beim breitbandigen Internetzugang über das Telefonkabel (DSL, Digital Subscriber Line) verwendet – eine beeindruckende Aufzählung.

Bei OFDM liegen die Subträgerfrequenzen bei $f_k = k\,\Delta f$ im Abstand $\Delta f = 1/T$. Für rechteckförmige Grundimpulse $p(t) = \mathrm{rect}(t/T - 1/2)$ sind dann die Signale $s_j^{(i)}(t)$ und $s_k^{(i)}(t)$ für $j \neq k$ orthogonal zueinander (siehe Beispiel 2.10). Für ein einzelnes OFDM-Symbol erhalten wir aus Gl. (6.120):

$$s^{(i)}(t) = \mathrm{Re}\left\{\sum_{k=0}^{K-1} d_k(i)\,\mathrm{e}^{j2\pi k t/T}\right\}, \quad iT \leq t \leq (i+1)T \tag{6.121}$$

Für ein auf die Dauer T zeitbeschränktes Signal eines Subträgers bei der Frequenz f_k lautet dessen Fourier-Spektrum:

$$S_k(f) \cong \mathrm{si}\big(\pi(f \pm f_k)T\big) \tag{6.122}$$

Bild 6.74 zeigt die Fourier-Spektren der Subträger eines OFDM-Signals. Die Orthogonalität der Subträger kommt dadurch zum Ausdruck, dass das Maximum eines Subträgers mit den Nullstellen der anderen Subträger zusammenfällt. Die Summe des Betragsquadrats der Spektren der Subträger ergibt das Leistungsdichtespektrum des OFDM-Signals. Es ist in Bild 6.74 für ein Signal mit 21 Subträgern dargestellt. Bei gleicher Leistung aller Subträger ergibt sich eine konstante Leistungsdichte innerhalb der Bandbreite $B = K\,\Delta f = K/T$.

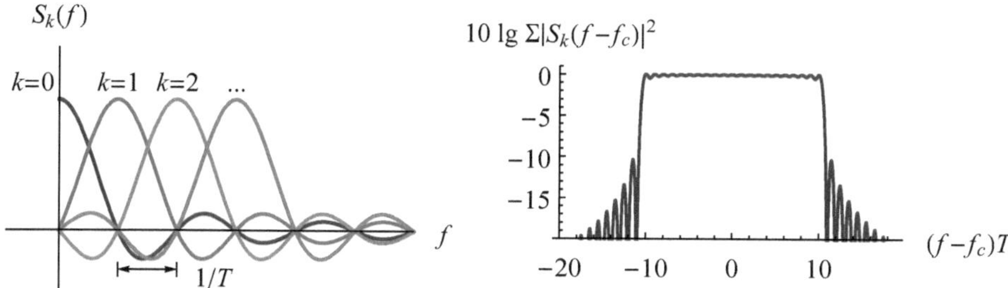

Bild 6.74 Fourier-Spektrum der OFDM-Subträger

Mithilfe der IDFT werden aus den $d_k(i)$ zunächst Abtastwerte von $s^{(i)}(t)$ im Abstand $T_A = 1/f_A$ berechnet. Die IDFT liefert also das zeitdiskrete Signal $s^{(i)}(n)$, aus dem ein Digital-Analog-Wandler $s^{(i)}(t)$ generiert. Durch einen Mischer (siehe Abschnitt 6.7) wird das OFDM-Signal auf die gewünschte Trägerfrequenz f_c umgesetzt. Bild 6.75 zeigt das entsprechende Blockschaltbild eines OFDM-Senders und des zugehörigen Empfängers. Im Empfänger wird mit der zur IDFT inversen Funktion der DFT das OFDM-Signal demoduliert. Da die IDFT und die DFT sehr effizient mithilfe der schnellen Fourier-Transformation (Fast Fourier Transform, FFT) berechnet werden können, lassen sich auch Systeme mit sehr vielen Subträgern realisieren.

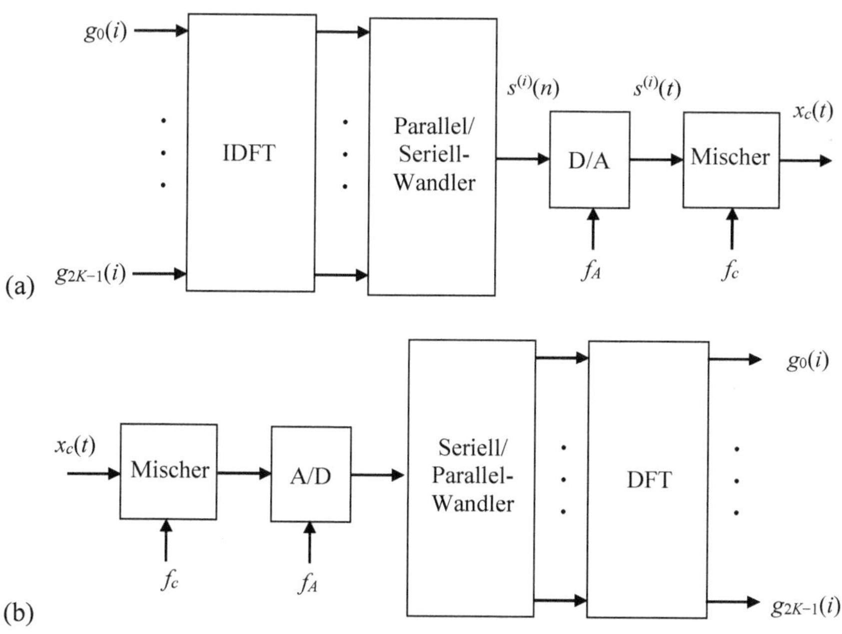

Bild 6.75 Blockschaltbild eines (a) OFDM-Senders und (b) Empfängers

Eine Möglichkeit zur Erzeugung von $s^{(i)}(n)$ besteht darin, aus den K Eingangswerten $d_0(i), \ldots,$ $d_{K-1}(i)$ mit der IDFT K komplexe Ausgangswerte pro OFDM-Symbol zu berechnen. Die Abtastperiode beträgt $T_A = T/K$. Real- und Imaginärteil der komplexen Ausgangswerte sind

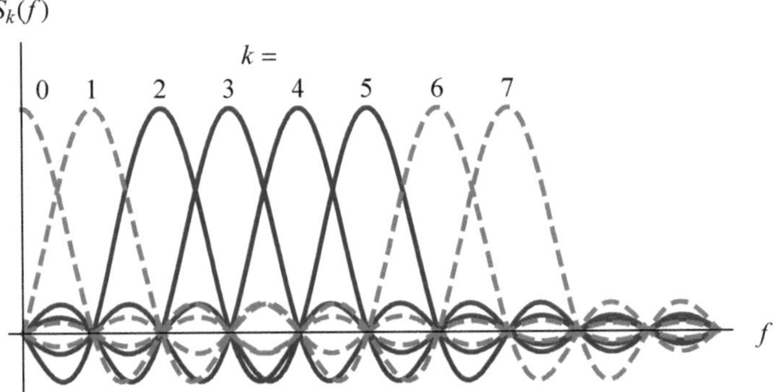

Bild 6.76 Fourier-Spektrum der OFDM-Subträger für $K = 8$ (Subträger $k = 0, 1, 6$ und 7 werden unterdrückt)

die Quadraturkomponenten von $s^{(i)}(t)$. Daraus wird mithilfe einer Quadraturschaltung nach Bild 6.3 das zugehörige reelle Signal erzeugt.

Eine weitere Möglichkeit besteht darin, mit der IDFT direkt das reelle zeitdiskrete Signal $s^{(i)}(n)$ zu erzeugen. Dazu wird aus einem Block von K Eingangswerten ein Block der Länge $2K$ gebildet:

$$\left\{g_0(i), \ldots, g_{2K-1}(i)\right\} = \left\{\mathrm{Re}\left\{d_0(i)\right\}, d_1(i), \ldots, d_{K-1}(i), \mathrm{Im}\left\{d_0(i)\right\}, d^*_{K-1}(i), \ldots, d^*_1(i)\right\} \tag{6.123}$$

Darin ist $d^*_k(i)$ der konjugiert-komplexe Wert von $d_k(i)$, und das Symbol $d_0(i)$ wird in seinen Real- und Imaginärteil aufgespalten. Aufgrund der Symmetrie in Gl. (6.123) erhält man aus den $2K$ Eingangswerten $g_0(i), \ldots, g_{2K-1}(i)$ mittels der IDFT $2K$ reelle Ausgangswerte pro OFDM-Symbol. Dies sind die Abtastwerte von $s^{(i)}(t)$ aus Gl (6.121) zu den Zeitpunkten $t = nT_A$ im Abstand $T_A = T/2K$, d. h., es ist $t/T = n/2K$:

$$s^{(i)}(n) = \frac{1}{2} \sum_{k=0}^{2K-1} g_k(i)\,\mathrm{e}^{j2\pi k \frac{n}{2K}}, \quad n = 0, \ldots, 2K-1 \tag{6.124}$$

Dies entspricht bis auf einen Skalierungsfaktor der Berechnungsvorschrift der IDFT Gl. (4.23). Um die Vorteile der effizienten Berechnung der IDFT bzw. der DFT durch die FFT zu nutzen, muss die Anzahl der Abtastwerte und damit K eine Potenz von 2 sein.

Wir wollen uns die Erzeugung eines OFDM-Signals anhand eines Beispiels verdeutlichen. Wir betrachten ein OFDM-Signal mit $K = 8$ Subträgern (Bild 6.76). Allerdings können nicht alle Subträger für die Datenübertragung genutzt werden: Da das Spektrum des abgetasteten Signals $s^{(i)}(n)$ aus der periodischen Wiederholung des Spektrums von $s^{(i)}(t)$ besteht, werden die Subträger an den Rändern nicht verwendet, um Aliasing zu vermeiden.

In unserem Beispiel werden jeweils zwei Subträger am unteren und am oberen Rand unterdrückt. Von den acht Subträgern stehen also vier für die Datenübertragung zur Verfügung. Als Modulationsverfahren dieser Subträger wird BPSK verwendet. Damit sind die $d_k(i)$ reell und es gilt $d_k(i) \in \{-1, 1\}$. Die Subträger $k = 0, 1, 6$ und 7 werden unterdrückt, indem die Symbole $d_0(i)$, $d_1(i)$, $d_6(i)$ und $d_7(i)$ gleich null gesetzt werden. Die binären Eingangsdaten werden in Blöcke von 4 bit unterteilt und den Symbolen $d_2(i) \ldots d_5(i)$ zugeordnet. Daraus ergeben sich gemäß

Gl. (6.123) die sechzehn Eingangswerte $g_0(i) \dots g_{15}(i)$ der IDFT. Diese wiederum liefert sechzehn reelle Abtastwerte pro OFDM-Symbol nach Gl. (6.124) mit der Abtastperiode $T_A = T/16$. Tabelle 6.5 zeigt anhand dieses Beispiels die Berechnung der Abtastwerte für zwei Symbole $s^{(i)}(n)$, $i = 0, 1$. Bild 6.77 zeigt den zeitlichen Verlauf des resultierenden OFDM-Signals. Das erste Symbol erstreckt sich von $0 \leq t/T \leq 1$, und das zweite Symbol liegt im Intervall $1 \leq t/T \leq 2$.

Tabelle 6.5 Abtastwerte des OFDM-Signals für die ersten zwei Symbole

k, n	$d_k(0)$	$g_k(0)$	$s^{(0)}(n)$	$d_k(1)$	$g_k(1)$	$s^{(1)}(n)$
0	0	0	0	0	0	2
1	0	0	−0,7071	0	0	−1,4725
2	−1	−1	−0,4142	−1	−1	1
3	1	1	0,7071	−1	−1	2,5549
4	−1	−1	0	−1	−1	0
5	1	1	0,7071	1	1	−1,1407
6	0	0	2,4142	0	0	1
7	0	0	−0,7071	0	0	0,0583
8		0	−4		0	−2
9		0	−0,7071		0	0,0583
10		0	2,4142		0	1
11		1	0,7071		1	−1,1407
12		−1	0		−1	0
13		1	0,7071		−1	2,5549
14		−1	−0,4142		−1	1
15		0	−0,7071		0	−1,4725

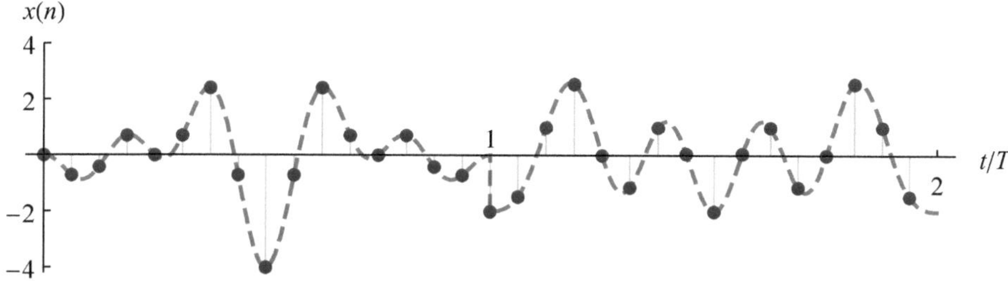

Bild 6.77 OFDM-Signal und dessen mittels der IDFT berechnete Abtastwerte

Bild 6.78 zeigt für das erste OFDM-Symbol im Bereich $0 \leq t/T \leq 1$, wie dieses Signal aus der additiven Überlagerung der Subträger entsteht. Aus Gl. (6.119) folgt für BPSK, rechteckförmige Grundimpulse $p(t)$ und $f_k = k/T$ im Intervall $0 \leq t \leq T$:

$$s_k^{(0)}(t) = d_k(0)\cos(2\pi k t/T), \quad 0 \leq k \leq 7$$

Wegen $d_k(0) = 0$ für $k = 0$, 1, 6 und 7 tragen die entsprechenden $s_k^{(0)}(t)$ nicht zum OFDM-Symbol bei und sind daher nicht in Bild 6.78 enthalten. Gemäß Gl. (6.120) ergibt die Summe der Subträger das OFDM-Symbol $s^{(0)}(t)$.

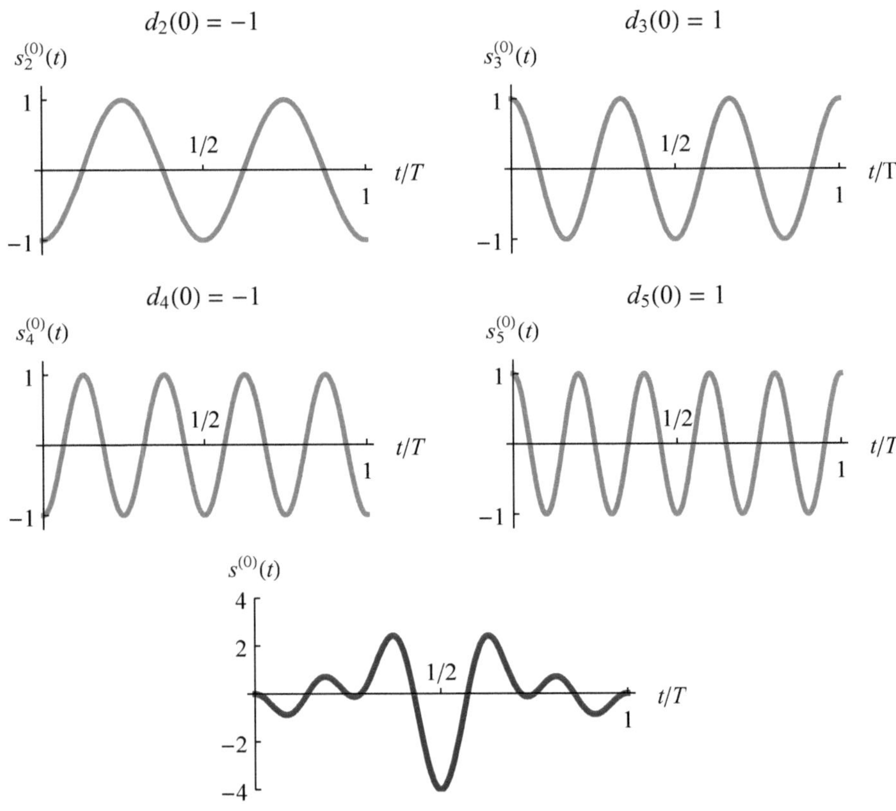

Bild 6.78 Zusammensetzung des OFDM-Signals für das erste Symbol ($i = 0$)

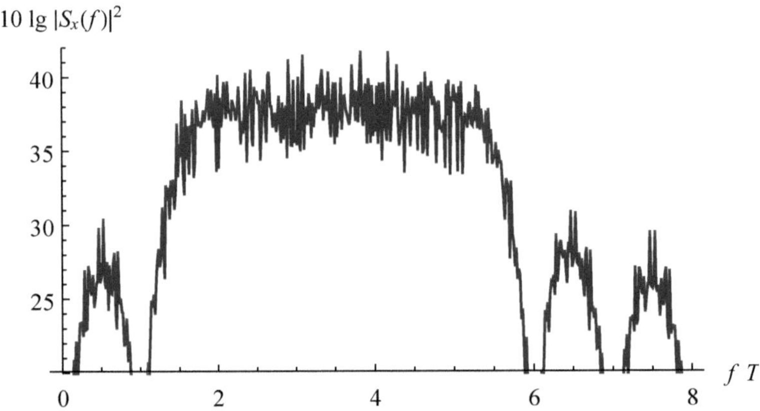

Bild 6.79 Leistungsdichtespektrum des OFDM-Signals

Schließlich zeigt Bild 6.79 das Leistungsdichtespektrum des OFDM-Signals aus unserem Beispiel. Die Berechnung erfolgte mittels der diskreten Fourier-Transformation in Form des Periodogramms (siehe Abschnitt 4.1.4) über insgesamt 512 OFDM-Symbole. Zur Glättung des

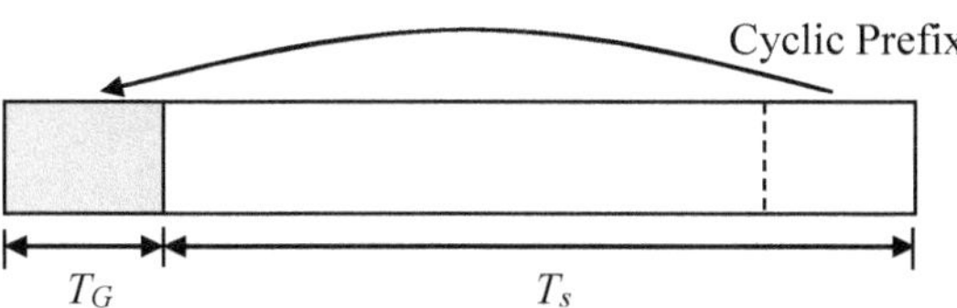

Bild 6.80 OFDM-Symbol mit Schutzintervall (Cyclic Prefix)

numerisch berechneten Spektrums wurde das Signal in acht Intervalle zu jeweils 64 Symbolen aufgeteilt und der Mittelwert über deren Teilspektren gebildet. Im Bereich der Subträger $k = 2\dots5$ ergibt sich eine näherungsweise konstante Leistungsdichte.

Bei der Übertragung des OFDM-Signals über den Kanal wird es im Frequenzbereich mit der Kanalübertragungsfunktion $H_K(f)$ multipliziert bzw. im Zeitbreich mit dessen Impulsantwort $h_K(t)$ gefaltet. Durch die Faltung mit der Kanalimpulsantwort läuft das OFDM-Symbol auseinander und in das benachbarte Symbol hinein. Dies hatten wir in Abschnitt 5.2 als *Intersymbol-Interferenz* bezeichnet und kann vermieden werden, indem man ein Schutzintervall zwischen den OFDM-Symbolen einfügt. Das Schutzintervall hat die Dauer T_G und wird als *Cyclic Prefix* oder auch als *Guard Interval* bezeichnet (Bild 6.80). Der Cyclic Prefix besteht aus einer Anzahl von Abtastwerten vom Ende des OFDM-Symbols, die dem Symbol vorangestellt werden. Seine Länge sollte mindestens gleich der Länge der Kanalimpulsantwort sein. Im Empfänger wird er vor der Seriell/Parallel-Wandlung entfernt. Durch das Schutzintervall verringert sich die Symbolrate um den Faktor:

$$\frac{T_s}{T_G + T_s}$$

Für die *Entzerrung* des OFDM-Signals gehen wir davon aus, dass die Subträger genügend schmalbandig sind, sodass die Kanalübertragungsfunktion für jeden Unterträger näherungsweise konstant ist. Die einzelnen Subträgersignale bei den Frequenzen f_k werden mit der Übertragungsfunktion $H_K(f_k)$ multipliziert – einem konstanten Koeffizienten. Der Einfluss auf die Subträger kann also dadurch kompensiert werden, dass im Empfänger *nach* dem DFT-Block mit $1/H_K(f_k)$ multipliziert wird. Dazu muss die Kanalübertragungsfunktion bekannt sein, d. h., sie muss gemessen werden. Dafür dienen bestimmte, über die Bandbreite des OFDM-Signals verteilte Subträger als *Pilotträger*. Pilotträger sind unmodulierte oder mit einer bekannten Trainingsfolge modulierte Unterträger. Sie dienen auch der Synchronisation des OFDM-Übertragungssystems.

Bei einem OFDM-Signal können sehr große Spitzenamplituden auftreten, insbesondere bei einer großen Anzahl von Unterträgern. Große Amplituden entstehen durch die zufällige konstruktive Addition vieler Subträgersignale. OFDM ist daher durch einen hohen *Crest-Faktor* (Gl. (2.56)) gekennzeichnet. Dies ist ungünstig hinsichtlich der Aussteuerung der D/A- und A/D-Wandler und der Leistungsverstärker, die auf die maximale Amplitude ausgelegt werden müssen. Daher wurde eine Reihe von Verfahren zur Reduzierung des Crest-Faktors entwickelt. Beispielsweise können einzelne Subträger gezielt so moduliert werden, dass der Spitzenwert reduziert wird. Diese Subträger, ebenso wir die Pilotträger, stehen dann nicht mehr für die Übertragung von Nutzdaten zur Verfügung.

Beispiel 6.7 OFDM-Parameter der WLAN-Standards

Drahtlose lokale Rechnernetze (Wireless Local Area Network, WLAN) werden vom IEEE[8] spezifiziert. Die Standards IEEE 802.11a (1999), 802.11n (2009) und 802.11ac (2013) verwenden OFDM. Die Systeme wurden im Laufe der Jahre hinsichtlich der Bandbreite und der Modulationsverfahren erweitert, um höhere Bitraten zu ermöglichen. Die Tabellen 6.6 und 6.7 zeigen Parameter und Optionen von 802.11ac.

Tabelle 6.6 WLAN IEEE 802.11ac

Modulationsverfahren	BPSK, QPSK, 16-, 64-, 256-QAM
Subträgerabstand Δf	312,5 kHz
Symboldauer T_s	3,2 µs
Cyclic Prefix T_G	0,4 µs, 0,8 µs

Tabelle 6.7 802.11ac Bandbreiten und Subträger

Bandbreite	20 MHz	40 MHz	80 MHz	160 MHz
K	64	128	256	256
genutzte Subträger	56	114	242	484
Pilotträger	4	6	8	16

Beispielsweise ergibt sich für $K = 256$ eine Bandbreite von $B = K\,\Delta f = 80\,\text{MHz}$. Wie oben erläutert, müssen die Subträger an den Rändern jedoch unterdrückt werden. Auch die mittleren Subträger werden nicht belegt, da diese bei der direkten Umsetzung vom Basisband- in den Bandpassbereich und umgekehrt durch den lokalen Oszillator der Quadraturstufe gestört werden können. Abzüglich der Pilotträger verbleiben $K_{\text{Nutz}} = 234$ Unterträger für die Datenübertragung.

Bei $m = 64$ werden $\log_2 m = 6$ Bit pro Symbol übertragen. Theoretisch ist daher mit 64-QAM und $B = 80\,\text{MHz}$ eine Bitrate von $\log_2 m\; B = 480\,\text{Mbit/s}$ möglich. Allerdings wird ein Teil für den Fehlerschutz benötigt, der in Form der Coderate R_c angegeben wird (Abschnitt 7.2.1). Und wir müssen die nicht belegten Subträger, die Pilotträger und das Schutzintervall berücksichtigen:

$$r_b = \log_2 m\; B\; R_c\; \frac{K_{\text{Nutz}}}{K}\; \frac{T_s}{T_G + T_s} = 6 \cdot 80 \cdot 10^6\,\text{bit/s}\; \frac{5}{6}\; \frac{234}{256}\; \frac{3{,}2\mu\text{s}}{0{,}8\mu\text{s} + 3{,}2\mu\text{s}}$$

$$= 292{,}5\,\text{Mbit/s}$$

Dies ist die maximal mögliche Bitrate bei einer Bandbreite von 80 MHz, 64-QAM, einer Coderate von 5/6 und einem Cyclic Prefix der Länge 0,8 µs. ■

[8] Institute of Electrical and Electronics Engineers, siehe *www.ieee.org*.

6.7 Empfängerarchitekturen

In der klassischen Empfängerarchitektur wird das Eingangssignal zunächst mithilfe einer Mischstufe auf eine feste *Zwischenfrequenz* (Intermediate Frequency, IF) umgesetzt (Bild 6.81). Ein Zwischenfrequenzfilter hoher Selektivität filtert das gewünschte Signal heraus. Anschließend erfolgt die Umsetzung in das äquivalente Tiefpasssignal. Die Quadraturkomponenten werden mithilfe zweier Analog-Digital-Wandler digitalisiert, sodass die weitere Signalverarbeitung im digitalen Bereich erfolgen kann.

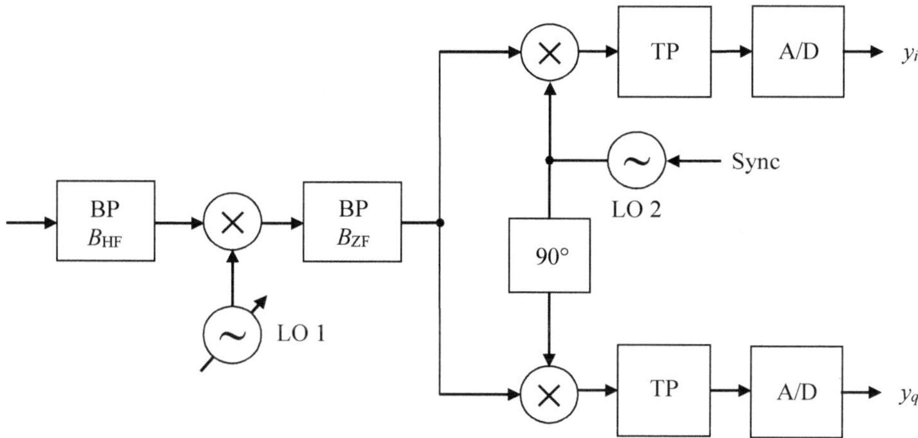

Bild 6.81 Empfänger mit Zwischenfrequenzstufe

Das Eingangssignal $x_c(t)$ ist ein Bandpasssignal mit dem Fourier-Spektrum $S_c(f)$ und der Mittenfrequenz f_c. In der Mischstufe am Empfängereingang wird $x_c(t)$ mit dem Signal $\cos(2\pi f_l t)$ eines lokalen Oszillators (LO 1) multipliziert. Für das Fourier-Spektrum des Produkts gilt:

$$\begin{aligned}\mathcal{F}\left\{x_c(t)\cos(2\pi f_l t)\right\} &= S_c(f) * \frac{1}{2}\left[\delta\left(f-f_l\right)+\delta\left(f+f_l\right)\right]\\ &= \frac{1}{2}S_c\left(f-f_l\right)+\frac{1}{2}S_c\left(f+f_l\right)\end{aligned} \tag{6.125}$$

Bild 6.82 zeigt die Umsetzung des Eingangssignals $x_c(t)$ bei der Frequenz f_c auf die Zwischenfrequenz f_{ZF} für den Fall $f_l < f_c$. Es entstehen Mischprodukte bei den Frequenzen $f_{ZF} = f_c - f_l$ und $f_c + f_l$. Durch das dem Multiplizierer folgende Filter wird das Signal bei f_{ZF} ausgewählt; man spricht in diesem Fall von einer *Abwärtsmischung*. Bei einer *Aufwärtsmischung*, mit der beispielsweise in einem Sender das vom Modulator erzeugte Signal auf eine höhere Trägerfrequenz umgesetzt wird, würde das Signal bei $f_c + f_l$ ausgewählt.

Im Empfänger nach Bild 6.81 wird die Frequenz f_l des lokalen Oszillators so eingestellt, dass das gewünschte Signal bei f_c auf die feste Zwischenfrequenz f_{ZF} heruntergemischt wird. Dazu muss $f_l = f_c - f_{ZF}$ gelten. Das Zwischenfrequenzfilter mit der Bandbreite B_{ZF} lässt nur das gewünschte Signal durch und unterdrückt benachbarte Signale.

Das Filter mit der Bandbreite B_{HF} am Eingang der Mischstufe dient neben der Verringerung der Störungen auch der Unterdrückung von *Spiegelfrequenzen*. Als Spiegelfrequenz bezeich-

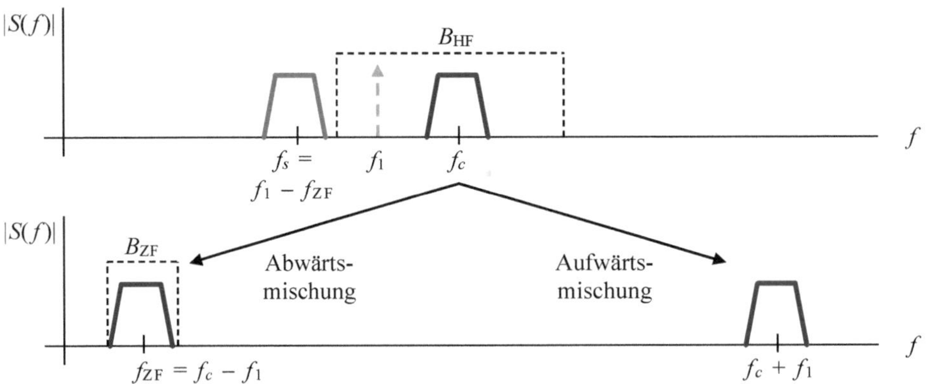

Bild 6.82 Fourier-Spektren am Eingang und Ausgang der Mischstufe

net man die Frequenz $f_s = f_l - f_{ZF}$, die durch den Mischvorgang ebenfalls auf die Zwischenfrequenz heruntergemischt wird. Dabei ist zu beachten, dass in Bild 6.82 nur der Bereich positiver Frequenzen dargestellt ist. Reelle Bandpasssignale haben ein gerades Betragsspektrum. Für den in Bild 6.82 gezeigten Fall $f_l > f_s$ wird nach Gl. (6.125) der Anteil bei $-f_s$ nach f_{ZF} verschoben, d. h., es gilt $f_{ZF} = |f_s - f_l| = -f_s + f_l$ oder $f_s = f_l - f_{ZF}$. Da der Abstand zwischen f_c und f_s gleich dem Zweifachen der Zwischenfrequenz ist, ist eine hohe Zwischenfrequenz günstig hinsichtlich der Anforderungen an das Bandpassfilter zur Unterdrückung des Spiegelfrequenzsignals am Empfängereingang.

Der Vorteil eines Empfängers nach Bild 6.81 liegt neben der guten Selektivität darin, dass die Analog-Digital-Wandlung im Basisband erfolgt, und die A/D-Wandler mit einer geringen Abtastrate arbeiten können, die von der Bandbreite des Signals abhängt. Nachteilig ist die Verwendung vieler analoger Schaltungskomponenten. Deren Zahl kann reduziert werden, wenn die Analog-Digital-Wandlung hinter dem Zwischenfrequenzfilter erfolgt (Bild 6.83). Um die erforderliche Abtastrate zu verringern, kann mit einer sehr niedrigen Zwischenfrequenz oder mit einer Unterabtastung, wie in Abschnitt 3.2 erläutert, gearbeitet werden. Ein weiterer Vorteil eines Empfängers mit Digitalisierung des Zwischenfrequenzsignals ist die Quadratur-Demodulation im digitalen Bereich. Damit lassen sich die mit einer analogen Realisierung verbundenen Probleme hinsichtlich der Amplituden- und Phasengenauigkeit umgehen. Ist beispielsweise die Amplitude des LO-Signals im I-Zweig größer als im Q-Zweig, so wird die Signalraumkonstellation in x-Richtung gedehnt und in y-Richtung gestaucht. Insbesondere höherstufige Modulationsverfahren mit einem ohnehin geringen minimalen Abstand der Punkte im Signalraum stellen daher hohe Anforderungen an die Amplituden- und Phasengenauigkeit im I- und Q-Zweig.

Die Zwischenfrequenzstufe wird nicht benötigt, wenn mit der Quadraturschaltung nach Bild 6.2 das Eingangssignal direkt in das Basisband umgesetzt wird. Bild 6.84 zeigt einen solchen Empfänger, bei dem die Quadraturkomponenten nach der A/D-Wandlung digital weiterverarbeitet werden. Das Problem der Spiegelfrequenz existiert bei diesem Empfängertyp nicht, da nur für das Eingangssignal bei f_c das zugehörige äquivalente Tiefpasssignal gebildet wird. Ein solcher Empfänger kann mit weniger Bauelementen und geringerem Stromverbrauch realisiert werden.

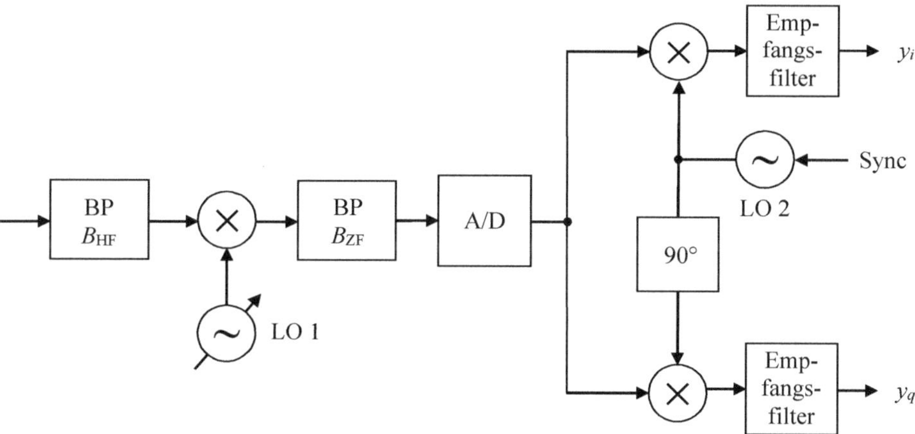

Bild 6.83 Empfänger mit Digitalisierung der Zwischenfrequenz

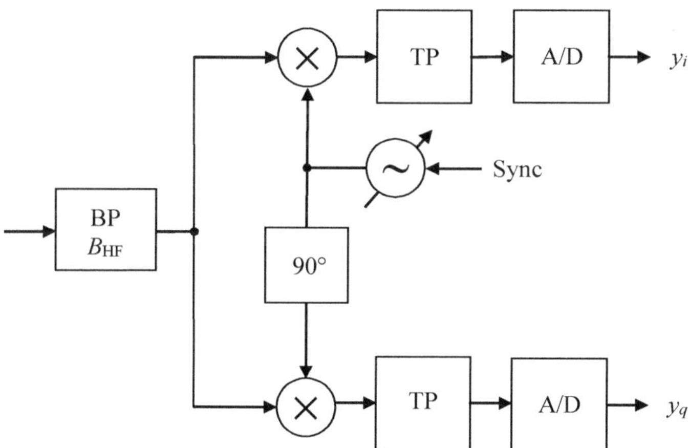

Bild 6.84 Empfänger mit direkter Umsetzung in das Basisband

Problematisch können dagegen Gleichanteile der Signale an den Ausgängen der Multiplizierer sein. Gleichanteile entstehen, wenn durch kapazitive Kopplung und über das Substrat das Oszillatorsignal am Eingang zusammen mit dem Nutzsignal erscheint. Durch die Multiplikation des Oszillatorsignals mit sich selbst entsteht nun ein Gleichanteil, der, sofern er an den Eingang des A/D-Wandlers gelangt, den Dynamikbereich des Nutzsignals einschränkt. Bei dem Empfänger nach Bild 6.83 wird ein Gleichanteil durch das dem Multiplizierer folgende Bandpassfilter (Zwischenfrequenzfilter) unterdrückt. Bei der Quadraturschaltung nach Bild 6.84 ist dies nicht möglich, da das Leistungsdichtespektrum der Quadraturkomponenten bis $f = 0$ reicht. Ein Bandpassfilter zur Unterdrückung des Gleichanteils würde Verzerrungen zur Folge haben. Daher wird oft durch eine zusätzliche Schaltung in Form einer Regelschleife der Gleichanteil kompensiert. Einen Überblick über verschiedene Empfängerarchitekturen und deren Vor- und Nachteile sowie die mit der direkten Umsetzung verbundenen Probleme gibt [19].

Beispiel 6.8 Kohärente optische Übertragungssysteme

Optische Übertragungssysteme über Lichtwellenleiter verwendeten über Jahrzehnte die Intensitätsmodulation einer LED oder Laserdiode und eine Photodiode auf der Empfängerseite. Dies entspricht einer Amplitudenumtastung mit inkohärenter Hüllkurvendemodulation. Von Beginn an war klar, dass eine kohärente Übertragung viele Vorteile bieten würde, eine technische Umsetzung scheiterte aber an der Verfügbarkeit der erforderlichen optischen Komponenten sowie frequenzstabiler und schmalbandiger Laserdioden. Dies ist inzwischen anders und kohärente optische Übertragungssysteme ermöglichen Bitraten von mehreren hundert Gbit/s über sehr große Entfernungen.

Die kohärente optische Übertragung erlaubt Modulationsverfahren wie z. B. PSK oder QAM und die anschließende Entzerrung des optisch-elektrisch gewandelten Signals mithilfe der digitalen Signalverarbeitung [11]. Bild 6.85 zeigt ein Blockschaltbild eines solchen Systems. Licht stellt ein Trägersignal sehr hoher Frequenz dar. Es wird im Sender durch eine Laserdiode erzeugt und durch Mach-Zehnder-Modulatoren moduliert. Diese basieren auf dem elektrooptischen Effekt und werden durch die Quadraturkompontenten $x_i(t)$ und $x_q(t)$ angesteuert.

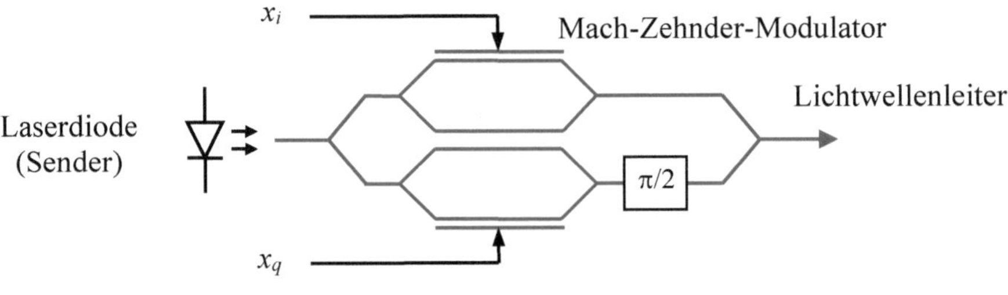

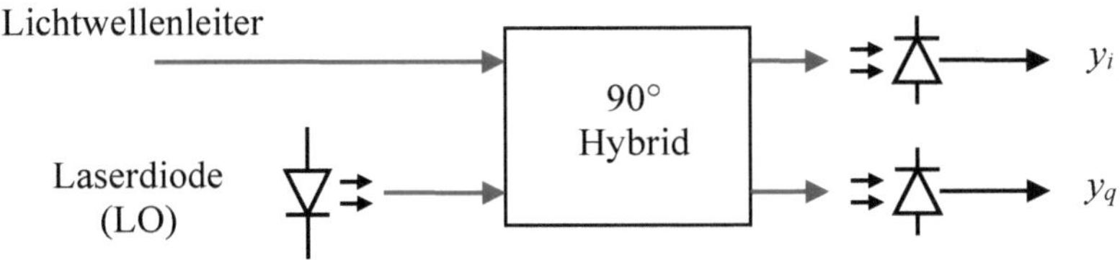

Bild 6.85 Kohärentes optisches Übertragungssystem

Der untere Teil von Bild 6.85 zeigt den kohärenten Empfänger. Als lokaler Oszillator dient eine Laserdiode mit der gleichen Wellenlänge wie der senderseitige Laser. Der optische 90°-Hybrid-Koppler übernimmt die Funktion des Quadratur-Demodulators. An seinen beiden Ausgängen stehen die Quadraturkomponenten zur Verfügung. Zwei Photodioden sorgen für die optisch-elektrische Wandlung. Nach der Digitalisierung durch Analog-Digital-Wandler erfolgt die Trägersynchronisation und die Entzerrung zur Kompensation der Dispersion mithilfe der digitalen Signalverarbeitung. ■

6.8 Weiterführende Hinweise

Analoge Modulationsverfahren werden ausführlich in [4], [8] und [14] beschrieben. Hier findet man auch nähere Ausführungen zur Einseiten- und Restseitenbandmodulation (SSB und VSB), sowie die Beschreibung weiterer Modulatoren und Demodulatoren für AM und FM. AM- und FM-Modulatoren und Demodulatoren und deren MATLAB/Simulink-Modelle werden in [38] beschrieben.

Digitale Modulationsverfahren, die ein Signal mit konstanter Amplitude und stetiger, zeitabhängiger Phase erzeugen, werden allgemein als *Continuous-Phase Modulation* (CPM) bezeichnet [14], [29]. Sie werden durch eine komplexe Einhüllende in der Form von Gl. (6.61) beschrieben. Bei rechteckförmigen Grundimpulsen, also einer harten Umschaltung der Frequenz, spricht man von CPFSK. MSK und GMSK sind weitere Sonderfälle der CPM.

Herleitungen für die Symbol- und Bitfehlerwahrscheinlichkeiten findet man in [14], [29] und [36]. Für die Symbolfehlerwahrscheinlichkeit von QPSK und QAM sowie die Bitfehlerwahrscheinlichkeit der 8-PSK existieren exakte Lösungen [14], [29].

Eine umfassende Behandlung des Themas Trägersynchronisation findet sich in [18]. Weitere Quellen sind der Übersichtsartikel [7] sowie [14] und [29]. Hinsichtlich der Entzerrung von Bandpasssignalen gelten die bereits in Abschnitt 5.4 gemachten Überlegungen und die Literaturhinweise in Abschnitt 5.7. Wir erwähnen hier noch den Constant Modulus Algorithmus (CMA), der die sogenannte blinde Entzerrung von Bandpasssignalen erlaubt [13]. Er wird anstelle des LMS-Algorithmus zur adaptiven Entzerrung, in der Regel mit einem T/2-Entzerrer, verwendet, benötigt aber keine Trainingssequenz.

Die WLAN-Standards bis 2020 sind in [58] zusammengefasst, ein Dokument mit 4397 Seiten!

Bei Systemen für die drahtlose Datenübertragung und bei der digitalen Rundfunktechnik trifft man auf eine Vielzahl von Frequenzbereichen, Modulationsverfahren, Symbol- und Bitraten sowie Fehlerschutzverfahren. In der Regel werden diese Funktionen durch eine durch den Anwender nicht veränderbare Hard- und Software realisiert. Bei einem *Software Defined Radio* (SDR) sind diese dagegen programmierbar. Die Hardware eines SDR besteht meist aus einem Quadraturmodulator und einem Quadraturdemodulator. Die verfügbaren Lösungen unterscheiden sich hinsichlich der unterstützten Bandbreite der Basisbandsignale und der Trägerfrequenzen. Die Erzeugung und Verarbeitung der Basisbandsignale erfolgt per Software. Eine besonders kostengünstige Lösung ist das RTL-SDR [38]. Es kann mit MATLAB/Simulink programmiert werden. Ein FM-RDS-Empfänger auf Basis dieser Hardware wird in [32] beschrieben. In diesem Beispiel kommen viele der im Buch beschriebenen Verfahren (FM-Demodulator, digitale Filter, RDS-Quadraturdemodulator, Trägersynchronisation, signalangepasstes Filter, CRC-Decodierung) zum Einsatz.

Im Zusammenhang mit dem Software Defined Radio trifft man auch auf den Begriff des *Cognitive Radio.* Darunter versteht man ein Funksystem, das auch Frequenzen, die für andere Funkdienste reserviert sind, nutzt. Bevor auf diesen Frequenzen gesendet wird, prüft das System, ob sie momentan frei sind, damit die eigentlichen Nutzer nicht gestört werden.

Mit einer höheren Bitrate ist meist auch eine größere Signalbandbreite verbunden, da die Anzahl der Bit pro Symbol nicht beliebig gesteigert werden kann. Bei drahtlosen Systemen muss man dann auf größere Trägerfrequenzen ausweichen, da nur dort große Bandbreiten verfügbar sind. Dieser Trend ist beispielsweise bei neuen Generationen des Mobilfunks zu beobachten, wo Trägerfrequenzen größer als 10 GHz verwendet werden sollen. Bei sehr hohen Frequenzen ist aber eine Sichtverbindung zwischen Sender und Empfänger erforderlich und aufgrund der großen Dämpfung ist die Reichweite gering. Hier kommen *rekonfigurierbare intelligente Oberflächen* (Reconfigurable Intelligent Surface, RIS) ins Spiel. Diese können die Phase der Funkwellen ändern und damit die Signale gezielt umlenken und die Abdeckung verbessern [1].

Bei *Joint Communication and Sensing* (JCAS) wird die drahtlose Kommunikation mit der Sensorik kombiniert. Dabei sollen zukünftig beispielsweise Mobilfunksignale gleichzeitig für die Positionsbestimmung, ähnlich einem Radar, genutzt werden [43].

6.9 Übungsaufgaben

6.1 Bestimmen Sie für die folgenden Modulationsverfahren die Bitrate, mit der man bei Kosinus-roll-off-Filterung mit $\alpha = 0{,}5$ über einen Übertragungskanal der Bandbreite $B_K = 1{,}5$ MHz übertragen kann:

a) QPSK

b) 8-PSK

c) 256-QAM

6.2 Für einen Übertragungskanal der Bandbreite 1 MHz wurde ein Störabstand von 20 dB am Empfängereingang gemessen. Es sollen 3 dB als Systemreserve berücksichtigt werden.

a) Geben Sie die Bitfehlerwahrscheinlichkeit für QPSK an.

b) Geben Sie die Bitfehlerwahrscheinlichkeit für DQPSK inkohärent demoduliert an.

6.3 Einem Übertragungssystem stehe der Frequenzbereich von 480 bis 490 MHz zur Verfügung. In diesem Kanal soll mithilfe von Quadratur-Amplitudenmodulation mit Kosinus-roll-off-Filterung mit $\alpha = 0{,}25$ ein digitales Signal der Bitrate $r_b = 64$ Mbit/s übertragen werden.

a) Wie groß ist die Symbolrate und die Anzahl der pro Symbol übertragenen Bits? Wie wird das entsprechende QAM-Verfahren bezeichnet?

b) Der Störabstand am Entscheidereingang betrage 31,83 dB. Wie groß ist die Bitfehlerwahrscheinlichkeit?

c) Skizzieren Sie das Leistungsdichtespektrum des QAM-Signals (ohne Rechnung) unter Angabe der charakteristischen Werte.

6.4 Ein zweistufiges ASK-Signal mit rechteckförmigen Grundimpulsen, $p(t) = 0{,}7\,\mathrm{V}\,\mathrm{rect}(t/T)$, $f_c \gg 1/T$, wird durch weißes, gaußsches Rauschen mit der Leistungsdichte $N_0 = 10^{-8}\,\mathrm{V}^2/\mathrm{Hz}$ gestört. Das Signal wird inkohärent demoduliert. Berechnen Sie die minimal erforderliche Symboldauer T für eine Bitfehlerwahrscheinlichkeit von $P_b = 10^{-5}$.

6.5 Am Eingang eines Empfängers mit einer Zwischenfrequenzstufe ($f_{\mathrm{ZF}} = 10{,}7$ MHz) liegt das Empfangssignal $x_c(t)$ mit $f_c = 90$ MHz und der Bandbreite B_T.

a) Bestimmen Sie die Frequenz des lokalen Oszillators der Mischstufe für den Fall $f_{\mathrm{LO}} > f_c$.

b) Am Eingang des Empfängers liege ein zweites Signal $x_s(t)$ der Bandbreite B_T bei der Spiegelfrequenz f_s. Wie groß muss f_s sein, damit ebenfalls bei f_{ZF} ein Mischprodukt entsteht?

c) Wie groß muss die Bandbreite B_{HF} eines dem Empfänger vorgeschalteten Bandpasses (Mittenfrequenz f_c) sein, damit die Spiegelfrequenz unterdrückt wird?

7 Kanalcodierung

Wie wir in den beiden vorangegangenen Kapiteln gesehen haben, ist bei den bisher betrachteten Übertragungsverfahren über einen durch weißes Rauschen gestörten Übertragungskanal keine fehlerfreie Übertragung möglich. Die Kanalcodierung dient nun dem Erkennen oder Korrigieren von Bitfehlern, die auf der Übertragungsstrecke entstehen. Dazu fügt der Codierer im Sender der zu übertragenden Bitfolge Zusatzinformation in Form von Redundanzbits hinzu. Mit deren Hilfe wird der Decodierer im Empfänger in die Lage versetzt, Bitfehler zu erkennen bzw. zu korrigieren.

Im Falle der Fehlererkennung veranlasst der Empfänger den Sender, die fehlerhafte Bitfolge erneut zu senden. Solche Verfahren erfordern eine bidirektionale Verbindung, d. h., es muss ein Übertragungsweg vom Empfänger zurück zum Sender existieren. Sie werden häufig bei der Übertragung von Datenpaketen in Kommunikationsnetzen verwendet und in Abschnitt 8.4 behandelt. Kann der Decodierer Fehler korrigieren, so spricht man von Vorwärtsfehlerkorrektur bzw. *Forward Error Correction* (FEC). Ein fehlerkorrigierendes Verfahren ist erforderlich, wenn

- nur eine unidirektionale Verbindung vom Sender zum Empfänger vorhanden ist,
- Daten in Echtzeit übertragen werden müssen und das wiederholte Senden eine zu große Verzögerung zur Folge hat oder
- die Fehlerhäufigkeit so groß ist, dass auch bei mehrfacher Wiederholung eine fehlerfreie Übertragung unwahrscheinlich ist.

Ein Übertragungssystem mit Kanalcodierung ist in Bild 7.1 gezeigt. Am Eingang des Systems liegt die zu übertragende Bitfolge oder Informationssequenz $\mathbf{u}$ an. Die codierte Folge oder Codesequenz $\mathbf{v}$ am Ausgang des Codierers wird über den Kanal zum Empfänger übertragen. Die Empfangsfolge $\mathbf{r}$ enthält aufgrund von Störungen im Kanal Bitfehler. Der Decodierer gibt die decodierte Folge $\hat{\mathbf{u}}$ aus. Konnten alle Fehler korrigiert werden, so ist $\hat{\mathbf{u}} = \mathbf{u}$, andernfalls kommt es zu Decodierfehlern.

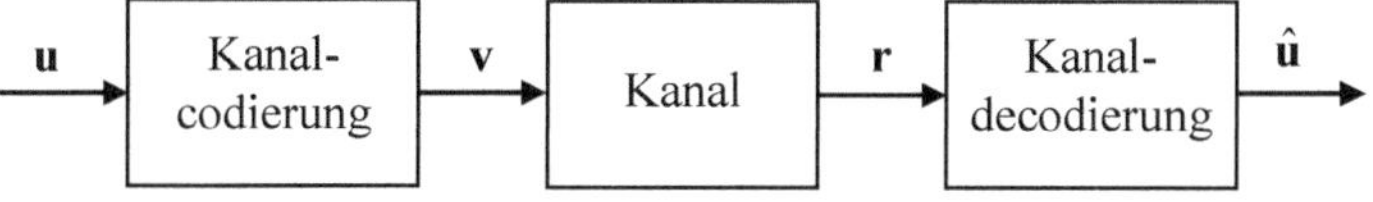

Bild 7.1 Modell eines Übertragungssystems mit Kanalcodierung

Es gibt zwei Klassen von Codes, die *Blockcodes* (Abschnitt 7.2) und die *Faltungscodes* (Abschnitt 7.3). Bei Blockcodes wird ein Block von Datenbits fester Größe codiert und decodiert, während Faltungscodes mit einer kontinuierlichen Bitfolge arbeiten. Oft findet man eine Verkettung von Codes, wobei es sich meist bei dem inneren Code um einen Faltungscode und bei dem äußeren Code um einen Blockcode handelt. Um die Korrekturfähigkeit im Falle von Fehlerbursts zu verbessern, wird die Kanalcodierung häufig mit *Interleaving* kombiniert (Abschnitt 7.4).

Wir beginnen mit Betrachtungen zur Kanalkapazität und der *Shannon-Grenze*, einer fundamentalen Grenze für die fehlerfreie Übertragung, die häufig zum Vergleich von Übertragungssystemen herangezogen wird.

7.1 Kanalkapazität

In seinen grundlegenden Arbeiten zur Informationstheorie 1948 führte C. Shannon[1] jegliche Art der Informationsübertragung auf die digitale Übertragung zurück. Grundlage dafür bildet das in Abschnitt 3.1 behandelte Abtasttheorem, welches besagt, dass ein zeitkontinuierliches Signal endlicher Bandbreite durch seine Abtastwerte vollständig beschrieben wird. Shannon zeigte, dass das Problem der Informationsübertragung in das Problem der Darstellung der Information durch eine Binärfolge und das Problem der Übertragung einer zufälligen Binärfolge zerlegt werden kann. Ersteres führt zur *Quellencodierung*, Letzteres zur *Kanalcodierung*. Ein überraschendes Ergebnis seiner Arbeiten war die Erkenntnis, dass ein Übertragungskanal eine Kanalkapazität C hat, bis zu der bei geeigneter Codierung eine fehlerfreie Übertragung möglich ist.

Die Kapazität C eines Übertragungskanals ist eine theoretische Obergrenze für die Übertragungsrate, bis zu der eine fehlerfreie Übertragung möglich ist. Dies ist die Aussage des Kanalcodierungstheorems:

Für einen gestörten Übertragungskanal mit der Kanalkapazität C existiert ein Kanalcodierungsverfahren, sodass für eine Übertragungsrate $R \leq C$ die Fehlerwahrscheinlichkeit beliebig klein gemacht werden kann. Für $R > C$ ist keine fehlerfreie Übertragung möglich.

Wir betrachten einen zeitkontinuierlichen gestörten Übertragungskanal der Bandbreite B. Der Kanal ist verzerrungsfrei, und bei der Störung handelt es sich um weißes gaußsches Rauschen mit der Leistungsdichte $N_0/2$ und der Rauschleistung $N = N_0\,B$. Die Signalleistung S am Kanalausgang sei endlich. Signal und Rauschen überlagern sich additiv, d. h., Signal- und Rauschleistung addieren sich (vgl. Abschnitt 2.3.5). Man bezeichnet dieses Modell eines Übertragungskanals auch als AWGN (Additive White Gaussian Noise)-Kanal. Die Kapazität des Kanals ist umso größer, je größer das Signal-Rausch-Verhältnis S/N und die Bandbreite B ist. Sie ist durch die Beziehung

$$C = B\log_2\left(1+\frac{S}{N}\right) \tag{7.1}$$

gegeben. Gl. (7.1) wurde von Shannon mithilfe einer geometrischen Darstellung des Übertragungssystems hergeleitet [35]. Durch die Festlegung der Basis 2 der Logarithmusfunktion ergibt sich die Pseudoeinheit bit für den Informationsgehalt und C hat die Einheit bit/s.

Der Verlauf von C/B als Funktion von S/N (in dB) ist in Bild 7.2 gezeigt. Die Kapazität kann durch Erhöhung der Signalleistung S (bei konstanter Rauschleistung N) vergrößert werden. Auch eine größere Bandbreite des Kanals hat eine größere Kapazität zur Folge. Allerdings hängt

[1] Claude E. Shannon (1916–2001), amerikanischer Mathematiker und Elektrotechniker.

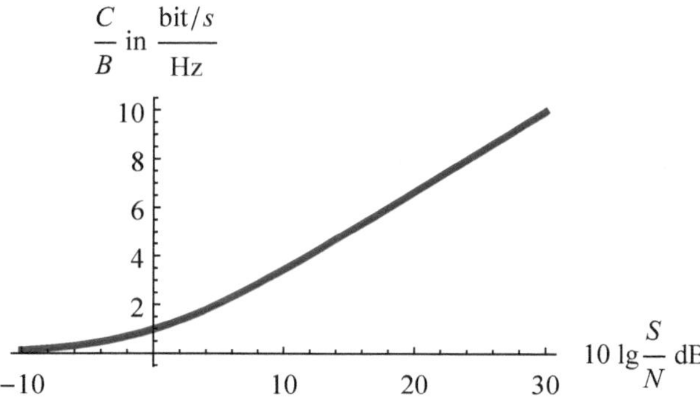

Bild 7.2 Kapazität des kontinuierlichen bandbegrenzten Kanals

auch die Rauschleistung von der Bandbreite ab mit der Folge, dass für den AWGN-Kanal mit endlicher Signalleistung für $B \to \infty$ die Kanalkapazität endlich bleibt.

Wir betrachten ein ideales Übertragungssystem mit der Bitrate $r_b = C$. Das Verhältnis von Bitrate zu Übertragungsbandbreite r_b/B mit der Einheit bit/s pro Hz wird als *spektrale Effizienz* bezeichnet. Die Signalleistung ist gleich der mittleren Energie pro Bit geteilt durch die Bitdauer, also $S = E_b/T_b = E_b\, r_b$. Mit $N = N_0\, B$ erhalten wir aus Gl. (7.1):

$$\frac{r_b}{B} = \log_2\left(1 + \frac{r_b}{B}\frac{E_b}{N_0}\right) \tag{7.2}$$

Durch numerische Lösung dieser Gleichung erhalten wir die spektrale Effizienz r_b/B als Funktion von E_b/N_0, die in Bild 7.3 doppeltlogarithmisch aufgetragen ist. Unterhalb dieser auch *Shannon-Grenze* genannten Kurve ist der zulässige Bereich mit $r_b < C$. Oberhalb der Kurve ist $r_b > C$ und es ist keine fehlerfreie Übertragung möglich.

Wir stellen Gl. (7.2) nach E_b/N_0 um und erhalten:

$$\frac{E_b}{N_0} = \frac{2^{r_b/B} - 1}{r_b/B}$$

Für $B \to \infty$ bzw. $r_b/B \to 0$ erhalten wir mithilfe der Regel von l'Hospital das minimal erforderliche E_b/N_0-Verhältnis:

$$\lim_{r_b/B \to 0} \frac{E_b}{N_0} = \lim_{r_b/B \to 0} \frac{\ln 2\; 2^{r_b/B}}{1} = \ln 2 \cong -1{,}6\,\text{dB} \tag{7.3}$$

Es ist also mindestens ein Verhältnis von $E_b/N_0 = \ln 2$ entsprechend $-1{,}6$ dB für eine fehlerfreie Übertragung erforderlich (Bild 7.3). Unterhalb dieser Grenze ist auch für $B \to \infty$ keine fehlerfreie Übertragung möglich.

Spektrale Effizienz

Bei den in Abschnitt 6.3 behandelten linearen digitalen Modulationsverfahren ist die minimal erforderliche Bandbreite gleich der Symbolrate, $B = r_s$. Die Bitrate ergibt sich aus der Anzahl der verschiedenen Symbole m zu $r_b = \log_2 m\; r_s$. Damit gilt für die spektrale Effizienz:

$$\frac{r_b}{B} = \log_2 m \tag{7.4}$$

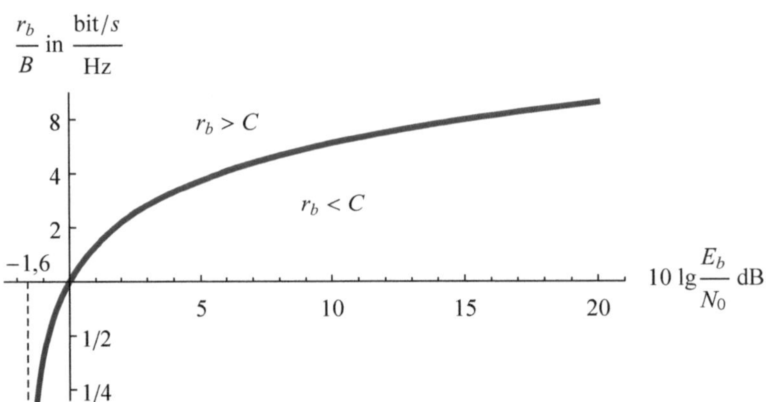

Bild 7.3 Spektrale Effizienz und Kanalkapazität

Sie beträgt für BPSK ($m = 2$) 1 (bit/s)/Hz, für QPSK ($m = 4$) 2 (bit/s)/Hz, und für 16-PSK und 16-QAM ($m = 16$) erhalten wir 4 (bit/s)/Hz. In Bild 7.4 werden PSK und QAM hinsichtlich ihrer spektralen Effizienz verglichen. Neben der spektralen Effizienz ist der für eine gegebene Fehlerwahrscheinlichkeit erforderliche Störabstand ein wesentliches Vergleichskriterium. Zugrunde gelegt ist das erforderliche Verhältnis E_b/N_0 (in dB) für eine Bitfehlerwahrscheinlichkeit von $P_b = 10^{-5}$. Bei gleicher Bitrate benötigen höherstufige Modulationsverfahren eine geringere Bandbreite, aber auch einen größeren Störabstand. Dieser Sachverhalt ergab sich auch aus Bild 6.54 und Bild 6.56 (mit der Ausnahme von BPSK/QPSK).

Ebenfalls in Bild 7.4 enthalten ist die Shannon-Grenze. Im Unterschied zu Bild 7.3 handelt es sich bei Bild 7.4 um eine halblogarithmische Darstellung. QPSK hat eine spektrale Effizienz von $r_b/B = 2$ (bit/s)/Hz und benötigt für $P_b = 10^{-5}$ einen Störabstand von $10\lg(E_b/N_0) = 9{,}59$ dB. Der Vergleich mit der Shannon-Grenze zeigt, dass ein ideales System bei gleicher spektraler Effizienz einen Störabstand von nur 1,76 dB benötigt, d. h., der Abstand zur Shannon-Grenze beträgt 7,83 dB. Bei gleichem Störabstand erzielt das ideale System eine spektrale Effizienz von 5,73 (bit/s)/Hz entsprechend einem Abstand von 3,73 (bit/s)/Hz.

Die in Bild 7.4 gezeigten Modulationsverfahren werden auch als bandbreiteneffiziente Verfahren bezeichnet, da durch die Wahl des Verfahrens die spektrale Effizienz auf Kosten der Signalleistung erhöht werden kann. Umgekehrt ist bei der zugrunde liegenden Fehlerwahrscheinlichkeit mindestens ein Störabstand von 9,59 dB erforderlich.

Modulationsverfahren, die bei einer spektralen Effizienz kleiner 1 (bit/s)/Hz einen geringeren Störabstand benötigen, zählen zu den leistungseffizienten Verfahren. Ein leistungseffizientes Verfahren ist die Frequenzumtastung. Bei FSK mit einem Modulationsindex von $\eta = 1$ beträgt der Frequenzhub $f_\Delta = 1/2T_s$ (siehe Abschnitt 6.3.5). Ein m-FSK-Signal besteht aus m verschiedenen Signalen $s_i(t)$, $i = 0, \ldots, m-1$, der Dauer T_s. Die den m verschiedenen Symbolen zugeordneten Signale $s_i(t)$ unterscheiden sich in der Frequenz um $2f_\Delta = 1/T_s$. Eine einfache Abschätzung der Übertragungsbandbreite ist daher

$$B \approx m\,2\,f_\Delta = \frac{m}{T_s} = m\,\frac{r_b}{\log_2 m}$$

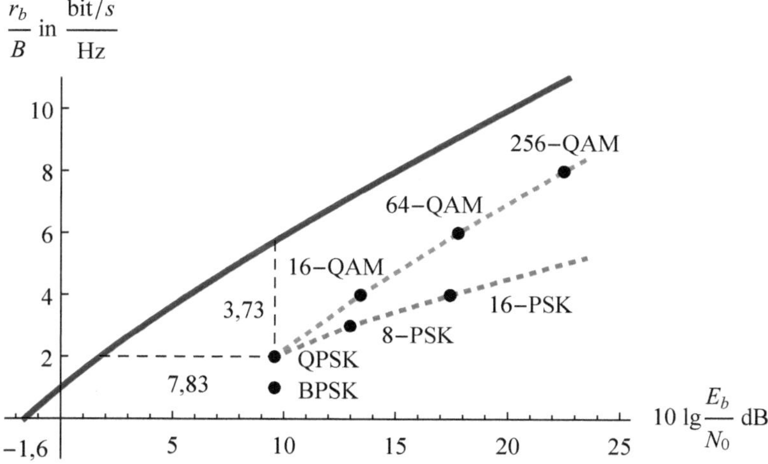

Bild 7.4 Shannon-Grenze und spektrale Effizienz über E_b/N_0 für verschiedene Modulationsverfahren

und für die spektrale Effizienz folgt:

$$\frac{r_b}{B} = \frac{\log_2 m}{m}$$

Für $m = 2$ und $m = 4$ ergibt sich damit eine spektrale Effizienz von 1/2 (bit/s)/Hz, für $m = 8$ erhält man 3/8 (bit/s)/Hz. Die spektrale Effizienz sinkt also mit steigendem m und gleichzeitig verringert sich der erforderliche Störabstand.

7.2 Blockcodes

In den folgenden Abschnitten beschreiben wir die Eigensschaften systematischer, linearer Blockcodes und deren Korrekturfähigkeiten. Wir gehen näher auf Hamming[2]-Codes und zyklische Blockcodes ein.

7.2.1 Eigenschaften von Blockcodes

Ein Codewort eines Blockcodes besteht aus n bit. Diese n bit setzen sich aus k Datenbits und $n - k$ Redundanzbits zusammen, und man bezeichnet den Code als (n, k)-Blockcode. Bild 7.5 zeigt den Aufbau eines Codewortes eines systematischen Blockcodes. Bei einem systematischen Code ist das Datenwort Teil des Codeworts, d. h., Daten- und Redundanzbits sind voneinander getrennt.

Mithilfe der Redundanzbits kann der Empfänger Bitfehler erkennen und gegebenenfalls korrigieren. Um die gleiche Datenmenge in der gleichen Zeit zu übertragen, ist nun jedoch eine

[2] Richard W. Hamming (1915–1998), amerikanischer Mathematiker.

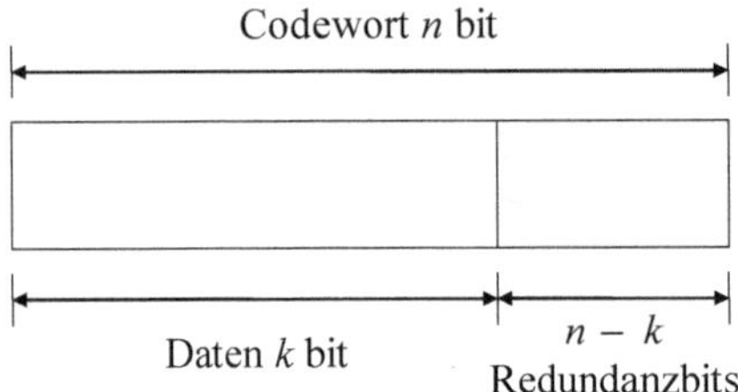

Bild 7.5 Codewort eines systematischen (n, k)-Blockcodes

höhere Übertragungsrate erforderlich. Ein Maß für die Effizienz eines Codes in dieser Hinsicht ist die Coderate:

$$R_c = \frac{k}{n} \tag{7.5}$$

Es ist $0 \leq R_c \leq 1$. Je kleiner die Coderate, umso mehr Redundanz enthält das Codewort, und wir erwarten eine bessere Korrekturfähigkeit. Allerdings steigt mit einer kleinen Coderate auch der Übertragungsaufwand. Ein Maß für die Korrekturfähigkeit eines Codes ist dessen *minimale Hamming-Distanz*. Die Hamming-Distanz zwischen zwei Codeworten ist gleich der Anzahl der unterschiedlichen Bits dieser Codeworte. Die minimale Hamming-Distanz d_{min} ist die kleinste Hamming-Distanz aller gültigen Codeworte. Ein Code kann bis zu

$$x = d_{\text{min}} - 1 \tag{7.6}$$

Bitfehler erkennen und bis zu

$$y = \left\lfloor \frac{d_{\text{min}} - 1}{2} \right\rfloor \tag{7.7}$$

Bitfehler korrigieren. Dabei ist $\lfloor y \rfloor$ die größte ganze Zahl, die kleiner oder gleich y ist. Das folgende Beispiel soll diese Zusammenhänge verdeutlichen.

Beispiel 7.1 Minimale Hamming-Distanz, Fehlererkennung und Fehlerkorrektur

In diesem Beispiel betrachten wir zwei einfache Codes mit $n = 3$: Einen Wiederholungscode mit dreifacher Wiederholung und einen Paritätscode (Tabelle 7.1).

Tabelle 7.1 Wiederholungscode und Paritätscode

Datenwort	Codewort
0	0 0 0
1	1 1 1

Datenwort	Codewort
0 0	0 0 0
0 1	0 1 1
1 0	1 0 1
1 1	1 1 0

Der Wiederholungscode hat zwei gültige Codeworte. Diese unterscheiden sich in drei Stellen, also ist die minimale Hamming-Distanz $d_{\text{min}} = 3$, und der Code kann bis zu $x = 2$ Bitfehler erkennen und bis zu $y = 1$ Bitfehler korrigieren. Empfängt der Decoder das Wort (0 0 1), so erkennt er das Auftreten von Bitfehlern daran, dass das Empfangswort kein gültiges Codewort ist. Wenn der Decoder Fehler korrigiert, entscheidet er sich für das hinsichtlich der Hamming-Distanz nächstgelegene gültige Codewort, also (0 0 0). War das gesendete Codewort (0 0 0), so konnte der Fehler im dritten Bit korrigiert werden. War das gesendete Codewort jedoch (1 1 1) und sind bei der Übertragung zwei Fehler im ersten und zweiten Bit aufgetreten, so kommt es zu einer Fehlentscheidung des Decoders.

Der Paritätscode mit $k = 2$ Datenbits besteht aus vier gültigen Codeworten. Das dritte Bit ist das Paritätsbit, das so gewählt wird, dass die Anzahl der 1-Elemente gerade ist (gerade Parität). Die minimale Hamming-Distanz für diesen Code beträgt $d_{\min} = 2$, d. h., es kann ein Bitfehler erkannt, aber kein Fehler korrigiert werden. Denn empfängt der Decoder das Wort (0 0 1), so haben zwei gültige Codeworte, nämlich (1 0 1) und (0 1 1), die Hamming-Distanz 1 zum Empfangswort.

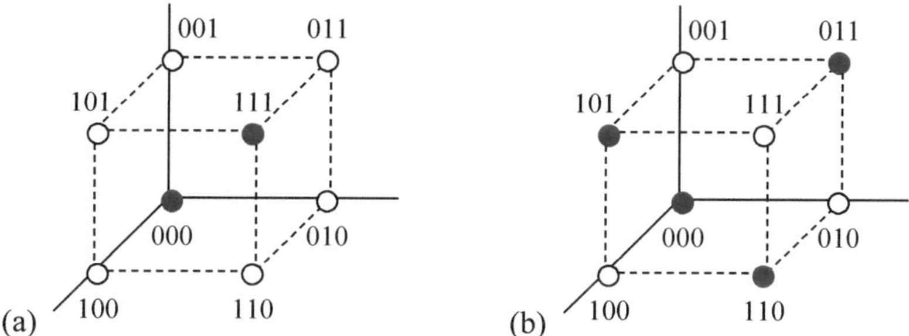

Bild 7.6 Dreidimensionale Darstellung (a) eines Wiederholungscodes und (b) eines Paritätscodes

Bild 7.6 zeigt eine dreidimensionale Darstellung dieser Codes. Gültige Codeworte sind durch die dunklen Punkte gekennzeichnet. Die hellen Punkte sind die restlichen 3-bit-Worte, die nicht zum Code gehören. Die Coderate für den Code mit dreifacher Wiederholung ist $R_c = 1/3$, während für den Paritätscode $R_c = 2/3$ gilt. ■

Ein Code sollte also eine möglichst große Coderate und Mindestdistanz haben, gleichzeitig aber auch mit vertretbarem Aufwand zu erzeugen und zu decodieren sein. Die meisten Codes gehören zur Klasse der linearen Blockcodes, auf die wir uns im Folgenden konzentrieren. Ein Codewort wird als ein Vektor **v** aufgefasst, dessen Elemente die n Codebits sind:

$$\mathbf{v} = (v_0, v_1, \ldots, v_{n-1}), \quad v_i \in \{0, 1\} \tag{7.8}$$

C ist die Menge aller gültigen Codeworte. Bei einem *linearen Code* ergibt die Summe zweier Codeworte wieder ein Codewort. Die Addition erfolgt immer modulo 2; dies entspricht der bitweisen Exklusiv-Oder-Verknüpfung (Tabelle 7.2). Auch die Codes in Beispiel 7.1 sind lineare Codes. Bei einem linearen Code ist der Nullvektor ein gültiges Codewort, da:

$$\mathbf{v} + \mathbf{v} = \mathbf{0} = (0 \ldots 0) \in C \tag{7.9}$$

Das *Hamming-Gewicht* $w(\mathbf{v})$ eines Codewortes ist die Anzahl der von 0 verschiedenen Elemente eines Codewortes. Damit gilt für die Hamming-Distanz zweier Codeworte **v** und **w**:

$$d(\mathbf{v}, \mathbf{w}) = w(\mathbf{v} + \mathbf{w}) \tag{7.10}$$

Tabelle 7.2 Addition modulo 2

+	0	1
0	0	1
1	1	0

Tabelle 7.3 Beispiel zum Gewicht eines Codewortes

Codewort	Gewicht
$\mathbf{v} = (0\,0\,0\,1\,0\,1\,1)$	3
$\mathbf{w} = (1\,0\,0\,1\,1\,1\,0)$	4
$\mathbf{v}+\mathbf{w} = (1\,0\,0\,0\,1\,0\,1)$	3

Tabelle 7.3 zeigt dazu ein Beispiel. Die Codeworte **v** und **w** unterscheiden sich in drei Stellen, d. h., die Hamming-Distanz ist drei. Dies ist gleich dem Gewicht von $\mathbf{v}+\mathbf{w}$.

Die minimale Hamming-Distanz ist die kleinste Hamming-Distanz zweier verschiedener gültiger Codeworte eines Codes:

$$d_{\min} = \min_{\mathbf{v}\neq\mathbf{w}} \{d(\mathbf{v}, \mathbf{w})\} \tag{7.11}$$

Wegen Gl. (7.10) ist die minimale Hamming-Distanz gleich dem minimalen Gewicht der Summe zweier verschiedener gültiger Codeworte. Da bei einem linearen Code der Nullvektor ein gültiges Codewort ist, folgt weiter:

$$d_{\min} = \min_{\mathbf{v}\neq\mathbf{w}} \{w(\mathbf{v}+\mathbf{w})\} = \min_{\mathbf{v}\neq\mathbf{0}} \{w(\mathbf{v})\} \tag{7.12}$$

Die minimale Hamming-Distanz ist also gleich dem minimalen Gewicht der Codeworte (ohne den Nullvektor). So hat der Wiederholungscode aus Beispiel 7.1 das minimale Gewicht drei, während der Paritätscode das minimale Gewicht zwei hat.

Für eine gegebene Codewortlänge und Coderate zeichnet sich ein guter Code durch eine gute Korrekturfähigkeit, d. h. eine größtmögliche minimale Hamming-Distanz aus. Eine obere Schranke für die Korrekturfähigkeit ist die *Hamming-Schranke*. Bild 7.7 ist eine zweidimensionale Darstellung des Raumes, der durch die Codevektoren aufgespannt wird. Die Spitzen der Vektoren sind als Punkte dargestellt; die Hamming-Distanz soll durch den Abstand der Punkte angedeutet werden.

Bei einem (n, k)-Blockcode gibt es insgesamt 2^n mögliche n-bit-Worte, davon sind 2^k gültige Codeworte. Der Code habe die minimale Hamming-Distanz $d_{\min}$, kann also bis zu y Bitfehler pro Codewort korrigieren. Alle n-bit-Worte, die sich in bis zu y bit von einem gültigen Codewort unterscheiden, werden korrekt decodiert. Sie liegen innerhalb der Korrekturkugel dieses Codewortes. In einer Korrekturkugel befinden sich also

$\binom{n}{1}$ Worte mit einem Bitfehler

$\binom{n}{2}$ Worte mit zwei Bitfehlern usw.

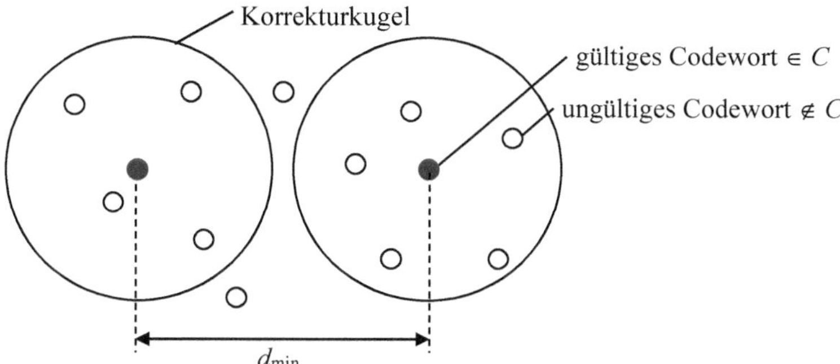

Bild 7.7 Vektorraum mit Codeworten

wobei $\binom{n}{i}$ der Binomialkoeffizient Gl. (2.77) ist. Bei insgesamt 2^k gültigen Codeworten bzw. Korrekturkugeln muss daher

$$2^k \left(1 + \binom{n}{1} + \ldots + \binom{n}{y}\right) \leq 2^n \tag{7.13}$$

gelten. Dies ist die Hamming-Schranke, die die Korrekturfähigkeit eines Codes mit n und k verknüpft. Ist die linke Seite von Gl. (7.13) gleich 2^n, so spricht man von einem *perfekten Code*. Dies bedeutet, dass alle möglichen n-bit-Worte in einer Korrekturkugel liegen. Für den Wiederholungscode aus Beispiel 7.1 ist $n = 3$, $k = 1$ und $y = 1$ und es gilt

$$2^1 \left(1 + \binom{3}{1}\right) = 2\,(1+3) = 8 = 2^3$$

d. h., es handelt sich um einen perfekten Code. Für den Paritätscode gilt dagegen mit $n = 3$, $k = 1$ und $y = 0$

$$2^2\,(1) = 4 < 2^3$$

d. h., dieser Code ist nicht perfekt.

7.2.2 Hamming-Codes

Hamming-Codes gehören zu den wenigen bekannten perfekten Codes. Ein (n, k)-Hamming-Code ist durch folgende Eigenschaften gekennzeichnet:

Redundanzbits:	$m \geq 3$
Codewortlänge:	$n = 2^m - 1$
Datenwortlänge:	$k = n - m$
minimale Hamming-Distanz:	$d_{\min} = 3$

Ein Codewort eines linearen Codes wird berechnet, indem das Datenwort mit einer *Generatormatrix* **G** multipliziert wird. Die Generatormatrix eines (n, k)-Blockcodes ist eine $k \times n$-Matrix mit k Zeilen und n Spalten

$$\mathbf{G} = \begin{bmatrix} g_{00} & g_{01} & \cdots & g_{0(n-1)} \\ g_{10} & g_{11} & \cdots & g_{1(n-1)} \\ \vdots & \vdots & & \vdots \\ g_{(k-1)0} & g_{(k-1)1} & \cdots & g_{(k-1)(n-1)} \end{bmatrix} \tag{7.14}$$

mit den Elementen $g_{ij} \in \{0, 1\}$. Mit dem Datenwort $\mathbf{u} = (u_0, u_1, \ldots, u_{k-1})$ der Länge k bit erhalten wir das Codewort $\mathbf{v}$ mithilfe der Generatormatrix

$$\mathbf{v} = \mathbf{u} \cdot \mathbf{G} \tag{7.15}$$

mit den Elementen von $\mathbf{v}$,

$$\begin{aligned} v_0 &= u_0\, g_{00} + u_1\, g_{10} + \ldots + u_{k-1}\, g_{(k-1)0} \\ v_1 &= u_0\, g_{01} + u_1\, g_{11} + \ldots + u_{k-1}\, g_{(k-1)1} \\ &\vdots \\ v_{n-1} &= u_0\, g_{0(n-1)} + u_1\, g_{1(n-1)} + \ldots + u_{k-1}\, g_{(k-1)(n-1)} \end{aligned} \tag{7.16}$$

wobei die Addition wieder modulo 2 erfolgt. Für einen systematischen Code hat die Generatormatrix die Struktur:

$$\mathbf{G} = \left[\mathbf{I}_k \mid \mathbf{P}\right] = \left[\begin{array}{cccc|cccc} 1 & 0 & \cdots & 0 & p_{00} & p_{01} & \cdots & p_{0(n-k-1)} \\ 0 & 1 & \cdots & 0 & p_{10} & p_{11} & \cdots & p_{1(n-k-1)} \\ \vdots & \vdots & & \vdots & \vdots & \vdots & & \vdots \\ 0 & 0 & \cdots & 1 & p_{(k-1)0} & p_{(k-1)1} & \cdots & p_{(k-1)(n-k-1)} \end{array}\right] \tag{7.17}$$

Dabei ist $\mathbf{I}_k$ die $k \times k$-Einheitsmatrix und $\mathbf{P}$ eine $k \times (n-k)$-Matrix. Durch die Multiplikation mit der Einheitsmatrix sind die ersten k Elemente des Codewortes das Datenwort selbst. Die restlichen $n-k$ Elemente sind die Redundanzbits und man erhält ein Codewort entsprechend Bild 7.5.

Beispiel 7.2 Der (7, 4)-Hamming-Code

Die Generatormatrix eines (7, 4)-Hamming-Codes lautet:

$$\mathbf{G} = \left[\begin{array}{cccc|ccc} 1 & 0 & 0 & 0 & 1 & 0 & 1 \\ 0 & 1 & 0 & 0 & 1 & 1 & 1 \\ 0 & 0 & 1 & 0 & 1 & 1 & 0 \\ 0 & 0 & 0 & 1 & 0 & 1 & 1 \end{array}\right] \tag{7.18}$$

Sie besteht aus einer 4×4-Einheitsmatrix und der 4×3-Matrix $\mathbf{P}$. Die Zeilen von $\mathbf{P}$ bestehen aus $m = n - k = 3$ Elementen. $\mathbf{P}$ besteht aus allen Zeilen, die zwei oder mehr 1-Elemente enthalten. Die Reihenfolge der Zeilen hat auf die minimale Hamming-Distanz (und damit auf die Korrekturfähigkeit) keinen Einfluss. Für das Datenwort $\mathbf{u} = (0\,0\,0\,1)$ erhält man das Codewort:

$$\mathbf{v} = \mathbf{u} \cdot \mathbf{G} = (0\,0\,0\,1) \cdot \left[\begin{array}{cccc|ccc} 1 & 0 & 0 & 0 & 1 & 0 & 1 \\ 0 & 1 & 0 & 0 & 1 & 1 & 1 \\ 0 & 0 & 1 & 0 & 1 & 1 & 0 \\ 0 & 0 & 0 & 1 & 0 & 1 & 1 \end{array}\right] = (0\,0\,0\,1\,0\,1\,1)$$

Die ersten vier Elemente des Codewortes sind das Datenwort selbst. Es gibt insgesamt $2^k = 2^4 = 16$ Codeworte (siehe Tabelle 7.4). Da es sich um einen linearen Code handelt, ergibt die Summe zweier Codeworte wieder ein Codewort, und der Nullvektor ist ein gültiges Codewort. Die minimale Hamming-Distanz von drei ergibt sich nach Gl. (7.12) aus dem minimalen Gewicht der Codeworte.

Tabelle 7.4 Codetabelle des (7, 4)-Hamming-Codes

Datenwort u	Codewort v
0000	0000 000
0001	0001 011
0010	0010 110
0011	0011 101
0100	0100 111
0101	0101 100
0110	0110 001
0111	0111 010
1000	1000 101
1001	1001 110
1010	1010 011
1011	1011 000
1100	1100 010
1101	1101 001
1110	1110 100
1111	1111 111

■

Zur Decodierung wird das empfangene Codewort **r** mit einer Prüfmatrix multipliziert. Das Ergebnis dieser Multiplikation wird als *Syndrom* **s** bezeichnet. Handelt es sich bei dem Empfangswort um ein gültiges Codewort, so ist das Syndrom null. Enthält das Empfangswort Bitfehler, so ist das Syndrom ungleich null, und anhand dessen Wert kann der Fehler korrigiert werden. Für die Prüfmatrix gilt:

$$\mathbf{H} = \left[\mathbf{P}^T \mid \mathbf{I}_{n-k}\right] = \left[\begin{array}{cccc|cccc} p_{00} & p_{10} & \cdots & p_{(k-1)0} & 1 & 0 & \cdots & 0 \\ p_{01} & p_{11} & \cdots & p_{(k-1)1} & 0 & 1 & \cdots & 0 \\ \vdots & \vdots & & \vdots & \vdots & \vdots & & \vdots \\ p_{0(n-k-1)} & p_{1(n-k-1)} & \cdots & p_{(k-1)(n-k-1)} & 0 & 0 & \cdots & 1 \end{array}\right] \tag{7.19}$$

$\mathbf{P}^T$ ist die Transponierte von **P**. Man erhält $\mathbf{P}^T$, indem die Zeilen und Spalten von **P** vertauscht werden. Für die Berechnung des Syndroms gilt:

$$\mathbf{s} = \mathbf{r} \cdot \mathbf{H}^T \tag{7.20}$$

Für $\mathbf{r} = \mathbf{v}$ ist $\mathbf{r}$ ein gültiges Codewort ohne Fehler. Dann ist das Syndrom $\mathbf{s}$ gleich null, $\mathbf{s} = \mathbf{0} = (0 \ldots 0)$. Enthält $\mathbf{r}$ Bitfehler, so kann dies mithilfe eines Fehlervektors $\mathbf{e} = (e_0, e_1, \ldots, e_{n-1})$ dargestellt werden:

$$\mathbf{r} = \mathbf{v} + \mathbf{e} \tag{7.21}$$

Das Empfangswort $\mathbf{r}$ enthält an den Stellen einen Bitfehler, für die $e_i = 1$ gilt. Aus Gl. (7.20) und Gl. (7.21) folgt weiter:

$$\mathbf{s} = (\mathbf{v} + \mathbf{e}) \cdot \mathbf{H}^T = \underbrace{\mathbf{v} \cdot \mathbf{H}^T}_{=\mathbf{0}} + \mathbf{e} \cdot \mathbf{H}^T = \mathbf{e} \cdot \mathbf{H}^T \tag{7.22}$$

Für einen Code, der bis zu y Bitfehler korrigieren kann, können für jeden Fehlervektor mit bis zu y 1-Elementen anhand des Syndroms die Fehlerstellen bestimmt und korrigiert werden. Bei mehr als y Bitfehlern kommt es zu einer Fehlkorrektur. Wenn der Fehlervektor identisch zu einem Codewort ist, ist aufgrund der Linearität des Codes die Summe $\mathbf{v} + \mathbf{e}$ ebenfalls ein Codewort und das Syndrom gleich null.

Beispiel 7.3 Syndrom-Decodierung eines (7, 4)-Hamming-Codes

Für die Prüfmatrix des (7, 4)-Hamming-Codes aus Beispiel 7.2 folgt:

$$\mathbf{H} = \left[\begin{array}{cccc|ccc} 1 & 1 & 1 & 0 & 1 & 0 & 0 \\ 0 & 1 & 1 & 1 & 0 & 1 & 0 \\ 1 & 1 & 0 & 1 & 0 & 0 & 1 \end{array}\right] \tag{7.23}$$

Für $\mathbf{r} = \mathbf{v} = (0\,0\,0\,1\,0\,1\,1)$ erhält man das Syndrom:

$$\mathbf{s} = (0\,0\,0\,1\,0\,1\,1) \cdot \begin{bmatrix} 1 & 0 & 1 \\ 1 & 1 & 1 \\ 1 & 1 & 0 \\ 0 & 1 & 1 \\ 1 & 0 & 0 \\ 0 & 1 & 0 \\ 0 & 0 & 1 \end{bmatrix} = (0\,0\,0)$$

Im Falle eines Bitfehlers an der ersten Stelle des Codewortes gilt für den Fehlervektor $\mathbf{e} = (1\,0\,0\,0\,0\,0\,0)$. Für das Empfangswort folgt $\mathbf{r} = \mathbf{v} + \mathbf{e} = (1\,0\,0\,1\,0\,1\,1)$, und man erhält das Syndrom:

$$\mathbf{s} = (1\,0\,0\,1\,0\,1\,1) \cdot \begin{bmatrix} 1 & 0 & 1 \\ 1 & 1 & 1 \\ 1 & 1 & 0 \\ 0 & 1 & 1 \\ 1 & 0 & 0 \\ 0 & 1 & 0 \\ 0 & 0 & 1 \end{bmatrix} = (1\,0\,1)$$

Für jeden Fehlervektor mit einem Bitfehler ergibt sich gemäß Gl. (7.22) ein bestimmtes Syndrom. Anhand der Syndrom-Tabelle (Tabelle 7.5) kann der Decodierer die Fehlerposition bestimmen und den Fehler korrigieren.

Tabelle 7.5 Syndrom-Tabelle des (7, 4)-Hamming-Codes

Syndrom s	Fehlervektor e
0 0 0	0 0 0 0 0 0 0
1 0 1	1 0 0 0 0 0 0
1 1 1	0 1 0 0 0 0 0
1 1 0	0 0 1 0 0 0 0
0 1 1	0 0 0 1 0 0 0
1 0 0	0 0 0 0 1 0 0
0 1 0	0 0 0 0 0 1 0
0 0 1	0 0 0 0 0 0 1

■

7.2.3 Codiergewinn

Durch die Kanalcodierung erhöht sich zunächst die Übertragungsrate, da zusätzlich zur Nutzinformation die Redundanzinformation übertragen werden muss. Bei konstanter Signalleistung verringert sich damit die mittlere Energie pro Bit. Dennoch ist aufgrund der Fehlerkorrektur ein geringerer Signal-Rausch-Abstand ausreichend, um die gleiche Fehlerwahrscheinlichkeit wie im uncodierten Fall zu erzielen. Dies bezeichnet man als Codiergewinn.

Am Beispiel der QPSK-Modulation in Verbindung mit dem (7, 4)-Hamming-Code aus dem vorangehenden Abschnitt wollen wir uns klar machen, wie der Codiergewinn entsteht. Die Fehlerwahrscheinlichkeit für QPSK wurde in Abschnitt 6.4.1 bestimmt. Im uncodierten Fall ist nach Gl. (6.89) für eine Bitfehlerwahrscheinlichkeit von $P_u = 10^{-6}$ ein Signal-Rausch-Abstand pro Bit von $10\lg(E_b/N_0) = 10{,}53$ dB erforderlich.

Für den (7, 4)-Hamming-Code beträgt die Coderate $R_c = 4/7$, die minimale Hamming-Distanz $d_{\min} = 3$, und der Code kann bis zu $y = 1$ Bitfehler pro Codewort korrigieren. Durch die Codierung erhöht sich die Übertragungsrate auf $r_c = r_b/R_c$. Die Signalleistung ist gleich der mittleren Energie pro Bit geteilt durch die Bitdauer, also $S = E_b/T_b = E_b\, r_b$. Die mittlere Energie pro Bit nach der Codierung sei E_c. Bei konstanter Signalleistung vor bzw. nach der Codierung ist $S = E_b\, r_b = E_c\, r_c$ und damit $E_c = R_c\, E_b$. Für die Fehlerwahrscheinlichkeit am Ausgang des Demodulators bzw. am Eingang des Decodierers folgt aus Gl. (6.89):

$$P_c = \frac{1}{2}\,\mathrm{erfc}\sqrt{R_c\,\frac{E_b}{N_0}} \tag{7.24}$$

Für $P_c = 10^{-6}$ ist nun ein Signal-Rausch-Abstand pro Bit von 12,96 dB erforderlich. Die Fehlerwahrscheinlichkeit steigt, da noch keine Decodierung erfolgt und die zusätzlich übertragene Redundanzinformation nicht genutzt wird. Die Wahrscheinlichkeit, dass ein Codewort der Länge n bit genau i Bitfehler enthält, ist bei zufällig und unabhängig voneinander verteilten Bitfehlern durch die Binomialverteilung Gl. (2.78) gegeben:

$$P(i) = \binom{n}{i} P_c^i\,(1-P_c)^{n-i} \tag{7.25}$$

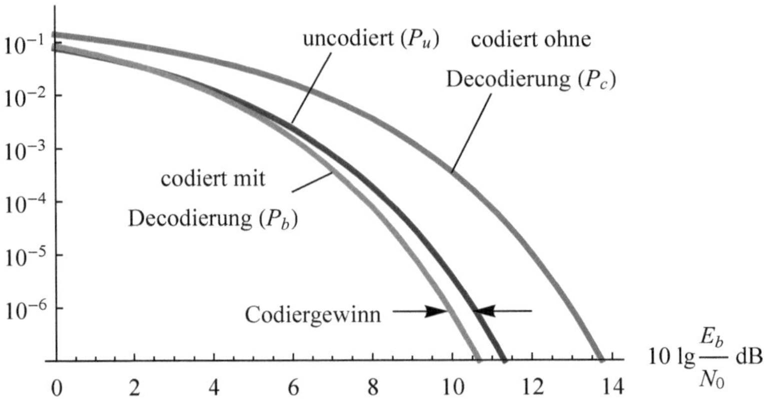

Bild 7.8 Codiergewinn am Beispiel von QPSK und des (7, 4)-Hamming-Codes

Der Decodierer kann alle Codeworte mit bis zu y Bitfehlern korrigieren, während Codeworte mit mehr als y Bitfehlern zu einem fehlerhaften Codewort am Decoderausgang führen. Es kommt also mit der Wahrscheinlichkeit

$$P_w = \sum_{i=y+1}^{n} P(i) = \sum_{i=y+1}^{n} \binom{n}{i} P_c^i (1-P_c)^{n-i} \tag{7.26}$$

zu einem fehlerhaften Codewort. Die Bitfehlerwahrscheinlichkeit nach der Decodierung beträgt etwa:

$$P_b \approx \frac{1}{n} \sum_{i=y+1}^{n} i\, P(i) = \frac{1}{n} \sum_{i=y+1}^{n} i \binom{n}{i} P_c^i (1-P_c)^{n-i} \tag{7.27}$$

P_w und P_b werden auch als Restfehlerwahrscheinlichkeit und Restbitfehlerwahrscheinlichkeit bezeichnet. Für $n = 7$ und $y = 1$ ist für $P_b = 10^{-6}$ ein Signal-Rausch-Abstand pro Bit von 9,91 dB erforderlich. Der Verlauf von P_u, P_c und P_b als Funktion von E_b/N_0 ist in Bild 7.8 gezeigt. Für $E_b/N_0 \cong 9{,}91$ dB ist $P_c = 4{,}1 \cdot 10^{-4}$ und $P_w = 3{,}53 \cdot 10^{-6}$. Als Codiergewinn bezeichnet man die Differenz des erforderlichen Störabstandes bei uncodierter bzw. codierter Übertragung:

$$G = 10 \lg \left(\frac{E_b}{N_0} \right)_{\text{uncodiert}} - 10 \lg \left(\frac{E_b}{N_0} \right)_{\text{codiert}} \tag{7.28}$$

In unserem Beispiel des (7, 4)-Hamming-Codes in Verbindung mit QPSK beträgt der Codiergewinn also 0,62 dB bei einer Bitfehlerwahrscheinlichkeit von 10^{-6}. Dies ist nicht sehr viel, aber mit leistungsfähigeren Codes können Gewinne von mehreren dB erzielt werden. Bei ca. 2,3 dB schneiden sich die Kurven, d. h., unterhalb dieses Wertes ist die Fehlerwahrscheinlichkeit mit Fehlerschutz größer als im uncodierten Fall – ein Verhalten, das bei allen Kanalcodierungsverfahren auftritt.

7.2.4 Zyklische Codes

Wie wir im vorangegangenen Abschnitt gesehen haben, beträgt der Codiergewinn für den (7, 4)-Hamming-Code nur 0,62 dB. Auch die Coderate $R_c = 4/7$ ist gering, d. h., der Übertragungsaufwand verdoppelt sich für diesen Code nahezu. Für effiziente Codes mit guten Korrektureigenschaften und mit einer Coderate nicht wesentlich kleiner als eins muss $n \gg 1$ und $k \gg 1$ gelten. Dadurch entstehen sehr lange Codeworte und sehr große Generator- und Prüfmatrizen. Die Codierung und Decodierung langer Codeworte wird durch zyklische Codes, eine Unterklasse der linearen Blockcodes, stark vereinfacht. Bei einem zyklischen Code ergibt die zyklische Verschiebung eines Codewortes um ein Bit wieder ein gültiges Codewort. Aus

$$\mathbf{v} = (v_0, v_1, v_2, \dots v_{n-1}), \quad \mathbf{v} \in C$$

folgt daher bei einer Linksverschiebung:

$$\mathbf{v}' = (v_1, v_2, \dots v_{n-1}, v_0), \quad \mathbf{v}' \in C$$

$$\mathbf{v}'' = (v_2, \dots v_{n-1}, v_0, v_1), \quad \mathbf{v}'' \in C \text{ usw.}$$

Zur Beschreibung zyklischer Codes verwenden wir die bereits aus Abschnitt 5.5 bekannte Polynomschreibweise, d. h., die Elemente von $\mathbf{v}$ sind die Koeffizienten des Polynoms

$$\mathbf{v}(x) = v_0 + v_1 x + v_2 x^2 + \dots + v_{n-1} x^{n-1}$$

vom Grad $n-1$. Beispielsweise entspricht das Codewort $\mathbf{v} = (1\,0\,0\,1\,1)$ dem Polynom $1 + x^3 + x^4$. Das Datenwortpolynom

$$\mathbf{u}(x) = u_0 + u_1 x + u_2 x^2 + \dots + u_{k-1} x^{k-1}$$

ist ein Polynom vom Grad $k-1$. Ein zyklischer (n, k)-Blockcode wird ferner durch sein Generatorpolynom

$$\mathbf{g}(x) = 1 + g_1 x + g_2 x^2 + \dots + g_{m-1} x^{m-1} + x^m \tag{7.29}$$

spezifiziert. Dies ist ein Polynom vom Grad $m = n - k$, und es gilt $g_0 = g_m = 1$. Die Codeworte berechnen sich durch Multiplikation des Datenwortpolynoms mit dem Generatorpolynom:

$$\mathbf{v}(x) = \mathbf{u}(x) \cdot \mathbf{g}(x) \tag{7.30}$$

Beispiel 7.4 Codewortberechnung eines zyklischen (7, 4)-Codes

Das Generatorpolynom eines zyklischen (7, 4)-Codes lautet:

$$\mathbf{g}(x) = 1 + x + x^3$$

Die Koeffizienten des Generatorpolynoms sind (1 1 0 1). Für das Datenwort $\mathbf{u} = (1\,0\,1\,0)$ erhalten wir das Polynom $\mathbf{u}(x) = 1 + x^2$ und für das Codewortpolynom folgt:

$$\mathbf{v}(x) = \left(1 + x^2\right)\left(1 + x + x^3\right) = 1 + x + x^2 + x^5$$

Man beachte, dass nach den Rechenregeln der Addition modulo 2 der Koeffizient vor x^3 nach dem Ausmultiplizieren null ist. Das Codewort lautet also $\mathbf{v} = (1\,1\,1\,0\,0\,1\,0)$. ■

Mit Gl. (7.30) erhalten wir einen nichtsystematischen Code, denn wie das obige Beispiel zeigt, ist das Datenwort nicht im Codewort enthalten. Ein systematischer zyklischer Code wird gebildet, indem zunächst $\mathbf{u}(x)$ mit x^{n-k} multipliziert wird. Zu $x^{n-k}\mathbf{u}(x)$ gehören die n Koeffizienten

$(0, \ldots, 0, u_0, u_1, \ldots, u_{k-1})$. Durch die Multiplikation werden links $m = n - k$ Nullen eingefügt. Diese Nullen werden durch m Redundanzbits in Form des Polynoms $\mathbf{b}(x)$ ersetzt, und wir erhalten das Codewort:

$$\mathbf{v}(x) = \mathbf{b}(x) + x^{n-k}\,\mathbf{u}(x) \tag{7.31}$$

Dabei ist $\mathbf{b}(x)$ der Divisionsrest, der durch Teilen von $x^{n-k}\,\mathbf{u}(x)$ durch das Generatorpolynom $\mathbf{g}(x)$ entsteht:

$$\frac{x^{n-k}\,\mathbf{u}(x)}{\mathbf{g}(x)} = \mathbf{z}(x) + \frac{\mathbf{b}(x)}{\mathbf{g}(x)} \tag{7.32}$$

Der Divisionsrest $\mathbf{b}(x)$ ist ein Polynom mit einem Grad kleiner oder gleich $m-1 = n-k-1$. Dessen m Koeffizienten sind die Redundanzbits. Schreiben wir Gl. (7.31) mithilfe der Koeffizienten von $\mathbf{b}(x)$ und $\mathbf{u}(x)$ aus, so erhalten wir:

$$\begin{aligned}&\mathbf{b}(x) + x^{n-k}\,\mathbf{u}(x)\\ &= b_0 + b_1\,x + \ldots + b_{n-k-1}\,x^{n-k-1} + u_0\,x^{n-k} + u_1\,x^{n-k+1} + \ldots + u_{k-1}\,x^{n-1}\end{aligned}$$

Ein Codewort $\mathbf{v}(x) = (b_0, b_1, \ldots, b_{n-k-1}, u_0, u_1, \ldots, u_{k-1})$ setzt sich also aus den Redundanzbits $b_0 \ldots b_{n-k-1}$ und dem Datenwort $u_0 \ldots u_{k-1}$ zusammen, sodass ein systematischer Code entsteht.

Beispiel 7.5 Codewortberechnung eines systematischen zyklischen (7, 4)-Codes

Wir betrachten wieder den zyklischen (7, 4)-Code aus Beispiel 7.4 mit dem Generatorpolynom $\mathbf{g}(x) = 1 + x + x^3$. Für das Datenwort $\mathbf{u} = (1\,0\,1\,0)$ ist $\mathbf{u}(x) = 1 + x^2$, und es gilt $m = n - k = 3$. Damit ist zunächst:

$$x^3\,\mathbf{u}(x) = x^3\left(1 + x^2\right) = x^3 + x^5$$

Wir bestimmen mithilfe von Gl. (7.32) den Divisionsrest $\mathbf{b}(x)$, indem wir $x^3\,\mathbf{u}(x)$ durch Polynomdivision durch $\mathbf{g}(x)$ teilen:

$$\begin{array}{l}\left(x^5 + x^3\right) \quad : \left(x^3 + x + 1\right) = x^2 \quad = \mathbf{z}(x)\\ \underline{x^5 + x^3 + x^2}\\ \qquad\quad x^2 \quad = \mathbf{b}(x)\end{array}$$

Durch Umstellen von Gl. (7.32) können wir $x^3\,\mathbf{u}(x)$ durch $\mathbf{z}(x)$, $\mathbf{g}(x)$ und $\mathbf{b}(x)$ zur Kontrolle ausdrücken als:

$$x^3\,\mathbf{u}(x) = \mathbf{z}(x)\,\mathbf{g}(x) + \mathbf{b}(x)$$

$$x^3 + x^5 = x^2\left(1 + x + x^3\right) + x^2$$

Das Codewortpolynom lautet gemäß Gl. (7.31) also

$$\mathbf{v}(x) = x^2 + x^3 + x^5$$

und für das Codewort erhalten wir $\mathbf{v}(x) = (0\,0\,1\,1\,0\,1\,0)$. Es besteht aus drei Redundanzbits und vier Datenbits. ■

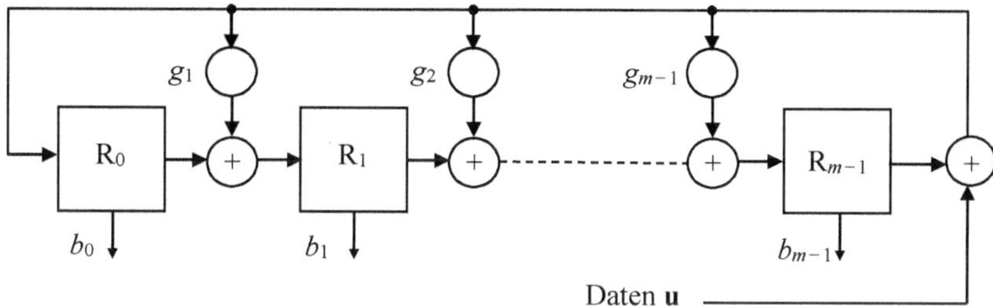

Bild 7.9 Schaltung zur Berechnung des Divisionsrestes zur Erzeugung eines zyklischen Codes

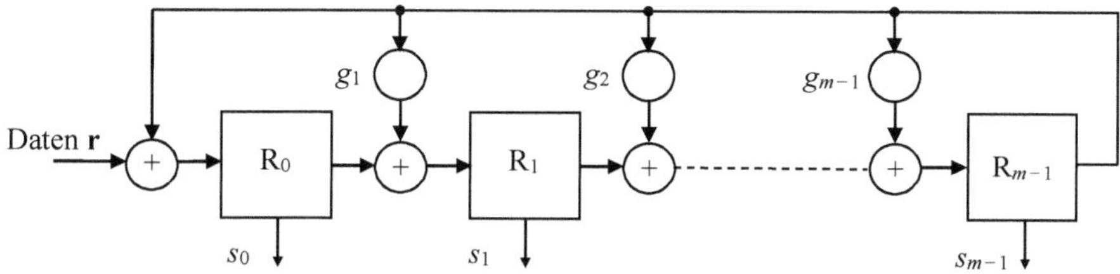

Bild 7.10 Schaltung zur Berechnung des Syndroms eines zyklischen Codes

Im Decodierer wird das empfangene Codewortpolynom $\mathbf{r}(x)$ durch das Generatorpolynom geteilt; der Divisionsrest ist das Syndrom. Falls keine Bitfehler aufgetreten sind, so ist $\mathbf{r} = \mathbf{v}$ ein gültiges Codewort, und der Divisionsrest ist null. Dies folgt sofort aus Gl. (7.30), und aus Gl. (7.31) folgt ebenfalls

$$\frac{\mathbf{v}(x)}{\mathbf{g}(x)} = \frac{x^{n-k}\,\mathbf{u}(x) + \mathbf{b}(x)}{\mathbf{g}(x)} = \mathbf{z}(x) + \frac{\mathbf{b}(x)}{\mathbf{g}(x)} + \frac{\mathbf{b}(x)}{\mathbf{g}(x)} = \mathbf{z}(x) \tag{7.33}$$

wobei aufgrund der modulo-2-Arithmetik die zweimalige Addition von $\mathbf{b}(x)/\mathbf{g}(x)$ null ergibt. Enthält **r** Bitfehler, so wird dies wie in Gl. (7.21) durch den Fehlervektor **e** mit dem zugehörigen Polynom $\mathbf{e}(x)$ ausgedrückt. Nach Division durch das Generatorpolynom erhalten wir nun

$$\frac{\mathbf{r}(x)}{\mathbf{g}(x)} = \frac{\mathbf{v}(x) + \mathbf{e}(x)}{\mathbf{g}(x)} = \mathbf{z}(x) + \frac{\mathbf{e}(x)}{\mathbf{g}(x)} = \mathbf{z}(x) + \mathbf{s}(x) \tag{7.34}$$

mit dem Syndrom $\mathbf{s}(x) = \mathbf{e}(x)/\mathbf{g}(x)$. Somit werden alle Bitfehler erkannt, für die $\mathbf{e}(x)/\mathbf{g}(x) \neq 0$ ist.

Aufgrund ihrer zyklischen Struktur können die Codes mithilfe einfacher Schaltungen codiert und decodiert werden, und auch die Umsetzung in Software ist sehr einfach möglich. Dadurch lassen sich zyklische Codes mit sehr langen Codewörtern verwenden. Bild 7.9 zeigt eine Schaltung zur Berechnung des Divisionsrestes $\mathbf{b}(x)$ mittels rückgekoppelter Schieberegister.

Für die Codierung mit einem Generatorpolynom vom Grad $m = n - k$ werden m Schieberegister $R_0 \ldots R_{m-1}$ benötigt. Die Koeffizienten $g_1 \ldots g_{m-1}$ des Generatorpolynoms $\mathbf{g}(x)$ bestimmen die Rückführungen. Für $g_i = 1$ ist eine Rückführung vorhanden; für $g_i = 0$ ist das nicht der Fall. Zu Beginn werden die Register mit null initialisiert. Am Dateneingang liegt das Datenwort $(u_0, u_1, \ldots, u_{k-1})$, beginnend mit u_{k-1}, an. Nach k Schiebeoperationen enthalten die Register den Divisionsrest.

Der Decodierer besteht aus einer identischen Schaltung, allerdings wird das empfangene Codewort $(r_0, r_1, \ldots, r_{n-1})$ von rechts beginnend mit r_{n-1} eingelesen (Bild 7.10). Nachdem es vollständig in das Schieberegister eingelesen wurde, enthalten die Register das Syndrom, d. h. den Divisionsrest nach Gl. (7.34).

Beispiel 7.6 Codewort- und Syndrom-Berechnung mit rückgekoppelten Schieberegistern

Anhand des systematischen zyklischen Codes aus Beispiel 7.5 wollen wir die Arbeitsweise der Schaltungen aus Bild 7.9 und 7.10 nachvollziehen. Für das Generatorpolynom $\mathbf{g}(x) = 1 + x + x^3$ mit den Koeffizienten $g_1 = 1$ und $g_2 = 0$ erhalten wir die Schaltung in Bild 7.11.

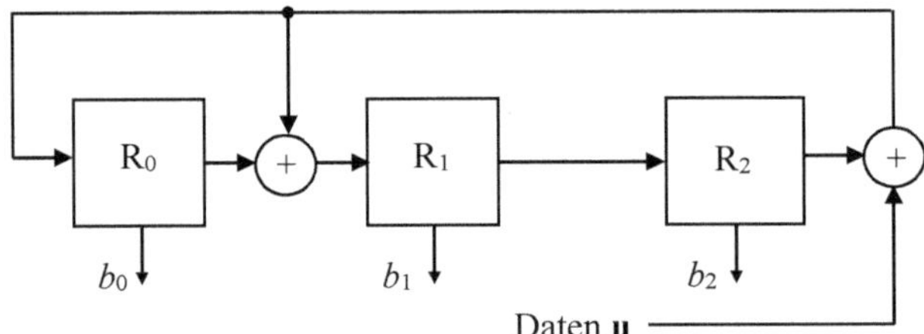

Bild 7.11 Berechnung des Divisionsrestes für das Generatorpolynom $\mathbf{g}(x) = 1 + x + x^3$

Für $\mathbf{u} = (1\,0\,1\,0)$ durchlaufen die Register die folgenden Zustände:

u_i	$R_0\ R_1\ R_2$
0	0 0 0
1	0 0 0
0	1 1 0
1	0 1 1
	0 0 1

Nach $k = 4$ Schritten enthalten die Register den Divisionsrest (0 0 1) bzw. $\mathbf{b}(x) = x^2$, und durch serielle Ausgabe von Datenwort und Divisionsrest erhalten wir das Codewort $\mathbf{v} = (0\,0\,1\,1\,0\,1\,0)$. Die Schaltung zur Berechnung des Syndroms im Empfänger zeigt Bild 7.12.

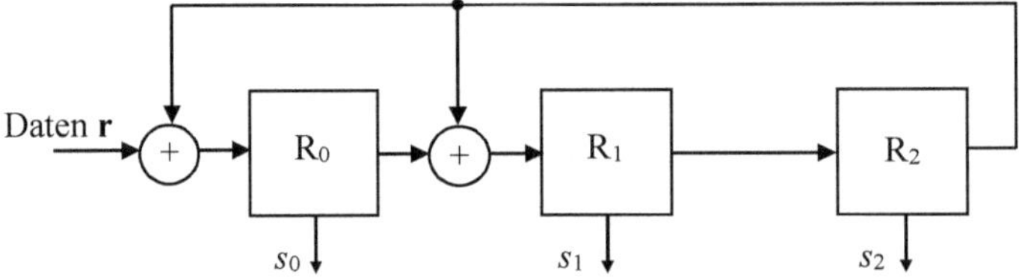

Bild 7.12 Berechnung des Syndroms für das Generatorpolynom $\mathbf{g}(x) = 1 + x + x^3$

Für das fehlerfreie Codewort $\mathbf{r} = \mathbf{v} = (0\,0\,1\,1\,0\,1\,0)$ bzw. $\mathbf{r}(x) = x^2 + x^3 + x^5$ liefert die Polynomdivision durch das Generatorpolynom $\mathbf{r}(x)/\mathbf{g}(x)$ das Syndrom $\mathbf{s}(x) = 0$ sowie

$\mathbf{z}(x) = x^2$. In der Schaltung Bild 7.12 durchlaufen die Register die folgenden Zustände und enthalten nach dem Einlesen aller Codebits das Syndrom $\mathbf{s} = (0\,0\,0)$:

r_i	R_0 R_1 R_2
0	0 0 0
1	0 0 0
0	1 0 0
1	0 1 0
1	1 0 1
0	0 0 0
0	0 0 0
	0 0 0

Betrachten wir noch ein fehlerbehaftetes Codewort $\mathbf{r} = (0\,0\,1\,0\,1\,1\,0)$ bzw. $\mathbf{r}(x) = x^2 + x^4 + x^5$. Durch die Polynomdivision erhält man das Syndrom $\mathbf{s}(x) = 1 + x^2$ sowie $\mathbf{z}(x) = 1 + x + x^2$. Entsprechend enthalten die Register der Decodierers nach Einlesen aller Codebits das Syndrom $\mathbf{s} = (1\,0\,1)$:

r_i	R_0 R_1 R_2
0	0 0 0
1	0 0 0
1	1 0 0
0	1 1 0
1	0 1 1
0	0 1 1
0	1 1 1
	1 0 1

■

Da zyklische Codes auch lineare Codes sind, können diese außer durch ihr Generatorpolynom auch mithilfe einer Generator- und Prüfmatrix (vgl. Abschnitt 7.2.2) beschrieben werden. Nur bestimmte Generatorpolynome ergeben Codes mit guten Fehlererkennungs- bzw. Korrektureigenschaften. Einige Codes sind in Tabelle 7.6 zusammengestellt. Das Generatorpolynom des zyklischen (7, 4)-Hamming-Codes wurde in den Beispielen 7.4 bis 7.6 verwendet. BCH-Codes sind leistungsfähige Codes, die Mehrfachfehler ($y \geq 2$) korrigieren können.

Ebenfalls zu den zyklischen Codes gehören die *Cyclic Redundancy Check* (CRC)-Codes. Aufgrund ihrer sehr guten Fehlererkennungseigenschaften werden sie häufig bei der Übertragung von Datenpaketen verwendet. Tabelle 7.7 zeigt einige standardisierte CRC-Generatorpolynome. Der CRC-32-Code erzeugt 32 Redundanzbits. Mithilfe dieses Codes werden beispielsweise bei Ethernet-Datenpaketen Bitfehler erkannt (Beispiel 8.2). Bei dieser Anwendung besteht ein Datenpaket aus bis zu 1514 byte, d. h., es gibt die enorme Zahl von $2^{(8 \cdot 1514)}$ Codeworten. Dies macht deutlich, warum bei großen Codewortlängen effiziente Verfahren zur Codierung und Decodierung erforderlich sind.

Tabelle 7.6 Einige zyklische Codes

Code	n	k	R_c	$d_{\min}$	Generatorpolynom
Hamming	7	4	0,57	3	$1+x+x^3$
	15	11	0,73	3	$1+x+x^4$
	31	26	0,84	3	$1+x^2+x^5$
BCH[a]	15	7	0,46	5	$1+x^4+x^6+x^7+x^8$
	31	21	0,68	5	$1+x^3+x^5+x^6+x^8+x^9+x^{10}$
	63	45	0,71	7	$1+x+x^2+x^3+x^6+x^7+x^9+x^{15}+x^{16}+x^{17}+x^{18}$

[a] BCH: Bose-Chaudhuri-Hocquenghem

Tabelle 7.7 Generatorpolynome für CRC-Codes

Code	Generatorpolynom
CRC-4	$1+x+x^4$
CRC-12	$1+x+x^2+x^3+x^{11}+x^{12}$
CRC-16	$1+x^2+x^{15}+x^{16}$
	$1+x^5+x^{12}+x^{16}$
CRC-32	$1+x+x^2+x^4+x^5+x^7+x^8+x^{10}+x^{11}+x^{12}+x^{16}+x^{22}+x^{23}+x^{26}+x^{32}$

Ein weiteres Mitglied der Familie der zyklischen Codes sind die nichtbinären *Reed-Solomon-Codes*. Nichtbinäre Codes arbeiten nicht bit-, sondern symbolweise, wobei in der Regel ein Symbol einem oder mehreren Bytes entspricht. Die minimale Hamming-Distanz eines Reed-Solomon-Codes beträgt $d_{\min} = n - k + 1$. Ein RS(255, 239)-Code beispielsweise bezeichnet einen Reed-Solomon-Code, dessen Codewort aus 239 Datenbytes und 16 Redundanzbytes besteht. Die minimale Hamming-Distanz beträgt $d_{\min} = 17$ und es können gemäß Gl. (7.7) bis zu $y = 8$ Symbolfehler korrigiert werden. Dieser Code wird in verkürzter Form bei DVB (siehe Beispiel 7.7) verwendet.

Bei einem *verkürzten Code* wird die Anzahl der Datenbits oder -bytes verringert, um die Größe des Codewortes an das Übertragungssystem anzupassen. Die Anzahl der Redundanzbytes bleibt gleich, sodass sich die Korrekturfähigkeit des Codes nicht verschlechtert. RS-Codes werden auch bei der Compact Disc (CD) als Fehlerschutz eingesetzt.

7.3 Faltungscodes

Faltungscodes arbeiten im Gegensatz zu Blockcodes nicht mit einem Block von Daten, sondern mit einem kontinuierlichen Bitstrom. Wir besprechen den Aufbau der Codierer und die im Zusammenhang mit Faltunsgcodes übliche Viterbi-Decodierung.

7.3.1 Codierung

Ein Faltungscodierer besteht aus einem oder mehreren Schieberegistern, in die die Informationssequenz **u** eingetaktet wird, und einer Anzahl von modulo-2-Addierern. Die Ausgangsbits der Addierer bilden, zyklisch aneinander gefügt, die Codesequenz **v**. Bild 7.13 zeigt einen Faltungscodierer, der pro Informationsbit zwei Codebits erzeugt; die Coderate beträgt dementsprechend $R_c = k/n = 1/2$. Der Codierer enthält $m = 2$ Register und hat somit die *Gedächtnisordnung* (engl.: memory order) $m = 2$. Die *Einflusslänge* (engl.: constraint length) ν ist gleich der Summe der Längen aller Schieberegister.[3] Bei dem Codierer Bild 7.13 ist $\nu = m$, während bei dem Codierer in Bild 7.18 $m = 1$ und $\nu = 2$ ist. Man bezeichnet die Faltungscodierer als (n, k, ν)-Codierer. In Bild 7.13 handelt es sich also um einen (2, 1, 2)-Faltungscodierer.

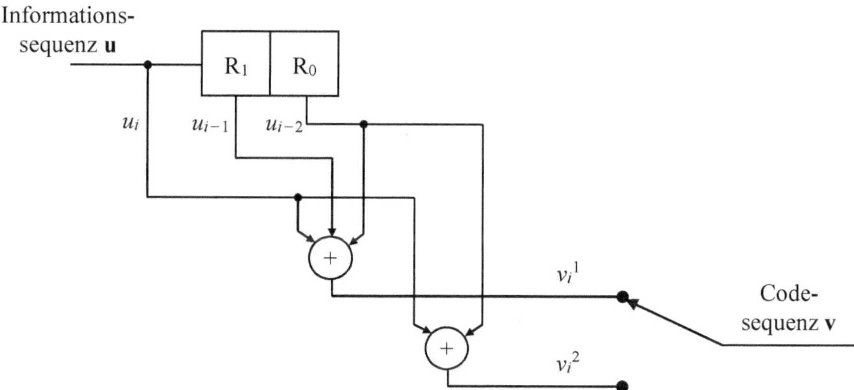

Bild 7.13 Ein (2, 1, 2)-Faltungscodierer

Neben dem Verhältnis von Redundanz- zu Informationsbits bestimmt bei einem Faltungscode die Einflusslänge die Korrektureigenschaften des Codes. Je größer die Einflusslänge, desto mehr Codebits werden von einem Eingangsbit beeinflusst und desto größer ist der erzielbare Codiergewinn.

Anhand Tabelle 7.8 kann die Entstehung einer Codesequenz aus der Informationssequenz $\mathbf{u} = (u_0, u_1, u_2, \ldots)$ für den Codierer aus Bild 7.13 verfolgt werden. Die zwei Teilsequenzen $\mathbf{v}^1 = (v_0^1, v_1^1, v_2^1, \ldots)$ und $\mathbf{v}^2 = (v_0^2, v_1^2, v_2^2, \ldots)$ ergeben die Codesequenz $\mathbf{v} = (v_0^1, v_0^2, v_1^1, v_1^2, v_2^1, v_2^2, \ldots)$. Im Beispiel erhalten wir für $\mathbf{u} = (1\,0\,1\,0\,0\,0)$ die Codefolge $\mathbf{v} = (11\ 10\ 00\ 10\ 11\ 00)$. Da der Codierer $m = 2$ Register enthält, kann er sich in $2^m = 4$ verschiedenen Zuständen befinden. Diese Zustände werden mit a, b, c und d bezeichnet und sind ebenfalls in Tabelle 7.8 enthalten. Zustand a entspricht den Registerinhalten (0 0) von R_1 und R_0, d. h. $a = (0\,0)$, $b = (0\,1)$, $c = (1\,0)$ und $d = (1\,1)$.

Der Name Faltungscode rührt daher, dass die Codierung durch die diskrete Faltung (siehe Abschnitt 4.1.2) der Eingangsfolge mit den Impulsantworten der Ausgänge beschrieben werden kann. Die Impulsantworten erhalten wir für die Eingangsfolge $\mathbf{u} = (1\,0\,0\ldots)$. Für einen Codierer der Gedächtnisordnung m haben die Impulsantworten ebenfalls die Länge m. Der (2, 1, 2)-

[3] Dies ist die Definition der Einflusslänge nach [16]. Andere Quellen verwenden teilweise abweichende Definitionen.

Tabelle 7.8 Beispiel einer Codesequenz des (2, 1, 2)-Faltungscodierers

i	u_i	u_{i-1}	u_{i-2}	v_i^1	v_i^2	Zustand
0	1	0	0	1	1	*a*
1	0	1	0	1	0	*c*
2	1	0	1	0	0	*b*
3	0	1	0	1	0	*c*
4	0	0	1	1	1	*b*
5	0	0	0	0	0	*a*

Faltungscodierer aus Bild 7.13 hat zwei Ausgänge und dementsprechend zwei Impulsantworten $\mathbf{g}^1$ und $\mathbf{g}^2$ der Länge 3:

$$\begin{aligned} \mathbf{g}^1 &= (1\,1\,1) \\ \mathbf{g}^2 &= (1\,0\,1) \end{aligned} \tag{7.35}$$

Für eine beliebige Eingangsfolge erhalten wir die zwei Teilfolgen $\mathbf{v}^1$ und $\mathbf{v}^2$ durch Faltung der Eingangsfolge mit den Impulsantworten

$$\mathbf{v}^j = \mathbf{u} * \mathbf{g}^j, \quad j = 1, 2 \tag{7.36}$$

wobei der Faltungsoperator für die Faltungssumme

$$v_k^j = \sum_{i=0}^{m} u_{k-i}\, g_i^j \tag{7.37}$$

steht und die Addition modulo 2 erfolgt. Im Beispiel oben erhalten wir also die erste Teilfolge durch:

$$\mathbf{v}^1 = (1\,0\,1\,0\,0\,0) * (1\,1\,1) = (1\,1\,0\,1\,1\,0)$$

Bild 7.14 zeigt den Codebaum für den (2, 1, 2)-Faltungscodierer aus Bild 7.13. Die Knoten entsprechen den Zuständen $a \ldots d$. Ist das Informationsbit gleich 0, so bewegt man sich auf dem oberen Zweig zum nächsten Knoten, ansonsten auf dem unteren Zweig. Die Zweige sind mit den Codebits beschriftet, die der Faltungscodierer erzeugt. Ausgehend vom Zustand a bleibt man für das Informationsbit $u_i = 0$ im Zustand a, und der Codierer gibt die Codebits $(v_i^1\ v_i^2) = (0\,0)$ aus. Für das Informationsbit $u_i = 1$ gelangt man in den Zustand c, und es werden die Codebits $(v_i^1\ v_i^2) = (1\,1)$ ausgegeben. Entsprechendes gilt für die anderen Zustände. In Bild 7.14 ist der zur Informations- und Codesequenz aus Tabelle 7.8 gehörige Pfad markiert.

Nach $m + 1 = 3$ Verzweigungen sind alle möglichen Zustände im Codebaum enthalten, und die Struktur beginnt sich zu wiederholen. Fasst man die Knoten gleicher Zustände für ein bestimmtes Informationsbit zusammen, so erhält man das Netzdiagramm in Bild 7.15. Man bezeichnet ein solches Diagramm auch als Trellisdiagramm (engl. trellis: Spalier). Für $u_i = 0$ folgt man der gestrichelten Linie und für $u_i = 1$ der durchgezogenen Linie. Die Knoten sind mit den Codebits beschriftet. Erreicht man einen Knoten über den oberen Zweig, so gibt der Codierer die oberhalb des Knotens stehenden Codebits aus. Erreicht man den Knoten über den unteren Zweig, werden entsprechend die unterhalb stehenden Codebits generiert. In Bild 7.15 ist wiederum der zur Informations- und Codesequenz aus Tabelle 7.8 gehörige Pfad im Trellisdiagramm markiert.

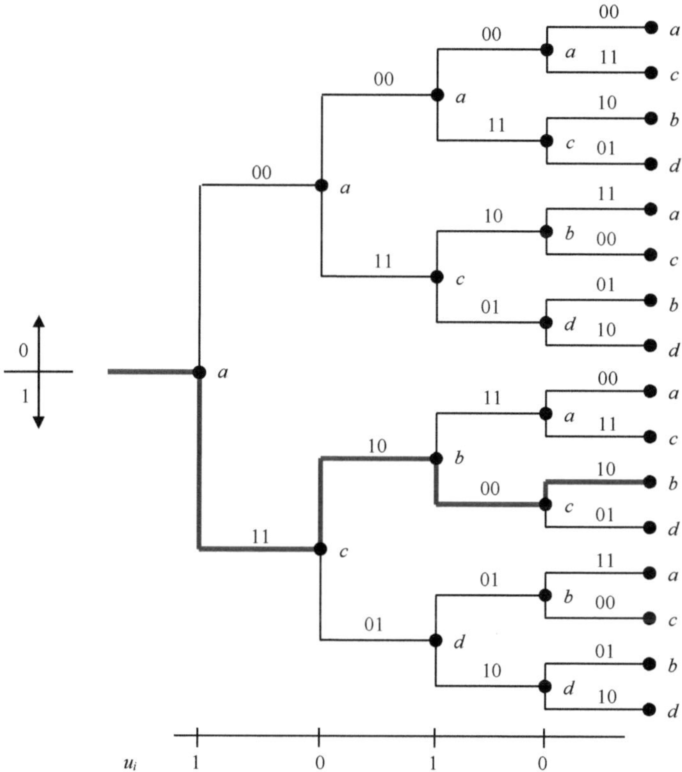

Bild 7.14 Codebaum des (2, 1, 2)-Faltungscodes

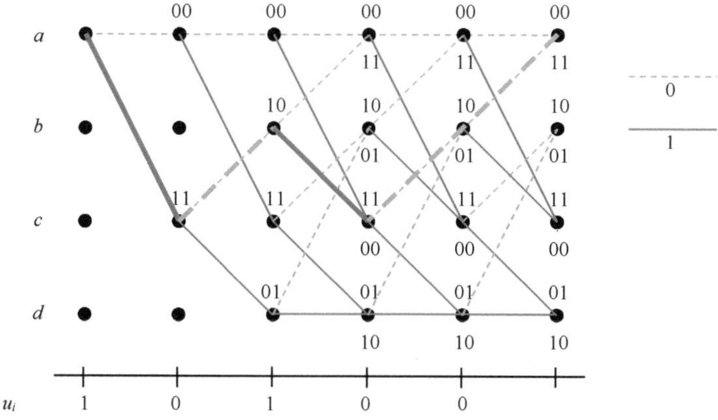

Bild 7.15 Netzdiagramm des (2, 1, 2)-Faltungscodes

Die kompakteste Form der Beschreibung eines Faltungscodes ist schließlich das Zustandsdiagramm in Bild 7.16. Hier sind die Übergänge zwischen den Zuständen mit $u_i\,/\,v_i^1\,v_i^2$ beschriftet.

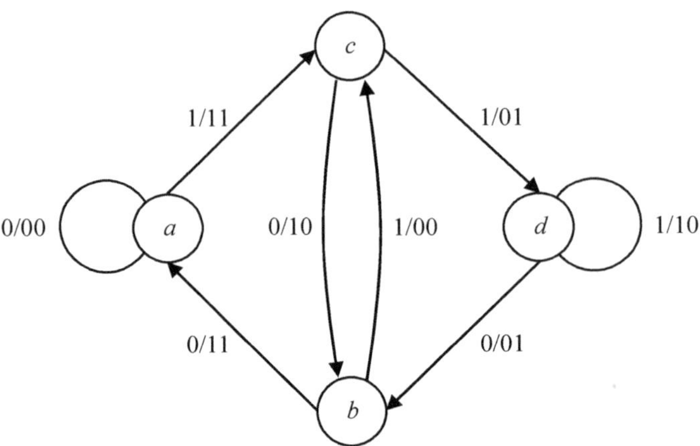

Bild 7.16 Zustandsdiagramm des (2, 1, 2)-Faltungscodes

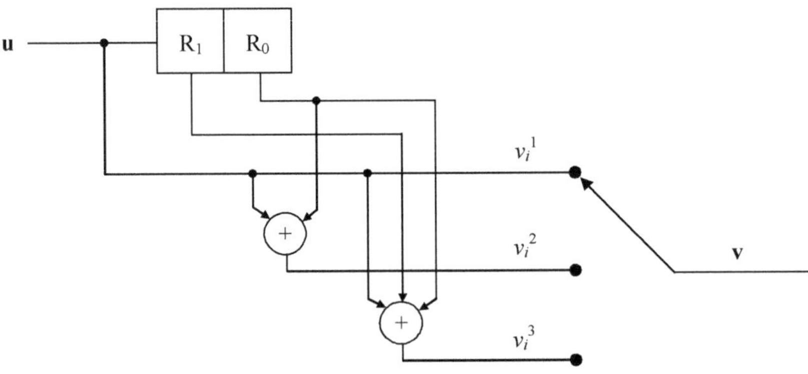

Bild 7.17 Ein (3, 1, 2)-Faltungscodierer

Faltungscodes mit $k = 1$ und Coderaten $R_c = 1/n$, $n > 2$, werden erzeugt, indem man weitere Addierer hinzufügt und das Schieberegister gegebenenfalls verlängert. Bild 7.17 zeigt das Beispiel eines (3, 1, 2)-Faltungscodierers mit der Gedächtnisordnung $m = 2$. Pro Eingangsbit werden drei Codebits generiert, und die Coderate beträgt $R_c = 1/3$. Coderaten mit $k > 1$ erhält man, wenn die Informationssequenz in mehrere Schieberegisterstufen parallel eingelesen wird. Bild 7.18 zeigt das Beispiel eines (3, 2, 1)-Faltungscodierers mit der Gedächtnisordnung $m = 1$ und der Coderate $R_c = 2/3$.

Weitere Coderaten lassen sich durch *Punktierung* erzeugen. Dabei werden bestimmte Codebits nach einem Punktierungsschema unterdrückt. Beispielsweise entsteht aus einem Code der Rate 1/2 durch periodische Löschung von zwei aus sechs Codebits ein Code mit der Rate 3/4.

Nur bestimmte Verknüpfungen der Schieberegisterausgänge zur Bildung der Codebits ergeben Codes mit guten Fehlererkennungs- bzw. Korrektureigenschaften. Gute Faltungscodes werden in der Regel durch Computersimulationen gefunden. Durch die Angabe der Impulsantworten, siehe z. B. Gl. (7.35), sind die Verknüpfungen eindeutig festgelegt.

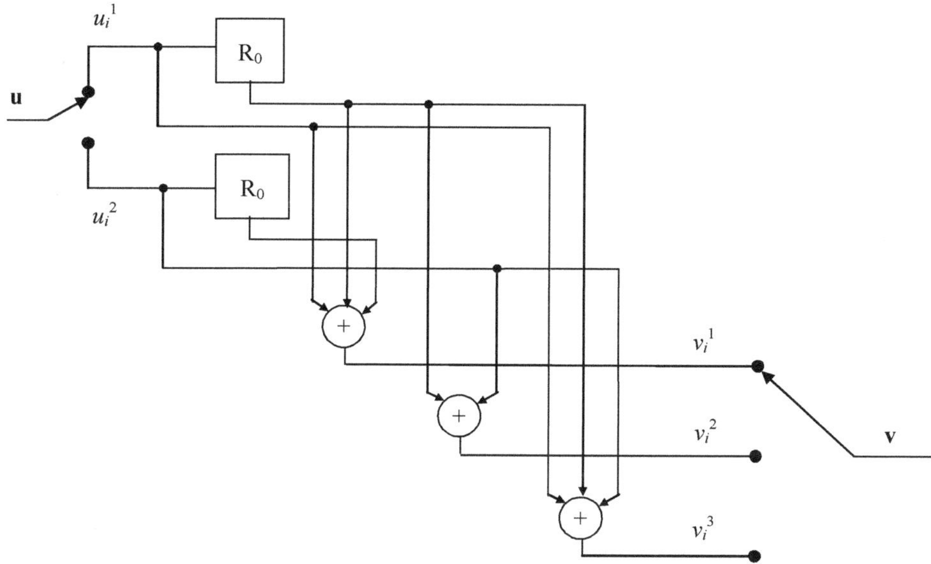

Bild 7.18 Ein (3, 2, 2)-Faltungscodierer

Einige Codes sind in Tabelle 7.9 zusammengestellt. Die Impulsantworten werden durch die aus Abschnitt 7.2.4 bekannte Polynomdarstellung in Form der Generatorpolynome angegeben. Die Koeffizienten der Generatorpolynome sind die Elemente g_i^j der Impulsantworten $\mathbf{g}^j$. Diese werden als Oktalzahl angegeben, d. h., für die Impulsantworten aus Gl. (7.35) erhalten wir $\mathbf{g}^1 \cong 7$ und $\mathbf{g}^2 \cong 5$. Auf die Korrektureigenschaften und den Codiergewinn dieser Codes kommen wir in Abschnitt 7.3.3 zurück.

Tabelle 7.9 Parameter einiger Faltungscodes

R_c	n	k	v	Generatorpolynome (oktal)			
1/4	4	1	3	13	13	15	17
1/3	3	1	3	13	15	17	
1/2	2	1	2	5	7		
1/2	2	1	3	13	17		
1/2	2	1	9	1131	1537		

7.3.2 Viterbi-Decodierung

Der Decodierer hat die Aufgabe, aus der Empfangsfolge $\mathbf{r}$ die vermutlich gesendete Codefolge $\hat{\mathbf{v}}$ zu bestimmen. Ist $\hat{\mathbf{v}}$ gleich der tatsächlich gesendeten Folge $\mathbf{v}$, so gilt auch für die decodierte Folge $\hat{\mathbf{u}} = \mathbf{u}$ (siehe Bild 7.1). Ein *Maximum-Likelihood-Decodierer* (MLD) wählt aus allen möglichen Codefolgen $\mathbf{v}$ diejenige Folge aus, für die die bedingte Wahrscheinlichkeit $P(\mathbf{r}|\mathbf{v})$ maximal wird. Dies ist die Wahrscheinlichkeit, dass $\mathbf{r}$ empfangen wird, unter der Bedingung, dass $\mathbf{v}$ gesendet wurde.

Die Folge $\mathbf{r}$ der Länge L unterscheide sich in i Stellen von einer Codefolge $\mathbf{v}$, d. h., i ist gleich der Hamming-Distanz von $\mathbf{r}$ und $\mathbf{v}$ oder $i = d(\mathbf{r}, \mathbf{v})$. Die Bitfehlerwahrscheinlichkeit des Übertragungskanals betrage ρ, und Bitfehler treten unabhängig voneinander auf. Dann gilt für die bedingte Wahrscheinlichkeit:

$$P(\mathbf{r}\,|\,\mathbf{v}) = \rho^i \left(1-\rho\right)^{L-i} \tag{7.38}$$

Die Maximierung von x ist äquivalent zur Maximierung von $\lg x$, da die Logarithmusfunktion monoton steigt. Damit erhalten wir die *Log-Likelihood-Funktion*:

$$\begin{aligned} \lg P(\mathbf{r}\,|\,\mathbf{v}) &= \lg \rho^i + \lg\left(1-\rho\right)^{L-i} = i \lg \rho + (L-i)\lg\left(1-\rho\right) \\ &= i \lg \frac{\rho}{1-\rho} + L \lg\left(1-\rho\right) = d(\mathbf{r}, \mathbf{v}) \lg \frac{\rho}{1-\rho} + L \lg\left(1-\rho\right) \end{aligned} \tag{7.39}$$

Da $L \lg\left(1-\rho\right)$ konstant ist und $\lg \rho/(1-\rho) < 0$ für $\rho < 1/2$ ist, wird $\lg P(\mathbf{r}\,|\,\mathbf{v})$ maximal, wenn $d(\mathbf{r}, \mathbf{v})$ minimal wird. Ein ML-Decodierer wählt also diejenige Codefolge aus, die die kleinste Hamming-Distanz zur Empfangsfolge $\mathbf{r}$ hat.

Bild 7.19 zeigt ein Beispiel zur Bestimmung der wahrscheinlichsten Codefolge für den (2, 1, 2)-Faltungscode. Im oberen Teil ist die empfangene Codefolge $\mathbf{r}$ enthalten, die sich von der Codesequenz aus dem Beispiel Tabelle 7.8 durch einen Bitfehler in der 6. Stelle unterscheidet. In den Netzdiagrammen sind zwei mögliche Codefolgen und die zugehörige Hamming-Distanz dargestellt. Die Hamming-Distanz ergibt sich aus der Anzahl der unterschiedlichen Bits der getesteten Codefolge und $\mathbf{r}$. Die obere Codefolge mit der Hamming-Distanz 1 hat die minimale Hamming-Distanz und wird vom Decodierer ausgewählt. Anhand des Netzdiagramms kann der Decodierer nun die zugehörige Informationssequenz bestimmen und den Bitfehler korrigieren.

Für eine Codefolge der Länge L müssen bei der ML-Decodierung im Prinzip für 2^L mögliche Codefolgen die Hamming-Distanzen berechnet werden. Dieser Aufwand wird durch den Viterbi[4]-Algorithmus wesentlich reduziert. Im Zusammenhang mit dem Viterbi-Algorithmus bezeichnet man die Hamming-Distanzen zwischen den möglichen Codefolgen und der empfangenen Codefolge auch als Metrik. Die entscheidende Vereinfachung ergibt sich dadurch, dass die Metrik für jeden Schritt durch das Netzdiagramm bestimmt wird, wie es auch in Bild 7.19 gezeigt wurde. Ab dem dritten Schritt laufen verschiedene Pfade in einem Zustand zusammen. Von zwei Pfaden, die in einem Zustand zusammentreffen, wird derjenige mit der besseren Metrik (d. h. mit der geringeren Hamming-Distanz) ausgewählt. Dieser Pfad wird als Survivor bezeichnet, während der andere Pfad nicht weiterverfolgt wird. Dies ist möglich, da der nicht verfolgte Pfad beim weiteren Weg durch das Netzdiagramm immer die schlechtere Metrik (d. h. die größere Hamming-Distanz) als der Survivor haben würde.

Es kann vorkommen, dass zwei Pfade mit gleicher Metrik in einem Zustand zusammentreffen. Die Auswahl des Survivors erfolgt dann zufällig und hat keinen Einfluss auf die Restfehlerwahrscheinlichkeit.

Bild 7.20 zeigt ein Beispiel zur Anwendung des Viterbi-Algorithmus. Wir verwenden den (2, 1, 2)-Faltungscode; die Empfangsfolge sei $\mathbf{r} = (11\ 1\underline{1}\ 00\ \underline{0}0\ 11\ 00)$. Dies entspricht der Codefolge aus Tabelle 7.8 mit Bitfehlern in der 4. und 7. Stelle. Am Ende eines Schrittes steht

[4] Andrew J. Viterbi (*1935), amerikanischer Elektroingenieur.

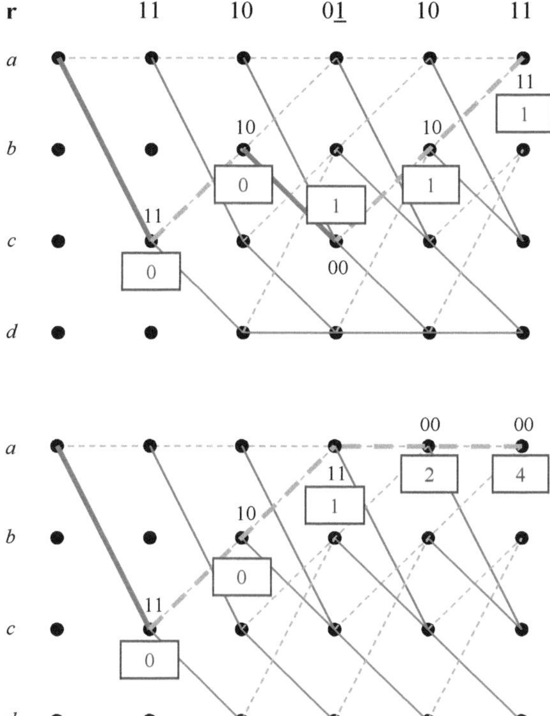

Bild 7.19 Beispiel zur Maximum-Likelihood-Decodierung unter Verwendung der Hamming-Distanz

hinter jedem Zustand die kleinste Hamming-Distanz der in diesem Zustand zusammenlaufenden Pfade. Der Pfad mit der kleineren Hamming-Distanz wird weiterverfolgt und ist durch eine durchgezogene Linie gekennzeichnet. Die aufgrund ihrer größeren Hamming-Distanz wegfallenden Pfade sind durch strichpunktierte Linien dargestellt.

Erstmals laufen im 3. Schritt Pfade zusammen. Im Zustand *a* treffen zwei Pfade mit den Hamming-Distanzen 3 und 4 aufeinander, und der untere Pfad mit der Metrik 3 wird weiterverfolgt. Im Zustand *b* treffen die Pfade mit den Metriken 2 und 3 aufeinander, und in den Zuständen *c* und *d* sind die Metriken jeweils 1 und 6 bzw. 2 und 3. Im 5. Schritt laufen in den Zuständen *b* und *d* jeweils zwei Pfade mit der Hamming-Distanz 3 zusammen. In Beispiel wird jeweils der obere Pfad ausgewählt.

Wird der Algorithmus nach dem 6. Schritt abgebrochen, so existiert ein Pfad mit der kleinsten Hamming-Distanz 2. Dieser Pfad ist besonders hervorgehoben und gehört zu der vom Decodierer bestimmten Codefolge $\hat{\mathbf{v}}$. Tatsächlich entspricht der Pfad der gesendeten Codefolge, sodass die zwei Bitfehler in der Empfangsfolge korrigiert werden konnten. Man beachte auch, dass die durch den Viterbi-Algorithmus bestimmte Hamming-Distanz die Zahl der Bitfehler angibt. Diese Information kann als Qualitätsparameter des Übertragungssystems verwendet werden.

Prinzipiell erzeugt ein Faltungscode eine unendlich lange Codefolge. Aus praktischen Gesichtspunkten heraus wird die Länge der Codefolge begrenzt, indem an das Ende der Informationssequenz $k \cdot m$ Nullen angefügt werden. Dies bezeichnet man als *Terminierung*. Durch die Terminierung sind die Schieberegister des Codierers am Ende der Informationssequenz alle

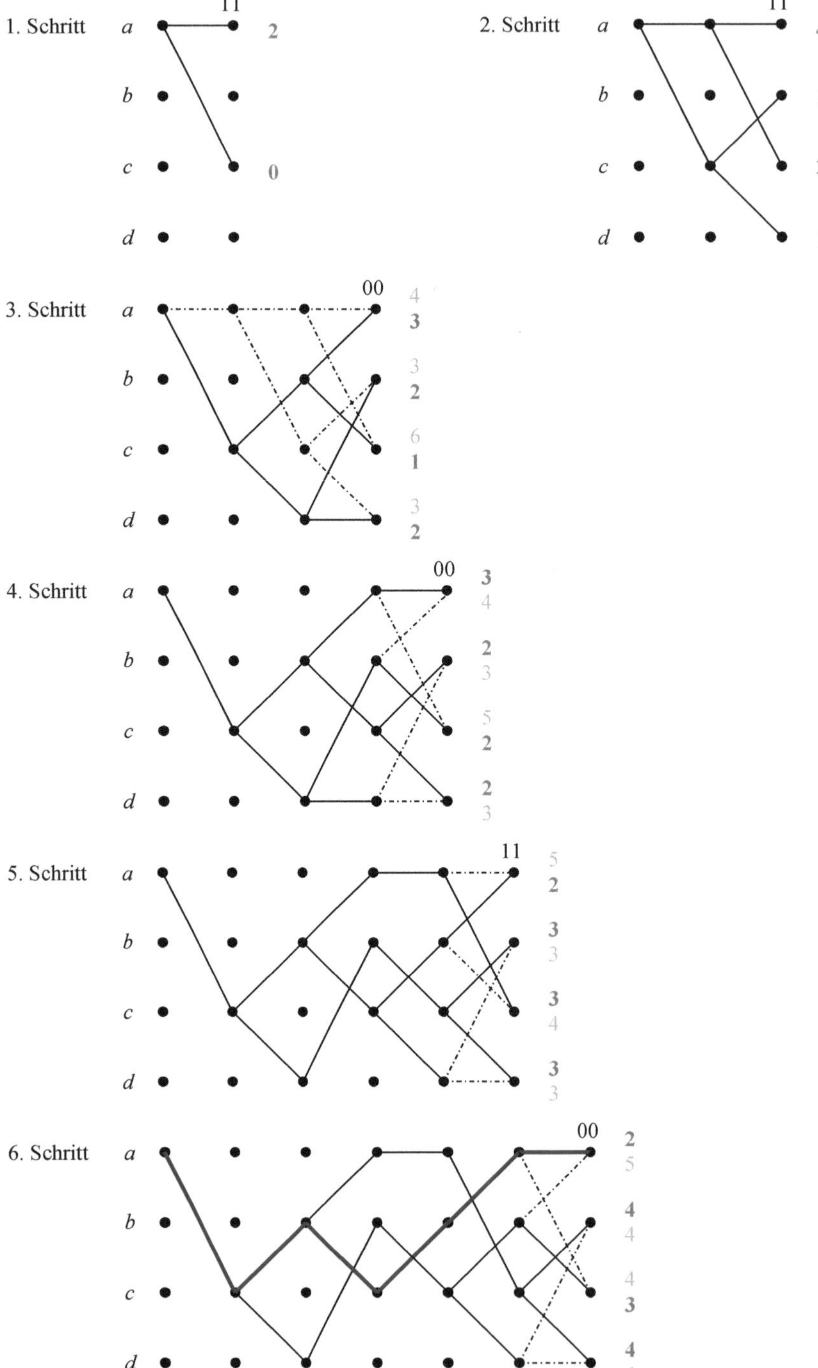

Bild 7.20 Beispiel zum Viterbi-Algorithmus

mit null belegt, und der Codierer befindet sich wieder im Anfangszustand. Für den Viterbi-Algorithmus in unserem Beispiel bedeutet dies, dass am Ende nur einer von zwei Pfaden, die im Zustand a zusammentreffen, ausgewählt werden muss. Dies hat den Vorteil, dass auch die letzten Bits der Informationsfolge gut geschützt sind.

Wir hatten eingangs erwähnt, dass die Korrekturfähigkeit eines Faltungscodes mit der Gedächtnisordnung m steigt. Allerdings steigt mit m auch die Komplexität des Viterbi-Algorithmus. Da 2^m Zustände existieren, müssen in jedem Schritt $2 \cdot 2^m$ Metriken bestimmt und verglichen werden.

7.3.3 Decodierung mit/ohne Zuverlässigkeitsinformation

Für die Korrekturfähigkeit eines Faltungscodes ist die freie Distanz ein entscheidendes Maß. Die freie Distanz d_{free} ist die kleinste Hamming-Distanz zweier verschiedener gültiger Codefolgen $\mathbf{v}$ und $\mathbf{w}$, also:

$$d_{\text{free}} = \min_{\mathbf{v} \neq \mathbf{w}} \{d(\mathbf{v}, \mathbf{w})\} \tag{7.40}$$

Da ein Faltungscode linear und die Nullfolge eine gültige Codefolge ist, folgt analog zu Gl. (7.12):

$$d_{\text{free}} = \min_{\mathbf{v} \neq \mathbf{w}} \{w(\mathbf{v} + \mathbf{w})\} = \min_{\mathbf{v} \neq \mathbf{0}} \{w(\mathbf{v})\} \tag{7.41}$$

Die freie Distanz ist also gleich dem minimalen Gewicht einer Codefolge ungleich der Nullfolge. Für den (2, 1, 2)-Faltungscodierer erhalten wir beispielsweise für die Eingangsfolge $\mathbf{u} = (\ldots 001000 \ldots)$ aus dem Trellisdiagrammm Bild 7.15 die Codefolge $\mathbf{v} = (\ldots 00\ 00\ 11\ 10\ 11\ 00 \ldots)$ mit dem Gewicht $w(\mathbf{v}) = 5$. Es gibt keine Codefolge mit einem geringeren Gewicht, d. h., für die freie Distanz dieses Codes gilt $d_{\text{free}} = 5$.

Der Codiergewinn eines Faltungscodes hängt von der freien Distanz und der Coderate ab. Liefert der Entscheider des Übertragungssystems binäre Symbole, so trifft er eine „harte" Entscheidung (engl.: hard-decision). In diesem Fall beträgt der Codiergewinn (in dB):

$$G = 10 \lg\left(\frac{R_c\, d_{\text{free}}}{2}\right) \tag{7.42}$$

Dies wird auch als asymptotischer Gewinn bezeichnet, der unter der Voraussetzung eines großen Signal-Rausch-Verhältnisses erreicht wird. Der real erzielbare Codiergewinn ist in der Regel etwas geringer als der durch Gl. (7.42) gegebene Wert.

Bild 7.21 zeigt die bedingten Wahrscheinlichkeitsdichtefunktionen am Entscheidereingang bei binärer Übertragung und additivem gaußschen Rauschen. Dies entspricht Bild 5.19 im Falle der Basisbandübertragung und Bild 6.53 im Falle der binären Phasenumtastung. Im oben betrachteten Fall einer harten Entscheidung liefert der Entscheider den Wert 0 oder 1. In Bild 7.21 ist nun der Fall einer „weichen" Entscheidung (engl.: soft-decision) gezeigt. Der Entscheider liefert je nach Wert des Eingangssignals im Abtastzeitpunkt (willkürlich gewählte) Werte zwischen 0 und 7. Dabei entspricht ein Wert von 7 einer zuverlässigen 1 und ein Wert von 4 einer unsicheren 1. Der Entscheider liefert also eine Zuverlässigkeitsinformation. Diese Zuverlässigkeitsinformation kann durch den Viterbi-Decodierer ausgewertet werden. Er verwendet dann als Metrik die euklidische Distanz.

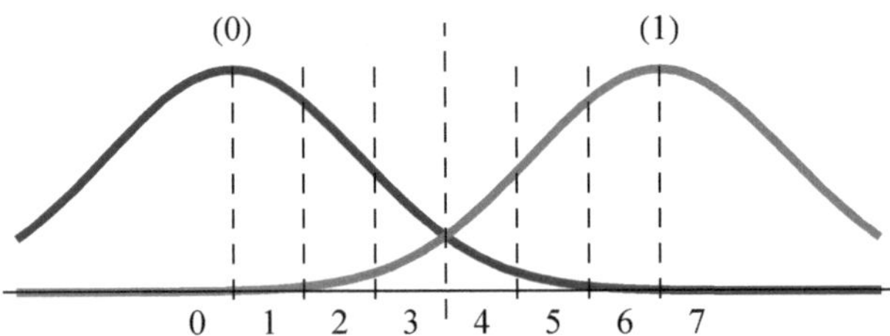

Bild 7.21 Wahrscheinlichkeitsdichtefunktionen am Entscheidereingang und Ausgangswerte des Entscheiders mit Zuverlässigkeitsinformation

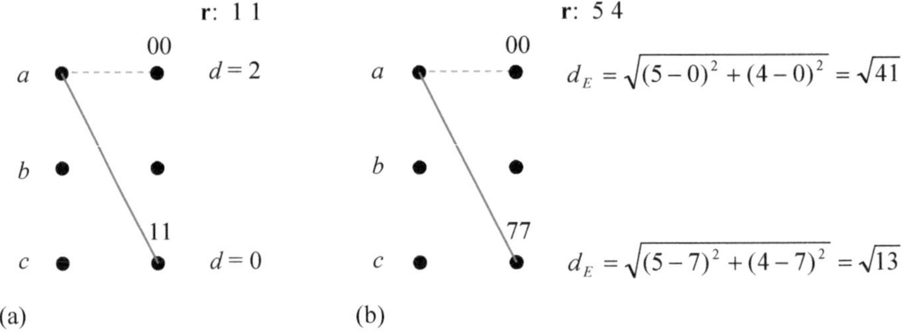

Bild 7.22 Metrik bei (a) Hard-Decision und (b) Soft-Decision

Bild 7.22 vergleicht die Metrik bei Hard-Decision und bei Soft-Decision. Im ersten Fall liefert der Entscheider z. B. die beiden binären Werte 1 1, und die Metrik ist die Hamming-Distanz d zu den getesteten Codefolgen. Im zweiten Fall nehmen wir an, dass der Entscheider die beiden Werte 5 und 4 liefert. Die euklidische Distanz d_E zu 0 0 ist $\sqrt{41}$, während zu 1 1 $\cong$ 7 7 der Abstand $\sqrt{13}$ beträgt. Der Viterbi-Algorithmus addiert die Metrik wie zuvor auf und behält die Pfade mit der besseren Metrik, also dem kleineren Abstand, bei.

Durch die Verwendung der Zuverlässigkeitsinformation ist ein größerer Codiergewinn möglich. Er beträgt im Grenzfall

$$G = 10\,\lg(R_c\, d_{\text{free}}) \tag{7.43}$$

ist also um bis zu 3 dB größer als bei der Decodierung ohne Zuverlässigkeitsinformation. Real ist eine Verbesserung des Codiergewinns von ca. 2,5 dB möglich. Tabelle 7.10 gibt die freie Distanz und den asymptotischen Codiergewinn für einige Faltungscodes an.

Bild 7.23 zeigt die per Simulation ermittelte Bitfehlerwahrscheinlichkeit für den (2, 1, 2)-Faltungscode und Viterbi-Decodierung. Mit Soft-Decision-Decodierung lässt sich wie erwartet ein deutlich größerer Codiergewinn erzielen als mit Hard-Decision-Decodierung. Zum Vergleich ist die Bitfehlerwahrscheinlichkeit für BPSK uncodiert ebenfalls in Bild 7.23 enthalten.

Tabelle 7.10 Freie Distanz und Codiergewinn für einige Faltungscodes

R_c	n	k	v	d_{free}	$R_c\,d_{free}$
1/4	4	1	3	13	3,25 (5,12 dB)
1/3	3	1	3	10	3,33 (5,23 dB)
1/2	2	1	2	5	2,50 (3,98 dB)
1/2	2	1	3	6	3,00 (4,77 dB)
1/2	2	1	9	12	6,00 (7,78 dB)
2/3	3	2	6	7	4,67 (6,69 dB)
3/4	4	3	9	8	6,00 (7,78 dB)

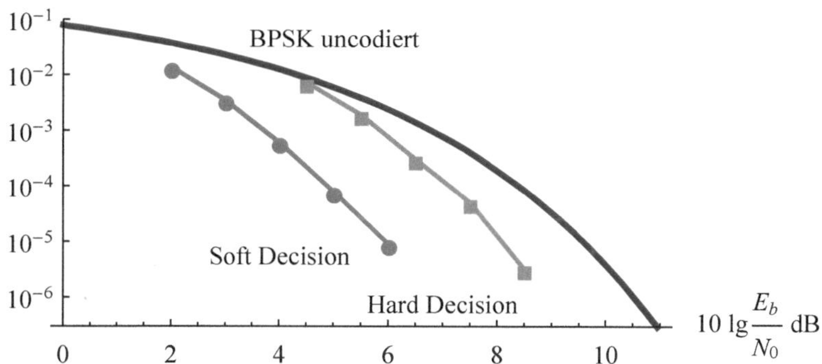

Bild 7.23 Bitfehlerwahrscheinlichkeit für den (2, 1, 2)-Faltungscode bei Soft-Decision und Hard-Decision Viterbi-Decodierung

7.4 Interleaving

Bestimmte Fehlerursachen, wie z. B. Impulsstörungen oder kurzzeitige Signaleinbrüche, führen zu Fehlerbursts, die aus mehreren dicht aufeinander folgenden Bitfehlern bestehen. Solche Fehlerbursts können unter Umständen nicht mehr von der Kanalcodierung korrigiert werden. Durch Verschachteln oder Interleaving der Codeworte bzw. der Codefolge werden Fehlerbursts über einen größeren Bereich verteilt und somit die Korrekturfähigkeit verbessert.

Ein *Blockinterleaver* (Bild 7.24) besteht aus einer Interleavermatrix mit N Spalten und M Zeilen. Das Interleaving erfolgt in der Regel byteweise, d. h., ein Feld der Matrix entspricht einem Byte. Der Deinterleaver besteht entsprechend aus einer Matrix mit M Spalten und N Zeilen.

Bild 7.25 zeigt in der Mitte die gesendete Folge für den Interleaver aus Bild 7.24. Durch den Interleaver liegen zuvor benachbarte Bytes um die Zahl der Zeilen, also M, auseinander. Diese Zahl bezeichnet man auch als Interleavingtiefe I. Werden aufgrund eines Fehlerbursts mehrere benachbarte Bytes gestört, so verteilen sich diese nach dem Deinterleaver über eine größere Anzahl von Bytes (Bild 7.25 unten). Die Interleavingtiefe muss in Abhängigkeit von der zu erwartenden Länge eines Fehlerbursts und der Codewortlänge so gewählt werden, dass die

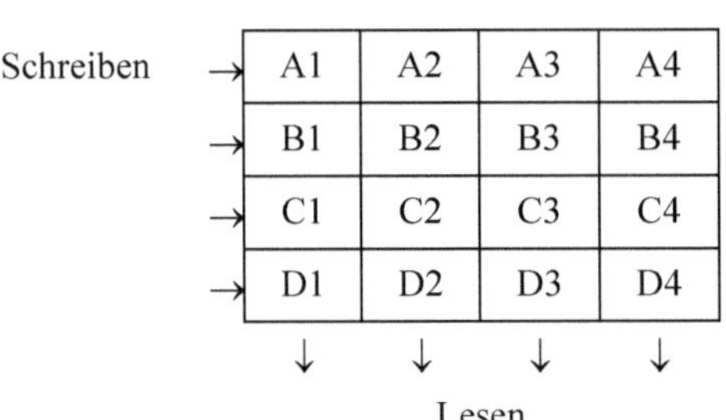

Bild 7.24 Prinzip des Blockinterleavers

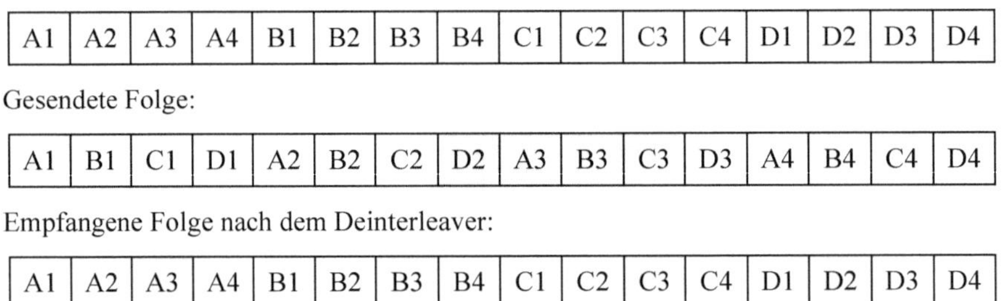

Bild 7.25 Verteilung eines Fehlerbursts (graue Felder) durch Interleaving

Fehler weit genug auseinander liegen und korrigiert werden können. Ein Nachteil des Interleavings ist die damit verbundene Verzögerung. Sie beträgt mit der Bytedauer T etwa $2\,M\,N\,T$ einschließlich des Deinterleaving.

Der Blockinterleaver hat den Nachteil eines hohen Speicherbedarfs, und er erfordert Maßnahmen zur Synchronisation des Interleavers und des Deinterleavers. Diese Nachteile werden durch den in Bild 7.26 gezeigten *Faltungsinterleaver* umgangen. Ein Faltungsinterleaver der Tiefe I besitzt I Eingänge, auf die die Eingangsfolge aufgeteilt wird, und besteht aus Schieberegistern der Länge $1, 2, \ldots, I-1$. Mit jedem Eingangsbyte werden die Schalter auf den nächsten Ein- bzw. Ausgang umgestellt. Nach Erreichen des untersten Zweiges wird der Vorgang beim obersten Zweig wieder fortgesetzt.

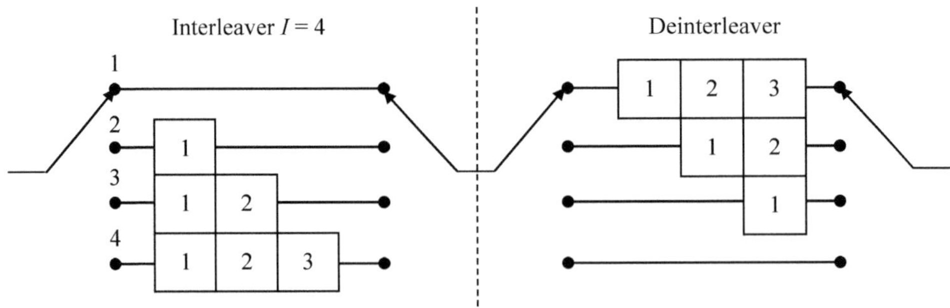

Bild 7.26 Prinzip des Faltungsinterleavers

A1	0	0	0	B1	A2	0	0	C1	B2	A3	0	D1	C2	B3	A4

0	D2	C3	B4	0	0	D3	C4	0	0	0	0

Bild 7.27 Gesendete Folge des Faltungsinterleavers

Die Arbeitsweise macht man sich am besten klar, indem man in Bild 7.27 die Sendefolge am Ausgang des Interleavers betrachtet, die für die Eingangsfolge in Bild 7.25 oben erzeugt wird. Dabei wurde angenommen, dass zu Beginn alle Register mit 0 initialisiert wurden und dass die nach D4 folgenden Bytes ebenfalls 0 sind. Nach dem Interleaving liegen zwischen zuvor benachbarten Bytes I weitere Bytes. Die Verzögerung durch den Faltungsinterleaver (einschließlich des Deinterleavers) beträgt $I\,(I-1)\,T$.

Beispiel 7.7 Fehlerschutz bei DVB-S

Bild 7.28 zeigt die für den Fehlerschutz relevanten Teile eines DVB-S-Übertragungssystems (siehe auch Beispiel 6.4). Da es sich bei der Satellitenstrecke um einen stark gestörten Kanal handelt, werden sowohl ein Blockcode als auch ein Faltungscode eingesetzt. Man spricht von verketteten Codes und (vom Kanal aus gesehen) von einem inneren und einem äußeren Code. Der innere Code ist ein Faltungscode mit der Coderate 1/2, und der äußere Code ist ein Reed-Solomon-Blockcode. Zwischen den Codes befindet sich ein Faltungsinterleaver [50].

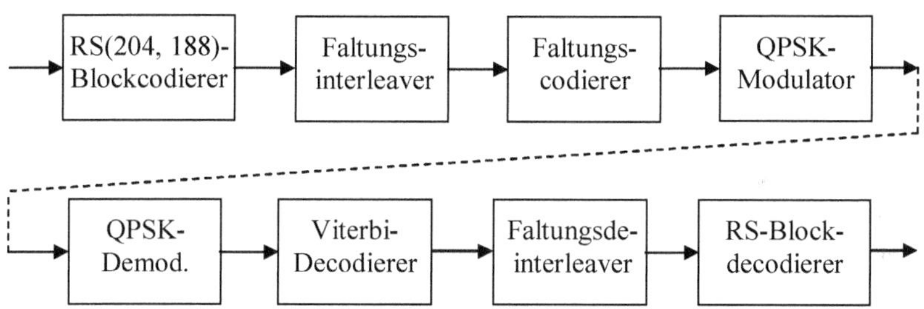

Bild 7.28 Blockschaltbild des DVB-S-Übertragungssystems

Bei dem Reed-Solomon-Code handelt es sich um einen RS(204, 188)-Code, der durch Verkürzen aus dem RS(255, 239)-Code hervorgeht. Ein Codewort besteht aus 188 Datenbytes und 16 Redundanzbytes und enthält damit genau ein MPEG-TS-Paket (Bild 6.62). Der Code kann bis zu 8 fehlerhafte Bytes pro Codewort korrigieren.

Der Interleaver ist ein Faltungsinterleaver der Tiefe $I = 12$. Er arbeitet mit Symbolen von 17 byte, d. h., in die Schieberegister werden jeweils Blöcke von 17 byte ein- und ausgelesen. Durch das Interleaving werden zwischen zuvor benachbarten Blöcken $17 \cdot 12 = 204$ byte eingefügt, sodass ein Fehlerburst auf verschiedene RS-Codewörter verteilt wird.

Der Faltungscode ist ein Code mit der Gedächtnisordnung $m = 6$ und den Generatorpolynomen 171 und 133 (oktal). Aus der Basisrate $R_c = 1/2$ können durch Punktierung Codes mit den Raten 2/3, 3/4, 5/6 und 7/8 erzeugt werden.

Der DVB-Standard fordert eine Bitfehlerwahrscheinlichkeit kleiner 10^{-11} nach dem RS-Decodierer. Dies wird als quasifehlerfrei bezeichnet und entspricht bei einer Nutzbitrate von 30 Mbit/s etwa einem Bitfehler pro Stunde. Dafür ist nach dem Viterbi-Decodierer eine Bitfehlerwahrscheinlichkeit kleiner als $2 \cdot 10^{-4}$ erforderlich. Bei uncodierter Übertragung mit QPSK-Modulation würde dafür ein Signal-Rausch-Abstand pro Bit von ca. $10\,\lg(E_b/N_0) \approx 8$ dB benötigt. Durch den Faltungscode wird diese Fehlerwahrscheinlichkeit bei ca. 3,3 dB erreicht, entsprechend einem Codiergewinn von 4,7 dB. Mit der Coderate $R_c = 1/2$ und der freien Distanz $d_{\text{free}} = 10$ ergibt sich für den Faltungscode nach Gl. (7.43) ein asymptotischer Codiergewinn von 6,99 dB.

Bei DVB-S beträgt gemäß Beispiel 6.4 die Bruttobitrate 48,89 Mbit/s bei einer Kanalbandbreite von 33 MHz. Die Nettobitrate erhält man durch Multiplikation mit den Coderaten des RS-Codes und des Faltungscodes. Je nach Coderate liegt die Nettobitrate im Bereich

$$48{,}89\,\text{Mbit/s}\,\frac{188}{204}\,\frac{1}{2} \leq r_b \leq 48{,}89\,\text{Mbit/s}\,\frac{188}{204}\,\frac{7}{8}$$

also zwischen 22,53 Mbit/s und 39,42 Mbit/s. Bei der zweiten Generation DVB-S2 wurde durch höherstufige Modulationsverfahren im Kombination mit einer effizienteren Kanalcodierung die Nettobitrate um durchschnittlich ca. 30 % erhöht [53]. Der Fehlerschutz besteht bei DVB-S2 ebenfalls aus zwei verketteten Codes, mit einem LDPC-Code (siehe nächster Abschnitt) als innerer Code und einem BCH-Code als äußerer Code. Die Blocklänge wurde drastisch erhöht auf 64800 bit als Standardwert oder 16200 bit für zeitkritische Anwendungen. Die Coderate bewegt sich im Bereich 1/4 bis 9/10. ■

7.5 Turbo-Codes und LDPC-Codes

Während mit der seriellen Verkettung von Codes wie in Beispiel 7.7 beschrieben sehr gute Ergebnisse erzielt wurden, basieren Turbo-Codes auf der parallelen Verkettung einfacher Faltungscodes. Mit diesen seit 1993 bekannten Codes sind überraschend große Codiergewinne bis dicht an die Shannon-Grenze möglich. Bild 7.29 zeigt das Prinzip der parallelen Verkettung von Faltungscodes, das den Turbo-Codes zugrunde liegt.

Die Codierer 1 und 2 sind meist zwei identische rekursive Faltungscodierer. Bei einem rekursiven Faltungscodierer werden die Werte der Schieberegister über modulo-2-Addierer zurückgeführt und wieder in die Schieberegister eingespeist. Die in Abschnitt 7.3.1 besprochenen Codierer sind dagegen nichtrekursive Faltungscodierer. Zwischen den Codierern befindet sich ein Interleaver, dessen Blocklänge in der Regel mehrere tausend Bit beträgt.

Die Decodierung erfolgt über einen Soft-Input-Soft-Output (SISO)-Decodierer in mehrerern Iterationen. Das stark vereinfachte Prinzip zeigt Bild 7.30. Ein Soft-Output-Decodierer liefert am Ausgang zusätzlich eine Information über die Zuverlässigkeit der decodierten Bits, diese wird als Log-Likelihood Ratio (LLR) bezeichnet. Ein Soft-Input-Decodierer kann diese Information für die Decodierung verwenden, ähnlich wie in Abschnitt 7.3.3 beschrieben.

In der Verbindung mit der SISO-Decodierung über mehrere Iterationen werden mit Turbo-Codes sehr gute Ergbenisse erzielt, obwohl die einzelnen Faltungscodes dies so nicht erwarten

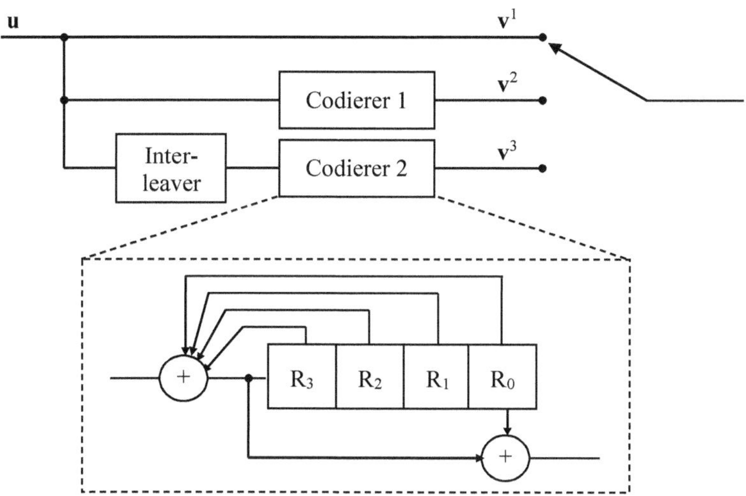

Bild 7.29 Prinzip des Turbocodierers

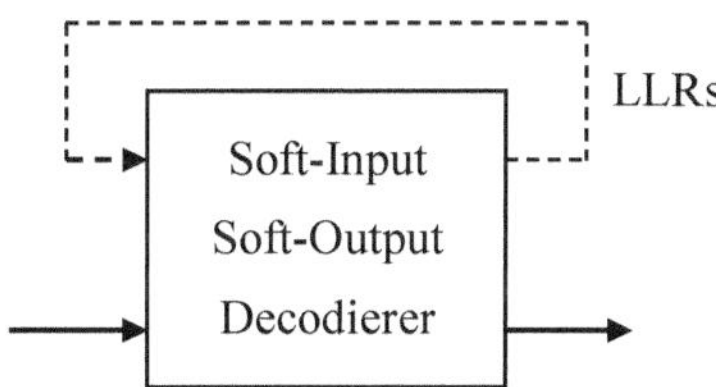

Bild 7.30 Prinzip der iterativen Decodierung

lassen. Der in Bild 7.29 gezeigte Codierer hat die Coderate 1/3. Durch eine optionale Punktierung am Ausgang lassen sich größere Coderaten einstellen. Bei der Rate 1/2 benötigt dieser Code ein Signal-Rausch-Verhältnis von $E_b/N_0 \cong 0{,}7$ dB für eine Bitfehlerwahrscheinlichkeit von 10^{-5} bei einer Interleaver-Blocklänge von 65536 bit. Im Vergleich zu BPSK uncodiert entspricht dies einem Codiergewinn von 8,9 dB.

Turbo-Codes haben zwei Nachteile: Sie sind aufgrund der großen Interleaver-Blocklänge und der iterativen Decodierung mit einer großen Verzögerung verbunden, und unterhalb von Bitfehlerhäufigkeiten von ca. 10^{-5} flacht die Fehlerkurve ab. Aufgrund der großen Verzögerung sind sie nicht gut für Echtzeitdienste geeignet. Das Abflachen der Fehlerkurve heißt, dass die Bitfehlerhäufigkeit bei zunehmendem E_b/N_0 nur noch geringfügig weiter fällt, man spricht von einem „Error Floor“. Um die verbleibenden Bitfehler zu korrigieren, kann ein Turbo-Code mit einem äußeren Code kombiniert werden.

Aufgrund dieser Nachteile stehen Turbo-Codes daher in Konkurrenz zu *Low Density Parity Check* (LDPC)-Codes, die ähnlich gute Ergebnisse nahe der Shannon-Grenze erzielen. LDPC-Codes sind seit Anfang der 1960er-Jahre bekannt. Sie wurden aber erst über 30 Jahre später wiederentdeckt, und ihre Decodierung wurde technisch machbar. LDPC-Codes gehören zur Klasse der linearen Blockcodes, die durch eine Prüfmatrix **H** spezifiziert werden. **H** ist eine dünn besetzte Matrix, d. h., sie enthält nur wenige 1-Elemente. Die Blocklänge beträgt auch hier in der Regel mehrere tausend Bit. Wie bei den Turbo-Codes flacht auch die Fehlerkurve der LDPC-Codes ab, d. h., es bildet sich ein „Error Floor“ aus, allerdings erst bei deutlich niedrigeren Fehlerhäufigkeiten. Zur Decodierung sind sowohl weniger aufwändige Hard-Decision- als auch Soft-Decision-Decodierer bekannt. Die besten Ergebnisse werden mit dem iterativen Sum-Product-Algorithmus erzielt, bei dem ähnlich wie in Bild 7.30 das Log-Likelihood Ratio als Maß für die Zuverlässigkeit der decodierten Bits verwendet wird.

7.6 Weiterführende Hinweise

Die bahnbrechenden Arbeiten von Shannon erschienen 1948 und 1949 [34], [35]. Die Bedeutung der Informationstheorie und der Arbeit von Shannon sowie der historische Kontext wird in [17] aufgezeigt. Shannon erfand auch Jongliermaschinen, einen Computer für Vorhersagen beim Roulette und eine Maus, die selbstständig den Weg aus einem Labyrinth fand. Angeblich stand auf seinem Schreibtisch die ultimative Maschine: Eine kleine Holzkiste mit nur einem Schalter. Legte man den Schalter um, so öffnete sich der Deckel, eine Hand erschien und legte den Schalter wieder um.[5]

Eine umfassende Behandlung von Block- und Faltungscodes und deren Decodierung sowie von Turbo-Codes und LDPC-Codes findet sich in [16]. Hier findet man auch umfangreiche Tabellen von bekannten Codes mit guten Korrektureigenschaften. Auch die Lehrbücher [29] und [36] widmen sich dem Thema ausführlich. Faltungscodes werden in [44] behandelt, und einen Blick auf die historische Entwicklung der Kanalcodierung wirft [5]. Neben den Block- und den Faltungscodes gibt es noch die *trelliscodierte Modulation.* Dabei wird die für die Fehlerkorrektur benötigte Redundanzinformation über die Erweiterung der Signalraumkonstellation gewonnen [40]. Beispielsweise wird beim Übergang von QPSK auf 8-PSK (Bild 6.33) ausgenutzt, dass gegenüberliegende Punkte im Signalraum zuverlässiger unterschieden werden können als benachbarte Punkte.

Die Maximum-Likelihood-Decodierung (MLD) mithilfe des Viterbi-Algorithmus findet diejenige Codefolge $\mathbf{v}$, für die die bedingte Wahrscheinlichkeit $P(\mathbf{r}\,|\,\mathbf{v})$ maximal wird. Anders ausgedrückt, wird die Wahrscheinlichkeit $P(\hat{\mathbf{v}} \neq \mathbf{v}\,|\,\mathbf{r})$, dass es sich nicht um die gesendete Folge handelt, minimiert. Damit wird die Wahrscheinlichkeit für eine falsche Code*folge* minimiert. Ein anderes Kriterium ist die Minimierung der Bitfehlerwahrscheinlichkeit $P(\hat{u}_i \neq u_i\,|\,\mathbf{r})$, d. h. der Wahrscheinlichkeit, dass das decodierte Bit $\hat{u}_i$ ungleich dem gesendeten Bit u_i ist. Dies entspricht der Maximierung von $P(\hat{u}_i = u_i\,|\,\mathbf{r})$. Ein Decoder, der $P(\hat{u}_i = u_i\,|\,\mathbf{r})$ maximiert, wird als Maximum a Posteriori (MAP) Decoder bezeichnet. Der BJCR (Bahl, Cocke, Jelinek, Raviv)-Algorithmus ist ein MAP-Decoder für Block- und Faltungscodes [16]. Der rechnerische Aufwand ist größer als beim Viterbi-Algrithmus, der im Falle gleichwahrscheinlicher Informationsbits auch die Bitfehlerwahrscheinlichkeit minimiert.

Zum Schluss noch ein kurzer Blick in die unendlichen Weiten des Weltraumes: Der Standard-Code der NASA und der ESA für Weltraummissionen besteht aus einem (2, 1, 6)-Faltungscode als innerer Code, verkettet mit einem (255, 223)-Reed-Solomon-Code als äußerer Code. Der Faltungscode benötigt einen Viterbi-Decodierer mit $2^6 = 64$ Zuständen. Die Coderate beträgt 0,437 und es wird ein Signal-Rausch-Verhältnis von $E_b/N_0 \cong 2{,}3$ dB für eine Bitfehlerwahr-

[5] Sonderausstellung „Codes & Clowns", Heinz Nixdorf MuseumsForum, Paderborn, 2009.

scheinlichkeit von 10^{-5} benötigt, was einem Codiergewinn von 7,3 dB bezogen auf BPSK uncodiert entspricht. Neuere Standards sehen auch Turbo-Codes und LDPC-Codes vor [5].

7.7 Übungsaufgaben

7.1 Ein Übertragungssystem verwendet einen (7, 4)-Hamming-Code zur Fehlerkorrektur. Die zugehörige Prüfmatrix ist in Gl. (7.23) und die Syndrom-Tabelle ist in Tabelle 7.10 gegeben. Der Empfänger empfängt das Codewort $\mathbf{r} = (0\,1\,0\,0\,0\,0\,1)$.

a) Berechnen Sie das Syndrom.

b) Enthält das Codewort Bitfehler?

c) Wie lautet das decodierte und gegebenenfalls korrigierte Datenwort?

7.2 Gegeben sind die zwei Codewörter (1 0 0 1 0 0 1 0) und (1 1 0 0 0 1 1 1) eines linearen Blockcodes.

a) Wie groß ist die Hamming-Distanz der beiden Codewörter?

b) Geben Sie die Codewort-Polynome an.

7.3 Ein Übertragungssystem verwendet einen systematischen (15, 7)-BCH-Code (Tabelle 7.6). Berechnen Sie das Codewortpolynom $\mathbf{v}(x)$ für das Datenwortpolynom $\mathbf{u}(x) = 1 + x + x^6$. Geben Sie das Codewort auch als Vektor an.

7.4 Wir betrachten den (3, 1, 2)-Faltungscodierer aus Bild 7.30.

a) Entwerfen Sie das Zustandsdiagramm für diesen Code.

b) Der Codierer befinde sich im Zustand c, d. h., der Inhalt von R_1 ist 1 und der Inhalt von R_0 ist 0. Wie lautet die Codefolge für die Eingangsfolge $\mathbf{u} = (1\,1\,0\,0)$?

c) Wie groß ist die freie Distanz für diesen Code?

8 Kommunikationsnetze

Ein Kommunikationsnetz besteht aus Übertragungssystemen, Vermittlungseinrichtungen und Endgeräten. Die in den vorangegangenen Kapiteln behandelte Übertragungstechnik ist die Grundlage eines Netzes, indem sie die Funktionen zur Bitübertragung bereitstellt. Die Übertragungssysteme im Kernbereich des Netzes bezeichnet man als Transportnetz. Der Teil des Netzes von der letzten Vermittlungseinrichtung bis zum Teilnehmeranschluss wird als Anschluss- oder Teilnehmernetz bezeichnet (die „Last Mile" im englischen Sprachgebrauch). Die Vermittlungseinrichtungen haben die Aufgabe, zwischen Endgeräten, die miteinander kommunizieren wollen, einen Übertragungsweg bereitzustellen.

8.1 Das OSI-Referenzmodell

Das OSI (Open System Interconnection)-Modell beschreibt ein offenes Kommunikationssystem für den Datenaustausch zwischen Computern. Es wurde von der ISO (International Standards Organisation) entwickelt und stammt aus dem Jahr 1984. Kern des OSI-Modells ist die Gliederung eines Kommunikationssystems in sieben Schichten. Tabelle 8.1 zählt diese Schichten auf und enthält eine kurze Funktionsbeschreibung.

Tabelle 8.1 Die sieben Schichten des OSI-Referenzmodells

Schicht	Bezeichnung	Funktion
7	Anwendungsschicht (Application Layer)	Anwendung, Quelle und Senke für Datentransfer
6	Darstellungsschicht (Presentation Layer)	Übersetzung in ein Standardformat (z. B. Konvertierung eines Zeichensatzes)
5	Steuerungsschicht (Session Layer)	Steuerung der Kommunikation (z. B. Beginn/Ende, Dialog-Synchronisation)
4	Transportschicht (Transport Layer)	Auf- und Abbau logischer Verbindungen, Flusskontrolle, Ende-zu-Ende-Fehlerbehandlung
3	Netzwerkschicht (Network Layer)	Vermittlungsfunktionen, Routing
2	Sicherungsschicht (Data Link Layer)	Flusskontrolle, Fehlerbehandlung für eine Übertragungsstrecke
1	Bitübertragung (Physical Layer)	Anpassung an das physikalische Medium (z. B. Modulation, elektrisch/optische Wandlung)

Obwohl heutige Netze sich nicht exakt am OSI-Modell orientieren und OSI-Protokolle keine weite Verbreitung gefunden haben, stellen die Unterteilung in Schichten und die damit verbundenen Begriffe und Definitionen eine gemeinsame Basis für Kommunikationsnetze dar.

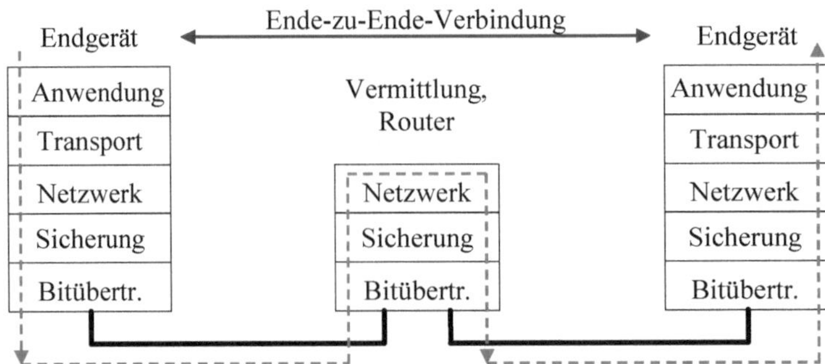

Bild 8.1 Informationsfluss im Schichtenmodell

Bild 8.1 zeigt zwei Endgeräte im Schichtenmodell, die über einen Vermittlungsknoten oder einen Router verbunden sind. Im sendenden System erfolgt der Informationsfluss von oben nach unten, d. h. von Schicht n zur darunter liegenden Schicht $n-1$ bis zur physikalischen Schicht. Die physikalische Schicht sorgt für die Bitübertragung zum empfangenden System. Dort geht der Informationsfluss von unten nach oben, d. h. von Schicht n zur nächsthöheren Schicht $n+1$ bis zur Anwendung. Im Netz in den Vermittlungsknoten sind die Schichten 1 bis 3 implementiert, während in den Endgeräten die Schichten 1 bis 7 zu finden sind. Die den Schichten 4 bis 7 zugeordneten Protokolle bezeichnet man auch als Ende-zu-Ende-Protokolle, da sie in den Endpunkten der Verbindung implementiert sind.

Die Schichten eines Kommunikationssystems bilden den Rahmen für die Definition von Protokollen, mit denen die Funktionen der Schichten realisiert werden. Man spricht in diesem Zusammenhang auch allgemein von einem *Protokollreferenzmodell.* Vergleicht man Bild 8.1 mit Tabelle 8.1, so stellt man fest, dass die Funktionen der Endgeräte in nur fünf Schichten unterteilt sind. Die Schichten 5 und 6 sind in Bild 8.1 nicht enthalten. Diese Schichten werden meist nicht separat realisiert, sondern deren Funktionen werden oft in Schicht 7 integriert. Dabei orientiert sich Bild 8.1 an der Internet- oder TCP/IP-Protokollarchitektur. Dort finden wir das Internet Protocol (IP) in Schicht 3 und das Transmission Control Protocol (TCP) in Schicht 4. Auf der Schicht 4 sitzen direkt die Anwendungen auf, beispielsweise das Hypertext Transfer Protocol (HTTP) als Grundlage des World Wide Web (WWW).

Bild 8.2 zeigt ein detaillierteres Modell der Kommunikation zwischen den Schichten eines Protokollreferenzmodells. Die einzelnen Schichten sind über einen *Service Access Point* (SAP) verbunden. Die Informationseinheit, die eine Schicht mit der darunter bzw. darüber liegenden Schicht austauscht, wird *Service Data Unit* (SDU) genannt. Als *Protocol Data Unit* (PDU) bezeichnet man die Daten, die Schichten der gleichen Ebene untereinander austauschen. In der Internet-Protokollarchitektur ist beispielsweise eine Schicht-3-PDU ein IP-Paket.

Der prinzipielle Aufbau einer PDU ist in Bild 8.3 gezeigt. Eine Schicht empfängt von der darüber liegenden Schicht eine SDU. Sie fügt der SDU weitere Daten, die zur Erbringung ihres Dienstes erforderlich sind, hinzu. Dabei kann es sich z. B. um eine Adresse, eine Sequenznummer oder einen fehlererkennenden Code handeln. Werden die zusätzlichen Daten der SDU vorangestellt, so spricht man von einem *Header,* werden sie am Ende angefügt, von einem *Trailer.* Neben dem Header und dem Trailer besteht die PDU aus dem Nutzdatenfeld (engl.: payload), in dem die SDU transportiert wird. Im Empfänger werden Header und Trailer ausge-

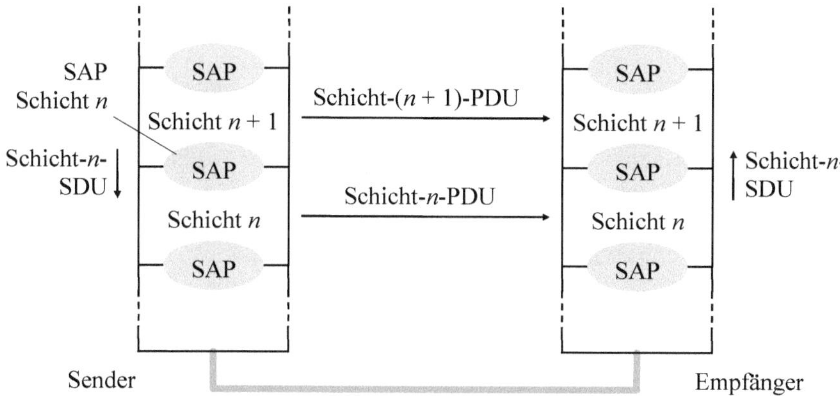

Bild 8.2 Kommunikation im Protokollreferenzmodell

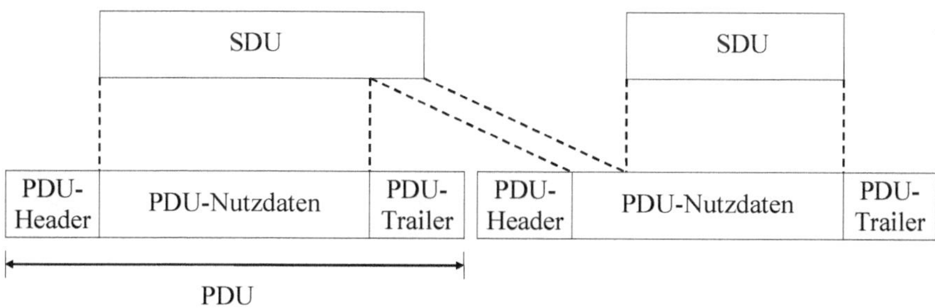

Bild 8.3 Prinzipielle Struktur einer Protocol Data Unit (PDU)

wertet und entfernt, sodass die Nutzdaten als SDU an die nächsthöhere Schicht weitergegeben werden können.

Wie in Bild 8.3 dargestellt, kann eine SDU auf mehrere PDUs aufgeteilt werden. Man bezeichnet dies als Segmentieren oder auch Fragmentieren. Eine Segmentierung wird erforderlich, wenn die zu übertragende SDU die maximal zulässige Größe der PDU übersteigt. Eine segmentierte SDU muss im Empfänger wieder zusammengesetzt werden, bevor sie an die nächsthöhere Schicht weitergegeben werden kann.

Die Gliederung eines Kommunikationssystems in Schichten bietet eine Reihe von Vorteilen. Zunächst wird ein sehr komplexes System in mehrere Teilsysteme unterteilt, indem ein Protokoll der Schicht n unabhängig von den Protokollen der Schichten $n + 1$ und $n - 1$ arbeitet. Da die Kommunikation der Schichten untereinander über die SAPs definiert ist, kann ein Schicht-n-Protokoll auf vielen verschiedenen Schicht-($n - 1$)-Protokollen aufsetzen. So ist es beispielsweise möglich, IP-Pakete der Schicht 3 über die verschiedensten Systeme der Schichten 1 und 2 (z. B. DSL, WLAN, Satellit) zu übertragen. Durch die Unabhängigkeit der Schichten kann die Protokollarchitektur nach Bedarf ergänzt werden, ohne dass bestehende Protokolle anderer Schichten geändert werden müssen.

8.2 Mehrfachzugriffsverfahren

Während man bei einem Übertragungssystem mit einem Sender und einem Empfänger von einer Punkt-zu-Punkt-Übertragung spricht, greifen in vielen Kommunikationsnetzen mehrere Sender auf ein gemeinsam genutztes Übertragungsmedium zu. So ist z. B. beim WLAN der gemeinsame Übertragungskanal durch den verfügbaren Frequenzbereich gegeben. Damit diese Sender sich nicht gegenseitig stören, ist ein Mehrfachzugriffsverfahren erforderlich, das den Zugriff auf das Übertragungsmedium regelt (Medium Access Control, MAC). Die MAC-Funktion ist der Schicht 2 im OSI-Modell zugeordnet.

8.2.1 Prinzipien des Mehrfachzugriffs

Bild 8.4 zeigt mehrere Sender, die auf einen gemeinsam genutzten Übertragungskanal zugreifen. Das kann im Falle eines drahtlosen Netzes ein bestimmter Frequenzbereich sein, oder aber ein Kabel, über das mehrere Sender und Empfänger verbunden sind. Bei der in Bild 8.4 gezeigten Anordnung spricht man von einer Bustopologie, die vielen Feldbussystemen zugrunde liegt.

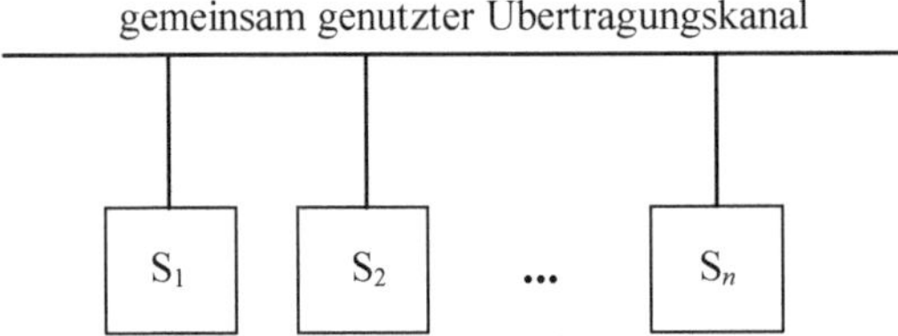

Bild 8.4 Mehrfachzugriff der Sender S_1 bis S_n auf einen gemeinsamen Kanal

Damit die Signale der Sender sich nicht gegenseitig stören, muss der Zugriff auf den Kanal geregelt werden, d. h., es ist eine Koordination der räumlich getrennten Sender erforderlich. In dieser Hinsicht grenzt sich ein Mehrfachzugriffsverfahren von einem Multiplexverfahren (z. B. Zeit- oder Frequenzmultiplex) ab, das keine solche Koordination erfordert.

Wir unterscheiden drei prinzipielle Verfahren, nach denen die verfügbare Übertragungskapazität des Mediums unter den Sendern aufgeteilt wird:

- Zeitvielfach (Time-Division Multiple Access, TDMA)
- Frequenzvielfach (Frequency-Division Multiple Access, FDMA)
- Codevielfach (Code-Division Multiple Access, CDMA)

Bei FDMA wird der verfügbare Frequenzbereich in eine Anzahl schmaler Frequenzbänder unterteilt (Bild 8.5). Einem Sender wird permanent oder bei Bedarf eines dieser Bänder zugeteilt. Ein Band hat die Bandbreite Δf und wie in Bild 8.5 angedeutet ist ein Schutzabstand zwischen den Bändern erforderlich, damit sich die Signale frequenzmäßig benachbarter Sender nicht gegenseitig stören. Jeder Sender erzeugt ein Signal bei der ihm zugewiesenen Frequenz mit der entsprechenden Bandbreite.

Bei N Frequenzbändern gleicher Breite steht einer Station $1/N$ der gesamten Übertragungskapazität zur Verfügung. Damit ist ein FDMA-System unflexibel und für die Datenübertragung

Bild 8.5 FDMA (Frequency-Division Multiple Access)

nicht besonders gut gegeignet, denn hier besteht in der Regel die Forderung nach einer kurzzeitig hohen Übertragungskapazität (Aufgabe 8.1). Andererseits hat FDMA den Vorteil, dass Verzerrungen des Mediums, die Intersymbol-Interferenz verursachen, sich innerhalb der geringen Bandbreite eines Teilbandes weniger auswirken und die Entzerrung vereinfacht wird.

Bei einem TDMA-System wird die Übertragungskapazität in Zeitschlitze unterteilt (Bild 8.6). Ein Sender darf das Übertragungsmedium für die Dauer eines Zeitschlitzes belegen. Neben der eigentlichen Datenübertragung ist ein Vorspann erforderlich, der der Pegelanpassung und der Bit- und Rahmensynchronisation im Empfänger dient. Ein Schutzintervall (engl.: gap) zwischen den Zeitschlitzen sorgt dafür, dass sich benachbarte Datenpakete trotz geringer Unterschiede der Signallaufzeiten nicht überlappen.

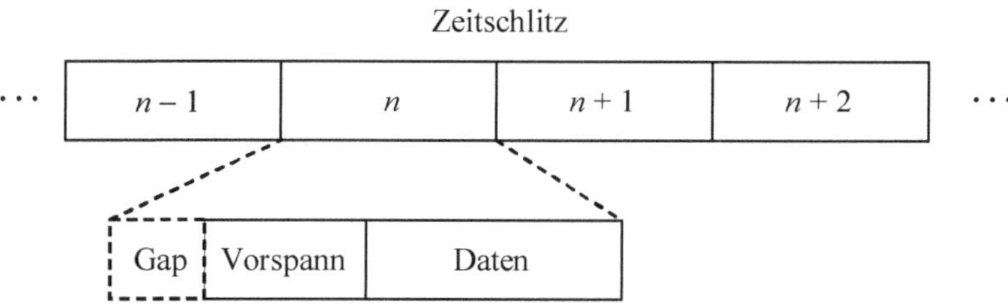

Bild 8.6 TDMA (Time-Division Multiple Access)

Da bei TDMA einer Station kurzzeitig die gesamte Übertragungskapazität zur Verfügung gestellt werden kann, ist dieses Verfahren besser als FDMA für die Datenübertragung geeignet. Häufig werden FDMA und TDMA in einem System kombiniert, indem die Kapazität eines FDMA-Frequenzbandes mittels TDMA weiter unterteilt wird.

Im Gegensatz zu den beiden bisher genannten Verfahren dürfen bei CDMA alle Sender gleichzeitig im gleichen Frequenzband senden. Die Unterscheidung der Sender erfolgt mithilfe orthogonaler Codes. Dazu wird im Sender das binäre bipolare Signal $x(t)$ mit der Bitdauer T_b mit einem Code $c(t)$ multipliziert (Bild 8.7). Das Produkt $s(t)$ bildet das Sendesignal, das noch auf einen Träger moduliert wird. Der Code $c(t)$ hat die Chip-Rate T_c und wiederholt sich im Abstand T_b. Ist $x(t) = 1$, so wird die Codefolge gesendet und für $x(t) = -1$ entsprechend die invertierte Codefolge.

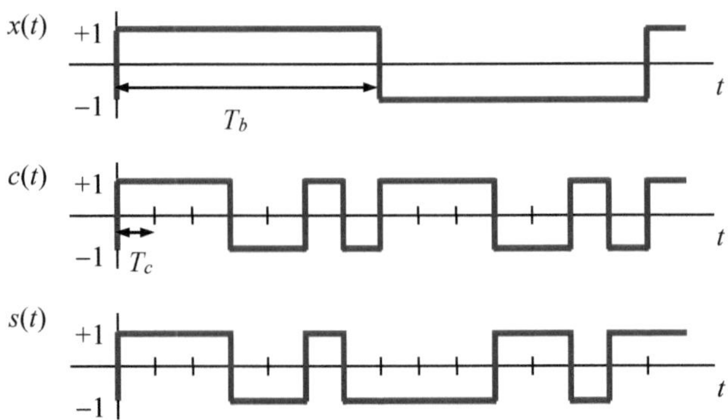

Bild 8.7 Erzeugung eines CDMA-Signals

Das Leistungsdichtespektrum von $x(t)$ ist durch Gl. (2.82) mit der Amplitude $A = 1$ gegeben:

$$\phi_x(f) = T_b \,\mathrm{si}^2\left(\pi f T_b\right) \tag{8.1}$$

Betrachtet man vereinfachend auch $s(t)$ als ein Zufallssignal, so gilt für dessen Leistungsdichtespektrum ebenfalls Gl. (8.1), wenn T_b durch T_c ersetzt wird. Bild 8.8 zeigt die Spektren von $x(t)$ und $s(t)$ für $T_b / T_c = 10$. Wie man erkennt, wird die Bandbreite des Signals durch die Multiplikation mit dem Code gespreizt. Der Faktor T_b / T_c wird daher auch als *Spreizfaktor* bezeichnet und beträgt in realen Systemen mindestens 64 oder 128. Im Empfänger wird $s(t)$ wieder mit $c(t)$ multipliziert, und man erhält $x(t)$. Dadurch wird das Signal auf die ursprüngliche Bandbreite zurücktransformiert.

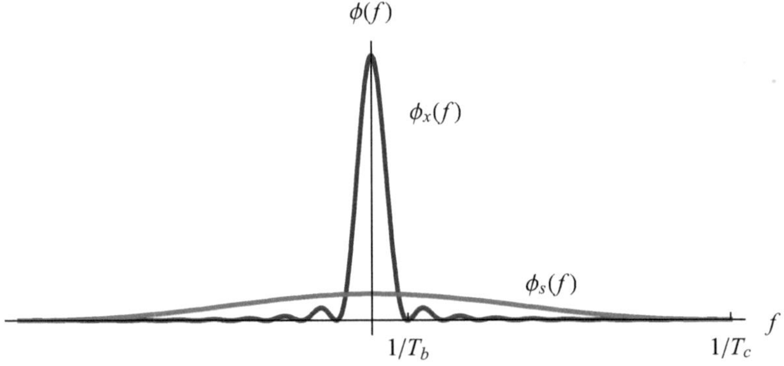

Bild 8.8 Leistungsdichtespektren des ungespreizten Signals $x(t)$ und des gespreizten Signals $s(t)$

In einem CDMA-System werden den verschiedenen Stationen orthogonale Codes zugewiesen, d. h., die Kreuzkorrelationsfunktion der Codes ist gleich null bzw. möglichst klein. Man verwendet die uns aus Abschnitt 5.5 bekannten PN-Folgen oder Gold-Folgen.[1] Im Empfänger wird nach der Multiplikation mit $c(t)$ nur das mit dem gleichen Code gespreizte Signal zurücktransformiert. Die Signale aller anderen Stationen erscheinen als Störung, wobei jede Station

[1] Gold-Folgen werden durch die Addition (modulo 2) zweier ausgewählter PN-Folgen erzeugt.

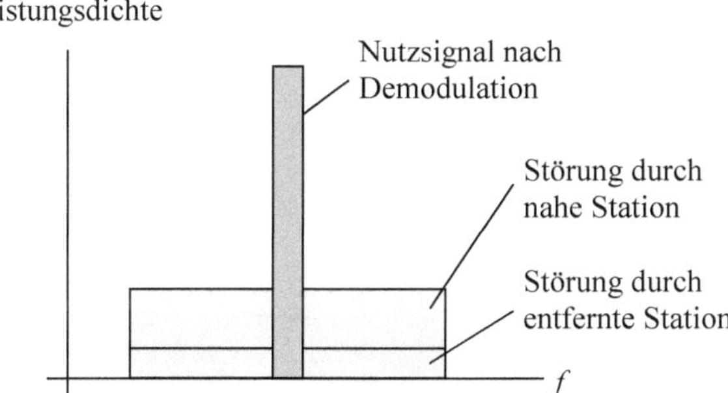

Bild 8.9 Schematische Darstellung der Leistungsdichten bei CDMA

mit der Leistungsdichte des gespreizten Signals zur Störleistung beiträgt (Bild 8.9). Bei einem CDMA-System gibt es daher auch keine feste Obergrenze für die Anzahl der Stationen. Kommt eine weitere Station hinzu, so verringert sich dadurch das Signal-Rausch-Verhältnis in entsprechendem Maße, und die Übertragungsqualität hängt von der Anzahl der aktiven Stationen ab.

In Bild 8.9 wird angedeutet, dass eine Station, die sich in der Nähe des Empfängers befindet, eine größere Leistungsdichte hat als eine weiter entfernte Station (eine entfernungsabhängige Signaldämpfung und gleiche Sendeleistung vorausgesetzt). Durch eine nahe Station verringert sich also das Signal-Rausch-Verhältnis wesentlich stärker als durch eine entfernte Station. Als Gegenmaßnahme zu diesem „Near-Far"-Problem ist eine entfernungsabhängige Leistungsregelung der Stationen erforderlich.

Das oben beschriebene Verfahren wird als Direct Sequence CDMA (DS-CDMA) bezeichnet. Eine andere Variante ist Frequency Hopping CDMA (FH-CDMA). Dabei wird die verfügbare Bandbreite in schmale Frequenzbänder und diese wiederum in Zeitschlitze unterteilt. Die Belegung der Zeitschlitze durch die Stationen wird durch den zugewiesenen Code gesteuert.

Beispiel 8.1 Bluetooth

Bluetooth ist ein funkbasierter Übertragungsstandard, der in den 1990er-Jahren für die Anbindung von Peripheriegeräten wie Tastaturen, Mäuse oder Drucker entwickelt wurde. Die Versionen 1 bis 3 werden auch als Bluetooth Classic bezeichnet. Die Version 4 und die aktuelle Version 5 (2016) werden als Bluetooth Low Energy bezeichnet.

Die Basisversion sieht ein Netzwerk geringer Ausdehnung, genannt Piconet, mit bis zu acht Bluetooth-Geräten vor. Die Übertragung erfolgt im 2,4-GHz-Band, genauer im Bereich von 2402 bis 2480 MHz. Als Mehrfachzugriffsverfahren wird Frequency Hopping CDMA verwendet. Dazu wird der verfügbare Frequenzbereich in 79 Kanäle mit einer Bandbreite von 1 MHz unterteilt. Ein Gerät wechselt 1600 mal pro Sekunde die Frequenz, wobei die Kanalwahl durch eine PN-Folge gesteuert wird. Dabei können von anderen Systemen (z. B. WLAN) im 2,4-GHz-Band belegte Kanäle ausgespart werden.

Als Modulationsverfahren wird GFSK (Gaussian Frequency-Shift Keying, siehe Abschnitt 6.3.5) verwendet. Mit einem Frequenzhub von $f_\Delta = 160$ kHz und der Bandbreite von 1 MHz ergibt sich eine Bitrate von 1 Mbit/s.

Bei den Low-Energy-Versionen sind die Geräte die meiste Zeit inaktiv, um Energie zu sparen. Ein schnellerer Verbindungsaufbau sorgt für kurze Reaktionszeiten beim Wechsel in den aktiven Zustand. Bei der Version 5 beträgt die Bitrate bis zu 2 Mbit/s bei einem Frequenzhub von $f_\Delta = 500$ kHz und einer Kanalbandbreite von 2 MHz. Diese Version ermöglicht auch größere Reichweiten. ■

8.2.2 Dezentrale Zugriffssteuerung

Neben der physikalischen Steuerung des Mehrfachzugriffs ist bei FDMA- und TDMA-Systemen ein Zugriffsprotokoll zur Zuteilung der Ressourcen auf die Stationen erforderlich. Durch das Zugriffsprotokoll wird geregelt, welche Station zu welcher Zeit einen Zeitschlitz oder ein Frequenzband belegen darf. Bei der statischen Zuteilung wird einer Station permanent oder für die Dauer einer Verbindung Übertragungskapazität in Form eines Frequenzbandes oder von Zeitschlitzen fest zugewiesen.

Eine dynamische Aufteilung der Übertragungskapazität richtet sich nach dem momentanen Bedarf der Stationen. Bei der dezentralen Zugriffssteuerung für TDMA-Systeme kommt es zu Kollisionen, falls mehrere Stationen zufällig den gleichen Zeitschlitz belegen. Eine Kollisionsauflösungsstrategie sorgt dafür, dass schließlich eine der Stationen erfolgreich senden kann. Zwei bekannte Protokolle für die dezentrale Zugriffssteuerung sind ALOHA (keine Abkürzung!) und CSMA (Carrier Sense Multiple Access).

ALOHA

Das ALOHA-Protokoll wurde Ende der Sechzigerjahre an der Universität von Hawaii entwickelt, um Computerterminals über Funk mit einem Zentralrechner zu verbinden. Es bildet die Grundlage aller auf dem wahlfreien Zugriff basierenden Zugriffsprotokolle. Beim wahlfreien Zugriff (engl.: random access) darf eine Station zu einem beliebigen Zeitpunkt auf das Medium zugreifen.

Für eine einfache Analyse des ALOHA-Protokolls gehen wir von einer Reihe von Annahmen aus. Alle Stationen senden Pakete der gleichen Länge von n bit. Bei einer Bitrate r_b des Übertragungsmediums beträgt die Paketdauer:

$$T_P = \frac{n}{r_b} \tag{8.2}$$

Wenn eine Station ein Paket sendet und es nicht zu einer Kollision kommt, d. h., wenn keine andere Station zur gleichen Zeit einen Übertragungsversuch startet, so wird das Paket erfolgreich übertragen. In Bild 8.10 ist dies für das erste Paket von Station A der Fall. Beim zweiten Paket kommt es zu einer Kollision mit Paketen von der Station B. Dies ist immer dann der Fall, wenn eine andere Station einen Übertragungsversuch innerhalb des Kollisionsbereiches der Länge $2T_P$ startet.

Wir nehmen weiter an, dass eine Station im Falle einer Kollision sofort eine Rückmeldung bekommt, dass der Übertragungsversuch nicht erfolgreich war. Dann versucht die Station nach einer zufälligen Zeit, das Paket erneut zu übertragen. Würde die Zeit zwischen den Versuchen konstant sein, käme es immer wieder zu Kollisionen zwischen den gleichen Stationen.

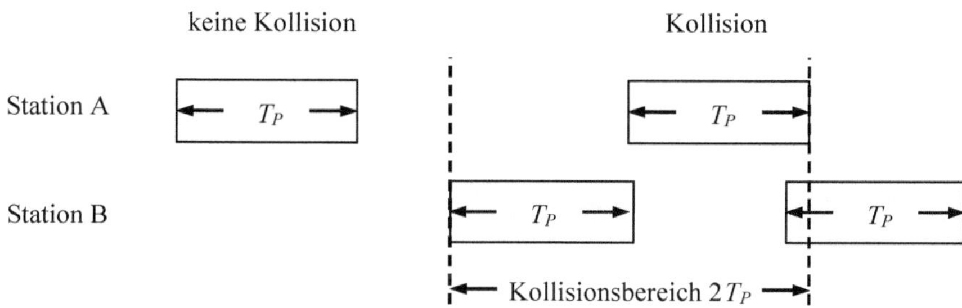

Bild 8.10 Kollisionen bei ALOHA

Die Rate, mit der Pakete von den Stationen generiert werden, sei G einschließlich der Wiederholungen. Wir suchen den Durchsatz S, also die Rate der erfolgreichen Versuche. S und G sind auf die Paketdauer bezogen. Bezeichnen wir mit s und g die Raten in Pakete/s, so ist:

$$S = s\,T_P, \quad G = g\,T_P \tag{8.3}$$

Wir nehmen weiter an, dass die Anzahl der Pakete, die in einem Intervall der Länge T eintreffen, Poisson-verteilt ist. Die Wahrscheinlichkeit, dass i Pakete im Intervall eintreffen, ist dann durch

$$P(i) = \frac{(g\,T)^i}{i!}\,\mathrm{e}^{-g\,T} \tag{8.4}$$

gegeben. Die Wahrscheinlichkeit einer erfolgreichen Übertragung, also dass im Kollisionsintervall $T = 2T_P$ keine weiteren Pakete gesendet werden, beträgt:

$$P(i=0) = \frac{(g\,2T_P)^0}{0!}\,\mathrm{e}^{-g\,2T_P} = \mathrm{e}^{-2G} \tag{8.5}$$

Die Rate der erfolgreichen Versuche ist nun gleich der Rate der Versuche mal der Erfolgswahrscheinlichkeit $P(i=0)$, d. h., für den Durchsatz gilt:

$$S = G\,P(i=0) = G\,\mathrm{e}^{-2G} \tag{8.6}$$

Der Durchsatz des ALOHA-Protokolls ist in Bild 8.11 gezeigt. Der Durchsatz wird maximal für $G = 1/2$; der Maximalwert beträgt $S_{\max} = \mathrm{e}^{-1}/2 = 0{,}184$. Dies bedeutet, dass höchstens 18,4 % der Übertragungskapazität genutzt werden können. Die restliche Übertragungskapazität bleibt ungenutzt (es finden keine Übertragungsversuche statt) oder es kommt zu Kollisionen.

Eine Steigerung des Durchsatzes ist möglich, wenn die Stationen nur zu bestimmten Zeitpunkten senden dürfen. Dies bezeichnet man als Slotted ALOHA (Bild 8.12). Dazu werden vom Übertragungssystem Zeitschlitze entsprechend der Paketdauer vorgegeben. Möchte eine Station ein Paket übertragen, so beginnt sie mit dem Senden mit Beginn eines Zeitschlitzes. Wenn keine weitere Station versucht, im gleichen Zeitschlitz ein Paket zu senden, tritt keine Kollision auf und die Übertragung ist erfolgreich. Belegen zwei oder mehr Stationen den gleichen Zeitschlitz, kommt es zur Kollision und die Übertragung muss wiederholt werden. Wie

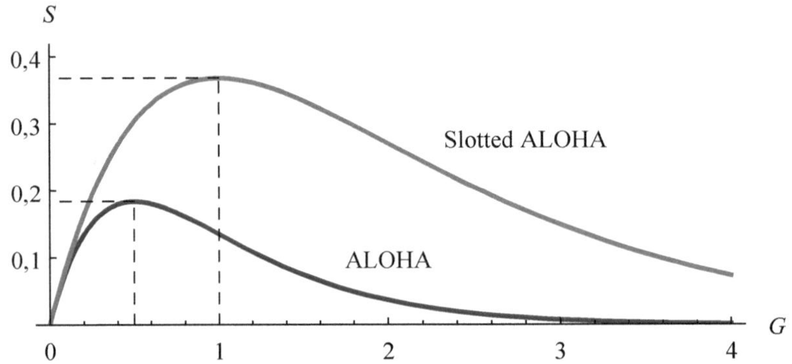

Bild 8.11 Durchsatz für ALOHA und Slotted ALOHA

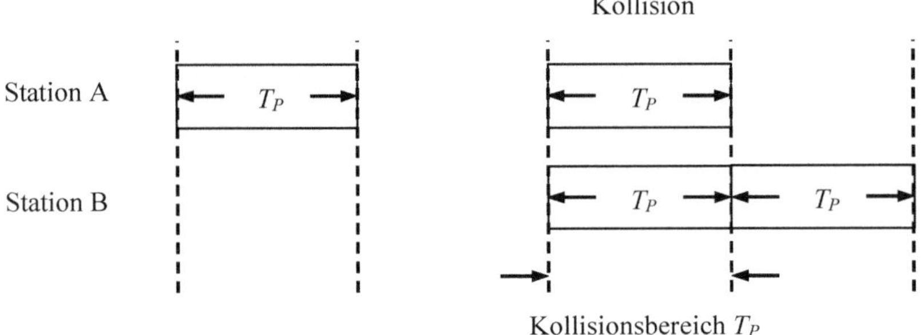

Bild 8.12 Kollisionen bei Slotted ALOHA

man Bild 8.12 entnehmen kann, hat bei Slotted ALOHA der Kollisionsbereich die Länge T_P. Bei sonst gleichen Annahmen wie zuvor beträgt die Erfolgswahrscheinlichkeit

$$P(i=0)=\mathrm{e}^{-G} \tag{8.7}$$

und der Durchsatz:

$$S=G\mathrm{e}^{-G} \tag{8.8}$$

Der Durchsatz des Slotted-ALOHA-Protokolls wird maximal für $G = 1$ mit dem Maximalwert $S_{\max} = \mathrm{e}^{-1} = 0{,}368$ (Bild 8.11). Der höchste Durchsatz ist damit doppelt so groß wie bei reinem ALOHA.

Carrier Sense Multiple Access

Wir wir gesehen haben, ist der maximale Durchsatz bei Slotted ALOHA auf 36,8 % der Übertragungskapazität des Mediums beschränkt. Der Durchsatz kann wesentlich gesteigert werden, wenn die Stationen die Möglichkeit haben, vor einem Sendeversuch festzustellen, ob das Medium bereits von einer anderen Station belegt wird. Dazu hört die Station das Medium ab, ob ein Trägersignal zu erkennen ist. Dies bezeichnet man als Carrier Sensing und das Zugriffsverfahren als Carrier Sense Multiple Access (CSMA). CSMA kann natürlich nur verwendet werden,

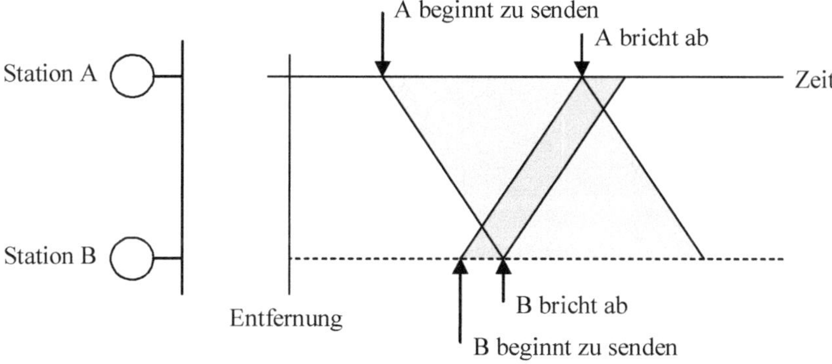

Bild 8.13 Carrier Sense Multiple Access/Collision Detection (CSMA/CD)

wenn die Stationen aufgrund der physikalischen Gegebenheiten die Sendeaktivität anderer Stationen erkennen können. Dies ist beispielsweise bei leitungsgebundenen Rechnernetzen mit Bustopologie der Fall.

Aufgrund der endlichen Signallaufzeit kann es auch bei CSMA zu Kollisionen kommen. Beträgt die maximale Signallaufzeit zwischen zwei Stationen τ, so kann eine Station erst nach der Zeit τ die Aktivität der jeweils anderen Station bemerken. Beginnt eine zweite Station innnerhalb der Zeit τ mit einem Übertragungsversuch, so kommt es zur Kollision. Danach kann keine Kollision mehr auftreten, da die anderen Stationen bemerken, dass das Medium belegt ist, und das Ende der Übertragung abwarten.

CSMA ermöglicht eine deutliche Steigerung des Durchsatzes im Vergleich zu Slotted ALOHA. Eine zusätzliche Erhöhung ist möglich, wenn CSMA um eine Kollisionserkennung (Collision Detection, CD) erweitert wird. Kommt es bei CSMA/CD zu einer Kollision, so brechen die beteiligten Stationen sofort die Übertragung ab (Bild 8.13). Dadurch wird keine Zeit für die restliche Übertragung der ohnehin gestörten Pakete vergeudet. Eine Kollision wird daran erkannt, dass das Signal auf dem Medium stärker als das gesendete Signal ist. Bis eine sendende Station eine Kollision erkennt, kann maximal die Zeit 2τ vergehen. Die Paketübertragungszeit muss daher größer als 2τ sein. Andernfalls kann es passieren, dass der Sendevorgang bereits abgeschlossen ist, wenn es zur Kollision kommt.

Möchte eine Station ein Paket übertragen, so stellt sie zunächst fest, ob das Medium frei ist. Ist das der Fall, startet sie sofort mit der Übertragung. Ist das Medium belegt, so wartet sie, bis das Medium frei wird, und beginnt sofort mit der Übertragung. Kommt es zur Kollision, so bricht die Station die Übertragung ab und versucht nach einer zufälligen Zeit, das Paket erneut zu senden.

Beispiel 8.2 IEEE 802.3 (Ethernet)

Ein IEEE-802.3-LAN ist ein lokales Rechnernetz (Local Area Network, LAN), das auf einer Bustopologie basiert. Es verwendet TDMA und CSMA/CD als dezentrale Zugriffssteuerung. LANs nach dem IEEE-802.3-Standard werden auch oft als Ethernet bezeichnet (nach einem früheren Produktnamen der Firma Xerox für diese LAN-Technik). Bei IEEE 802.3 werden Pakete variabler Länge übertragen. Als Frame wird der Teil ohne Vorspann bezeichnet (Bild 8.14). Im Kontext des OSI-Modells deckt IEEE 802.3 die Funktionen der Schichten 1 und 2 ab, also der physikalischen Schicht und der Sicherungsschicht (Data Link Layer). Die MAC-Funktion ist Teil der Schicht 2.

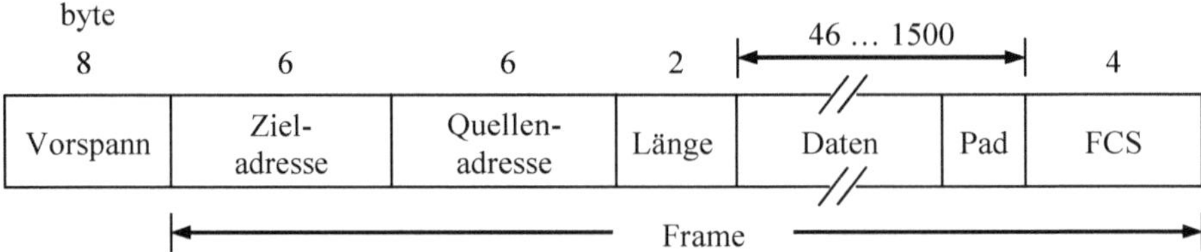

Bild 8.14 Format eines IEEE-802.3-Pakets

Ein Paket besteht aus einem 8-byte-Vorspann, der ein festes Bitmuster enthält und der Symboltakt- und Rahmensynchronisation dient. Es folgen die Ziel- und die Quellenadresse zu jeweils 6 byte. Diese werden auch als MAC-Adresse bezeichnet. Das Längenfeld gibt die Länge des Datenfeldes in byte an. Das Datenfeld kann eine Länge von 0 bis 1500 byte haben. Ist es kürzer als 46 byte, so wird der Frame mit dem Pad-Feld aufgefüllt. Damit wird dafür gesorgt, dass die Frames eine minimale Länge von 64 byte (ohne Vorspann) haben und Kollisionen sicher erkannt werden, bevor die Übertragung eines Frames beendet ist. Die letzten 4 byte enthalten die Frame Check Sequence (FCS). Dahinter verbirgt sich ein zyklischer Code zur Fehlererkennung (CRC-32, siehe Abschnitt 7.2.4, Tabelle 7.7). Zwischen den Frames liegt ein bis zu 9,6 μs langes Schutzintervall.

Typische Bitraten eines IEEE-802.3-LANs sind 10 Mbit/s, 100 Mbit/s (Fast Ethernet), 1000 Mbit/s (Gigabit Ethernet) oder 10 Gbit/s. Die höchste Bitrate ist derzeit 400 Gbit/s. Als Übertragungsmedium wurden früher meist Koaxialkabel genutzt, heute werden in der Regel symmetrische Kupferkabel (engl.: twisted pair, verdrilltes Adernpaar) oder Lichtwellenleiter verwendet [57]. ■

■ 8.3 Leitungs- und Paketvermittlung

Kommunikationsnetze arbeiten entweder leitungsvermittelt (engl.: circuit switched) oder paketvermittelt (engl.: packet switched). Bild 8.15 zeigt das Prinzip der Leitungsvermittlung, bei der zwischen zwei Teilnehmern über eine Vermittlungseinrichtung ein Übertragungskanal mit einer festen Kapazität eingerichtet wird. Dieser Kanal besteht für die Dauer der Verbindung und steht ausschließlich den Teilnehmern A und B zur Verfügung.

Bei der Paketvermittlung wird die zu übertragende Information in Pakete variabler oder fester Länge segmentiert. Diese Pakete werden über Router zum gewünschten Teilnehmer übertragen (Bild 8.16). Ein Paket besteht aus einem Nutzdatenfeld und einem Paketkopf. Das Nutzdatenfeld enthält die zu übertragende Information, und der Paketkopf enthält die Zieladresse. Anhand dieser Adresse wird im Router mithilfe einer Routingtabelle der Ausgang festgelegt, über den das Paket weitergeleitet werden muss. Bei der Paketvermittlung wird nur für die Dauer der Übermittlung eines Pakets Übertragungskapazität belegt, während freie Übertragungskapazität von anderen Quellen genutzt werden kann.

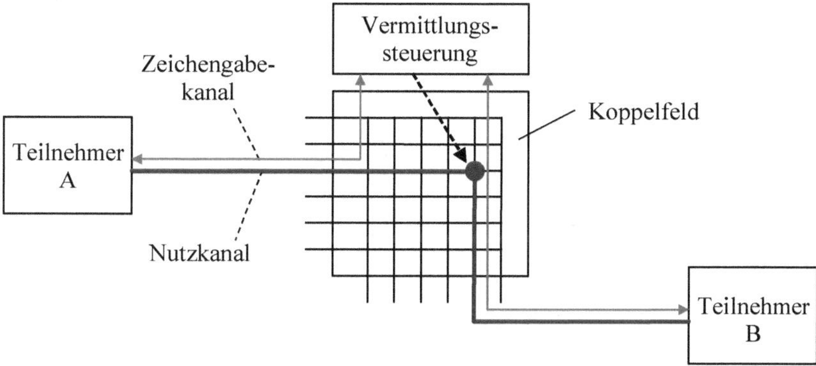

Bild 8.15 Prinzip eines leitungsvermittelten Kommunikationsnetzes

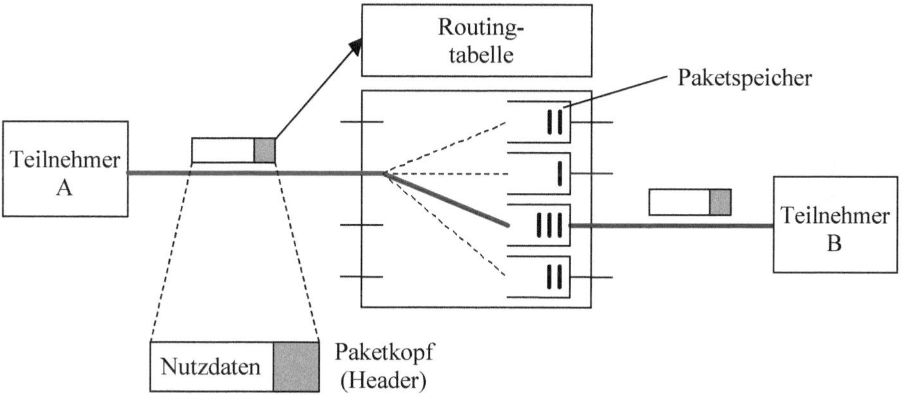

Bild 8.16 Prinzip eines paketvermittelten Kommunikationsnetzes

Man unterscheidet weiter verbindungsorientierte und verbindungslose Netze. Bei einem verbindungsorientierten Netz wird eine Verbindung mithilfe eines Signalisierungsprotokolls auf- und abgebaut. Während des Verbindungsaufbaus wird der Weg durch das Netz festgelegt und Übertragungskapazität reserviert. In einem verbindungslosen Netz kann dagegen eine Quelle jederzeit, d. h. ohne vorherigen Verbindungsaufbau, Daten senden. Anhand der beigefügten Adresse übermittelt das Netz die Information zur Senke.

Leitungsvermittelte Netze sind immer verbindungsorientiert. Die Nachrichten des Signalisierungsprotokolls werden über den Signalisierungs- oder Zeichengabekanal zur Vermittlungseinrichtung übertragen (siehe Bild 8.15). Zur Abgrenzung gegen den Zeichengabekanal wird der Kanal zur Übertragung der Nutzdaten auch als Nutzkanal bezeichnet. In der Vermittlungseinrichtung sorgt die Vermittlungssteuerung dafür, dass über ein Koppelnetz der Nutzkanal zum gewünschten Teilnehmer durchgeschaltet wird. Paketvermittelte Netze können verbindungslos oder verbindungsorientiert arbeiten. Bei der verbindungslosen Paketvermittlung sendet eine Quelle ohne vorherigen Verbindungsaufbau ein Paket, und anhand der Adresse im Paketkopf übermittelt das Netz das Paket zur Senke. Die Adresse muss dazu innerhalb des Netzes eindeutig sein.

Das Telefonnetz arbeitete zu Beginn nach dem Prinzip der Leitungsvermittlung. Während im analogen Telefonnetz über elektromechanische Vermittlungsstellen tatsächlich Leitungen durchgeschaltet wurden, trat später im digitalen Telefonnetz an die Stelle der Leitung eine digitale Übertragungsstrecke. Aufgrund der PCM-Codierung des Sprachsignals (siehe Abschnitt 3.4) beträgt die Übertragungskapazität einer Standardverbindung 64 kbit/s.

Die Paketvermittlung hat den Vorteil, dass eine Quelle kurzzeitig mit einer sehr hohen Rate senden kann. Sie ist daher besonders für die Datenübertragung geeignet. Wenn mehrere Quellen gleichzeitig aktiv sind, kann die Rate der Pakete, die über eine Leitung übertragen werden müssen, kurzzeitig die Übertragungskapazität der Leitung übersteigen. Man bezeichnet dies als statistisches Multiplexen. Damit im Falle einer kurzzeitigen Überlast keine Pakete verloren gehen, enthält ein Router wie in Bild 8.16 angedeutet Paketspeicher für die Zwischenspeicherung der Pakete. Aufgrund der Wartezeiten in diesen Paketspeichern kommt es zu lastabhängigen Paketlaufzeiten und im Falle eines Speicherüberlaufs zu Paketverlusten.

Das Internet auf der Basis von IP (Internet Protocol) ist ein paketvermitteltes, verbindungsloses Netz mit Paketen variabler Länge, die eine weltweit eindeutige Adresse enthalten. Im Zuge der Vereinheitlichung der Technologie wird zunehmend auch der Telefondienst über das IP-Netz realisiert (Voice over IP, VoIP).

Internet Protocol (IP)

IP ist ein Schicht-3-Protokoll. Bild 8.17 zeigt den Aufbau eines IP-Pakets. Es besteht in der Regel aus einem Standard-Header der Länge 20 byte und einem Datenfeld variabler Länge. Die maximale Länge eines IP-Pakets beträgt 65535 byte. Die Übertragung erfolgt zeilenweise von links nach rechts. Die einzelnen Felder des Headers haben die folgende Bedeutung (in Klammern: Länge des Feldes):

- Version (4 bit): Versionsnummer = 4.
- Header Length (4 bit): Länge des Headers in Vielfachen von 4 byte.
- Type of Service, TOS (8 bit): Dient der Unterscheidung unterschiedlicher Prioritäten, wird heute oft als Differentiated Services-Feld verwendet.
- Total Length (16 bit): Länge des Pakets in Byte.
- Identification (16 bit): Kennzeichnung zusammengehöriger Pakete, die durch Fragmentierung eines größeren Pakets entstanden sind.
- Flags (3 bit): 1 bit reserviert, 1 bit Don't Fragment-Flag (DF), 1 bit More Fragments-Flag (MF).
- Fragment Offset (13 bit): Kennzeichnung der Position eines Fragments.
- Time to Live, TTL (8 bit): Dieser Wert wird von jedem Router dekrementiert. Erreicht der Wert 0, so wird das Paket gelöscht.
- Protocol (8 bit): Kennzeichnung des Transportprotokolls (z. B. TCP).
- Header Checksum (16 bit): Prüfsumme über den IP-Header zur Fehlererkennung.
- Source Address (32 bit): IP-Adresse der Quelle.
- Destination Address (32 bit): IP-Adresse des Ziels.

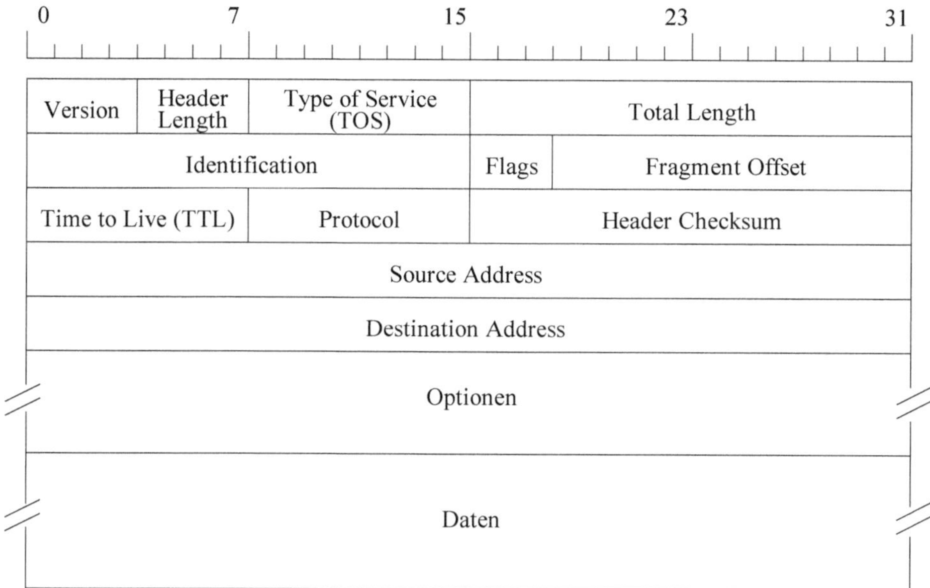

Bild 8.17 Format des IPv4-Pakets

Es folgen optionale Header-Felder (sofern vorhanden) und die Nutzdaten. IP-Adressen werden durch jeweils eine Dezimalzahl pro 8-bit-Gruppe angegeben. Wenn alle 8 bit gleich 1 sind, ergibt sich als größte Dezimalzahl 255. Die Dezimalzahlen werden durch einen Punkt getrennt; führende Nullen können weggelassen werden. Beispielsweise lautet die IP-Adresse 199.255.12.3 in binärer Form:

1100 0111 1111 1111 0000 1100 0000 0011

Das Domain Name System (DNS) ermöglicht die Verwendung von für den Anwender verständlichen Namen anstelle von IP-Adressen. DNS besteht aus einer Hierarchie von Servern, die ihre Datenbestände untereinander abgleichen. Gibt man in einer Applikation anstelle der (meist unbekannten) IP-Adresse einen Namen ein, so sendet das Endgerät zunächst eine Anfrage an den nächsten DNS-Server. Der Server antwortet mit der zu dem Namen gehörigen IP-Adresse, die die Applikation dann in die IP-Pakete einsetzt.

Beispiel 8.3 Ethernet-Adressen und IP-Adressen

In einem IEEE-802.3-LAN (Ethernet) erfolgt die Adressierung der angeschlossenen Rechner anhand einer 6-byte-Adresse. IP-Pakete werden innerhalb des Datenfeldes eines IEEE-802.3-Frames übertragen (siehe Beispiel 8.2). Bild 8.18 zeigt ein Beispiel, in dem Rechner über Ethernet an einen Router angeschlossen sind. Die Ethernet- oder MAC-Adresse wird hexadezimal angegeben, z. B. steht 9A (hex) für das Byte 1001 1010. Die MAC-Adressen werden von den Herstellern fest in die Netzwerkkarten einprogrammiert. Durch eine zentrale Vergabe von Adressblöcken an die Hersteller wird sichergestellt, dass jede MAC-Adresse nur einmal vorkommt.

Wenn PC 1 ein IP-Paket an PC 2 mit der IP-Adresse 199.255.12.3 im gleichen Netzwerk senden möchte, muss er dazu dessen MAC-Adresse kennen. Diese MAC-Adresse erhält er mithilfe des Address Resolution Protocol (ARP). Er sendet dazu eine Nachricht an alle an das LAN angeschlossenen Rechner mit der Anfrage, wer die IP-Adresse 199.255.12.3 hat. PC 2 antwortet auf diese Anfrage und PC 1 erhält so dessen MAC-Adresse. Er kann nun das IP-Paket in einem IEEE-802.3-Frame mit der MAC-Adresse von PC 2 versenden.

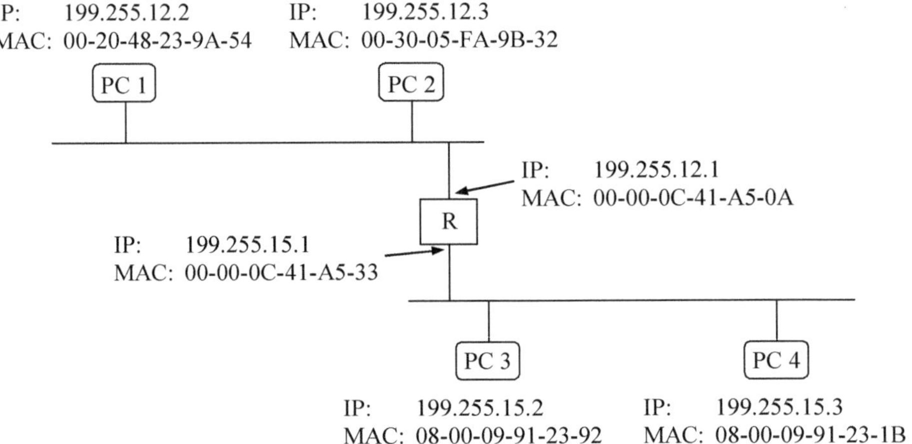

Bild 8.18 Ethernet- und IP-Adressen

Möchte PC 1 nun ein IP-Paket an PC 3 mit der IP-Adresse 199.255.15.2 in einem anderen Netzwerk senden, so wird dieses Paket zunächst an den angeschlossenen Router übertragen. Der Router leitet das Paket anhand der IP-Adresse an den entsprechenden Ausgang weiter. Über ARP erfährt der Router die zur IP-Adresse 199.255.15.2 gehörige MAC-Adresse von PC 3, und er kann das Paket schließlich der Zieladresse zustellen. ■

Für die Vergabe von IP-Adressen ist die IANA (Internet Assigned Numbers Authority) zuständig. Sie verteilt die verfügbaren Adressen auf weltweit vier Regionen. In der Region, zu der Europa gehört, wird die Adressvergabe vom RIPE (Réseaux IP Européens) NCC (Network Coordination Center) koordiniert.

In den Neunzigerjahren wurde deutlich, dass aufgrund des enormen Wachstums des Internets der Adressraum von IPv4 langfristig nicht ausreichen wird. Mit IP Version 6 (IPv6) wurde daher eine neue Version des Internet-Protokolls spezifiziert mit dem Ziel, das Adressproblem langfristig zu lösen (die Versionsnummer 5 wurde für ein Protokoll verwendet, das über einen experimentellen Status nicht hinausgekommen ist).

IPv6 verwendet 128-bit-Adressen und hat damit den gewaltigen Adressraum von 2^{128} Adressen. Dies entspricht einer *Erweiterung* gegenüber IPv4 um den Faktor $2^{96} = 7{,}9 \cdot 10^{28}$. Die Struktur des Headers wurde vereinfacht, um eine schnellere Verarbeitung der Pakete in den Routern zu ermöglichen. Der Header hat eine Länge von minimal 40 byte, wobei jeweils 16 byte auf die Quell- und die Zieladresse entfallen (Bild 8.19).

Die einzelnen Felder des IPv6-Headers haben die folgende Bedeutung (in Klammern: Länge des Feldes):

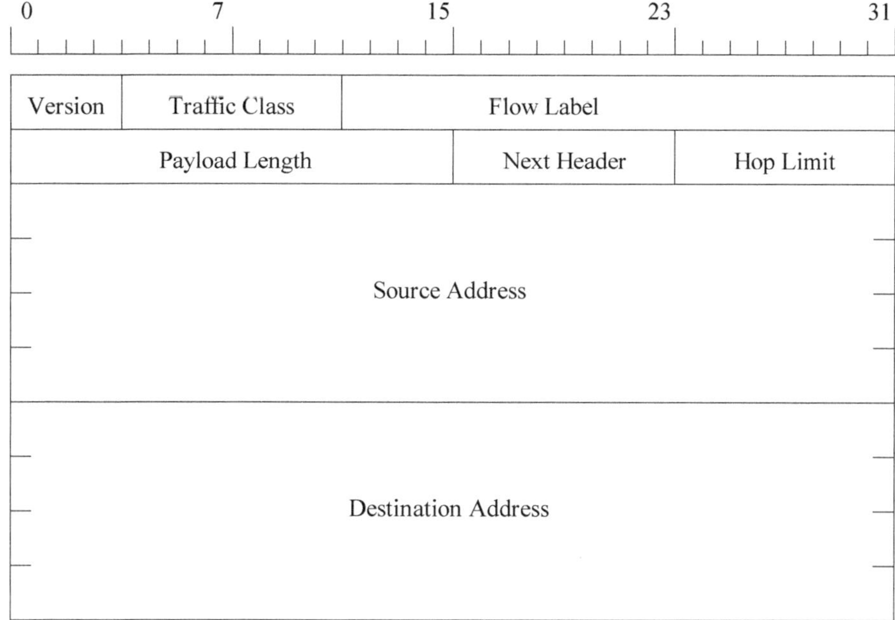

Bild 8.19 Format des IPv6-Headers

- Version (4 bit): Versionsnummer = 6.
- Traffic Class (8 bit): Dient der Kennzeichnung der Priorität oder der Differentiated-Services-Diensteklasse.
- Flow Label (20 bit): Kennzeichnet Pakete, die einen Datenfluss bilden, z. B. bei einer Sprach- oder Videoverbindung. Alle Pakete eines Flows werden in den Routern hinsichtlich der Datenrate und der Dienstgüte gleich behandelt.
- Payload Length (16 bit): Länge des dem Standard-Header folgenden Teils des Pakets in Byte.
- Next Header (8 bit): Kennzeichnet den auf den Standard-Header folgenden Header. Dabei kann es sich z. B. um einen TCP- oder UDP-Header oder einen optionalen Erweiterungs-Header handeln.
- Hop Limit (8 bit): Dieser Wert wird von jedem Router dekrementiert. Erreicht der Wert 0, so wird das Paket gelöscht.
- Source Address (128 bit): IPv6-Adresse der Quelle.
- Destination Address (128 bit): IPv6-Adresse des Ziels.

Im Vergleich zu IPv4 ist eine Fragmentierung nur noch optional. Ist ein Paket zu lang, so ist es die Aufgabe des Senders, dafür zu sorgen, dass die zulässige Paketgröße nicht überschritten wird. Ebenfalls entfallen ist die Fehlererkennung für den Header.

IPv6-Adressen werden in Hexadezimalziffern angegeben. Dabei werden 16-bit-Gruppen gebildet, die durch jeweils vier Hex-Ziffern dargestellt und durch Doppelpunkte getrennt werden. Ein Beispiel ist die Adresse

3FFE:0000:0000:0000:2600:8FF1:0E8D:6EE9

Nullfolgen können durch zwei aufeinander folgende Doppelpunkte ersetzt und führende Nullen weggelassen werden. Vereinfacht lässt sich also die obige Adresse auch

3FFE::2600:8FF1:E8D:6EE9

schreiben.

8.4 Zuverlässige Datenübertragung

Bei der Paketvermittlung können Bitfehler in den Nutzdaten eines Pakets auftreten oder Pakete können vollständig verloren gehen. Hauptursache für Paketverluste ist der Überlauf der Paketspeicher in den Routern aufgrund einer Überlast im Netz. Für die fehlerfreie, zuverlässige Datenübertragung kommen nun zwei Ansätze in Betracht:

- die Vorwärtsfehlerkorrektur (Forward Error Correction, FEC) oder
- die Fehlererkennung kombiniert mit Wiederholung der fehlerhaften oder fehlenden Daten.

Die Vorwärtsfehlerkorrektur mithilfe fehlerkorrigierender Codes wurden in Kapitel 7 betrachtet. Sie ist erforderlich, wenn nur eine unidirektionale Verbindung vom Sender zum Empfänger vorhanden ist, wenn die Verzögerung durch wiederholtes Senden nicht tolerierbar ist, oder wenn die Fehlerhäufigkeit so groß ist, dass auch bei mehrfacher Wiederholung eine fehlerfreie Übertragung unwahrscheinlich ist.

Bei der Übertragung von Datenpaketen ist in der Regel das zweite Verfahren effizienter. Für die Erkennung von Paketen mit Bitfehlern im Nutzdatenfeld wird meist ein CRC-Code verwendet (siehe Abschnitt 7.2.4). Paketverluste werden mithilfe einer geeigneten Kombination von Timern, Empfangsbestätigungen und Sequenznummern erkannt. Verlorene und fehlerhafte Pakete werden dem Sender gemeldet und erneut übertragen. Diese Verfahren werden unter dem Begriff ARQ (Automatic Repeat Request) zusammengefasst.

ARQ-Verfahren werden für eine Übertragungsstrecke oder für eine Ende-zu-Ende-Verbindung angewendet, um eine zuverlässige Datenübertragung zu gewährleisten. Im ersten Fall handelt es sich um ein Schicht-2-Protokoll und im zweiten Fall um ein Schicht 4-Protokoll. Ein Beispiel für die Anwendung in der Schicht 4 ist das Transmission Control Protocol (TCP). Wir betrachten in diesem Abschnitt folgende ARQ-Verfahren:

- Stop-and-Wait ARQ
- Go-Back-n ARQ
- Selective Repeat ARQ

Beim Stop-and-Wait-Verfahren schickt der Sender ein Paket und wartet auf die Empfangsbestätigung (Acknowledgement, ACK) durch den Empfänger. Erst wenn er diese erhalten hat, sendet er das nächste Paket. Ein Paketverlust wird mithilfe eines Timers erkannt (Bild 8.20). Der Sender schickt ein Paket mit der Sequenznummer SN und startet gleichzeitig einen Timer T. Das Paket erreicht fehlerfrei den Empfänger, der daraufhin eine Empfangsbestätigung zurücksendet. Die Empfangsbestätigung gelangt vor Ablauf des Timers zum Sender, der nun das nächste Paket mit der Sequenznummer $SN+1$ sendet. Im Beispiel von Bild 8.20 geht dieses Paket verloren. Da nach Ablauf des Timers, d. h. nach Erreichen des Wertes $T_{\max}$, der Empfang

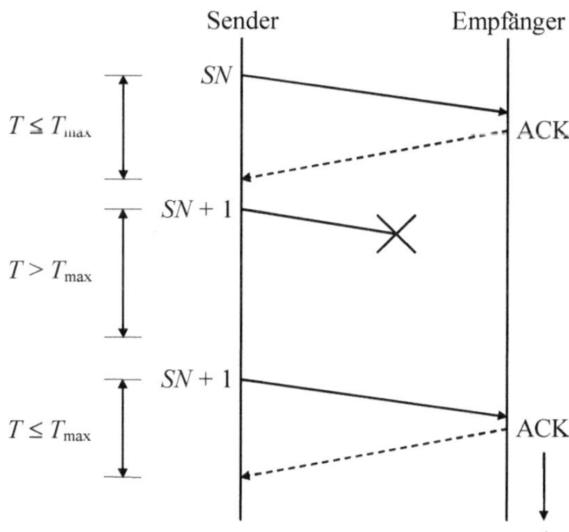

Bild 8.20 Stop-and-Wait ARQ

des Pakets nicht bestätigt wurde, geht der Sender von einem Paketverlust aus und sendet das Paket erneut.

Die Empfangsbestätigung wird in der Regel in einem dafür vorgesehenen Feld eines Datenpakets übertragen. Dazu muss unter Umständen die Empfangsbestätigung verzögert werden, bis der Empfänger ein Datenpaket bereit hat, oder es wird ein Paket mit einem Nutzdatenfeld der Länge null gesendet. Der Verlust einer Empfangsbestätigung führt dazu, dass ein Paket wiederholt wird, obwohl es bereits erfolgreich zum Empfänger übertragen wurde.

Bei der timergesteuerten Erkennung von Paketverlusten ist die Wahl des Timerwertes T_{max} kritisch. Wird T_{max} zu klein gewählt, so werden Pakete unnötig wiederholt, da die Empfangsbestätigung noch eintreffen kann. Wird T_{max} dagegen zu groß gewählt, werden die erforderlichen Paketwiederholungen zu stark verzögert. Je nach Entfernung zwischen Sender und Empfänger kann die Laufzeit eines Pakets einige zehn Mikrosekunden bis zu einige hundert Millisekunden betragen. In diesem Fall ist es sinnvoll, den Wert für T_{max} variabel an die Paketlaufzeit anzupassen.

Ein offensichtlicher Nachteil des Stop-and-Wait-Verfahrens ist, dass die verfügbare Übertragungskapazität der Verbindung nur zu einem Bruchteil genutzt wird, da der Sender nach dem Senden eines Pakets auf das Eintreffen der Empfangsbestätigung warten muss, bis er das nächste Paket senden kann. Je größer die Zeitspanne ist, die vom Senden bis zum Empfang der Bestätigung vergeht, desto uneffektiver ist das Verfahren. Daher dürfen in der Regel mehrere Pakete gesendet werden, ohne dass jedes Mal auf die Empfangsbestätigung gewartet wird. Die Anzahl der Pakete, die unquittiert gesendet werden dürfen, wird durch einen Fenstermechanismus, *Sliding Window* genannt, festgelegt.

Die Fenstergröße w bestimmt die Anzahl der Pakete, die unquittiert gesendet werden dürfen. Im Beispiel von Bild 8.21 oben hat der Sender für alle Pakete bis zur Sequenznummer 3 eine Empfangsbestätigung erhalten. Darüber hinaus hat er die Pakete 4 bis 10 entsprechend einer Fenstergröße $w = 7$ gesendet. Weitere Pakete dürfen nicht gesendet werden, bevor eine Empfangsbestätigung eintrifft.

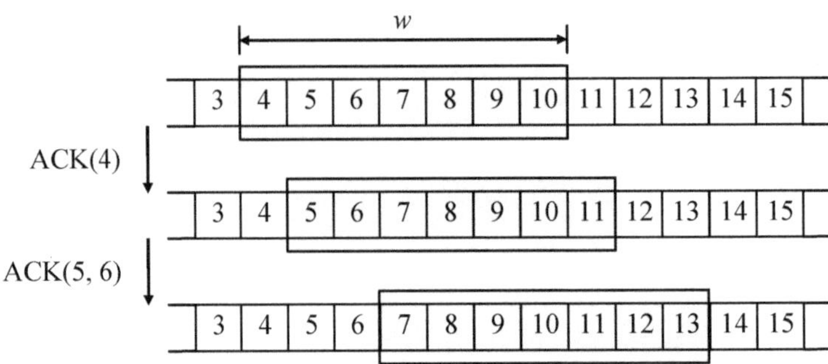

Bild 8.21 Sliding Window

Erhält der Sender die Empfangsbestätigung für das Paket mit der Sequenznummer 4, ACK(4), so verschiebt sich das Fenster, und es kann das Paket 11 gesendet werden. Im Beispiel erhält der Sender als Nächstes die Empfangsbestätigung für die Pakete 5 und 6, ACK(5, 6), und die Pakete 12 und 13 dürfen gesendet werden. Wird w geeignet gewählt, so kann der Sender ohne Unterbrechung senden, und die verfügbare Übertragungskapazität wird optimal genutzt. Das folgende Beispiel zeigt, wie die optimale Fenstergröße von der Bitrate der Verbindung und der Paketlaufzeit abhängt.

Beispiel 8.4 Optimale Fenstergröße und Bitraten-Laufzeit-Produkt

Die Fenstergröße sei w Pakete, und die verfügbare Übertragungskapazität sei μ Pakete/s. Die Zeit, die vom Senden des Pakets bis zum Empfang des Acknowledgements vergeht, bezeichnen wir als Antwortzeit T_A. Sie besteht hauptsächlich aus der Laufzeit vom Sender zum Empfänger und zurück, dem *Round Trip Delay*. Weitere Komponenten sind die Übertragungszeit für das Paket und die Verarbeitungszeit im Empfänger.

Die Quelle kann maximal w Pakete in der Zeit T_A senden, denn dann muss sie auf die Empfangsbestätigung warten. Dies entspricht der Paketrate w/T_A. Ist $w/T_A = \mu$, so sendet die Quelle mit der verfügbaren Übertragungskapazität. Die optimale Fenstergröße beträgt daher:

$$w = \mu\, T_A \tag{8.9}$$

Damit die Quelle kontinuierlich senden kann, ohne auf Empfangsbestätigungen zu warten, muss nach Gl. (8.9) also die Fenstergröße gleich dem Produkt aus Paketrate mal Antwortzeit sein. Dieses Produkt ist charakteristisch für eine Übertragungsstrecke. Da die Paketrate von der Bitrate der Strecke (und der Paketgröße) abhängt, spricht man in diesem Zusammenhang vom *Bitraten-Laufzeit-Produkt*. Es ist gleich der Anzahl der Bits, die unterwegs vom Sender zum Empfänger sind, sich also „in der Leitung" befinden.

Bei einer Paketgröße von $n = 1500$ byte und einer Bitrate von $r_b = 10$ Mbit/s beträgt die Paketübertragungszeit bzw. die Paketrate:

$$T_P = \frac{n \cdot 8}{r_b} = \frac{1500 \cdot 8\,\text{bit}}{10 \cdot 10^6\,\text{bit/s}} = 1{,}2\,\text{ms}, \quad \mu = \frac{1}{T_P} = 833{,}33\,\text{Pakete/s}$$

Für $T_A = 10$ ms muss die Fenstergröße dann mindestens $w = 9$ betragen. Für eine Bitrate von 2,5 Gbit/s (alle anderen Parameter bleiben unverändert) erhalten wir:

$\mu = 208\,333{,}33$ Pakete/s, $\quad w = 2084$

Die gleiche Fenstergröße ergibt sich bei einer Bitrate von 10 Gbit/s und einer Antwortzeit von 2,5 ms, da dies dem gleichen Bitraten-Laufzeit-Produkt entspricht. ■

Wird das ARQ-Verfahren mit dem Sliding-Window-Mechanismus kombiniert, so erhält man je nach Strategie, nach der fehlerhafte oder verloren gegangene Pakete wiederholt werden, Go-Back-n ARQ oder Selective Repeat ARQ. Bei Go-Back-n werden im Falle eines Paketverlustes das betroffene Paket und auch alle nachfolgend gesendeten Pakete wiederholt. Im Beispiel Bild 8.22 wird nach dem Paket mit der Sequenznummer $SN + 1$ anstelle des erwarteten Pakets $SN + 2$ das Paket $SN + 3$ empfangen. Der Empfänger löscht daraufhin alle Pakete mit einer Sequenznummer größer oder gleich $SN+3$. Nach Ablauf des Timers für das Paket $SN+2$ setzt der Sender die Übertragung mit dem Paket mit der Sequenznummer $SN + 2$ fort, d. h., alle Pakete ab $SN + 2$ werden wiederholt.

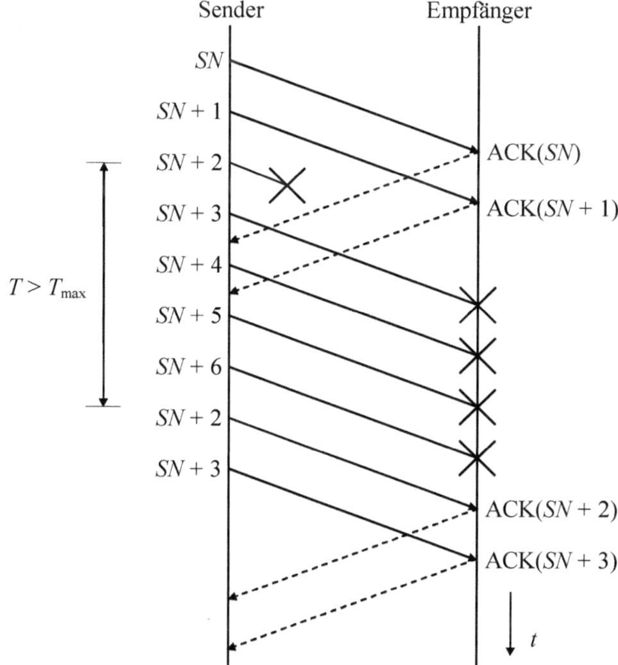

Bild 8.22 Go-Back-n ARQ

Das Go-Back-n-Verfahren ist robust und einfach; insbesondere bleibt die Reihenfolge der Pakete erhalten. Der Sender benötigt einen Paketspeicher der Tiefe w, sodass er gegebenenfalls bereits gesendete Pakete bei Ausbleiben der Empfangsbestätigung erneut senden kann. Ein Nachteil des Verfahrens ist, dass mehr Pakete als nötig wiederholt werden. Dabei ist n die Zahl der insgesamt wiederholten Pakete.

Bei Selective Repeat ARQ werden nur die fehlerhaften bzw. verlorenen Pakete wiederholt. Im Beispiel Bild 8.23 geht wieder das Paket mit der Sequenznummer $SN + 2$ verloren. Der Empfänger speichert jedoch danach eintreffende Pakete und quittiert deren korrekten Empfang.

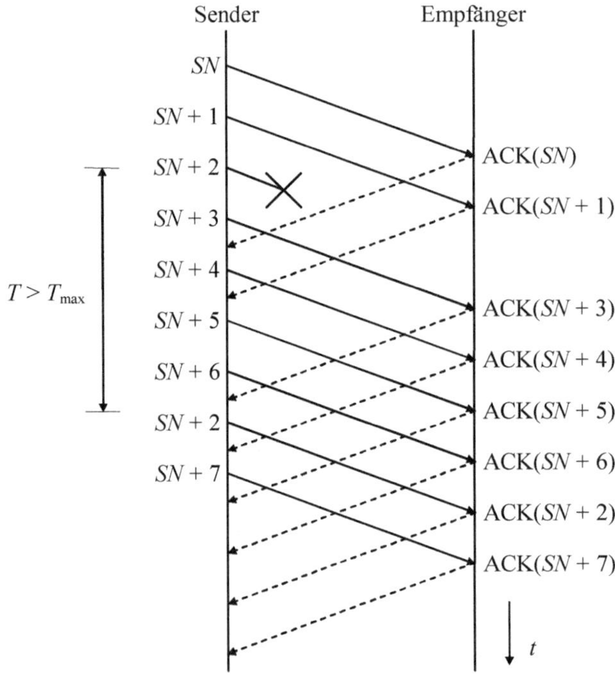

Bild 8.23 Selective Repeat ARQ

Nach Ablauf des Timers für das Paket $SN + 2$ wiederholt der Sender nur dieses Paket und setzt die Übertragung fort. Im Empfänger muss jedoch die Reihenfolge der Pakete wiederhergestellt werden. Daher wird beim Selective-Repeat-Verfahren sowohl im Sender als auch im Empfänger ein Paketspeicher der Tiefe w benötigt. Setzt man die Fenstergröße auf $w = 1$, werden sowohl Go-Back-n als auch Selective Repeat auf das Stop-and-Wait-Verfahren reduziert.

8.5 Weiterführende Hinweise

Eine ausführliche Beschreibung der einzelnen Schichten und eine Diskussion der Bedeutung des OSI-Modells steht beispielsweise in [39]. Hier werden auch die wichtigsten Protokolle aller sieben Schichten beschrieben. Eine praxisorientierte Beschreibung zahlreicher Schnittstellen und Übertragungsprotokolle steht in [8].

Eine detaillierte Analyse von CDMA und eine Beschreibung der dort verwendeten Codes findet sich in [14] und [29]. Das in diesem Zusammenhang erwähnte Bluetooth wird von der Bluetooth Special Interest Group (SIG) entwickelt und spezifiziert [46], [47].

IEEE 802.3 (Ethernet) ist in [57] spezifiziert. Dieses Dokument enthält alle bis 2022 standardisierten Varianten bis einschließlich 400-Gbit/s-Ethernet. Die Seitenzahl übertrifft mit 7025 Seiten sogar noch die WLAN-Spezifikation mit 4379 Seiten [58].

IPv4 ist in RFC 791 [63] und IPv6 ist in RFC 8200 [64] spezifiziert. Wir nennen noch die RFCs für andere im Text erwähnte Protokolle: TCP (RFC 793), ARP (RFC 826) und Differentiated Services (RFC 2475).

Über die Vor- und Nachteile der Leitungsvermittlung und der Paketvermittlung wurde eine intensive Debatte geführt. Diese drehte sich im Wesentlichen um die Eignung für Echtzeitdienste und Datendienste. Es gab mehrere Versuche, die Vorteile der beiden Prinzipien zu vereinen, u. a. ATM (Asynchronous Transfer Mode) [15]. Heute kann man feststellen, das sich die Paketvermittlung auf der Basis von IP durchgesetzt hat.

Auch bei der Festlegung der Größe der Adressen bei IPv6 gab es eine intensive Diskussion. Mit den 128-bit-Adressen wollte man schließlich sicher sein, dass das Adressproblem für lange Zeit gelöst ist. Geht man von einem Erdradius von 6371 km und einer Erdoberfläche einschließlich der Ozeane von $510{,}1 \cdot 10^6\,\text{km}^2$ aus, so bietet IPv6 immerhin $2^{128}/(510{,}1 \cdot 10^6) = 6{,}7 \cdot 10^{29}$ oder 670 000 Quadrillionen Adressen pro km^2! Die 8,4 Adressen pro km^2 bei IPv4 nehmen sich dagegen sehr bescheiden aus.

Aber es gibt bereits Pläne, die über die Erde hinaus gehen: Das *interplanetare Internet* ist eine Erweiterung auf den erdnahen Weltraum. Damit beschäftigt sich die InterPlanetary Networking Special Interest Group (IPNSIG). Eine besondere Herausforderung für die zuverlässige Datenübertragung sind hier die aufgrund der großen Entfernungen sehr langen Antwortzeiten. In der *Moonlight-Initiative* der ESA (European Space Agency) wird die Datenübertragung für zukünftige Mondmissionen untersucht. Selbst bei unserem Trabanten beträgt das Round Trip Delay Erde-Mond-Erde bereits mehrere Sekunden.

Diskutiert wird auch der Energieverbrauch der Kommunikationsnetze. Er wird auf 1–2 % des weltweiten Stromverbrauchs geschätzt. Das Internet einschließlich der Server und Rechenzentren wird für 3–5 % des globalen Stromverbrauchs verantwortlich gemacht, mit steigender Tendenz. Die Studie [33] schätzt den auf die Datenmenge bezogenen Energieverbrauch der Netze auf 200 Wh pro Gbyte. Neben der Optimierung der Datenübertragung steht daher auch die Verbesserung der Energieeffizienz auf der Enwicklungs-Agenda.

8.6 Übungsaufgaben

8.1 Eine Datei der Größe 1000 KB (1000 · 1024 byte) soll über einen Kanal der Bandbreite $B_{\text{ges}} = 1$ MHz übertragen werden. Für den Zusammenhang zwischen Bitrate und Bandbreite gelte allegmein $r_b = B$. Vergleichen Sie FDMA und TDMA hinsichtlich der für den Dateitransfer minimal benötigten Zeit.

a) Wie groß ist die Übertragungszeit bei FDMA mit 20 Nutzern, d. h. 20 FDMA-Kanälen gleicher Bandbreite, kein Schutzabstand?

b) Wie groß ist die Übertragungszeit bei TDMA mit Zeitschlitzen der Dauer 1 ms, wovon 20 % für das Schutzintervall und den Vorspann benötigt werden?

8.2 Ein CDMA-System mit drei Stationen verwendet folgende Spreizcodes:

$$\{c_1(n)\} = \{1\ \ -1\ \ \ 1\ \ -1\ \ \ 1\ \ -1\ \ \ 1\ \ -1\}$$
$$\{c_2(n)\} = \{1\ \ \ 1\ \ -1\ \ -1\ \ \ 1\ \ \ 1\ \ -1\ \ -1\}$$
$$\{c_3(n)\} = \{1\ \ -1\ \ -1\ \ \ 1\ \ \ 1\ \ -1\ \ -1\ \ \ 1\}$$

Die Sender senden zeitgleich die Symbole $x_1 = -1$, $x_2 = -1$ und $x_3 = 1$, also die gespreizten Signale:

$$\{s_1(n)\} = x_1\,\{c_1(n)\} = \{-c_1(n)\}$$
$$\{s_2(n)\} = x_2\,\{c_2(n)\} = \{-c_2(n)\}$$
$$\{s_3(n)\} = x_3\,\{c_3(n)\} = \{c_3(n)\}$$

Die Signale überlagern sich additiv und haben die gleiche Leistung.

a) Geben Sie $R_c(0)$, also den Wert der Autokorrelationsfolge für $k = 0$, der drei Spreizcodes an.

b) Zeigen Sie, dass die Folgen paarweise orthogonal sind.

c) Geben Sie das empfangene Signal an. Korrelieren Sie das Signal mit den drei Spreizcodes, und geben Sie die Ergebnisse geteilt durch $R_c(0)$ an.

8.3 Ein ALOHA-System verwendet ein Übertragungsmedium mit einer Bitrate von 512 kbit/s. Die angeschlossenen Stationen senden zusammen im Mittel 75 Pakete pro Sekunde (einschließlich der Wiederholungen), und die Paketlänge beträgt 256 byte.

a) Wie groß ist die Übertragungszeit für ein Paket?

b) Wie groß ist der Durchsatz?

c) Wie groß ist der Durchsatz in Paketen pro Sekunde?

d) Wie groß ist der Durchsatz in Bit pro Sekunde?

8.4 IP-Pakete mit Standard-Header werden über 100-Mbit/s-Ethernet übertragen. Das Schutzintervall zwischen den Ethernet-Paketen hat die Länge 0,96 µs. Die Nutzdaten innerhalb des IP-Pakets bestehen aus 500 byte. Berechnen Sie die maximale Nettobitrate, die für Nutzdaten zur Verfügung steht, für:

a) IPv4,

b) IPv6.

Anhang

Anhang 1: Kleine Formelsammlung

Funktionen

Rechteckfunktion:

$$\mathrm{rect}(x) = \begin{cases} 1 & \text{für} \quad |x| \le \frac{1}{2} \\ 0 & \text{für} \quad |x| > \frac{1}{2} \end{cases}$$

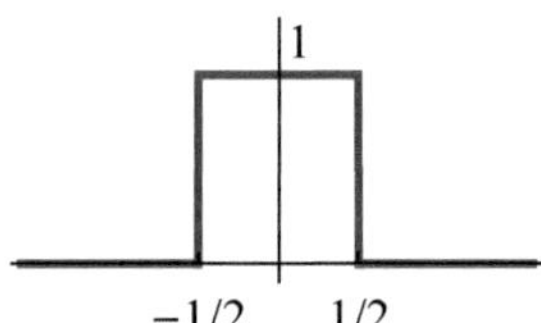

Sprungfunktion:

$$u(x) = \begin{cases} 0 & \text{für} \quad x < 0 \\ 1 & \text{für} \quad x \ge 0 \end{cases}$$

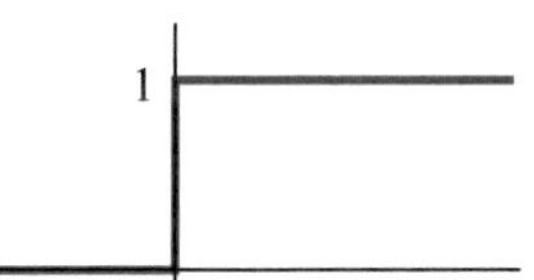

Dreieckfunktion:

$$\Lambda(x) = \begin{cases} 1 - |x| & \text{für} \quad |x| \le 1 \\ 0 & \text{für} \quad |x| > 1 \end{cases}$$

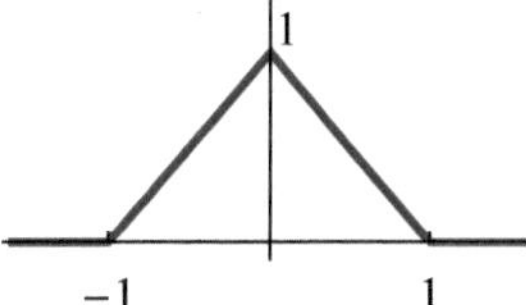

si-Funktion:

$$\mathrm{si}(x) = \frac{\sin x}{x}, \quad \mathrm{si}(0) = 1$$

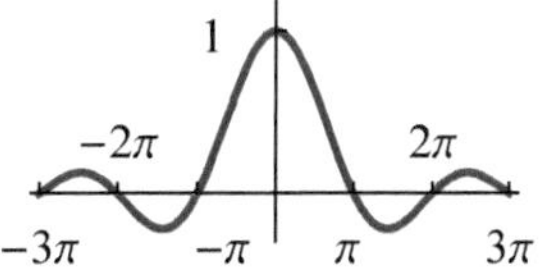

Signum-Funktion:

$$\mathrm{sgn}(x) = \begin{cases} 1 & \text{für} \quad x > 0 \\ 0 & \text{für} \quad x = 0 \\ -1 & \text{für} \quad x < 0 \end{cases}$$

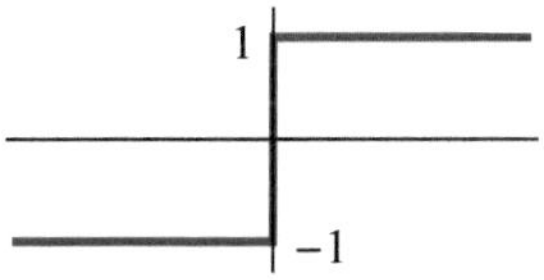

Trigonometrische Beziehungen

$$e^{\pm j\theta} = \cos\theta \pm j\sin\theta \quad \text{(Eulersche Formel)}$$

$$\sin(x \pm y) = \sin x \cos y \pm \cos x \sin y$$

$$\cos(x \pm y) = \cos x \cos y \mp \sin x \sin y$$

$$\sin^2(x) + \cos^2(x) = 1$$

$$\cos^2(x) - \sin^2(x) = \cos 2x$$

$$\sin^2(x) = \frac{1}{2}(1 - \cos 2x)$$

$$\cos^2(x) = \frac{1}{2}(1 + \cos 2x)$$

$$\sin x \sin y = \frac{1}{2}\left[\cos(x-y) - \cos(x+y)\right]$$

$$\cos x \cos y = \frac{1}{2}\left[\cos(x-y) + \cos(x+y)\right]$$

$$\sin x \cos y = \frac{1}{2}\left[\sin(x-y) + \sin(x+y)\right]$$

Unbestimmte Integrale

$$\int \frac{x^2}{a^2 + x^2}\, dx = x - a \arctan\frac{x}{a}$$

$$\int x e^{ax}\, dx = \frac{ax - 1}{a^2}\, e^{ax}$$

$$\int \sin^2(ax)\, dx = \frac{1}{2}x - \frac{1}{4a}\sin(2ax)$$

$$\int \cos^2(ax)\, dx = \frac{1}{2}x + \frac{1}{4a}\sin(2ax)$$

$$\int \sin(ax)\cos(ax)\, dx = \frac{1}{2a}\sin^2(ax)$$

$$\int \cos(ax)\cos(bx)\, dx = \frac{\sin((a-b)x)}{2(a-b)} + \frac{\sin((a+b)x)}{2(a+b)} \quad \text{für} \quad |a| \neq |b|$$

Reihen

$$\sum_{i=0}^{n-1} q^i = \frac{1-q^n}{1-q} \quad \text{(Geometrische Reihe)}$$

$$\lim_{n\to\infty} \sum_{i=0}^{n-1} q^i = \frac{1}{1-q} \quad \text{für} \quad |q| < 1$$

$$\sum_{i=1}^{n} i = \frac{n(n+1)}{2}$$

$$\sum_{i=1}^{n} i^2 = \frac{n(n+1)(2n+1)}{6}$$

$$(1+x)^n = 1 + nx + \frac{n(n-1)}{2!}x^2 + \frac{n(n-1)(n-2)}{3!}x^3 + \ldots \quad \text{(Binomische Reihe)}$$

$$\cos x = 1 - \frac{x^2}{2!} + \frac{x^4}{4!} - \frac{x^6}{6!} + \ldots$$

$$\sin x = x - \frac{x^3}{3!} + \frac{x^5}{5!} + \ldots$$

$$\ln(1+x) = x - \frac{x^2}{2!} + \frac{x^3}{3!} - \frac{x^4}{4!} + \ldots$$

$$\mathrm{e}^x = 1 + \frac{x}{1!} + \frac{x^2}{2!} + \frac{x^3}{3!} + \ldots$$

Näherungen

$$\frac{1}{1+x} \approx 1 - x \quad \text{für} \quad x \ll 1$$

$$\sqrt{1+x} \approx 1 + \frac{x}{2} \quad \text{für} \quad x \ll 1$$

$$(1+x)^2 \approx 1 + 2x \quad \text{für} \quad x \ll 1$$

Energie, Leistung und Korrelationsfunktion komplexer Signale

Energiesignale:

$$E = \int_{-\infty}^{\infty} |x(t)|^2 \, dt$$

$$E = \sum_{n=-\infty}^{\infty} |x(n)|^2$$

$$R_{xy}(\tau) = \int_{-\infty}^{\infty} x^*(t) y(t+\tau) \, dt$$

$$R_{xy}(k) = \sum_{n=-\infty}^{\infty} x^*(n) \, y(n+k)$$

Leistungssignale:

$$P = \lim_{T \to \infty} \frac{1}{2T} \int_{-T}^{T} |x(t)|^2 \, dt$$

$$P = \lim_{N \to \infty} \frac{1}{2N+1} \sum_{n=-N}^{N} |x(n)|^2$$

$$R_{xy}(\tau) = \lim_{T \to \infty} \frac{1}{2T} \int_{-T}^{T} x^*(t) y(t+\tau) \, dt$$

$$R_{xy}(k) = \lim_{N \to \infty} \frac{1}{2N+1} \sum_{n=-N}^{N} x^*(n) \, y(n+k)$$

Es ist $|x(t)|^2 = x^*(t) \, x(t)$ und $|x(n)|^2 = x^*(n) \, x(n)$.

Anhang 2: Tabellen und Theoreme der Fourier-Transformation

Theoreme der Fourier-Transformation

Signal	Fourier-Transformierte	Bemerkungen
$x(t)$ $S_x(t)$	$S_x(f)$ $x(-f)$	Symmetrie
$x(t) * y(t)$	$S_x(f) \cdot S_y(f)$	Faltung
$x(t) \cdot y(t)$	$S_x(f) * S_y(f)$	Multiplikation
$x(at),\ a \neq 0$	$\frac{1}{\lvert a\rvert} S_x\left(\frac{f}{a}\right)$	Ähnlichkeitssatz
$x(t-t_0)$	$S_x(f)\exp(-j2\pi f t_0)$	Zeitverschiebung
$x(t)\exp(j2\pi f_0 t)$	$S_x(f-f_0)$	Frequenzverschiebung
$x(-t)$	$S_x(-f)$, $S_x^*(f)$ für $x(t)$ reell	Zeitspiegelung
$x^*(t)$	$S_x^*(-f)$	Konjugiert komplex
$\frac{d\,x(t)}{dt}$	$j2\pi f S_x(f)$	Differenziation
$\int_{-\infty}^{t} x(\tau)\,d\tau$	$\frac{S_x(f)}{j2\pi f} + \frac{1}{2} S_x(0)\,\delta(f)$	Integration

Transformationspaare

Signal	Fourier-Transformierte	Bemerkungen
$\delta(t)$	1	Dirac-Impuls
1	$\delta(f)$	Konstante
$u(t)$	$\frac{1}{2}\delta(f) - j\frac{1}{2\pi f}$	Sprungfunktion
$\mathrm{rect}\left(\frac{t}{T}\right)$	$\lvert T\rvert\,\mathrm{si}(\pi f T)$	Rechteckfunktion
$\mathrm{si}\left(\pi\frac{t}{T}\right)$	$\lvert T\rvert\,\mathrm{rect}(f T)$	si-Funktion
$\Lambda\left(\frac{t}{T}\right)$	$\lvert T\rvert\,\mathrm{si}^2(\pi f T)$	Dreieckfunktion
$u(t)\,\exp(-at)$	$\frac{1}{a+j2\pi f}$	Exponentialimpuls
$\cos(2\pi f_0 t)$	$\frac{1}{2}\left(\delta(f-f_0)+\delta(f+f_0)\right)$	Kosinusfunktion
$\sin(2\pi f_0 t)$	$-\frac{j}{2}\left(\delta(f-f_0)-\delta(f+f_0)\right)$	Sinusfunktion
$\sum_{n=-\infty}^{\infty}\delta(t-nT)$	$\frac{1}{T}\sum_{n=-\infty}^{\infty}\delta\left(f-\frac{n}{T}\right)$	Dirac-Impulsfolge

Fourier-Transformation reeller, gerader und ungerader Signale

Jede reelle Funktion $x(t)$ kann in eine gerade Komponente $x_g(t)$ und eine ungerade Komponente $x_u(t)$ zerlegt werden:

$$x(t) = x_g(t) + x_u(t)$$

mit

$$x_g(t) = \frac{1}{2}\,x(t) + \frac{1}{2}\,x(-t) \quad \text{und} \quad x_u(t) = \frac{1}{2}\,x(t) - \frac{1}{2}\,x(-t)$$

Bild A.1 zeigt dazu ein Beispiel. Wenn wir die Exponentialfunktion des Fourier-Integrals mithilfe der eulerschen Formel ersetzen, können wir für die Fourier-Transformierte von $x(t)$

$$S(f) = \int_{-\infty}^{\infty} \left(x_g(t) + x_u(t)\right)\left(\cos(2\pi f t) - j\,\sin(2\pi f t)\right)\,dt$$

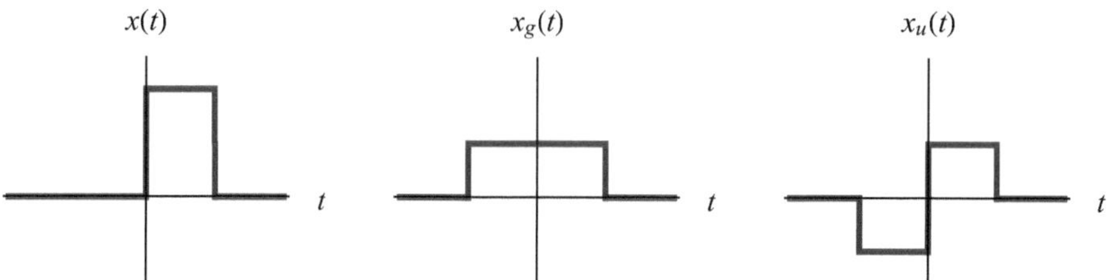

Bild A.1 Beispiel zur Zerlegung einer Funktion in eine gerade und eine ungerade Komponente

schreiben. Da $x_g(t)\sin(2\pi f t)$ und $x_u(t)\cos(2\pi f t)$ ungerade Funktionen bezüglich t sind, sind die Integrale über diese Summanden null und es ist:

$$S(f) = \underbrace{\int_{-\infty}^{\infty} x_g(t)\cos(2\pi f t)\,dt}_{\mathrm{Re}\{S(f)\}} + j\left(\underbrace{-\int_{-\infty}^{\infty} x_u(t)\sin(2\pi f t)\,dt}_{\mathrm{Im}\{S(f)\}}\right)$$

Für eine gerade Funktion $x(t)$ ist $x_u(t) = 0$, daher hat eine solche Funktion eine rein reelle Fourier-Transformierte. Für eine ungerade Funktion $x(t)$ ist $x_g(t) = 0$, und wir erhalten eine rein imaginäre Fourier-Transformierte.

Da $\cos(2\pi f t)$ eine gerade Funktion bezüglich f ist, ist der Realteil $\mathrm{Re}\{S(f)\}$ eine gerade Funktion. Entsprechend ist der Imaginärteil $\mathrm{Im}\{S(f)\}$ eine ungerade Funktion, da $\sin(2\pi f t)$ ungerade bezüglich f ist. Damit ist auch der Betrag $|S(f)|$ eine gerade und die Phase $\varphi(f)$ eine ungerade Funktion. Weiter folgt aus dem Ähnlichkeitssatz mit $a = -1$:

$$\mathcal{F}\{x(-t)\} = S(-f)$$

Für ein reelles Signal erhalten wir damit:

$$\mathcal{F}\{x(-t)\} = \mathrm{Re}\{S(-f)\} + j\,\mathrm{Im}\{S(-f)\} = \mathrm{Re}\{S(f)\} - j\,\mathrm{Im}\{S(f)\} = S^*(f)$$

Zusammenfassend gilt für die Fourier-Transformierte $S(f)$ eines reellen Signals $x(t)$:

1. Der Realteil $\mathrm{Re}\{S(f)\}$ ist eine gerade Funktion.
2. Der Imaginärteil $\mathrm{Im}\{S(f)\}$ ist eine ungerade Funktion.
3. Der Betrag $|S(f)|$ ist eine gerade Funktion.
4. Die Phase $\varphi(f)$ ist eine ungerade Funktion.
5. Die Fourier-Transformierte eines reellen geraden Signals ist reell und gerade.
6. Die Fourier-Transformierte eines reellen ungeraden Signals ist imaginär und ungerade.

Symmetrie der Fourier-Transformation

Aus der Fourier-Transformierten $S(f)$ eines Signals $x(t)$ erhält man durch die Rücktransformation $x(t)$:

$$x(t) = \mathcal{F}^{-1}\{S(f)\} = \int_{-\infty}^{\infty} S(f)\,\mathrm{e}^{j2\pi f t}\,df$$

Wir vertauschen f und t

$$x(f) = \int_{-\infty}^{\infty} S(t)\, e^{j2\pi f t}\, dt$$

und ersetzen anschließend f durch $-f$:

$$x(-f) = \int_{-\infty}^{\infty} S(t)\, e^{-j2\pi f t}\, dt = \mathscr{F}\{S(t)\}$$

Es gilt also:

$$\mathscr{F}\{x(t)\} = S(f), \quad \mathscr{F}\{S(t)\} = x(-f) \tag{8.10}$$

Ist $x(\lambda)$ eine gerade Funktion, so ist $\mathscr{F}\{S(t)\} = x(f)$. Beispielsweise bilden die rect- und die si-Funktion das Transformationspaar:

$$\mathscr{F}\{\mathrm{rect}(t)\} = \mathrm{si}(\pi f), \quad \mathscr{F}\{\mathrm{si}(\pi t)\} = \mathrm{rect}(f)$$

Anhang 3: Die Hilbert-Transformation

Unter einem Hilbert-Transformator versteht man ein Filter mit der Impulsantwort

$$h_H(t) = \begin{cases} \dfrac{1}{\pi t} & \text{für} \quad t \neq 0 \\ 0 & \text{für} \quad t = 0 \end{cases}$$

und der Übertragungsfunktion (Bild A.2)

$$H_H(f) = -j\,\mathrm{sgn}(f)$$

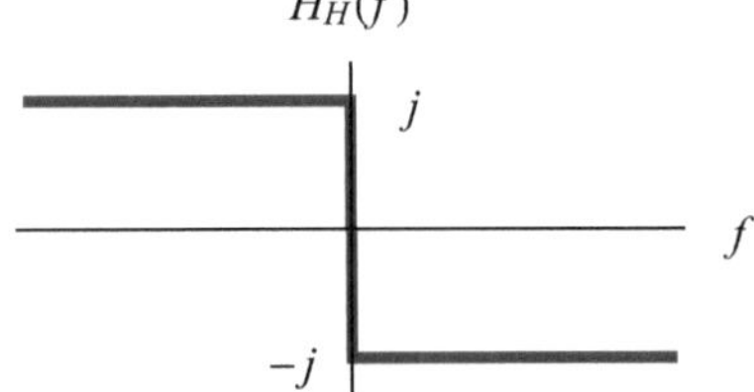

Bild A.2 Übertragungsfunktion des idealen Hilbert-Transformators

Die Hilbert-Transformation ist also trotz ihres Namens keine Bereichstransformation wie die Fourier-Transformation, die Zeit- und Frequenzbereich miteinander verbindet, sondern eine Filterfunktion. Der Hilbert-Transformator bewirkt eine konstante Phasenverschiebung von $+90°$ im Bereich $f < 0$ und von $-90°$ im Bereich $f > 0$. Die Amplitude bleibt unverändert, da für den Betrag der Übertragungsfunktion $|H_H(f)| = 1$ gilt. Der ideale Hilbert-Transformator hat eine nichtkausale Impulsantwort und ist ähnlich wie der ideale Tiefpass nicht realisierbar, kann

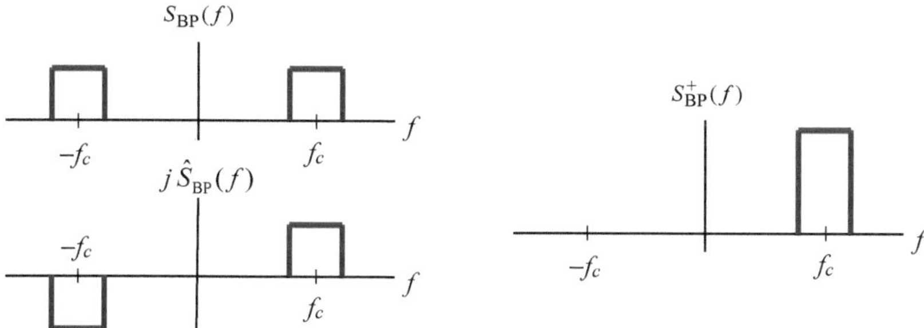

Bild A.3 Hilbert-Transformation und analytisches Signal im Frequenzbereich

aber in einem begrenzten Frequenzbereich durch ein digitales Filter approximiert werden. Für die Hilbert-Transformierte eines Signals schreibt man:

$$\hat{x}(t) = x(t) * h_H(t), \quad \hat{S}(f) = S(f)\,H_H(f)$$

Die Hilbert-Transformation ist mit der äquivalenten Tiefpassdarstellung eines Bandpasssignals eng verbunden. Für ein Bandpasssignal hatten wir die Beschreibung in Form von Gl. (6.3) gefunden. Das komplexe Signal in der geschweiften Klammer bezeichnet man als analytisches Signal:

$$x^+_{BP}(t) = x_{TP}(t)\,e^{j2\pi f_c t}$$

Durch Fourier-Transformation erhalten wir für das Fourier-Spektrum des analytischen Signals:

$$S^+_{BP}(f) = S_{TP}(f) * \delta(f - f_c) = S_{TP}(f - f_c)$$

Dies ist gleich dem auf positive Frequenzen beschränkten Fourier-Spektrum des Bandpasssignals. Wir können daher auch

$$S^+_{BP}(f) = 2\,u(f)\,S_{BP}(f)$$

schreiben. Durch Fourier-Rücktransformation dieser Beziehung erhalten wir wieder das analytische Signal:

$$x^+_{BP}(t) = 2\,\mathscr{F}^{-1}\{u(f)\} * x_{BP}(t) = 2\left(\frac{1}{2}\,\delta(t) + j\,\frac{1}{2\pi t}\right) * x_{BP}(t) = x_{BP}(t) + j\,\frac{1}{\pi t} * x_{BP}(t)$$

Der zweite Summand ist die Impulsantwort des Hilbert-Transformators gefaltet mit dem Bandpasssignal, und wir erhalten daher für das analytische Signal auch:

$$x^+_{BP}(t) = x_{BP}(t) + j\,\hat{x}_{BP}(t)$$

Im Frequenzbereich lautet diese Beziehung:

$$S^+_{BP}(f) = S_{BP}(f) + j\,\hat{S}_{BP}(f) = S_{BP}(f) + \operatorname{sgn}(f)\,S_{BP}(f) = \begin{cases} 2\,S_{BP}(f) & \text{für } f > 0 \\ S_{BP}(0) & \text{für } f = 0 \\ 0 & \text{für } f < 0 \end{cases}$$

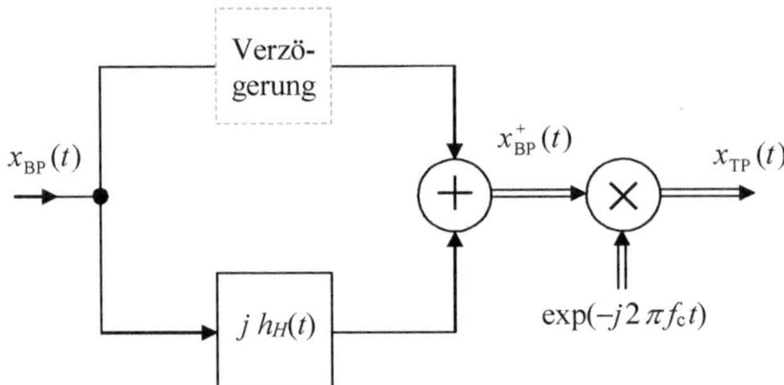

Bild A.4 Erzeugung des äquivalenten Tiefpasssignals mit der Hilbert-Transformation

Der Zusammenhang zwischen Bandpasssignal, dessen Hilbert-Transformation und analytischem Signal ist in Bild A.3 grafisch veranschaulicht.

Für das Tiefpasssignal können wir mithilfe des analytischen Signals

$$x_{TP}(t) = x^+_{BP}(t)\,e^{-j2\pi f_c t} = \left(x_{BP}(t) + j\,\hat{x}_{BP}(t)\right)\,e^{-j2\pi f_c t}$$

schreiben. Daraus ergibt sich das Blockschaltbild A.4 zur Erzeugung des äquivalenten Tiefpasssignals aus dem Bandpasssignal als Alternative zu Bild 6.2. Wir hatten schon erwähnt, dass der Hilbert-Transformator näherungsweise als digitales Filter realisiert werden kann. Damit ist aber eine Verzögerung des Signals verbunden, die im oberen Zweig kompensiert werden muss, wie in Bild A.4 angedeutet.

Setzt man noch in obiger Gleichung $x_{TP}(t) = x_i(t) + j\,x_q(t)$ ein und löst nach $x_{BP}(t)$ und $\hat{x}_{BP}(t)$ auf, so erhält man:

$$x_{BP}(t) = x_i(t)\,\cos(2\pi f_c t) - x_q(t)\,\sin(2\pi f_c t)$$

$$\hat{x}_{BP}(t) = x_q(t)\,\cos(2\pi f_c t) + x_i(t)\,\sin(2\pi f_c t)$$

Anhang 4: Die erfc-Funktion

Die Fehlerfunktion (engl.: error function) erf(x) und die komplementäre Fehlerfunktion erfc(x) sind definiert als:

$$\mathrm{erf}(x) = \frac{2}{\sqrt{\pi}}\int_0^x \exp\left(-\gamma^2\right)\,d\gamma, \quad \mathrm{erfc}(x) = 1 - \mathrm{erf}(x) = \frac{2}{\sqrt{\pi}}\int_x^\infty \exp\left(-\gamma^2\right)\,d\gamma$$

In der Tabelle ist erfc(x) für $0 \le x < 6$ zu finden. Für $x < 0$ gilt

$$\mathrm{erfc}(-x) = 2 - \mathrm{erfc}(x)$$

und für $x \ge 6$ gilt:

$$\mathrm{erfc}(x) \approx \frac{1}{x\sqrt{\pi}}\exp\left(-x^2\right) \quad \text{für} \quad x \ge 6$$

x	erfc(x)	x	erfc(x)
0	1	3	$2.2090 \cdot 10^{-5}$
0.1	$8.8754 \cdot 10^{-1}$	3.1	$1.1649 \cdot 10^{-5}$
0.2	$7.7730 \cdot 10^{-1}$	3.2	$6.0258 \cdot 10^{-6}$
0.3	$6.7137 \cdot 10^{-1}$	3.3	$3.0577 \cdot 10^{-6}$
0.4	$5.7161 \cdot 10^{-1}$	3.4	$1.5220 \cdot 10^{-6}$
0.5	$4.7950 \cdot 10^{-1}$	3.5	$7.4310 \cdot 10^{-7}$
0.6	$3.9614 \cdot 10^{-1}$	3.6	$3.5586 \cdot 10^{-7}$
0.7	$3.2220 \cdot 10^{-1}$	3.7	$1.6715 \cdot 10^{-7}$
0.8	$2.5790 \cdot 10^{-1}$	3.8	$7.7004 \cdot 10^{-8}$
0.9	$2.0309 \cdot 10^{-1}$	3.9	$3.4792 \cdot 10^{-8}$
1	$1.5730 \cdot 10^{-1}$	4	$1.5417 \cdot 10^{-8}$
1.1	$1.1979 \cdot 10^{-1}$	4.1	$6.7000 \cdot 10^{-9}$
1.2	$8.9686 \cdot 10^{-2}$	4.2	$2.8555 \cdot 10^{-9}$
1.3	$6.5992 \cdot 10^{-2}$	4.3	$1.1935 \cdot 10^{-9}$
1.4	$4.7715 \cdot 10^{-2}$	4.4	$4.8917 \cdot 10^{-10}$
1.5	$3.3895 \cdot 10^{-2}$	4.5	$1.9662 \cdot 10^{-10}$
1.6	$2.3652 \cdot 10^{-2}$	4.6	$7.7496 \cdot 10^{-11}$
1.7	$1.6210 \cdot 10^{-2}$	4.7	$2.9953 \cdot 10^{-11}$
1.8	$1.0909 \cdot 10^{-2}$	4.8	$1.1352 \cdot 10^{-11}$
1.9	$7.2096 \cdot 10^{-3}$	4.9	$4.2189 \cdot 10^{-12}$
2	$4.6777 \cdot 10^{-3}$	5	$1.5375 \cdot 10^{-12}$
2.1	$2.9795 \cdot 10^{-3}$	5.1	$5.4938 \cdot 10^{-13}$
2.2	$1.8628 \cdot 10^{-3}$	5.2	$1.9249 \cdot 10^{-13}$
2.3	$1.1432 \cdot 10^{-3}$	5.3	$6.6131 \cdot 10^{-14}$
2.4	$6.8851 \cdot 10^{-4}$	5.4	$2.2277 \cdot 10^{-14}$
2.5	$4.0695 \cdot 10^{-4}$	5.5	$7.3578 \cdot 10^{-15}$
2.6	$2.3603 \cdot 10^{-4}$	5.6	$2.3828 \cdot 10^{-15}$
2.7	$1.3433 \cdot 10^{-4}$	5.7	$7.5662 \cdot 10^{-16}$
2.8	$7.5013 \cdot 10^{-5}$	5.8	$2.3556 \cdot 10^{-16}$
2.9	$4.1098 \cdot 10^{-5}$	5.9	$7.1904 \cdot 10^{-17}$

Anhang 5: Lösungen zu den Übungsaufgaben

Aufgabe 2.1

a) 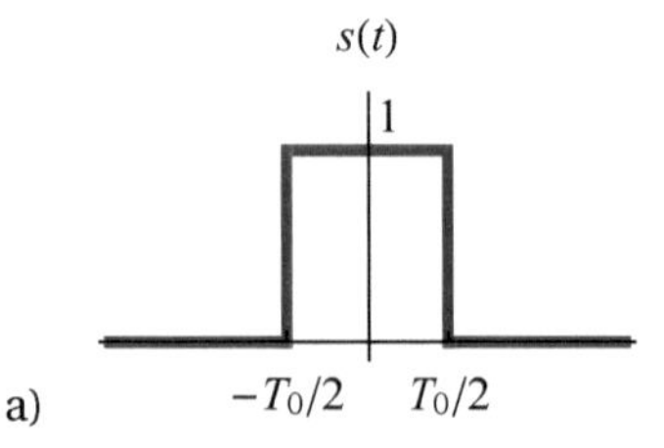

b) 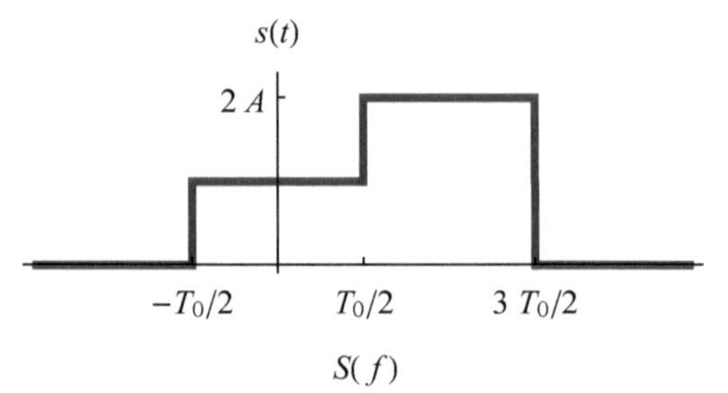

c) 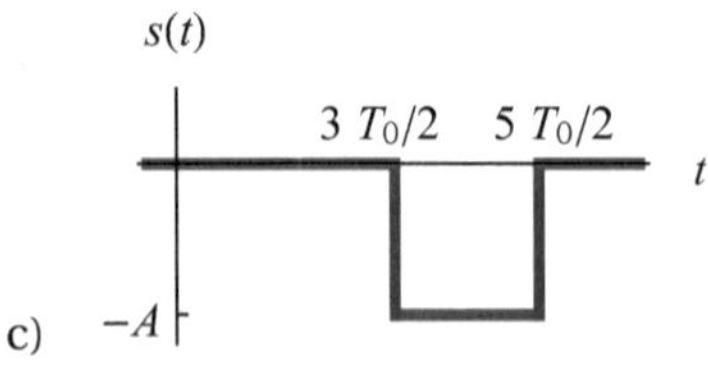

d) 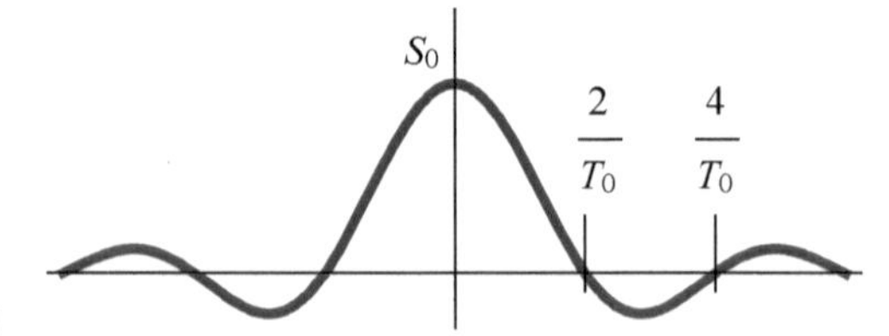

Aufgabe 2.2

Sprungantwort: $g(t) = u(t) * h(t) = \int_{-\infty}^{\infty} u(\tau)\, h(t-\tau)\, d\tau$

Im Bereich $t < 0$ ist $g(t) = 0$, im Bereich $t \geq 0$ ist

$$g(t) = \int_0^t h(t-\tau)\, d\tau = \frac{1}{RC} \int_0^t \exp\left(\frac{-(t-\tau)}{RC}\right) d\tau = \frac{1}{RC} \left[RC \exp\left(\frac{-(t-\tau)}{RC}\right)\right]_0^t = 1 - \mathrm{e}^{-t/RC}$$

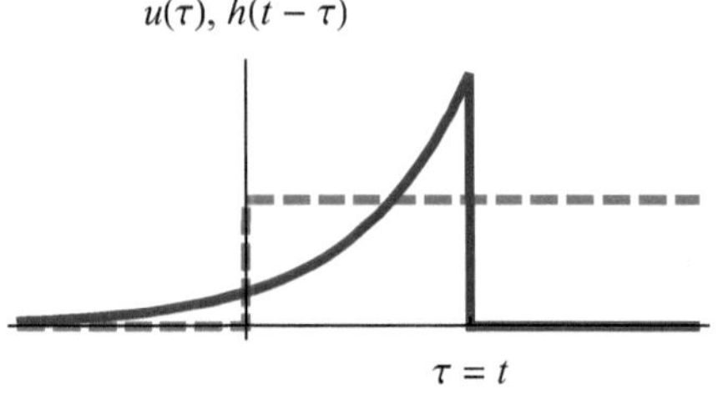

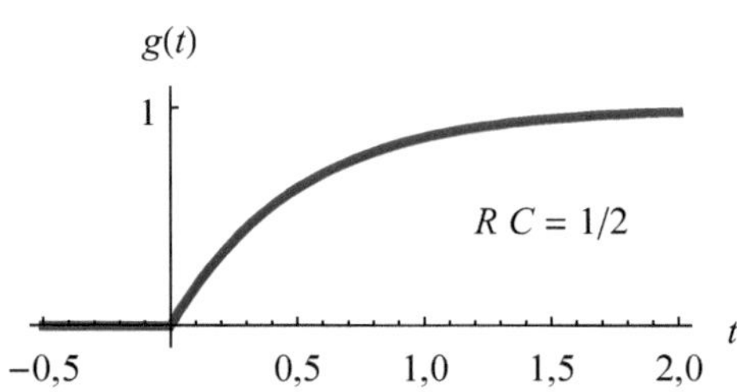

Aufgabe 2.3

Gesucht: $y(t) = \mathrm{rect}(t) * \mathrm{rect}(t) = \int_{-\infty}^{\infty} \mathrm{rect}(\tau)\, \mathrm{rect}(t-\tau)\, d\tau$

Im Bereich $t < -1$ ist $y(t) = 0$, im Bereich $-1 \leq t \leq 0$ ist $y(t) = \int_{-1/2}^{t+1/2} 1\, d\tau = 1 + t$

Im Bereich $0 \leq t \leq 1$ ist $y(t) = \int_{t-1/2}^{1/2} 1\, d\tau = 1 - t$, im Bereich $t > 1$ ist $y(t) = 0$

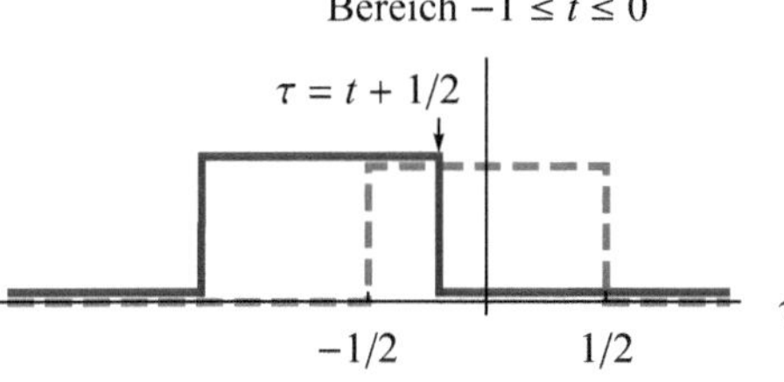

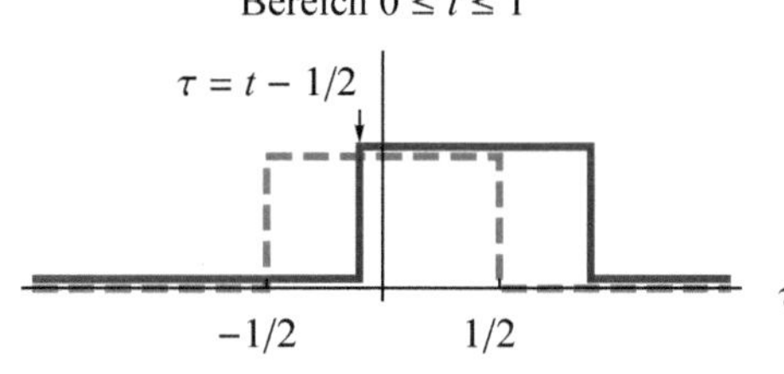

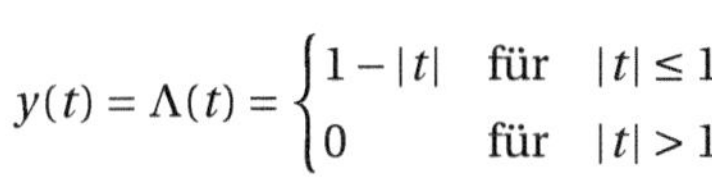

$$y(t) = \Lambda(t) = \begin{cases} 1-|t| & \text{für} \quad |t| \le 1 \\ 0 & \text{für} \quad |t| > 1 \end{cases}$$

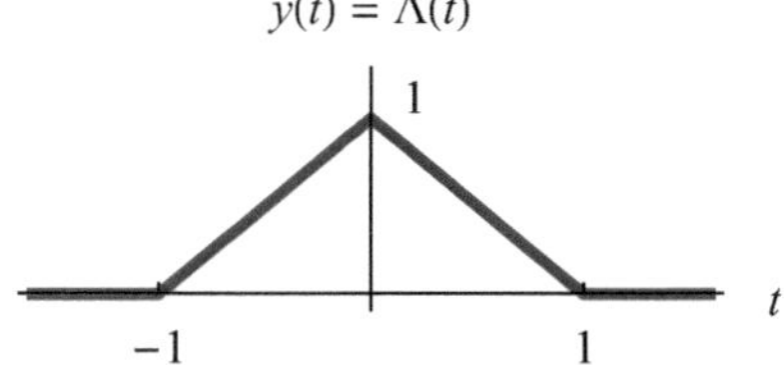

Aufgabe 2.4

Eine umständliche Lösung:

$$S(f) = \int_0^T A\,\mathrm{e}^{-j2\pi f t}\,dt = \left[A\,\frac{\mathrm{e}^{-j2\pi f t}}{-j2\pi f} \right]_0^T = A\,\frac{\mathrm{e}^{-j2\pi f T} - 1}{-j2\pi f} = A\,\frac{\mathrm{e}^{-j\pi f T} - \mathrm{e}^{j\pi f T}}{-j2\pi f}\,\mathrm{e}^{-j\pi f T}$$

$$= A\,\frac{-j2\sin(\pi f T)}{-j2\pi f}\,\mathrm{e}^{-j\pi f T} = A\,T\,\frac{\sin(\pi f T)}{\pi f T}\,\mathrm{e}^{-j\pi f T} = A\,T\,\mathrm{si}(\pi\,f\,T)\,\mathrm{e}^{-j\pi f T}$$

Eine einfache Lösung:

$$S(f) = \mathscr{F}\left\{ A\,\mathrm{rect}\left(\frac{t}{T}\right) * \delta\left(t - \frac{T}{2}\right) \right\} = A\,T\,\mathrm{si}(\pi\,f\,T)\,\mathrm{e}^{-j\pi f T}$$

Aufgabe 2.5

a) Sendeleistung: $P_S = 10\,\lg\frac{30\,\mathrm{W}}{1\,\mathrm{mW}} = 44{,}77\,\mathrm{dB}\ (1\ \mathrm{mW})$

Empfangsleistung: $P_E = 44{,}77\,\mathrm{dB}\ (1\ \mathrm{mW}) - 120\,\mathrm{dB} = -75{,}23\,\mathrm{dB}\ (1\ \mathrm{mW})$

oder $P_E = 1\,\mathrm{mW}\cdot 10^{-75{,}23/10} = 3\cdot 10^{-11}\,\mathrm{W}$

b) $U_{\mathrm{eff}} = \sqrt{P_E\,R_L} = 47{,}43\,\mu\mathrm{V}$ oder $20\,\lg\frac{U_{\mathrm{eff}}}{1\,\mu\mathrm{V}} = 33{,}52\,\mathrm{dB}\ (1\ \mu\mathrm{V})$

Aufgabe 2.6

Für das Energiedichtespektrum folgt mit der Fourier-Transformierten von $x(t)$, $S_x(f) = a_0\,T\,\mathrm{rect}(f\,T)$:

$$\phi_x(f) = |S_x(f)|^2 = a_0^2\,T^2\,\mathrm{rect}(f\,T)$$

Autokorrelationsfunktion und Energie:

$$R_x(\tau) = a_0^2\,T^2\,\mathscr{F}^{-1}\{\mathrm{rect}(f\,T)\} = a_0^2\,T\,\mathrm{si}\left(\pi\,\frac{\tau}{T}\right)$$

$$E = R_x(0) = a_0^2\,T$$

Aufgabe 2.7

a) Mit dem Gleichanteil $m_x = \dfrac{a+b}{2} = \dfrac{-0{,}2\,\text{V} + 1{,}5\,\text{V}}{2} = 0{,}65$ V folgt:

Gleichanteil der Leistung:	$m_x^2 = 0{,}42\,\text{V}^2$
Wechselanteil der Leistung (Varianz):	$\sigma_x^2 = \dfrac{(b-a)^2}{12} = 0{,}24\,\text{V}^2$
Gesamtleistung (quadratischer Mittelwert):	$P = \sigma_x^2 + m_x^2 = 0{,}66\,\text{V}^2$

b) Die Wahrscheinlichkeitsdichte im Bereich $-0{,}2\,\text{V} \le x \le 1{,}5\,\text{V}$ ist konstant und beträgt $f_X(x) = \dfrac{1}{b-a} = \dfrac{1}{1{,}7\,\text{V}}$. Die Wahrscheinlichkeit, dass x im Bereich $0{,}3\,\text{V} \le x \le 0{,}8\,\text{V}$ liegt, beträgt

$$P(0{,}3\,\text{V} \le x \le 0{,}8\,\text{V}) = \int_{0{,}3\,\text{V}}^{0{,}8\,\text{V}} f_X(x)\,dx = \frac{0{,}8\,\text{V} - 0{,}3\,\text{V}}{1{,}7\,\text{V}} = 0{,}29$$

(Hinweis: Skizzieren Sie die Wahrscheinlichkeitsdichte und zeichnen Sie die gesuchte Wahrscheinlichkeit als Fläche unter der Wahrscheinlichkeitsdichte ein.)

Aufgabe 3.1

a) $s = 1{,}76\,\text{dB} + 12 \cdot 6{,}02\,\text{dB} = 74\,\text{dB}$, $\quad S/N_q = 10^{s/10} = 25{,}12 \cdot 10^6$

b) $r_b = n\,f_A = 12 \cdot 16\,\text{kHz} = 192\,\text{kbit/s}$

c)

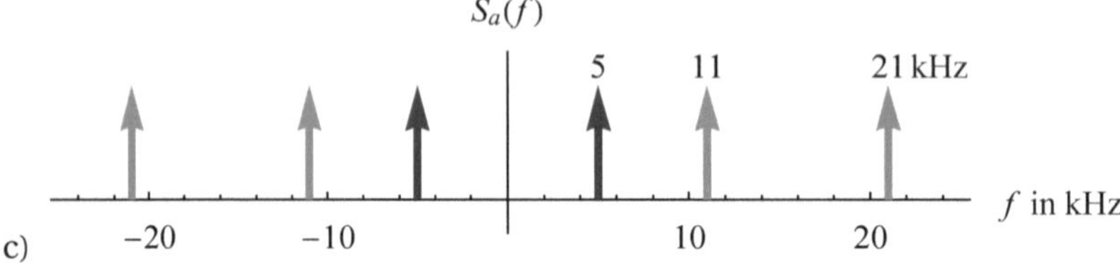

Aufgabe 3.2

Die Amplitude des Eingangssignals verringert sich um den Faktor 1/3, die Leistung verringert sich um den Faktor $(1/3)^3 = 1/9$. Die Leistung des Quantisierungsrauschens bleibt unverändert. Daher verringert sich das Signal-Rausch-Verhältnis um den Faktor 1/9 und der Störabstand um 9,54 dB:

$$S/N_q = 2{,}79 \cdot 10^6, \quad s = 64{,}46\,\text{dB}$$

Aufgabe 3.3

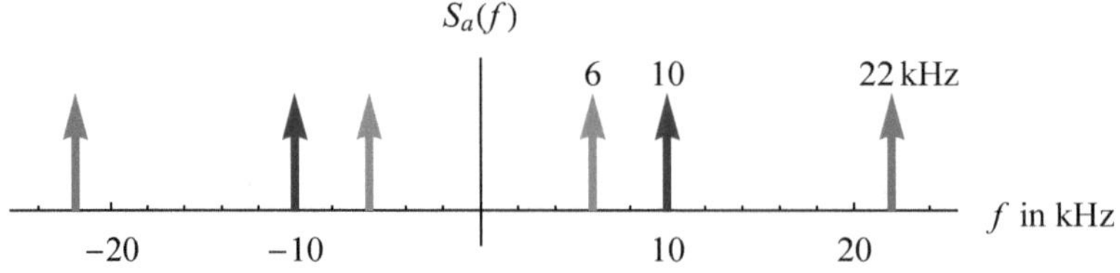

Aufgabe 3.4

a) Größe der Quantisierungsintervalle: $\Delta = \frac{2A}{m} = \frac{6\sigma_x}{m}$

Leistung des Quantisierungsrauschens: $N_q = \frac{\Delta^2}{12} = 3\frac{\sigma_x^2}{m^2}$

b) Mit der Signalleistung $S = \sigma_x^2$ und $m = 2^n$ gilt für das Signal-Rausch-Verhältnis in dB:

$$s = 10\lg\frac{S}{N_q} = 10\lg\frac{m^2}{3} = 10\lg\frac{1}{3} + n\,10\lg 2^2 = -4{,}77\,\text{dB} + n\,6{,}02\,\text{dB}$$

c) $P(x \le m_x - 3\sigma_x) + P(x \ge m_x + 3\sigma_x) = 2P(x \le m_x - 3\sigma_x)$

$$= 2\frac{1}{2}\,\text{erfc}\left(-\frac{m_x - 3\sigma_x - m_x}{\sqrt{2}\sigma_x}\right) = \text{erfc}\left(\frac{3}{\sqrt{2}}\right) = 2{,}7\cdot 10^{-3}$$

Aufgabe 4.1

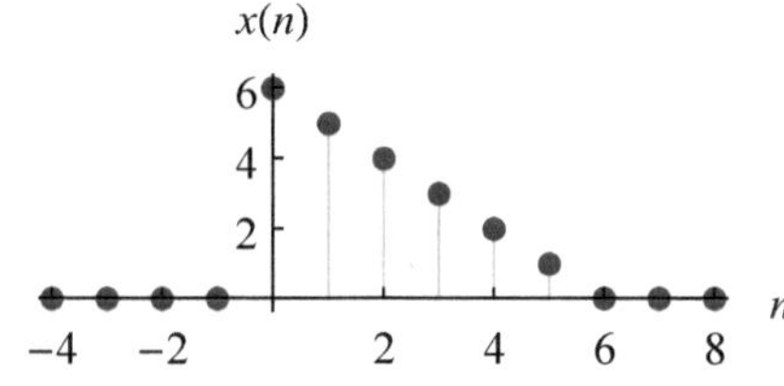

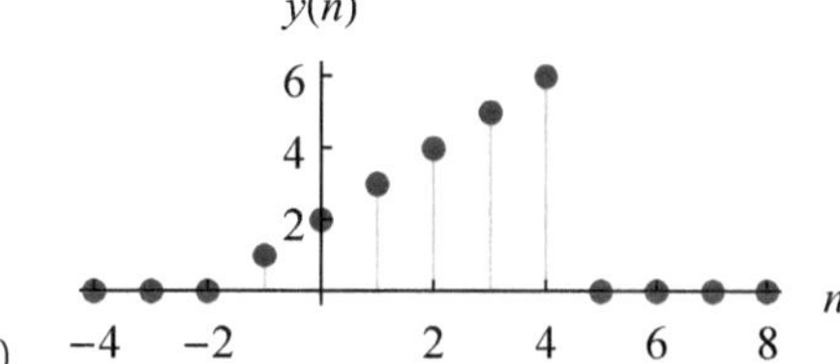

Aufgabe 4.2

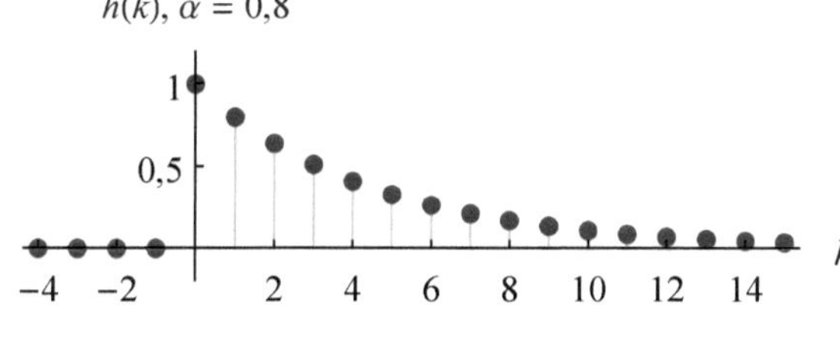

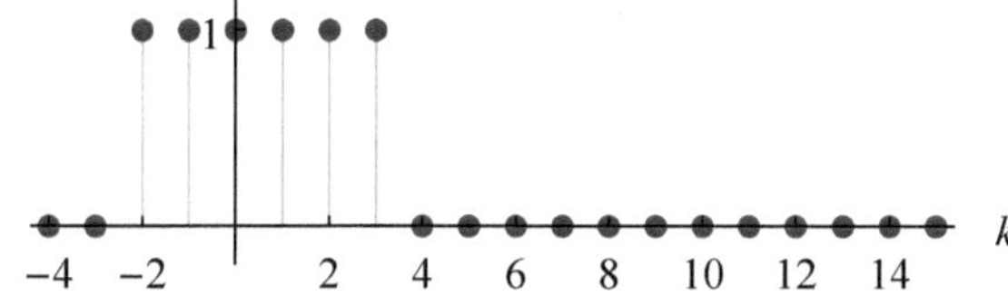

a) $y(n) = h(n) * x(n) = \sum_{k=-\infty}^{\infty} h(k)\,x(n-k)$

Im Bereich $n < 0$ ist $y(n) = 0$, im Bereich $0 \le n \le 5$ ist $y(n) = \sum_{k=0}^{n} a^k = \frac{1-a^{n+1}}{1-a}$.

Im Bereich $n > 5$ ist $y(n) = \sum_{k=n-5}^{n} a^k$. Mit der Substitution $j = k-(n-5)$ folgt weiter:

$$y(n) = \sum_{j=0}^{5} a^{j+n-5} = a^{n-5}\sum_{j=0}^{5} a^j = a^{n-5}\frac{1-a^6}{1-a}$$

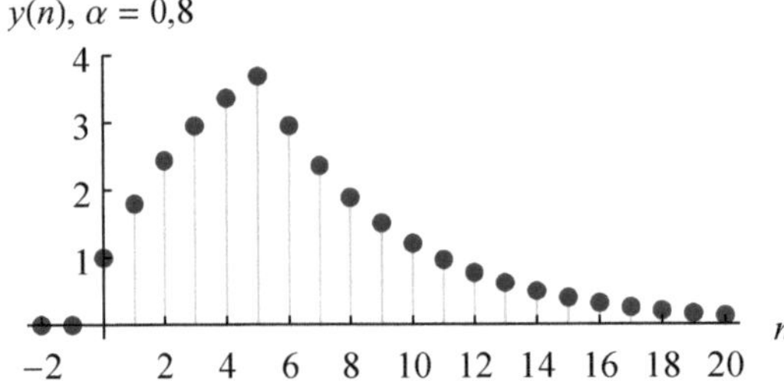

Aufgabe 4.3

a) Für die Übertragungsfunktion im Bereich $-f_A/2 \le f \le f_A/2$ und die Impulsantwort des idealen zeitdiskreten Tiefpasses gilt:

$$H_{\text{id}}(f) = \begin{cases} 1 & \text{für} \quad -3/8 \le f \le 3/8 \\ 0 & \text{sonst} \end{cases}$$

$$h(n) = \int_{-3/8}^{3/8} e^{j2\pi nf}\, df = \frac{\sin\left(\frac{3}{4}\pi n\right)}{\pi n} = \frac{3}{4}\,\text{si}\left(\frac{3}{4}\pi n\right)$$

b) $N = 6, L = 3$:

$$b_0 = h(-3) = b_6 = h(3) = 0{,}075$$
$$b_1 = h(-2) = b_5 = h(2) = -0{,}159$$
$$b_2 = h(-1) = b_4 = h(1) = 0{,}225, \qquad b_3 = h(0) = 3/4$$

c) Mit dem Hamming-Fenster $w(i) = 0{,}54 - 0{,}46\cos\left(\frac{2\pi i}{6}\right)$ erhält man:

$$b_0' = b_0\, w(0) = b_6' = b_6\, w(6) = 0{,}075 \cdot 0{,}08 = 0{,}06$$
$$b_1' = b_1\, w(1) = b_5' = b_5\, w(5) = -0{,}159 \cdot 0{,}31 = -0{,}049$$
$$b_2' = b_2\, w(2) = b_4' = b_4\, w(4) = 0{,}225 \cdot 0{,}77 = 0{,}173, \qquad b_3 = b_3\, w(3) = 3/4$$

Aufgabe 4.4

Für die Übertragungsfunktion im Bereich $-f_A/2 \le f \le f_A/2$ und die Impulsantwort des idealen zeitdiskreten Hochpasses gilt:

$$H_{\text{id}}(f) = \begin{cases} 1 & \text{für} \quad -1/2 \le f \le -1/8 \quad \text{und} \quad 1/8 \le f \le 1/2 \\ 0 & \text{sonst} \end{cases}$$

$$h(n) = \int_{-1/2}^{-1/8} e^{j2\pi nf}\, df + \int_{1/8}^{1/2} e^{j2\pi nf}\, df = \frac{e^{-j\pi n/4} - e^{-j\pi n}}{j2\pi n} + \frac{e^{j\pi n} - e^{j\pi n/4}}{j2\pi n}$$
$$= \frac{-e^{-j\pi n} + e^{j\pi n}}{j2\pi n} + \frac{e^{-j\pi n/4} - e^{j\pi n/4}}{j2\pi n} = \frac{\sin(\pi n)}{\pi n} - \frac{\sin\left(\frac{1}{4}\pi n\right)}{\pi n} = \text{si}(\pi n) - \frac{1}{4}\,\text{si}\left(\frac{1}{4}\pi n\right)$$

Vergleichen Sie $h(-3) \ldots h(3)$ mit den Werten aus Aufgabe 4.3: Es ist $h(n) = (-1)^n\, \frac{3}{4}\,\text{si}\left(\frac{3}{4}\pi n\right)$.

Aufgabe 5.1

a) NRZI: $r_s = r_b = 160$ Mbit/s $\quad B_N = \frac{r_s}{2} = 80$ MHz

b) 2B1Q: $r_s = \frac{1}{2} r_b = 80$ Mbaud $\quad B_N = 40$ MHz

Aufgabe 5.2

Roll-off-Faktor: $\alpha = \dfrac{f_2 - f_1}{f_2 + f_1} = 0{,}2$

Nyquistbandbreite: $B_N = \dfrac{f_2}{1+\alpha} = \dfrac{f_1}{1-\alpha} = 22$ kHz

Übertragungsbandbreite: $B_K = (1+\alpha)\, B_N = f_2 = 26{,}4$ kHz

Aufgabe 5.3

Die Symbolfolge $\{a_k\}$ ist unkorreliert. Die Symbole $a_k = A$ und $a_k = 0$ treten jeweils mit der Wahrscheinlichkeit 1/2 auf. Es gilt:

Mittelwert: $\overline{a} = m_a = \dfrac{1}{2} A + \dfrac{1}{2} 0 = \dfrac{A}{2}$

Quadratischer Mittelwert: $\overline{a^2} = \dfrac{1}{2} A^2 + \dfrac{1}{2} 0 = \dfrac{A^2}{2}$

Varianz: $\sigma_a^2 = \overline{a^2} - m_a^2 = \dfrac{A^2}{4}$

Fourier-Transformierte des Grundimpulses: $P(f) = \dfrac{T}{2}\,\mathrm{si}\left(\pi f \dfrac{T}{2}\right)$

Für das Leistungsdichtespektrum folgt:

$$\phi_x(f) = \frac{A^2}{16}\, T\, \mathrm{si}^2\left(\pi f \frac{T}{2}\right) + \frac{A^2}{16} \sum_{n=-\infty}^{\infty} \mathrm{si}^2\left(n\frac{\pi}{2}\right) \delta\left(f - \frac{n}{T}\right)$$

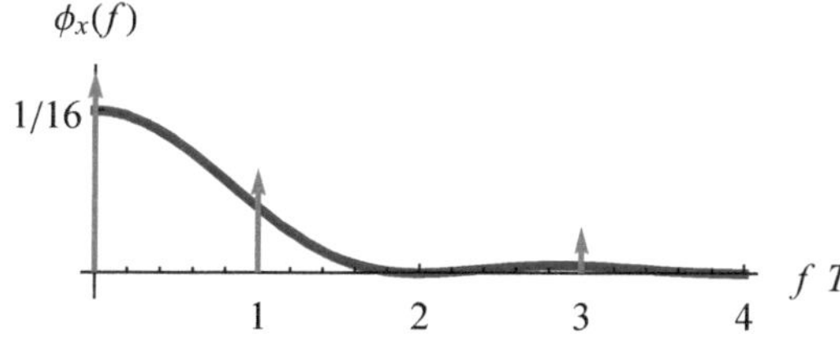

Aufgabe 5.4

a) Sendepegel: $A_S = 1$ V oder $20 \lg(A_S/1\,\mathrm{V}) = 0$ dBV

Empfangspegel: 0 dBV−25 dBV = −25 dBV oder $A_E = 1\,\mathrm{V}\,10^{-25/20} = 0{,}056$ V

Signalleistung am Empfängereingang: $S = \dfrac{A_E^2}{2} = 1{,}58 \cdot 10^{-3}\,\mathrm{V}^2$

Bitfehlerwahrscheinlichkeit:

$$P_b = \frac{1}{2}\,\mathrm{erfc}\sqrt{\frac{S}{4N}} = \frac{1}{2}\,\mathrm{erfc}\sqrt{\frac{1{,}58 \cdot 10^{-3}\,\mathrm{V}^2}{4 \cdot 10^{-4}\,\mathrm{V}^2}} = \frac{1}{2}\,\mathrm{erfc}\,1{,}99 = 2{,}44 \cdot 10^{-3}$$

b) Signalleistung am Empfängereingang: $S = A_E^2 = 3{,}136 \cdot 10^{-3}\,\mathrm{V}^2$

Bitfehlerwahrscheinlichkeit:

$$P_b = \frac{1}{2}\,\mathrm{erfc}\sqrt{\frac{S}{2N}} = \frac{1}{2}\,\mathrm{erfc}\sqrt{\frac{3{,}136\cdot 10^{-3}\,\mathrm{V}^2}{2\cdot 10^{-4}\,\mathrm{V}^2}} = \frac{1}{2}\,\mathrm{erfc}\,3{,}96 = 1{,}07\cdot 10^{-8}$$

c) Im Mittel tritt ein Bitfehler pro $1/P_b$ bit auf, bei einer Bitdauer von $T_b = 1/r_b$ entspricht dies der Zeit $t = (P_b\, r_b)^{-1}$:

Unipolar ($P_b = 2{,}44\cdot 10^{-3}$): $t = 205\,\mu\mathrm{s}$

Bipolar ($P_b = 1{,}07\cdot 10^{-8}$): $t = 46{,}7\,\mathrm{s}$

Aufgabe 5.5

a) Bei einem Takt gelangt $\mathrm{R}_1 \oplus \mathrm{R}_3$ in R_1. Der Ausgangswert ergibt sich aus $c_n = b_n \oplus \mathrm{R}_3$. Nach dem 15. Eingangsbit wiederholt sich die Folge.

b) Bei einem Takt gelangt c_n in R_1.Der Ausgangswert ergibt sich aus $c_n = b_n \oplus \mathrm{R}_1 \oplus \mathrm{R}_3$. Nach dem 15. Eingangsbit wiederholt sich die Folge.

zu a)

R_1	R_2	R_3	$\mathrm{R}_1 \oplus \mathrm{R}_3$	b_n	c_n
1	1	1	0	0	1
0	1	1	1	1	0
1	0	1	0	0	1
0	1	0	0	1	1
0	0	1	1	0	1
1	0	0	1	1	1
1	1	0	1	0	0
1	1	1	0	1	0
0	1	1	1	0	1
1	0	1	0	1	0
0	1	0	0	0	0
0	0	1	1	1	0
1	0	0	1	0	0
1	1	0	1	1	1
1	1	1	0	0	1

zu b)

R_1	R_2	R_3	$\mathrm{R}_1 \oplus \mathrm{R}_3$	b_n	c_n
1	1	1	0	0	0
0	1	1	1	1	0
0	0	1	1	0	1
1	0	0	1	1	0
0	1	0	0	0	0
0	0	1	1	1	0
0	0	0	0	0	0
0	0	0	0	1	1
1	0	0	1	0	1
1	1	0	1	1	0
0	1	1	1	0	1
1	0	1	0	1	1
1	1	0	1	0	1
1	1	1	0	1	1
1	1	1	0	0	0

Aufgabe 6.1

Die Symbolrate beträgt unabhängig vom Modulationsverfahren $r_s = \dfrac{B_K}{1+\alpha} = 1$ Mbaud.

a) QPSK: $m = 4$, $r_b = \log_2 m\ r_s = 2\,r_s = 2$ Mbit/s

b) 8-PSK: $m = 8$, $r_b = \log_2 m\ r_s = 3\,r_s = 3$ Mbit/s

c) 256-QAM: $m = 256$, $r_b = \log_2 m\ r_s = 8\,r_s = 8$ Mbit/s

Aufgabe 6.2

Störabstand abzüglich Systemreserve: $10\lg\dfrac{S}{N} = 20\,\mathrm{dB} - 3\,\mathrm{dB} = 17\,\mathrm{dB}$ oder $\dfrac{S}{N} = 10^{17/10}$

Signal-Rausch-Verhältnis pro Bit: $\dfrac{E_b}{N_0} = \dfrac{1}{\log_2 m}\,\dfrac{S}{N} = \dfrac{1}{2}\cdot 10^{17/10} = 25{,}06$ (entspricht 14 dB)

a) $P_{b,\text{QPSK}} = \frac{1}{2}\,\text{erfc}\sqrt{\frac{E_b}{N_0}} = \frac{1}{2}\,\text{erfc}\,5 = 7{,}7\cdot 10^{-13}$

b) $P_{b,\text{DQPSK}} \approx \frac{1}{2}\,\text{erfc}\left(\sqrt{2\,\frac{E_b}{N_0}}\,\sin\frac{\pi}{4\sqrt{2}}\right) = \frac{1}{2}\,\text{erfc}\,3{,}73 = 6{,}7\cdot 10^{-8}$

Aufgabe 6.3

a) Kanalbandbreite: $B_K = 490\,\text{MHz} - 480\,\text{MHz} = 10\,\text{MHz}$

Symbolrate: $r_s = \frac{B_K}{1+\alpha} = 8\,\text{Mbaud}$

Bits pro Symbol: $\log_2 m = \frac{r_b}{r_s} = 8, \quad m = 256, \quad$ 256-QAM

b) $\frac{E_b}{N_0} = \frac{1}{\log_2 m}\,\frac{S}{N} = \frac{1}{8}\cdot 10^{31{,}83/10} = 190{,}51$

$$P_{b,256-\text{QAM}} \approx \frac{2}{8}\left(1-\frac{1}{16}\right)\text{erfc}\sqrt{\frac{3}{2(256-1)}\,8\,\frac{E_b}{N_0}} = 0{,}2344\,\text{erfc}\,3 = 5{,}18\cdot 10^{-6}$$

c)

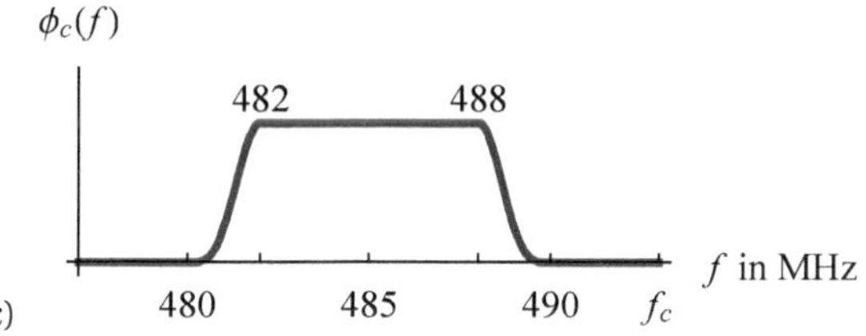

$\phi_c(f)$

482 488

480 485 490 f_c f in MHz

Aufgabe 6.4

Gefordert ist $P_{b,2-\text{ASK}} \approx \frac{1}{2}\exp\left(-\frac{E_b}{2N_0}\right) \overset{!}{\le} 10^{-5}$.

Dafür muss $E_b \ge -2\,N_0\,\ln\left(2\cdot 10^{-5}\right) = 2{,}16\cdot 10^{-7}\,\text{V}^2$ gelten. Für $a_k = 0$ wird $s_0(t) = 0$ mit der Symbolenergie $E_0 = 0$ gesendet. Für $a_k = 1$ wird $s_1(t) = p(t)\,\cos(2\pi f_c t)$ mit der Symbolenergie $E_1 = \frac{1}{2}\,(0{,}7\,\text{V})^2\,T$ gesendet. Die mittlere Energie pro Symbol bzw. Bit beträgt:

$$E_b = \frac{1}{2}\,(E_0 + E_1) = 0{,}1225\,T\,\text{V}^2 \overset{!}{\ge} 2{,}16\cdot 10^{-7}\,\text{V}^2\text{s}$$

Für die Symboldauer folgt $T \ge 1{,}76\,\mu\text{s}$.

Aufgabe 6.5

a) Zwischenfrequenz: $f_{\text{ZF}} = |f_c - f_{\text{LO}}| = f_{\text{LO}} - f_c$ für $f_{\text{LO}} > f_c$

Frequenz des lokalen Oszillators: $f_{\text{LO}} = f_c + f_{\text{ZF}} = 100{,}7\,\text{MHz}$

b) Für die Spiegelfrequenz gilt: $f_{\text{ZF}} = f_s - f_{\text{LO}}$ bzw. $f_s = f_{\text{ZF}} + f_{\text{LO}} = 111{,}4\,\text{MHz}$

Für die Bandbreite des Bandpasses folgt:

$$B_{\text{HF}} = 2\left(f_s - f_c - B_T/2\right) = 2\left(2\,f_{\text{ZF}} - B_T/2\right) = 4\,f_{\text{ZF}} - B_T$$

Aufgabe 7.1

a) $\mathbf{s} = \mathbf{r} \cdot \mathbf{H}^T = (1\,1\,0)$

b) $\mathbf{s} \neq (0\,0\,0) \implies$ das Codewort enthält Bitfehler

c) $\mathbf{e} = (0\,0\,1\,0\,0\,0\,0)$, unter der Annahme, dass das Codewort einen Bitfehler enthält, lautet das korrigierte Codewort $\hat{\mathbf{v}} = \mathbf{r} + \mathbf{e} = (0\,1\,1\,0\,0\,0\,1)$ und das Datenwort $\hat{\mathbf{u}} = (0\,1\,1\,0)$

Aufgabe 7.2

a) $d(\mathbf{v}, \mathbf{w}) = w(\mathbf{v} + \mathbf{w}) = w(0\,1\,0\,1\,0\,1\,0\,1) = 4$

b) $\mathbf{v}(x) = 1 + x^3 + x^6, \quad \mathbf{w}(x) = 1 + x + x^5 + x^6 + x^7$

Aufgabe 7.3

$\mathbf{g}(x) = 1 + x^4 + x^6 + x^7 + x^8$

$x^8\,\mathbf{u}(x) : \mathbf{g}(x) = \left(x^{14} + x^9 + x^8\right) : \left(x^8 + x^7 + x^6 + x^4 + 1\right) = x^6 + x^5 + x^3 + x \quad \text{Rest} \quad x^6 + x^3 + x$

Codewort: $\mathbf{v}(x) = x + x^3 + x^6 + x^8 + x^9 + x^{14}$ oder $\mathbf{v} = (0\,1\,0\,1\,0\,0\,1\,0\,1\,1\,0\,0\,0\,0\,1)$

Aufgabe 7.4

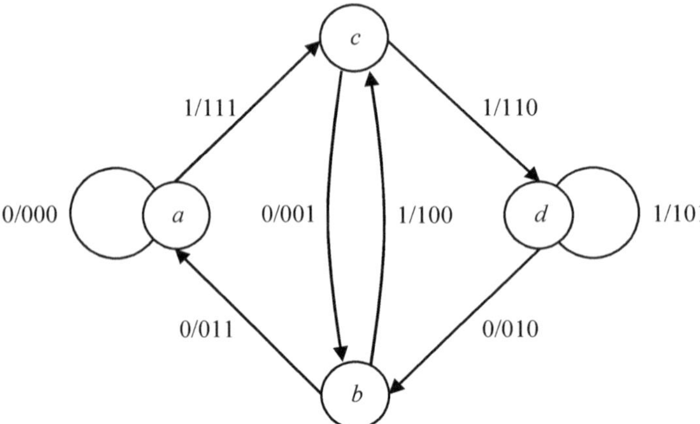

a)

b) Der Codierer durchläuft die Zustände $c \to d \to d \to b \to a$. Aus dem Zustandsdiagramm liest man ab: $\mathbf{v} = (110\ 101\ 010\ 011)$.

c) Der Codierer befinde sich im Zustand a. Für die Eingangsfolge $\mathbf{u} = (\ldots 0\,1\,0\,0\,0 \ldots)$ durchläuft er die Zustände $a \to c \to b \to a$. Aus dem Zustandsdiagramm liest man ab: $\mathbf{v} = (\ldots\ 000\ 111\ 001\ 011\ 000 \ldots)$. Dies ist die Codefolge mit der minimal möglichen Anzahl von 1-Elementen, die freie Distanz beträgt $d_{\text{free}} = w(\mathbf{v}) = 6$.

Aufgabe 8.1

a) Bandbreite und Bitrate pro Nutzer: $\Delta f = \dfrac{B_{\text{ges}}}{20} = 50\,\text{kHz}, \quad r_b = \Delta f = 50\,\text{kbit/s}$

Übertragungszeit: $T = \dfrac{1000 \cdot 1024 \cdot 8\,\text{bit}}{50 \cdot 10^3\,\text{bit/s}} = 163{,}84\,\text{s}$

b) Die Bitrate beträgt $r_b = B_{\text{ges}} = 1$ Mbit/s. Für Nutzdaten stehen 0,8 ms pro Zeitschlitz zur Verfügung, dies entspricht 0,8 ms$\cdot r_b = 800$ bit. Es werden $1000 \cdot 1024 \cdot 8/800 = 10240$ Zeitschlitze benötigt, die Übertragungszeit beträgt $10240 \cdot 1\,\text{ms} = 10{,}24$ s.

Aufgabe 8.2

a) $R_c(0) = \sum_{n=0}^{7} c^2(n) = 1 + 1 + \ldots + 1 = 8$ (für c_1, c_2 und c_3)

b) $R_{c_1c_2}(0) = \sum_{n=0}^{7} c_1(n)c_2(n) = 1 - 1 - 1 + 1 + 1 - 1 - 1 + 1 = 0$

$R_{c_1c_3}(0) = 1 + 1 - 1 - 1 + 1 + 1 - 1 - 1 = 0, \quad R_{c_2c_3}(0) = 1 - 1 + 1 - 1 + 1 - 1 + 1 - 1 = 0$

c) $\{y(n)\} = \{-c_1(n) - c_2(n) + c_3(n)\} = \{-1 \;\; -1 \;\; -1 \;\; 3 \;\; -1 \;\; -1 \;\; -1 \;\; 3\}$

$\frac{1}{8} R_{yc_1}(0) = \frac{1}{8}(-1 + 1 - 1 - 3 - 1 + 1 - 1 - 3) = -1 = x_1$

$\frac{1}{8} R_{yc_2}(0) = \frac{1}{8}(-1 - 1 + 1 - 3 - 1 - 1 + 1 - 3) = -1 = x_2$

$\frac{1}{8} R_{yc_3}(0) = \frac{1}{8}(-1 + 1 + 1 + 3 - 1 + 1 + 1 + 3) = 1 = x_3$

Aufgabe 8.3

a) $T_P = 256 \cdot 8\,\text{bit}/(512 \cdot 10^3\,\text{bit/s}) = 4\,\text{ms}$

b) $G = g\,T_P = 75\,\text{s}^{-1} \cdot 4 \cdot 10^{-3}\,\text{s} = 0{,}3, \quad S = G\text{e}^{-2G} = 0{,}1646$

c) $s = S/T_P = 41{,}16\,\text{s}^{-1}$

d) $r_b = 256 \cdot 8\,\text{bit} \cdot s = 84{,}3\,\text{kbit/s}$

Aufgabe 8.4

a) Größe des IPv4-Pakets: 520 byte
Größe des Ethernet-Pakets: 546 byte
Übertragungszeit pro Paket: $T_P = 546 \cdot 8\,\text{bit}/(100 \cdot 10^6\,\text{bit/s}) + 0{,}96\,\mu\text{s} = 44{,}64\,\mu\text{s}$
Nettobitrate: $500 \cdot 8\,\text{bit}/T_P = 89{,}61\,\text{Mbit/s}$

b) Größe des IPv6-Pakets: 540 byte
Größe des Ethernet-Pakets: 566 byte
Übertragungszeit pro Paket: $T_P = 566 \cdot 8\,\text{bit}/(100 \cdot 10^6\,\text{bit/s}) + 0{,}96\,\mu\text{s} = 46{,}24\,\mu\text{s}$
Nettobitrate: $500 \cdot 8\,\text{bit}/T_P = 86{,}51\,\text{Mbit/s}$

Verzeichnis der Beispiele

Verzeichnis der Symbole und Formelzeichen

β	Modulationsindex (FM)
$\delta(x)$	Dirac-Impuls
$\Lambda(x)$	Dreieck-Funktion
η	Modulationsindex (FSK)
μ	Modulationsindex (AM)
σ_x	Standardabweichung (Varianz: σ_x^2)
$\phi(f)$	Energiedichtespektrum, Leistungsdichtespektrum
ω	Kreisfrequenz $\omega = 2\pi f$
$\mathbf{a}$	Vektor
$\mathbf{A}$	Matrix
B	Bandbreite
B_K	Übertragungsbandbreite, Kanalbandbreite
B_N	Rauschbandbreite, Nyquist-Bandbreite
d_{free}	Freie Distanz
$d_{\min}$	Minimale Hamming-Distanz
E	Normierte Energie
E_b	Energie pro Bit
E_{el}	Elektrische Energie
E_s	Energie pro Symbol
f_A	Abtastrate
f_c	Trägerfrequenz (carrier frequency)
f_Δ	Frequenzhub
$f_X(x)$	Wahrscheinlichkeitsdichte
$F_X(x)$	Verteilungsfunktion
$g(t)$	Sprungantwort
$\mathbf{g}(x)$	Generatorpolynom
$\mathbf{G}$	Generatormatrix
$h(t)$	Impulsantwort
$H(f)$	Übertragungsfunktion
$\mathbf{H}$	Prüfmatrix

m_x	Mittelwert
N	Rauschleistung
N_0	Rauschleistungsdichte
$p(t)$	Grundimpuls
$P(f)$	Fourier-Transformierte des Grundimpulses $p(t)$
P	Normierte Leistung
P_b	Bitfehlerwahrscheinlichkeit
P_{el}	Elektrische Leistung
P_s	Symbolfehlerwahrscheinlichkeit
r_b	Bitrate
r_s	Symbolrate
$\text{rect}(x)$	Rechteckfunktion
R_c	Coderate
$R_x(\tau)$	Autokorrelationsfunktion
$R_{xy}(\tau)$	Kreuzkorrelationsfunktion
$\text{si}(x)$	si-Funktion
$S(f)$	Fourier-Spektrum, Fourier-Transformierte
S	Signalleistung
t_A	Anstiegszeit
t_g	Gruppenlaufzeit
T_A	Abtastperiode
T_b	Bitdauer
T_s	Symboldauer
$u(x)$	Sprungfunktion

Abkürzungsverzeichnis

ADPCM	Adaptive Differential Pulse Code Modulation
AKF	Autokorrelationsfunktion
AM	Amplitudenmodulation
AMI	Alternate Mark Inversion
APSK	Amplitude-Phase-Shift Keying
ARQ	Automatic Repeat Request
ASK	Amplitude-Shift Keying
AWGN	Additive White Gaussian Noise
BER	Bit Error Ratio
BPSK	Binary Phase-Shift Keying
CDMA	Code-Division Multiple Access
CPFSK	Continuous-Phase Frequency-Shift Keying
CSMA/CD	Carrier Sense Multiple Access/Collision Detection
CRC	Cyclic Redundancy Check
DFE	Decision Feedback Equalizer
DFT	Diskrete Fourier-Transformation
DBPSK	Differential Binary Phase-Shift Keying
DPCM	Differential Pulse Code Modulation
DPSK	Differential Phase-Shift Keying
DQPSK	Differential Quaternary Phase-Shift Keying
DSB-SC	Double-Sideband Suppressed-Carrier
DSL	Digital Subscriber Line
DVB	Digital Video Broadcasting
FDMA	Frequency-Division Multiple Access
ETSI	European Telecommunications Standards Institute
EVM	Error Vector Magnitude
FEC	Forward Error Correction
FFT	Fast Fourier Transform
FIR	Finite Impulse Response
FM	Frequenzmodulation
FSK	Frequency-Shift Keying
GMSK	Gaussian Minimum-Shift Keying

IEEE	Institute of Electrical and Electronic Engineers
IETF	Internet Engineering Taskforce
IDFT	Inverse Diskrete Fourier-Transformation
IIR	Infinite Impulse Response
IP	Internet Protocol
ISI	Intersymbol-Interferenz
ITU	International Telecommunication Union
JCAS	Joint Communication and Sensing
KKF	Kreuzkorrelationsfunktion
LAN	Local Area Network
LDPC	Low Density Parity Check
LMS	Least-Mean-Square
LPC	Linear Predictive Coding
LLR	Log-Likelihood Ratio
LTI	Linear Time-Invariant
MAC	Medium Access Control
MER	Modulation Error Ratio
MLSE	Maximum Likelihood Sequence Estimation
MMSE	Minimum Mean Square Error
MPEG	Moving Picture Experts Group
MSK	Minimum-Shift Keying
NRZ	Non-Return-to-Zero
NRZI	Non-Return-to-Zero Inverted
OFDM	Orthogonal Frequency Division Multiplexing
OSI	Open System Interconnection
PAM	Pulse Amplitude Modulation
PAPR	Peak-to-Average Power Ratio
PCM	Pulse Code Modulation
PDU	Protocol Data Unit
PLL	Phase-Locked Loop
PM	Phasenmodulation
PN	Pseudo Noise
PSK	Phase-Shift Keying
QAM	Quadratur-Amplitudenmodulation
QPSK	Quadrature Phase-Shift Keying
RDS	Radio Data System
RIS	Reconfigurable Intelligent Surface
RMS	Root Mean Square

RZ	Return-to-Zero
SAP	Service Access Point
SDR	Software Defined Radio
SDU	Service Data Unit
SFDR	Spurious Free Dynamic Range
SNR	Signal-to-Noise Ratio
SSB	Single-Sideband
TCP	Transmission Control Protocol
TDMA	Time-Division Multiple Access
VCO	Voltage-Controlled Oscillator
VSB	Vestigial-Sideband
WLAN	Wireless Local Area Network

Literatur

[1] Basar, E., Poor, H. V.: *Present and Future of Reconfigurable Intelligent Surface-Empowered Communications.* IEEE Signal Processing Magazine, November 2021.

[2] Bronstein, I. N., Semendjajev, K. A., Musiol, G., Mühlig, H.: *Taschenbuch der Mathematik.* Verlag Harry Deutsch, 7. Aufl., 2008.

[3] Candés, E. J., Wakin, M. B.: *An Introduction To Compressive Sampling.* IEEE Signal Processing Magazine, March 2008.

[4] Couch, L. W.: *Digital and Analog Communication Systems.* Pearson Prentice Hall, 7th ed., 2007.

[5] Costello Jr., D. J., Forney, G. D.: *Channel Coding – The Road to Channel Capacity.* Proceedings of the IEEE, Vol. 95, No. 6, pp. 1150-1177 (June 2007).

[6] Endo, T., Chua, L. O.: *Chaos from Phase-Locked Loops.* IEEE Transactions on Circuits and Systems, Vol. 35, No. 8, pp. 987-1003 (August 1988).

[7] Franks, L. E.: *Carrier and Bit Synchroization in Data Communication – A Tutorial Review.* IEEE Transactions on Communications, Vol. COM-28, No. 8, pp. 1107-1120 (August 1980).

[8] Freyer, U.: *Nachrichten-Übertragungstechnik.* Carl Hanser Verlag, 7. Aufl., 2017.

[9] Grüningen, D. v.: *Digitale Signalverarbeitung.* Carl Hanser Verlag, 5. Aufl., 2014.

[10] Hoffmann, J., Quint, F.: *Signalverarbeitung mit MATLAB und Simulink.* Oldenbourg Verlag, 2. Aufl., 2012.

[11] Ip, E., Kahn, J. M.: *Digital Equalization of Chromatic Dispersion and Polarization Mode Dispersion.* Journal of Lightwave Technology, Vol. 25, No. 8, pp. 2033-2043 (August 2007).

[12] Jerri, A. J.: *The Shannon Sampling Theorem – Its Various Extensions and Applications: A Tutorial Review.* Proceedings of the IEEE, Vol. 65, No. 11, pp. 1565-1597 (November 1977).

[13] Johnson, C. R., Schniter, P., Endres, T. J., Behm, J. D., Brown, D. R., Casas, R. A.: *Blind equalization using the constant modulus criterion: a review.* Proceedings of the IEEE, Vol. 86, No. 10, pp. 1927-1950 (October 1998).

[14] Kammeyer, K.-D.: *Nachrichtenübertragung.* Teubner, 3. Aufl., 2004.

[15] Keshav, S.: *An Engineering Approach to Computer Networking: ATM Networks, the Internet, and the Telephone Network.* Addison-Wesley, 1997.

[16] Lin, S., Costello, D. J.: *Error Control Coding.* Pearson Prentice Hall, 2. Aufl., 2004.

[17] Massey, J. L.: *Information Theory: The Copernican System of Communications.* IEEE Communications Magazine, Vol. 22, No. 12, pp. 26-28 (December 1984).

[18] Meyr, H., Moeneclaey, M., Fechtel, S. A.: *Digital Communication Receivers: Synchronization, Channel Estimation, and Signal Processing.* Wiley, 1998.

[19] Mirabbasi, S., Martin, K.: *Classical and Modern Receiver Architectures.* IEEE Communications Magazine, November 2000.

[20] Morello A., Mignone, V.: *DVB-S2: The Second Generation Standard for Satellite Broadband Services.* Proceedings of the IEEE, Vol. 94, No. 1, pp. 210-227 (January 2006).

[21] Mueller, K. H., Müller, M.: *Timing Recovery in Digital Synchronous Data Receivers.* IEEE Transactions on Communications, Vol. COM-24, No. 5, pp. 516-531 (May 1976).

[22] Nyquist, H.: *Certain Topics in Telegraph Transmission Theory.* Transactions of the AIEE, Vol. 7, pp. 617-644 (April 1928). Reprint: Proceedings of the IEEE, Vol. 90, No. 2, pp. 280-305 (February 2002).

[23] Ohm, J.-R., Lüke, H. D.: *Signalübertragung.* Springer, 8. Aufl., 2002.

[24] Oppenheim, A. V., Schafer, R. W.: *Discrete-Time Signal Processing.* Pearson Prentice Hall, 2. Aufl., 1999.

[25] Papoulis, A.: *Probability, Random Variables, and Stochastic Processes.* McGraw-Hill, 3. Aufl., 1991.

[26] Parker, T. S., Chua, L. O.: *Chaos: A Tutorial for Engineers.* Proceedings of the IEEE, Vol. 75, No. 8, pp. 982-1008 (August 1987).

[27] Prandoni, P., Vetterli, M.: *Digital Signal Processing for Communications.* EPFL Press, 2008 (*https://www.sp4comm.org/*).

[28] Proakis, J. G., Manolakis, D. G.: *Digital Signal Processing.* Pearson Prentice Hall, 4. Aufl., 2007.

[29] Proakis, J. G., Salehi, M.: *Digital Communications.* McGraw-Hill, 5. Aufl., 2008.

[30] Qureshi, S.: *Adaptive equalization.* Proceedings of the IEEE, Vol. 73, No. 9, pp. 1349-1387 (September 1985).

[31] Rennert, I., Bundschuh, B.: *Signale und Systeme.* Carl Hanser Verlag, 2013.

[32] Roppel C.: *FM RDS Receiver with the RTL-SDR* (*https://www.mathworks.com/matlabcentral/fileexchange/100316-fm-rds-receiver-with-the-rtl-sdr*), MATLAB Central File Exchange. Retrieved March 23, 2023.

[33] Schien, D., Preist, C.: *Approaches to Energy Intensity of the Internet.* IEEE Communications Magazine, November 2014.

[34] Shannon, C. E.: *A Mathematical Theory of Communication.* Bell Systems Technical Journal, Vol. 27, pp. 379-423 (July 1948) and pp. 623-656 (October 1948).

[35] Shannon, C. E.: *Communication in the Presence of Noise.* Proceedings of the IRE, Vol. 37, No. 1, pp. 10-21 (January 1949). Reprint: Proceedings of the IEEE, Vol. 86, No. 2, pp. 447-457 (February 1998).

[36] Sklar, B.: *Digital Communications: Fundamentals and Applications.* Pearson Prentice Hall, 2. Aufl., 2001.

[37] Slepian, D.: *On Bandwidth.* Proceedings of the IEEE, Vol. 64, No. 3, pp. 292-300 (March 1976).

[38] Stewart, R. W., Barlee, K. W., Atkinson, D. S. W., Crockett, L. H.: *Software Defined Radio using MATLAB & Simulink and the RTL-SDR.* Strathclyde Academic Media, 2015 (*https://www.desktopsdr.com/*).

[39] Tanenbaum, A. S., Wetherall, D. J.: *Computer Networks.* Pearson Prentice Hall, 5. Aufl., 2011.

[40] Ungerboeck, G.: *Channel Coding with Multilevel/Phase Signals.* IEEE Transactions on Information Theory, Vol. IT-28, No. 1, pp. 55-67 (January 1982).

[41] Vangelista, L., et al.: *Key Technologies for Next-Generation Terrestrial Digital Television Standard DVB-T2.* IEEE Communications Magazine, October 2009.

[42] Vaughan, R. G., Scott, N. L., White, D. R.: *The Theory of Bandpass Sampling.* IEEE Transactions on Signal Processing, Vol. 39, No. 9, pp. 1973-1984 (September 1991).

[43] VDE-Positionspapier: *Joint Communications & Sensing: Common Radio-Communications and sensor technology.* VDE ITG - Informationstechnische Gesellschaft im VDE, Juli 2021.

[44] Viterbi, A. J.: *Convolutional Codes and Their Performance in Communication Systems.* IEEE Transactions on Communications Technology, Vol. COM-19, No. 5, pp. 751-772 (October 1971).

[45] Volder, J. E.: *The CORDIC Trigonometric Computing Technique.* IRE Transactions on Electronic Computers, Vol. EC-8, No. 3, pp. 226-330 (September 1959).

Normen und Standardisierungsdokumente

[46] *BLUETOOTH Specification Version 2.1 + EDR.* Bluetooth SIG, 2007.

[47] *BLUETOOTH Specification Version 5.0.* Bluetooth SIG, 2016.

[48] DIN EN 60027-3 (IEC 60027-3): *Formelzeichen für die Elektrotechnik – Teil 3: Logarithmische und verwandte Größen und ihre Einheiten.* Deutsches Institut für Normung e.V., 2007.

[49] EN 50067: *Specification of the radio data system (RDS) for VHF/FM sound broadcasting in the frequency range from 87,5 to 108,0 MHz.* CENELEC, 1998.

[50] ETSI EN 300 421: *Digital Video Broadcasting (DVB): Framing structure, channel coding and modulation for 11/12 GHz satellite services.* European Telecommunications Standards Institute, 1997.

[51] ETSI EN 300 429: *Digital Video Broadcasting (DVB): Framing structure, channel coding and modulation for cable systems.* European Telecommunications Standards Institute, 1998.

[52] ETSI EN 300 744: *Digital Video Broadcasting (DVB): Framing structure, channel coding and modulation for digital terrestrial television.* European Telecommunications Standards Institute, 2015.

[53] ETSI EN 302 307: *Digital Video Broadcasting (DVB): Second generation framing structure, channel coding and modulation systems for Broadcasting, Interactive Services, News Gathering and other broadband satellite applications (DVB-S2).* European Telecommunications Standards Institute, 2013.

[54] ETSI EN 302 755: *Digital Video Broadcasting (DVB): Frame structure, channel coding and modulation for a second generation digital terrestrial television broadcasting system (DVB-T2).* European Telecommunications Standards Institute, 2015.

[55] ETSI EN 302 769: *Digital Video Broadcasting (DVB): Frame structure, channel coding and modulation for a second generation digital transmission system for cable systems (DVB-C2).* European Telecommunications Standards Institute, 2015.

[56] ETSI TR 101 290: *Digital Video Broadcasting (DVB): Measurement guidelines for DVB systems.* European Telecommunications Standards Institute, 2020.

[57] IEEE Std 802.3-2022: *IEEE Standard for Ethernet.* Institute of Electrical and Electronics Engineers, 2022.

[58] IEEE Std 802.11-2020: *Part 11: Wireless LAN Medium Access Control (MAC) and Physical Layer (PHY) Specifications.* Institute of Electrical and Electronics Engineers, 2020.

[59] ITU-T Recommendation G.711: *Pulse Code Modulation (PCM) for Voice Frequencies.* International Telecommunication Union, 1988.

[60] ITU-T Recommendation G.726: *40, 32, 24, 16 kbit/s Adaptive Differential Pulse Code Modulation (ADPCM).* International Telecommunication Union, 1990.

[61] ITU-T Recommendation G.722: *7 kHz audio-coding within 64 kbit/s.* International Telecommunication Union, 2012.

[62] ITU-T Recommendation G.723.1: *Dual rate speech coder for multimedia communications transmitting at 5.3 and 6.3 kbit/s.* International Telecommunication Union, 2006.

[63] RFC 791: *Internet Protocol (Version 4).* Internet Engineering Task Force, September 1981.

[64] RFC 8200: *Internet Protocol, Version 6 (IPv6) Specification.* Internet Engineering Task Force, July 2017.

Index

K

L

M

N

O

P

Q

Z